中国科学院科学出版基金资助出版

凝聚态物理学丛书·典藏版

金属物理学

第三卷　金属力学性质

冯　端等　著

该书的出版得到南京大学固体
微结构物理国家重点实验室资助

科　学　出　版　社
北　京

内 容 简 介

金属物理学第三卷阐述金属力学性质，分三编：第十编论述内耗与超声衰减，主要介绍内耗的唯象理论，点缺陷引起的内耗，位错与晶界内耗，相变与共格界面的内耗与超声衰减，以及与热、磁、电性有关的内耗；第十一编论述晶体的范性，主要介绍范性形变的几何学与晶体学，范性形变的物理本质，合金强化等；第十二编论述断裂和高温力学性质，主要介绍断裂，高温力学性质，包括回复与再结晶、蠕变与蠕变断裂等.

本书可作为大学高年级学生教学参考书，也可作为固体物理、冶金学和金属物理与材料科学等专业的研究生教材，或供有关领域的科技人员参考.

图书在版编目(CIP)数据

金属物理学. 第 3 卷，金属力学性质/冯端等著. —北京：科学出版社，1999. 8 (2017.1 重印)

（凝聚态物理学丛书 ： 典藏版）

ISBN 978-7-03-006436-3

Ⅰ. 金… Ⅱ. 冯… Ⅲ. ①金属学：物理学 ②金属－力学性质 Ⅳ. TG111

中国版本图书馆 CIP 数据核字(1998)第 04578 号

科学出版社 出版

北京东黄城根北街 16 号

邮政编码：100717

http://www.sciencep.com

北京厚诚则铭印刷科技有限公司印刷

科学出版社发行　各地新华书店经销

*

1999 年 8 月 第 一 版 开本：850×1168 1/32

2017 年 1 月 印 刷 印张：19 1/2

字数：509 000

定价：160.00 元

(如有印装质量问题，我社负责调换)

《凝聚态物理学丛书》出版说明

以固体物理学为主干的凝聚态物理学，通过半个世纪以来的迅速发展，已经成为当今物理学中内容最丰富、应用最广泛、集中人力最多的分支学科．从历史的发展来看，凝聚态物理学无非是固体物理学的向外延拓．由于近年来固体物理学的基本概念和实验技术在许多非固体材料中的应用也卓有成效．所以人们乐于采用范围更加广泛的“凝聚态物理学”这一名称．

凝聚态物理学是研究凝聚态物质的微观结构、运动状态、物理性质及其相互关系的科学．诸如晶体学、金属物理学、半导体物理学、磁学、电介质物理学、低温物理学、高压物理学、发光学以及近期发展起来的表面物理学、非晶态物理学、液晶物理学、高分子物理学及低维固体物理学等都是属于它的分支学科，而且新的分支尚在不断迸发，还有，凝聚态物理学的概念、方法和技术还在向相邻的学科渗透，有力地促进了材料科学、化学物理学、生物物理学和地球物理学等有关学科的发展．

研究凝聚态物质本身的性质和它在各种外界条件（如力、热、光、气、电、磁、各种微观粒子束的辐照乃至处于各种极端条件）下发生的变化，常常可以发现多种多样的物理现象和效应，揭示出新的规律，形成新的概念，彼此层出不穷，内容丰富多彩，这些既体现了多粒子体系的复杂性，又反映了物质结构概念上的统一性．所有这一切不仅对人们的智力提出了强有力的挑战，更重要的是，这些规律往往和生产实践有着密切的联系，在应用、开发上富有潜力，有可能开辟出新的技术领域，为新材料、元件、器件的研制和发展，提供牢固的物理基础．凝聚态物理学的发展，导致了一系列重要的技术突破和变革，对社会和科学技术的发展将发生深远的影响．

为了适应世界正在兴起的新技术革命的需要，促进凝聚态物理学的发展，并为这一领域的科技人员提供必要的参考书，我们特组织了这套《凝聚态物理学丛书》，希望它的出版将有助于推动我国凝聚态物理学的发展，为我国的四化建设做出贡献.

主　编：葛庭燧

副主编：冯　端

目　录

《凝聚态物理学丛书》出版说明

葛庭燧　冯　端

第十编　内耗与超声衰减

王业宁　沈惠敏

引言……………………………………………………………… 1
第二十一章　内耗的唯象理论 ………………………………… 7
Ⅰ　滞弹性的行为及内耗的量度 ………………………… 7
§21.1　弹性体和滞弹性体 ……………………………… 7
§21.2　滞弹性行为的表现 ……………………………… 8
§21.3　内耗的量度 ……………………………………… 13
Ⅱ　滞弹性响应函数之间的关系 ………………………… 17
§21.4　玻尔兹曼叠加原理 ……………………………… 17
§21.5　诸响应函数之间的关系 ………………………… 19
Ⅲ　内耗的唯象理论 ……………………………………… 23
§21.6　佛克脱模型………………………………………… 23
§21.7　麦克斯韦模型 …………………………………… 24
§21.8　标准滞弹性固体与三参量模型 ………………… 25
§21.9　滞弹性弛豫的离散谱和连续谱 ………………… 30
§21.10　弛豫过程的连续谱和微观机制的关系 ……… 45
§21.11　阻尼共振型内耗 ……………………………… 49
§21.12　非滞弹性引起的内耗 ………………………… 51
Ⅳ　滞弹性弛豫的热力学基础 …………………………… 52
§21.13　内参量 ………………………………………… 52

§21.14 弛豫过程的热力学基础 …… 56
§21.15 各向异性材料的弛豫过程 …… 59
§21.16 绝热和等温条件下弛豫量之间的关系 …… 60
第二十二章 点缺陷引起的内耗 …… 64
§22.1 缺陷对称性 …… 64
§22.2 弹性偶极子的概念 …… 67
§22.3 单轴应力下的弛豫 …… 70
§22.4 在高对称性立方晶体中不同缺陷对称性引起弛豫的例子 …… 72
§22.5 点缺陷的弛豫动力学 …… 76
§22.6 斯诺克弛豫 …… 83
§22.7 包含弹性偶极子之间相互作用的情况 …… 85
§22.8 曾讷弛豫 …… 88
§22.9 包含反应的情况 …… 96
§22.10 其它点缺陷引起的弛豫 …… 103
第二十三章 位错与晶界内耗 …… 107
Ⅰ 位错弛豫与位错共振 …… 107
§23.1 低温本征位错弛豫峰——博多尼峰 …… 107
§23.2 位错的振动弦模型 …… 122
Ⅱ 位错与可动点缺陷相互作用的效应 …… 132
§23.3 阻尼振动弦模型的推广——位错拖曳点缺陷 …… 132
§23.4 bcc 间隙式固溶体中冷加工内耗峰——斯诺克-科斯特峰 …… 138
§23.5 fcc 金属中本征点缺陷与位错相互作用的弛豫 …… 148
§23.6 fcc 金属中替代式溶质原子与位错相互作用效应 …… 150
§23.7 位错脱钉引起的内耗 …… 157
§23.8 位错与点阵中均匀分布点缺陷的相互作用 …… 168
§23.9 低频超声两波耦合技术——确认位错内耗机制的一种方法 …… 176
Ⅲ 晶粒间界内耗与高温位错内耗 …… 180
§23.10 晶界内耗峰 …… 180
§23.11 竹节晶界内耗峰 …… 185

§ 23.12　高温位错内耗 …………………………………… 187
第二十四章　相变与共格界面的内耗与超声衰减 ………… 190
Ⅰ　一级结构相变的低频内耗 ………………………… 190
§ 24.1　瞬态一级相变的低频内耗 ……………………… 191
§ 24.2　稳态一级相变的低频内耗 ……………………… 196
Ⅱ　晶格不稳定性及畴界引起的内耗 ………………… 204
§ 24.3　孪晶粗(细)化过程及其他晶格不稳定性引起的内耗 ……………………………………………………… 204
§ 24.4　铁电铁弹畴界在 T_c 附近的粘滞性损耗 ………… 213
§ 24.5　铁电铁弹畴界有关的热激活弛豫峰及其冻结效应 ……………………………………………………… 217
Ⅲ　二级相变及动态畸变畴引起的内耗 ……………… 224
§ 24.6　二级相变涨落引起的低频内耗 ………………… 224
§ 24.7　高温超导体的超导相变前后的内耗——载流子动态畸变畴的内耗 …………………………………… 225
Ⅳ　与沉淀有关的内耗 ………………………………… 230
§ 24.8　沉淀有关内耗的实验 …………………………… 230
§ 24.9　沉淀弛豫峰机理的进一步探讨 ………………… 234
Ⅴ　与相变有关的超声衰减与声速 …………………… 239
§ 24.10　应变和序参量的耦合 …………………………… 240
§ 24.11　朗道-卡拉特尼可夫二级相变弛豫理论 ……… 242
§ 24.12　临界温度附近的弹性常数 ……………………… 249
第二十五章　与热、磁、电性质有关的内耗 ……………… 253
Ⅰ　热弹性内耗与声子弛豫 …………………………… 253
§ 25.1　热流引起的弛豫型内耗 ………………………… 253
§ 25.2　声子弛豫 ………………………………………… 259
Ⅱ　磁弹性内耗 ………………………………………… 263
§ 25.3　宏观涡流引起的内耗 …………………………… 263
§ 25.4　微观涡流引起的内耗 …………………………… 267
§ 25.5　静态滞后型内耗 ………………………………… 268
Ⅲ　电子阻尼 …………………………………………… 270
§ 25.6　超声波与金属中电子的交互作用 ……………… 270

§25.7 超声波与半导体中电子的交互作用 …… 280
§25.8 超声波与绝缘体中电子的交互作用 …… 284
§25.9 杨-特勒缺陷引起的弛豫型内耗 …… 287
§25.10 二能级系统的弛豫 …… 288
第十编 参考文献 …… 300

第十一编 晶体的范性

冯 端

引言 …… 311
第二十六章 范性形变的几何学与晶体学 …… 313
I 基本情况 …… 313
§26.1 范性形变的测量 …… 313
§26.2 滑移的晶体学特征 …… 317
§26.3 临界切应力定律 …… 326
§26.4 形变过程中滑移的几何关系 …… 329
II 若干特殊问题 …… 334
§26.5 不均匀的范性形变 …… 334
§26.6 孪生 …… 339
§26.7 多晶体范性形变的特征 …… 344
§26.8 形变织构 …… 347
第二十七章 范性形变的物理本质 …… 354
I 屈服 …… 354
§27.1 晶体软硬的物理本质 …… 354
§27.2 屈服现象 …… 360
§27.3 热激活的形变过程 …… 367
II 加工硬化 …… 372
§27.4 流变应力的位错机制 …… 372
§27.5 加工硬化的一些实验结果 …… 380
§27.6 加工硬化的理论 …… 389
§27.7 包辛格效应与疲劳硬化 …… 392

Ⅲ 细晶硬化 …… 394
§27.8 多晶体的屈服与流变 …… 394
§27.9 纳米微晶的硬化 …… 400
第二十八章 合金强化 …… 403
Ⅰ 单相合金的强化 …… 403
§28.1 固溶硬化的基本情况 …… 403
§28.2 均匀固溶硬化的理论 …… 407
§28.3 位错线上溶质原子偏聚的效应 …… 410
§28.4 有序合金的硬化 …… 414
Ⅱ 复相合金的硬化 …… 417
§28.5 第二相粒子强化的基本情况 …… 417
§28.6 两相合金屈服强度的理论 …… 418
§28.7 两相合金加工硬化的理论 …… 427
第十一编 参考文献 …… 434

第十二编 断裂和高温力学性质

吴希俊 孔庆平

引言 …… 437
第二十九章 断裂 …… 440
§29.1 断裂的基本类型 …… 440
§29.2 脆性断裂的格里菲斯理论 …… 443
§29.3 裂纹的弹性场 …… 448
§29.4 裂纹的受力问题 …… 461
§29.5 裂纹和位错之间的相互作用 …… 468
§29.6 断裂的原子过程 …… 482
§29.7 延性断裂 …… 491
§29.8 脆性解理断裂 …… 498
§29.9 延性-脆性转变 …… 510
§29.10 晶间断裂 …… 524
§29.11 疲劳断裂 …… 535
第三十章 高温力学性质 …… 548

Ⅰ　回复与再结晶 …………………………………………… 548
§30.1　概述 …………………………………………… 548
§30.2　回复 …………………………………………… 549
§30.3　再结晶 …………………………………………… 552
§30.4　晶粒长大 …………………………………………… 557
§30.5　退火织构与退火孪生 …………………………………………… 559
Ⅱ　蠕变 …………………………………………… 560
§30.6　蠕变试验及工程蠕变数据的表示 …………………………………………… 561
§30.7　蠕变的实验规律 …………………………………………… 563
§30.8　蠕变过程中的结构变化 …………………………………………… 568
§30.9　低温对数蠕变的理论 …………………………………………… 572
§30.10　高温瞬态蠕变的理论 …………………………………………… 574
§30.11　高温稳态蠕变的理论 …………………………………………… 575
§30.12　扩散蠕变的理论 …………………………………………… 578
§30.13　蠕变断裂 …………………………………………… 580
§30.14　层错能与稳态蠕变速率的关系 …………………………………………… 584
§30.15　溶质原子和弥散相对蠕变的影响 …………………………………………… 586
§30.16　蠕变与疲劳的交互作用 …………………………………………… 587
§30.17　超塑性 …………………………………………… 588
第十二编　参考文献 …………………………………………… 590
人名索引 …………………………………………… 596
内容索引 …………………………………………… 600

第一卷

主要参考书目（附有按语）
绪论

第一编　金属的结构及其理论

冯　端

第一章　金属的结构
第二章　金属结构的理论

第二编　合金的结构及其理论

冯　端

第三章　合金的热力学
第四章　合金的结构
第五章　微观的合金理论

第三编　晶体的缺陷

冯　端

第六章　点缺陷
第七章　位错

第四编　表面与界面

冯　端

第八章　表面
第九章　界面

第五编　原子的迁移

丘第荣

第十章　金属中的扩散
第十一章　几个和扩散有关的实际问题

第 二 卷

序言

第六编　相变导论

冯　端

第十二章　相变的基本类型
第十三章　朗道理论及其应用

第七编　相变动力学

刘治国

第十四章　非匀相转变动力学
第十五章　匀相转变动力学

第八编　界面稳定性与形态的演变

冯　端

第十六章　界面形态的稳定性
第十七章　界面形态的演变

第九编　相变的微观理论

杨正举　金国钧

第十八章　统计模型与临界现象
第十九章　软模理论与结构相变
第二十章　电子-晶格耦合系统

第四卷

序言

第十三编　超导电性

丁世英

第三十一章　金属超导电性基础
第三十二章　晶体缺陷与超导电性
第三十三章　高温超导电性

第十四编　金属磁性

翟宏如

第三十四章　金属磁性分类及来源
第三十五章　无磁序金属磁性
第三十六章　金属中的磁有序
第三十七章　强磁金属的内禀磁性
第三十八章　强磁物质中的磁畴与磁化
第三十九章　固体缺陷与技术磁化性能
第四十章　特殊状态下金属的磁性

第十编　内耗与超声衰减

王业宁　沈惠敏

引　言

内耗与超声衰减是在固体振动过程中由于弹性波与各种缺陷或声子、电子、磁子等元激发的互作用而使机械能消耗的现象。因而，通常又称力学损耗。在宽的频率范围或温度范围测量可以获得力学损耗谱(或称声吸收谱)，它是固体能谱的一个分支．

内耗测量多半是在驻波情况下进行，频率范围是 10^{-4}—10^{5}Hz．可提供有关原子尺度的各种缺陷如点缺陷、位错、晶界、畴界等的状态、运动及其间互作用以及相变的信息。超声衰减的测量多数是在行波情况下进行的，频率范围是 10^{6}—10^{10}Hz，它也可提供缺陷和相变的信息，而且更常用于研究声子、电子、磁子等元激发的状态与变化规律。机械能的吸收必伴随有固体弹性的变化，因而常同时测出损耗与弹性模量(低频)或声速(高频)的变化．这样不仅可获得弹性本身的参数，而且有助于对损耗峰的性质和机理进行分析．

内耗(包括超声衰减)是一门边缘分支学科．研究内耗当然首先要把产生各种损耗峰的根源和物理机制搞清楚，但这不是唯一的目的，更重要的是，它是一种工具和一种研究方法，要用它去解决凝聚态物质中的各种物理问题，只有这样它才有生命力，在解决问题的过程中可以不断发现新现象，从而再充实与发展内耗本身的知识．

在曾讷的专著[1]中，金属的弹性与滞弹性是这门学科的奠基性工作．因为大多数的内耗是属于滞弹性的范畴，而葛庭燧的晶界内耗峰的发现又是滞弹性理论的重要实验基础之一．自1948年该书出版以后，正好也是位错理论的兴起时期，因此大量点缺陷与位错的内耗研究迅速开展起来．1953年，诺威克(Nowick, A.S.)关于“金属中的内耗”综述论文及1960年尼布莱特(Niblett, D. H.)和威尔克斯(Wilks, J.)的“金属中的位错阻尼”文章都是当时内耗工作的总结．冯端等著的《金属物理》第一版下册第十三章“金属中的内耗”也是一篇阶段性的综述，该章按缺陷类型与相变来描述的体系是新的，但正如冯端在新版金属物理的序言中所说，旧版下册的出版虽是1975年，但脱稿是在1965年，因此内容是比较少的．1969年特鲁艾尔，艾尔鲍姆和奇克(Truell, R., Elbaum, C., Chick, B. B.)也写了一篇专题论文“固态物理中的超声方法”，在这篇论文中既讨论了缺陷，也讨论了元激发，比较深入但仅限于超声方法的结果．1972年，诺威克出版的专著《固态晶体中的滞弹性弛豫》[2]是一本既详细而系统性又很强的好书，特别是对线性滞弹性弛豫的基础理论给出了完善的描述。因为其他各种内耗理论都未形成系统的理论，所以该书后面关于各种物理原因引起的内耗也是突出滞弹性弛豫方面的，如各种缺陷的弛豫(包括点缺陷、位错、晶界)、各种元激发以及相变的弛豫机制等都有详尽的阐述．因此，这本书前后贯穿的一条线索很清楚．同年，德巴蒂斯特(De Batist, R.)也出版了一本专著《晶体中结构缺陷的内耗》，其体系和我们金属物理中的相似，也是按缺陷类型分别讨论的，由于篇幅大得多，内容丰富，包括的文献也比较全，特别是在位错内耗方面对诺威克的书是一补充．

此后，点缺陷内耗由于实际需要，对氢的扩散峰和复合点缺陷做了大量工作，特别重要的是体心立方金属中氢和其它间隙原子形成的对或小团簇引起的隧道弛豫，格伦纳托(Granato, A.)等引进了非晶态低温隧道弛豫的两能级模型，得到了很好的定量结果，并求出了能隙、内应变和耦合参数等，这是近年来成功地解决物理问题的最好的范例，得到众人的关注与肯定．此外，过去对点缺陷弛豫都是当作独立的弛豫中心来处理，但当其溶质原子浓度足够高时（如位错或沉淀物周围）必须考虑点缺陷之间的互相作用，也即相关效应．倪嘉陵（Ngai，K. L.）等曾运用相关态理论（后来多称为耦合弛豫理论）处理高分子和非晶材料中的介电弛豫的慢化而导致峰的不对称宽化现象获得成功，最近在合金中也有了考虑相关效应的初步工作．

位错内耗方面从1956年科勒（Koehler，J. S.）、格伦纳托与柳克（Lücke，K.）的位错弦模型成功地解释了不少实验规律，同时塞格（Seeger，A.）提出弯结对模型解释了位错本征弛豫峰后，与位错有关的内耗研究，特别是位错和位错弯结拖曳点缺陷运动的各种模型和理论曾是内耗研究的热点，这方面论文最多．近10年来有减少趋势，但葛庭燧等对1949年发现的fcc替代合金中位错溶质原子互作用引起的具有反常振幅效应的内耗又作了大量实验和理论工作，称之为非线性滞弹性行为．晶界内耗峰在80年代也发生过争论，经过对高纯度金属的精心研究后得到了澄清，并有新的发现．

相变和畴界（共格界面）引起的低频内耗，由于形状记忆材料和高阻尼材料的应用开发曾推动了大量实验工作，同时也发展了理论．这种畴界的动性不仅是力学记忆的核心问题，也是铁电存储器中电记忆的关键所在．实际上，金属和氧化物铁电晶体的相变与畴界有许多共性．因此，内耗测量和介电测量平行进行，可获得更丰富而可靠的信息，目前，这方面的工作已初见成效．由于70年代初相变的理论有过飞跃的发展（见《金属物理》第二卷第二编绪论），对相变点附近的临界现象作了大量理论和实验的研究，因而超声对相变的研究也有进一步的发展，但这方面纯属理论性研究，与低频内耗的研究尚未完全沟通．

值得注意的是，对元激发的研究，着重于重费米子合金超导转变温度以下的超声衰减的研究和高温超导体中载流子的内耗研究．此外，还有磁通线有关的内耗与超声研究近年来都有大的进展．

至于材料方面已大大超出金属的范围．氧化物绝缘体、超导体、半导体、非晶、高分子等实用材料都用到内耗与超声方法进行研究，特别是在高温超导体的发现后，国际内耗会议上常设有专题讨论．

作为本书的内耗篇章，不可能像专著一样，讨论得既广又细．我们就本书的全局来选择侧重点．第一卷是结构、缺陷与扩散，第二卷是相变，第三卷是力学性质，第四卷是磁学与超导电性．因此，内耗以缺陷和相变为重点，也包括少量超导电性及其他的研究，选择的材料也是以金属为主，包括少量氧化物铁电体和氧化物超导体．可以收到全书前后呼应的效果．由于篇幅所限，我们在写作上突出物理的线索和概念，许多数学推导过程写得比较简略．也是因为除了滞弹性弛豫理论外，其他内耗机理尚无系统理论，且有些唯一性也没有确认，必要时读者可以参考所引文献．

本篇第二十一章介绍了内耗的唯象理论，重点是滞弹性弛豫理论，其他还有粘弹性内耗、静滞后型内耗以及与高浓度原子集体相关运动引起的非德拜弛豫型内耗，第二十二章介绍了与点缺陷有关的内耗行为，处理点缺陷引起的滞弹性内耗方法很多，如热力学内参量方法，弹性偶极子方法等，本章主要介绍用弹性偶极子概念来处理点缺陷的滞弹性行为．对具有自发对称性破缺的杨-特勒缺陷的滞弹性行为，因涉及电子行为，被安排在第二十五章与电子有关的内耗中．晶态中点缺陷对或小的缺陷团簇引起的隧道弛豫由于与非晶态的隧道弛豫处理相似，故这部分的内容放在第二十五章有关二能级模型中一起阐述．第二十三章介绍位错与晶界的内耗、与位错有关的内耗有热激活弛豫型、阻尼共振型以及静滞后型．这最后一种因为目前没有成熟的理论，一般书中都略去，作者考虑这是普遍存在的实验现象，特别是低频范围的背景内耗与相变内耗，书中介绍的晶体中均匀分布点缺陷对位错的静滞后阻尼机制，对进一步发展理论有启发和推动作用．另外，由于对这种阻尼特征的了解使内耗在高温超导体晶格不稳定性研究中发挥了先驱作用．在第二十四章中，因为共格畴界是相变的产物，所以将二者放在同一章内讨论．畴界内耗也存在热激活弛豫、粘滞性弛豫和静滞后型三种类型，可与位错内耗相比较．相变的超声衰减为近代理论增添了新的内容．由于这部分内容需要的基础知识与本编总体的基础知识相距较远，因此只对平均理论作了介绍．第二十五章介绍了与热、磁、电性质有关的内耗和杨-特勒缺陷内耗．此外，还介绍了用唯象两能级模型来描述和处理非晶态和晶态中缺陷对或小缺陷团簇的隧道弛豫现象．

第二十一章　内耗的唯象理论

对于滞弹性和内耗的唯象理论，曾讷在40年代后期就进行了总结[1]，随着实验和理论的进展，诺威克等人在70年代初，又对以前的实验和理论进行了总结[2]，建立了系统的唯象理论，本章在此基础上，先从弹性和非弹性应变的定义出发，讨论滞弹性响应函数，并根据玻尔兹曼叠加原理，求各响应函数之间的关系，再仔细介绍内耗的唯象理论及其应用．最后，再介绍非弛豫型内耗的特征及其唯象理论．

I　滞弹性的行为及内耗的量度

§21.1　弹性体和滞弹性体

在外应力作用下，固体将产生应变，对于一个理想弹性体，应力(σ)和应变(ε)服从胡克定律(Hooke's Law)

$$\sigma = M\varepsilon \tag{21.1a}$$

或

$$\varepsilon = J\sigma, \tag{21.1b}$$

式中，M 和 J 分别为弹性模量和顺服系数，它们都是四阶张量，具有81个分量，只有物体处于简单形变模式，如纯切变、单轴拉伸等情况，可以近似用式(21.1)来描述，其中模量 M 分别为切变模量 G 和杨氏模量 E.

理想弹性体的应力和应变之间的关系，必须同时满足下述3个条件：

(1) 线性关系：应变对于每一个应力的响应是线性的，即要满足玻尔兹曼叠加原理，反之亦然．

(2) 瞬时性：上述响应总是瞬时达到的，即应变总是和应力同位相．

(3) 唯一性：应变是应力的单值函数，即对应每一个外加应力值，都只有唯一的一个平衡应变值，和形变或加载的历史无关．

如果上述3个条件不能同时满足，将产生非弹性行为，根据其产生的条件，非弹性行为可分为滞弹性、粘弹性和瞬时范性(也称为静滞后型非弹性)等，如表21.1所列．

滞弹性行为不满足瞬时性条件，因此，应变对于外加应力的响应不是瞬时达到平衡值，也就是说，应变的位相总是落后于应力的位相．这种具有滞弹性行为的物体被称为滞弹性体．

表21.1 按应力应变关系所遵循的条件，对不同类型的力学行为进行分类

	线　性	瞬时性	唯一性
理想弹性	满足	满足	满足
非线性弹性	不满足	满足	满足
滞弹性	满足	不满足	满足
线性粘弹性	满足	不满足	不满足
瞬时范性	不满足	满足	不满足

§21.2 滞弹性行为的表现

(a) 滞弹性的静态响应函数

(1) 蠕变(creep)．当外加应力 $\sigma=\begin{cases}0 & t<0\\ \sigma_0 & t\geqslant 0\end{cases}$ 时，定义蠕变函数为

$$J(t)=\varepsilon(t)/\sigma_0,\ t\geqslant 0. \tag{21.2}$$

对理想弹性体，$J(t)$为与时间无关的常量，而对滞弹性体，由于应变不能瞬时达到平衡值，因此，$J(t)$要经过一段时间后，才能达到其平衡值$J(\infty)$，如图21.1所示．从图上可以看出

$$J(0)=\varepsilon(0)/\sigma_0=J_v, \tag{21.3}$$

J_v 被称为未弛豫的顺服系数．

$$J(\infty) = \varepsilon(\infty)/\sigma_0 = J_R, \tag{21.4}$$

J_R 称为完全弛豫的顺服系数．在弛豫过程中，顺服系数的弛豫量为

$$\delta J = J_R - J_U \tag{21.5}$$

滞弹性体的蠕变特征就是顺服系数从一个初始的瞬时值 J_U，随时间而逐渐增加到它最后的平衡值 J_R.

(2) 弹性后效(elastic aftereffect)．上述蠕变过程中，突然撤去外加的恒应力，即

$$\sigma = \begin{cases} 0 & t < t_1 \\ \sigma_0 & -t_1 \leqslant t \leqslant 0 \\ 0 & t > 0 \end{cases}$$

时，定义弹性后效函数为

$$N_{t_1}(t) = \varepsilon(t)/\sigma_0,\ t > 0, \tag{21.6}$$

足符 t_1 表示在滞弹性体上施加恒应力 σ_0 的时间，$N_{t_1}(t)$也示意地表示在图 21.1 中．

(3) 应力弛豫(stress relaxation).

设 $\varepsilon = \begin{cases} 0, t < 0 \\ \varepsilon_0, t \geqslant 0 \end{cases}$，定义应力弛豫函数为

$$M(t) = \sigma(t)/\varepsilon_0,\ t \geqslant 0 \tag{21.7}$$

如图 21.2 所示．

$$M(0) = \sigma(0)/\varepsilon_0 = M_U, \tag{21.8}$$

$$M(\infty) = \sigma(\infty)/\varepsilon_0 = M_R, \tag{21.9}$$

M_U 和 M_R 分别为未弛豫和完全弛豫的弹性模量．由于应力和应变之间有唯一的平衡关系，因此

$$M_U = J_U^{-1}, \tag{21.10a}$$

$$M_R = J_R^{-1}. \tag{21.10b}$$

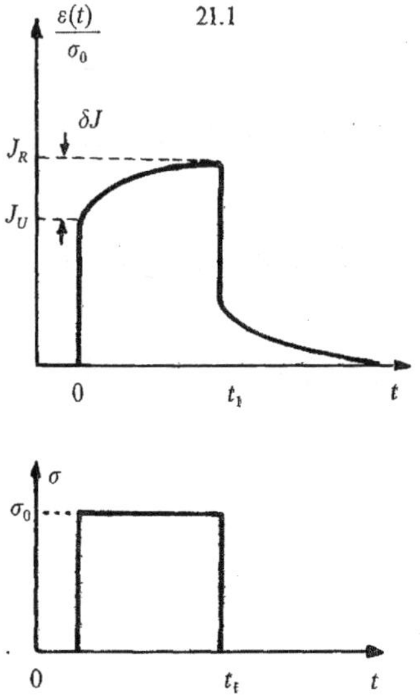

图 21.1 蠕变和弹性后效示意图．

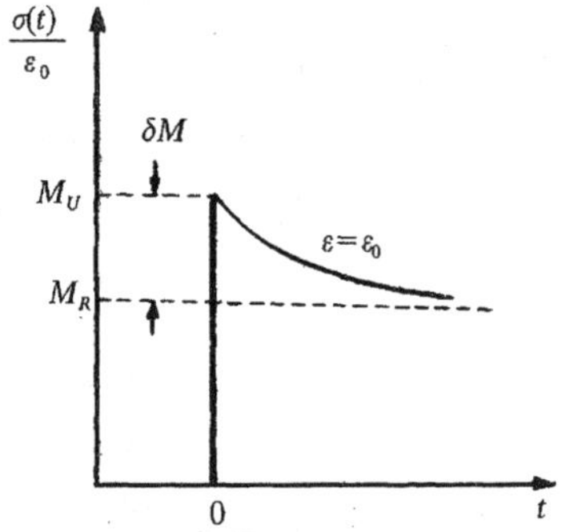

图 21.2 应力弛豫示意图．

弹性模量的弛豫量为

$$\delta M = M_U - M_R, \tag{21.11}$$

由式(21.5)，(21.10)及式(21.11)，可得

$$\delta M = \delta J / J_U J_R, \tag{21.12a}$$

或

$$\delta J = \delta M / M_U M_R. \tag{21.12b}$$

（4）弛豫强度和归一化弛豫函数．定义弛豫强度为

$$\Delta \equiv \delta J / J_U = \delta M / M_R. \tag{21.13}$$

再定义函数 $\psi(t)$满足

$$J(t) = J_U + \delta J \cdot \psi(t) = J_U[1 + \Delta \cdot \psi(t)]. \tag{21.14}$$

由蠕变函数的性质，$\psi(0)=0$，$\psi(\infty)=1$，在 t 从 $0\to\infty$的区间，$\psi(t)$是从 $0\to 1$ 的递增函数，$\psi(t)$被称为归一化蠕变函数．

$$J_R = J_U(1+\Delta). \tag{21.15}$$

同样,定义归一化应力弛豫函数 $\varphi(t)$满足

$$M(t) = M_R + \delta M\varphi(t) = M_R[1+\Delta\cdot\varphi(t)]. \tag{21.16}$$

$\varphi(0)=1$,$\varphi(\infty)=0$,在 t 从 $0\to\infty$时,$\varphi(t)$从 $1\to 0$,是个递减函数.

$$M_U = M_R(1+\Delta). \tag{21.17}$$

(b)滞弹性的动态响应函数　如果外加应力随时间周期性变化,由于应变的位相落后于应力,因此可以表示为

$$\sigma = \sigma_0\exp(i\omega t), \tag{21.18a}$$

$$\varepsilon = \varepsilon_0\exp[i(\omega t-\phi)]. \tag{21.18b}$$

对理想弹性体,$\phi=0$,对滞弹性体,$\phi\neq 0$,因此,顺服系数为复系数,即

$$J^*(\omega) = \varepsilon(\omega t)/\sigma(\omega t) = |J(\omega)|\exp[-i\phi(\omega)]$$

$$= J_1(\omega) - iJ_2(\omega), \tag{21.19}$$

式中$|J(\omega)|=\varepsilon_0/\sigma_0$,被称为绝对动态顺服系数.如把式(21.18b)中应变表达式改写为

$$\varepsilon = (\varepsilon_1 - i\varepsilon_2)\exp(i\omega t), \tag{21.20}$$

式中 $\varepsilon_1=\varepsilon_0\cos\phi$,$\varepsilon_2=\varepsilon_0\sin\phi$,$\phi$ 是应变落后于应力的位相.把式(21.20)代入式(21.19),可得

$$J_1(\omega) = \varepsilon_1/\sigma_0, \tag{21.21a}$$

$$J_2(\omega) = \varepsilon_2/\sigma_0. \tag{21.21b}$$

它们之间的关系为

$$|J(\omega)| = [J_1^2(\omega) + J_2^2(\omega)]^{1/2}, \tag{21.22a}$$

$$\mathrm{tg}\phi = J_2(\omega)/J_1(\omega). \tag{21.22b}$$

同样,令

$$\sigma=\sigma_0\exp[i(\omega t+\phi)]=(\sigma_1+i\sigma_2)\exp(i\omega t)$$

$$\varepsilon=\varepsilon_0\exp(i\omega t),$$

则

$$M^*(\omega) = \sigma(\omega t)/\varepsilon(\omega t) = |M(\omega)|e^{i\phi(\omega)}$$
$$= M_1(\omega) + iM_2(\omega), \qquad (21.23)$$

其中

$$M_1(\omega) = \sigma_1/\varepsilon_0, M_2(\omega) = \sigma_2/\varepsilon_0, \qquad (21.24)$$

$$|M(\omega)|^2 = M_1^2(\omega) + M_2^2(\omega), \qquad (21.25a)$$

$$\mathrm{tg}\phi = M_2(\omega)/M_1(\omega), \qquad (21.25b)$$

$J_1(\omega)$,$J_2(\omega)$和 $M_1(\omega)$,$M_2(\omega)$被称为滞弹性动态响应函数,很容易得出 $J(\omega)$和 $M(\omega)$有如下关系:

$$M_2(\omega)/M_1(\omega) = J_2(\omega)/J_1(\omega) = \mathrm{tg}\phi, \qquad (21.26a)$$

$$J_1(\omega) = [M_1(\omega)(1 + \mathrm{tg}^2\phi)]^{-1}, \qquad (21.26b)$$

$$J_2(\omega) = [M_2(\omega)(1 + \mathrm{ctg}^2\phi)]^{-1}. \qquad (21.26c)$$

在振动过程中,试样贮存的最大弹性能密度为 $\overline{W} = \frac{1}{2}J_1\sigma_0^2$,而振动一周中,单位体积损耗的能量为 $\Delta\overline{W} = \pi J_2\sigma_0^2$。因此,$J_1(\omega)$和 $J_2(\omega)$分别被称为贮存顺服系数(storage compliance)和耗散顺服系数(loss compliance). 定义 $\Delta\overline{W}/\overline{W}$ 为特殊阻尼本领,即

$$\Delta\overline{W}/\overline{W} = 2\pi[J_2(\omega)/J_1(\omega)] = 2\pi\mathrm{tg}\phi. \qquad (21.27)$$

定义内耗为

$$Q^{-1} = \Delta\overline{W}/2\pi\overline{W} = \mathrm{tg}\phi \simeq \phi, \qquad (21.28)$$

ϕ是由于非弹性应变的存在,使应变落后于应力的位相,如图 21.3 所示. 在外应力 σ 作用下,应变 ε 由两部分组成:弹性应变 ε'和非弹性应变 ε''. ε'总是和 σ 同位相,而 $\varepsilon'' = \varepsilon_1'' - i\varepsilon_2''$,其中 ε_1'' 是和 σ 同位相的分量,ε_2'' 是落后 σ90°位相的分量,由图 21.3 可求得

$$Q^{-1} = \mathrm{tg}\phi = \varepsilon_2''/(\varepsilon_1' + \varepsilon_1'') \simeq \varepsilon_2''/\varepsilon_1', \qquad (21.29)$$

复模量

$$M^* = \sigma/\varepsilon = \sigma_0/(\varepsilon_1' + \varepsilon_1'' - i\varepsilon_2'')$$
$$= M(1 + i\mathrm{tg}\phi), \qquad (21.30)$$

式中 $M=\sigma_0/(\varepsilon_1'+\varepsilon_1'')$ 称为动力学模量，即实验所测得的模量．完全弹性模量为 $\sigma_0/\varepsilon_1'=M_U$，由于非弹性应变 ε'' 的存在，使 $M<M_U$，这称为模量亏损，用 $\Delta M/M$ 来量度．

$$\Delta M/M = (M_U - M)/M = \varepsilon_1''/\varepsilon_1'. \qquad (21.31)$$

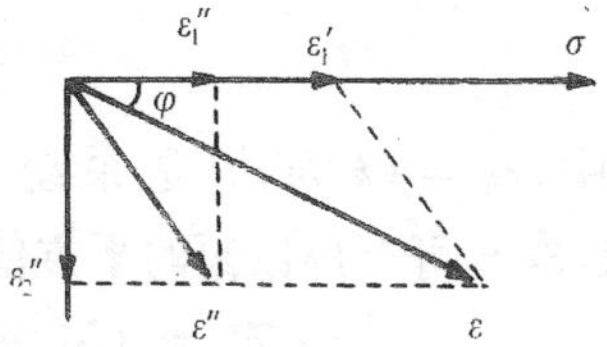

图 21.3　应力应变位相关系示意图．

从式(21.29)和式(21.31)可知，非弹性应变的存在，必然会产生内耗和模量亏损，其中与应力同位相的分量 ε_1'' 造成模量亏损，而落后于应力 90°位相的分量 ε_2'' 造成内耗．

§21.3　内耗的量度

内耗的量度方法有多种，[3]除了内耗比较大时，直接测量应变落后于应力的位相角 ϕ 外，常用的方法还有两类：共振系统的实验方法（强迫共振法和自由衰减法）和波传播法．

(a) *共振系统法*　一个共振系统一般总包含弹性（或滞弹性）元件和惯性元件，前者往往是试样，后者在共振系统中既能用来改变频率，又能保证试样以单一的模式振动，从而使问题可以简化为一维运动来处理，考虑如图 21.4 所示的共振系统，用 x 来表示惯性元件的广义位移，F_s 表示惯性元件位移而使试样受的广义力，根据式(21.30)，$M^*=M(1+i\mathrm{tg}\phi)$，所以

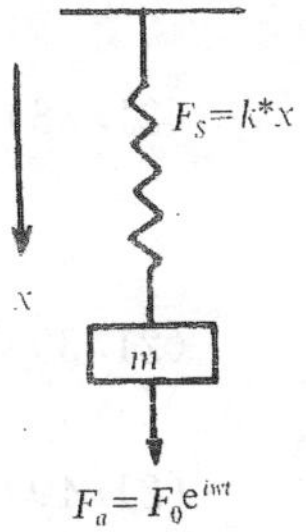

图 21.4　共振系统的力学模型．

$$F_s = k^* x = k(1 + i\mathrm{tg}\phi)x. \qquad (21.32)$$

下面分两种情况来讨论：

(1) 强迫振动．惯性元件受到一个周期性变化的外应力 $F_a=F_0e^{i\omega t}$ 的作用，其运动方程为

$$m\ddot{x} + k(1 + i\mathrm{tg}\phi)x = F_0e^{i\omega t}, \qquad (21.33)$$

可解得位移振幅为

$$x_0^* = (F_0/m)/[(\omega_r^2 - \omega^2) + i\omega_r^2 \mathrm{tg}\phi], \tag{21.34}$$

式中，$\omega_r = (k/m)^{1/2}$ 是系统的共振角频率，$\mathrm{tg}\phi$ 为内耗，由式(21.34)，可求得振幅的平方值为

$$x_0^* \cdot \tilde{x}_0^* = (F_0/m)^2/[(\omega_r^2 - \omega^2)^2 + \omega_r^4 \mathrm{tg}^2\phi]. \tag{21.35}$$

当 $\omega=\omega_r$ 时，振幅达最大，由式(21.35)可求得内耗的大小为

$$Q^{-1} = \mathrm{tg}\phi = \frac{\omega_2 - \omega_1}{\omega_r}, \tag{21.36}$$

式中 ω_2 和 ω_1 是振幅下降到最大值的 $1/\sqrt{2}$ 倍时的角频率．如果 ω_2 和 ω_1 为振幅下降到最大值的 $\frac{1}{2}$ 倍时的角频率，则由式(21.35)可知

$$Q^{-1} = \frac{\omega_2 - \omega_1}{\sqrt{3}\,\omega_r}. \tag{21.37}$$

(2) 自由衰减法．自由衰减的运动方程为

$$m\ddot{x} + k(1 + i\mathrm{tg}\phi)x = 0. \tag{21.38}$$

令试探解为 $x=x_0\mathrm{e}^{i\omega_0 t(1+i\delta/2\pi)}$ 代回方程，可求得

$$\mathrm{tg}\phi = \frac{1}{\pi}\delta, \tag{21.39}$$

$$\delta = \ln x_1/x_2, \tag{21.40}$$

式中 x_1 和 x_2 为相邻两次振动的振幅，δ 被称为对数减缩量(logarithmic decrement)，人们常用它来量度内耗的大小，通常表示为

$$\delta = \ln A_n/A_{n+1}, \tag{21.41}$$

式中，A_n 和 A_{n+1} 分别代表第 n 次和第 $n+1$ 次振动的振幅．它和内耗的关系为

$$Q^{-1} = \frac{1}{\pi}\delta = \frac{1}{\pi}\ln A_n/A_{n+1}. \qquad (21.42)$$

如果内耗的大小和振幅无关,上式可表示为

$$Q^{-1} = \frac{1}{\pi}\delta = \frac{1}{n\pi}\ln A_1/A_{n+1}. \qquad (21.43)$$

在自由衰减法中,常用或式(21.42)和式(21.43)来求内耗.

(b) 波传播法　在上述共振法中,弹性波在试样中传播时,形成驻波,而在波传播法中,弹性波是行波,其波动方程为

$$\rho\ddot{u} = M^*(\partial^2 u/\partial x^2), \qquad (21.44)$$

式中,ρ 为试样密度,u 为位移,M^* 为复模量. 由式(21.44),可求得位移为

$$u = u_0 e^{-\alpha x} e^{i\omega\left(t-\frac{x}{v}\right)} \qquad (21.45)$$

式中,α 是传播单位长度的对数减缩量,称为衰减系数(attenuation coefficient),由式(21.45)的振幅表达式可求得

$$\alpha = \frac{1}{x_2 - x_1}\ln(u_1/u_2)\,(\text{Np/cm}). \qquad (21.46)$$

α 也可以用 dB/cm 为单位,即

$$\alpha = \frac{20}{x_2 - x_1}\lg(u_1/u_2),\,(\text{dB/cm}) \qquad (21.47)$$

实验中,u_1 和 u_2 是相邻两个脉冲回波的振幅,$x_2 - x_1 = 2l$,l 是试样在波传播方向的长度. 奈培(Np/cm)和分贝(dB/cm)的换算系数如下:

$$\alpha(\text{dB/cm}) = 8.686\alpha(\text{Np/cm}). \qquad (21.48)$$

衰减系数也可以用声波经过一微秒后衰减的分贝值来表示,它和分贝、奈培的变换关系为

$$\begin{aligned}\alpha(\text{dB}/\mu\text{s}) &= 10^{-6}v\ (\text{cm/s})\alpha(\text{dB/cm}) \\ &= 8.686 \times 10^{-6}v(\text{cm/s})\alpha(\text{Np/cm}),\end{aligned} \qquad (21.49)$$

式中，v 为弹性波的声速，复模量 $M^*=M_1+iM_2$

$$v=\sqrt{M_1/\rho} \tag{21.50}$$

α 和 δ 及 Q^{-1}的关系由 α 和 δ 的定义可知，

$$\delta=\lambda\alpha, \tag{21.51}$$

式中 λ 是弹性波的波长，以 cm 为单位，α 以 Np/cm 为单位．上式也可表示为 $\delta=v\alpha/f$. 内耗 $Q^{-1}=\frac{1}{\pi}\delta$，所以

$$Q^{-1}=\frac{v\alpha}{\pi f}, \tag{21.52a}$$

或反过来

$$\alpha=\frac{\omega Q^{-1}}{2v}, \tag{21.52b}$$

式中，v 为声速，f 和 ω 分别为频率和圆频率．

除了上述几种常用方法外，还有滞后回线法，由于非弹性应变的存在，使应变的位相落后于应力，因此在交变应力下，必然存在动态滞后回线，其回线面积即表示振动一周中的能量损耗 $\Delta\overline{W}$，如能直接测出此回线，即可求得内耗值，此法常用于较低频率下的内耗测量．

内耗的出现，必伴有模量亏损效应，由于自由振动的本征频率或强迫振动的共振频率与弹性模量的平方根成正比，因此，模量亏损不大时，可得到

$$\Delta M/M=2\,\Delta f/f_r, \tag{21.53}$$

式中 f_r 为共振频率，Δf 是由于非弹性效应而引起的共振频率的变化．对于内耗机制的研究来说，模量亏损($\Delta M/M$)的测量常是必需的．

内耗与超声衰减的测量方法，可参阅有关文献[2,3].

Ⅱ 滞弹性响应函数之间的关系

§21.4 玻尔兹曼叠加原理

该原理指出：如果一个包含应力 σ、应变 ε 以及 σ,ε 对时间各阶导数的方程是线性的，则该方程的解满足叠加原理．也就是说，如果有一组应力 $\sigma_i(i=1,2,\cdots,m)$ 在不同时刻施于物体，根据该原理，很易写出总应变 $\varepsilon(t)$ 为

$$\varepsilon(t)=\sum_{i=1}^{m}\sigma_i J(t-t_i)\,. \tag{21.54}$$

如果外加应力是连续施于物体的，则

$$\varepsilon(t)=\int_{-\infty}^{t}J(t-t')\frac{\mathrm{d}\sigma(t')}{\mathrm{d}t'}\mathrm{d}t'. \tag{21.55}$$

同样，利用玻尔兹曼叠加原理，可以写出应力弛豫函数：

对不同时刻 t_i 建立应变 $\varepsilon_t(i=1,2,\cdots,m)$ 所需的应力为

$$\sigma(t)=\sum_{i=1}^{m}\varepsilon_i M(t-t_i). \tag{21.56}$$

如果 ε 随时间连续变化，则

$$\sigma(t)=\int_{-\infty}^{t}M(t-t')\frac{\mathrm{d}\varepsilon(t')}{\mathrm{d}t'}\mathrm{d}t'. \tag{21.57}$$

这些方程通过蠕变函数(或弹性模量)把应变(或应力)和施加应力(或形变)的历史联系起来．某一时刻的 $\varepsilon(t)$ 不仅与该时刻所加的外应力有关，而且还和加应力的历史有关．如果施加的应力的历史既有连续改变的 σ，也有不连续的应力，则

$$\varepsilon(t)=\sum_{i}\sigma_i J(t-t_i)+\int_{-\infty}^{t}J(t-t')\frac{\mathrm{d}\sigma(t')}{\mathrm{d}t'}\mathrm{d}t'. \tag{21.58}$$

如果令 $\xi=t-t'$，即已加应力的时间，称为逝去的时间(elapsed time)，代入式(21.58)，并利用 $\sigma(-\infty)=0$，则式(21.58)可写成

$$\varepsilon(t) = \sum_i \sigma_i J(t - t_i') - \int_0^\infty J(\xi) \frac{d\sigma(t-\xi)}{d\xi} d\xi, \quad (21.59)$$

式中 $J(\xi)$ 可分为瞬时响应函数 J_U 和滞弹性响应 $J(\xi)-J_U$，上式可写为

$$\varepsilon(t) = J_U \sigma(t) - \int_0^\infty [J(\xi) - J_U] \frac{d\sigma(t-\xi)}{d\xi} d\xi + \sum_i \sigma_i [J(t - t_i)], \quad (21.60)$$

式中 $\sigma(t)$ 是总应力．把式(21.60)分部积分得

$$\varepsilon(t) = J_U \sigma(t) + \int_0^\infty \sigma(t-\xi) \frac{dJ(\xi)}{d\xi} d\xi. \quad (21.61)$$

同理，从式(21.56)和式(21.57)可得

$$\sigma(t) = M_R \varepsilon(t) - \int_0^\infty [M(\xi) - M_R] \frac{d\varepsilon(t-\xi)}{d\xi} d\xi + \sum_i \varepsilon_i [M(t - t_i) - M_R], \quad (21.62)$$

$$\sigma(t) = M_U \varepsilon(t) + \int_0^\infty \varepsilon(t-\xi) \frac{dM(\xi)}{d\xi} d\xi. \quad (21.63)$$

在式(21.61)和式(21.63)中，积分均没有奇异点，而不连续加的应力或应变不会无穷大，因此，对 σ 或 ε 的求和项可概括在积分式中而被消去．

根据玻尔兹曼叠加原理，弹性后效函数可以用蠕变函数来表示

$$N_{t_1}(t) = J(t + t_1) - J(t), \quad (21.64)$$

t_1 是加恒应力 σ_0 的时间，如图 21.5 所示，如果 t_1 足够大，即 $t_1 \to \infty$，则

$$N_\infty(t) = J_R - J(t). \quad (21.65)$$

在以后的讨论中，不再考虑弹性后效函数 $N_{t_1}(t)$，只考虑 $J(t)$ 和 $M(t)$．

§21.5 诸响应函数之间的关系

(a) 静态响应函数 $J(t)$ 和 $M(t)$ 之间的关系　从式(21.55)和式(21.57)可知，通过拉普拉斯变换，可以得到 $J(t)$ 和 $M(t)$ 之间的关系，我们也可以从式(21.58)出发，令 $t<0,\varepsilon=0,t\geqslant 0$ 时，$\varepsilon=\varepsilon_0$，并保持不变，因此，$t'=0$ 时，应力 σ 从 0 跃变到 $M_U\varepsilon_0=\sigma_0$，即

$$\varepsilon_0=\sigma_0 J(t)+\int_0^t J(t-t')\frac{\mathrm{d}\sigma(t')}{\mathrm{d}t'}\mathrm{d}t',$$

该式两边除以 ε_0，可得

$$1=M_U J(t)+\int_0^t J(t-t')\times\frac{\mathrm{d}M(t')}{\mathrm{d}t'}\mathrm{d}t'.\tag{21.66}$$

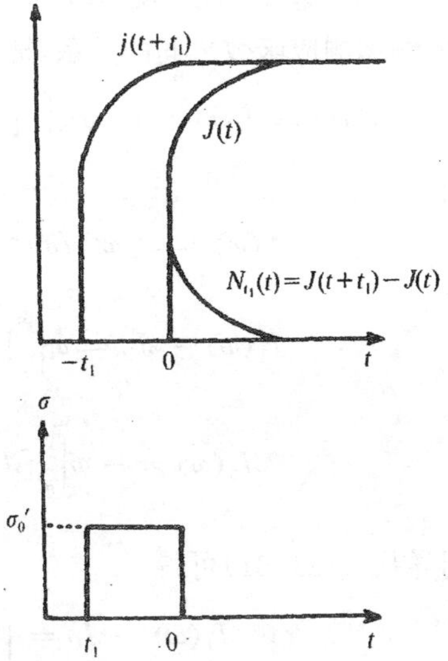

图 21.5　由式(21.65)给出的 $N_{t_1}(t)$ 的示意图.

式(21.66)原则上把 $M(t)$ 和 $J(t)$ 联系起来了，当然由一个函数精确地计算另一个函数是困难的，要反复进行数值积分，霍普金斯和汉民[4]得到另一个有用的表达式

$$t=\int_0^t J(t')\cdot M(t-t')\mathrm{d}t'\tag{21.67}$$

该式对 t 求微分，可得与(21.66)式相等同的表达式，曾讷从式(21.66)出发，导出了曾讷不等式，令 $J(t-t')=J(t)-[J(t)-J(t-t')]$，代入式(21.66)，可得

$$J(t)M(t)=1+\int_0^t[J(t)-J(t-t')]\times\frac{\mathrm{d}M(t')}{\mathrm{d}t'}\mathrm{d}t'.\tag{21.68}$$

由于 $J(t)$随时间单调上升，故 $J(t)-J(t-t')\geqslant 0$，而 $M(t')$随时间单调下降，所以 $\frac{\mathrm{d}M(t')}{\mathrm{d}t'}<0$，因此

$$J(t)M(t)\leqslant 1, \tag{21.69}$$

这被称为曾讷不等式．只有在 $t=0$ 和∞时，式(21.69)才取等号，即 $J(0)=J_U=M_U^{-1}=M^{-1}(0)$；$J(\infty)=J_R=M_R^{-1}=M^{-1}(\infty)$，$0<t<\infty$时，式(21.69)取不等号，但可以证明，当弛豫强度满足 $\Delta^2\ll 1$ 或 $J(t)$和 $M(t)$随时间变化很小时，式(21.69)的等号总是成立的．

(b) 静态响应函数和动态响应函数之间的关系　为了研究动、静态响应函数之间的关系，把 $\sigma(t)=\sigma_0\mathrm{e}^{i\omega t}$代入式(21.60)，得

$$\varepsilon(i\omega t)=J_U\sigma_0\mathrm{e}^{i\omega t}+i\omega\sigma_0\int_0^\infty[J(\xi)-J_U]\mathrm{e}^{i\omega(t-\xi)}\mathrm{d}\xi, \tag{21.70}$$

而

$$J^*(\omega)=\varepsilon(i\omega t)/\sigma_0\mathrm{e}^{i\omega t}=J_1(\omega)-iJ_2(\omega),$$

$$J_1(\omega)-J_U=\omega\int_0^\infty[J(t)-J_U]\sin\omega t\mathrm{d}t, \tag{21.71a}$$

$$J_2(\omega)=-\omega\int_0^\infty[J(t)-J_U]\cos\omega\mathrm{d}t. \tag{21.71b}$$

同样从式(21.61)可得

$$J_1(\omega)-J_U=\int_0^\infty\frac{\mathrm{d}J(t)}{\mathrm{d}t}\cos\omega t\mathrm{d}t, \tag{21.72a}$$

$$J_2(\omega)=\int_0^\infty\frac{\mathrm{d}J(t)}{\mathrm{d}t}\sin\omega t\mathrm{d}t. \tag{21.72b}$$

式(21.71)和式(21.72)均给出了动态响应函数 $J_1(\omega)$、$J_2(\omega)$和静态响应函数的关系，利用傅里叶变换也可得出 $J(t)$和 $J_1(\omega)$、$J_2(\omega)$的关系

$$J(t)-J_U=\frac{2}{\pi}\int_0^\infty\frac{J_1(\omega)-J_U}{\omega}\sin\omega t\mathrm{d}\omega, \tag{21.73a}$$

$$J(t) - J_U = -\frac{2}{\pi}\int_0^\infty \frac{J_2(\omega)}{\omega}\cos\omega t\mathrm{d}\omega, \qquad (21.73\mathrm{b})$$

$$\frac{\mathrm{d}J(t)}{dt} = \frac{2}{\pi}\int_0^\infty [J_1(\omega) - J_U]\cos\omega t\mathrm{d}\omega, \qquad (21.74\mathrm{a})$$

$$\frac{\mathrm{d}J(t)}{\mathrm{d}t} = \frac{2}{\pi}\int_0^\infty J_2(\omega)\sin\omega t\mathrm{d}\omega. \qquad (21.74\mathrm{b})$$

同样，由式(21.62)，把 $\varepsilon=\varepsilon_0 e^{i\omega t}$ 及 $M^* = \sigma/\varepsilon = M_1(\omega) + iM_2(\omega)$ 代入可得

$$M_1(\omega) - M_R = \omega\int_0^\infty [M(t) - M_R]\sin\omega t\mathrm{d}t, \qquad (21.75\mathrm{a})$$

$$M_2(\omega) = \omega\int_0^\infty [M(t) - M_R]\cos\omega t\mathrm{d}t, \qquad (21.75\mathrm{b})$$

$$M_1(\omega) - M_U = \int_0^\infty \frac{\mathrm{d}M(t)}{\mathrm{d}t}\cos\omega t\mathrm{d}t, \qquad (21.76\mathrm{a})$$

$$M_2(\omega) = \int_0^\infty -\frac{\mathrm{d}M(t)}{\mathrm{d}t}\sin\omega t dt, \qquad (21.76\mathrm{b})$$

经傅里叶变换可求得

$$M(t) - M_R = \frac{2}{\pi}\int_0^\infty \frac{M_1(\omega) - M_R}{\omega}\sin\omega t\mathrm{d}\omega, \qquad (21.77\mathrm{a})$$

$$M(t) - M_R = \frac{2}{\pi}\int_0^\infty \frac{M_2(\omega)}{\omega}\cos\omega t\mathrm{d}\omega, \qquad (21.77\mathrm{b})$$

$$\frac{\mathrm{d}M(t)}{\mathrm{d}t} = \frac{2}{\pi}\int_0^\infty [M_1(\omega) - M_R]\cos\omega t\mathrm{d}\omega, \qquad (21.78\mathrm{a})$$

$$\frac{\mathrm{d}M(t)}{\mathrm{d}t} = -\frac{2}{\pi}\int_0^\infty M_2(\omega)\sin\omega t\mathrm{d}\omega. \qquad (21.78\mathrm{b})$$

(c) 动态响应函数之间的关系　在上一节所获得的动、静态响应函数之间的关系中，消去静态响应函数，就可获得动态响应函数之间的关系，由式(21.72)和式(21.74)，消去 $\mathrm{d}J(t)/\mathrm{d}t$ 可得

$$J_1(\omega) - J_U = \frac{2}{\pi}\int_0^\infty \cos\omega t\int_0^\infty J_2(\alpha)\sin\alpha t\mathrm{d}\alpha\mathrm{d}t, \quad (21.79)$$

$$J_2(\omega) = \frac{2}{\pi}\int_0^\infty \sin\omega t\int_0^\infty [J_1(\alpha) - J_U]\cos\alpha t\mathrm{d}\alpha\mathrm{d}t, \quad (21.80)$$

同样,由式(21.76)和式(21.78),可得 $M_1(\omega)$和 $M_2(\omega)$之间的关系为

$$M_1(\omega) - M_R = -\frac{2}{\pi}\int_0^\infty \cos\omega t\int_0^\infty M_2(\alpha)\sin\alpha t\mathrm{d}\alpha\mathrm{d}t, \quad (21.81)$$

$$M_2(\omega) = -\frac{2}{\pi}\int_0^\infty \sin\omega t\int_0^\infty [M_1(\alpha) - M_R]\cos\alpha t\mathrm{d}\alpha\mathrm{d}t. \quad (21.82)$$

上述关系式,积分收敛很慢,故不适于用作数值计算,克洛尼格[5]和克拉曼斯[6]利用 $\int_0^\infty \sin\alpha t\cos\omega t\mathrm{d}t = \frac{\alpha}{\alpha^2-\omega^2}$ 进一步对式(21.79)和式(21.80)积分,得

$$J_1(\omega) - J_U = \frac{2}{\pi}\int_0^\infty J_2(\alpha)\frac{\alpha}{\alpha^2-\omega^2}\mathrm{d}\alpha, \quad (21.83)$$

$$J_2(\omega) = \frac{2\omega}{\pi}\int_0^\infty [J_1(\alpha) - J_U]\frac{1}{\alpha^2-\omega^2}\mathrm{d}\alpha. \quad (21.84)$$

$J_1(\omega)$和 $J_2(\omega)$均与 ω 有关,K-K 关系定性的结论是耗散行为隐含着色散关系,如果 $\omega=0$,并经足够长的时间,$J_1(0)=J_R$,从式(21.83)得

$$\frac{2}{\pi}\int_0^\infty J_2(\alpha)\mathrm{d}\alpha/\alpha = \frac{2}{\pi}\int_0^\infty J_2(\alpha)\mathrm{d}(\ln\alpha)$$
$$= J_R - J_U = \delta J, \quad (21.85)$$

这说明 $J_2(\omega)\sim\ln\omega$ 曲线下面的总面积总是 $\frac{\pi}{2}\delta J$. 对 $\omega=0$ 或 $\omega=\infty$,由式(21.84)得 $J_2(\omega)=0$,这说明频率很低时($\omega=0$),弛豫过程完全跟得上,应变总是和应力同位相,因此内耗为零,而 $\omega=\infty$ 弛豫过程总跟不上应力的变化,如同没有发生弛豫,因此内耗也为零. 对于一定的弛豫过程,内耗只出现在一定的频段范围内. 同样,我们可以得出 $M_1(\omega)$和 $M_2(\omega)$之间有下述关系:

$$M_1(\omega) - M_R = \frac{2\omega^2}{\pi}\int_0^\infty \frac{M_2(\alpha)}{\alpha}\frac{d\alpha}{\omega^2 - \alpha^2}, \tag{21.86}$$

$$M_2(\omega) = \frac{2}{\pi}\int_0^\infty [M_1(\alpha) - M_R]\frac{\omega d\alpha}{\alpha^2 - \omega^2}. \tag{21.87}$$

Ⅲ　内耗的唯象理论

前面从响应函数出发，描述了材料的滞弹性行为，我们也可以建立力学模型，用相应的微分方程来描述滞弹性行为，由于是线性滞弹性行为，因此 σ，ε 及其对时间的导数之间存在如下线性关系：

$$a_0\sigma + a_1\dot{\sigma} + a_2\ddot{\sigma} + \cdots = b_0\varepsilon + b_1\dot{\varepsilon} + b_2\ddot{\varepsilon} + \cdots. \tag{21.88}$$

如果方程仅 $a_0\neq 0$，$b_0\neq 0$，其余系数均为 0，这个方程就是理想弹性体满足的胡克定律，它不产生非弹性应变，可以用一只胡克弹簧来表示，其劲度系数的倒数即为 J，任何一个固体受到应力作用都会发生弹性形变，因此，在描述滞弹性行为的模型中，胡克弹簧是必不可少的元件．提供内耗的是非弹性应变，可以用一只充满理想粘滞液体的活塞来表示，活塞的运动速度正比于外应力，即

$$\sigma = \eta\dot{\varepsilon}, \tag{21.89}$$

式中比例系数 η 称为粘滞系数．

将上述胡克弹簧和阻尼活塞串，并联组合起来，可以得到描述滞弹性体行为的模型

§21.6　佛克脱模型

它由一个弹簧和一个活塞并联而成，如图 21.6 所示，活塞的粘滞系数为

$$\eta = \tau/J, \tag{21.90}$$

由于弹簧和活塞并联，故在外应力 σ 作用下

$$\sigma_a + \sigma_b = \sigma, \tag{21.91a}$$

$$\varepsilon_a = \varepsilon_b = \varepsilon. \tag{21.91b}$$

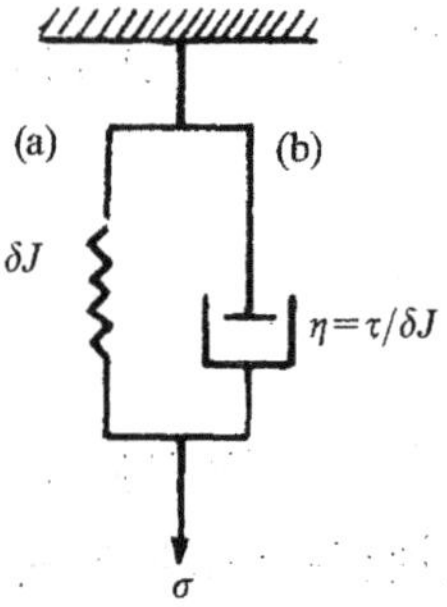

图 21.6　佛克脱模型．

由于活塞的位移不能突变，因此，在施加外应力的瞬间 $\varepsilon_b=0$，由式(21.91b)可知，弹簧此时不伸长，故 $\sigma_a=0$，$\sigma_b=\sigma$，活塞受力开始运动，随着活塞运动，弹簧也不断伸长，使 $\sigma_b=\sigma-\sigma_a$ 不断变小，直到 $\sigma_b=0$ 活塞停止运动，ε_b 不再变化，$\varepsilon_b=\varepsilon_a=J\sigma$，达到平衡值，这实际上是蠕变过程，并联弹簧的顺服系数实际上为 δJ. 卸载过程恰好相反，描述了弹性后效行为．上述行为也可从图 21.6 建立微分方程来描述．

$$\sigma_a = \varepsilon/\delta J, \tag{21.92a}$$

$$\sigma_b = (\tau/\delta J)\dot{\varepsilon}, \tag{21.92b}$$

$$\sigma = \frac{1}{\delta J}(\varepsilon + \tau\dot{\varepsilon}). \tag{21.93}$$

方程(21.93)的解为

$$\varepsilon(t) = \delta J\sigma(1 - \mathrm{e}^{-t/\tau}), \tag{21.94}$$

式中 σ 是外应力，τ 代表了弛豫时间，该式反映了弛豫过程，非弹性应变随时间的变化，但并不代表真实滞弹性体在外应力作用下的形变行为．

§21.7　麦克斯韦模型

它由一只弹簧和一只活塞串联而成，如图 21.7 所示．由于两元件串联，故

$$\sigma_a = \sigma_b = \sigma, \tag{21.95a}$$

$$\varepsilon_a + \varepsilon_b = \varepsilon. \tag{21.95b}$$

根据图 21.7 及式(21.89)可列出

$$\tau M\dot{\varepsilon} = \tau\dot{\sigma} + \sigma. \tag{21.96}$$

对于应力弛豫，$\varepsilon=\varepsilon_0$(常值).

由式(21.96)可得

$$\sigma=\sigma_o e^{-t/\tau}. \tag{21.97}$$

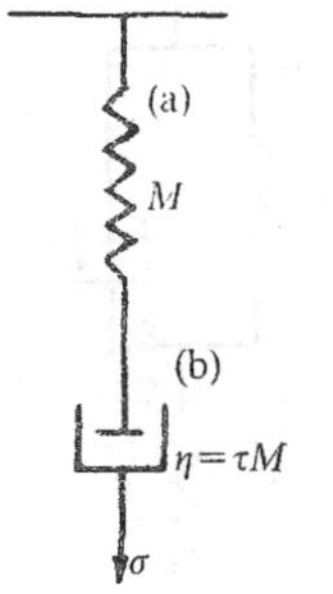

图 21.7 麦克斯韦模型.

式(21.97)是应力弛豫表达式，τ 为弛豫时间，具体过程可描述如下：$t=0$ 时刻，加上应力 σ_0，产生应变 ε_0，该时刻 $\varepsilon_b=0$，故 $\varepsilon_a=\varepsilon_0$，活塞在 σ_0 的作用下，将以 $\sigma/\tau M$ 速度运动，随 ε_b 增加，$\varepsilon_a=\varepsilon_0-\varepsilon_b$ 不断减小，这意味着外应力 $\sigma=M\varepsilon_a$ 也减小，直到 $\varepsilon_b=\varepsilon_0$，此时 $\varepsilon_a=0$，弹簧复原，外应力也由初始的 σ_0 值减小到零，活塞也停止运动，这就是应力弛豫过程，从式(21.96)还可以求出动态响应函数

$$M_1(\omega)=M\omega^2\tau^2/(1+\omega^2\tau^2), \tag{21.98}$$

$$M_2(\omega)=M\omega\tau/(1+\omega^2\tau^2). \tag{21.99}$$

无论是佛克脱模型还是麦克斯韦模型，都只包含两个独立参数，它们不能描述真实滞弹性体的行为，因此有必要考虑三参量模型.

§21.8 标准滞弹性固体与三参量模型

(a) 佛克脱元件和弹簧串联　该模型如图 21.8 所示，三个元件分别称为(a)，(b)，(c)，相应参数如图所示，根据串、并联关系可得方程

$$\tau_\sigma\dot{\varepsilon}+\varepsilon=\tau_\sigma J_U\dot{\sigma}+J_R\sigma. \tag{21.100}$$

该方程可以用来描述滞弹性行为

(1) 蠕变情况

$$\sigma=\begin{cases}0, t<0\\ \sigma_0, t\geqslant 0\end{cases}$$

$t\geqslant 0$ 时，方程(21.100)可简化为

$$\tau_\sigma\dot{\varepsilon} + \varepsilon = J_R\sigma_0, \tag{21.101}$$

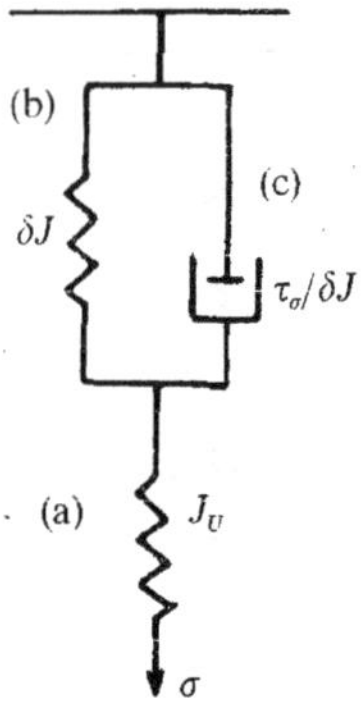

图 21.8 包含佛克脱元件的三参量模型.

解得

$$\varepsilon(t) = J_R\sigma_0 + (\varepsilon_0 - J_R\sigma_0)e^{-t/\tau_\sigma}, \tag{21.102}$$

$$J(T) = \varepsilon(t)/\sigma_0$$
$$= J_U + \delta J[1 - e^{-t/\tau_\sigma}]. \tag{21.103}$$

式(21.103)和式(21.14)相比,可求出归一化蠕变函数为

$$\psi(t) = 1 - e^{-t/\tau_\sigma}, \tag{21.104}$$

τ_σ 是恒应力下的弛豫时间.

(2) 应力弛豫的情况

$\varepsilon=\varepsilon_0$,方程(21.100)可简化为

$$\varepsilon_0 = \tau_\sigma J_U\dot{\sigma} + J_R\sigma. \tag{21.105}$$

令

$$\tau_\varepsilon = J_U\tau_\sigma/J_R = M_R\tau_\sigma/M_U = \tau_\sigma/(1+\Delta), \tag{21.106}$$

式中 Δ 是弛豫强度,把式(21.106)代入式(21.105)可得

$$\sigma + \tau_\varepsilon\dot{\sigma} = M_R\varepsilon_0, \tag{21.107}$$

解为

$$\sigma(t) = M_R\varepsilon_0 + (\sigma_0 - M_R\varepsilon_0)e^{-t/\tau_\varepsilon}, \tag{21.108}$$

$$M(t) = \sigma(t)/\varepsilon_0 = M_R + \delta M e^{-t/\tau_\varepsilon}. \tag{21.109}$$

和式(21.16)相比,可求出归一化应力弛豫函数

$$\varphi(t) = e^{-t/\tau_\varepsilon}, \tag{21.110}$$

τ_ε 称为恒应变下的弛豫时间.

(b) 麦克斯韦元件和弹簧并联的情况　其装置如图 21.9 所示,相应的方程为

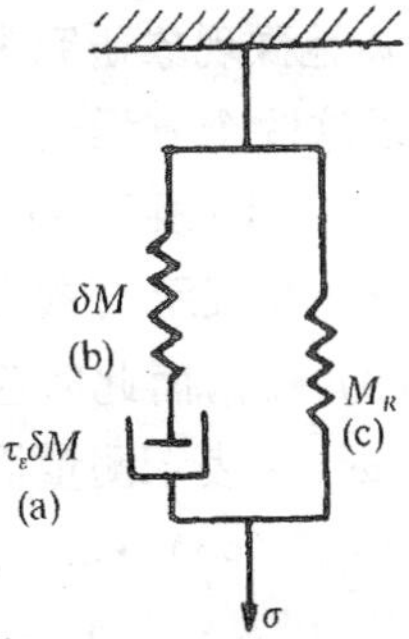

图 21.9 包含麦克斯韦元件的三参量模型．

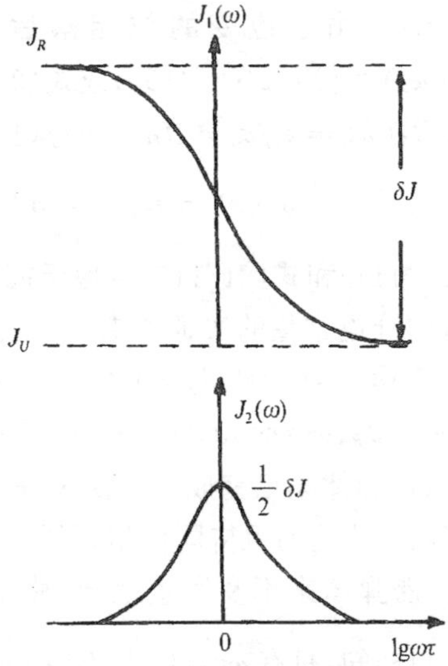

图 21.10 $J_1(\omega)$和 $J_2(\omega)$随 $\lg\omega\tau_\sigma$的变化曲线．

$$\tau_\varepsilon M_U\dot{\varepsilon} + M_R\varepsilon = \sigma + \tau_\varepsilon\dot{\sigma}\ , \tag{21.111}$$

该方程同样可以用来描述滞弹性行为

(1) 蠕变的情况

$\sigma=\sigma_0$，方程(21.111)可化简为

$$\tau_\varepsilon M_U\dot{\varepsilon} + M_R\varepsilon = \sigma_0. \tag{21.112}$$

由于 $M_U=1/J_U$，$M_R=1/J_R$，$\tau_\varepsilon=J_U\tau_\sigma/J_R$，代入式(21.112)得

$$\tau_\sigma\dot{\varepsilon} + \varepsilon = J_R\sigma_0,$$

该方程和方程(21.101)完全相同，这里不再累赘．

(2) 应力弛豫的情况

$\varepsilon=\varepsilon_0$，方程(21.111)可简化为

$$M_R\varepsilon_0 = \sigma + \tau_\varepsilon\dot{\sigma}, \tag{21.113}$$

该方程和方程(21.107)完全相同.

上面分析的是静态过程，如果外加应力是周期性变化的应力 $\sigma=\sigma_0 e^{i\omega t}$，由于应变的位相落后于应力的位相，可写成 $\varepsilon=(\varepsilon_1-i\varepsilon_2)e^{i\omega t}$ 代入式(21.100)或式(21.111)，可求得

$$J_1(\omega)=\varepsilon_1/\sigma_0=J_U+\delta J/(1+\omega^2\tau_\sigma^2), \tag{21.114}$$

$$J_2(\omega)=\varepsilon_2/\sigma_0=\delta J\omega\tau_\sigma/(1+\omega^2\tau_\sigma^2), \tag{21.115}$$

式(21.114)和式(21.115)类似于德拜在电介质弛豫现象研究中所获得的介电常量的实部和虚部的表达式，所以这两个方程也称为德拜方程．$J_1(\omega)$和 $J_2(\omega)$随 $\lg\omega\tau_\sigma$ 的变化如图 21.10 所示，$\omega\to 0$，$J_1(\omega)\to J_R$；$\omega\to\infty$，$J_1(\omega)\to J_U$. 从物理上看，$\omega\to 0$ 表示测量周期很长，滞弹体早已完成了弛豫过程，因此，$J_1(0)\to J_R$，而此时应变总能跟上应力而保持同位相，因此，$J_2(0)=0$. $\omega\to\infty$表示测量周期极短，滞弹体来不及发生弛豫，故 $J_1(\infty)\to J_U$，$J_2(\infty)\to 0$. 由式(21.115)知，只有 $\omega\tau=1$ 时，$J_2(\omega)$才达到极大，极大值为 $\frac{1}{2}\delta J$，这个峰称为德拜峰，它对于 $\lg\omega\tau$ 来说是对称的，其半宽度为

$$\Delta\lg\omega\tau=1.44. \tag{21.116}$$

由式(21.114)和式(21.115)可求出 $Q^{-1}(\omega)$和 $|J(\omega)|$

$$Q^{-1}=J_2(\omega)/J_1(\omega)=\frac{\delta J\omega\tau_\sigma}{J_R+J_U\omega^2\tau_\sigma^2}, \tag{21.117}$$

$$|J(\omega)|=[J_1^2(\omega)+J_2^2(\omega)]^{1/2}$$

$$=[(J_R^2+J_U^2\omega^2\tau_\sigma^2)/(1+\omega^2\tau_\sigma^2)]^{1/2}. \tag{21.118}$$

同样把 $\varepsilon=\varepsilon_0 e^{i\omega t}$，$\sigma=(\sigma_1+i\sigma_2)e^{i\omega t}$代入式(21.111)得

$$M_1(\omega)=\sigma_1/\varepsilon_0=M_R+\delta M\omega^2\tau_\varepsilon^2/(1+\omega^2\tau_\varepsilon^2), \tag{21.119}$$

$$M_2(\omega)=\sigma_2/\varepsilon_0=\delta M\omega\tau_\varepsilon/(1+\omega^2\tau_\varepsilon^2). \tag{21.120}$$

定义一个平均弛豫时间 $\bar{\tau}$

$$\bar{\tau}=(\tau_\sigma\tau_\varepsilon)^{1/2}. \tag{21.121}$$

利用式(21.106)

$$\bar{\tau}=\tau_\sigma/(1+\Delta)^{1/2}=\tau_\varepsilon(1+\Delta)^{1/2}, \tag{21.122}$$

式中 Δ 是弛豫强度，式(21.117)可改写为

$$Q^{-1}(\omega) = \frac{\Delta}{(1+\Delta)^{1/2}} \cdot \omega\bar{\tau}/(1+\omega^2\bar{\tau}^2). \qquad (21.123)$$

由 $Q^{-1}(\omega)=M_2(\omega)/M_1(\omega)$ 可以得到和式(21.123)相同的表达式．当 $\Delta \ll 1$ 时，由式(21.122)可知

$$\tau_\varepsilon = \tau_\sigma = \bar{\tau},$$

$$Q^{-1}(\omega) = \Delta \cdot \omega\bar{\tau}/(1+\omega^2\bar{\tau}^2). \qquad (21.124)$$

滞弹性的动态行为产生两个效应：一是产生内耗，二是造成模量亏损．根据模量亏损的定义可得

$$\frac{\Delta M}{M_1} = \Delta \cdot \frac{1}{1+\omega^2\tau^2}. \qquad (21.125)$$

从式(21.124)和式(21.125)可以看出，滞弹性弛豫引起的内耗和模量亏损都和应变振幅无关．当 $\omega\tau=1$ 时，Q^{-1} 达极大值，但要测出整个德拜峰，频率往往要改变几个数量级，这往往要改变试样尺寸和变换测量仪器，这不仅影响测量精度，而且实验也不方便，目前已有宽频摆可以满足这一要求．如果弛豫过程是通过原子扩散(热激活)过程来进行的话，弛豫时间常满足阿瑞纽斯(Arrhenius)关系

$$\tau = \tau_\infty e^{H/kT} \text{ 或 } \tau^{-1} = \nu_0 e^{-H/kT}, \qquad (21.126)$$

式中 τ_∞ 称为前置因子，ν_0 为频率因子，H 是激活焓，表示在这弛豫过程中原子必须克服的能垒高度．式(21.126)还说明弛豫时间 τ 是温度的函数，因此，在一定频率下，改变温度同样可使 $\omega\tau=1$ 而测出内耗峰．显然，不同频率下的峰温 T_m 不同，由此可求出激活焓的大小为

$$H = \left[k\ln\left(\frac{\omega_1}{\omega_2}\right)\right]\left(\frac{1}{T_{m2}} - \frac{1}{T_{m1}}\right) \qquad (21.127)$$

式中 T_{m1}，T_{m2} 分别为频率为 ω_1，ω_2 时的峰温．也可以采用一系列测量频率，测出相应的峰温 T_m，由 $\ln\omega \sim 1/T_m$ 的斜率求出激活焓 H 来．

此外，对德拜峰还可以从峰宽来求激活焓

$$H = 2.635k/\Delta(1/T), \tag{21.128}$$

式中 k 是玻尔兹曼常量，$\Delta\left(\frac{1}{T}\right) = \frac{1}{T_1} - \frac{1}{T_2}$ 是德拜峰的温度半宽度.

§ 21.9 滞弹性弛豫的离散谱和连续谱

对于只具单一弛豫过程的标准线性滞弹性行为，可以用三参量的应力应变方程来描述，其 $J_2(\omega)$ 或 $M_2(\omega)$ 在 $\lg\omega\tau$ 坐标上出现一个以 $\omega\tau=1$ 为中心的，对称的德拜峰. 这一节要讨论具有一个以上弛豫时间的弛豫过程.

(a) 离散谱　如果图 21.8 所给出的三参量模型中再串联一个佛克脱元件就构成了一个五参量模型，如图 21.11 所示，这五个参量为 $J_0, \delta J^{(1)}, \delta J^{(2)}, \tau_\sigma^{(1)}, \tau_\sigma^{(2)}$. 相应的应力应变方程为

$$\ddot{\varepsilon} + \left(\frac{1}{\tau_\sigma^{(1)}} + \frac{1}{\tau_\sigma^{(2)}}\right)\dot{\varepsilon} + (1/\tau_\sigma^{(1)}\tau_\sigma^{(2)})\varepsilon = J_U\ddot{\sigma} + \left[\left(\frac{1}{\tau_\sigma^{(1)}} + \frac{1}{\tau_\sigma^{(2)}}\right)J_U + \delta J^{(1)}/\tau_\sigma^{(1)} + \delta J^{(2)}/\tau_\sigma^{(2)}\right]\dot{\sigma} + \frac{1}{\tau_\sigma^{(1)}\tau_\sigma^{(2)}}(J_U + \delta J^{(1)} + \delta J^{(2)})\sigma. \tag{21.129}$$

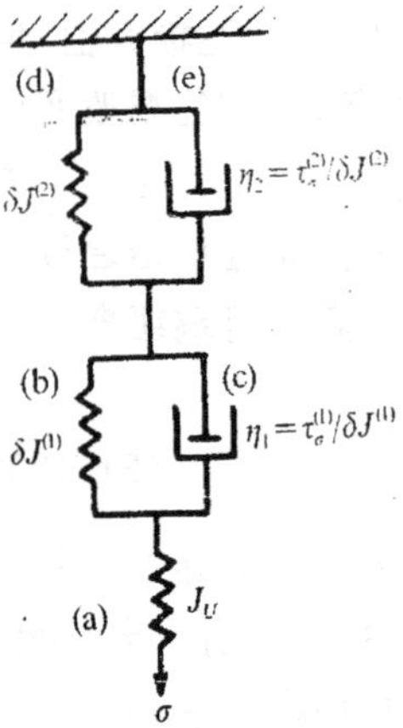

图 21.11　包含二个佛克脱元件的五参量模型.

从图 21.11 可以看出，总应变是弹簧和两个佛克脱元件的应变之和，因此静态响应函数为

$$J(t) = J_U + \delta J^{(1)}[1 - e^{-t/\tau_\sigma^{(1)}}] + \delta J^{(2)}[1 - e^{-t/\tau_\sigma^{(2)}}], \tag{21.130}$$

$$J(0) = J_U, \tag{21.131a}$$

$$J(\infty) = J_R = J_U + \delta J^{(1)} + \delta J^{(2)}. \tag{21.131b}$$

把 $\sigma=\sigma_0 e^{i\omega t}, \varepsilon=(\varepsilon_1-i\varepsilon_2)e^{i\omega t}$代入式(21.129)，可以求出动态响应函数 $J_1(\omega)$和 $J_2(\omega)$为

$$J_1(\omega)=J_U+\frac{\delta J^{(1)}}{1+(\omega\tau_\sigma^{(1)})^2}+\frac{\delta J^{(2)}}{1+(\omega\tau_\sigma^{(2)})^2}, \tag{21.132}$$

$$\begin{aligned}J_2(\omega)=&\ \delta J^{(1)}\omega\tau_\sigma^{(1)}/[1+(\omega\tau_\sigma^{(1)})^2]\\&+\delta J^{(2)}\omega\tau_\sigma^{(2)}/[1+(\omega\tau_\sigma^{(2)})^2],\end{aligned} \tag{21.133}$$

式中 $\tau_\sigma^{(1)}$ 和 $\tau_\sigma^{(2)}$ 是恒应力下的两个弛豫过程的弛豫时间，$J_2(\omega)$在 $\lg\omega\tau$ 坐标上是两个德拜峰之和，但内耗 $Q^{-1}=J_2(\omega)/J_1(\omega)$一般不是两个德拜峰之和．如把图 21.9 所示的三参量模型再和麦克斯韦元件并联也可构成一个五参量模型，如图 21.12 所示，这五个参量为 $M_R,\delta M^{(1)},\delta M^{(2)},\tau_\varepsilon^{(1)}$ 和 $\tau_\varepsilon^{(2)}$．相应的应力应变方程为

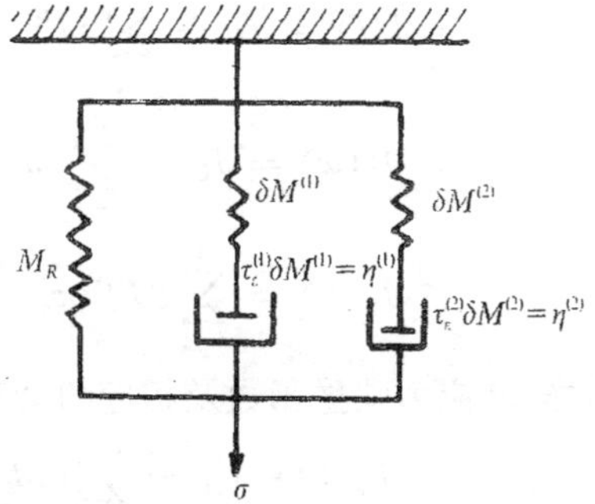

图 21.12　包含两个麦克斯韦元件的五参量模型．

$$\begin{aligned}\ddot{\sigma}+\left(\frac{1}{\tau_\varepsilon^{(1)}}+\frac{1}{\tau_\varepsilon^{(2)}}\right)\dot{\sigma}+\frac{\sigma}{\tau_\varepsilon^{(1)}\tau_\varepsilon^{(2)}}=&\ M_U\ddot{\varepsilon}+\Bigg[\frac{\delta M^{(2)}}{\tau_\varepsilon^{(1)}}+\frac{\delta M^{(1)}}{\tau_\varepsilon^{(2)}}\\&+M_R\left(\frac{1}{\tau_\varepsilon^{(1)}}+\frac{1}{\tau_\varepsilon^{(2)}}\right)\Bigg]\dot{\varepsilon}+\frac{M_R}{\tau_\varepsilon^{(1)}\tau_\varepsilon^{(2)}}\varepsilon,\end{aligned} \tag{21.134}$$

式中 $M_U=M_R+\delta M^{(1)}+\delta M^{(2)}$，$\tau_\varepsilon^{(1)}$ 和 $\tau_\varepsilon^{(2)}$ 是恒应变下的两个弛豫过程的弛豫时间，同样可以从方程(21.134)求得静态响应函数和动态响应函数

$$M(t)=M_R+\delta M^{(1)}\mathrm{e}^{-t/\tau_\varepsilon^{(1)}}+\delta M^{(2)}\mathrm{e}^{-t/\tau_\varepsilon^{(2)}}, \tag{21.135}$$

$$\begin{aligned}M_1(\omega)=&\ M_R+\delta M^{(1)}\cdot\frac{(\omega\tau_\varepsilon^{(1)})^2}{1+(\omega\tau_\varepsilon^{(1)})^2}\\&+\delta M^{(2)}\cdot\frac{(\omega\tau_\varepsilon^{(2)})^2}{1+(\omega\tau_\varepsilon^{(2)})^2},\end{aligned} \tag{21.136}$$

$$M_2(\omega) = \delta M^{(1)} \frac{\omega\tau_\varepsilon^{(1)}}{1 + (\omega\tau_\varepsilon^{(1)})^2} + \delta M^{(2)} \cdot \frac{\omega\tau_\varepsilon^{(2)}}{1 + (\omega\tau_\varepsilon^{(2)})^2}. \qquad (21.137)$$

还可以在上述模型的基础上，再串联几个佛克脱单元或并联几个麦克斯韦单元而组成更复杂的滞弹性体模型．如果有 n 个佛克脱或麦克斯韦单元，则可以求得蠕变函数及相应的动态响应函数为

$$J(t) = J_U + \sum_{i=1}^{n} \delta J^{(i)} [1 - \mathrm{e}^{-t/\tau_\sigma^{(i)}}], \qquad (21.138)$$

$$J_1(\omega) = J_U + \sum_{i=1}^{n} \delta J^{(i)} / (1 + \omega^2 \tau_\sigma^{(i)2}), \qquad (21.139)$$

$$J_2(\omega) = \sum_{i=1}^{n} \delta J^{(i)} \omega\tau_\sigma^{(i)} / (1 + \omega^2 \tau_\sigma^{(i)2}). \qquad (21.140)$$

同样，其应力弛豫函数及相应的动态响应函数为

$$M(t) = M_R + \sum_{i=1}^{n} \delta M^{(i)} \mathrm{e}^{-t/\tau_\varepsilon^{(i)}}, \qquad (21.141)$$

$$M_1(\omega) = M_R + \sum_{i=1}^{n} \delta M^{(i)} [\omega\tau_\varepsilon^{(i)}]^2 / [1 + (\omega\tau_\varepsilon^{(i)})^2], \qquad (21.142)$$

$$M_2(\omega) = \sum_{i=1}^{n} \delta M^{(i)} \omega\tau_\varepsilon^{(i)} / [1 + (\omega\tau_\varepsilon^{(i)})^2] \qquad (21.143)$$

图 21.13 示出了 $n=3$ 的弛豫过程的离散谱．在 $\ln\tau$ 坐标轴上，τ 决定了谱线的位置，由 δJ 或 δM 来表示弛豫的大小，就像光谱图一样，每条谱线都分开了，因此称它为弛豫过程的离散谱．对同一弛豫过程，由于 $\tau_\varepsilon = J_U\tau_\sigma / J_R$，故 $\tau_\varepsilon < \tau_\sigma$，因此恒应变条件下的谱线位置，处于 τ 较低的位置，如图 21.13 所示．实际上，响应函数是不同弛豫过程的响应函数的叠加，只有当两个 τ 值相差一个以上数量级时，我们才能在 $J(t) \sim \lg t$，$J_2(\omega) \sim \lg\omega^{-1}$ 曲线上把两个弛豫谱分开来，如图 21.14 所示．

(b) 连续谱　如果弛豫时间在某范围内是连续的，那末对应的 δJ 也是连续的，对这一种 τ 作连续分布的弛豫过程，动、静态响应函数将如何分布是这一节要讨论的内容．

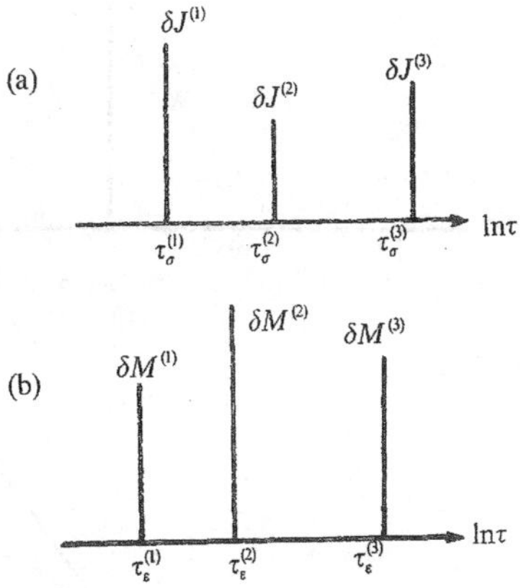

图 21.13　$n=3$ 时的离散谱的示意图．(a) 恒应力下；(b) 恒应变下．

设在 $\ln\tau$ 到 $\ln\tau+\mathrm{d}(\ln\tau)$ 的间隔内，δJ 的平均值为 $X(\ln\tau)$，即 δJ 是 $\ln\tau$ 的 X 函数，那末在这一间隔内，对总 δJ 的贡献为 $X(\ln\tau)\mathrm{d}(\ln\tau)$．同样，假定在 $\ln\tau$ 到 $\ln\tau+\mathrm{d}(\ln\tau)$ 间隔内，δM 的平均值为 $Y(\ln\tau)$，在此间隔内对总 δM 的贡献为 $Y(\ln\tau)\mathrm{d}(\ln\tau)$．$X(\ln\tau)$ 被称为恒应力弛豫谱，具顺服系数的量纲，$Y(\ln\tau)$ 被称为恒应变弛豫之谱，具有弹性模量的量纲．

和分立谱相比

$$\delta J^{(i)} \longrightarrow X(\ln\tau)\mathrm{d}(\ln\tau), \tag{21.144}$$

$$\delta M^{(i)} \longrightarrow Y(\ln\tau)\mathrm{d}(\ln\tau), \tag{21.145}$$

$$J(t) = J_U + \int_{-\infty}^{\infty} X(\ln\tau)(1-\mathrm{e}^{-t/\tau})\mathrm{d}(\ln\tau), \tag{21.146}$$

$$J_1(\omega) = J_U + \int_{-\infty}^{\infty} X(\ln\tau)/(1+\omega^2\tau^2)\mathrm{d}(\ln\tau), \tag{21.147}$$

$$J_2(\omega) = \int_{-\infty}^{\infty} X(\ln\tau)\omega\tau/(1+\omega^2\tau^2)\mathrm{d}(\ln\tau), \tag{21.148}$$

且

$$\int_{-\infty}^{\infty} X(\ln\tau)\mathrm{d}(\ln\tau) = \delta J, \tag{21.149}$$

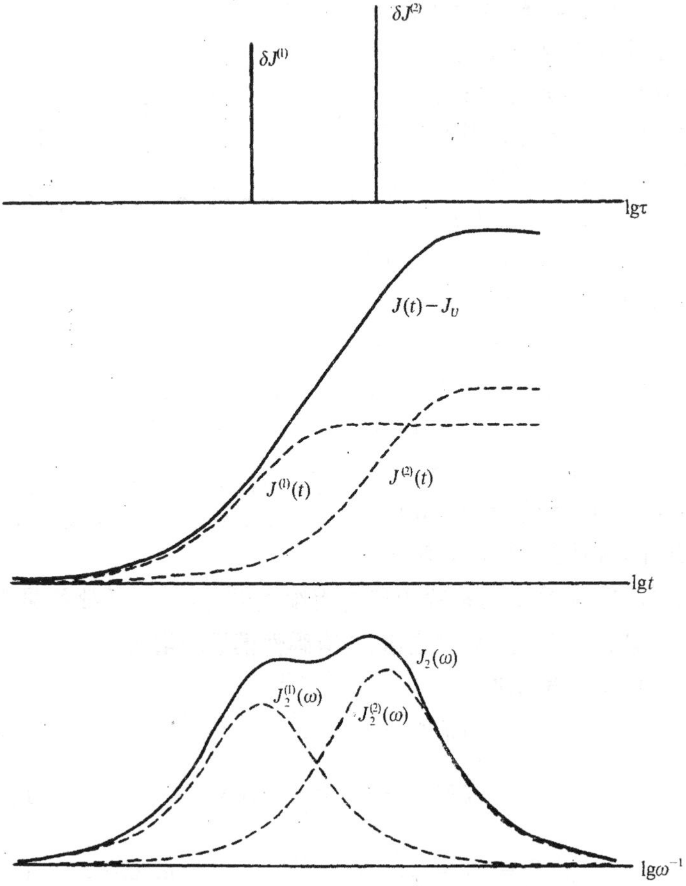

图 21.14 具有两个弛豫 $\tau_1/\tau_2 = 1/10$, $\delta J_1/\delta J_2 = 9/11$ 的响应函数 $J(t)$ 和 $J_2(w)$ 虚线分别对应单一弛豫时响应函数.

$$M(t) = M_R + \int_{-\infty}^{\infty} Y(\ln\tau)\mathrm{e}^{-t/\tau}\mathrm{d}(\ln\tau), \tag{21.150}$$

$$M_1(\omega) = M_R + \int_{-\infty}^{\infty} Y(\ln\tau)\omega^2\tau^2/(1+\omega^2\tau^2)\mathrm{d}(\ln\tau), \tag{21.151}$$

$$M_2(\omega) = \int_{-\infty}^{\infty} Y(\ln\tau)\omega\tau/(1+\omega^2\tau^2)\mathrm{d}(\ln\tau), \tag{21.152}$$

$$\int_{-\infty}^{\infty} Y(\ln\tau)\mathrm{d}(\ln\tau) = \delta M. \tag{21.153}$$

引入归一化分布函数

$$\overline{\Psi}(\ln\tau) = (1/\delta J)X(\ln\tau), \tag{21.154}$$

$$\Phi(\ln\tau) = (1/\delta M)Y(\ln\tau), \tag{21.155}$$

则

$$\int_{-\infty}^{\infty} \overline{\Psi}(\ln\tau)\mathrm{d}(\ln\tau) = 1, \tag{21.156}$$

$$\int_{-\infty}^{\infty} \Phi(\ln\tau)\mathrm{d}(\ln\tau) = 1. \tag{21.157}$$

根据式(21.14)、式(21.146)、式(21.149)和式(21.154),可导出归一化蠕变函数 $\Psi(t)$和归一化分布函数 $\Psi(\ln\tau)$之间的关系为

$$1 - \overline{\Psi}(t) = \int_{-\infty}^{\infty} \overline{\Psi}(\ln\tau)\mathrm{e}^{-t/\tau}\mathrm{d}(\ln\tau). \tag{21.158}$$

同样,从式(21.15)、式(21.150)、式(21.153)和式(21.155)可导出归一化应力弛豫函数 $\varphi(t)$和归一化分布函数 $\Phi(\ln\tau)$之间的关系为

$$\varphi(t) = \int_{-\infty}^{\infty} \Phi(\ln\tau)\mathrm{e}^{-t/\tau}\mathrm{d}(\ln\tau). \tag{21.159}$$

在弛豫强度 $\Delta \ll 1$ 时,有

$$\overline{\Psi}(\ln\tau) = \Phi(\ln\tau), \tag{21.160}$$

即蠕变和应力弛豫过程具有相同的分布函数. 如果 $\Delta \ll 1$ 不成立,则 $Y(\ln\tau)$和 $Z(\ln\tau)$之间有如下关系:

$$Y(\ln\tau) = \frac{X(\ln\tau)}{\{J_U + \int_{-\infty}^{\infty} X(\ln u)[1-(u/\tau)]^{-1}\mathrm{d}(\ln u)\}^2 + \pi^2 X^2(\ln\tau)}, \tag{21.161}$$

$$X(\ln\tau) = \frac{Y(\ln\tau)}{\left\{M_R - \int_{-\infty}^{\infty} Y(\ln u)[1-(u/\tau)]^{-1}\mathrm{d}(\ln u)\right\}^2 + \pi^2 Y^2(\ln\tau)} \tag{21.162}$$

下面讨论求$\overline{\Psi}(\ln\tau)$或$\Phi(\ln\tau)$的方法，通常有两种方法，一种是从已知的响应函数出发来求分布函数，另一种方法是首先假定弛豫谱为某一特殊分布函数，其中有一个任选参数(分布参数)，然后推导出对应的响应函数，调整参数使导出的函数和实验值相符合，下面介绍几种求连续谱分布函数的方法

(1) 精确计算法．此法只适用于动态响应函数，福斯和柯克伍德[7]研究介电弛豫谱时，发现许多具连续谱的弛豫过程，其$J_2(\omega)$可以用类似于标准滞弹性体的$J_2(\omega)$来表示，在标准滞弹性情况，令$x=\ln\omega\tau_\sigma$，则

$$J_2(\omega) = \frac{1}{2}\delta J \mathrm{sech} x. \tag{21.163}$$

如果以$\overline{W_D}$和$\overline{W_C}$分别代表德拜和连续谱峰$J_2(\omega)$曲线的峰宽，引入参数α

$$\alpha = \overline{W_D}/\overline{W_C}, \tag{21.164}$$

$0<\alpha\leqslant 1$，$\alpha=1$，即为德拜峰的情况．再令$x_0=\ln\omega_p$，ω_p满足$\omega_p\tau_m=1$，其中τ_m为峰处的弛豫时间，称为弛豫时间的最概然值．福斯等[7]对于电介质中连续谱弛豫过程得到

$$J_2(x) = J_2(x_0)\mathrm{sech}[\alpha(x-x_0)], \tag{21.165}$$

式中$x=\ln\omega$，$x_0=\ln\omega_p$，α为分布参数，$J_2(x_0)$实际上是实验上测得的J_2峰的高度．福斯-柯克伍德[7]方法利用了动态响应函数在整个复平面内连续，得到分布函数为

$$X(\ln\tau) = \frac{1}{\pi}[J_2(x+i\pi/2) + J_2(x-i\pi/2)]_{x=-\ln\tau}, \tag{21.166}$$

$$Y(\ln\tau) = \frac{1}{\pi}[M_2(x+i\pi/2) + M_2(x-i\pi/2)]_{x=-\ln\tau}. \tag{21.167}$$

把式(21.165)代入式(21.166)，并进行简单的代数运算可得

$$X(\ln\tau) = \frac{2J_2(x_0)}{\pi} \frac{\cos(\alpha\pi/2)\cosh\alpha s}{\cos^2(\alpha\pi/2) + \sinh^2\alpha s}\bigg|_{s=\ln\tau/\tau_m}. \quad (21.168)$$

把式(21.168)代入式(21.149)，积分可得

$$J_2(x_0) = (\alpha/2)\delta J. \quad (21.169)$$

$Y(\ln\tau)$也可以用同样的方法来求

$$M_2(x) = M_2(x_0)\mathrm{sech}[\alpha(x - x_0)], \quad (21.170)$$

代入式(21.167)可以得到$Y(\ln\tau)$和$X(\ln\tau)$有同样的表达式，它们都含有描述连续谱的参数α. 由式(21.168)表征的分布函数称为福斯-柯克伍德分布，从$\Psi(\ln\tau) = X(\ln\tau)/\delta J$和$\Phi(\ln\tau) = Y(\ln\tau)/\delta M$可以求得归一化分布函数.

(2)近似计算法. 如令$y=\ln t, z=\ln\tau$，则式(21.146)可表为

$$J(y) - J_U = \int_{-\infty}^{\infty} X(z)[1 - \exp(-\mathrm{e}^{y-z})]\mathrm{d}z, \quad (21.171)$$

其中$[1-\exp(-\mathrm{e}^{y-z})]$是一条如图21.15中虚线所示的曲线，当$z \ll y$时，它的值为1；当$z \gg y$时，它的值为0. 在$z=y$附近，它的变化近似用一折线来替代它(见图21.15). 式(21.171)可简化为

$$J(y) - J_U = \int_{-\infty}^{y} X(z)\mathrm{d}z, \quad (21.172)$$

故

$$\frac{\mathrm{d}J(y)}{\mathrm{d}y} = X(y). \quad (21.173)$$

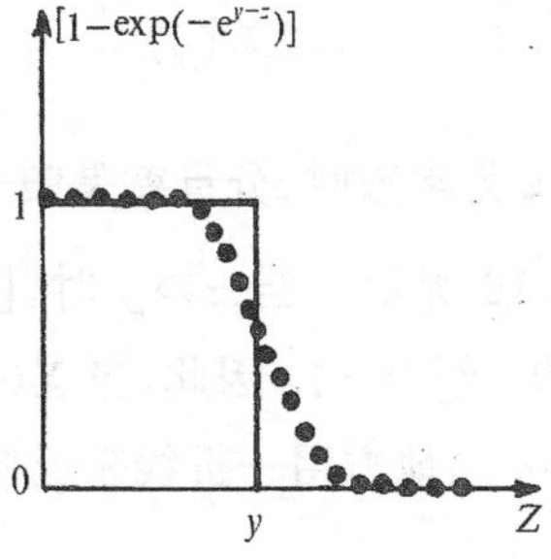

图21.15 $[1-\exp(-\mathrm{e}^{y-z})]$ ~z曲线.

这个结果说明$X(\ln\tau)$就是蠕变曲线的斜率$\left.\frac{\mathrm{d}J(\ln t)}{\mathrm{d}\ln t}\right|_{t=\tau}$. 按式(21.171)，蠕变的速率本应依赖于$X(\ln\tau)$函数的整个范围，而式(21.173)只取决于$\tau=t$时的$X(\ln\tau)$值，因此式(21.173)只能是一个很粗略的近似.

同样可以得

$$Y(y) = -\mathrm{d}M(y)/\mathrm{d}y. \tag{21.174}$$

对动态响应函数，可令 $y=\ln\omega^{-1}, z=\ln\tau$，则式(21.147)可写为

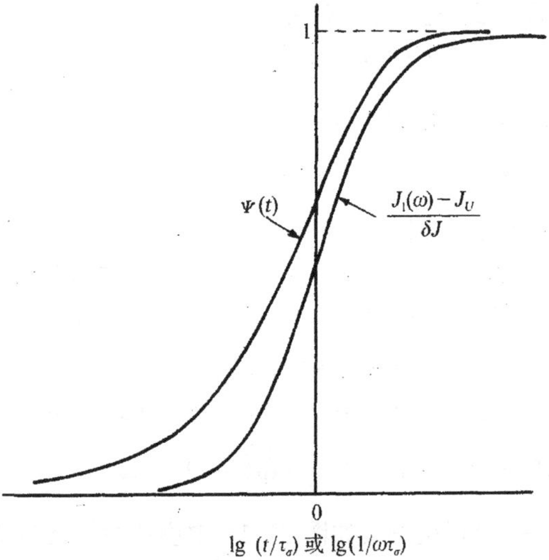

图 21.16 标准滞弹性固体的归一化蠕变函数和 $J_1(\omega)$ 函数.

$$J_1(y) - J_U = \int_{-\infty}^{\infty} \frac{X(z)}{1+\mathrm{e}^{-2(y-z)}}\mathrm{d}z. \tag{21.175}$$

当 z 为常数时，分母就是归一化 J_1 函数 $\dfrac{J_1(\omega)-J_U}{\delta J}$ 的倒数，如图 21.16 所示. 当 $z \gg y$ 时，$[1+\mathrm{e}^{-2(y-z)}]^{-1} \to 0$；当 $z \ll y$ 时，$[1+\mathrm{e}^{-2(y-z)}]^{-1} \to 1$. 因此，当 $X(z)$是随 z 缓慢变化的函数时，可以在 $z=y$ 的地方用一折线来近似，可得

$$J_1(y) - J_U \simeq \int_{-\infty}^{y} X(z)\mathrm{d}z, \tag{21.176}$$

$$\mathrm{d}J_1(y)/\mathrm{d}y = X(y). \tag{21.177}$$

同理可得

$$J_2(y) = \frac{1}{2}\int_{-\infty}^{\infty} X(z)\operatorname{sech}(z-y)\mathrm{d}z \qquad (21.178)$$

sech$(z-y)$函数，当 z 为常数时，它是峰中心在 $y=z$ 处的德拜峰，在 $z=y$ 处，$X(z)$是缓变函数．因此，可以用 $X(y)$代替 $X(z)$而提到式(21.178)的积分号外，积分可得

$$J_2(y) = \frac{1}{2}\pi X(y), \qquad (21.179)$$

等价于

$$X(\ln\tau) = \frac{2}{\pi}J_2(\ln\omega)\bigg|_{\omega=1/\tau}. \qquad (21.180)$$

同样，有

$$M_1(\omega) = M_R + \int_{-\infty}^{\infty} Y(\ln\tau)\frac{\omega^2\tau^2}{1+\omega^2\tau^2}\mathrm{d}(\ln\tau).$$

令 $y=-\ln\omega, z=\ln\tau$，则

$$M_1(y) = M_R + \int_{-\infty}^{\infty} Y(Z)\frac{1}{1+\mathrm{e}^{2(y-z)}}\mathrm{d}z. \qquad (21.181)$$

类似上面的近似，可以得

$$M_1(y) - M_R = \int_{-\infty}^{\infty} Y(z)\mathrm{d}z, \qquad (21.182)$$

$$Y(y) = -\,\mathrm{d}M_1(y)/\mathrm{d}y. \qquad (21.183)$$

它等价于

$$Y(\ln\tau) = \frac{\mathrm{d}M_1(\ln\omega)}{\mathrm{d}\ln\omega}\bigg|_{\omega=1/\tau}. \qquad (21.184)$$

同样可得

$$Y(\ln\tau) = \frac{2}{\pi}M_2(\ln\omega)\bigg|_{\omega=1/\tau}. \qquad (21.185)$$

上面的结果可以总结如下：

$$X(y) \simeq \frac{2}{\pi}J_2(y) \simeq \mathrm{d}J_1(y)/\mathrm{d}y \simeq \mathrm{d}J(y)/\mathrm{d}y,$$

$$Y(y) \simeq \frac{2}{\pi} M_2(y) \simeq - \mathrm{d}M_1(y)/\mathrm{d}y \simeq - \mathrm{d}M(y)/\mathrm{d}y,$$

这里，y 为时间对数（$\ln\tau$、$\ln\omega^{-1}$或 $\ln t$），如果将上面的结果作为零级和一级近似，文献[2]还给出了更高级的近似.

从上面的讨论中，还可以得到响应函数之间的有用的近似公式，即

$$\left.\frac{\mathrm{d}J(t)}{\mathrm{d}(\ln t)}\right|_{t=1/\omega} \simeq - \frac{\mathrm{d}J_1(\omega)}{\mathrm{d}(\ln\omega)} \simeq \frac{2}{\pi} J_2(\omega) \tag{21.186}$$

结合 $J(0)=J_1(\infty)=J_U$ 和 $J(\infty)=J_1(0)=J_R$，得

$$J(t)\,|_{t=1/\omega} \simeq J_1(\omega), \tag{21.187}$$

$$\begin{aligned} Q^{-1} = J_2/J_1 &\simeq - \frac{\pi}{2} \frac{\mathrm{d}[\ln J_1(\omega)]}{\mathrm{d}(\ln\omega)} \\ &= \frac{\pi}{2} \frac{\mathrm{d}[\ln J(t)]}{\mathrm{d}(\ln t)}\,|_{t=1/\omega}. \end{aligned} \tag{21.188}$$

同理

$$\left.\frac{-\mathrm{d}M(t)}{\mathrm{d}(\ln t)}\right|_{t=1/\omega} \simeq \frac{\mathrm{d}M_1(\omega)}{\mathrm{d}(\ln\omega)} \simeq \frac{2}{\pi} M_2(\omega). \tag{21.189}$$

考虑到 $M(0)=M_1(\infty)=M_U, M(\infty)=M_1(0)=M_R$，得

$$M(t)\,|_{t=1/\omega} \simeq M_1(\omega) \tag{21.190}$$

$$\begin{aligned} Q^{-1} = M_2/M_1 &\simeq \frac{\pi}{2} \frac{\mathrm{d}[\ln M_1(\omega)]}{\mathrm{d}(\ln\omega)} \\ &= - \frac{\pi}{2} \left.\frac{\mathrm{d}[\ln M(t)]}{\mathrm{d}(\ln t)}\right|_{t=1/\omega}. \end{aligned} \tag{21.191}$$

把式(21.188)和式(21.191)结合起来，并考虑到 $J_U=1/M_U, J_R=1/M_R$，可得

$$J(t)M(t) = 1. \tag{21.192}$$

同样

$$J_1(\omega)M_1(\omega) \simeq 1. \tag{21.193}$$

(3) 高斯分布函数法　首先承认弛豫谱遵循高斯分布，这一分布函数被定义为

$$\Psi(z) = \beta^{-1}\pi^{-1/2}\exp[-(z/\beta)^2] \tag{21.194}$$

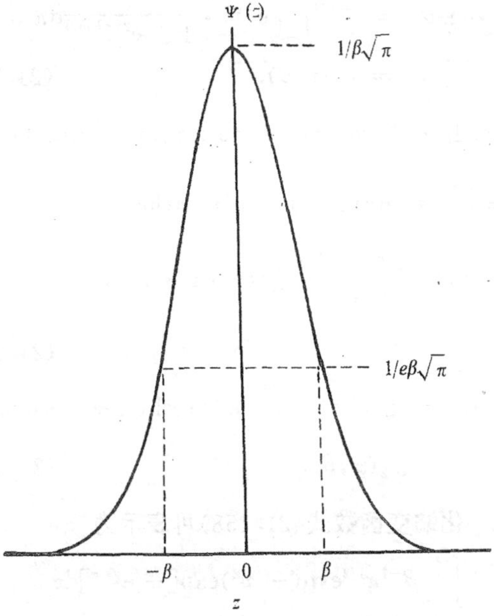

图 21.17　高斯分布

式中 $z=\ln(\tau/\tau_m)$，$\beta^{-1}\pi^{-1/2}$是由归一化条件 $\int_{-\infty}^{\infty}\Psi(z)\mathrm{d}z = 1$ 引入的．β 是分布宽度的量度，即分布参数．当 $z=\pm\beta$ 时，$\Psi(z)=\Psi(0)/e$，即 2β 是相对高度为 $\frac{1}{\mathrm{e}}$ 时的分布宽度，如图 21.17 所示．由式(21.147)，得

$$J_1(\omega) = J_U + \int_{-\infty}^{\infty} X(\ln\tau)/(1+\omega^2\tau^2)\mathrm{d}\ln\tau$$

由式(21.154)，$X(\ln\tau)=\delta J\Psi(\ln\tau)$，令 $W=z/\beta$，$x=\ln\omega\tau_m$，由于 $z=\ln(\tau/\tau_m)$，得 $\omega\tau=\mathrm{e}^{x+z}$，代入式(21.147)，并利用式(21.154)和

式(21.194),可得到

$$J_1(x)-J_U=\delta J\int_{-\infty}^{\infty}\beta^{-1}\pi^{-1/2}e^{-w^2}\times\frac{1}{1+e^{2(x+z)}}dz, \tag{21.195}$$

$$[J_1(x)-J_U]/\delta J=\pi^{-1/2}\int_{-\infty}^{\infty}e^{-w^2}\cdot\frac{1}{1+e^{2(x+\beta w)}}dw = f_1(x,\beta). \tag{21.196}$$

同理,从式(21.148)出发,令 $w=z/\beta, z=\ln\tau/\tau_m, x=\ln\omega\tau_m$,可得到

$$J_2(\omega)=\int_{-\infty}^{\infty}X(\ln\tau)\omega\tau/(1+\omega^2\tau^2)d(\ln\tau) = \delta J\pi^{-1/2}\int_{-\infty}^{\infty}e^{-w^2}\frac{1}{2}\text{sech}(x+\beta w)dw, \tag{21.197}$$

$$J_2(\omega)/\delta J=(2\sqrt{\pi})^{-1}\int_{-\infty}^{\infty}e^{-w^2}\text{sech}(x+\beta w)dw = f_2(x,\beta). \tag{21.198}$$

令 $y=\ln(t/\tau_m)$,归一化蠕变函数式(21.158)可表示为

$$1-\psi(y)=\int_{-\infty}^{\infty}\beta^{-1}\pi^{1/2}\exp(-\omega^2)\exp[-e^{y-z}]dz = \pi^{1/2}\int_{-\infty}^{\infty}e^{-w^2}\exp(-e^{y-\beta w})dw = g(y,w). \tag{21.199}$$

上述积分虽然没有得到解析表达式,但式(21.196)表示了动态模量随 $\ln\omega\tau$ 的变化,而式(21.198)和式(21.199)分别代表 $J_2(\omega)$ 随 $\omega\tau$ 的变化和归一化蠕变函数 $\psi(y)$ 随时间的变化.我们可以取不同的 β 值($\beta=0,1,2,\cdots$)作出归一化 $J_2(\omega)\left(\text{即}\frac{f_2(x'\beta)}{f_2(0,\beta)}\right)$ 随 $\ln\omega\tau$(即 x')的变化曲线和 $g(y',\beta)\sim y'$ 曲线($y'=\lg t/\tau_m$),分别如图 21.18 和图 21.19 所示.当 $\beta=0$,上述表达式(21.195)—(21.199)还原为单一弛豫过程的德拜弛豫,对 $f_2(x',\beta)/f_2(0,\beta)$

$\sim x'$曲线来说

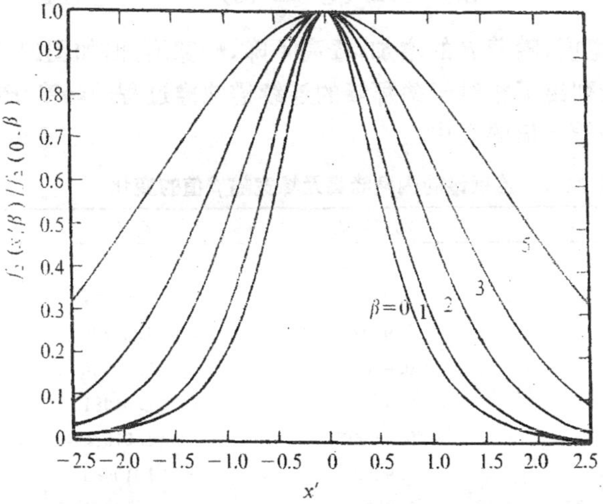

图 21.18　不同 β 值下的归一化$[f_2(x',\beta)/f_2(0,\beta)]\sim x'$曲线图.

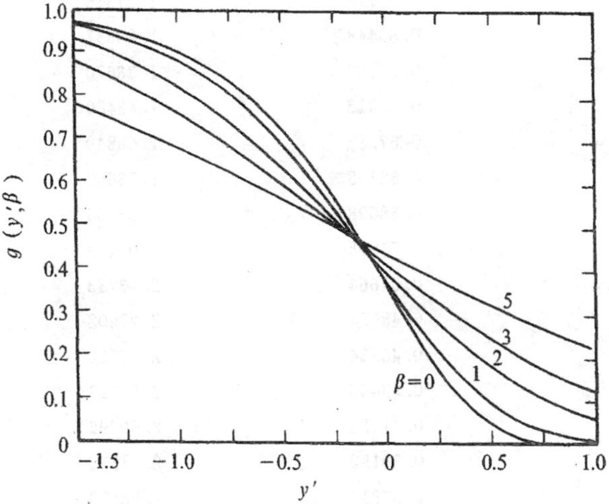

图 21.19　不同 β 值下的归一化 $g(y',\beta)\sim y'$ 曲线图.

$$\Delta x'(0) = 1.144. \qquad (21.200)$$

定义

$$\gamma_2(\beta) = \Delta x'(\beta)/\Delta x'(0) \tag{21.201}$$

为连续谱的宽度，随着 β 的增加，峰高下降，峰宽增加，如图21.20所示. 表21.2列出了相对于德拜峰的连续谱弛豫过程的峰高函数及峰宽 $\gamma_2(\beta)$ 随 β 值的变化.

表 21.2　连续谱的内耗峰高及峰宽随 β 值的变化

β	$2f_2(0,\beta)$	$\gamma_2(\beta)$
0.00	1.00000	1.00000
0.10	0.99752	1.00327
0.20	0.99024	1.01296
0.30	0.97866	1.02866
0.40	0.96346	1.04981
0.50	0.94540	1.07576
0.60	0.92520	1.10585
0.70	0.90350	1.13946
0.80	0.88088	1.17605
0.90	0.85774	1.21515
1.00	0.83448	1.25637
1.20	0.77722	1.36670
1.50	0.72316	1.48480
1.75	0.67332	1.60849
2.00	0.62798	1.73640
2.25	0.58698	1.86763
2.50	0.54998	2.00159
2.75	0.51664	2.13783
3.00	0.48654	2.27602
3.25	0.45934	2.41590
3.50	0.43466	2.55727
3.75	0.41224	2.69996
4.00	0.39182	2.84382
4.25	0.37314	2.98873
4.50	0.35604	3.13459
4.75	0.34032	3.28130
5.00	0.32584	3.42879

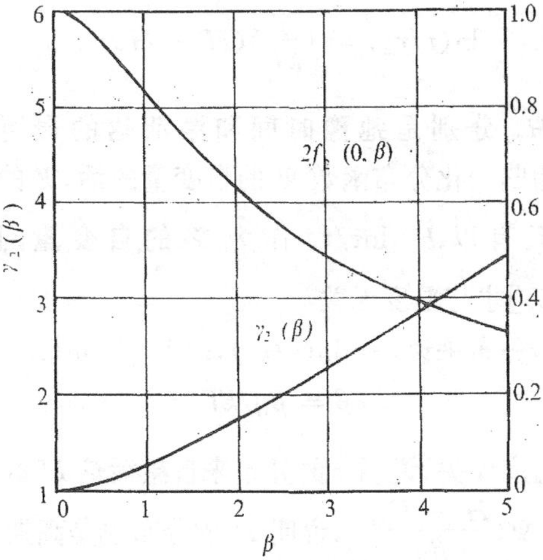

图 21.20　相对峰高$2f_2(0,\beta)$和相对峰宽 $\gamma_2(\beta)$对 β 值的依赖关系.

实验上由于 $tg(x',\beta)/tg(0,\beta)=f_2(x',\beta)/f(0,\beta)$，因此可以用内耗峰宽和德拜峰宽相比而得 $\gamma_2(\beta)$，从而求得 β 值. 由实验上所得峰高，利用 $J_2(0,\beta)=\delta J f_2(0,\beta)$，从而求出弛豫强度 Δ，再由峰温处 $\omega\tau_m=1$而获得 τ_m 值，这三个量：β,Δ(或 δJ)，τ_m 均可求得，然后再和整个实验数据相比较，以此来判断高斯分布是否可采用.

§21.10　弛豫过程的连续谱和微观机制的关系

(a) 热激活过程的分布函数　对于热激活过程，弛豫时间遵从阿瑞纽斯(Arrhenius)关系

$$\ln\tau=\ln\tau_0+H/kT. \qquad (21.202)$$

对于连续谱来说，τ 有一个分布，从式(21.202)可以看出，其起因只能是：(1) τ_0有一个分布；(2) H 有一个分布；(3)τ_0和 H 都有一个分布.

先考虑 τ_0不变，H 有一个分布，由于 $\ln\tau$ 的分布函数 $\Psi(\ln\tau)$

[或 $\Psi(\ln\tau/\tau_m)$]的形式不随温度而变，而

$$\ln(\tau/\tau_m) = (\frac{1}{kT})(H - H_m) \ , \qquad (21.203)$$

式中 τ_m 和 H_m 分别是弛豫时间和激活焓的最可几值，以式(21.203)作为归一化分布函数 Ψ 的自变量的话，Ψ 的形式必然与温度有关，只有以 $b^{-1}\ln\tau/\tau_m$ 作为 Ψ 的自变量，且 $b \propto \frac{1}{T}$，$\Psi[b^{-1}\ln(\tau/\tau_m)]$才与温度无关.

对于高斯分布来说，$z=\ln(\tau/\tau_m)$，$z/\beta=\beta^{-1}\ln(\tau/\tau_m)$. 因此，当

$$\beta = \beta_H/kT \qquad (21.204)$$

高斯分布与温度无关，说明 τ 的分布来自激活焓 H 的分布 $\Psi(\ln\tau/\tau_m) = \Psi(\frac{H - H_m}{\beta_H})$，说明 H 的分布也是高斯分布.

如果 β 与 T 无关，即

$$\beta = \beta_0, \qquad (21.205)$$

则 τ 的分布来自 τ_0，且 τ_0也是高斯分布. 实验上，由于 β 和温度无关，因此，改变温度测量，只发生谱的平移.

如果实验上测出

$$\beta = |\beta_0 \pm (\beta_H/kT)|, \qquad (21.206)$$

说明 τ 的分布来自 τ_0和 H，且可证明，τ_0和 H 均为高斯分布.

通过对连续谱参数 β 对于温度依赖关系的研究，可以帮助我们了解引起弛豫过程的微观机制的细节，这对建立一个令人信服的弛豫理论是十分重要的.

(b) 非德拜弛豫分布　德拜弛豫的静态响应函数是纯指数衰减形式：$\psi(t)=1-e^{-t/\tau\sigma}$或 $\varphi(t)=e^{-t/\tau_\varepsilon}$，但在许多凝聚态材料，特别是在玻璃态或无序系统中，弛豫过程的静态响应函数具分数指数衰减的形式，即

$$\varphi(t) = \varphi_0\exp[-(t/\tau_m)^{1-n}], 0 \leqslant n < 1, \qquad (21.207)$$

相应的动态响应函数 $\chi(\omega)$为

$$\chi(\omega)=\int_0^\infty \frac{g(\tau)}{1-i\omega\tau}\mathrm{d}\tau\ , \qquad (21.208)$$

式中 $g(\tau)$是弛豫时间的分布函数,相应的损耗峰比德拜峰宽,且不对称.

按理 $g(\tau)$应该和材料的物态、结构、化学类型、键的类型等有关,但大量的实验结果表明,介电响应的行为与上述几种因素关系不大,即具普适性. 因此,对这种具普适性的弛豫机制的研究引起了人们的关注,迄今为止,普适性的微观理论主要有下述三种.

(1) 弛豫时间分布理论[8]. 该理论认为由于材料中微观条件的局域变化,即在不同区域由于涉及不同的能级或不同的取向而使弛豫时间有一定的分布 $g(\tau)$,因此,归一化静态响应函数为

$$\varphi(t)=\int_0^\infty \mathrm{e}^{-t/\tau}g(\tau)\mathrm{d}\tau, \qquad (21.209)$$

该函数也称为时域弛豫函数.

根据 $M(t)=M_R[1+\Delta\varphi(t)]$,式中 $\Delta=\dfrac{M_U-M_R}{M_R}$ 为弛豫强度. 通过傅里叶变换,可得出与动态响应函数有关的频率弛豫函数 $F(\omega)$为

$$F(\omega)=\int_0^\infty \frac{g(\tau)}{1-i\omega\tau}\mathrm{d}\tau. \qquad (21.210)$$

$g(\tau)$可以类似连续谱的处理方法,给定一个 $g(\tau)$的分布函数,求出动态响应函数,再与实验结果相比较来修改 $g(\tau)$中的参数,以吻合实验结果,一般往往取高斯分布

$$g(\tau)=\frac{1}{\sqrt{2\pi}\beta}\exp[-(\tau-\tau_0)^2/2\beta^2]\ , \qquad (21.211)$$

τ_0为弛豫时间的平均值,β 由归一化条件引入,它是 $g(\tau)$分布宽度的量度.

(2) 狄萨多(Dissado)-希尔(Hiu)理论[9]. 该理论认为弛豫单元之间有关联,从而导致微结构的重整化,即由原来的原子尺寸上的弛豫单元,由于关联而重整为亚微观(由几个到几千个)集体弛

豫单元，即形成自相似结构(self-similar-structure)或分形结构(factal structure)，而弛豫单元的关联弛豫是高频弛豫的起源，对于集体弛豫单元的整体弛豫将是低频弛豫的来源. 该理论给出的时域弛豫函数和频域弛豫函数分别为

$$\varphi(t) = \frac{\Gamma(1+m-n)}{\Gamma(2-n)\Gamma(1+m)} \frac{A_c}{\tau_c} \mathrm{e}^{-t/\tau_c} \times (t/\tau_c)^{-n} F_1(1-m, 2-n, t/\tau_c), \tag{21.212}$$

式中 Γ 为伽马(gamma)函数，A_c 为重整化后的弛豫振幅，F_1 为合流超几何函数(confluent hypergeometric function)，τ_c 为微观单元弛豫向整体弛豫的过渡时间

$$F(\omega) = \frac{\Gamma(1+m-n)}{\Gamma(2-n)\Gamma(m)}[1+i\omega\tau_c]^{n-1} F_2\left(1-n, 1-m, 2-n; \frac{1}{1+i\omega\tau_c}\right), \tag{21.213}$$

式中 F_2 是高斯超几何函数(Gaussian hypergeometric function).

该理论模型的物理含义清晰，但数学处理上还有些困难[10,11].

(3) 倪嘉陵(Ngai)模型[12]. 倪嘉陵提出了相关态模型，他认为在无序系统中，总存在着许多关联能态，它们具有低的能隙及低能激发和退激发，因此关联态的红外激发和退激发，使弛豫时间不仅与温度 T 有关，而且还和时间 t 有关.

$$\tau(t) = \tau_0 \exp(nr)(E_c t)^n, 0 \leqslant n < 1, \tag{21.214}$$

式中 $\gamma = 0.577$，E_c 是态密度高能截断，n 为相关率. 当 $n=0$ 时，表示无强关联，式(21.214)退化为德拜弛豫的表达式

$$\tau_0 = \tau_\infty \exp(E_a/kT), \tag{21.215}$$

式中 τ_∞^{-1} 和 E_a 分别为无强关联($n=0$)下的频率因子和激活能. 把式(21.214)代入弛豫方程

$$\dot{\varphi} = -\frac{1}{\tau(t)}\varphi(t)$$

中,可求得

$$\varphi(t) = \varphi_0 \exp[-t^{1-n}/((1-n)\tau_0 \exp(nr)E_c^n)], \quad (21.216)$$

和式(21.207)相比,可得

$$\tau_m = [(1-n)\tau_0 \exp(nr)E_c^n]^{1/(1-n)}. \quad (21.217)$$

对于无强关联($n=0$)的德拜弛豫,弛豫时间满足阿瑞纽斯关系

$$\tau_0 = \tau_\infty \exp(E_a/kT),$$

式中 E_a 为激活能. 在有强关联($n\neq 0$)的条件下,由耦合模型给出

$$\tau_m = \tau_\infty^* \exp(E_a^*/kT), \quad (21.218)$$

式中 E_a^* 为表观激活能,由式(21.218)和式(21.217)相比,可得

$$E_a^* = E_a/(1-n). \quad (21.219)$$

从弛豫时间表达式(21.217)可得时域函数

$$\varphi(t) = \frac{1}{\tau_0} e^{-nr}(E_c t)^{-n} \exp(-t/\tau_m)^{(1-n)}. \quad (21.220)$$

通过傅里叶变换,可得频域函数

$$F(\omega) = \int_0^\infty e^{i\omega t}\varphi(t)dt. \quad (21.221)$$

由于 $\varphi(t)$ 为 Williams-watts 函数[13],没有明确的解析式,一般都用数值计算方法来解决.

该耦合模型已在高分子材料[14]、离子导体[15]和金属材料[16]得到了证实. 王业宁等[17,18]也用耦合模型处理了与高溶质原子相关运动有关的溶质原子偏聚和沉淀有关的内耗峰及斯诺克-科斯特峰.

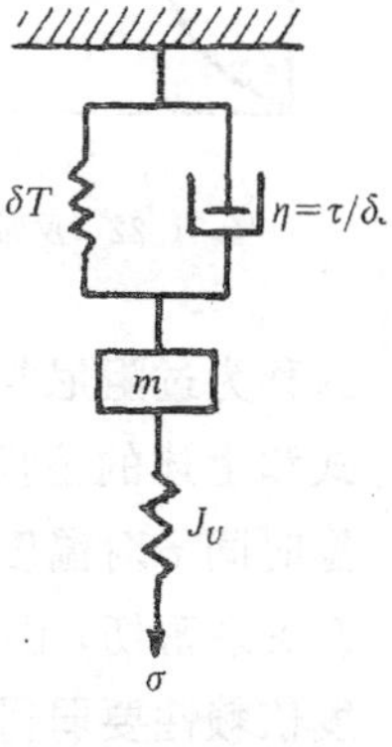

图 21.21 阻尼共振型模型.

§ 21.11 阻尼共振型内耗

它也属滞弹性范畴,描述它的模型如图

21.21 所示，相应的应力应变方程为

$$m\delta J J_U \ddot{\sigma} + \tau J_U \dot{\sigma} + J_R \sigma = m\delta J \ddot{\varepsilon} + \tau \dot{\varepsilon} + \varepsilon. \quad (21.222)$$

把 $\sigma=\sigma_0 e^{i\omega t}$，$\varepsilon=(\varepsilon_1-i\varepsilon_2)e^{i\omega t}$ 代入式(21.222)，并利用 $J^*(\omega)=\varepsilon/\sigma=J_1(\omega)-iJ_2(\omega)$，可得

$$J_1(\omega) = J_U + \frac{\delta J(1-\omega^2/\omega_0^2)}{(1-\omega^2/\omega_0^2)^2+\omega^2\tau^2}, \quad (21.223)$$

$$J_2(\omega) = \delta J\omega\tau/[(1-\omega^2/\omega_0^2)^2+\omega^2\tau^2], \quad (21.224)$$

式中，$\omega_0=(1/m\delta J)^{1/2}$ 是系统的共振频率.

(1)当 $m\gg\tau^2/\delta J$，即 $\omega_0^{-1}\gg\tau$ 时，得到典型的共振行为，$J_2(\omega)=\delta J\omega\tau/(1-\omega^2/\omega_0^2)^2$，在 $\omega=\omega_0$ 时，发生共振吸收，$J_1(\omega)$ 发生反常色散，如图 21.22 所示.

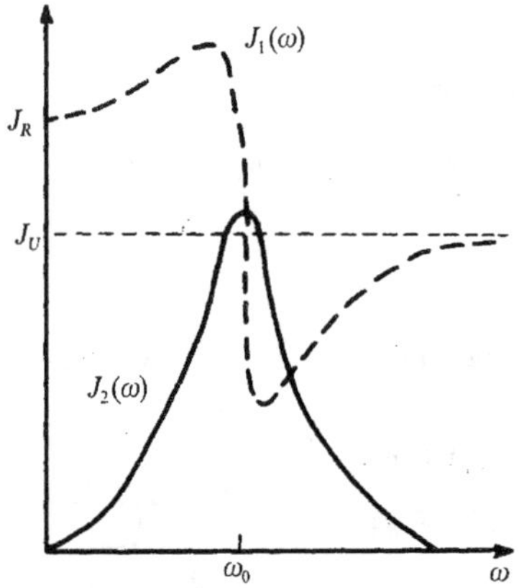

图 21.22 反常色散和共振吸收.

(2) 当 $m\ll\tau^2/\delta J$，即 $\omega_0^{-1}\ll\tau$，

$$J_2(\omega) = \delta J\omega\tau/(1+\omega^2\tau^2) \quad (21.225)$$

这称为过阻尼共振，将在 $\omega\tau=1$ 处出现一个内耗峰，该内耗的表达式和上述的弛豫型内耗的表达式相类似，但这两种内耗相应的弛豫时间 τ 对温度的依赖关系不同，热激活弛豫型内耗的 τ 与温度 T 关系密切，相应的内耗峰位对温度敏感，而过阻尼内耗峰位对温度依赖性要弱得多.

对 M 型响应函数，同样可得内耗与模量亏损的表达式分别为

$$Q^{-1} = \Delta\omega\tau/[(1-\omega^2/\omega_0^2)^2+\omega^2\tau^2], \quad (21.226)$$

$$\Delta M/M = \Delta(1-\omega^2/\omega_0^2)/[(1-\omega^2/\omega_0^2)^2+\omega^2\tau^2], \quad (21.227)$$

式中 Δ 为弛豫强度．

§21.12 非滞弹性引起的内耗

(a) 静滞后型内耗　静态滞后产生于应力和应变间存在多值函数关系，即在加载和去载时，同一载荷下具有不同的应变值，完全去掉载荷后，有永久形变产生，仅当反向加载时，才能回复到零应变，如图 21.23 所示．由于应力变化时，应变总是瞬时调整到相应的平衡值，因此，这种滞后回线的面积是恒定的，和应力变化的频率无关．因此，由静滞后引起的内耗往往与频率无关而可能与振幅有关．

静滞后型内耗的计算，可以先求出回线面积即求出在振动一周中的能量损耗 Δw，然后根据内耗的定义，$Q^{-1}=\Delta w/2\pi w$，求出 Q^{-1}．也可以根据具体机制，先求非弹性应变，然后，根据式(21.29)，从其虚部求出内耗来．如钉扎位错脱钉过程引起的内耗，某些材料的相变过程中产生的稳定内耗都属静滞后型内耗，具体例子将在 §23.6 位错内耗和 §24.2 及 §24.3 的相变与界面内耗中介绍．

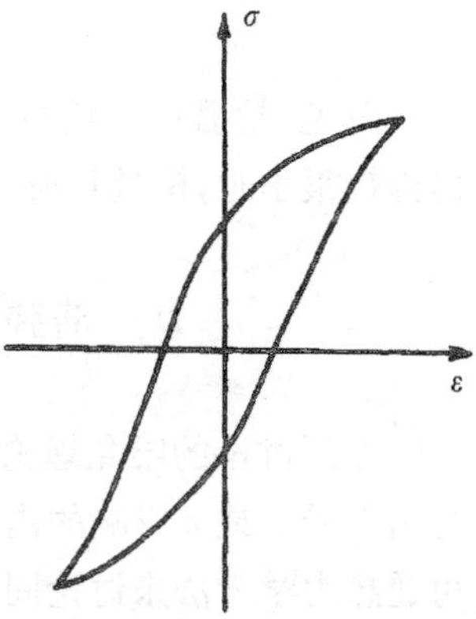

图 21.23　静态滞后回线．

(b) 粘滞型内耗　引起粘弹性的非弹性应变仍满足线性条件，但瞬时性和唯一性均不满足，描述这一行为的模型如图 21.24 所示，非弹性应变 ε_b 满足牛顿的粘滞方程

$$\sigma = \eta\dot{\varepsilon}_b. \quad (21.228)$$

弹性应变为

$$\varepsilon_a = \sigma/M. \quad (21.229)$$

相应的应力、应变方程为

$$\tau M\dot{\varepsilon} = \tau\dot{\sigma} + \sigma,$$

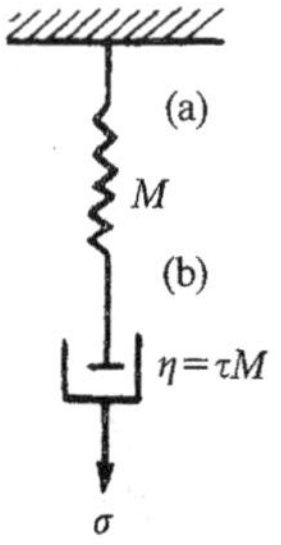

图 21.24 粘滞型模型.

该方程与式(21.96)完全相同，其动态响应函数为式(21.98)和式(21.99)，相应的内耗(Q^{-1})和模量亏损($\Delta M/M$)分别是

$$\begin{aligned} Q^{-1} &= M_2(\omega)/M_1(\omega) \\ &= 1/\omega\tau = M/\omega\eta, \end{aligned} \tag{21.230}$$

$$\begin{aligned} \Delta M/M &= (M - M_1)/M \\ &= 1 - \omega^2\tau^2/(1 + \omega^2\tau^2) \\ &= 1/(1 + \omega^2\tau^2) \simeq \frac{1}{1 + (Q^{-1})^{-2}} \\ &\simeq (Q^{-1})^2. \end{aligned} \tag{21.231}$$

由此可见，粘滞性内耗的大小和频率成反比，它只出现在低频端，而内耗很小时，模量亏损为零.

Ⅳ 滞弹性弛豫的热力学基础

上面讨论的唯象理论没有涉及固体内部的变化，这里我们通过引入受 σ 或 ϵ 影响的内参量的方法来描述滞弹性形变，并用不可逆热力学方法来讨论固体中的弛豫过程并建立弛豫参量($\delta J, \tau_\sigma$ 或 $\delta M, \tau_\varepsilon$)和内参量之间的关系.

§21.13 内参量

(a) 单一内参量 我们考虑一个简单的情况：固体的状态可以由温度、应力(或应变)状态以及一个能与力学量相耦合的内参量 ξ 单值所确定，这个内参量可以是有序度，也可以是电子态密度等，它们的平衡值可以被 σ(或 ε)单值所确定.

在弛豫过程中，我们只需讨论 ξ 的相对值，因此规定，$\sigma=0$

时，$\xi=0$，然后从滞弹性的三个要求来分析内参量在弛豫过程中的作用．

（1）要求应力应变方程是线性的，满足玻尔兹曼叠加原理，所以只考虑内参量的线性效应

$$\varepsilon = J_U\sigma + \mathscr{H}\xi\,, \tag{21.232}$$

式中 $\mathscr{H}$ 是耦合系数，它反映了 ξ 和 ε 之间的耦合程度，并依赖于应变的性质，$\mathscr{H}\xi$ 实质上就是滞弹性应变 ε_{an}．当外加应力 $\sigma=0$ 时，由于 $\xi=0$，故 $\varepsilon=0$.

（2）在应力 σ 的作用下，只存在单一的平衡值，即

$$\bar{\xi} = \mu\sigma, \tag{21.233}$$

μ 是比例常数，它和 σ 的性质有关．

（3）内参量 ξ 通过弛豫达到平衡值，ξ 随时间变化遵循弛豫方程

$$\dot{\xi} = -\frac{1}{\tau}(\xi - \bar{\xi}), \tag{21.234}$$

式中 τ 是弛豫时间，$\bar{\xi}$ 是 ξ 的平衡值，从式(21.234)解得

$$\xi(t) = \bar{\xi}(1 - e^{-t/\tau})\,. \tag{21.235}$$

由式(21.232)、式(21.233)、式(21.234)得

$$J(t) = J_U + \mathscr{H}\mu(1 - e^{-t/\tau}), \tag{21.236}$$

$$\delta J = \mathscr{H}\mu\,, \tag{21.237}$$

这一结果和式(21.106)完全一致，同样可求得归一化蠕变函数为

$$\psi(t) = 1 - e^{-t/\tau}.$$

因此固体滞弹性行为完全可以用两个参量：τ 和 $\mathscr{H}\mu$（即 δJ）来描述．从式(21.232)至式(21.234)还可以导出标准线性滞弹性体的应力应变方程

$$\tau\dot{\varepsilon} + \varepsilon = \tau J_U\dot{\sigma} + J_R\sigma. \tag{21.238}$$

如把 $\sigma=\sigma_0 e^{i\omega t}$，$\varepsilon=(\varepsilon_1-i\varepsilon_2)e^{i\omega t}$ 代入可求得相应的动态响应函数

$J_1(\omega)$和$J_2(\omega)$. 因此包含内参量ξ的方程式(21.232)、式(21.233)、式(21.234)与标准线性方程是完全等价的,但它能联系到固体内部参量的变化.

(b) *互相耦合的内参量系列* 上面考虑的是单一内参量,相当于只含单一弛豫时间的情况,现在考虑材料的内部状态需要用n个与力学量相互耦合的内参量$\xi_p(p=1,2,\cdots,n)$来描述,同样规定$\sigma=0$时,$\xi_p=0$,根据滞弹性行为可得

$$\varepsilon(\sigma,\xi_p)=J_U\sigma+\sum_{p=1}^{n}\mathscr{H}_p\xi_p, \qquad (21.239)$$

式中$\mathscr{H}_p$是耦合系数. 而

$$\bar{\xi}_p=\mu_p\sigma, \qquad (21.240)$$

μ_p是比例系数,由于内参量之间有耦合,因此

$$\dot{\xi}_p=-\sum_{q=1}^{n}w_{pq}(\xi_q-\bar{\xi}_q),(p=1,2,\cdots,n). \qquad (21.241a)$$

如果用矩阵表示,可以写为

$$\begin{pmatrix}\dot{\xi}_1\\ \vdots\\ \vdots\\ \dot{\xi}_n\end{pmatrix}=-\begin{pmatrix}w_{11} & \cdots\cdots & w_{1n}\\ \vdots & \cdots\cdots & \vdots\\ \vdots & \cdots\cdots & \vdots\\ w_{n1} & \cdots\cdots & w_{nn}\end{pmatrix}\begin{pmatrix}\xi_1-\bar{\xi}_1\\ \vdots\\ \vdots\\ \xi_n-\bar{\xi}_n\end{pmatrix}, \qquad (21.241b)$$

式中w_{pq}称为干扰系数. 上式是一个具n个未知数的线性微分方程组,一般解是很繁的,可以通过线性变换,使干扰系数的矩阵对角化,令

$$\xi'_r=\sum_p B_{rp}\xi_p, \qquad (21.242)$$

且ξ'_r满足

$$\dot{\xi}'_r=-\frac{1}{\tau_r}(\xi'_r-\bar{\xi}'_r), \qquad (21.243)$$

ξ'_r称为去耦内参量,τ_r为正实数. 式(21.239)、式(21.240)、式

(21.241)用去耦内参量可表为

$$\varepsilon = J_U\sigma + \sum_{r=1}^{n} \mathscr{H}'_r \xi'_r , \tag{21.244}$$

$$\bar{\xi}'_r = \mu'_r \sigma, \tag{21.245}$$

$$\dot{\xi}'_r = -\frac{1}{\tau_r}(\xi'_r - \bar{\xi}'_r). \tag{21.246}$$

通常把这些去耦内参量称为正交(或正则)内参量．在蠕变条件下,式(21.246)的解为

$$\xi'_r = \bar{\xi}'_r[1 - \mathrm{e}^{-t/\tau_r}]. \tag{21.247}$$

把式(21.247)代入式(21.244),并利用式(21.245)可得

$$\varepsilon = J_U\sigma + \sum_{r=1}^{n} \mathscr{H}'_r \mu'_r [1 - \mathrm{e}^{-t/\tau_r}]\sigma, \tag{21.248}$$

$$J(t) = J_U + \sum_{r=1}^{n} \mathscr{H}'_r \mu'_r [1 - \mathrm{e}^{-t/\tau_r}] , \tag{21.249}$$

这种蠕变行为对应于 n 个佛克脱单元串联的滞弹性模型,第 r 个单元的参量为

$$\delta J^{(r)} = \mathscr{H}'_r \mu'_r, \tag{21.250a}$$

$$\tau_\sigma^{(r)} = \tau_r. \tag{21.250b}$$

总的弛豫量为

$$\delta J = \sum_{r=1}^{n} \delta J^{(r)} = \sum_{r=1}^{n} \mathscr{H}'_r \mu'_r. \tag{21.251}$$

另外,由式(21.239)和式(21.240),可求出

$$\delta J = \sum_{p=1}^{n} \mathscr{H}_p \mu_p. \tag{21.252}$$

由式(21.251)和式(21.252)可得

$$\delta J = \sum_{r=1}^{n} \mathscr{H}'_r \mu'_r = \sum_{p=1}^{n} \mathscr{H}_p \mu_p. \tag{21.253}$$

同样把式(21.244)至式(21.246)联列,求出动态响应函数

$$J_1(\omega) = J_U + \sum_{r=1}^{n} \delta J^{(r)}/[1 + (\omega\tau_r)^2] , \tag{21.254}$$

$$J_2(\omega) = \sum_{r=1}^{n} \delta J^{(r)} \omega\tau_r / [1 + (\omega\tau_r)^2]. \qquad (21.255)$$

因此，每一对参量($\mathscr{H}'_r\mu'_r, \tau_r$)亦即每一正交内参量 ξ_r 对应着离散谱中的一条谱线．

§21.14 弛豫过程的热力学基础

在这一节中我们将用不可逆过程热力学的观点来讨论弛豫过程．如果外场的变化过程进行得很慢，以致每一时刻，系统都由“准静态”来描述，此时没有熵的增加，过程是可逆的．反过来，外场的变化过程进行得非常之快，虽然过程的每一时刻，系统并不处于平衡态或准静态，但是由于各种各样的重排及热传导等不可逆过程都来不及进行，因此，过程也是可逆的．上述两种情况，都不会出现由功到热的不可逆转变，即不会产生内耗，如果外场变化过程进行的速度使得系统中的各个内参量的不平衡态有机会通过弛豫的方式，以不可逆过程来达到平衡态，使熵增加，功将不可逆地转变为热，出现弛豫过程中的能量损耗，即内耗．因此，用不可逆过程热力学来处理弛豫过程将是方便的．

首先要找到一个包括内参量为自变量的热力学状态函数——吉布斯(Gibbs)自由能，然后再讨论它在不可逆过程中的变化规律．

$$\mathrm{d}g = - s\mathrm{d}T - \varepsilon\mathrm{d}\sigma - \sum_p A_p \mathrm{d}\xi_p , \qquad (21.256)$$

式中，$S, T, \varepsilon, \sigma$ 分别为熵、绝对温度、应变和应力，ξ_p 是与弛豫过程有关的内参量．

$$A_p = - (\partial g / \partial \xi_p)_{\sigma,T}, \xi_q (q \neq p). \qquad (21.257)$$

它是 ξ_p 的共轭变量，是使内参量 ξ_p 趋向于平衡值的驱动力，在一定外界条件下，系统达到平衡时，$A_p = 0$.

在平衡位置附近，式(21.256)中各项系数均可表示为 T, σ, ξ_p 的线性函数，即

$$\Delta S = \left.\frac{\partial s}{\partial T}\right|_{\sigma,\xi_p} \Delta T + \left.\frac{\partial s}{\partial \sigma}\right|_{T_0,\xi_p} \sigma + \sum_p \left.\frac{\partial s}{\partial \xi_p}\right|_{\sigma,T_0\xi_{q\neq p}} \xi_p$$

$$= (c_\sigma/T_0)\Delta T + \alpha\sigma + \sum_p X_p\xi_p, \tag{21.258}$$

式中 c_σ 是等压比热，α 为压热系数

$$\varepsilon = \alpha\Delta T + J_U\sigma + \sum_p \mathscr{H}_p\xi_p, \tag{21.259}$$

$$A_p = X_p\Delta T + \mathscr{H}_p\sigma - \sum_{q=1}^{n}\beta_{pq}\xi_q. \tag{21.260}$$

在上述关系中，$\Delta T = T - T_0$. 由于 $\mathrm{d}g$ 是全微分，所以有

$$\frac{\partial\varepsilon}{\partial\xi_p} = \frac{\partial A_p}{\partial\sigma} = \mathscr{H}_p, \tag{21.261a}$$

$$\frac{\partial s}{\partial\sigma} = \frac{\partial\varepsilon}{\partial T} = \alpha, \tag{21.261b}$$

$$\frac{\partial s}{\partial\xi_p} = \frac{\partial A_p}{\partial T} = X_p. \tag{21.261c}$$

$$\beta_{pq} = -\frac{\partial A_p}{\partial\xi_q} = \frac{\partial^2 g}{\partial\xi_p\partial\xi_q} = -\frac{\partial A_q}{\partial\xi_p} = \beta_{qp}, \tag{21.261d}$$

即 β_{pq} 构成的矩阵是一个对称矩阵.

如果把吉布斯自由能密度 $g(\sigma,\xi_p,T)$ 在 $g(0,0,T)$ 附近展开到平方项，可得

$$\begin{aligned} g(\sigma,\xi_p,T) = g(0,0,T) - \alpha\sigma\Delta T - \frac{1}{2}J_U\sigma^2 \\ - \sigma\sum_p \mathscr{H}_p\xi_p - \Delta T\sum_p X_p\xi_p \\ + \frac{1}{2}\sum_{p,q}\beta_{pq}\xi_p\xi_q. \end{aligned} \tag{21.262}$$

把式(21.262)分别对 T，σ，ξ_p 求偏导，就可以得到式(21.258)，式(21.259)和式(21.260).

当 σ，ξ_p 不变时，有

$$\begin{aligned} g(0,0,T) &= g(0,0,T_0) + \frac{1}{2}\frac{\partial^2 g}{\partial T^2}(\Delta T)^2 \\ &= g(0,0,T_0) - \frac{1}{2}(C_\sigma/T_0)(\Delta T)^2. \end{aligned} \tag{21.263}$$

当 σ 与 T 不变时，由式(21.262)可得

$$g(0,\xi_p,T) = g(0,0,T_0) + \frac{1}{2}\sum_{p,q}\beta_{pq}\xi_p\xi_q. \tag{21.264}$$

A_p 是使内参量趋于平衡值的驱动力，因此，系统达到平衡后，内参量达到 $\bar{\xi}_p$，驱动力 $A_p=0$，由式(21.260)得

$$\sum_q \beta_{pq}\bar{\xi}_q = X_p\Delta T + \mathscr{H}_p\sigma. \tag{21.265}$$

因此

$$A_p = -\sum_q \beta_{pq}(\xi_q - \bar{\xi}_q). \tag{21.266}$$

β_{pq}为正实数，它构成的矩阵$\mathbb{B}$是个对称矩阵．A_p 是使 ξ_p 趋于 $\bar{\xi}_p$ 的驱动力，它是各内参内量 ξ_q 相对于其平衡值 $\bar{\xi}_q$ 偏差的线性组合，所以，$\dot{\xi}_p$ 应是 A_q 的线性组合，即

$$\dot{\xi}_p = \sum_q L_{pq}A_q. \tag{21.267}$$

根据不可逆热力学的昂萨格关系：当第 i 个不可逆过程的 $\dot{\xi}_i$ 受不可逆过程 j 的亲和势 A_j 的影响时，那末第 j 个不可逆过程的 $\dot{\xi}_j$ 也会通过同一个干扰系数来影响，即

$$L_{pq} = L_{qp}, \tag{21.268}$$

即它构成的矩阵也是一个对称矩阵$\mathbb{L}$，且 L_{pq} 为正实数，由式(21.241)、式(21.267)和式(21.266)可得

$$\dot{\xi}_p = -\sum_q W_{pq}(\xi_q - \bar{\xi}_q) = \sum_q L_{pq}A_q = -\sum_q L_{pq}\sum_k \beta_{qk}(\xi_k - \bar{\xi}_k), \tag{21.269}$$

$$W_{pq} = \sum_{r=1}^{n} L_{pr}\beta_{rq}. \tag{21.270}$$

用矩阵表示，即

$$\mathbb{W} = \mathbb{L} \cdot \mathbb{B} \tag{21.271}$$

由于$\mathbb{L}$和$\mathbb{B}$都是对称矩阵，且分量均为正实数，因此可以通过线性正交变换，使$\mathbb{L}$和$\mathbb{B}$矩阵对角化，因此$\mathbb{W}$矩阵也正交化，即只有对角元素可以不为零．这些元素实际上就是τ_r^{-1}. τ_r^{-1}可由行列式

$$|W_{pq} - \tau_r^{-1}\delta_{pq}| = 0. \tag{21.272}$$

求出这n个τ_r^{-1}值，每一个τ_r^{-1}对应于第γ个正交变量ξ_r'.

在正交坐标系下，有

$$\Delta S = (C_\sigma/T_0)\Delta T + \alpha\sigma + \sum_{r=1}^{n} X_r'\xi_r, \tag{21.273}$$

$$\varepsilon = \alpha\Delta T + J_U\sigma + \sum_{r=1}^{n} \mathscr{H}'_r\xi_r, \tag{21.274}$$

$$A_r = X_r'\Delta T + \mathscr{H}'_r\sigma - \sum_{s} \beta_{rs}\xi_s. \tag{21.275}$$

β'_{rs}和L'_{rs}均构成对称张量，$\beta'_{rs} = \beta'_r\delta_{rs}$；$L'_{rs} = L'_r\delta_{rs}$，在$\xi_r'$达到其平衡值$\bar{\xi}_r'$时，$A_r = 0$，故

$$\beta_r'\bar{\xi}_r = X'_r\Delta \mathrm{T} + \mathscr{H}'_r\sigma,$$

$$\bar{\xi}_r' = (\beta_r')^{-1}(\mathscr{H}'_r\sigma + X_r'\Delta T). \tag{21.276}$$

在仅加应力的情况下，则

$$\bar{\xi}_r = \mathscr{H}'_r\sigma/\beta'_r,$$

和式(21.245)相比，得

$$\mu_r' = \mathscr{H}'_r/\beta_r'. \tag{21.277}$$

由式(21.253)和式(21.277)及式(21.272)得

$$\delta J = \sum_r \delta J^{(r)} = \sum_r \mathscr{H}'_r\mu_r' = \sum_r \mathscr{H}'^2_r/\beta_r', \tag{21.278}$$

$$(\tau_r)^{-1} = W_r = L_r'\beta_r'. \tag{21.279}$$

§21.15 各向异性材料的弛豫过程

在各向异性的材料中，吉布斯自由能密度为

$$g(\sigma_i,\xi_p,T)=g(0,0,T)-\frac{1}{2}\sum_{i,k=1}^{6}J_{ik}\sigma_i\sigma_k-\Delta T\sum_{i=1}^{6}\alpha_i\sigma_i$$

$$-\sum_{i,p}\mathscr{H}_{ip}\sigma_i\xi_p-\Delta T\sum_{p}X_p\xi_p+\frac{1}{2}\sum_{p,q}\beta_{pq}\xi_p\xi_q, \tag{21.280}$$

$$\mathrm{d}g=-\sum_{i=1}^{6}\varepsilon_i\mathrm{d}\sigma_i-s\mathrm{d}T-\sum_{p=1}^{n}A_p\mathrm{d}\xi_p, \tag{21.281}$$

$$\varepsilon_i=-\partial g/\partial\sigma_i=\sum_{k=1}^{6}J_{ik}\sigma_k+\alpha_i\Delta T$$

$$+\sum_{p}\mathscr{H}_{ip}\mathrm{d}\xi_p, \tag{21.282}$$

$$A_p=-\partial g/\partial\xi_p=\sum_{i}\mathscr{H}_{ip}\sigma_i+X_p\Delta T$$

$$-\sum_{q}\beta_{pq}\xi_q, \tag{21.283}$$

式中 J_{ik}构成四阶张量，称为顺服系数张量．α_i 构成二阶对称张量，称为热膨胀系数张量．$\sigma_i(i=1,2,\cdots,6)$为应力分量．$\mathscr{H}_{ip}=\partial\varepsilon_i/\partial\xi_p=\partial A_p/\partial\sigma_i$ 是耦合系数，表征内参量和力学量之间的耦合程度．如果内参量 ξ_p 为矢量，则 $\mathscr{H}_{ip}$构成一个三阶张量．$X_p=\partial A_p/\partial T=\partial S/\partial\xi_p$，它表示温度改变单位标度所产生的亲和力的大小，或内参量改变单位标度所引起的熵的变化．如内参量为矢量，X_p 也为矢量．$\beta_{pq}=-\partial A_p/\partial\xi_q$ 是亲和力 A_p 和内参量 ξ_q 的比例系数，如 A_p 和 ξ_q 为矢量，则它为一对称二阶张量．经正交变换

$$\dot{\xi}'_r=-\tau_r^{-1}(\xi'_r-\bar{\xi}'_r), \tag{21.284}$$

$$\xi'_r=\bar{\xi}'_r(1-\mathrm{e}^{-t/\tau_r}), \tag{21.285}$$

$$\tau_r^{-1}=\omega_r=\beta'_rL'_r, \tag{21.286}$$

$$\varepsilon_i=\sum_{k}J_{ik}\sigma_k+\alpha_i\Delta T+\sum_{r}\mathscr{H}'_{ir}\xi'_r. \tag{21.287}$$

§21.16 绝热和等温条件下弛豫量之间的关系

绝热和恒应力条件下的热力学函数取焓 h，$h=g+TS$，自变

量为熵 S，应力 σ 及内参量 ξ_p

$$\mathrm{d}h = T\mathrm{d}S - \varepsilon\mathrm{d}\sigma - \sum_p A_p \mathrm{d}\xi_p. \tag{21.288}$$

仿§21.14可求出 $\tau_{\sigma,S}^{(r)}$和 $\delta J_S^{(r)}$的表达式.

在绝热、恒应变条件下，热力学函数取内能密度最方便

$$\mathrm{d}U = T\mathrm{d}S + \sigma\mathrm{d}\varepsilon - \sum_p A_p \mathrm{d}\xi_p. \tag{21.289}$$

可用§21.14方法求出 $\tau_{\varepsilon S}^{(r)}$和 $\delta M_S^{(r)}$.

在等温、恒应变条件下，热力学函数取亥姆霍兹自由能 f，$f=g+\sigma\varepsilon$

$$\mathrm{d}f = - S\mathrm{d}T + \sigma\mathrm{d}\varepsilon - \sum_p A_p \mathrm{d}\xi_p. \tag{21.290}$$

可求出 $\tau_{\varepsilon,T}^{(r)}$和 $\delta M_T^{(r)}$.

在等温条件下，有

$$(\partial\varepsilon/\partial\sigma)_{\xi_p,T} = J_{U,T}, \tag{21.291}$$

$$(\partial\varepsilon/\partial\sigma)_{A_p,T} = J_{R,T}, \tag{21.292}$$

$$\delta J_T = J_{R,T} - J_{U,T} = (\partial\varepsilon/\partial\sigma)_{A_p,T} - (\partial\varepsilon/\partial\sigma)_{\xi_p,T}. \tag{21.293}$$

绝热条件下的弛豫量为

$$\delta J_S = J_{R,S} - J_{U,S} = (\partial\varepsilon/\partial\sigma)_{A_p,S} - (\partial\varepsilon/\partial\sigma)_{\xi_p,S}. \tag{21.294}$$

根据热力学条件 $f(x,y,z)=0$，则

$$(\partial x/\partial y)_z - (\partial x/\partial y)_w = (\partial x/\partial w)_y(\partial w/\partial y)_z. \tag{21.295}$$

因此，有

$$\left(\frac{\partial\varepsilon}{\partial\sigma}\right)_{\xi,S} - \left(\frac{\partial\varepsilon}{\partial\sigma}\right)_{\xi,T} = \left(\frac{\partial\varepsilon}{\partial T}\right)_{\xi,\sigma}\left(\frac{\partial T}{\partial\sigma}\right)_{\xi,S}. \tag{21.296}$$

在绝热条件下，$\Delta S=0$，由式(21.258)

$$\left(\frac{\partial T}{\partial\sigma}\right)_{\xi,S} = - \alpha T_0/C_\sigma, \tag{21.297}$$

$$\left(\frac{\partial\varepsilon}{\partial T}\right)_{\xi,\sigma} = \alpha.$$

代入式(21.296)得，$J_{U,S}-J_{U,T}=-\alpha^2T_0/C_\sigma$. (21.298)

同样

$$\left(\frac{\partial\varepsilon}{\partial\sigma}\right)_{A,S}-\left(\frac{\partial\varepsilon}{\partial\sigma}\right)_{A,T}=\left(\frac{\partial\varepsilon}{\partial T}\right)_{A,\sigma}\left(\frac{\partial T}{\partial\sigma}\right)_{A,S}, \tag{21.299}$$

$$\left(\frac{\partial\varepsilon}{\partial T}\right)_{A,\sigma}=\alpha+\mathscr{H}x/\beta, \tag{21.300}$$

$$\left(\frac{\partial T}{\partial\sigma}\right)_{A,S}=-(\alpha\beta T+\mathscr{H}xT)/(C_\sigma\beta+x^2T), \tag{21.301}$$

$$J_{R,S}-J_{R,T}=-\frac{T}{\beta}(\alpha\beta+\mathscr{H}x)^2/(C_\sigma\beta+x^2T), \tag{21.302}$$

$$\delta J_S=\delta J_T-[(\alpha\beta+\mathscr{H}x)^2/\beta\quad(C_\sigma\beta+x^2T)-\alpha^2/C_\sigma]T. \tag{21.303}$$

当 $x=0$，即内参量 ξ 趋于 ξ 的驱动力和 T 无关时，$\delta J_S=\delta J_T$.

另一个感兴趣的是 $\tau_{\sigma,s}$和 $\tau_{\sigma,T}$之间有什么关系，由式(21.279)，$\tau_r^{-1}=L_r'\beta_r'$. 根据式(21.267)，$L=\mathrm{d}\,\dot{\xi}/\mathrm{d}A$，它和等温还是绝热无关，所以 $\tau_r^{-1}\propto\beta_r'$

$$\tau_{r,T}^{-1}=L\beta_T=-L\left(\frac{\partial A}{\partial\xi}\right)_{\sigma,T}, \tag{21.304}$$

$$\tau_{r,S}^{-1}=L\beta_S=-L\left(\frac{\partial A}{\partial\xi}\right)_{\sigma,S}. \tag{21.305}$$

由
$$\left(\frac{\partial A}{\partial\xi}\right)_{\sigma,S}=\left(\frac{\partial A}{\partial\xi}\right)_{\sigma,T}+\left(\frac{\partial A}{\partial T}\right)_{\sigma,\xi}\left(\frac{\partial T}{\partial\xi}\right)_{\sigma,S}, \tag{21.306}$$

$$\tau_{r,s}^{-1}=\tau_{r,T}^{-1}(1+x^2T/\beta C_\sigma). \tag{21.307}$$

定义一个弛豫后的比热 $c_{R,\sigma}$为

$$\begin{aligned}c_{R,\sigma}&=T\left(\frac{\partial S}{\partial T}\right)_{\sigma,A}=T\left(\frac{\partial S}{\partial T}\right)_{\sigma,\xi}+T\left(\frac{\partial S}{\partial\xi}\right)_{\sigma,T}\left(\frac{\partial\xi}{\partial T}\right)_{\sigma,A}\\&=c_\sigma+Tx\left(\frac{\partial\xi}{\partial T}\right)_\sigma.\end{aligned} \tag{21.308}$$

由式(21.260),得 $$\left(\frac{\partial \xi}{\partial T}\right)_{\sigma}=x/\beta, \tag{21.309}$$

代入式(21.308),得

$$C_{R,\sigma}=c_{\sigma}+Tx^{2}/\beta, \tag{21.310}$$

代入式(21.307)得

$$\tau_{\sigma,S}^{-1}=\tau_{\sigma,T}^{-1}(c_{R,\sigma}/c_{\sigma}). \tag{21.311}$$

同理,可得其它几个有用的公式

$$\delta M_{T}=M_{U,T}-M_{R,T}=\delta J_{T}/J_{R,T}J_{U,T}, \tag{21.312}$$

$$\delta M_{S}=M_{U,S}-M_{R,S}=\delta J_{S}/J_{R,S}J_{U,S}, \tag{21.313}$$

$$\tau_{\varepsilon,T}^{-1}=\tau_{\sigma,T}^{-1}(J_{R,T}/J_{U,T}), \tag{21.314}$$

$$\tau_{\varepsilon,S}^{-1}=\tau_{\sigma,S}^{-1}(c_{R,\sigma}/c_{\sigma})(J_{R,S}/J_{U,S}). \tag{21.315}$$

第二十二章　点缺陷引起的内耗

实际晶体中，总存在着缺陷，最简单的缺陷就是点缺陷，这里考虑的是溶解在固溶体中的填隙原子、替代原子、空位以及它们所组成的复杂点缺陷．点缺陷的存在，在其周围会产生应力（或应变）场，同时降低了晶体的局域对称性，在外应力场的作用下，点缺陷将重新分布．这种重新分布过程是通过原子扩散来进行的，是一个弛豫过程，将产生弛豫型内耗．处理点缺陷引起的弛豫内耗的方法很多，如除上一章所述的热力学内参量方法外，还有结晶学方法、弹性偶极子方法[2]，其中用得较为普遍的是弹性偶极子方法．本章主要介绍用弹性偶极子概念来处理点缺陷的滞弹性行为，并介绍目前研究得较为深入的斯诺克峰和曾讷峰．

§22.1　缺陷对称性

点缺陷的存在破坏了晶体的平移对称性，同时，也可能使晶体的局域点群对称性发生变化，这种包含点缺陷的晶体点群对称性称为缺陷对称性，显然缺陷对称性不高于完整晶体的对称性，因此，必然存在一种以上可以区分的缺陷组态或称缺陷方位，其数目用 n_d 来表示．

从缺陷对称性的角度来考察，缺陷可分为两大类：一类称为基本点缺陷，如空位、替代原子，自间隙和外来间隙原子，在这种情况下，缺陷对称性除了和晶体的点群对称性有关外，还和缺陷在晶体中所占的位置有关，因此这类缺陷对称性也称为位置对称性．图22.1示出了基本点缺陷在具有 $m3m$ 点群的立方晶体内不同的位置．如点缺陷占有格点 a 位置，由于考察基本点缺陷的缺陷对称性时，坐标原点建立在点缺陷所在点，故 a 位置的缺陷对称性仍具 $m3m$ 对称性．如果点缺陷占有面心 c 位置，它破坏了原晶体的三次对称性，故缺陷对称性降为 $\frac{4}{m}mm$，四次轴沿 Z 方向．如果点缺陷在边心 d 位置，缺陷对称性也为 $\frac{4}{m}mm$，四次轴沿 Y 方向．同样的分析，可得出点缺陷在 e 位置时的缺陷对称性为 $4mm$，其它不同位置的缺陷对称性列于表 22.1 之中．如点缺陷位于体对角线〈111〉上任意位置 l 处(不包括体心位置)时，缺陷对称性为 $3m$，其它晶系的缺陷位置对称性也可以同样分析求出．

第二类点缺陷称为复合点缺陷，它由空位对、替代-间隙原子对，空位-间隙原子对组成及其它点缺陷对，这一类缺陷对称性的对称元素只能有如下几种：如果缺陷对的一对“原子”相同，成为“哑铃”状缺陷，这里“原子”是广义的原子，可以包括原子、离子、分子、空位等，那末，在考察缺陷对称性时，坐标原点往往取在这两个“原子”连线的中点，这时，只有下列几种对称操作可能属于“哑铃”缺陷：

(1) 和“哑铃”轴一致的 n 次旋转轴及旋反轴 $\bar{n}$.

(2) 垂直于“哑铃”轴的 2 次旋转轴．

(3) 包含或垂直于“哑铃”轴的镜面．

(4) 对称中心．

如果上述对称元素也是晶体的对称元素，那末这些元素也属缺陷对称性的对称元素，否则就不是.

如果“哑铃”的两个“原子”不相同，则可能的对称元素有

(1) 和“哑铃”轴一致的 n 次旋转轴．

(2) 过“哑铃”轴的镜面．

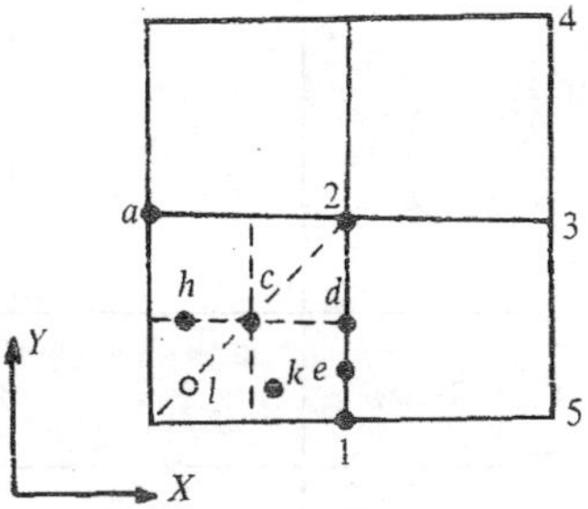

图 22.1　基本点缺陷及复合点缺陷在具有 $m3m$ 点群的立方晶体的正方面上的位置，O 不在 xy 平面内。

当然上述对称元素也应是晶体的对称元素才能成为缺陷对称

性的对称元素.

例如图 22.1 中,1,2 位置的"原子"被两个相同的替代"原子"所替代,则缺陷对称性具位置 d 的对称性,即 $\frac{4}{m}mm$,如果两个替代"原子"不相同,则具位置 e 的对称性,即 $4mm$. 再考虑 1,3 位置构成的缺陷对,如缺陷对为同种"原子",则缺陷对称性为 mmm,如果两"原子"不同,则缺陷对称性为 $\langle 110\rangle mm2$ 正交对称性,同样可以考虑 1-4 缺陷对,缺陷对由相同"原子"组成时,缺陷对称性为 $2/m$,两"原子"不同则为 m 缺陷对称性,余可类推.

以上讨论可概括为表 22.1. 表中 * 表示构成缺陷对的两"原子"是相同的情况.

表 22.1 立方晶体($m3m$ 群)中不同位置和原子对的缺陷对称性.

位置	缺陷对称性	n_d
a	$m3m(O_h)$	1
c	$\frac{4}{m}mm\ (D_{4h})$	3
d	$\frac{4}{m}mm\ (D_{4h})$	3
e	$4mm(C_{4v})$	6
i	$\langle 110\rangle mm2(C_{2v})$	12
h	$\langle 100\rangle mm2(C_{2v})$	12
k	$m(C_s)$	24
l	$3m(C_{3v})$	8
1-2 对	$\frac{4}{m}mm\ \ (D_{4h})^*$	3
	$4mm(C_{4v})$	6
1-3 对	$mmm(D_{2h})^*$	6
	$\langle 110\rangle mm2(C_{2v})$	12
1-4 对	$\frac{2}{m}\ (C_{2h})^*$	12
	$m(C_s)$	24

从表可以看出,包含缺陷的对称性往往降低了晶体的对称性,因此缺陷会有一个以上的等效取向,即 $n_d\geqslant 1$,n_d 可以用晶体的对

称操作分析求得,也可用群论方法来求,

$$n_d = h_x / h_d, \tag{22.1}$$

式中 h_x 是完整晶体的点群群元数,h_d 是缺陷对称性所属点群的群元素. 例 $m3m$ 点群的群元数为 48,而 e 位置的缺陷对称性相应的点群($4mm$)的群元数为 8,故 $n_d=48/8=6$,余类推.

其它晶系的晶体中可能出现的缺陷对称性可以用类似的方法求得.

§22.2 弹性偶极子的概念

(a) 弹性偶极子的定义　一个点缺陷嵌入一个晶体里,就会产生局部畸变,作为畸变的结果,这个点缺陷产生的应变和外加应力将有交互作用,在某些情况下,这样的交互作用类似于电偶极子和外电场之间的交互作用,因此,产生局部畸变的点缺陷可以用弹性偶极子来描述(见本书第一卷第五章§5.7),弹性偶极子定义为

$$\varepsilon_{ij}^{d} - \varepsilon_{ij}^{0} = \sum_{p=1}^{n_d} \lambda_{ij}^{(p)} C_p, \tag{22.2}$$

式中 ε_{ij}^{d}和 ε_{ij}^{o}分别代表晶体中有和没有缺陷时的应变张量分量, $\varepsilon_{ij}^{d}-\varepsilon_{ij}^{o}$代表了由点缺陷产生的应变. p 代表缺陷的 n_d 个可能的等效取向中的某一个取向. C_p 表示缺陷在 p 取向的摩尔浓度.

$$C_p = N_p / N_u = v_0 N_p, \tag{22.3}$$

式中 N_p、N_u 分别代表单位体积中 p 取向的缺陷数和分子(原子)数. v_0 表示分子(原子)的平均体积. C_p 是标量,由式(22.2)可知,弹性偶极子 λ 是个二阶对称张量,它的分量

$$\lambda_{ij}^{(p)} = \partial \varepsilon_{ij} / \partial C_p. \tag{22.4}$$

在主轴坐标系中,仅三个主值 $\lambda_1,\lambda_2,\lambda_3$ 不为零,用矩阵可表示为

$$\begin{pmatrix} \lambda_1 & 0 & 0 \\ 0 & \lambda_2 & 0 \\ 0 & 0 & \lambda_3 \end{pmatrix}, \tag{22.5}$$

它和 p 取向无关．尽管 p 取向可以有 n_d 个，但从结晶学上看，这 n_d 个取向是等价的，也就是说，这 n_d 个应变二次曲面的主轴可以不同，但主值是相同的，和 p 取向无关．反过来，只要知道在主轴坐标系下的三个主值 $\lambda_m(m=1,2,3)$，那末在其它坐标系下，λ 张量的分量为

$$\lambda_{ij}^{(p)} = \sum_{m=1}^{3} \alpha_{im}^{(p)} \alpha_{jm}^{(p)} \lambda_m , \qquad (22.6)$$

式中 $\alpha_{im}^{(p)}$ 是坐标轴 i 和 p 取向弹性偶极子的主轴 m 之间的方向余弦．

(b) 弹性偶极子和缺陷对称性的关系　弹性偶极子的概念是由点缺陷嵌入晶体引起畸变而引入的．因此 λ 张量是一个物质张量，它遵循诺埃曼(Neumann)原理[19]，即 λ 张量的对称性不低于缺陷对称性，根据这一原理，可以求出不同缺陷对称性下，λ 张量的独立分量．如表 22.2 所示．

表 22.2　不同缺陷对称性下的 λ 张量

缺陷对称性	主值	主　　轴	λ 张量的独立分量数
立方	$\lambda_1=\lambda_2=\lambda_3$	任意坐标系	1
四方、六方、三方	$\lambda_1=\lambda_2\neq\lambda_3$	主轴“1”、“2”任意，“3”沿高次轴	2
正交	$\lambda_1\neq\lambda_2\neq\lambda_3$	三个主轴分别沿三个对称轴方向	3
单斜	$\lambda_1\neq\lambda_2\neq\lambda_3$	主轴“2”沿对称轴方向	4*
三斜	$\lambda_1\neq\lambda_2\neq\lambda_3$	一般晶轴不是主轴坐标轴	6

*．在主轴坐标系中，λ 张量的独立分量只有 3 个，对单斜晶系，只有一个方向具有对称性(**b** 方向)，该方向是一个主轴方向，另两个主轴方向未知，往往要绕上述主轴(**b** 轴)旋转一定角度后才能得出另两个主轴和主值，故在单斜晶系下，$\boldsymbol{\lambda}$ 张量的分量为 4 个：$\boldsymbol{\lambda}_{11}$，$\boldsymbol{\lambda}_{22}$，$\boldsymbol{\lambda}_{33}$和 $\boldsymbol{\lambda}_{13}$，旋转角 θ 满足 $\mathrm{tg}2\theta = \dfrac{2\lambda_{13}}{\lambda_{11}-\lambda_{33}}$；同理，在三斜

晶系的一般坐标系下，λ 张量的分量有 6 个，只有经坐标变换找到主轴坐标系后，独立分量才是 3 个．

对应于 n_d 个不同取向的点缺陷组态，可以用 n_d 个弹性偶极子 λ 张量来描述，如果这些 λ 张量中，主值和主轴都一样的话，这些缺陷在外应力作用下的行为应该是一样的，因此在 n_d 个 λ 张量中，真正独立的只有 n_t 个，一般 $n_t \leqslant n_d$，$n_t = 1$，说明所有缺陷产生的 λ 张量都是一样的．因此，外应力下不会发生弛豫．若 $n_t > 1$，外应力和这些具有不同 λ 张量的点缺陷的交互作用也就不同，必有有利的和不利的，使缺陷重新分布（或说弹性偶极子再取向）而产生弛豫．因此，$n_t > 1$ 是点缺陷产生弛豫的必要条件．不同晶系中，不同缺陷对称性相应的 n_t 值如表 22.3 所示．

表 22.3　不同晶系不同缺陷对称性下的 n_t 值

缺陷对称性 / n_t / 晶体对称性	四方	三方	正交	单斜	三斜
立方(高) ($m3m$, $\bar{4}3m$, 432)	3	4	6	12	24
立方(低) ($m3$, 23)	/	4	3	6	12
六方(高) ($\bar{6}m2$, $\frac{6}{m}mm$, $6mm$, 622)	/	1	3	6	12
六方(低) ($\frac{6}{m}$, $\bar{6}$, 6)	/	1	/	3	6
三方(高) ($\bar{3}m$, $3m$, 32)	/	1	/	3	6
三方(低) ($\bar{3}$, 3)	/	1	/	/	3
四方(高) ($\frac{4}{m}mm$, $\bar{4}2m$, $4mm$, 422)	1	/	2	4	8

续表

晶体对称性 \ n_t \ 缺陷对称性	四方	三方	正交	单斜	三斜
四方(低) ($\frac{4}{m}$,$\bar{4}$4)	1	/	/	2	4
正交(所有) (mmm,$mm2$,222)	/	/	1	2	4
单斜(所有) ($\frac{2}{m}$,2,m)	/	/	/	1	2
三斜(所有) (i,1)	/	/	/	/	1

§22.3 单轴应力下的弛豫

晶体中点缺陷可以用 n_t 个结晶学上等效的弹性偶极子(λ 张量)来描述,如果缺陷的总摩尔浓度为 C_0,根据守恒条件

$$\sum_{p=1}^{n_t} C_p = C_0 \text{ ,} \tag{22.7}$$

该方程说明,在外应力作用下,由于弹性偶极子再取向使 p 方向的缺陷摩尔浓度 C_p 可以改变,但总浓度不变。在零应力条件下,

$$C_p = C_0/n_t. \tag{22.8}$$

在外加单轴应力下,晶体产生的应变为

$$\varepsilon = J_U\sigma + \sum_{p=1}^{n_t} \lambda^{(p)}[C_p - C_0/n_t], \tag{22.9}$$

式中 J_U 是未弛豫顺服系数,$J_U\sigma$ 为弹性应变,第二项代表在外应力作用下,缺陷重新分布而产生的滞弹性应变.$\lambda^{(p)}$可由张量的定义求得

$$\lambda^{(p)} = (\alpha_1^{(p)})^2\lambda_1 + (\alpha_2^{(p)})^2\lambda_2 + (\alpha_3^{(p)})^2\lambda_3, \tag{22.10}$$

这里 $\lambda_i(i=1,2,3)$是 λ 张量的三个主值,$\alpha_i^{(p)}$ 是应力轴和 p 取向的 λ 张量主轴 i 之间的方向余弦．在外应力施加足够长时间后,缺陷再取向所引起的弛豫过程完成,缺陷浓度 C_p 达到相应的平衡值 $\overline{C}_p$,故

$$\delta J = J_R - J_U = \sum_{p=1}^{n_t} \lambda^{(p)}[\overline{C}_p - C_0/n_t]/\sigma. \tag{22.11}$$

根据热力学关系

$$\mathrm{d}g = - S\mathrm{d}T - \varepsilon \mathrm{d}\sigma - \sum_{p=1}^{n_t} A_p \mathrm{d}Cp \tag{22.12}$$

式中 g 为吉布斯自由能密度．S,T,ε,σ 分别为熵、绝对温度、应变和应力,C_p 为 p 取向的缺陷摩尔浓度,A_p 为亲和力,它是使 C_p 趋于平衡值 $\overline{C}_p$ 的驱动力．此外,点缺陷的引 λ 必然影响系统的吉布斯自由能

$$g' = g - TS_{cf} , \tag{22.13}$$

式中 S_{cf}是组态熵,它和 C_p 有关而和 σ 无关,定义与 p 取向的一个弹性偶极子有关的自由能级有下面关系：

$$\gamma_p = \partial g'/\partial N_p = v_0 \frac{\partial g'}{\partial C_p}. \tag{22.14}$$

利用式(22.12)的全微分关系,得

$$\frac{\partial A_p}{\partial \sigma} = \frac{\partial \varepsilon}{\partial C_p} = \lambda^{(p)}, \tag{22.15}$$

$$\frac{\partial \gamma_p}{\partial \sigma} = v_0 \frac{\partial^2 g'}{\partial C_p \partial \sigma} = - v_0 \lambda^{(p)} . \tag{22.16}$$

在小应力及缺陷浓度不高时,可得

$$\gamma_p = - v_0 \lambda^{(p)} \sigma . \tag{22.17}$$

对不同的 p 取向,$\lambda^{(p)}$的大小不同,说明在外应力作用下,弹性偶极子的能级将分裂．图 22.2 示出的是能级分裂示意图,弹性偶极子将按玻尔兹曼分布律去分布,即

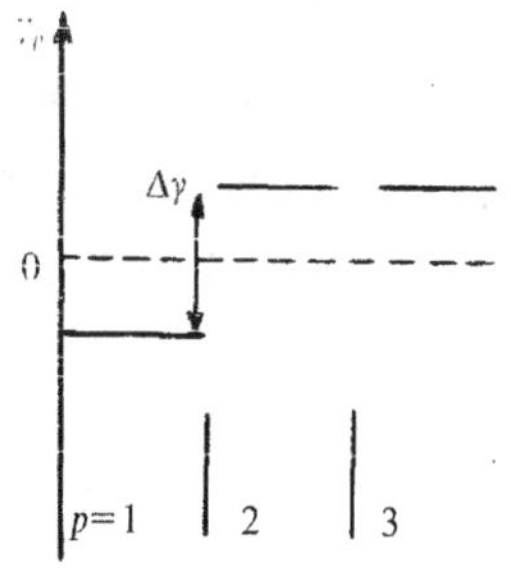

图 22.2 能级分裂示意图.

$$\frac{\overline{C}_p}{C_0}=\frac{\exp(-\gamma_p/kT)}{\sum\limits_{q=1}^{n_t}\exp(-\gamma_q/kT)}\simeq\frac{1}{n_t}\Big[1-\frac{\gamma_p}{kT}+\frac{1}{n_t}\sum_{q=1}^{n_t}(\gamma_q/kT)\Big]. \tag{22.18}$$

把式(22.17)代入式(22.18),得

$$\overline{C}_p-\frac{C_0}{n_t}=\frac{C_0 v_0\sigma}{n_t kT}\left[\lambda^{(p)}-\frac{1}{n_t}\sum_{q=1}^{n_t}\lambda^{(q)}\right]. \tag{22.19}$$

在外应力作用下,p 取向的缺陷摩尔浓度由 C_0/n_t 变为新的平衡值 $\overline{C}_p$,常称这为应力感生有序,由此而引起的弛豫大小为

$$\delta J=\frac{\bar{\varepsilon}_{an}}{\sigma}=\sum_{p=1}^{n_t}\lambda^{(p)}[\overline{C}_p-C_0/n_t]/\sigma$$

$$=\frac{C_0 v_0}{n_t kT}\Big[\sum_{p=1}^{n_t}(\lambda^{(p)})^2-\frac{1}{n_t}\Big(\sum_{p=1}^{n_t}\lambda^{(p)}\Big)^2\Big]. \tag{22.20}$$

由此而产生的弛豫型内耗为

$$Q^{-1}=\Delta\cdot\frac{\omega\tau}{1+\omega^2\tau^2}, \tag{22.21}$$

式中 $\Delta=\delta J/J$ 是弛豫强度,τ 是弛豫时间,ω 是外加交变应力的圆频率.

§22.4 在高对称性立方晶体中不同缺陷对称性引起弛豫的例子

(a) 四方缺陷对称性 从表 22.3 中可知 $n_t=3$,λ 张量的三个主值为

$$\lambda_1=\lambda_2\neq\lambda_3.$$

主轴"3"沿高次轴方向.

(1) 如果外加单轴应力沿[001]方向. 由式(22.10)可以求出沿应力轴方向的 $\lambda^{(p)}$ 分量值,如表 22.4 中所列出的,代入式

(22.20),并利用 $\lambda_1=\lambda_2$,可得

$$\delta J=\frac{2}{3}\delta(s_{11}-s_{12})=\frac{2C_0v_0}{9kT}(\lambda_1-\lambda_3)^2. \qquad (22.22)$$

表 22.4 沿[001]方向的 $\lambda^{(p)}$ 分量

p	λ 张量的主轴	$\alpha_1^{(p)}$ $\alpha_2^{(p)}$ $\alpha_3^{(p)}$	$\lambda^{(p)}$
1	[100] [010] [001]	0 0 1	λ_3
2	[001] [100] [010]	1 0 0	λ_1
3	[010] [001] [100]	0 1 0	λ_2

(2) 如果外加单轴应力沿[111]方向. $\lambda^{(p)}$ 的大小仍由式(22.10)求出,如表 22.5 所列. 表中已考虑 $\lambda_1=\lambda_2$.

表 22.5 沿[111]方向的 $\lambda^{(p)}$ 分量

p	λ 张量的主轴	$\alpha_1^{(p)}$ $\alpha_2^{(p)}$ $\alpha_3^{(p)}$	$\lambda^{(p)}$
1	[100] [010] [001]	$\sqrt{3}/3$ $\sqrt{3}/3$ $\sqrt{3}/3$	$\frac{1}{3}(2\lambda_1+\lambda_3)$
2	[001] [100] [010]	$\sqrt{3}/3$ $\sqrt{3}/3$ $\sqrt{3}/3$	$\frac{1}{3}(2\lambda_1+\lambda_3)$
3	[010] [001] [100]	$\sqrt{3}/3$ $\sqrt{3}/3$ $\sqrt{3}/3$	$\frac{1}{3}(2\lambda_1+\lambda_3)$

由式(22.20),可求得

$$\delta J=\frac{1}{3}\delta s_{44}=0. \qquad (22.23)$$

从表 22.5 中可看出,沿〈111〉方向施加单轴应力,三个不同取向($p=1,2,3$)的 $\lambda^{(p)}$ 相同,由式(22.17)可知,应力没有造成能级分裂,故没弹性偶极子在外应力作用下再取向的弛豫过程,所以弛豫量 $\delta J=0$.

(b) 三方缺陷对称性　由表 22.3 知,$n_t=4$,$\lambda_1=\lambda_2\neq\lambda_3$.

(1) 如果外应力为[100]方向的单轴应力,相应于不同 p 取向的 $\lambda^{[p]}$ 值,如表 22.6 所示,代入式(22.20)

表 22.6　100 方向的 $\lambda^{(p)}$ 分量

p	λ 张量主轴			$\alpha_1^{(p)}$	$\alpha_2^{(p)}$	$\alpha_3^{(p)}$	$\lambda^{(p)}$
1	$[1\bar{1}0]$	$[11\bar{2}]$	$[111]$	$1/\sqrt{2}$	$1/\sqrt{6}$	$1/\sqrt{3}$	$\frac{1}{3}(2\lambda_1+\lambda_3)$
2	$[110]$	$[\bar{1}1\bar{2}]$	$[\bar{1}11]$	$1/\sqrt{2}$	$-1/\sqrt{6}$	$-1/\sqrt{3}$	$\frac{1}{3}(2\lambda_1+\lambda_3)$
3	$[\bar{1}10]$	$[\bar{1}\bar{1}\bar{2}]$	$[\bar{1}\bar{1}1]$	$-1/\sqrt{2}$	$-1/\sqrt{6}$	$-1/\sqrt{3}$	$\frac{1}{3}(2\lambda_1+\lambda_3)$
4	$[\bar{1}\bar{1}0]$	$[1\bar{1}\bar{2}]$	$[1\bar{1}1]$	$-1/\sqrt{2}$	$1/\sqrt{6}$	$1/\sqrt{3}$	$\frac{1}{3}(2\lambda_1+\lambda_3)$

可求得 $\delta J=\frac{2}{3}\delta(s_{11}-s_{12})=0$.

(2) 如果外应力为〈111〉单轴应力，则 $\lambda^{(p)}$ 值如下表所示，表中主轴和表 22.6 中的相同．

表 22.7　111 方向的 $\lambda^{(p)}$ 分量

p	$\alpha_1^{(p)}$	$\alpha_2^{(p)}$	$\alpha_3^{(p)}$	$\lambda^{(p)}$
1	0	0	1	λ_3
2	$2/\sqrt{6}$	$-2/3\sqrt{2}$	1/3	$\frac{1}{9}(8\lambda_1+\lambda_3)$
3	0	$-4/3\sqrt{2}$	$-1/3$	$\frac{1}{9}(8\lambda_1+\lambda_3)$
4	$-2/\sqrt{6}$	$-2/3\sqrt{2}$	1/3	$\frac{1}{9}(8\lambda_1+\lambda_3)$

由式(22.20)，可得

$$\delta J=\frac{1}{3}\delta s_{44}=\frac{4c_0v_0}{27kT}(\lambda_1-\lambda_3)^2. \qquad (22.24)$$

(c) 〈110〉正交缺陷　由表 22.3 可知，$n_t=6$，λ 张量的主轴之一沿〈110〉，且 $\lambda_1\neq\lambda_2\neq\lambda_3$.

(1) 如果沿〈100〉方向施加单轴应力，则六个不同取向的 $\lambda^{(p)}$ 值可由式(22.10)求出，如表 22.8 列出的．

由式(22.20)可以求得

$$\delta J=\frac{2}{3}\delta(s_{11}-s_{12})=\frac{2c_0v_0}{9kT}\left[\frac{1}{2}(\lambda_1+\lambda_2)-\lambda_3\right]^2. \qquad (22.25)$$

(2) 如果沿〈111〉方向施加单轴应力，则六个不同取向的 $\lambda^{(p)}$ 值为

表 22.8　100 方向的 $\lambda^{(p)}$ 分量

p	λ 张量的主轴	$\alpha_1^{(p)}$	$\alpha_2^{(p)}$	$\alpha_3^{(p)}$	$\lambda^{(p)}$
1	[110]　[1$\bar{1}$0]　[001]	$1/\sqrt{2}$	$1/\sqrt{2}$	0	$\frac{1}{2}(\lambda_1+\lambda_2)$
2	[1$\bar{1}$0]　[110]　[001]	$1/\sqrt{2}$	$1/\sqrt{2}$	0	$\frac{1}{2}(\lambda_1+\lambda_2)$
3	[101]　[10$\bar{1}$]　[010]	$1/\sqrt{2}$	$1/\sqrt{2}$	0	$\frac{1}{2}(\lambda_1+\lambda_2)$
4	[10$\bar{1}$]　[101]　[010]	$1/\sqrt{2}$	$1/\sqrt{2}$	0	$\frac{1}{2}(\lambda_1+\lambda_2)$
5	[011]　[01$\bar{1}$]　[100]	0	0	1	λ_3
6	[01$\bar{1}$]　[011]　[100]	0	0	1	λ_3

$$p = 1,3,5,\quad \lambda^{(p)} = \frac{1}{3}(2\lambda_1 + \lambda_3),$$

$$p = 2,4,6,\quad \lambda^{(p)} = \frac{1}{3}(2\lambda_2 + \lambda_3).$$

由式(22.20)，得

$$\delta J = \frac{1}{3}\delta s_{44} = \frac{c_0 v_0}{6kT}\left[\sum_{p=1}^{6}(\lambda^{(p)})^2 - \frac{1}{6}\left(\sum_{p=1}^{6}\lambda^{(p)}\right)^2\right]$$

$$= \frac{c_0 v_0}{9kT}(\lambda_1 - \lambda_2)^2. \qquad (22.26)$$

从以上例子中可以看出，在单晶体中，点缺陷是否产生弛豫还与外应力状态有关，反过来，改变应力状态可以用来探测缺陷的方位．此外，弛豫大小不仅正比于缺陷的总浓度，而且还和弹性偶极子相应的二次曲面的形状因子 $\delta\lambda$ 的平方成正比．

对于立方晶系任意方向施加单轴应力时，可根据缺陷对称性按本节所述的方法来求 $\lambda^{(p)}$ 和 δJ. 相应的弛豫模式为

$$\delta J = \delta\left[s_{11} - 2\left(s_{11} - s_{12} - \frac{1}{2}s_{44}\right)\Gamma\right], \qquad (22.27)$$

式中 $\Gamma=\gamma_1^2\gamma_2^2+\gamma_1^2\gamma_3^2+\gamma_2^2\gamma_3^2$，$\gamma_1,\gamma_2,\gamma_3$ 为拉伸轴的三个方向余弦．

本节所述方法也适用于其它晶系．

§ 22.5 点缺陷的弛豫动力学

先分析立方晶系中存在四方缺陷对称性的情况，$n_t=3$，三个等效方位可表示为[100]，[010]和[001]，如果外应力是沿[100]的单轴应力，那末这三个弹性偶极子不再等效，点缺陷要重新分布，取向 $p=1$ 的偶极子的自由焓比 $p=2,3$ 的偶极自由焓低 Δh，因此，单位体积中，$p=1$ 的偶极子数的变化率为

$$\mathrm{d}N_1/\mathrm{d}t=-N_1(\nu_{12}+\nu_{13})+N_2\nu_{21}+N_3\nu_{31}, \quad (22.28)$$

式中 ν_{pq} 是每秒钟偶极子从 p 取向转向 q 取向的次数，这里 $n_t=3$，故 $p,q\leqslant 3$，同样，得

$$\mathrm{d}N_2/\mathrm{d}t=-N_2(\nu_{21}+\nu_{23})+N_1\nu_{12}+N_3\nu_{32}, \quad (22.29)$$

$$\mathrm{d}N_3/\mathrm{d}t=-N_3(\nu_{31}+\nu_{32})+N_2\nu_{23}+N_1\nu_{13}. \quad (22.30)$$

无外应力时，三个偶极取向是等效的，因此

$$\nu_{12}=\nu_{21}=\nu_{31}=\nu_{13}=\nu_{23}=\nu_{32}=\nu, \quad (22.31)$$

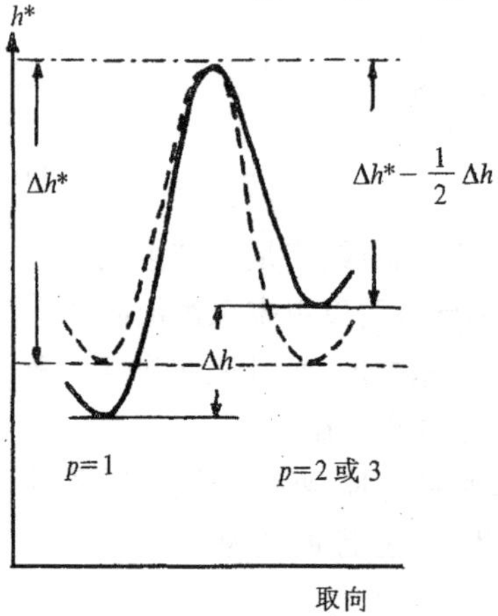

图 22.3 加应力前(虚线)后(实线)激活势垒示意图.

这里 ν 称为频率因子，它表征了重新取向的频率，这种重新取向的激活焓为 $\Delta h^*=\Delta g^*+T\Delta S^*$，

$$\nu=\omega_0\exp(-\Delta g^*/kT)$$
$$=\nu_0\exp(-\Delta h^*/kT), \quad (22.32)$$

这里 $\nu_0=\omega_0\exp(\Delta S^*/k)$.

由于[100]单轴应力，$p=1$ 取向的偶极自由焓比 $p=2$、3 取向的偶极自由焓降低了 Δh，可处理为 $p=1$ 的自由焓降低了 $\frac{1}{2}\Delta h$，取向 2 或 3 的焓提高了 $\frac{1}{2}\Delta h$，如图 22.3 所示.

当 $\Delta h/2kT \ll 1$ 时，取向为1的偶极子重新取向的频率为 ν_1，

$$\nu_1 = \nu_0 \exp\left[-\left(\Delta h^* + \frac{1}{2}\Delta h\right)/kT\right] \simeq \nu(1 - \Delta h/2kT), \qquad (22.33)$$

这里 $\nu_1 = \nu_{12} = \nu_{13}$，同样可得

$$\nu_2 = \nu_3 = \nu_0 \exp\left[-\left(\Delta h^* - \frac{1}{2}\Delta h\right)/kT\right] \simeq \nu(1 + \Delta h/2kT) \qquad (22.34)$$

式中 $\nu_2 = \nu_{21}, \nu_3 = \nu_{31}$.

把式(22.33)和式(22.34)代入式(22.28)，并利用 $C_p = \upsilon_o N_p$ 关系，可得

$$dC_1/dt = -2\nu_1 C_1 + (C_2 + C_3)\nu_2 = -2\nu C_1(1 - \Delta h/2kT) + \nu(C_2 + C_3)(1 + \Delta h/2kT). \qquad (22.35)$$

利用守恒条件 $\sum_{p=1}^{3} C_p = c_0$，故 $C_2 + C_3 = C_0 - C_1$. 未加应力时，$C_1 = C_2 = C_3 = \frac{1}{3}C_0$，又 $\Delta h/2kT \ll 1$，故加了应力以后，$C_1 \Delta h/2kT \simeq \frac{1}{3}C_0 \Delta h/2kT$，代入式(22.35)，得

$$\dot{C}_1 = -3\nu C_1 + \nu C_0\left[1 + \frac{2}{3}\Delta h/kT\right] \qquad (22.36)$$

平衡时，$C_1 = \overline{C}_1$，$\dot{C}_1 = 0$，由式(22.36)得

$$\overline{C}_1 = \frac{1}{3}C_o\left[1 + \frac{2}{3}(\Delta h/kT)\right]. \qquad (22.37)$$

代入式(22.36)，得

$$\dot{C}_1 = -3\nu(C_1 - \overline{C}_1). \qquad (22.38)$$

弛豫过程的内参量就是缺陷浓度，在外应力下，$p=1$ 取向的浓度由 $\frac{1}{3}C_0$ 弛豫到 $\overline{C}_1$，由式(22.38)可得弛豫时间 τ_1 为

$$\tau_1^{-1} = 3\nu \tag{22.39}$$

由此可见，加应力后的弛豫时间的倒数是零应力下，任何两个等效取向的偶极子之间跳动频率的三倍，在小应力下，τ^{-1}和 Δh 无关.

考虑一般情况. 设内参量 ξ_p 满足

$$\xi_p = C_p - C_0/n_t , \tag{22.40}$$

则点缺陷弛豫的动力学方程为

$$\dot{N}_p = - N_p \sum_{q\neq p} \nu_{pq} + \sum_{q\neq p} \nu_{qp} N_q. \tag{22.41}$$

由于偶极子的等效性，故

$$\nu_{pq} = \nu_{qp} . \tag{22.42}$$

利用 $C_p = N_p v_0$，代入式(22.41)，得

$$\dot{C}_p = - C_p \sum_{q\neq p} \nu_{pq} + \sum_{q\neq p} \nu_{pq} C_q. \tag{22.43}$$

定义 $\nu_{pp} = - \sum\limits_{q\neq p} \nu_{pq}$ 即 $\sum\limits_{q=1}^{n_t} \nu_{pq} = 0$，则有

$$\begin{aligned}\dot{C}_p &= - C_p \sum_{q\neq p} \nu_{pq} + \sum_{q=1}^{n_t} \nu_{pq} C_q - \nu_{pp} C_p \\ &= \sum_{q=1}^{n_t} \nu_{pq} (C_q - C_0/n_t).\end{aligned} \tag{22.44}$$

这一表达式类似于式(21.238)，C_p 相当于内参量 ξ_p，可以先求出由 C_p 线性组合而成的正则坐标系 C'_r，在正则坐标系下，有

$$\dot{C}'_r = - \tau_r^{-1} (C'_r - \bar{C}'_r) . \tag{22.45}$$

诺威克已用群论方法给出了各晶系中不同缺陷对称性的 τ^{-1}和 ν_{pq} 的关系[20]，列于附录 I.

我们以四方高对称性晶体中的〈100〉单斜缺陷为例，说明 τ_r^{-1} 和 ν_{pq}的关系是如何获得的. 从表 22.3 中可知，$n_t = 4$，相应的四个弹性偶极子的方位如图 22.4 所示，图中给出了四个等效弹性偶极子的第二主轴方向〈ouw〉，由群论可以求出四个正则浓度坐标为

$$\left.\begin{aligned}C_1' &= \frac{1}{2}(C_1 + C_2 + C_3 + C_4),\\ C_2' &= \frac{1}{2}(C_1 - C_2 + C_3 - C_4),\\ C_3' &= \frac{1}{\sqrt{2}}(C_1 - C_3),\\ C_4' &= \frac{1}{\sqrt{2}}(C_2 - C_4).\end{aligned}\right\} \tag{22.46}$$

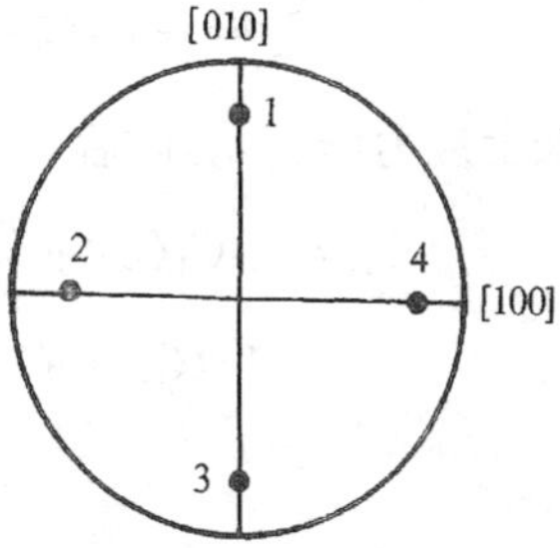

图 22.4　四方晶体⟨100⟩单斜缺陷对称性下的四个等效弹性偶极子的方位图．图中给出了第二主轴⟨ouw⟩．

未加应力时，$C_1=C_2=C_3=C_4=\frac{1}{4}C_0$，如果晶体的高次轴（4 或 $\bar{4}$）沿 Z 方向，则加应力（$\sigma_1+\sigma_2$）或 σ_3，由于对称性关系，这些弹性偶极子不会重新再取向，因此不会产生弛豫．如果外应力为（$\sigma_1-\sigma_2$），则正则坐标系中仅 $C_2'\neq0$，$C_1'=C_3'=C_4'=0$，即

$$C_1 = C_3; C_2 = C_4; C_1 + C_3 = -(C_2 + C_4), \tag{22.47}$$

这说明加了（$\sigma_1-\sigma_2$）应力以后，C_1 和 C_3 将由 $\frac{1}{4}C_0$ 增加到 $\frac{1}{4}C_0+\delta$，而 C_2 和 C_4 变为 $\frac{1}{4}C_0-\delta$. 亦即 $p=1,3$ 取向的偶极自由焓减少 $\frac{1}{2}\Delta h$，而 $p=2,4$ 的偶极自由焓增加 $\frac{1}{2}\Delta h$. 由速率方程

$$\dot{N}_1 = -N_1(\nu_{12} + \nu_{13} + \nu_{14}) + N_2\nu_{21} + N_3\nu_{31} + N_4\nu_{41}. \tag{22.48}$$

未加应力时，由图 22.4 可知

$$\left.\begin{aligned}\nu_{12} = \nu_{21} = \nu_{14} = \nu_{41} = \nu,\\ \nu_{13} = \nu_{31} = \nu'.\end{aligned}\right\} \tag{22.49}$$

利用式(22.43)及式(22.49)，速率方程可写为

$$\dot{C}_1 = -C_1(2\nu + \nu') + (C_2 + C_4)\nu + C_3\nu'. \qquad (22.50)$$

加上应力$(\sigma_1 - \sigma_2)$以后

$$\dot{C}_1 = -C_1(2\nu + \nu')(1 - \Delta h/2kT) + (C_2 + C_4)\nu(1 + \Delta h/2kT) + C_3\nu'(1 - \Delta h/2kT). \qquad (22.51)$$

利用

$$C_2 + C_4 = C_0 - (C_1 + C_3) = C_0 - 2C_1, \qquad (22.52)$$

$$\dot{C}_1 = -4\nu C_1 + C_0\nu(1 + \Delta h/2kT). \qquad (22.53)$$

平衡时,$\dot{C}_1 = 0$,$C_1 = \overline{C}_1$,可得

$$\dot{C}_1 = -4\nu(C_1 - \overline{C}_1). \qquad (22.54)$$

加上$(\sigma_1 - \sigma_2)$应力,对应的对称应变为$(\varepsilon_1 - \varepsilon_2)$,顺服系数为$(S_{11} - S_{12})$,故从弛豫方程(22.54)可得

$$\tau^{-1}(S_{11} - S_{12}) = 4\nu_{12}. \qquad (22.55)$$

如果外应力为σ_4、σ_5,弛豫模式为S_{44},在这条件下,正则坐标$C_1' = 0$,$C_2' = 0$ 即 $C_1 = -C_3$;$C_2 = -C_4$,可从速率方程导出

$$\dot{C}_1 = -2(\nu + \nu')(C_1 - \overline{C}_1). \qquad (22.56)$$

弛豫时间为

$$\tau^{-1}(S_{44}) = 2(\nu_{12} + \nu_{13}). \qquad (22.57)$$

以上结果说明在某些晶体中,即使同种缺陷,对不同的弛豫模会有不同的弛豫时间,从而可能出现多个弛豫峰或由于峰的叠加而引起峰的宽化.

附录　不同晶体缺陷对称性下的弛豫时间 τ 和 ν_{pq} 的关系

一、立方晶体

1. 四方缺陷对称性

$n_t=3, \tau^{-1}(S_{11}-S_{12})=3\nu_{12}$，即式(22.39)

2. 三方缺陷对称性

$n_t=4$，四个等效偶极子的取向分别沿$[111]$，$[\bar{1}11]$，$[\bar{1}\bar{1}1]$，$[1\bar{1}1]$，且 $\nu_{12}=\nu_{14}$

$$\tau^{-1}(S_{44})=4\nu_{12}.$$

3. $\langle 110\rangle$正交缺陷对称性

$n_t=6$，对应于 $p=1,2,\cdots,6$ 的第一主轴分别为$[110]$，$[1\bar{1}0]$，$[011]$，$[01\bar{1}]$，$[101]$和$[10\bar{1}]$，除 ν_{12}独立外，$\nu_{13}=\nu_{14}=\nu_{15}=\nu_{16}$，所以

$$\tau^{-1}(S_{11}-S_{12})=6\nu_{13}, \tag{22.58}$$

$$\tau^{-1}(S_{44})=2\nu_{12}+4\nu_{13}. \tag{22.59}$$

4. $\langle 100\rangle$正交缺陷对称性.

对应于 $p=1,2,\cdots,6$ 的偶极子的主轴分别为 $x,y,z;x,z,y;y,z,x;y,x,z;z,x,y$ 和 z,y,x 在这种情况下，$\nu_{13}=\nu_{15}$其余 ν_{1q}均不等，只有$(S_{11}-S_{12})$模式有弛豫，但有两个弛豫时间

$$\tau^{-1}(S_{11}-S_{12})=(\nu_{12}+3\nu_{13}+\nu_{14}+\nu_{16}) \pm\left[\nu_{12}^2+\nu_{14}^2+\nu_{16}^2-\nu_{12}\nu_{14}-\nu_{12}\nu_{16}-\nu_{14}\nu_{16}\right]^{1/2}. \tag{22.60}$$

5. $\langle 110\rangle$单斜缺陷对称性

$n_t=12$，这 12 个等效弹性偶极子的头两个主轴为$\langle 110\rangle$和$\langle u\bar{u}w\rangle$，对应 $p=1,2,\cdots,12$ 可以用第二主轴来标记，分别为$[u\bar{u}w]$，$[\bar{u}uw]$，$[uuw]$，$[uu\bar{w}]$，$[wu\bar{u}]$，$[w\bar{u}u]$，$[wuu]$，$[\bar{w}uu]$，$[uw\bar{u}]$，$[\bar{u}wu]$，$[uwu]$，$[u\bar{w}u]$，因此，$\nu_{13}=\nu_{14}$；$\nu_{15}=\nu_{18}=\nu_{110}=\nu_{111}$；　$\nu_{17}=\nu_{19}$和 $\nu_{16}=\nu_{112}$，有

$$\tau^{-1}(S_{11}-S_{12})=3(2\nu_{15}+\nu_{16}+\nu_{17}), \tag{22.61}$$

$$\tau^{-1}(s_{44})=\left(\nu_{12}+3\nu_{13}+5\nu_{15}+\frac{3}{2}\nu_{17}\right)\pm\left[\left(\nu_{13}-\nu_{12}-\nu_{15}+\frac{1}{2}\nu_{16}+\frac{1}{2}\nu_{17}\right)^2+2(\nu_{16}-\nu_{17})^2\right]^{1/2}. \tag{22.62}$$

二、四方晶体

1.〈100〉正交缺陷对称性下

$$\tau^{-1}(S_{11}-S_{12})=2\nu_{12}. \tag{22.63}$$

2.〈110〉正交缺陷对称性下

$$\tau^{-1}(S_{66})=2\nu_{12}. \tag{22.64}$$

3.〈100〉单斜缺陷对称性下

$$\tau^{-1}(S_{11}-S_{12})=4\nu_{12}, \tag{22.55}$$

$$\tau^{-1}(S_{44})=2(\nu_{12}+\nu_{13}). \tag{22.57}$$

4.〈110〉单斜缺陷对称性下

$$\tau^{-1}(S_{66})=4\nu_{12}, \tag{22.65}$$

$$\tau^{-1}(S_{44})=2(\nu_{12}+\nu_{13}). \tag{22.66}$$

5. [001]单斜缺陷对称性下

$$\tau^{-1}(S_{11}-S_{12})=2(\nu_{12}+\nu_{14}), \tag{22.67}$$

$$\tau^{-1}(S_{66})=2(\nu_{12}+\nu_{13}). \tag{22.68}$$

6. 三斜缺陷对称性下

$$\tau^{-1}(S_{11}-S_{12})=4\nu_{12}+2\nu_{16}+2\nu_{18}, \tag{22.69}$$

$$\tau^{-1}(S_{66})=4\nu_{12}+2\nu_{15}+2\nu_{17}, \tag{22.70}$$

$$\tau^{-1}(S_{44})=(2\nu_{12}+2\nu_{13}+\nu_{15}+\nu_{16}+\nu_{17}+\nu_{18}) \pm[(\nu_{15}-\nu_{17})^2+(\nu_{16}-\nu_{18})^2]^{1/2}. \tag{22.71}$$

三、六方晶体

1. 正交缺陷对称性下

$$\tau^{-1}(S_{11}-S_{12})=3\nu_{12}.$$

2. [100]单斜缺陷对称性下

$$\tau^{-1}(S_{11}-S_{12})=3(\nu_{12}+\nu_{13}), \tag{22.72}$$

$$\tau^{-1}(S_{44})=\nu_{12}+3\nu_{13}+2\nu_{14}. \tag{22.73}$$

3. [001]单斜缺陷对称性下

$$\tau^{-1}(S_{11}-S_{12})=(3\nu_{12}+\nu_{14}+\nu_{15}+\nu_{16}) \pm[(2\nu_{14}-\nu_{15}-\nu_{16})^2+3(\nu_{15}-\nu_{16})^2]^{1/2}. \tag{22.74}$$

四、三方晶体

在三方晶体，产生弛豫的模量是$S_{11}-S_{12}$、S_{44}和S_{14}，但它们相应的弛豫时间是相同的．在单斜缺陷对称性下，有

$$\tau^{-1}=3\nu_{12}. \tag{22.75}$$

在三斜缺陷对称性下，有

$$\tau^{-1}=(3\nu_{12}+\nu_{14}+\nu_{15}+\nu_{16})\pm\frac{1}{2}[(\nu_{14}-2\nu_{15}+\nu_{16})^2+3(\nu_{14}-\nu_{16})^2]^{1/2}. \tag{22.76}$$

§22.6　斯诺克弛豫

在α-Fe中，应力诱发碳、氮等间隙原子微扩散（有序）而引起的弛豫斯诺克在40年代初首先发现，并给予解释[21]，故称为斯诺克弛豫，以后将体心立方中的间隙原子由于应力感生有序而产生的弛豫称为斯诺克弛豫．

产生斯诺克弛豫的间隙原子处于体心立方体的八面体中心，如图22.5所示，并得到扩散系数实验数据的证实，因此缺陷对称性为$\frac{4}{m}mm$，根据式(22.22)、式(22.23)及式(22.39)可知

$$\delta J_{\langle 100\rangle}=\frac{2}{3}\delta(S_{11}-S_{12})=\frac{2}{9}\cdot\frac{c_0v_0}{kT}(\lambda_1-\lambda_2)^2,$$

$$\delta J_{\langle 111\rangle}=\frac{1}{3}\delta S_{44}=0,$$

$$\tau^{-1}=(S_{11}-S_{12})=3\nu_{12}.$$

由式(21.124)，内耗峰值Q_m^{-1}和弛豫强度Δ的关系为

$$\Delta=2Q_m^{-1},$$

而$\Delta=\delta J/J$它正比于缺陷总浓度C_0，因此

$$C_0=KQ_m^{-1}, \tag{22.77}$$

K是比例系数，兹科皮阿克(Szkopiak)等人[22]根据文献数据，编辑了金属的变换因子K，因此可以根据斯诺克弛豫峰高来测定缺陷

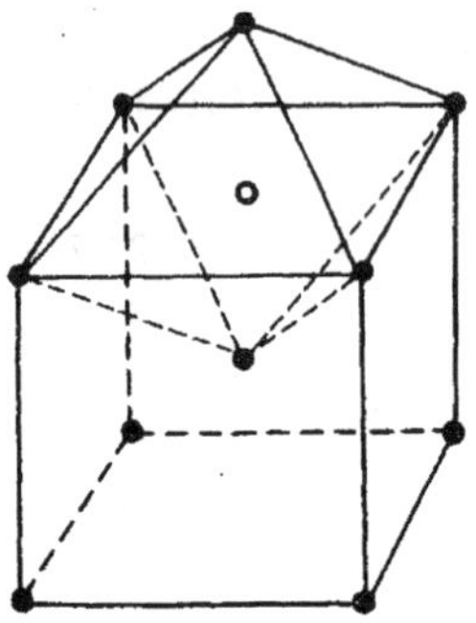

图 22.5 bcc 晶体中产生斯诺克弛豫的点缺陷位置(°).

浓度,同时也可用来研究 bcc 金属中间隙固溶原子的溶解度及脱溶沉淀的动力学过程.

从单晶斯诺克峰的测量,还可以获得间隙原子造成的局部弹性畸变 $\delta\lambda=\lambda_1-\lambda_2$,的信息,对于 Fe 中 C,N 引起的 $\delta\lambda$。斯瓦尔兹(Swartz)等[23]报道:$\delta\lambda_c=0.87\pm0.07$,$\delta\lambda_N=0.80\pm0.06$,而艾诺(Ino)等[24]报道 $\delta\lambda_c=0.78\pm0.08$,威勒(Weller)[25]报道 $\delta\lambda_c=0.74\pm0.03$,对于掺 O,N,C 的 Nb 单晶,吉巴拉(Gibala)等[26]报道 $\delta\lambda_0=0.54$,$\delta\lambda_N=0.66$,威勒[27]报道 $\delta\lambda_0=0.62\pm0.02$

对于 Nb 弛豫强度的温度依赖性,理论预言 δJ 正比于 $1/T$ 在稀 Nb-O 合金的实验中得到了证实.此外,还可以由弛豫时间 τ 和扩散系数的关系

$$D=a^2/36\tau \tag{22.78}$$

求出扩散系数 D,式中 a 是体心立方晶格的晶格参数.

由于斯诺克弛豫是热激活跃迁过程,弛豫时间满足阿瑞纽斯关系,激活焓 H 满足

$$H=-kT_m\ln(\omega\tau_\infty), \tag{22.79}$$

式中 T_m 是内耗峰温,k 是玻尔兹曼常量,威勒等[25]给出了体心立方金属中的斯诺克弛豫参数如表 22.9 所列

威勒根据表 22.9 的数据计算了 $f=1\text{Hz}$ 时的斯诺克峰温也列在表中,并得出[25]

$$H=2.76\times10^{-3}T_m(\text{eV}). \tag{22.80}$$

表 22.9　体心立方金属中斯诺克弛豫参数

金属	H(eV)	$\tau_\infty(10^{-15}\mathrm{s})$	T_m(K)*	参考文献
Nb-O	1.15±0.01	2.65±0.8	422.1	[27]
Nb-N	1.57±0.02	1.22±0.8	562.3	[27]
Ta-O	1.10±0.01	8.56±2.5	419.7	[27]
Ta-N	1.66±0.02	3.64±2	615.2	[27]
V-O	1.29	0.96	458	[28]
V-N	1.57	0.51	544	[28]
Cr-N	1.19	1.44	429	[29]
Mo-N	1.3	11	498	[30]
Fe-C	0.83	5.77	312	[31]
Fe-C	0.80	13.6	312.3	[32]
Fe-N	0.79	4.66	296.8	[32]
Fe-N	0.76	18.0	296.3	[32]
Fe-N	0.79	5.72	298.4	[32]
Nb-c	1.41	2.08	512	[33]
Ta-c	1.73	2.08	627	[33]
V-C	1.22	2.08	443	[33]

* 峰温均在频率为 1Hz 条件下获得．

§22.7　包含弹性偶极子之间相互作用的情况

根据上述讨论，滞弹性体加了应力以后的应变为

$$\varepsilon = J_U\sigma + \sum_{p=1}^{2}\lambda^{(p)}c_p + L(T - T_{\mathrm{ref}}), \qquad (22.81)$$

这里为了讨论问题方便，假设了 $n_t=2$，等号右边第一项为弹性应变，第二项是应力感生有序而产生的滞弹性应变，且 $c_p=C_p-C_o/n_t$，称为有序变量．第三项是由于热膨胀而产生的应变，L 是热膨胀系数，T_{ref}是参考温度．由于

$$\sum_{p=1}^{n_t}c_p = 0, \qquad (22.82)$$

所以 $c_2=-c_1$，代入式(22.81)，可得

$$\varepsilon = J_U\sigma + c(\delta\lambda) + L(T - T_{\text{ref}}), \tag{22.83}$$

式中

$$c = c_1,\ \delta\lambda = \lambda^{(1)} - \lambda^{(2)}.$$

在给定温度 T 和应力状态时，有序变量 c 的平衡值是完全确定的，因此 g 是 T,σ 的函数，但 c 的变化不是瞬时的，因此可以定义一个伪自由能 $G(\sigma,T,c)$，并在 $\sigma=0,c=0$ 的附近展开

$$G(\sigma,T,c) = G(0,0,T) + \frac{1}{2}\alpha\sigma^2 + \zeta\sigma + \frac{1}{2}\gamma c^2 + \beta\sigma c, \tag{22.84}$$

这里 $G(0,0,T),\alpha,\beta,\gamma,\zeta$，一般都是温度 T 和缺陷浓度 C_0 的函数，且

$$\mathrm{d}G = -V_0\varepsilon\mathrm{d}\sigma - S\mathrm{d}T - A\mathrm{d}c, \tag{22.85}$$

式中 V_0 是摩尔体积，A 是亲和力．由式(22.84)和式(22.85)，得

$$\varepsilon = -\frac{1}{V_0}\frac{\partial G}{\partial\sigma}\Big|_{T,C} = -\frac{1}{V_0}(\alpha\sigma + \zeta + \beta c), \tag{22.86}$$

和式(22.83)相比，得

$$\left.\begin{aligned} \alpha &= -V_0 J_U, \\ \beta &= -V_0\delta\lambda, \\ \zeta &= -V_0 L(T - T_{\text{ref}}). \end{aligned}\right\} \tag{22.87}$$

在上述自由能表达式(22.84)中，应包含 $-TS_{cf}$ 项，其中 S_{cf} 是组态熵，它隐含在 γc^2 中，把 γ 写成由两部分组成

$$\gamma = \gamma_{cf} + \gamma_i, \tag{22.88}$$

其中 γ_{cf} 来自 $-TS_{cf}$，S_{cf} 可以用变量 C_1 和 C_2 来表示．总缺陷浓度为 C_0，分为 C_1 和 C_2 两大组的组态数为

$$W = C_{C_1}^{C_0} C_{C_2}^{C_0 - C_1} = \frac{C_0!}{C_1!C_2!}$$

组态熵

$$S_{cf} = R\ln W$$

$$= R[\ln C_0! - \ln C_1! - \ln C_2!]. \qquad (22.89)$$

利用斯特林公式及 $C_p = C_p - \frac{1}{2}C_0, C_1 + C_2 = 0$，得

$$S_{cf} = 常数 - (2R/C_0)c^2, \qquad (22.90)$$

式中 R 是气体常量，c 为 C_1，组态熵对自由能的贡献为 $-TS_{cf}$，其中与常量有关的项可并入 $G(0,0,T)$ 中，故 $\frac{1}{2}\gamma_{cf}c^2 = T(2R/C_0)c^2$

$$\gamma_{cf} = 4RT/C_0 . \qquad (22.91)$$

为了看清式(22.88)中 γ_i 的物理意义，定义 Δg 为某一偶极子从取向 2 转向取向 1 而引起的自由能之差

$$\Delta g = \frac{\partial(G + TS_{cf})}{\partial N_1} = \frac{\partial(G + TS_{cf})}{N_A \partial c}$$

$$= \beta\sigma/N_A + \gamma_i c/N_A = - v_0(\delta\lambda)\sigma + \gamma_i c/N_A , \qquad (22.92)$$

式中 N_1 是 1 取向的每摩尔体积的偶极子数，N_A 是阿伏加德罗常量，$v_0 = V_0/N_A$ 是一个原子(或分子)的体积．式(22.92)说明取向 1 和 2 的偶极子之间的自由能之差，不仅与应力有关，而且也与有序态有关．对应力的依赖关系表现为在外应力下，两结晶学上等效取向的能级分裂，这提供了弛豫的基础．此外，$\gamma_i \neq 0$，说明有序状态本身也能导致能级分裂，它代表了偶极子之间的相互作用，因此，γ_{ic}/N_A 也被称为相互作用项，γ_i 称为相互作用系数，为方便起见，令

$$b = - \gamma_i/N_A, \qquad (22.93)$$

式中 b 称为相互作用参数，

$$\Delta g = - v_0(\delta\lambda)\sigma - bc. \qquad (22.94)$$

自由能可表示为

$$G(\sigma,c,T) = G(0,0,T) - \frac{1}{2}V_0 J_U \sigma^2 - V_0(\delta\lambda)\sigma c$$

$$-\frac{1}{2}N_Abc^2 - V_0L(T-T_{\text{ref}})\sigma - TS_{\text{cf}}. \quad (22.95)$$

S_{cf}用式(22.90)代入,由

$$A = -\frac{\partial G}{\partial c}\Big|_{\sigma,T} = V_0(\delta\lambda)\sigma + N_Abc - (4RT/C_0)c. \quad (22.96)$$

平衡时,$c=\bar{c}$,$A=0$,故

$$\bar{c} = C_0V_0(\delta\lambda)\sigma/4k(T-T_c), \quad (22.97)$$

式中

$$T_c \equiv bC_0/4k, \quad (22.98)$$

T_c 被称为自诱发有序的临界温度,即在这个温度下,所有偶极子能自发地进入一种状态.

弛豫大小 $\delta J=\varepsilon_{an}/\sigma$,由式(22.83)

$$\varepsilon_{an} = (\delta\lambda)\bar{c}, \quad (22.99)$$

$$\delta J = (\delta\lambda)\bar{c}/\sigma. \quad (22.100)$$

把式(22.97)代入式(22.100),得

$$\delta J = \frac{C_0V_0}{4k(T-T_c)}(\delta\lambda)^2. \quad (22.101)$$

弛豫强度

$$\Delta = \delta J/J_U = T_0/(T-T_c), \quad (22.102)$$

式中 $T_0=C_0V_0(\delta\lambda)^2/4kJ_U$.

式(22.102)可以作为偶极子之间相互作用重要性的量规,如果 $\Delta\ll1$,说明 $T_c\ll T$,也就是说,相互作用不重要,实验上可以测量 Δ^{-1}和 T 的关系,并外推到 $\Delta^{-1}=0$,由此求出 T_c. kT_c 反映了偶极子之间相互作用引起的有序化而使系统降低的能量.

§22.8 曾讷弛豫

在替代式固溶体中,替代式点缺陷引起的缺陷对称性并没有

破坏晶体的点群对称性，因此不会产生点缺陷在应力作用下的择优再取向，但曾讷于 1943 年在 α 黄铜中观测到应力感生有序的实验现象[34]. 后来，葛庭燧用扭摆法测了相应的激活能[35]. 1947 年，曾讷提出了溶质原子对在应力下感生有序的理论[36]，较好地解释了当时的实验结果. 因此，这一弛豫被称为曾讷弛豫. 迄今为止已在面心立方、体心立方和六方密排结构的合金系统中，都观测到了曾讷弛豫，图 22.6 示出了诺威克等人[37]在 Ag-Zn 单晶中观测到的〈110〉曾讷峰. 对于多晶材料，曾讷峰的峰温，在内耗测量频段 (Hz～kHz) 往往靠近晶界弛豫峰，两者叠加较难分辨，因此，曾

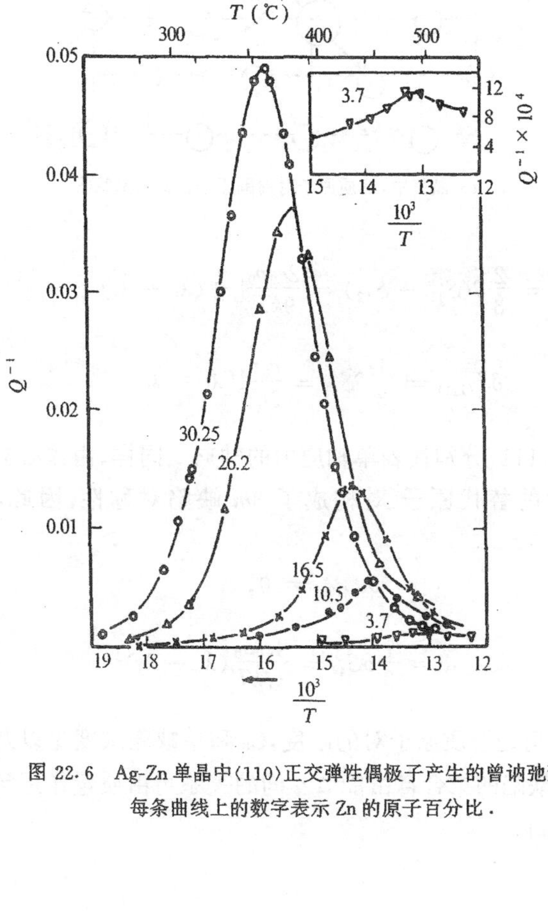

图 22.6 Ag-Zn 单晶中〈110〉正交弹性偶极子产生的曾讷弛豫峰.
每条曲线上的数字表示 Zn 的原子百分比.

讷弛豫常用单晶来研究.

在稀固溶体中的曾讷弛豫,其缺陷为§22.1中所述的复合点缺陷.图22.7示意地示出了面心立方晶体中,一个比基体原子要大的替代原子对形成时,周围原子位移的情况,它形成⟨110⟩正交缺陷对称性,由式(22.25)及式(22.26)可得

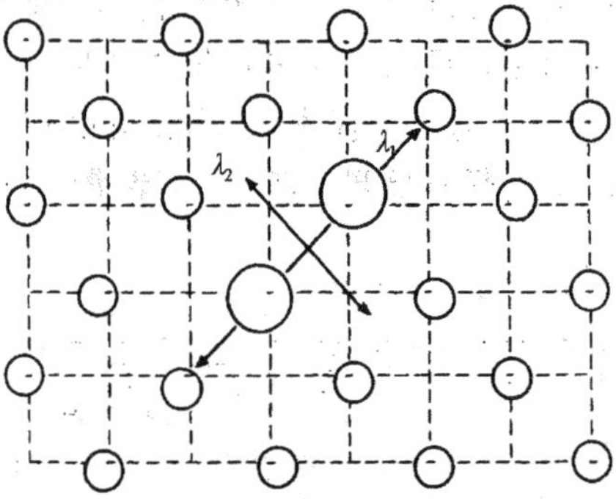

图 22.7 fcc 晶格中,溶质原子对周围原子位移的示意图.

$$\delta J_{\langle 100\rangle} = \frac{2}{3}\delta(S_{11} - S_{12}) = \frac{2c_0 v_0}{9kT}\left[\frac{1}{2}(\lambda_1 + \lambda_2) - \lambda_3\right]^2,$$

$$\delta J_{\langle 111\rangle} = \frac{1}{3}\delta S_{44} = \frac{c_0 v_0}{9kT}[\lambda_1 - \lambda_2]^2,$$

足符⟨100⟩,⟨111⟩分别代表单轴应力的轴向.同样,由体心立方晶体中最邻近的替代原子对构成了 $3m$ 缺陷对称性,因此,由式(22.24)

$$\delta J_{\langle 100\rangle} = 0,$$

$$\delta J_{\langle 111\rangle} = \frac{1}{3}\delta S_{44} = \frac{4c_0 v_0}{27kT}(\lambda_1 - \lambda_3)^2.$$

上述式中 c_0 均是溶质原子对的浓度,C_0 和单缺陷浓度 χ 以及它们结合成复合缺陷的结合自由能 Δg_b 间的关系可由质量作用定律及统计物理得到

$$C_0/(x-2C_0)^2 = (z/2)\exp(\Delta g_b/kT) \equiv K(T),$$

$$(22.103)$$

式中 $x-2C_0$ 表示未成对的溶质原子浓度，Z 为配位数，$\Delta g_b = 2\Delta g_s - \Delta g_{ss}$，其中 Δg_s 是点缺陷的形成能，Δg_{ss}是双点缺陷（缺陷对）的形成能，在稀固溶体中，可以认为 $x \ll 1$，当 Δg_b 也很小时，则

$$C_0 \propto x^2,$$

$$\delta J \propto C_0/kT = [K(T)/kT]x^2. \qquad (22.104)$$

如果 Δg_b 很大，说明 Δg_{ss}很小，几乎所有替代点缺陷都构成溶质原子对，因此，$C_0 \simeq x/2$，

$$\delta J \propto C_0/kT = x/2kT. \qquad (22.105)$$

因此，稀浓度固溶体中的曾讷弛豫峰很低，另外，只有当溶质原子间存在交互作用时，才有足够的溶质原子对，从而出现曾讷峰，此时必然会出现 § 22.7 中所述的自诱发有序，其临界温度为 T_c，因此

$$\delta J \propto c_0/k(T-T_c). \qquad (22.106)$$

在浓固溶体，往往涉及溶质原子的交互作用，情况比较复杂，莱克莱里(LeClaire)和洛默(Lomer)[38]提出了短程有序理论，(称为 L-L 理论)他们假设合金有 A，B 两种原子，用 $Z/2$ 个短程有序参数 $\mathscr{H}_p$ 来代替上述不同取向的溶质原子对的浓度，这里有序只考虑最近邻有序，Z 是配位数，在零应力(或水静压力)条件下，在不同的近邻方向的 $\mathscr{H}_p$ 是相同的，外加切应力将改变这种平衡，某一方向的短程有序值不同于其它方向的有序参数，从而发生滞弹性弛豫.

设在某方向 $p(p=1,2,\cdots,Z/2)$ 的短程有序参数为 $\mathscr{H}_p$，这代表了在 p 方向形成 A-A 键的份数，在零应力下，所有 $\mathscr{H}_p$ 的平衡值均为 $\mathscr{H}_0$，加上应力后，$\mathscr{H}'_p$ 将偏离 $\mathscr{H}_0$，产生滞弹性应变，弹性偶极子张量可定义为

$$\lambda^{(p)} = (\partial\varepsilon/\partial\mathscr{H}_p)_{\sigma,T} \qquad (22.107)$$

在外应力作用下，原子键数目的变化可以看成是一个反应：

$$2AB \rightleftharpoons AA + BB. \tag{22.108}$$

设 A 原子的摩尔分数为 X，则 B 原子的摩尔分数为 $1-X$，形成 p 方向 A—A 键的分数为 $\mathscr{H}_p$，其平衡值为 $\overline{\mathscr{H}}_p$，所以形成 A—B 键和 B—B 键的分数分别为 $X-\overline{\mathscr{H}}_p$ 和 $1-X-(X-\overline{\mathscr{H}}_p)=1-2X+\overline{\mathscr{H}}_p$.

有序自由能 μ_p 和平衡有序参数的关系可以由质量作用方程获得：

$$\begin{aligned}[\mathrm{AA}][\mathrm{BB}]/[\mathrm{AB}]^2 &= \overline{\mathscr{H}}_p(1-2X+\overline{\mathscr{H}}_p)/(X-\overline{\mathscr{H}}_p)^2 \\ &= \exp(-\mu_p/kT).\end{aligned} \tag{22.109}$$

有序自由能 μ_p 可以用各自的键合能来表示

$$\mu_p = \mu_{\mathrm{AA},p} + \mu_{\mathrm{BB},p} - 2\mu_{\mathrm{AB},p}. \tag{22.110}$$

在外应力存在时，不同 p 方向的键合能不同，如 $\mathscr{H}_p$ 偏离 $\mathscr{H}_0$ 不大时，式(22.109)，可以在 $\mathscr{H}_p=\mathscr{H}_0$，$\mu_p=\mu_0$ 的附近展开，得

$$\begin{aligned}\overline{\mathscr{H}}_p - \mathscr{H}_0 = &-[f(\mathscr{H}_0,X)/kT] \\ &\times X^2(1-X)^2(\mu_p-\mu_0),\end{aligned} \tag{22.111}$$

式中，足符 0 表示外应力为零时的值.

$$\begin{aligned}f(\mathscr{H}_0,X) = &\mathscr{H}_0(1-2X+\mathscr{H}_0)(X-\mathscr{H}_0) \\ &/[(X+\mathscr{H}_0-2X^2)X^2(1-X)^2],\end{aligned} \tag{22.112}$$

$f(\mathscr{H}_0,X)$ 是 $\mathscr{H}_0$ 和 X 的函数，完全无序时，$\mathscr{H}_0=X^2$，所以 $f(\mathscr{H}_0,X)$ 为 1，如果完全长程有序，则 $\mathscr{H}_0=X$，$f(\mathscr{H}_0,X)=0$.

类似于 § 22.3 所述方法，可求得

$$\mu_p - \mu_0 = -v_0\lambda^{(p)}\sigma. \tag{22.113}$$

根据式(22.107)，可求出滞弹性应变为

$$\begin{aligned}\varepsilon_{an} &= \sum_p \lambda^{(p)}(\overline{\mathscr{H}}_p - \mathscr{H}_0) \\ &= v_0\sum_p(\lambda^{(p)})^2 f(\mathscr{H}_0,X)X^2(1-X)^2\sigma/kT,\end{aligned} \tag{22.114}$$

$$\delta J = \varepsilon_{an}/\sigma$$

$$= [v_0 f(\mathscr{H}_0, X) X^2 (1 - X)^2 / kT] \sum_p (\lambda^{(p)})^2, \quad (22.115)$$

式(22.115)说明:(1) 通过 $f(\mathscr{H}_0,X)$显示了 δJ 对有序态的依赖关系,完全有序,δJ 趋于 0.(2)对几乎无序的合金,它显示出对组分的对称性的依赖关系,即 $\delta J \propto X^2(1-X)^2$,在低浓度的情况下,$\delta J \propto X^2$,与溶质原子对的结果相一致,并显示出 $1/T$ 依赖关系.

L-L 理论抛弃了不符合高浓度固溶体的“原子对”概念,采用了另一种近似,即 μ_p 只依赖于 p 方向的原子间距,μ_p 随应力的变化可以通过适当的弹性系数和原子距离的变化联系起来,类似于式(22.113),可以写成

$$- v_0 \lambda^{(p)} = \partial \mu_p / \partial \sigma$$

$$= M_U^{-1} (\mathrm{d}\mu_p / \mathrm{d}a_p)(\mathrm{d}a_p / \mathrm{d}\varepsilon), \quad (22.116)$$

这里 a_p 是 p 方向原子间距,$\mathrm{d}\mu_p/\mathrm{d}a_p$ 和 p 无关,用 η 来表示,从式(22.116)可得

$$\sum_p [\lambda^{(p)}]^2 = \beta \eta^2 a_0^2 / v_0^2 M_U^2, \quad (22.117)$$

式中 a_0 是无外应力时的原子间距,且

$$\beta = \left(\frac{1}{a_0^2}\right) \sum_p (\mathrm{d}a_p / \mathrm{d}\varepsilon)^2, \quad (22.118)$$

β 是无量纲的几何常数,它取决于加在晶体上的应变性质,对面心立方和体心立方的情况,结果如下:对面心立方,J 为 s_{44}时,$\beta=1/2$;J 为 $2(s_{11}-s_{12})$时,$\beta=1/4$. 而在体心立方,J 为 s_{44}时,$\beta=4/9$;J 为 $2(s_{11}-s_{12})$时,$\beta=0$,对水静压力的情况,$\beta=Z/18$ 适用于所有立方晶体.

因此,δJ 的各向异性比

$$A = 2\delta(s_{11} - s_{12}) / \delta s_{44},$$

对面心立方

$$A = 1/2;$$

对体心立方 $A=0$.

L-L 方向性短程有序理论预言了:(1) 立方晶系中施加水静压力(或更普遍地,对所有晶体施加 I 类应力)都将引起弛豫.(2) δJ 对有序的强烈依赖性,对完全长程有序,$\delta J=0$,(3) δJ 对浓度的依赖关系.以上预言都在浓固溶体中得到了实验的半定量或定性支持.理论的不足之处在于:(1) 由于溶质原子之间有交互作用,δJ 和温度的依赖关系必须用 $(T-T_c)^{-1}$ 来替代 T^{-1} 关系,李和诺威克[39]在多晶 Ag-Zn 合金的曾讷弛豫强度的温度依赖关系研究中,也证实了这一点(2) δJ 的各向异性的结果也和面心立方和体心立方合金中实验值不符,如 fcc 的 Ag-26.1at%Zn 单晶中的 $A=34$. bcc 的 Li-57at%Mn 单晶的 $A=27$. 这可能理论只考虑最近邻,没有考虑次近邻的影响,另外也没有考虑序参量之间的耦合,即没有考虑一个取向的 $\mathscr{H}_p$ 变化会引起其它方向的有序参量变化.这些不足,说明 L-L 理论尚需进一步发展.

曾讷弛豫动力学问题,对稀固溶体可采用§22.5 方法来求,对立方晶系,⟨110⟩正交缺陷

$$\tau^{-1}(s_{11}-s_{12})=6\nu_{13}, \tag{22.58}$$

$$\tau^{-1}(s_{44})=2\nu_{12}+4\nu_{13}, \tag{22.59}$$

这里 ν_{12},ν_{13} 分别为取向为[110]的溶质原子对转向成[1$\bar{1}$0],[011]取向的速率,图 22.8 示出了溶质原子对转向与溶质原子跳动间关系的如意图.设原子在最邻近位置间的跳动频率为 ω_1,先考虑一种最简单的近似,图中 1—2 原子组成了一个[110]取向的原子对,在外应力作用下,偶极子由 1 取向([110]方向)转换成 3 取向([011]方向)时,可由原子 2 跳到 a 或原子 1 到 b 的最近邻位置间跳动来实现.因此 $\nu_{13}=2\omega_1$,而取向 1 转换成取向 2([1$\bar{1}$0]方向)不能由最近邻原子间的直接跳动来实现,因此这种转向的跳动频率很小而被忽略,即 $\nu_{12}=0$,因此,式(22.58)和式(22.59)可改写为

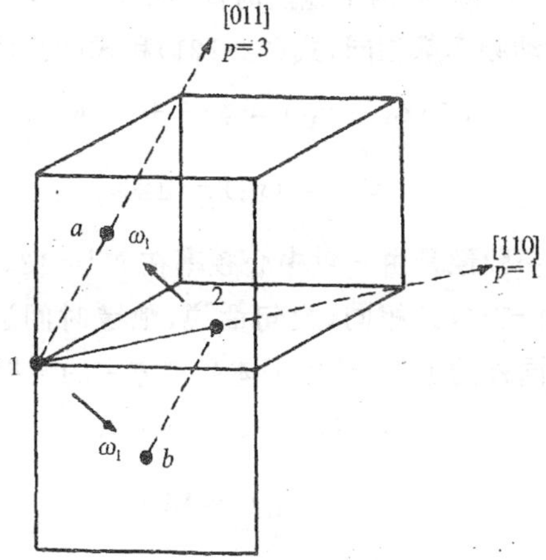

图 22.8 fcc 晶格中，最近邻近对跳动时，$\nu_{13}=2\omega_1$ 示意图.

$$\tau^{-1}(s_{11}-s_{12})=12\omega_1, \quad (22.119)$$

$$\tau^{-1}(s_{44})=8\omega_1, \quad (22.120)$$

上面只考虑了最邻近位置之间跳动来实现偶极子的取向变化，更复杂的计算还必须包括次近邻位置之间跳动和溶质原子对的分离和结合. Chang, R. 等[40]对面心立方晶体，不考虑溶质原子对的分离，同时只考虑最近邻和次近邻位置之间的跳动，给出

$$\tau^{-1}(s_{11}-s_{12})=6\omega_1+4\omega_3+2\omega_4 \pm\left[(6\omega_1-4\omega_3+2\omega_4)^2+8\omega_3\omega_4\right]^{1/2}, \quad (22.121)$$

$$\tau^{-1}(s_{44})=8\omega_1+4\omega_4, \quad (22.122)$$

式中 ω_1 仍是最近邻位置之间(即 $nn\to nn$)的跳动频率，ω_3 是从次近邻跳到最近邻 ($nnn\to nn$)的跳动频率，ω_4 是从最近邻到次近邻 ($nn\to nnn$)的跳动频率，这里要注意，最近邻对具〈110〉正交对称性，而次近邻具四方对称性，因此，对 s_{44} 模只有一个弛豫时间，而

对于 $2(s_{11}-s_{12})$ 模，有两个弛豫时间，如式(22.121)所示．如果所有原子的跳动频率都相同，式(22.121)和式(22.122)可简化为

$$\tau^{-1}(s_{11}-s_{12}) = 2(6\pm\sqrt{6})\omega, \tag{22.123}$$

$$\tau^{-1} = (s_{44}) = 12\omega. \tag{22.124}$$

因此 $(s_{11}-s_{12})$ 弛豫是由一对中心频率在 $\tau^{-1}=12\omega$ 的弛豫组成，其中心频率和 $\tau^{-1}(s_{44})$ 相同，换句话说，弛豫时间近似为各向同性的．常[40]用同样的近似，给出了体心立方中的结果．

$$\tau^{-1}(s_{11}-s_{12}) = 6\omega, \tag{22.125}$$

$$\tau^{-1}(s_{44}) = 16\omega. \tag{22.126}$$

对密集六方晶体，扑伏洛(Povolo)等[41]人只考虑最近邻的跳动，并认为所有 ω 都相同，得

$$\tau^{-1}(s_{11}-s_{12}) = (10\pm 2)\omega, \tag{22.127}$$

$$\tau^{-1}(s_{44}) = 10\omega. \tag{22.128}$$

因此，τ 也近似为各向同性的．

实验上可以测出弛豫时间 τ，从而求出 ω，以便求出扩散系数 D，特别是求低温扩散系数更有效．但由于替代原子的扩散机制比间隙原子复杂得多，高温和低温机制不同，因此无法象斯诺克弛豫那样，把曾讷弛豫得到的 D 值和通常扩散实验所得的高温扩散系数相比较．

虽然曾讷弛豫在理论方面还有不少缺点，但这一弛豫是应力感生有序是肯定的．由于这一弛豫的强度对成分、有序度以及结构(各向异性)等很敏感，因此已被广泛用于这方面的研究．

§22.9 包含反应的情况

为了说明问题，假定晶体中包含两类弹性偶极子，分别标记为Ⅰ类和Ⅰ*类，在未加应力时，它们分别有 n 和 n^* 个结晶学上等效的取向，所谓反应是指第一类偶极子可以转变为第二类偶极子，或

反之．可以标记为

$$\mathrm{I} \rightleftharpoons \mathrm{I}^* \tag{22.129}$$

这两类缺陷的浓度分别为 C_0 和 C_0^*，没有应力时，

$$C_0/C_0^* = \frac{n}{n^*}\exp(\Delta g_0/kT) \equiv K(T), \tag{22.130}$$

式中 $\Delta g_0 = E_0^* - E_0$ 是 I *类和 I 类偶极子的自由能之差，$K(T)$ 被称为反应的质量作用常数．设这两类偶极子的总浓度为 C_t，它和温度无关．

$$C_t = C_0 + C_0^* . \tag{22.131}$$

对 I 类偶极子，可定义序参数为

$$c_p = C_p - C_0/n. \tag{22.132}$$

对 I *类偶极子，序参数为

$$c_r^* = C_r^* - C_0^*/n^*, \tag{22.133}$$

$$\sum_{p=1}^{n} c_p + \sum_{r=1}^{n^*} c_r^* = 0. \tag{22.134}$$

由于有两类偶极子存在，相应的弹性偶极子张量分别为 $\lambda_{ij}^{(p)}$ 和 $\lambda_{ij}^{*(r)}$，应变方程可以写为

$$\varepsilon_{ij} = \sum_{k,l} S_{ijkl}\sigma_{kl} + \sum_{p=1}^{n} \lambda_{ij}^{(p)} c_p + \sum_{r=1}^{n^*} \lambda_{ij}^{*(r)} c_r^* + L_{ij}(T - T_{\mathrm{ref}}), \tag{22.135}$$

式中等号右边第一项是弹性应变，S_{ijkl} 是四阶顺服张量的分量，第二、三项是滞弹性应变，第四项是由于热膨胀产生的应变，L_{ij} 是二阶热膨胀张量的分量．

在变量为 σ_{kl}, c_p, c_r 和 T 的情况下，吉布斯自由能为

$$G(\sigma_{kl}、c_p、c_r^*, T) = G(0,0,0,T) - \frac{1}{2}V_0 \sum_{ij,k,l} S_{ijkl}\sigma_{ij}\sigma_{kl} - V_0 \sum_{k,l}\sigma_{kl}\Big[\sum_{p=1}^{n} c_p \lambda_{kl}^{(p)} + \sum_{r=1}^{n^*} c_r^* \lambda_{kl}^{*(r)}\Big]$$

$$- \frac{1}{2}N_A\Big[\sum_{p,q}b_{pq}c_pc_q + \sum_{r,s}b_{rs}^*c_r^*c_s^*\Big]$$

$$- N_A\sum_{p,r}d_{pr}c_pc_r^* - V_0(T - T_{ref})\sum_{k,l}L_{kl}\sigma_{kl}$$

$$+ \frac{1}{2}RT\Big[\frac{n}{C_0}\sum_p c_p^2 + \frac{n^*}{C_0^*}\sum_r c_r^{*2}\Big], \qquad (22.136)$$

式中有三个相互作用系数 b_{pq},b_{rs}^*和 d_{rp}均来自式(22.95)中的 c^2 项,其物理意义在求出了 Δg_p 和 Δg_r^* 后再介绍,上式的最后一项,来自组态熵展开的二次方项,其完整表达式为

$$- S_{cf}/R = 常数 + \sum_p\Big(\frac{C_0}{p} + c_p\Big)\ln\Big(1 + \frac{n}{C_0}c_p\Big)$$

$$+ \sum_r\Big(\frac{C_0^*}{n^*} + c_r^*\Big)\ln\Big(1 + \frac{n^*}{C_0^*}c_r^*\Big)$$

$$+ \Big[\sum_p c_p\ln(C_0/n) + \sum_r c_r^*\ln(C_0^*/n^*)\Big], \qquad (22.137)$$

式中常数和 c_p,c_r^* 无关,最后一项即 c_s 的线性组合项实际上和总自由能里的 $\Delta G_{\text{I}\to\text{I}^*}$相抵消,在零应力下,由于 I 类的一个偶极子转变为 I*类偶极子而引起的自由能变化为 Δg_0,故

$$\Delta G_{\text{I}\to\text{I}^*} = N_A\Delta g_0\sum_r c_r^*,$$

或

$$\Delta G_{\text{I}\to\text{I}^*} = - N_A\Delta g_0\sum_p c_p.$$

利用式(22.134),组态熵中最后一项对自由能的贡献为

$$RT\{[\ln(C_0/n)][-\sum_r c_r^*] + [\ln(C_0^*/n^*)][\sum_r c_r^*]\}$$

$$= N_AkT\sum_r c_r^*\ln(C_0^*n/C_0n^*). \qquad (22.138)$$

由式(22.130)可知

$$C_0^*n/C_0n^* = \exp(-\Delta g_0/kT),$$

故上式为

$$N_A kT \sum_r c_r^* (-\Delta g_0/kT) = -N_A g_0 \sum_r c_r^*,$$

刚好和 $\Delta G_{\mathrm{I}\to\mathrm{I}^*}$ 项相消，故式(22.136)中没有 c_s 的线性项．

加了应力以后，I 类和 I* 类偶极子的能级都要发生分裂，设 Δg_p 表示 p 取向的 I 类偶极子的自由能相对于零应力状态和零有序($c_p=0$)时的自由能的变化

$$\Delta g_p = \frac{1}{N_A}\frac{\partial(G+TS_{cf})}{\partial c_p}$$

$$= -v_0 \sum_{kl} \sigma_{kl}\lambda_{kl}^{(p)} - \sum_q b_{pq}c_q - \sum_r d_{pr}c_r^*. \quad (22.139)$$

同样可得

$$\Delta g_r^* = \Delta g_0 - v_0 \sum_{kl} \lambda_{kl}^{*(r)}\sigma_{kl} - \sum_r b_{rs}^* c_s^* - \sum_p d_{pr}c_p. \quad (22.140)$$

在式(22.139)和式(22.140)中，总的偶极子数不变，由于应力造成了不同取向偶极子的自由能级的分裂．偶极子之间的相互作用效应反映在 Δg_p 和 Δg_r^* 对浓度的依赖关系上，b_{pq}是由于 I 类 q 取向的偶极子改变一个单位浓度而使 p 取向偶极子的自由能降低的量。类似地，b_{rs}^*是 I* 类 s 取向的偶极子改变一个单位浓度而引起 γ 取向偶极子的自由能的变化；d_{pr}是 I* 类 γ 取向偶极子改变单位浓度而引起 I 类 p 取向偶极子的自由能的变化或是 I 类 p 取向偶极子改变单位浓度而引起 I* 类 γ 取向偶极子自由能的变化．

从式(22.136)，可直接得出

$$b_{pq} = b_{qp};\ b_{rs}^* = b_{sr}^*. \quad (22.141)$$

这些相互作用系数之间的关系还和缺陷的局部对称性和点阵对称性有关，它们遵循下述原理：

点阵的任何对称操作，使偶极子取向从 p 到 m，q 到 n，则

$$b_{pq} = b_{mn}. \quad (22.142)$$

该原理也可应用到 b_{rs}^* 和 d_{pr} 上，特殊情况可得：

$$\left.\begin{aligned} b_{pp} &= b_{qq}, \\ b_{rr}^* &= b_{ss}^*. \end{aligned}\right\} \tag{22.143}$$

换句话说，系数 b_{pq} 构成的 $n\times n$ 矩阵，其所有对角元素是相等的，且是对称矩阵．除此之外，上述原理还可得出另一组关系：考虑对称操作，使取向 p 变到取向 h，则

$$\sum_q b_{pq} = \sum_q b_{hq} = \frac{1}{n}\sum_{p,q} b_{pq}, \tag{22.144}$$

$$\sum_r d_{pr} = \sum_r d_{hr} = \frac{1}{n}\sum_{p,q} d_{pq}. \tag{22.145}$$

类似地可得

$$\sum_s b_{rs}^* = \sum_s b_{ms}^* = \frac{1}{n^*}\sum_{r,s} b_{rs}^*. \tag{22.146}$$

在没有反应时，序参数的平衡值可以由亲和力 $A=0$ 求得，有反应时，在平衡时

$$A_p + \rho\partial F/\partial c_p = 0, \tag{22.147}$$

式中 $A_p=\partial G/\partial c_p$；$F(c_p,c_r^*)=\sum_p c_p+\sum_r c_r^*$，$\rho$ 被称为拉格朗日因子，由式(22.147)和式(22.136)可得

$$(n/C_0)kT\bar{c}_p = v_0\sum_{kl}\lambda_{kl}^{(p)}\sigma_{kl} + \sum_q b_{pq}\bar{c}_q + \sum_r d_{pr}\bar{c}_r^* + \rho, \tag{22.148}$$

$$(n^*/C_0^*)kT\bar{c}_r^* = v_0\sum_{kl}\lambda_{kl}^{*(r)}\sigma_{kl} + \sum_s b_{rs}^*\bar{c}_s^* + \sum_p d_{pr}\bar{c}_p + \rho. \tag{22.149}$$

又 $C_0+C_0^*=C_t$，$\sum_p c_p+\sum_r c_r^*=0$，从式(22.148)和式(22.149)

$$-\left(\frac{C_0}{n}+\frac{C_0^*}{n^*}\right)\rho=\sum_{kl}v_0\left[\frac{C_0}{n}\sum_{p=1}^{n}\lambda_{kl}^{(p)}+\frac{C_0^*}{n^*}\sum_{r=1}^{n^*}\lambda_{kl}^{*(r)}\right]\sigma_{kl}$$

$$+\frac{C_0}{n}\sum_{p,q}b_{pq}\bar{c}_q+\frac{C_0^*}{n^*}\sum_{r,s}b_{rs}^*\bar{c}_s^*$$

$$+\frac{C_0}{n}\sum_{p,r}d_{pr}\bar{c}_r^*+\frac{C_0^*}{n^*}\sum_{p,r}d_{pr}\bar{c}_p. \quad (22.150)$$

式(22.148)～(22.150)给出了 $\bar{c}_p$ 和 $\bar{c}_r^*$ 之间的线性关系，因此，用通常方法可以求解，现在来看特殊情况下的解：

(1) 没有反应的情况。只有一类偶极子，故 $C_0^*=0, C_0=C_t$，$\sum_{p=1}^{n}c_p=0$，并利用 $\sum_{r}b_{pr}=\sum_{r}b_{hr}=\frac{1}{n}\sum_{p,r}b_{pr}$，由式(22.148)和式(22.150)得

$$\bar{c}_p=\frac{C_0v_0}{nkT}\sum_{kl}\sigma_{kl}\left[\lambda_{kl}^{(p)}-\frac{1}{n}\sum_{q=1}^{n}\lambda_{kl}^{(q)}\right]$$

$$+\frac{C_0}{nkT}\sum_{q}b_{pq}\bar{c}_q, \quad (22.151)$$

式(22.151)比式(22.148)、式(22.150)简单得多，但仍涉及一组具 n 个变数 $\bar{c}_p(p=1,2,\cdots,n)$ 的线性方程，不过实际问题可能更简单，如立方晶体中四方点缺陷所引起的弛豫，$n=3$，如果外应力是[100]单轴应力，则式(22.151)可得

$$\bar{c}_1=\frac{C_0v_0}{3kT}\sigma\left[\lambda^{(1)}-\frac{1}{3}(\lambda^{(1)}+\lambda^{(2)}+\lambda^{(3)})\right]$$

$$+\frac{C_0}{3kT}(b_{11}\bar{c}_1+b_{12}\bar{c}_2+b_{13}\bar{c}_3). \quad (22.152)$$

在立方晶系的对称操作下，$b_{11}=b_{22}=b_{33}, b_{12}=b_{13}=b_{23}$，又 $\sum_{p=1}^{3}c_P=0$，故 $c_1=-(c_2+c_3)$，根据应力主轴和弹性偶极子主轴之间的方位，可求得：

$$\lambda^{(1)}=\lambda_1;\lambda^{(2)}=\lambda_2,\lambda^{(3)}=\lambda_3, \text{且 } \lambda_2=\lambda_3.$$

代入上式，得

$$\bar{c}_1=\frac{2\sigma C_0v_0(\lambda_1-\lambda_2)}{9k(T-T_c)}, \quad (22.153)$$

式中

$$T_c = \frac{C_0}{3k}(b_{11} - b_{12}), \tag{22.154}$$

$$\delta J_{\langle 100\rangle} = \varepsilon_{an}/\sigma = \sum_{p=1}^{3} \lambda^{(p)} \bar{c}_p/\sigma$$

$$= \frac{1}{\sigma}(\lambda_1 \bar{c}_1 + \lambda_2 \bar{c}_2 + \lambda_3 \bar{c}_3). \tag{22.155}$$

又 $\lambda_2 = \lambda_3 \neq \lambda_1$; $\bar{c}_2 = \bar{c}_3 = -\frac{1}{2}\bar{c}_1$,所以

$$\delta J_{\langle 100\rangle} = \frac{1}{\sigma}(\lambda_1 - \lambda_2)\bar{c}_1$$

$$= \frac{2v_0 C_0 (\lambda_1 - \lambda_2)^2}{9k(T - T_c)}. \tag{22.156}$$

(2) 没有互作用,只有反应的情况. 没有互作用,b_{pq},b_{rs}^*,d_{pr}均为零,因此

$$\bar{c}_p = \frac{C_0 v_0}{nkT} \sum_{kl} \sigma_{kl} [\lambda_{kl}^{(p)} - \frac{C_0}{nC_t} \sum_{q=1}^{n} \lambda_{kl}^{(q)}$$

$$- \frac{C_0^*}{n^* C_t} \sum_{r=1}^{n^*} \lambda_{kl}^{*(r)}], \tag{22.157}$$

$$\bar{c}_r^* = \frac{C_0^* V_0}{n_0^* kT} \sum_{kl} \sigma_{kl} \Big[\lambda_{kl}^{*(r)} - \frac{C_0^*}{n^* C_t} \sum_{s=1}^{n^*} \lambda_{kl}^{*(s)}$$

$$- \frac{C_o}{nC_t} \sum_{p=1}^{n} \lambda_{kl}^{(p)} \Big]. \tag{22.158}$$

弛豫大小

$$\delta S_{ijkl} = (\bar{\varepsilon}_{an})_{ij}/\sigma_{kl},$$

$$(\bar{\varepsilon}_{an})_{ij} = \sum_{p=1}^{n} \lambda_{ij}^{(p)} \bar{c}_p + \sum_{r=1}^{n^*} \lambda_{ij}^{*(r)} \bar{c}_r^*$$

$$= \sum_{p=1}^{n} \lambda_{ij}^{(p)} \frac{C_0 V_0}{nkT} \sum_{kl} \sigma_{kl} \Big[\lambda_{kl}^{(p)} - \frac{C_0}{nC_t} \sum_{q} \lambda_{kl}^{(q)} - \frac{C_0^*}{n^* C_t} \sum_{r} \lambda_{kl}^{*(r)} \Big]$$

$$+ \sum_{r=1}^{n^*} \lambda_{ij}^{*(r)} \frac{C_0^* V_0}{n^* kT} \sum_{kl} \sigma_{kl} [\lambda_{kl}^{*(r)} - \frac{C_0^*}{n^* C_t} \quad \sum_{s} \lambda_{kl}^{*(s)}$$

$$-\frac{C_0}{nC_t}\sum_p \lambda_{kl}^{(p)}\Big], \tag{22.159}$$

$$\delta S_{ijkl}=\frac{V_0}{kT}\Big\{\frac{C_0}{n}\Big[\sum_p \lambda_{ij}^{(p)}\lambda_{kl}^{(p)}-\frac{C_0}{nC_t}\Big(\sum_p \lambda_{ij}^{(p)}\Big)\Big(\sum_p \lambda_{ij}^{(p)}\Big)\Big]$$

$$+\frac{C_0^*}{n^*}\Big[\sum_r \lambda_{ij}^{*(r)}\lambda_{kl}^{*(r)}-\frac{C_0^*}{n^*C_t}\Big(\sum_r \lambda_{ij}^{*(r)}\Big)\Big(\sum_r \lambda_{kl}^{*(r)}\Big)\Big]$$

$$-\frac{C_0C_0^*}{nn^*C_t}\Big[\Big(\sum_p \lambda_{ij}^{(p)}\Big)\Big(\sum_r \lambda_{kl}^{*(r)}+\Big(\sum_r \lambda_{ij}^{*(r)}\Big)\Big(\sum_p \lambda_{kl}^{(p)}\Big)\Big]\Big\}. \tag{22.160}$$

对 $YBa_2Cu_3O_y$ 超导体，在 Cu-O 链所在面上，氧原子在 a 轴和 b 轴位的浓度分别为 c_0 和 c_0^*，$(c_0 \ll c_0^*)$，相应的偶极子等效取向数 n 和 n^* 均为 1，由于氧原子由 $b \longrightarrow a$ 而引起的弛豫大小，按式(22.160)得，

$$\delta J=\frac{C_0C_0^*v_0}{kT(C_0+C_0^*)}(\delta\lambda)^2, \tag{22.161}$$

式中 $\delta\lambda$ 是 a,b 位弹性偶极子的分量之差．由于没有相互作用，$\delta J \propto 1/T$．

陈廷国等[42,43]用内耗测出了上述由于氧原子在 a,b 位置间跳动引起的弛豫峰，其峰温在 204℃($f=1$Hz)，激活能为 1.026eV．并由峰高讨论了氧在 a,b 位的占有率．

§22.10 其它点缺陷引起的弛豫

(a) *偏心(off-center)与局域对称性破缺* 上述弹性偶极子在外应力场下再取向实际上是通过点缺陷的迁动来完成的，弛豫时间往往遵循阿瑞纽斯关系 $\tau^{-1}=\nu_0\exp(-H/kT)$，这里 ν_0 包含振动频率和激活熵，而 H 为激活焓，通常 ν_0 在 $10^{13}\sim10^{14}s^{-1}$量级．对大多数材料，涉及空位或间隙原子的迁移，其激活焓往往大于 0.4eV．但在掺杂的晶体中，已发现激活焓很低的弛豫现象，如掺 Li^+ 的 KCl 晶体，K^+ 离子在 KCl 晶体中处立方对称性位置，但 Li^+

替代 K^+ 离子后出现了一个低温弛豫峰[44]激活能非常小(<10^{-3} eV). 弛豫模式为 C_{44},理论上认为 Li^* 离子的半径比 K^+ 离子的半径小,因此 Li^+ 替代 K^+ 后,在〈111〉方向产生偏心,使对称性下降,形成三方弹性偶极子,在外应力下,相应于等效偶极子取向之间再取向所涉及的 Li^+ 迁移的距离很小,因此激活焓很小,弛豫时间 $\tau \leqslant 10^{-9}$s. 实验中也观察到半径大的离子替代半径小的离子而产生低温弛豫峰. 如石英中 Al-Na 离子对引起的弛豫峰,α 石英通常包含杂质 Al^{3+} 离子,Al^{3+} 替代位于畸变 AlO_4 四面体中心,由于 Al^{3+} 价数比 Si^{4+} 的低,电荷平衡需要附加正电荷缺陷,这通常由间隙碱金属离子 M^+(例 Li^+ 或 Na^+)或质子来提供。在 5MHz 下测到一对内耗峰(分别称为 α 和 β 峰),峰温分别在 53K 和 138K,相应的激活能分别为 0.05eV 和 0.13eV,这两个峰是和 Al,Na 的存在有关,如用 Li^+ 替代 Na^+ 离子,则 α 和 β 峰消失,这是由于 Al^{3+} 所在畸变四面体只有一个二次轴,Na^+ 离子的位置偏离二次对称性,因此有两个等效位置,外应力作用下,Al^{3+}-Na^+ 缺陷对通过 Na^+ 离子在等效位置间跳动而产生弛豫峰. 产生 α 和 β 两个峰是由于 Na^+ 偏离二次轴有两个不等价的位置,在外应力下,各自在自己的等效偏心位置间跳动造成的,而 Li^+ 离子的位置位于二次轴上,故没有低温弛豫峰. 以上实验结果得到了计算机模拟的证实. 为了统一解释上述低温弛豫现象,提出了偏离对称性(off-symmetry)概念. 在本章开头,定义缺陷的对称性组态是构成缺陷性质的最高对称性,如面心立方晶体中,最近邻的 1~5 缺陷组态是〈110〉正交对称性,如果这一对称性组态在能量上处于极小,则这组态是稳定的. 如果组态的能量不处于极小,只有缺陷组态偏离原来的对称性组态才能稳定,这一情况称为偏离对称性,实质上也是对称性破缺. 这时,缺陷的对称性比对称性组态的对称性低,因此缺陷有一个以上等效的稳定取向,在外应力场下发生再取向,缺陷跳动的距离远小于点阵参数,相应的激活焓很低. 偏心仅是偏离对称性的一种特例.

晶体中掺杂引起低温弛豫峰的例子还有掺 Sc 的 CeO_2,CeO_2

具立方结构，很易混入低价阳离子 M（如 La^{3+}，Gd^{3+}，Y^{3+}，Ca^{2+} 等），它们替代 Ce^{4+}，通过氧空位来补偿电荷，这类材料称为快离子导体，实验中观察到 M～V（空位）对再取向引起的弛豫峰，其激活能为 0.6～0.9eV，对掺 Sc^{3+} 的 CeO_2 晶体，有一附加的低温弛豫峰，激活能仅为 0.2eV，说明该峰不是由于 Sc^{3+} 空位对，而是由孤立的 Sc^{3+} 离子引起的．可以预期，这是由于 Sc^{3+} 偏离对称性引起的．计算机模拟计算表明，Sc^{3+} 周围的八个氧离子有的靠近 Sc^{3+}，有的离开 Sc^{3+}，造成偏离对称性，在外应力作用下，能经历相对来说小的位移，而引起弛豫，因此激活能低．

(b) *复合点缺陷引起弛豫峰的例子*　在 α-Fe 中，掺入替代式溶质原子(s)，其本身并不降低的点群对称性，但它和间隙原子(i)相互作用而形成复合点缺陷，构成 s-i 弹性偶极子，在外加交变应力下，s-i 偶极子的再取向将出现 s-i 弛豫峰，这也是一种德拜弛豫峰．α-Fe 中，由于位错和间隙原子（碳、氮）相互作用而产生钢铁的

表 22.10　各种掺杂 α-Fe 合金的 s-i 弛豫峰

合金系统	峰温(℃) N-斯诺克峰	s-i 峰	s-i 峰的激活能 (eV)	s-i 结合能(eV)
Fe-N	22	/	0.800	/
Fe-0.5Mn-N	22	32	0.826	0.026
Fe-0.5Cr-N	22	37	0.868	0.068
Fe-0.34Mo-N	22	75	0.945	0.145
Fe-0.76V-N	22	203	1.35	0.55
Fe-1.10Ti-N	22	365	1.88	1.10

屈服效应，科特雷耳用刃位错应力场和间隙碳原子的交互作用，计算出其交互作用能为 0.5eV．因此，人们关心掺杂替代原子和间隙杂质原子的结合能，如 s-i 偶极子的结合能大于位错和间隙杂质原子的交互作用能，替代溶质原子可以和位错争夺间隙杂质原子

而使位错消除屈服效应．50 年代就开始研究 s-i 偶极子的结合能及其机理，有关内容可参阅文献[45]，吴自良等人系统地研究了 α-Fe 合金的 s-i 弛豫峰及 s-i 结合能[46,47,48]结果如表 22.10 所列出。

这些 s-i 弛豫峰都是单一德拜内耗峰，从这些结果可以看到，过渡族金属 Mn，Cr，Mo 的 s-i 结合能太低，都在 0.15eV 以下，无力和位错争抢氮原子．V 的 s-i 结合能为 0.55eV 与位错和氮的交互作用能相近，所以和位错争夺 N 原子并无优势，Ti 的 s-i 结合能为 1.10eV，比位错和氮的交互作用能高得多，因此有强的固氮能力，可以抑阻科特雷耳气团的形成．

第二十三章　位错与晶界内耗

I　位错弛豫与位错共振

§23.1　低温本征位错弛豫峰——博多尼峰

1949年博多尼(Bordoni,P.G.)[49]首先测量了冷加工面心立方金属(Cu,Ag,Al,Pb)在4K至室温范围内的内耗，在内耗温度曲线上都出现一个稳定的内耗峰，以后这些峰被称为博多尼峰.

(a) 主要实验事实　博多尼峰在fcc金属中研究得最详尽[50,51]，这些研究的主要结果如下：

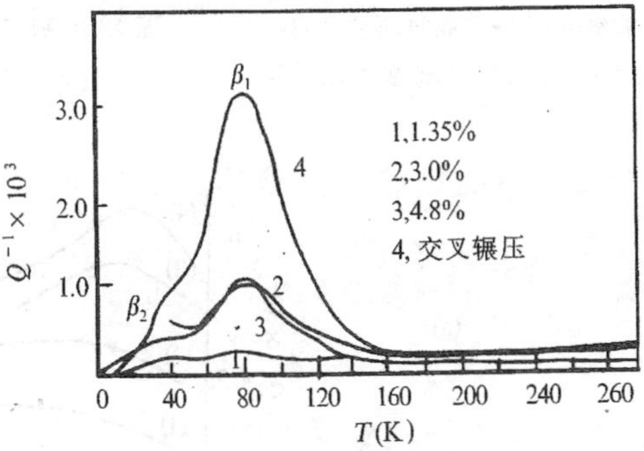

图23.1　铜单晶受到不同量的辗压形变以及交叉辗压后的内耗[50].(f=40kHz).

(1) 单晶和多晶试样在形变后都出现此峰. 由于低温(4K)形变后未经时效立即测量，以及超高纯试样均有此峰，因而可以排除点缺陷对弛豫的贡献，纯属位错的内禀性质.

(2) 峰高随冷加工量的增加而增高，达到饱和(如图23.1曲线1,2,3，$f\approx$40kHz)，进一步改变加工方式，如对铜进行交叉辗压，可使峰高继续增加(如图23.1曲线4). 更确切说，主要在加工

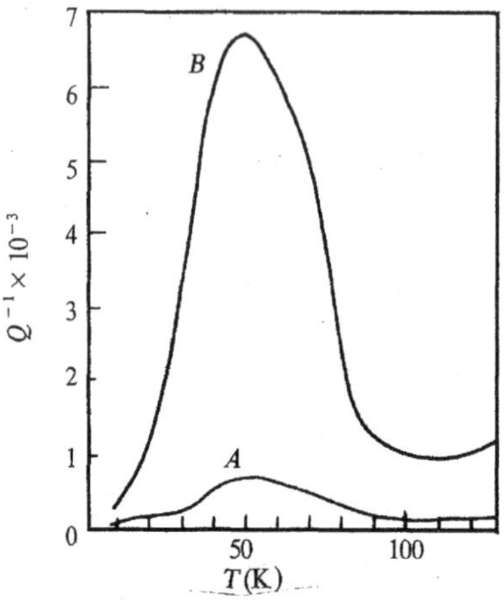

图 23.2　两块银单晶在室温拉伸形变后的博多尼峰. $f=600$Hz
曲线 A:易滑移取向,形变 29%
曲线 B:〈111〉取向,形变 5.4%[52].

硬化第Ⅱ阶段即位错密度快速增长阶段,峰高增加很快,不同取向的银单晶的试验结果[52]充分说明了这一点(图 23.2). 伴随着峰高的增加,峰的位置也略向高温方面移动.

(3) 回复可使峰高稍有降低(虽然最初可能升高),但要使峰完全消失需要在高于再结晶的温度退火. 但对于高纯 fcc 金属,即使退火状态也有此峰,只要应变振幅足够大[图 23.3(b)].

(4) 对于一般的纯金属,在通常应变振幅范围峰温与峰高几乎都不依赖于应变振幅[图 23.3(a)]. 但如上所述,在高纯度并有轻微冷加工甚至在退火状态的试样中可出现非线性效应,内耗依赖于振幅[图 23.3(b)].

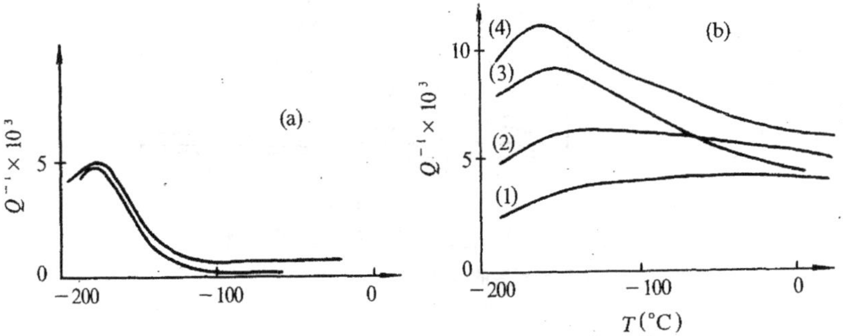

图 23.3　高纯金试样的内耗[51].
(a) 在 20℃形变 7%及 (b)然后在 350℃退火 60min 后用不同应变振幅测量:
(1) $\varepsilon_m=4.7\times10^{-7}$;　(2) 1.5×10^{-6};　(3) 6×10^{-6};　(4) 1.5×10^{-5}.

(5) 杂质或辐照引入点缺陷都使峰高降低，同时峰温略向低温方面移动.

(6) 频率增加峰温也增高，具有一般弛豫峰的特性，即频率对数 $\ln f$ 作为博多尼峰温倒数 $\left(\frac{1}{T_p}\right)$ 的函数关系是一条很好的直线，从直线的斜率可求得该峰激活焓，对于铜，激活焓为 0.122eV[49]，频率因子 ν_0 为 $10^{11} \sim 10^{13} s^{-1}$，这样低的 ν_0 值也说明不是点缺陷引起的弛豫过程.

(7) 峰宽. 博多尼峰的半峰高宽度是德拜峰宽的 2～4 倍，不是单一弛豫过程，特别是高温边峰宽对微结构或各种处理（如形变、退火、辐照等）很敏感.

(8) 次峰. 在主峰低温侧还出现一个较小的峰（见图 23.1）称为次峰，各种因素的影响与主峰基本相似[50]，可以认为是相似机制所引起，通常也称主峰为博多尼峰或 B_1 峰，次峰为尼布莱特-韦尔克斯(Niblett-Wilks)峰或 B_2 峰.

其他面心立方金属(Al, Ag, Au, Pb)及其稀合金中在低温也都出现形变弛豫峰. 峰高一般比铜低，特性与铜的峰相似，详细数据见文献[51]的表 1.1，一般激活焓数值是在 0.1～0.25eV 以内，频率因子 ν_0 也是 $10^{11} \sim 10^{13} s^{-1}$.

在形变的体心立方金属铌、钽、钼、钨、钒、铁中都发现这样两个很宽的峰称为 α 峰和 γ 峰[53,54]. 图 23.4 所示的是高纯钼单晶的例. (a)低温形变后测量 γ 峰高于 α 峰. 高温形变后 γ 峰低于 α 峰；(b)α 峰很宽，经过分解，其中包含了四个子峰(α_1, α_2, α_3, α_4)；(c)高纯试样中博多尼峰显示出非线性效应. 峰高随应变振幅的增大而增加. 表 23.1 列出部分 bcc 金属中 γ 峰的激活参数.

杂质、冷加工对内耗峰影响与铜相似，其差异是杂质使峰移动比铜显著得多. 图 23.5 示出应变时效的影响. 另一重要差异是退火使峰降低和消失的温度远低于再结晶温度，例如钼的峰在 500℃下几小时即消失，相当于点缺陷扩散的温度，因此这是点缺陷钉扎的效应，只要位错全部被钉扎，峰即消失. 钨、钽、铌、钒的结

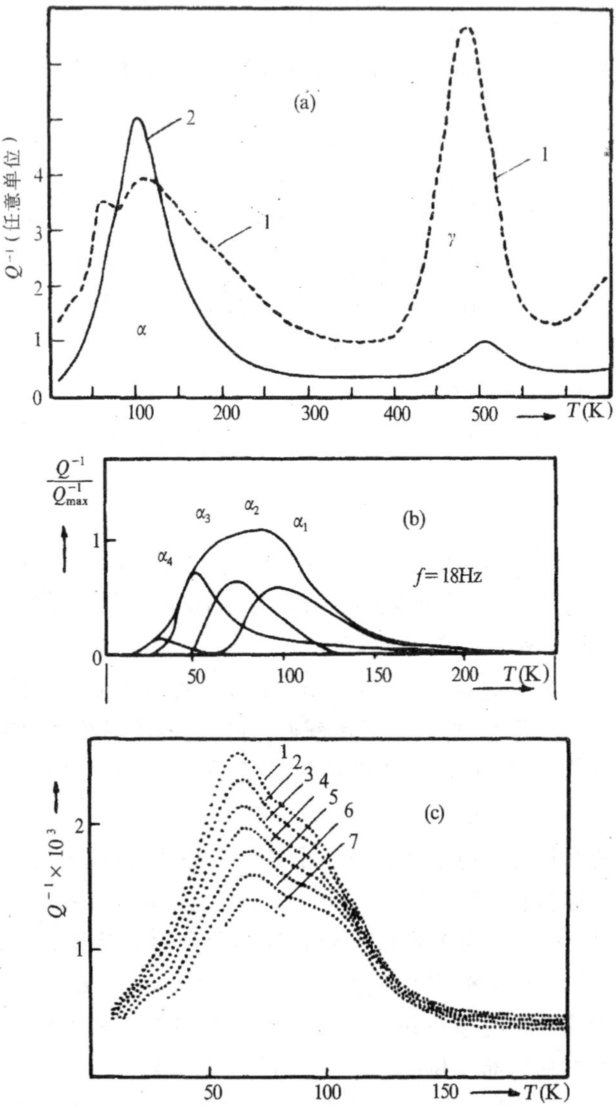

图 23.4 高纯钼单晶的博多尼峰[53].

(a) 取向为[111]的高纯钼单晶在形变后的博多尼峰，$f=25$Hz 曲线 1，在 200K 拉伸 1%，又在 290K 扭转 0.2%. 曲线 2，在 475K 拉伸 1%，继又扭转 0.2%. 曲线 1 的坐标比曲线 2 放大了 2.5 倍；(b) α 峰分解为四个子峰($\alpha_1,\alpha_2,\alpha_3,\alpha_4$). $f=18.5$Hz；(c) 取向为[100]高纯钼单晶 α 峰的应变振幅 ε_0. 依赖关系，$f=14$Hz 曲线 1，$\varepsilon_0=1.8\times10^{-4}$，曲线 7，$\varepsilon_0=6.8\times10^{-6}$. 其余曲线 2,3,4,5,6，$\varepsilon_0$ 相继递减 $\Delta\varepsilon_0=2.9\times10^{-5}$.

果与钼完全相似[55]，如图 23.6 所示. 有意义的是各种纯金属的博多尼峰的峰温与熔点次序是一致的.

表 23.1 钼、钽、铌中 γ 峰的激活参数[53,55]

	激活能(eV)	弛豫时间 τ_0(s)
钼	1.09	3.3×10^{-13}
钽	0.85～0.92	$10^{-13}\sim10^{-14}$
铌	0.67±0.02	$(1.5\pm0.5)\times10^{-13}$

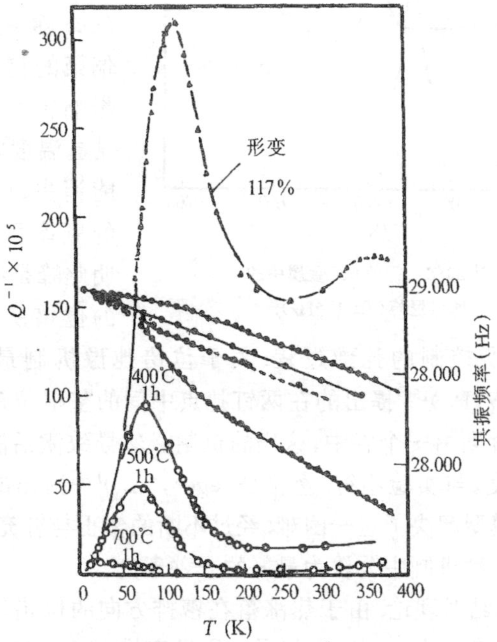

图 23.5 时效对钼中博多尼峰的影响[54].

对于六角金属曾在锌、镁和镁、锂合金中观察到类似的形变弛豫峰[51]，其中镁的峰比较特别，除 20K 峰外，还有一个很宽的峰(40～260K)，只有在高纯镁中这一宽峰变为多个窄峰，其中 B_1 和

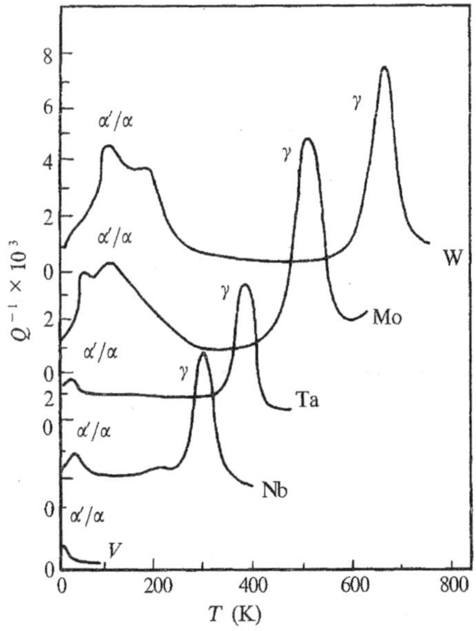

图 23.6 各种 bcc 金属中的博多尼峰($f\simeq1.2$Hz).

B_2 峰与 fcc 金属中博多尼峰相似. 至于 Zr、Ti 中虽亦有多个形变峰,但机理尚未弄清楚.

(b) 理论 由于博多尼峰仅在冷加工样品中出现,纯度愈高峰也愈高,回复(bcc 金属中有溶质偏聚的情况除外)的影响很小;必需在再结晶温度以上退火才能消失,以及相当低的频率因子 ν_0 均说明此峰是冷加工产生的位错所引起,而不是点缺陷所控制的弛豫过程. 关于位错弛豫机制最早是梅逊(Mason, W. P.)[56]提出的在两钉扎点中间的整根位错段从一个派尔斯谷跳到另一个谷中,这样的机制必然导致激活能明显依赖于线段长度,与实验不符. 塞格(Seeger, A.)[57]提出的弯结对形成(KPF)模型解决了这一困难. 经过不断的修正与补充,这一理论至今仍是几种机制中公认为最好的一种理论.

(1) 弯结对理论. 由于热涨落在密排方向的位错线上可以形成一些小凸起(图 23.7),它们是一段沿密排方向的直线位错及一对反号的弯结所组成. 没有外应力时,这一对弯结相互吸引而消失;但有外应力作用时,"弯结对"有一定的临界距离 d_c. 当 $d<d_c$ 时,相互吸引消失;$d>d_c$ 时,"弯结对"相互分开,从而产生了位错沿垂直于自身方向的运动,也即产生了非弹性的位错应变. 由于这种"弯结对"的形成需要热激活供给能量,因此它的产生有一定的

依赖于温度的频率 ν. 当外加频率 f 与 ν 相近时，即可产生弛豫型内耗峰. 具有临界距离“弯结对”形成的能量 H_{kp} 即为弛豫激活焓.

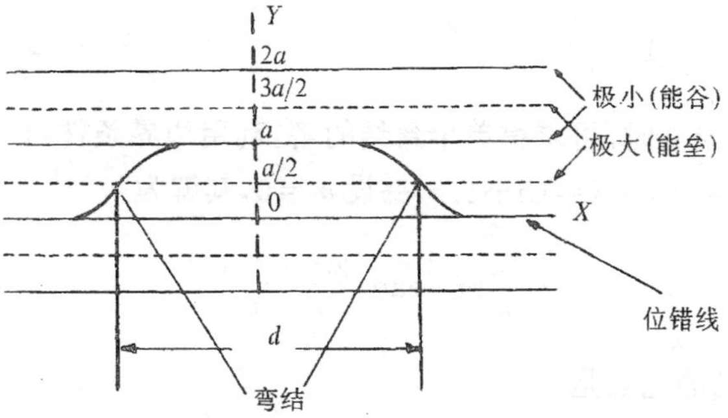

图 23.7 弯结对的图示.

要计算这种内耗的大小，必需计算凸起形成的频率 ν 以及形成它的激活焓 H_{kp}. 下面先计算单个弯结形成的能量 H_k，然后再导出“临界弯结对”的形成能量 H_{kp}.

若位错线沿 X 方向，如图 23.7 所示，则它倾向处于位错能谷中. 设单位长位错线的位能是 $E(y)$，位错线的形状 $y(x,t)$ 可由下列方程得到

$$E(y)\frac{\mathrm{d}^2y}{\mathrm{d}x^2}=\frac{\mathrm{d}E(y)}{\mathrm{d}y}-b\sigma, \tag{23.1}$$

式中 b 为伯格斯矢量，σ 为外加切应力，$E(y)$ 是 a 的周期函数，a 为密排原子列的间距. 左边第一项是位错线张力引起的回复力；右边第一项是位错线偏离能谷而产生的回复力；右边第二项是作用在位错上的外力. 如采用正弦势

$$E(y)=E_0-\alpha_1\cos\frac{2\pi y}{a}-\alpha_2\cos\frac{4\pi y}{a}, \tag{23.2}$$

并代入式(23.1)，因 E_0 往往甚大于 α_1,α_2，故式(23.1)左边 $E(y)$ 可用 E_0 代替

$$E_0 \frac{d^2 y(x)}{dx^2} = \frac{2\pi\alpha_1}{a}\left(\sin\frac{2\pi y(x)}{a} + 2\frac{\alpha_2}{\alpha_1}\sin\frac{4\pi y(x)}{a}\right) - b\sigma, \tag{23.3}$$

其中$\left|\frac{\alpha_2}{\alpha_1}\right| < \frac{1}{4}$.

当 $\sigma=0$ 时,可求得单个弯结的解,利用边界条件:$x=-\infty$, $y=na$; $x=+\infty$, $y=(n+1)a$,并设 $\alpha_2=0$,其解为

$$y = \frac{2a}{\pi}\mathrm{tg}^{-1}\exp\left\{\frac{2\pi x}{a}\left(\frac{\alpha_1}{E_0}\right)^{1/2}\right\}. \tag{23.4}$$

单个弯结的能量是

$$H_k = \int_{+\infty}^{-\infty}\left\{\frac{1}{2}E_0\left(\frac{\mathrm{d}y}{\mathrm{d}x}\right)^2 + \alpha_1\left(1-\cos\frac{2\pi y}{a}\right)\right\}\mathrm{d}x, \tag{23.5a}$$

式中第一项是由于位错线伸长而增加的能量,E_0 即线张力,第二项是由于弯结部分不处于佩尔斯能谷中所增加的能量.将式(23.4)代入式(23.5a)得

$$H_k = \frac{4a}{\pi}(E_0\alpha_1)^{1/2}. \tag{23.5b}$$

由式(23.3)求$\frac{dE(y)}{dy}$的极大值可得佩尔斯应力 σ_p,即

$$\sigma_p = \frac{2\pi\alpha_1}{ab}, \tag{23.6}$$

代入式(23.5b)得

$$H_k = \frac{2a}{\pi}\left(\frac{2abE_0\sigma_p}{\pi}\right)^{1/2}. \tag{23.7}$$

从弯结的中点作切线可求得单个弯结宽度

$$W_k = \frac{1}{2}a\left(\frac{E_0}{\alpha_1}\right)^{1/2} = \left(\frac{\pi a E_0}{2b\sigma_p}\right)^{1/2}. \tag{23.8}$$

一对弯结的能量应当是 $2H_k$,但在外应力 σ 作用下形成一对弯结的激活焓 H 还应当考虑到一对反号位错间相互吸引作用能 E_k 及外应力所做功(当然,还应考虑熵项 TS_k,但在低温下它比 $2H_k$ 小得多,可以忽略不计). 设一对弯结间距离为 d,则相互作用能[59]

$$E_k = -\frac{Gb^2a^2}{8\pi d}\beta', \tag{23.9}$$

$$\beta' = \frac{1+\gamma}{1-\gamma}\cos^2\varphi + \frac{1-2\gamma}{1-\gamma}\sin^2\varphi,$$

式中 φ 是弯结与佩尔斯能谷方向间夹角,γ 是泊松比,G 为切变模量,因而

$$H_{kp} = 2H_k - \frac{Gb^2a^2}{8\pi d}\beta' - \sigma abd. \tag{23.10a}$$

临界距离 d_c 从能量极值求得为 $d_c = (Gab\beta'/8\pi\sigma)^{1/2}$,当弯结对间距达到 d_c,即可分开而使位错跳入另一相邻的佩尔斯能谷中,造成非弹性应变,因而博多尼峰的激活焓可将 d_c 代入式(23.10a)得到

$$H_{kp} = 2H_k - \left(\frac{Ga^3b^2\sigma\beta'}{2\pi}\right)^{1/2}. \tag{23.10b}$$

要计算这种位错内耗的大小,首先写出位错的运动方程,即

$$M\ddot{y} + B\dot{y} + Ky = \sigma b, \tag{23.11}$$

式中 $M=\rho b^2$ 是单位长位错线的有效质量,B 是位错的阻尼常数,K 是回复力系数,y 是位错的平均位移. $\sigma=\sigma_0 e^{i\omega t}$ 是外加应力,b 是柏格斯矢量.

由于位错的位移而产生的非弹性应变为

$$\varepsilon_d = \Lambda by, \tag{23.12}$$

Λ 是位错密度. 将式(23.12)和 $\sigma=\sigma_0 e^{i\omega t}$ 代入式(23.11)可求得 ε_d,

由于阻尼项的存在，ε_d 是复数. 从而当惯性项很小时，求得复柔顺系数 J^*，内耗 Q^{-1} 和模量亏损 $\frac{\Delta M}{M}$ 为

$$J^* = J_1 - iJ_2 = \frac{\varepsilon_d}{\sigma} = \frac{\Lambda b^2/K}{1+i\omega\tau},$$

$$Q^{-1} = J_2/J_u = \Delta\frac{\omega\tau}{1+\omega^2\tau^2}, \tag{23.13}$$

$$\frac{\Delta M}{M} = J_1/J_u = \Delta\frac{1}{1+\omega^2\tau^2}, \tag{23.14}$$

式中

$$\Delta = \frac{\Lambda b^2 G}{K},$$

$$\tau = B/K,$$

$$J_u = 1/G,$$

G 为切变模量.

以上关系表明，弛豫强度 Δ 仅依赖于回复力系数 K，不依赖于位错的动性 B^{-1}；而弛豫时间 τ 则是位错动性的表征.

此处回复力是由位错线段 l 上的线张力 $E_0\left(=\frac{1}{2}Gb^2\right)$ 所控制，由位错的弦振动模型可以求得(参见文献[2]中§14.1)

$$K = \frac{12E_0}{l^2}, \tag{23.15}$$

因而

$$\Delta = \frac{\Lambda b^2 G}{K} = \frac{\Lambda l^2}{6}. \tag{23.16}$$

此处 Δ 值与用准静态的最大位错应变求得的结果是一致的(见第118页)。由于弯结对形成的鞍点态包含了比原子尺度大得多的位错线长度，应用点缺陷的反应率理论求弛豫时间是不合适的. 当位错段 l 以速度 $\dot{u}$ 而运动时应受到一种粘滞力 F，可用爱因斯坦关系来描述，即

$$F=\frac{kT}{D}\dot{u}, \qquad (23.17)$$

D/kT 相当于位错运动的迁移率，它包含了随温度 T 的指数变化的扩散系数，即

$$D=D_0\exp(-H_{kp}/kT). \qquad (23.18)$$

当具有临界尺寸 d_c 的弯结对一旦形成，即可使两端固定的位错线段 l 翻越佩尔斯能垒而产生位错应变.

单位长位错线受到的粘滞阻力 f 为

$$f=\frac{\dot{u}kT}{Dl},$$

因而阻尼系数（在此情况下声子、电子阻尼都相对很小，可以忽略不计）

$$B=\frac{kT}{Dl}=\frac{kT}{D_0 l}\exp(H_{kp}/kT), \qquad (23.19)$$

式中[51]

$$D_0=\nu_l l b^2/d_c, \qquad (23.20)$$

ν_l 是长为 d_c 的位错在势阱中的试跳频率，可用无阻尼的位错振动方程 $M\ddot{u}+K'u=0$ 来求[57]，得到

$$\nu_l=\frac{1}{2\pi}(K'/M)^{1/2} \qquad (23.21)$$

K' 为位错线在势阱中振动受到的回复力系数. 将式(23.20)和式(23.21)代入式(23.19)，并用式(23.14)和式(23.15)求得

$$\tau=\frac{B}{K}=\frac{kTd_c2\pi}{12E_0b^2}\left(\frac{M}{K'}\right)^{1/2}\exp(H_{kp}/kT), \qquad (23.22)$$

指数前因子 τ_0 与 l 无关.

冬特(Donth, H.)[58]和塞格等[59]认为，弯结对形成的鞍点态包含了比原子尺度大得多的位错线长度，应用点缺陷的反应率理论

求弛豫时间是不合适的. 塞格曾用克拉默斯(Kramers)的扩散理论[60]求弯结对的形成率,从而导出弛豫时间是 l 的函数[61]在低温下当弯结平衡密度 ρ_k^{eq} 很低时也即当 $\rho_k^{eq} l \ll 1$ 的情形,即

$$\tau \propto l(kT)^2 \exp(2H_k/kT)/D_k, \tag{23.23a}$$

D_k 是弯结的扩散率. 在高温下,当 $\rho_k^{eq} l \gg 1$ 的情形时有

$$\tau \propto l^2 (kT)^{3/2} \exp(H_k/kT)/D_k. \tag{23.23b}$$

最近乌尔弗尔特(Ulfert, W.)和塞格[62]又同时处理几何弯结和热弯结,并进一步改进了位错速度与弛豫时间的计算,得到的结果基本与上式一致.

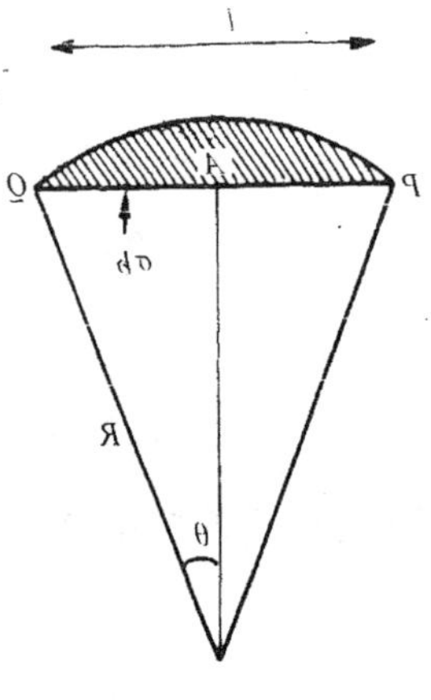

图 23.8 钉扎于 P,Q 点间的位错线段长 l,在外力 σb 作用下扫过面积为 A(斜线部分).

弛豫强度 Δ 也可以从准静态的最大位错应变(图 23.8)求得. 设位错线张力为 E_0,线段长为 l,若弓出部分是线张力所控制,则在外力 σb 作用下位错段曲率为 $R=E_0/\sigma b$,扫过的面积 $A=\frac{2}{3}R^2\theta^3=l^3 b\sigma/12E_0$. 非弹性应变

$$\varepsilon_d = bA\Lambda/l = \Lambda l^2 b^2 \sigma/12E_0,$$

式中 Λ 为单位体积中位错总长,$E_0 \simeq \frac{1}{2}Gb^2$,因而弛豫强度

$$\Delta = \frac{\varepsilon_d}{\varepsilon_e} = \frac{\Lambda l^2 b^2 \sigma/12E_0}{\sigma/G} \simeq \frac{\Lambda l^2}{6}. \tag{23.24}$$

如果晶体中存在位错线段 l 的一种分布 $\rho_l(l)$,则有

$$\Lambda = \int_0^\infty \rho_l(l) l \mathrm{d}l,$$

并由式(23.11)得

$$Q^{-1}(\omega)=\frac{1}{6}\int_0^{\infty}\rho_l(l)l^3\frac{\omega\tau(l)}{1+[\omega\tau(l)]^2}\mathrm{d}l, \qquad (23.25\mathrm{a})$$

$$\frac{\Delta M}{M}=\frac{1}{6}\int_0^{\infty}\frac{\rho_l(l)l^3}{1+[\omega\tau(l)]^2}\mathrm{d}l. \qquad (23.25\mathrm{b})$$

双弯结理论解释了博多尼峰的主要特点，峰高随冷加工量即位错密度的增加而增高，随杂质含量(包括时效)的增多即 l 变小而降低. fcc 金属中的主峰(B_1)归因于沿〈110〉方向的螺位错；次峰(B_2)归因于沿〈110〉方向的 60°非螺位错 . bcc 金属的 γ 峰是沿〈111〉方向的螺位错引起，而 α 峰则是沿〈111〉方向的 71°非螺位错引起. 这符合低温形变时 α 峰高于 γ 峰、高温形变时正好相反[图 23.4(a)]的实验结果，因为低温形变可以产生更多的螺位错；也符合弯结对形成激活焓的理论计算结果，螺位错的 H_{kp} 比非螺位错的 H_{kp} 大很多[63]. 另外，也解释了激活焓与位错线段长 l 无关的事实. 但激活焓与应力明显有关[式(23.10b)]，这一点尚无实验证实.

派尔对塞格理论的修正：塞格理论中假定了临界距离弯结对一旦形成就分开，也就是说回跳而复合的概率等于 0. 派尔[64]证明这一复合概率比分开的概率要大，从而使弛豫强度中出现了 $\exp(-(\Delta W)/kT)$ 因子，因而除非 $\Delta W\to 0$，内耗将变得很小. 从物理上讲，位错从一个佩尔斯能谷(A)跳到相邻能谷(B)要增加 $2H_k$ 的能量，这两种组态的占有率就不同，如果没有应力则 B 状态的占有率是很小的，因而使弛豫强度减小. 在振动外应力 σ 作用下

$$\Delta W=2H_k-\sigma abl, \qquad (23.26)$$

因 σ 很小，不可能使 $\Delta W\to 0$，派尔提出应当有一内应力 σ_i，使得

$$\sigma_i abl\geqslant 2H_k, \qquad (23.27)$$

才能测出博多尼峰. 式(23.27)称为派尔条件. 它是自由能条件，即 σ_i 的存在使位错在越过一个位垒前后的两种状态有着相近的能量，而激活能还是 $2H_k$. 图 23.9(a)示出位错的能量随位错段的弓

出或扫过的面积而增加的情形. 虚线代表弦模型的能量变化，而实线代表在无应力作用下双弯结形成所引起的台阶式增长的能量曲线. 内应力 σ_i 的贡献是线性能量项，它的作用是使能量图发生倾斜. 位错凸出每越过一次位垒，能量增加一个台阶 $2H_k$.

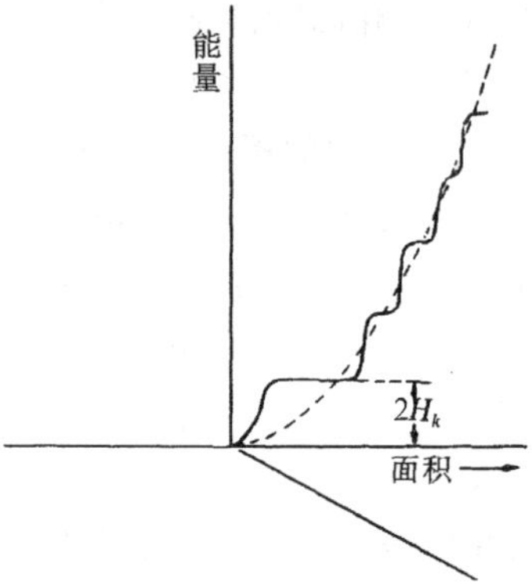

图 23.9(a) 位错能量随位错段面积的增大而增加的情形.

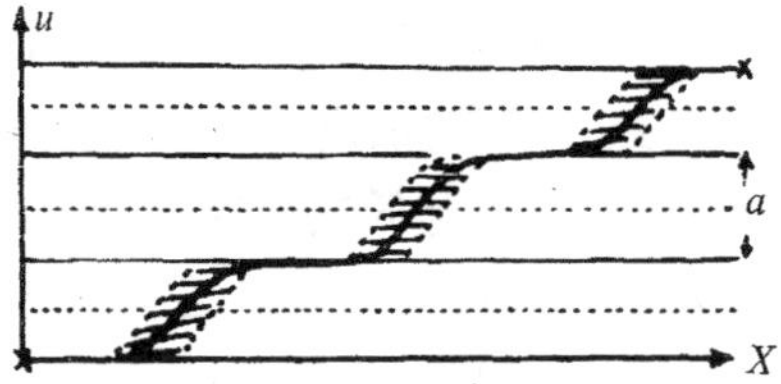

图 23.9(b) 几何弯结图. 位错线与密排方向夹角为 φ. ——谷；----垒.

内应力存在的假定，补充了塞格理论的不足之处. 如激活焓中的应力项应改为 $\sigma_i+\sigma$ 或近似为 σ_i(因 $\sigma\ll\sigma_i$)，从而使外应力对激活焓的影响大为降低，符合实验结果. 另一方面，σ_i 不是均匀的，和 $\tau(l)$ 一样必然导致激活焓有一分布从而使弛豫峰宽化. 再有阿莱费尔德(Alefeld, G.)等[65]在博多尼峰附近发现的非线性效应也支持了塞格-派尔模型. 这种非线性效应表现在轻度冷加工或退火样品中，即 σ_i 很小的情况，本来在一般所用应力振幅下不可能出现博多尼峰的，如果使用了高应力振幅或者加静态偏置应力代替 σ_i，即可出现博多尼峰[见图 23.3(b)]. 阿莱弗尔德还考虑到温度较高时熵项的作用，即 $\sigma_i abl\geqslant 2H_k-T\Delta S$，因此温度高有利于弯结对的形成，这就是为什么用高频(>MHz)测量，峰移至高温时，即使在内或外应力很弱的情况下都能测到博多尼峰.

塞格和席勒(Schiller, P.)[59]认为，弛豫时间还应包含弯结沿位错线运动的时间，即

$$\tau=\tau_g+\tau_w+\tau_p, \tag{23.28}$$

τ_g 是弯结对产生的时间，是热激活量，τ_w 是弯结和弯结间互作用所引起，τ_p 是弯结与声子的互作用引起. τ_w 和 τ_p 均非热激活量，但可能是内耗峰高温边宽化的原因.

（c）几何弯结迁移模型　这是另一种关于博多尼峰的模型，不考虑弯结对的形成. 图(b)示出的是几何弯结的示意图. 设位错线与佩尔斯谷方向夹角为 φ，则与温度无关的弯结密度为

$$\rho_k=\sin\varphi/a, \tag{23.29}$$

a 为相邻二佩尔斯谷的距离. 在外应力作用下，这些弯结移向位错线的一端，造成整段位错线的弓出，产生非弹性应变，而这些弯结的沿线运动除去与点阵振动互作用外，还要越过点阵周期性形成的第二类佩尔斯势，这后一种作用是一扩散过程，因而可以引起弛豫内耗峰、扩散系数 D_k 为

$$D_k=a_d^2\nu_D\exp(-H_k^M/kT), \tag{23.30}$$

a_d 是弯结派尔斯势的周期，ν_D 是德拜频率，H_k^M 是弯结的迁移能，对于纯金属而言即弯结势垒能量. 最早是布赖尔斯福德(A. D. Brailsford)处理了这一问题[66]，当时他提出的是陡弯结模型即弯结宽度为 $W_k=0, a_d=b$，因而 H_k^M 较大. 因陡弯结的存在没有理论依据，合理的模型应是图 23.9(b)所示，但处理方法仍相同只是 H_k^M 变小.

从弯结的振动方程求得弛豫时间

$$\tau=(l/\pi)^2/D_k, \tag{23.31}$$

l 是两端被钉扎的位错线段长. 弛豫强度为

$$\Delta=\frac{8}{\pi^2}\frac{Gb^2}{kT}a^2l^2\rho_k\Lambda\cos^2\varphi\propto\Lambda l^2. \tag{23.32}$$

与弯结对形成理论的结果相似，所以也能解释博多尼峰的许多特性. 所不同的是式(23.30)中的 H_k^M 比 H_{kp} 要小得多，而激活体积

比双弯结模型也小得多,因此根据单晶 bcc 钼中 α 博多尼峰实验的激活参数(见表 23.2)[53],舒尔茨(Schultz,H.)等认为子峰 α_3 和 α_4 峰是几何弯结的扩散所引起,而 α_1 和 α_2 峰仍是弯结对形成机制. 又因 bcc 金属中 α_3 和 α_4 峰随 γ 峰的升高而升高[见图 23.4(a,b)],而 α_1,α_2 则有相反变化. 所以认为 α_3 和 α_4 是联系着螺位错上的两种几何弯结;α_1 和 α_2 则属 71°非螺位错上双弯结形成机制. 因 fcc 金属中弯结宽度比 bcc 金属的大[63],说明 fcc 的 H_k^M 较小. 因此在实验温度范围内尚未观测到纯 fcc 金属中的弯结扩散峰.

表 23.2 单晶钼中 α 次峰的激活参数[53]

	H[eV]	ν_0[1/s]	V(激活体积)σ_0(应力振幅)		
			$\sigma_0=5\times10^{-6}G$	$1\times10^{-5}G$	$5\times10^{-5}G$
α_1	0.226	2.8×10^{12}	$V=125\ b^3$	$89\ b^3$	$40\ b^3$
α_2	0.150	3.0×10^{11}	—	—	—
α_3	0.087	6.7×10^{9}	$v=$常数$=4\ b^3$		
α_4	0.075	7.4×10^{14}	$v=$常数$=1\ b^3$		

除了上述几何弯结理论外,还有交截割阶的理论[67]及刃型位错偶的翻转跳动(flip-flop)模型[68],但目前被广泛接受或公认的还是弯结对形成(解释主峰和次峰)以及弯结扩散(解释极低温的形变峰)的理论.

§23.2 位错的振动弦模型

(a) 实验的发现 雷德(Read, T. A.)[69]于 1940 年根据在一些纯金属中观察到的内耗现象与冷加工密切相关,首先提出该内耗是位错运动所引起. 图 23.10(a)示出一组在 30kHz 测得的高纯铜多晶的内耗-应变振幅曲线. 这组特征曲线不仅在 fcc 金属中测到,而且在 bcc 金属、六方金属以及 NaCl、LiF 等非金属晶体中均观测到. 以下先归纳它们的共同特征.

(1) 内耗-应变振幅曲线明显包含两部分,即低振幅下的振幅

无关内耗 δ_I 与高振幅下的振幅有关内耗 δ_H.

(2) 内耗随形变量的增加而增加[图 23.10(a)],但常增至极大值后又下降,退火当然也使其下降.

(3) 温度升高,内耗增大. δ_H 的起始振幅随着减小,也即 δ_I 部分提前出现[图 23.10(b)].

(4) 杂质、辐照、淬火和时效等,凡引起位错上点缺陷增加的都使内耗降低,δ_H 部分推迟[图 23.10(b)].

(b) 与振幅无关内耗的理论　关于温度的影响不似热激活弛豫峰那样敏感,科勒(Koehler, J. S.)[70]首先提出了振动位错弦

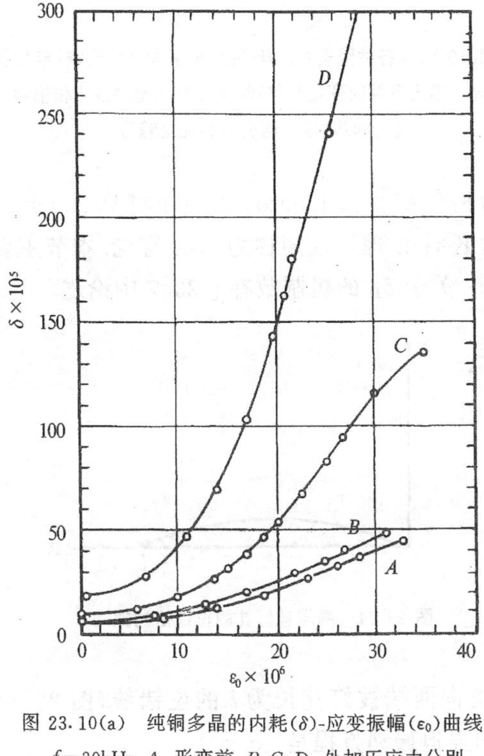

图 23.10(a)　纯铜多晶的内耗(δ)-应变振幅(ε_0)曲线. $f=30$kHz. A. 形变前;B,C,D. 外加压应力分别为 60,120,150 psi 后测量[69].

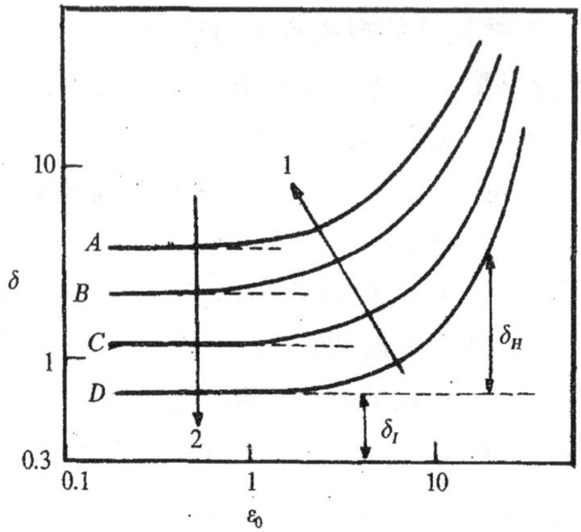

图 23.10(b) 各种因素对内耗-应变振幅曲线的影响(示意图)
箭头1表示温度升高的变化趋势;箭头2表示增加杂质和辐照、淬火以及时效等处理引起的变化趋势.

模型. 以后为格伦纳托(Granato, A.)和柳克(Lücke, K.)所发展[71],故称为K-G-L理论或简称为G-L理论. 本节主要讨论与振幅无关部分 δ_I. 关于 δ_H 的机制放在§23.7中论述.

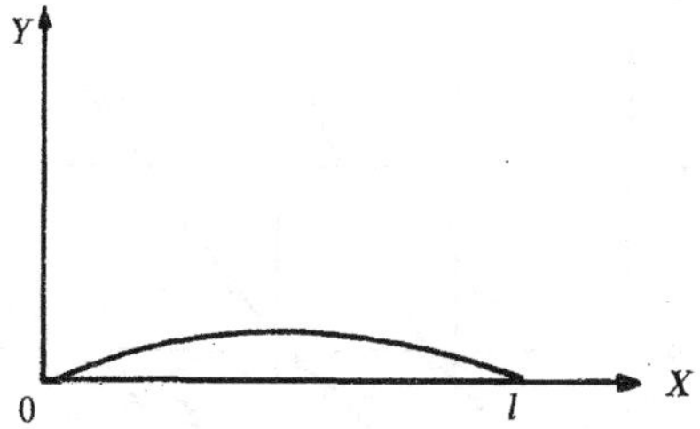

图 23.11 两端被钉扎的位错弦的振动.

设沿 X 方向两端被钉扎长为 l 的位错线(图 23.11),在往复应力作用下的强迫振动方程是

$$A\frac{\partial^2 y}{\partial t^2}+B\frac{\partial y}{\partial t}-C\frac{\partial^2 y}{\partial x^2}=b\sigma=b\sigma_0 e^{i\omega t}, \qquad (23.33)$$

式中 $y(x,t)$是位错弦对其平衡位置的位移，$y(0,t)=y(l,t)=0$ 是边界条件. A 是单位长位错线的有效质量，$A\frac{\partial^2 y}{\partial t^2}$即表示惯性力；$B$ 是阻尼系数，$B\frac{\partial y}{\partial t}$表示粘滞性阻尼力；$C$ 是位错线张力，$C\frac{\partial^2 y}{\partial x^2}$表示由位错线张力而引起的回复力，$b$ 是柏格斯矢量，σ 是作用在滑移面上的切应力分量. σ 应当满足波动方程

$$\frac{\partial^2\sigma}{\partial y^2}-\rho\frac{\partial^2\varepsilon}{\partial t^2}=0, \tag{23.34}$$

式中 y 为应力传播方向，ρ 为材料密度. 而

$$\varepsilon=\varepsilon'+\varepsilon'', \tag{23.35}$$

ε'是弹性应变，即

$$\varepsilon'=\frac{\sigma}{G}, \tag{23.36}$$

G 为切变模量，ε''是位错应变. 对于一根长 l 的位错线段 ε''等于 $\overline{y}lb$，$\overline{y}$ 是位错线上各点位移的平均值，即

$$\overline{y}=\frac{1}{l}\int_0^l y(x)\mathrm{d}x. \tag{23.37}$$

若单位体积中运动位错的总长为 Λ，则

$$\varepsilon''=\frac{\Lambda b}{l}\int_0^l y(x)\mathrm{d}x. \tag{23.38}$$

将式(23.35)、(23.36)、(23.37)代入式(23.34)得

$$\frac{\partial^2\sigma}{\partial y^2}-\frac{\rho}{G}\frac{\partial^2\sigma}{\partial t^2}=\frac{\rho\Lambda b}{l}\frac{\partial^2}{\partial t^2}\int_0^l y(x)\mathrm{d}x. \tag{23.39}$$

设位错线垂直于应力传播方向，则 σ 与 x 无关，即

$$\sigma=\sigma_0\mathrm{e}^{-\alpha y}\mathrm{e}^{i\omega\left(t-\frac{y}{v}\right)}, \tag{23.40}$$

式中 $\mathrm{e}^{-\alpha y}$是由于位错阻尼运动吸收能量而使振幅衰减的因子，故 α

即衰减系数，v 为应力波传播速度，将式(23.40)代入式(23.33)，并应用边界条件求得级数解，其中基频项最大，故近似为

$$y=\frac{4b\sigma}{\pi A}\sin\frac{\pi x}{l}\frac{e^{i\delta_0}}{\sqrt{(\omega_0^2-\omega^2)^2+(\omega d)^2}}, \tag{23.41}$$

式中 $d=\frac{B}{A}$，$\omega_0=\frac{\pi}{l}\sqrt{\frac{C}{A}}$是谐振频率，$\delta_0=\tan^{-1}\frac{\omega d}{\omega_0^2-\omega^2}$. 又将式(23.40)和(23.41)代入式(23.39)，并列出实数部分和虚数部分的两个等式，即可分别求得衰减系数和波速

$$\alpha(\omega)=\frac{\omega}{2v}\frac{\Lambda\Delta_0\eta^2}{\pi}\frac{\omega d}{(\omega_0^2-\omega^2)^2+(\omega d)^2}, \tag{23.42}$$

$$v(\omega)=\left[1-\frac{\Lambda\Delta_0\eta^2}{2\pi}\frac{\omega_0^2-\omega^2}{(\omega_0^2-\omega^2)^2+(\omega d)^2}\right]v_0, \tag{23.43}$$

式中 $v_0=\sqrt{\frac{G}{\rho}}$，$\Delta_0=\frac{8Gb^2}{\pi^3C}$，$\eta^2=\frac{\pi^2C}{A}$. 由此求得振幅无关内耗及模量亏损[此处内耗用对数减缩量 $\delta(=\pi Q^{-1})$表示]

$$\delta=\alpha\lambda=\alpha\frac{2\pi v}{\omega}=\Lambda\Delta_0\eta^2\frac{\omega d}{(\omega_0^2-\omega^2)^2+(\omega d)^2}, \tag{23.44}$$

$$\left(\frac{\Delta M}{M}\right)=2\frac{v_0-v}{v_0}=\frac{\Lambda\Delta_0\eta^2}{\pi}\frac{\omega_0^2-\omega^2}{(\omega_0^2-\omega^2)^2+(\omega d)^2}. \tag{23.45}$$

由上两式可见 δ 与$\left(\frac{\Delta M}{M}\right)$均与振幅无关，但与频率有共振关系，如图 23.12 所示. (1)当 $\omega_0\gg d$(即图中 $D=\omega_0/d\gg1$)，对应于小阻尼系数 B 而言$\left(因\ d=\frac{B}{A}\right)$，内耗极大值即共振峰出现在 ω_0 处，ω_0 为共振频率. (2)当 $\omega_0\ll d(D\ll1)$即对应于大阻尼情况，内耗峰出现在 $\omega_m=\frac{\omega_0^2}{d}=\pi^2C/Bl^2$ 处，对位错弦长 l 有强的依赖关系. (3)当 $\omega\ll\omega_0$，且 d 又很大的过阻尼共振下，公式(23.44)可以转为

$$\delta=\Delta\frac{\omega\tau}{1+\omega^2\tau^2}, \tag{23.46}$$

式中

$$\Delta=\Delta_0\Lambda l^2=\frac{8Gb^2}{\pi^3C}\Lambda l^2, \tag{23.47}$$

$$\tau=Bl^2/\pi^2C=\frac{1}{\omega_m}. \tag{23.48}$$

此乃德拜弛豫峰，但 τ 对温度依赖关系决定于 B（如果 l 不变），许多实验表明 B 对温度依赖较弱，所以是非热激活的德拜弛豫峰.

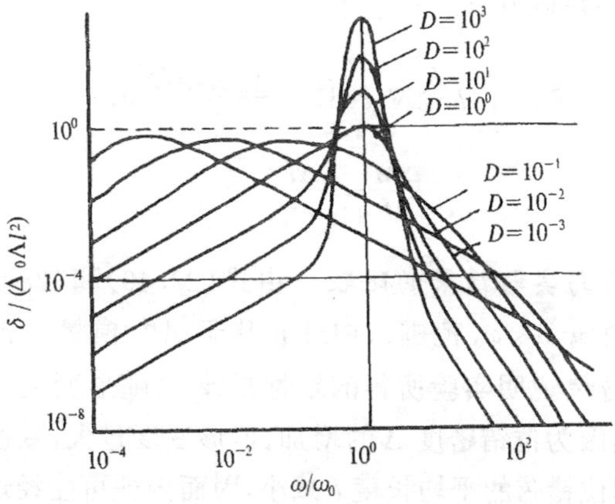

图 23.12 位错共振理论计算得的规一化内耗-频率关系.
图中曲线对应于不同的 $D(=\omega_0/d)$ 值.
在小阻尼（或大 D 值）的情况出现共振峰.
在大阻尼（或小 D 值）也即过阻尼共振的情况出现德拜弛豫峰.

当 ω 甚小于 ω_m 和 ω_0，不论是小阻尼的共振峰或是大阻尼的弛豫峰，内耗和模量亏损为

$$\delta=\frac{B\Lambda l^4}{\pi^3C}\omega, \tag{23.49}$$

$$\frac{\Delta M}{M}=\frac{\Lambda l^2}{\pi^2}. \tag{23.50}$$

低频下 δ 正比于频率 ω. 图 23.12 中在峰的低频边也显示了这一

线性关系. $\frac{\Delta M}{M}$则与 ω 无关. 在实际晶体中，位错线段长度不可能完全相同，寇勒假定钉扎点是无规分布，导出一个指数分布函数

$$N(l)\mathrm{d}l=\frac{\Lambda}{L^2}\exp\left(-\frac{l}{L}\right)\mathrm{d}l, \tag{23.51}$$

$N(l)dl$ 表示单位体积中位错段长度在 l 和 $l+dl$ 间的数目，L 相当于平均弦长 $L=\Lambda/N$，N 是单位体积中位错段的总数，从而求得内耗与模量亏损为

$$\delta=\int_0^{\infty}l\,\frac{\delta_l}{\Lambda}N(l)\mathrm{d}l=\frac{120B\Lambda L^4}{\pi^3 c}\omega, \tag{23.52}$$

$$\frac{\Delta M}{M}=\frac{6\Lambda L^2}{\pi^2}. \tag{23.53}$$

(c) 理论与实验结果的比较　由式(23.49)和(23.50)看出(一般实验均属 $\omega\ll\omega_0$ 范围)，内耗正比于 Λl^4，模量亏损正比于 Λl^2，由此很容易说明实验所得的定性规律. δ 随形变度的增加而增加，主要是因为位错密度 Λ 的增加，但形变度过大，致使网络节点间距，亦即位错弦的平均长度 l 减小，因而内耗可能经过极大值而又降低. 杂质、淬火或辐照引入的点缺陷可钉扎位错使 L 变短，故而内耗降低.

另外，内耗 δ 与 L^4 和$\frac{\Delta M}{M}$与 L^2 的定量关系也在 fcc 和 bcc 金属中得到证实. 早期的实验是汤姆森(Thompson, D. O.)等用辐照方法改变铜单晶中位错段 l 的长度来验证这一关系的[72]. 设 l_0 为辐照前位错段的平均长度、辐照后在位错上增加的点缺陷钉扎点 n 应与辐照通量 ϕ 和辐照时间 t 成正比，设 α 为比例系数，则有 $n=\alpha\phi t$. 由此可以得到辐照后位错段平均长度 L，即

$$L^{-1}=L_0^{-1}+n=L_0^{-1}+\alpha\varphi\, t. \tag{23.54}$$

设辐照前的内耗为 δ_0，模量亏损为$\left(\frac{\Delta M}{M}\right)_0$，则辐照后将变为

$$\delta=\delta_0(1+\beta t)^{-4}, \tag{23.55}$$

$$\frac{\Delta M}{M}=\left(\frac{\Delta M}{M}\right)_0(1+\beta t)^{-2}. \tag{23.56}$$

图 23.13 示出$\left(\frac{\delta}{\delta_0}\right)^{-1/4}$和$\left[\frac{\Delta M/M}{(\Delta M/M)_0}\right]^{-1/2}$与 t 的关系,与理论预期符合较好.

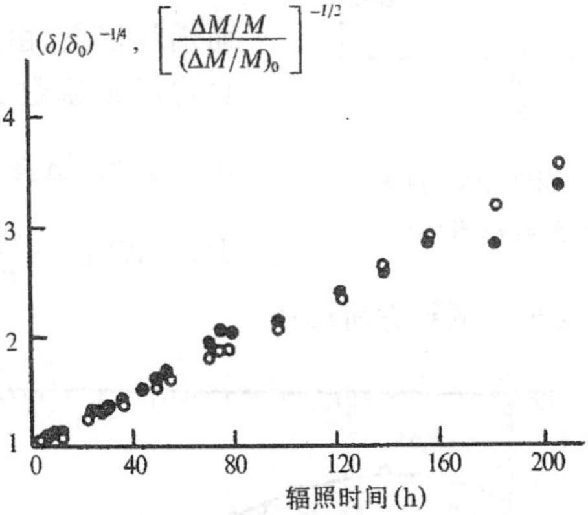

图 23.13　铜单晶的内耗与模量亏损随中子辐照时间的变化[72].

● $(\delta/\delta_0)^{-\frac{1}{4}}$, ○$\left[\frac{\Delta M/M}{(\Delta M/M)_0}\right]^{-\frac{1}{2}}$.

以后又在形变体心立方的钼[73]和钨[74]中用时效方法改变 l 的长度也得到同样结果,在氯化钠[75]和铝[76]中还得到与振幅无关的内耗 δ_I 与位错密度 Λ 成正比的关系.

弦振动模型最令人信服的实验证据,就是内耗与频率的共振特征. 有人[77]用兆赫脉冲技术测量了铜单晶体的内耗随频率的变化,测出了预期的极大值(图 23.14),并发现温度升高使极大值移向较低频率,这正好与热激活弛豫型内耗的特征相反. 辐照效应使内耗降低,且使极大值向较高频率方面移动[78](见图 23.15). 因为辐照产生的空位或间隙原子可以钉扎位错,使位错线段 l 变短,故共振频率[式(23.41)]提高,而内耗值降低[式(23.44)]. 对于温度的特殊影响一方面由于钉点浓度随温度升高而减少,即 l 增长,使

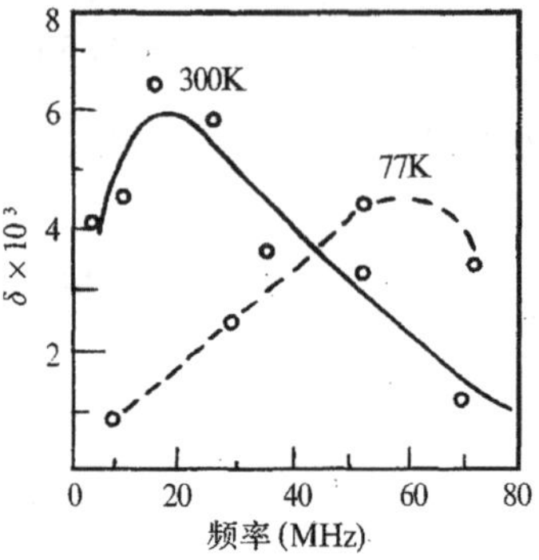

图 23.14 铜单晶体对数减缩量 δ 随频率的变化[77].

共振频率变低；另一方面也可用阻尼系数 B 和温度的关系来解释. 赖布弗里德(Leibfried, G. Z.)[79]认为，阻尼是由位错与点阵热振动的交互作用所引起，即以声子散射的形式而消耗能量，由此概念出发计算出阻尼系数 B 与温度成正比的关系. 温度升高，$d=\dfrac{B}{A}$ 增大，也即 $\omega_m=\dfrac{\omega_0^2}{d}$ 变小，因而共振的内耗极大值向低频方面移动.

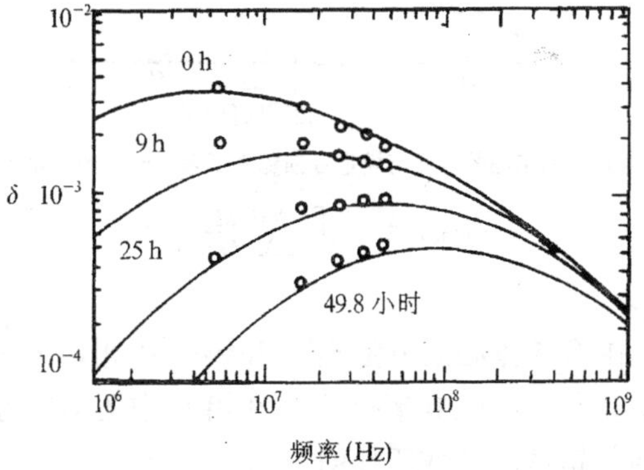

图 23.15 辐照对铜单晶体 δ-频率曲线的影响. 实线为理论曲线[78].

由以上实验结果可以看出，K-G-L 理论在高频范围是很成功的，但在 10kHz 以下的频率范围，理论上要求 δ 与频率 ω 成正比[见式(23.49)]，但实际测量只有一段频率范围符合这种情况[2]，而对大多数结果特别在低频范围，δ 几乎是与频率无关. 当然实验上要在很宽频率范围内测量内耗是有困难的，因为对于一定的试样，只能在很窄的几个谐频范围内振动；另一方面，如果试样以不同谐频振动，最大应变将发生在试样的不同部位，而试样不可能有完全均匀的位错分布.尽管有这些可能，也很难说明大多数金属中 δ 几乎与频率无关的事实.很可能在此频率范围，阻尼共振型机制对内耗的贡献甚小，而主要是另一种尚未探明的静滞后型机制起作用.值得提到的是，在此频率范围内，L^4 和 L^2 的关系依然成立，新的理论需要符合这一实验规律.

另一个关于阻尼系数 B 的问题.根据上述理论公式(23.49)和(23.50)，可以从内耗与模量亏损的实验值求得 B/Λ，然后用腐蚀坑方法定出位错密度 Λ，即可求得 B.阿勒斯(Alers，G.)和汤姆森[77]用此法求得铜在 20～280K 范围的 B 值正比于温度 T，但其他人测得的数值(室温)可以小 1 个数量级，温度依赖也弱.铝的 B 值由于采用了另一种方法，避免了测量 Λ 带来的误差，得到 100～260K 间的线性关系，但低温下几乎与温度无关[80].对于 LiF 和 KCl 等离子晶体，B 与温度几乎无关，不同人测得的 B 值很接近[81].赖布弗里德(Leibfried，G.)[79]提出声子在运动位错的弹性应变场中的散射机制，他认为声子在位借运动的前向与背向具有不同的散射而导致位错的阻力，并作了理论计算，预言在德拜温度以上，B 与 T 是线性关系，与纯金属的实验结果比较一致.梅逊[82]基于位错在具有粘滞性的声子气中运动的概念，也即在运动位错的应变场中声子模的重新分布的声子弛豫机制，他导出 B 对温度依赖关系比较小，似乎适合 LiF 等离子晶体的数据.有人认为还要加上电子阻尼的贡献，但这一机制只有在极低温度下才需考虑(见§25.6).总之，对于阻尼系数 B 目前尚无完满的理论和实验结果.但有一点是得到公认的，即位错-声子相互作用是阻尼振动弦模型的主要损耗来源.详细讨论可参阅参考文献[83].

Ⅱ 位错与可动点缺陷相互作用的效应

§23.3 阻尼振动弦模型的推广——位错拖曳点缺陷

K-G-L 理论最初只考虑到不动点缺陷钉扎位错和钉点间自

由位错线作强迫振动的情形，位错受到的粘滞阻力主要来自位错与声子相互作用. 实际上，位错拖曳点缺陷一起运动在一般温度下是普遍存在的，所以在 G-L 理论以后的 20 年中许多理论考虑了位错拖曳点缺陷引起的内耗. 首先是葛庭燧(1950)[84]在解释铜合金形变时效后产生的具有反常振幅效应的内耗现象时提出了位错拖曳点缺陷的内耗机制. 1957 年[85]威尔特曼(Weertman, J.)提出高温阻尼可能是位错拖曳科特雷尔(Cottrell, A. H.)气团的机制. 更引人注目的是 1962 年肖克(Schoeck, G.)[86]用杂质被位错拖曳而造成的粘滞阻力成功地解释了 bcc 间隙合金的冷加工峰或称 S-K 峰的一些主要特征(详见下节)，得到的内耗表式与过阻尼振动弦模型的结果[见式(23.46)]是一致的，唯弛豫时间决定于杂质扩散而非声子散射. 以上考虑的位错拖曳点缺陷的阻力都是一种连续性质的粘滞力. 早期的 G-L 理论也属于连续拖曳范畴. 希勒(Schiller, P.)[87]首次考虑了位错芯上分离点缺陷的拖曳效应，但他的处理中只限于一次扩散跃迁，这对于高频情况是正确的. 鲍尔(Bauer, C. L.)等[88]注意到钉点在位错芯附近扩散比晶体内更容易. 但仅考虑了平行于位错线的扩散，相当于弦模型中自由位错弦长 l 发生变化. 柳克和什里弗(Schlipf, J.)[89]同时考虑了平行与垂直位错线的两种扩散，他们认为垂直扩散也很容易，因为位错通过滑移很快能跟上钉点的运动，因此它总是保持在位错芯附近. 在这种情况下，激活能应当小于点缺陷在点阵内部扩散的激活能. 辛普森(Simpson, H. M.)和索辛(Sosin, A.)[90]发表了多篇文章处理点缺陷的拖曳问题. 他们与前人的不同点在于(1)考虑了分离点缺陷和连续两种拖曳同时作用. (2)考虑了弦长 l 分布中的一些问题. (3)假定点缺陷是非热拖曳机制，以前的考虑均为扩散运动. (4)辐照引起的变化过去认为是不动钉点增加，l 变短，而该理论则是可动点缺陷的增加. 由于这些特征，他们自称这一理论是 SS 模型. 后期，奥格塔尼(Ogurtani, O.)[91]处理了关于等间距点缺陷拖曳情形，并求得完全解后发现 SS 拖曳模型是与阻尼振动弦模型等效. 但奥格塔尼的解还是属于连续分布的拖曳，没有显示出分离点缺陷拖曳的特征.

阻尼振动弦模型的G-L理论[71]实际上是一种唯象理论,式(23.21)的弦振动方程中第二项是粘滞阻力项,阻尼系数 B 可以包括各种机制,如声子阻尼、低温下的电子阻尼、点缺陷气团的拖曳、点状可动钉点的拖曳,也可以是与频率有关的阻尼系数[92],如低温超导态的辐射声子的拖曳[93]等,因为点缺陷拖曳是最普遍的情形.下面将介绍G-L阻尼振动弦模型从连续拖曳推广到分离点状拖曳的简化理论[77].因为它与严格的定量理论得到的结果是一致的,只是弛豫强度与弛豫时间的表达式中的常数略有变化.简化理论的物理图象清楚又不失其普遍意义.

上节中对于过阻尼(B 足够大)的弦振动方程求得的内耗[式(23.46)]与模量亏损是

$$\delta=\Delta\frac{\omega\tau}{1+\omega^2\tau^2},\ \frac{\Delta M}{M}=\Delta\frac{1}{1+\omega^2\tau^2},\tag{23.46}$$

式中 Δ 和 τ 可写为

$$\Delta=\frac{8Gb^2}{\pi^4C}\Lambda l^2=\frac{1}{K}\frac{Gb^2}{12C}\Lambda l^2,\tag{23.57a}$$

$$\tau=\frac{Bl^2}{\pi^2C}=\frac{1}{\gamma}\frac{Bl^2}{12C},\tag{23.57b}$$

其中

$$K=\frac{\pi^4}{96}=1.015\simeq1,\ \gamma=\frac{\pi^2}{12}=0.822\simeq1\tag{23.58}$$

均为近似等于1的常数.

前面已提到这个解式(23.46)是从傅里叶级数的第一项近似,即基频项[式(23.44)和式(23.45)]得来的.严格解也可求出,但与近似解差得很小,而且重要的物理事实即简单的弛豫形式反而被掩盖.

阻尼系数 B 可以有许多来源,此处仅考虑两种最重要的类型.

第一种即老的连续的G-L模型[71].假设不动钉点是位错网

络节点，自由位错线长 $l=L_N$，中间没有点缺陷，拖曳是连续性质的，阻尼系数表示为 B_c，它可有多种机制，如声子散射 B_{ph}，电子阻尼 B_{el} 或辐射声子(B_{rr})等，则 $B_c=B_{ph}+B_{el}+B_{rr}+\cdots$，此时弛豫强度 Δ_N 和弛豫时间 τ_N 可写成

$$\Delta_N=\frac{1}{K}\frac{Gb^2}{12C}\Lambda L_N{}^2,\quad \tau_N=\frac{1}{\gamma}\frac{B_cL_N{}^2}{12C}. \tag{23.59}$$

第二种是假定连续拖力为 0($B_c=0$)[95]；可动点缺陷作用在位错线分离的即不连续的点上. 设每一根位错网络线长 L_N 上有 $p=n-1$ 个等间距的可动钉点．$n=L_N/L_d$[图 23.16(a)]，L_d 为分离钉点间距. 又设每一钉点迁移率为 m，则平均单位长位错线的阻尼常数应为

$$B_d=\frac{1}{m}\cdot n\cdot\frac{1}{L_N}=\frac{1}{mL_d},\qquad m=\frac{D}{kT}, \tag{23.60}$$

D 是可动钉点的扩散系数.

因为弦振动方程未变，第二种的振动行为应当与第一种没有什么差异，只是第二项的阻尼系数 B 应等于 B_d，从而弛豫强度和弛豫时间可以直接导出如下：

$$\Delta_d=\frac{1}{K}\frac{Gb^2}{12C}\Lambda L_N^2;\quad \tau_d=\frac{1}{\gamma}\frac{B_dL_N^2}{12C}. \tag{23.61}$$

因弛豫强度与 B 无关，决定于弦长 L_N，所以两类的弛豫强度是相同的，对频率的依赖形式也是相同的[式(23.46)]. 但此处 B_d 包含了扩散系数，对温度的依赖比第一类声子引起的 B_c 要敏感得多. 因此点缺陷拖曳的振动会产生热激活型的温度峰. 实际上两种模型(连续与分离)还有一个根本性的差别，对于分离型位错位移有两项：$y=y_d+y_c$(见图 23.16). 由于钉点运动控制的位移是 y_d，如图中多边形所示. y_c 是叠加在 y_d 上面的钉点间 L_d 段的弓出位移. 对上述第二种情形，因 $B_c=0$，y_c 总是和外应力同位相，不依赖于频率，因此对内耗无贡献，仅对模量亏损的频率无关部分有贡献，

而且随着 n 的增加，$y_c \to 0$. y_d 是拖曳控制的，负责产生弛豫效应，因此弛豫强度与没有钉点的连续拖曳情形相同，决定于位错段长 L_N.

图 23.16 还清楚地示出不同频率下的振动弦图象. 在足够低的频率下，当钉点能完全跟上位错运动而无落后，则 y_d 应与没有钉点时的抛物线形相同[图 23.16(b)]. 中等频率钉点的运动与位错的运动有一位相落后，形成 y_d 与 y_c 两部分(c)在很高频率下主要是 L_d 段的位移 y_c，钉点位移很小，几乎都比外应力落后 90°，各点 y_d 相等，如同刚棒型运动(d).

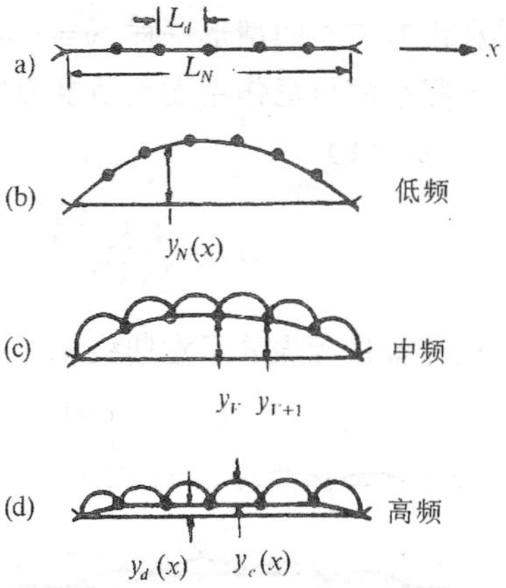

图 23.16 分离钉点拖曳下位错的位移 $y(x)$ 作为 x 的函数关系. (a)未加外应力；(b)低频下位移；(c)中频下位移；(d)高频下位移.

柳克和格伦纳托又进行了严格的计算. 他们采用了四种不同的近似方法即低频近似、高频近似、傅里叶近似和零级近似对连续和分离拖曳都进行了详细计算[95]，结果表明都是德拜弛豫的形式，而且 Δ 和 τ 与简化理论也是一致的. 只是式(23.59)和式(23.61)中的常数 K 和 γ 略有不同，各种近似的结果变化在 20%以内. 对分离拖曳的不同 n 值($n=2\to\infty$)的计算结果，差异也在 33%以内. $n=\infty$ 即相当于连续模型. 因此，他们认为不同的拖曳机制都可以统一在他们早期的连续拖曳的过阻尼振弦模型中，而无须另行计算.

上面计算是对连续型和分离型分别进行的. 虽然辛普森和索辛对两种拖曳同时起作用的联合效应进行过计算[90]，但数学上太复杂，与实验结果对比讨论很困难. 因此格伦纳托和柳克也对这种联合作用在阻尼振弦模型的框架下进行了简化处理[96].

当连续和分离拖曳同时起作用时，B_c 和 B_d 都不等于零. 分两种情形来考虑：

(1) 当 $B_d \ll B_c$，也即钉点可以很快跟上位错运动，此时位错位移和没有钉点的情形一样，$y = y_N$[图 23.17(a)]. 钉点的作用只是产生很小的阻尼作用而无回复力作用. 弛豫效应与连续拖曳相同，见式(23.59).

$$\Delta_N = \frac{1}{K_N}\frac{Gb^2}{12C}\Lambda L_N^2,\ \tau_N = \frac{1}{\gamma_N}\frac{B_c L_N^2}{12C}, \tag{23.59}$$

内耗与模量亏损的示意曲线见图 23.18 中实线.

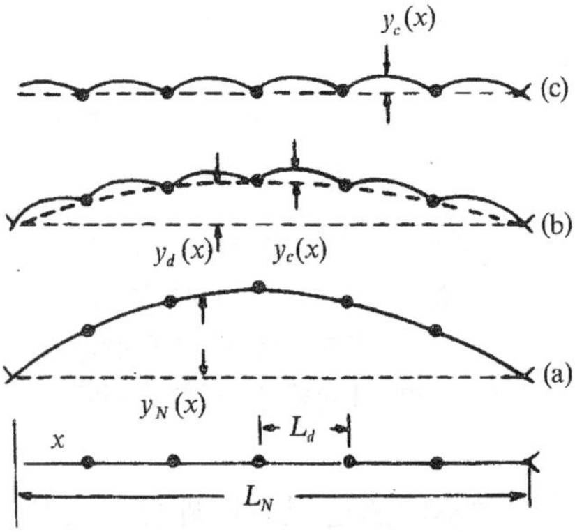

图 23.17 位错位移 y 作为位置 x 的函数示意图.

(a) $B_d \ll B_c$；

(b) $B_d \gg B_c$，低频下 $y = y_d + y_c$；

(c) $B_d \gg B_c$，高频下钉点移动很小.

(2) 若 $B_d \gg B_c$，在高频振动下，钉点移动很小，位错运动主要发生在钉点间 L_d 段的弓出[图 23.17(c)]. 钉点的贡献主要是恢复力，和不动钉点相似，对阻尼贡献很小，此时弛豫效应可表示为

$$\Delta_c = \frac{1}{K_d}\frac{Gb^2}{12C}\Lambda L_d^2,$$

$$\tau_c = \frac{1}{\gamma_d}\frac{B_c L_d^2}{12C}. \tag{23.60}$$

在低频振动下，钉点发生位移 y_d，钉点间 L_d 也产生位移 y_c[图 23.17(b)]，此时钉点既有阻尼作用也有恢复力作用，但作用在不同的位移部分. 前者作用在 y_d 部分，后者作用在 y_c 部分，因 $B_c \ll B_d$，y_c 与外应力几乎同位相，对$\frac{\Delta M}{M}$有贡献，但对内耗几无贡献. 所以弛豫效应与分离钉点拖曳的弛豫相同

$$\Delta_d = \frac{1}{K_d}\frac{Gb^2}{12C}\Lambda L_N^2,\ \tau_d = \frac{1}{\gamma_d}\frac{B_d L_N^2}{12C},\tag{23.61}$$

$$B_d = \frac{1}{mL_d},\ m = D/kT.\tag{23.62}$$

所以在 $B_d \gg B_c$ 时，可以有两个弛豫过程，一个是由钉点运动引起（低频），另一个是由于弦线 L_d 的运动（高频）引起．因 $B_d \gg B_c$，$L_N > L_d$，故 $\tau_d \gg \tau_c$，两个峰 δ_d 和 δ_c 的共振频率应当分得很开．峰高相差 $L_N^2/L_d^2 = n^2$ 倍，见图 23.18 中虚线所示．

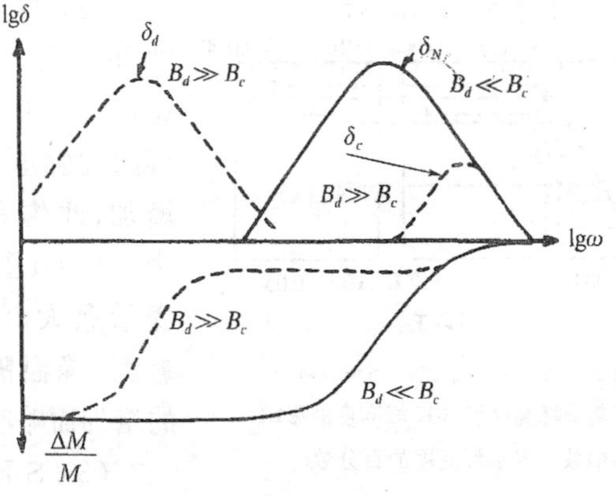

图 23.18　δ 与 $\frac{\Delta M}{M}$ 对频率依赖关系．

当 $B_d \ll B_c$，只有一个弛豫峰．δ_N（实线）．

当 $B_d \gg B_c$，有两个弛豫峰．δ_d 和 δ_c（虚线）．

严格的计算结果[96]与上述相似，但两个弛豫过程并非互不相关，即不是分别归因于连续拖曳和点缺陷拖曳，而是 B_c 和 B_d 都对两个弛豫有影响，Δ 和 τ 都是 $\mu(=B_d/B_c)$ 的函数，但对于 $B_d \gg B_c$ 或 $B_d \ll B_c$ 的极端情况，其结果与上面完全一致．

§ 23.4　bcc 间隙式固溶体中冷加工内耗峰——斯诺克-科斯特峰

1941 年斯诺克[97]在经过形变的含氮 α 铁中观察到，在斯诺克峰的高温侧(200℃附近 $f=0.2$Hz)还出现一个弛豫内耗峰. 1948年葛庭燧[98]研究并提出了 Fe-N 固溶体中这个内耗峰出现的条件是,当试样中同时存在间隙溶质原子和冷加工状态时才出现,所以他认为这个内耗峰是铁中冷加工导致的某种特殊应力区中氮元子的应力感生扩散所引起. 1954 年科斯特(Köster, W.)[99]对此峰作了系统的研究,该峰常被称为冷加工峰或科斯特峰或斯诺克-科斯特峰(S-K 峰)或 S-K-K 峰.

(a) 主要实验结果 (1) 形变度增加,峰高增大,峰温也略有增加,退火则峰高降低,峰移向低温.

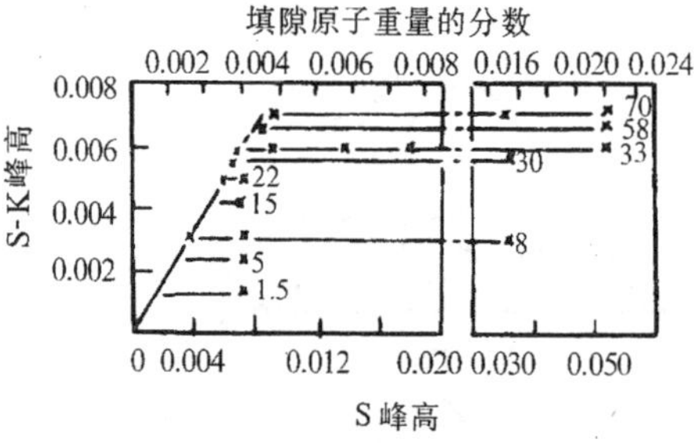

图 23.19 含碳量对不同形变 α 铁中科斯特峰高度和 S-K 峰高度的影响. 图中数字表示形变度的百分数.

(2) 峰高与固溶体中间隙原子含量成正比,但达饱和值后即不再随间隙原子的增加而增加,此饱和高度与形变量有关(图 23.19),形变量愈大,此饱和值也愈大. 峰温随溶质含量的增加而略有增高.

(3) S-K 峰是弛豫型内耗峰,激活焓(H_{sk})比斯诺克峰的(H_s)大很多,例如 Fe-N 固溶体中 $H_s=0.8$eV,而 $H_{sk}=1.5$eV,峰宽比单一弛豫时间的德拜峰宽大 2 倍以上. 在所测应变振幅范围($<7\times10^{-5}$)内,尚未观察到振幅对内耗的影响.

(4) 不同温度下退火后急冷,测量 S-K 峰与斯诺克峰有互相消长的关系,如图 23.20 所示,可以看到当斯诺克峰近于消失时,S-K 峰尚无变化,而当 S-K 峰几近消失时,斯诺克峰尚未回复到最大值,这表明溶质原子对 S-K 峰无贡献后并不立即进入固溶体中,反之亦然,这里存在着滞后现象.

(5) 从图 23.20 可以看到 S-K 峰的高度与斯诺克峰高度相近(～2∶3),但以后的实验证明,二者相差很大,如在含氮量很小的

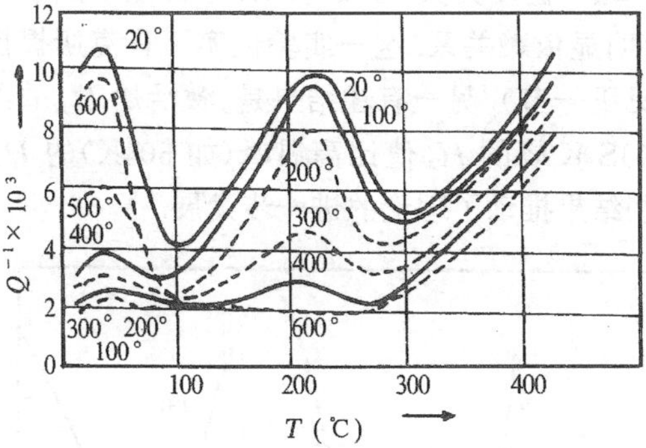

图 23.20　不同温度退火(1h)后急冷对 α 铁中冷加工峰及斯诺克峰的影响.

铁合金中[100],每一个氮原子对 S-K 峰的贡献比对斯诺克峰的贡献大 8 倍,在铌氮合金[101]中也得到相差 10 倍的关系.

(6) 淬火处理也能使含碳或氮的 α 铁在 200℃附近出现 S-K 峰[102,103],科斯特根据此峰出现的温度、退火行为、淬火温度的影响以及峰高与间隙原子含量成正比等事实,指出此峰机制应与 S-K 峰一样.

除上述 α 铁和铌氮合金外,在其他 bcc 间隙式合金中只要能固溶进较多量的间隙溶质原子时,如钽氧[104]、铌氧[104]、钽氮[105]、铌氮[101,105]等合金中都观察到与上述规律相似的 S-K 峰. 1979—1981 年我国葛庭燧研究组与西德塞格研究组合作对高纯铌氧(包括单晶)和高纯钽氧合金中 S-K 峰进行了系统的研究. 除测量内耗外,还进行了弹性后效测量,可以互相参证,获得了大量可靠的数据. 发现该系统中不止一个 S-K 峰,如图 23.21 所示出铌氧合金的例子[104]. 曲线 1 是冷加工前测的;曲线 2 是冷加工后第一次测量得到的两个 S-K 峰(575K 和 695K),再重复测量,前二峰消失得到曲线 3 上一个较稳定的 S-K 峰(604K). 不同溶质元子含量、不同冷加工方式、不同加工量和不同退火条件,对 S-K 峰温和激活焓均有影响. 此外,还获得了最重要的结果是首次得到 S-K

峰弛豫强度 Δ_{sk} 与温度无关(图 23.22). 不像点缺陷引起的弛豫强度与温度有明显依赖关系. 这一实验证实了肖克所提出的位错段弓出机制(见下一节). 另一有趣结果是,激活焓 H_{sk} 的测量得到低温(如 575K)S-K 峰的 H_{sk} 值比高温峰(如 604K)的 H_{sk} 值大的反常现象. 这些结果推动了理论的进一步发展.

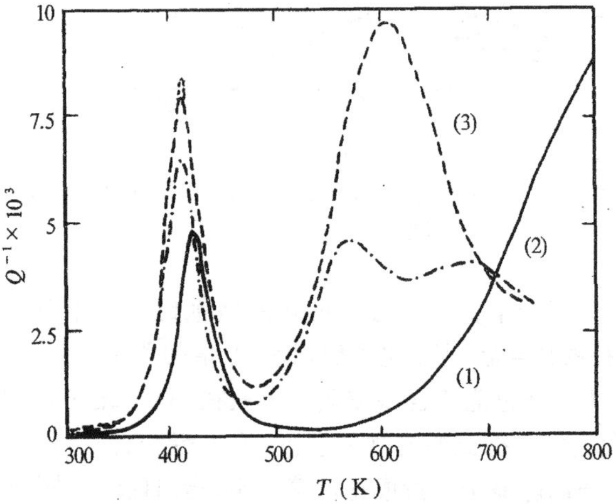

图 23.21 铌-氧的内耗曲线.

1. 形变前(f_0=1.28Hz);2. 形变(RA30%)后第一次;测量到 750K(f_0=0.53Hz)

3. 750K 退火后再测(f_0=0.53Hz);4. 曲线 3 以后重复升温测量(f_0=0.53Hz).

(b) S-K 峰的理论 实验指出,S-K 峰出现的条件是必须同时有间隙溶质原子和冷加工状态,所以它的产生机制必然与位错和溶质原子相互作用有关. 首先是科斯特根据他的实验结果[99], S-K 峰高与斯诺克峰高成正比关系,而且二者峰高相近(最初的结果)以及二峰的消长关系,提出了在位错芯处间隙原子的应力感生扩散的机制. 因此产生非弹性应变的元过程是碳原子的择优取向,和斯诺克峰机制相似. 但后来的实验表明,S-K 峰的弛豫强度比斯诺克峰大很多倍,难以理解. 而且用这一理论也不能解释大得多的激活焓值.

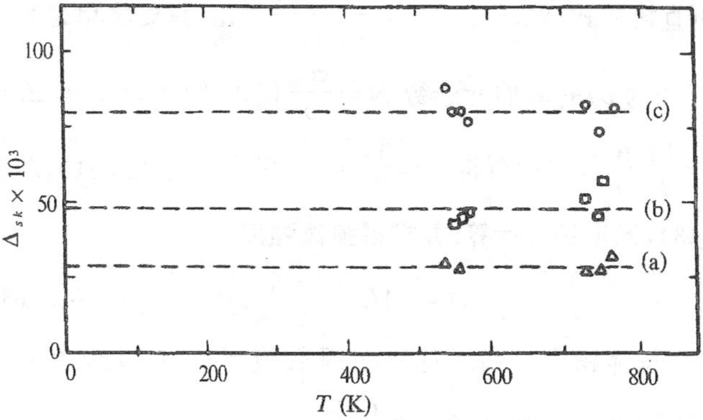

图 23.22 含氧铌单晶($c_0=1.0\times10^{-4}$)的 Δ_{sk} 对温度的依赖关系[104].
(a)0.6%扭转+1.5%拉伸;(b)同(a)再加 0.3%扭转;(c)同(b)再加 0.6%扭转.

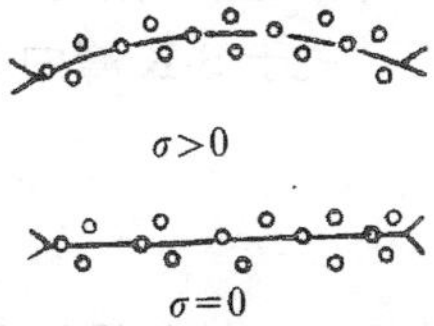

图 23.23 S-K 峰的肖克模型.

1963 年肖克[106]提出了位错弦拖曳溶质原子的模型,认为位错周围,由于弹性偶极子的取向效应使溶质原子有三种能量不同的间隙位置,在能量最低的位置上占据的溶质原子数是最多的,形成了斯诺克气团,位错运动将引起气团中溶质原子发生重新分布,从而造成位错运动的阻力并使位错运动的速率受气团中原子扩散所控制因而产生弛豫型内耗.这与科斯特机制的不同点是,非弹性应变主要来自两端被钉扎的位错弦运动(图 23.23),而过去所考虑的非弹性应变是碳原子取向分布的贡献,因而肖克模型可以解释为什么 S-K 峰的弛豫强度比斯诺克峰要大得多.他根据这一模型,对于溶质原子浓度 C_d 比较小的情况导出了弛豫时间

$$\tau_{sk}=\alpha\frac{kT}{Gb^3}\frac{C_dL^2}{D},\tag{23.63}$$

式中 L 是两端被钉扎的位错段长度,$D=D_0\exp(-H^M/kT)$是被拖曳的间隙原子的扩散系数,α 是数值因子,数量级为 1,式

(23.63)可直接从式(23.61)，即 $\tau=\frac{1}{\gamma_d}\frac{B_dL_N^2}{12C}$导出，只要将单位直位错芯内(直径为 b)的溶质元子数 $N=\frac{\pi C_d}{b}$代入式(23.62)得 $B_d=\frac{1}{mL_d}=\frac{N}{m}=\frac{kT}{D}\frac{\pi C_d}{b}$，然后再将 $C=\frac{1}{2}Gb^2$ 一起代入式(23.61)，即得到式(23.63)，无须另行计算. 并求得弛豫强度

$$\Delta=\beta\Lambda L^2, \tag{23.64}$$

式中 Λ 是单位体积中位错线总长，β 是数值因子(数量级为 $10^{-2}\sim10^{-1}$). 与式(23.61)对比，$\beta=\frac{1}{K_d}\frac{Gb^2}{12C}$.

这一理论可以解释主要的实验事实：峰高随形变量(即 Λ)的增加而增高，特别是弛豫强度 Δ_{sk}可以大大超过斯诺克峰的 Δ_s，以及峰温随溶质原子含量的增加而增高(因 τ_{sk}正比于 C_d).

关于 S-K 峰的有效激活焓 H_{sk}可从式(23.63)求得

$$H_{sk}=\frac{\mathrm{d}\ln(\tau_{sk}/T)}{\mathrm{d}(1/kT)}=H^{M'}, \tag{23.65}$$

应当就是被位错拖曳的间隙原子的激活焓. 肖克等认为，在位错芯附近间隙原子的迁移焓应等于在完整区域的迁移焓 H^M 加上外来原子与位错的结合焓 H_d^B，即

$$H_{sk}=H^{M'}=H^M+H_d^B. \tag{23.66}$$

当时对于 Fe-N 合金，H_{sk}-$H^M=0.5$eV，正好与结合焓的数值相近. 但加上这一项 H_d^B 的物理图象不是很清楚. 后来德巴蒂斯特(R. De Batist)[107]假定，外来原子在位错线上的浓度 C_d 与体内的浓度 C_b 的关系遵从下式：

$$C_d=C_b\exp\left(\frac{H_d^B}{kT}\right). \tag{23.67}$$

代入式(23.63)和(23.65)式，即可得到 $H_{sk}=H^{M'}+H_d^B$，这里 $H^{M'}$ 与体内间隙原子激活焓 H^M 相近，比较合理. 但式(23.67)是平衡

时的浓度分布关系，塞格[108]认为在振动过程来不及达到平衡分布，而且对于当位错线上溶质达到饱和状态的情况($C_d=1$)，又无法解释 H_{sk}和 H^M 的差别了.

因此，塞格[109]在肖克模型的基础上提出了一个新的模型，可以和他提出的博多尼峰的机制对比. 如图 23.24 示出的是博多尼峰机制示意图：(a)是两端被钉扎的位错段上有一些几何弯结联接着一些躺在〈111〉方向的螺位错段；(b)是在加上外应力 σ 的情况，在短时间内($t\ll\tau_\gamma$)也即在小于弯结对形成的时间 τ_γ 前，几何弯结先作侧向运动，形成了长的螺位错段；(c)当 $t>\tau_\gamma$ 时，在螺位错上相继形成许多弯结对，并分开造成更大的非弹性应变(与斜线部分的面积成正比)，决定了博多尼 γ 峰的弛豫强度. 图 23.25 是 S-K 峰机制示意图，图中位错情况与图 23.24 完全相同，只是位错附近有溶质原子气团、弯结对的形成以及弯结的侧向运动都将拖曳溶质原子一起运动，因这比位错甩开溶质原子气团需要的能量低一些. 此时弯结的迁移受到的拖力应当与位错上间隙原子浓度 C_d 成正比. 因此弯结迁移率 m_k[参见式(23.62)]为

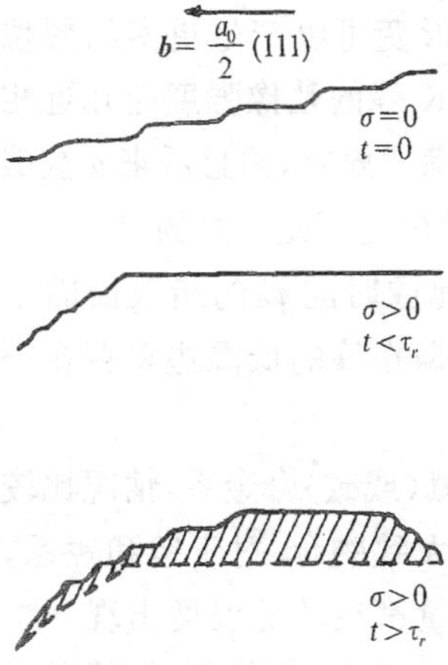

图 23.24 博多尼峰的塞格模型.

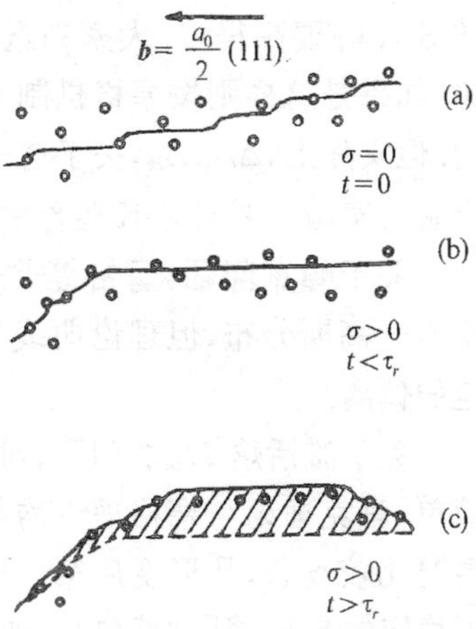

图 23.25 S-K 峰的塞格模型.

$$m_k \sim \frac{D'}{C_d kT}, \tag{23.68}$$

而弯结的扩散率 D' 主要是受溶质原子的激活焓所控制，即 $D'=D_0\exp(-H^{M'}/kT)$，塞格仍用克拉麦斯等的扩散理论计算了拖曳着间隙原子的位错弯结对的形成时率，并给出了 S-K 峰的弛豫时间

$$\tau_{sk}=\gamma kTC_d\exp\left(\frac{2H_k+H^{M'}}{kT}\right), \tag{23.69}$$

此处 γ 是 L 的函数[参见式(23.23)，当 L 很小时，$\gamma\propto L$；当 L 很大时，$\gamma\propto L^2$]，与肖克理论的结果式(23.63)基本一致，所不同的就是激活焓 $H_{sk}=2H_k+H^{M'}$ 是弯结对形成焓 $2H_K$ 与间隙原子的迁移焓之和，与肖克模型中，$H_{sk}=H^B+H^{M'}$ 有不同含义. 至于弛豫强度，因为也是决定于位错段 L 弓出扫过的面积，表达式与肖克的结果式(23.64)是相同的. 因此，S-K 峰的主要特征用塞格理论也能解释. 需要证明的是参加 S-K 弛豫的是否是螺位错？这一点似在 N_b-O 中得到证实，77K 形变所得 S-K 峰比在室温形变后测得的 S-K 峰要高得多. 大家知道，低温下形变可以产生更多的螺位错. 如果是这样则按塞格机制 γ 峰与 S-K 峰的弛豫强度应几近相同. 但实际上，$\Delta_\gamma \ll \Delta_{sk}$，关于这一点尚无满意解释，而且后来 α 铁碳合金的实验表明对 S-K 弛豫的贡献中螺位错不是主要的[110].

关于峰宽问题，塞格等[104]认为是弛豫时间 τ_{sk} 的指数前因子 τ_∞ 有一高斯分布，但理论曲线与实验数据在峰的低温边总存在一定的偏离.

关于激活焓 H_{sk} 的问题，对于 α 铁-氮(或碳)合金系，情况比较简单，肖克理论与塞格理论均与实验值大致吻合. 对于钽和铌系，情况比较复杂，凡形变后第一次升温测量都在较低温度出现一个不稳定的 S-K 峰[称峰(1)]，如图 23.21 示出铌-氧的例，该峰激活焓比后来出现在高温的稳定的 S-K 峰[称峰(2)]的 H_{sk} 要高. 如铌单晶中测得峰(1)的激活焓为 2.00eV；而峰(2)的激活焓的

1.68eV.根据这一实验结果,塞格又进一步扩展了他的理论[109],认为峰(1)对应着 $\rho_k^{eq}L\ll1(\tau_{sk}\propto L)$ 的情形,而高温峰(2)对应着 $\rho_k^{eq}L\gg1(\tau_{sk}\propto L^2)$ 的情形,其中 ρ_k^{eq} 是热激活形成弯结的平衡密度.为了说明上述反常结果,要求对应峰(1)的位错段长度 L 必须比峰(2)的 L 小一个数量级.塞格自己也提出最好有实验能证明是否在第一次测量后的退火过程中位错段长 L 发生了一个数量级以上的变化.即使是稳定的峰(2),激活焓的数值也非常分散,敏感于溶质含量、冷加工方式和加工量.张进修等[111]根据塞格理论[109]在极端条件下的情形区分了实验中获得的六种 S-K 峰(见表 23.3).

表 23.3 S-K 弛豫在几种极端条件下的激活焓

机制		稀释气团 $C_d\ll1$ 或 $C_b\exp(H_d^B/kT)\ll1$	饱和气团 $C_d=1$ 或 $C_b\exp(H_d^B/kT)\gg1$
热激活弯结对形成	$\rho_k^{eq}L\ll1$	SK-1 $2H_k+H_k^M+H^M+H_d^B-2kT$	SK-3 $2H_k+H_k^M+H^M-2kT$
同上	$\rho_k^{eq}L\gg1$	SK-2 $H_k+H_k^M+H^M+H_d^B-\frac{3}{2}kT$	SK-6 $H_k+H_k^M+H^M-\frac{3}{2}kT$
几何弯结迁动	$\rho_k=$常数	SK-5 $H^M+H_d^B+H_k^M$	SK-6 $H^M+H_k^M$

表 23.3 中,H_k^M 是弯结沿螺位错线方向迁移的激活焓,ρ_k 是非螺位错上几何弯结密度.他们将表中激活焓的理论值与钽氧和铌氧合金中一些 S-K 峰进行了比较,与实验符合得较好.此外,SK-6 还可以解释斯诺克峰的增强效应,图 23.21 中斯诺克峰在冷加工后反而升高铁碳(氮)合金也有这种增强效应[110],通常称位错增强斯诺克效应是因为 SK-6 激活焓中弯结迁移 H_k^M 很小,使 SK-6 峰位与斯诺克峰重叠所致.当然还有其他机制解释这种增强效应[110].

从表中所写极端条件来看,必然还有处于更多的中间状态的情形.因此,激活焓数值还将有些不能与上述从极端条件下得到的理论值相比较. 再者,H_d^B 的引入也和德·巴蒂斯特一样认为在测量过程中,位错附近溶质浓度是达到平衡状态[见式(23.67)],即 $C_d=C_b\exp\left(\dfrac{H_d^B}{kT}\right)$. 正如塞格自己[109]提到,在振动过程,位错附近的溶质浓度来不及达到平衡分布,也即达到平衡所需时间不可能小于 τ_{sk}.

鉴于上述理论中的某些困难之处,我们认为(1)在位错线上和附近,溶质原子浓度是如此之高以至间隙溶质原子间相互作用不能忽略. 当位错拖曳溶质原子集体运动时,先跳的原子必将破坏系统(位错加气团)的平衡,使熵增高,从而影响后跳原子的弛豫时间,因此 τ 将是与时间有关的函数 $\tau(t)$.

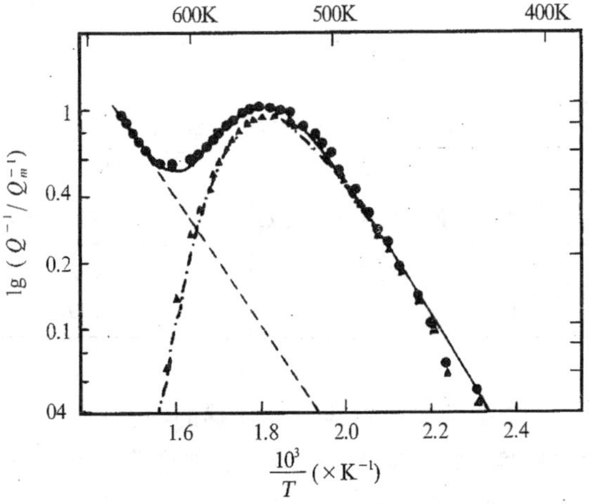

图 23.26 高纯 α 铁碳合金的 S-K 峰(规一化).
(·)实验数据取自[92];(▲)扣除背景后的有效数据;
(---)高温背底;(—·—)S-K 峰理论曲线;
(—)理论曲线加背底.

S-K 峰的实验结果的分析表明不仅峰宽很大,而且是不对称的峰. 图 23.26 示出高纯铁碳合金[110]的例子,高温内耗背景正好是一温度的指数关系. 扣除背景后,S-K 峰是一个又宽而又不对称的峰. 比单一弛豫时间的德拜峰宽一般大两倍以上,这和许多非晶电介质材料的弛豫相似. 倪嘉陵[112](Ngai, K. L.)曾用耦合弛豫模型[见§21.10 和 §24.9(b)]拟合了大量非晶材料的弛豫谱,获得了满意的成功. 由于S-K 峰也涉及间隙原子的耦合弛豫,我们也将倪嘉陵的理论用于 α 铁、钽和铌合金中的 S-K 峰[113]. 理论拟合实验数据的方法与§24.9(c)相同. 结果也与实验数据符合较好,图 23.26 和图 23.27 分别示出 α 铁碳合金和钽氧合金的例子. 更主要的是求得的真实激活焓数据与斯诺克峰的 H_s 相近(略小),也即与间隙溶质原子迁移激活焓相近. 因此,该理论得出的结论是:S-K 峰的控制过程是位错弦附近间隙溶质原子被位错拖曳的扩散过程,由于拖力的帮助,使其真实 H_{sk} 略小于体扩散、激活焓 H_s[77],而溶质原子的相关的集体运动则导致弛豫时间的增长和表观激活焓的增加. 详细处理过程可参见文献[113]. 这一理论还表明,钽和铌合金中 S-K 峰激活焓实验(表观)值虽很分散,但其真实激活焓较一致. 引起分散的原因是耦合强度的差别,这可能与位错附近溶质浓度有关.

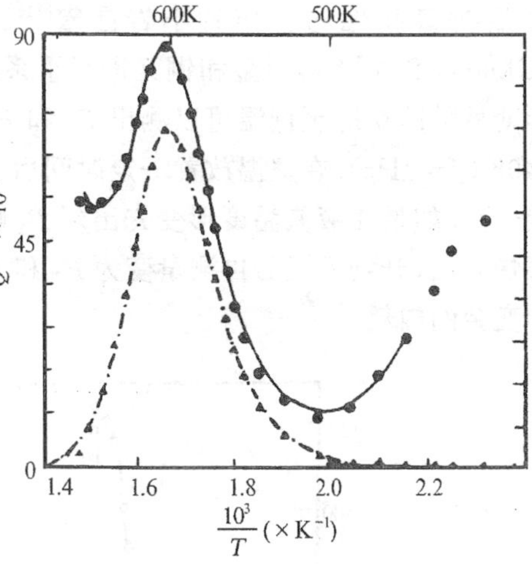

图 23.27 高纯钽氧合金的 S-K 峰.
(·)实验数据取自[86];(▲)扣除高低温背景后的有效数据;(— · —)S-K 峰理论曲线;(—)S-K 峰加上背底的理论曲线.

§23.5 fcc 金属中本征点缺陷与位错相互作用的弛豫

桥口(Hasiguti, R.R.)等[114]首先在形变的贵金属中发现,在室温和博多尼峰温之间有三个弛豫峰(P_1,P_2,P_3),称为桥口峰,以后桥口和他的合作者小岩昌宏[115]（Koiwa, M.）和奥库达（Okuda, S.）[116]等对金和铜又进行了系统的研究，将试样在室温形变后随即快冷至低温可以测出 P_1 和 P_3 两个峰分别在 145K 和 240K（$f=1$Hz）. 在室温放置一定时间后，两峰消失，P_1 比 P_3 消失慢一些. 如果在液氮温度形变先出现 P_2 峰（185K），该峰在峰温处很快降低，升到室温后再测量变为 P_1 和 P_3 两个峰. 图 23.28 示出形变金的内耗.

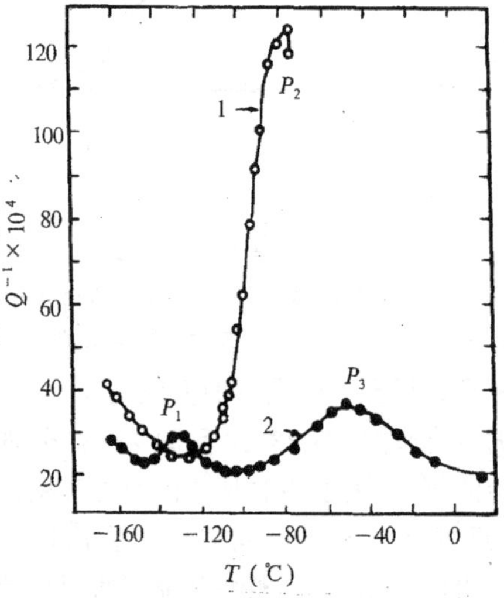

图 23.28 金在−170℃经扭转形变 16.4%的内耗. 曲线 1，形变后立即测量；曲线 2，在 20℃放置 32min 后测量（$f=4$Hz）[116].

P_1 峰研究得最仔细，峰宽比德拜峰略宽一点但不像博多尼峰那样宽. 对铜的研究最多，所用频率跨了 5 个量级，显示了很好的阿瑞纽斯关系（图 23.29）. 求得激活焓为 0.32eV，频率因子 $\tau_0=1.5\times10^{-13}$s，P_1 峰高随冷加工量的增加而增高，而后趋于饱和. P_3 和 P_2 虽然没有在很宽的频率范围内测量，但图 23.29 足以说明它们也是热激活弛豫型. P_3 的激活焓为 0.43eV，$\tau_0=2\times10^{-11}$s，P_2

的激活焓为 0.35eV，$\tau_0=2.5\times10^{-13}$s.

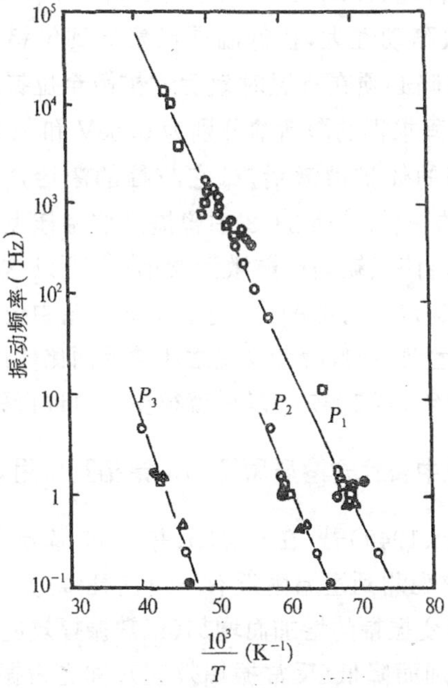

图 23.29 铜中桥口峰 P_1，P_2 和 P_3 的峰温和频率间的阿瑞纽斯关系，不同符号取自不同作者[2].

这些峰出现的条件是低温冷加工(P_2)或室温形变快速冷却(P_1，P_3)；消失的条件是室温退火，也就是本征点缺陷的消失，而不是位错的减少，但频率因子如此小，又说明不单纯是点缺陷的弛豫. 所以大家公认的是位错与形变过程产生的本征点缺陷的相互作用是引起该峰的原因. 进一步实验发现，低温辐照也能产生 P_1，P_2 和 P_3[117]，这更加肯定了上述机制的可信性. 由于这种桥口峰在不少 bcc 和 hcp 金属中也观测到，因此曾有不少学者进行了研究，但深入的物理过程至今尚未搞清楚. 桥口组先后就提出了 5 种模型[2,117]，其中主要的是将点缺陷看作位错(或弯结)上的钉点，热激活帮助脱钉和再被钉扎．从这样的模型出发进行了一些计算，但很难与实验进行比较．P_1，P_2 和 P_3 则归因于不同类的点缺陷．P_2 峰联系的点缺陷动性大，在低温即已聚集到位错上；而 P_1 和 P_3 峰相关的点缺陷必须在室温时效后才扩散至位错芯．从 P_1 和 P_3 峰退火递减过程求得的激活焓分别为 0.6eV 和 1eV．这应当就是这两种点缺陷的体扩散激活焓，它与峰的激活焓（0.32eV 和 0.43eV）相差大约一倍．在§23.3 中曾提到位错拖曳点缺陷的激活焓应当比点阵内该点缺陷扩散激活焓小[95]，所以这种位错拖曳分离点缺陷的机制也是可能的[97]，这和 bcc 合金中位错上高浓度溶质元子的相关运动不同，后者表观激活焓反而比体内的高．这方面研究始于 1962 年，至 1967 年以后就很少人再进行研究了．

§23.6 fcc 金属中替代式溶质原子与位错相互作用效应

葛庭燧首先（1949）[118]在冷加工并经过部分退火的含铜 0.5%的铝试样中观测到室温附近有一个内耗峰（$f\sim1$Hz）．在峰温附近，内耗随应变振幅的增加而增加（正常振幅效应），达到峰值后又随振幅的增加而降低（反常振幅效应），称之为振幅内耗峰．葛提出位错拖曳气团而后甩脱的机制来说明这一反常内耗（或称非线性滞弹性）．这些都是葛用自己发明的扭摆做出的崭新成果．

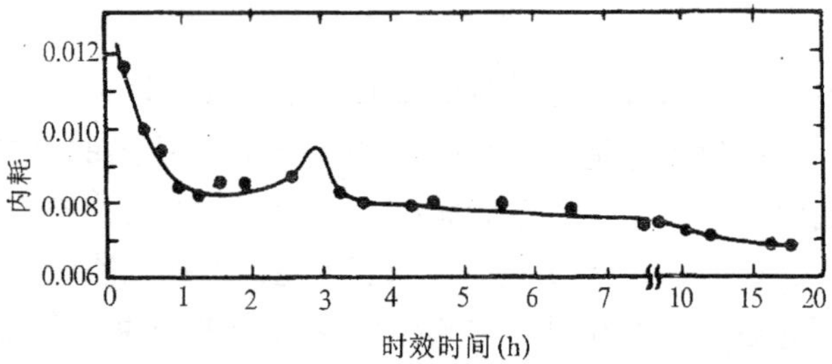

图 23.30　含铜 0.5%的铝合金试样拉伸 0.8%后，在 18℃时效过程中的内耗-应变振幅（ε_0）范围是 $0.27\times10^{-5}\sim0.5\times10^{-5}$．

60 年代葛、张、潘[119,120]对此现象又作了进一步研究，主要实验结果是，把充分退火的含铜0.5%的铝合金试样拉伸到应变为0.8%，去载后装入扭摆内耗炉内，在18℃进行时效，在时效过程中测量内耗，如图23.30所示，在单调下降的背景内耗曲线上出现一个时效内耗峰，对应图中各点内耗的振幅效应也进行了测量，得到最早所称的振幅内耗峰.把经过时效并且内耗已达稳定值的试样，再反复进行升温和降温的内耗测量时，在0～50℃的温度范围内，出现具有反常振幅效应的温度内耗峰[图23.31(a)]；图23.31(b)示出只有峰温附近如A,C点才有反常振幅效应.在200～300℃以上的温度退火后再降温测量(曲线IV,V,VI)时，温度内耗峰消逝.以上现象在经过同样处理后的高纯铝试样中没有观测到，因此这种内耗与试样的冷加工状态和含有溶质原子有关.以后在Al-0.1%Mg合金中也测量到同样的反常内耗峰，因0.1wt% Mg不会发生沉淀，说明此峰与沉淀无关.因为铜，镁等替代原子的科特雷耳气团在室温扩散很慢，难以被位错拖曳，所以葛庭燧[119]等又提出了一个溶质原子气团沿位错弯结而扩散的模型.他认为冷加工除了能够产生新位错以外，还能把退火试样中坐落在派-纳能谷中的老位错拉出来，这些位错一般都斜跨着许多佩尔斯能山.在外加应力作用下，这些弯结可作侧向运动，但如有溶质原子存在于位错上，则弯结的继续向前运动必须伴有溶质原子沿位错弯结管道的扩散，如图23.32所示，最终可使溶质原子从1′位置移动到10′，完成1个原子间距b的扩散.这就是位错拖着气团运动的模型，原子的扩散具有一定的弛豫时间，故可引起温度内耗峰.如果弯结的速度太大，也即振幅较大时，溶质原子来不及跟着位错扩散，这就等于摆脱了气团，因此阻尼减小，以此可说明振幅内耗峰的出现.从这一模型可看出，位错拖着气团运动的弛豫时间应与位错上溶质原子浓度有关[106]，浓度愈大，弛豫时间愈长；当时效至一定程度，使τ符合$\omega\tau=1$的关系时，内耗最大，故有时效峰出现.

80年代葛、方、谭等[121]又对铝镁单晶、大晶和多晶进行了系统研究，掌握了常温内耗峰重复出现的条件，现象更丰富.(1)时效

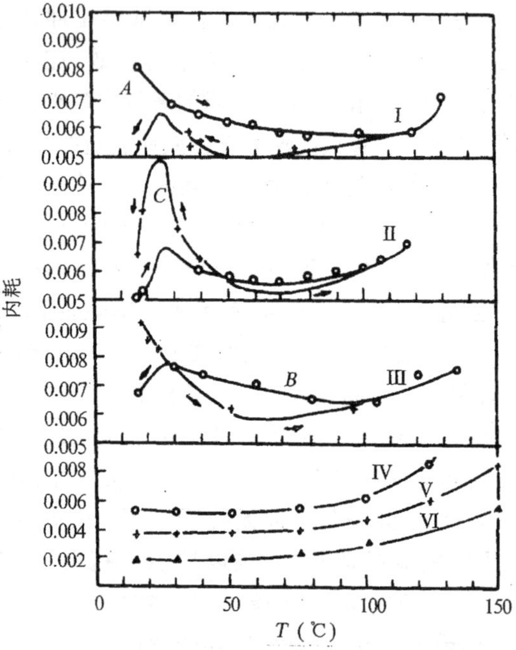

图 23.31(a) 含铜 0.5%铝合金试样经过拉伸和充分时效以后，再升温和降温测量时的内耗变化.
Ⅰ，Ⅱ，Ⅲ是第一、二、三次升降温曲线；Ⅳ，Ⅴ，Ⅵ是升温至 200℃，300℃，450℃后，再降温测量时的曲线[119].

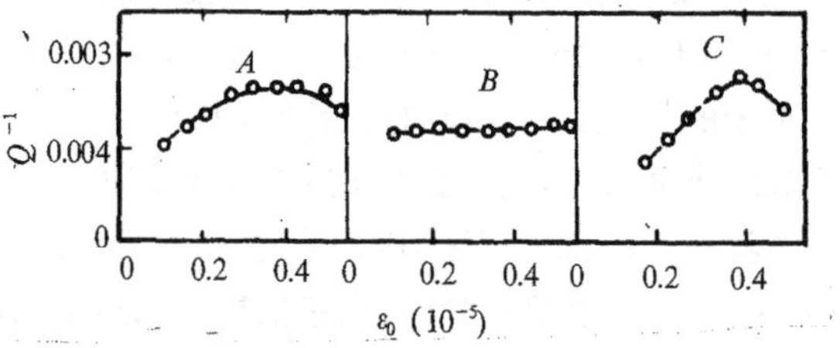

图 23.31(b) 内耗与振幅依赖关系 A,B,C 是在图 23.31(a)中相应三点的温度的测量结果.

峰不一定表现出反常振幅效应，无时效峰时也可能有反常振幅效应.(2)常温内耗峰包含两个子峰 P_1' 和 P_1''，同时还发现了双振幅

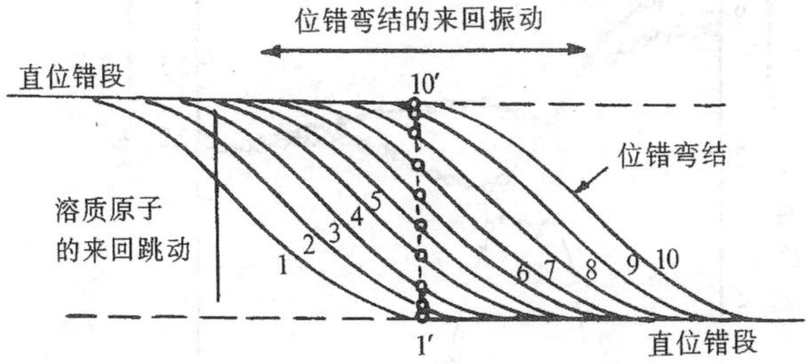

图 23.32 位错芯区溶质原子在热激侧向移动过程中所进行的横向扩散.

峰.(3)首次测出相应的模量变化,见图 23.33.(4)测出了 P_1',P_1'' 的激活参数,这对于不稳定的峰,测量是困难的:P_1'':$H\sim0.56$eV,$\tau_0\sim10^{-9}$s,P_1':$H\sim0.48$eV,$\tau_0\sim10^{-9}$s. τ_0 如此大,符合位错弛豫机制. 他们把 P_1' 归因于溶质原子沿佩尔斯能谷方向的纵向芯扩散(LCD)[图 23.34(a)];P_1'' 归因于溶质原子沿弯结管道扩散最终跨到另一佩尔斯能谷的横向芯扩散(TCD),如图 23.32 所示. 因弯结是刃型位错,所以 TCD 和 LCD 都是溶质原子与刃型分量相互作用的效应. 以后在 P'_1 峰的低温侧还发现一个 P_0 峰[122][图 23.35(a)],作者把它解释为溶质原子与直位错(螺型)互作用产生聚集,在外应力作用下,沿螺位错作纵向扩散的结果[图 23.34(b)].

除了室温反常内耗峰以外,在 Al-Mg 合金中还观测到 130℃ 附近的 P_2 峰[图 23.35(b)],称高温反常内耗峰[123]. 因为它的特征与前述常温内耗峰基本相似. 扭转形变越大,Mg 含量越高,峰也越高;亦表现出反常振幅效应;在峰的高温侧,等温时效也有时效峰. 激活能为 0.7eV,$\tau_0\sim10^{-8}$s. 作者认为是⟨100⟩Mg-Mg 原子对在位错弯结的应力场作用下增强的再取向运动. 位错应力场的增强效应使得内耗可达 10^{-2}量级. 另外在 220℃还发现了一个 P_3 峰,其特点与 P_2 峰相似,激活能为 1.3eV,$\tau_0\sim10^{-13}$s. 作者用位错

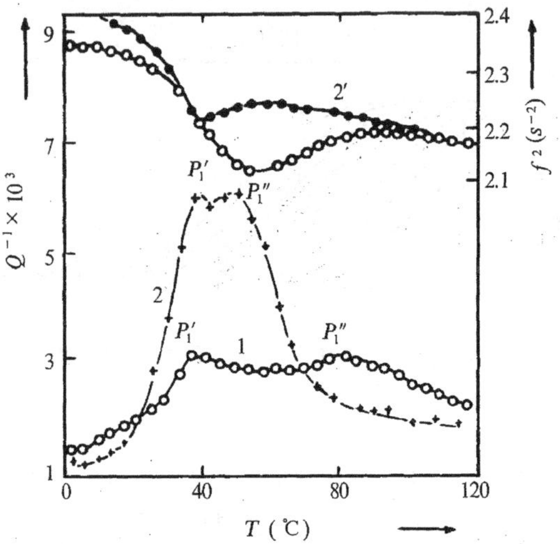

图 23.33 经过几次扭转形变及部分退火的 Al-0.12wt%Mg 试样升降温测量的内耗及模量曲线 $\varepsilon_0\sim1.7\times10^{-3}$.

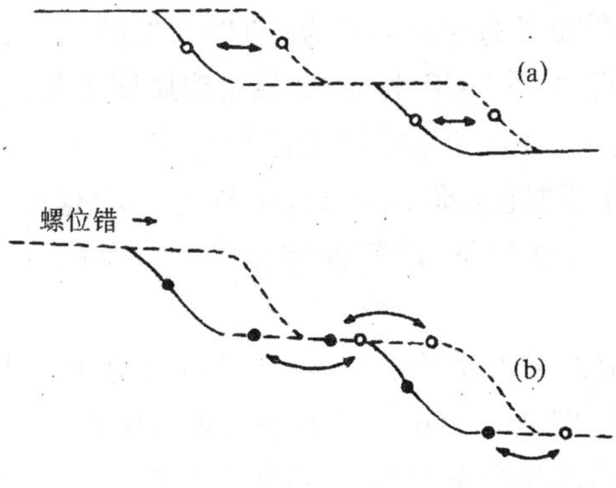

图 23.34 P_1' 峰(a)和 P_0 峰(b)的物理机制. 箭号表示溶质原子的运动方向.

弯结-科特雷尔气团模型解释 P_3 峰的特征. 特别有意义的是, P_2 和 P_3 峰都和扭转形变形成的空间均匀位错网络有关, 拉伸形变反而抑制或消除该峰组, 说明拉伸引起的位错胞壁结构与该峰无关.

此外还在形变的 Al-Mg[120]合金中在低温 180K 至 240K 附近发现两个稳定的内耗峰(P_{L1},P_{L2})有明显反常振幅效应,所以称为低温反常内耗峰[图 23.35(c)],以后在 Al-Cu,Al-Ga 中也测出 P_L 峰,认为 P_{L1}和 P_{L2}分别是溶质原子-空位对和溶质原子-双空位对与位错交相互作用引起的.至此,在稀铝合金中已发现由 P_{L1},P_{L2},P_0,P_1',P_1'',P_2,P_3,等一系列反常内耗峰构成的内耗谱,它提供了丰富的位错与点缺陷互作用的信息.

由于出现反常振幅效应,说明当应力较大或位错速度较大时,位错将先拖曳后摆脱气团,使气团浓度变小,因而阻尼系数 B 是应力或位错速度的函数.前面 S-K 峰的理论处理中是将 B 看作与应力无关的参数,因此是求解线性振动方程,情况比较简单.此处则对应非线性运动方程.特别是再同时考虑回复力系数(或刚度系数)K 的变化,求解过程复杂得多.孙宗琦[124]先求振动几何弯结的应力场中溶质原子的浓度分布及其作用在弯结上的力,再用计

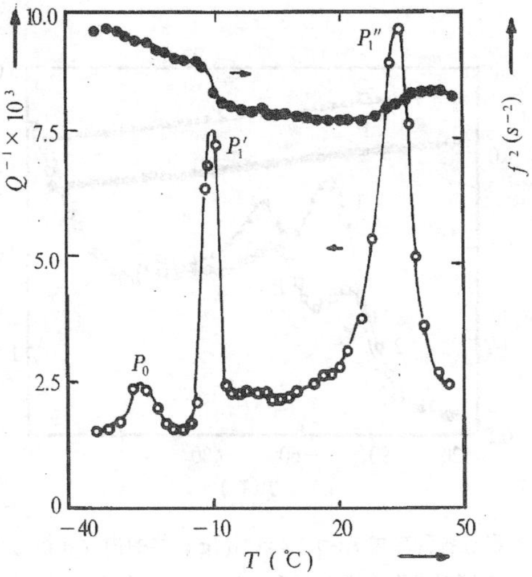

图 23.35(a) Al-0.12%Mg 经过室温扭转形变时效后测出的 P_0,P_1' 和 P_1'' 内耗温度.

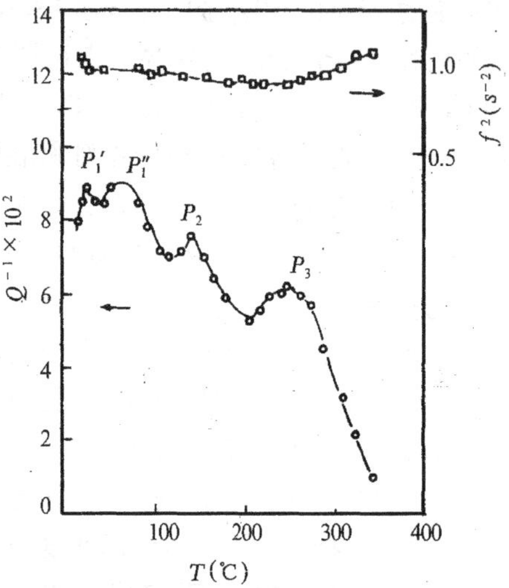

图 23.35(b) 轮番两次扭转并在 350℃退火 1/2h 的
Al-1.1wt%Mg 竹节晶试样的内耗(A)和模量(A')随着温度的变化.

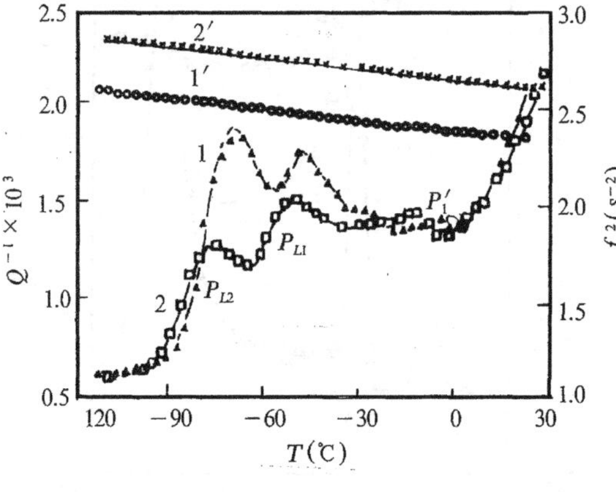

图 23.35(c) 经过各种冷拔 Al-0.12wt%Mg 试样的内耗和模量随着温度的变化.
曲线 1,1′:在液氮温度冷拔 17.4%RA、曲线 2,2′:在室温冷拔 30.5%RA.

算机模拟了时效和改变振幅等过程求出点缺陷引起的平均阻尼系

数$\overline{B_s}$和刚度系数$\overline{K_s}$的瞬时值(是频率和振幅的函数),再加上热声子引起的阻尼系数,和线张力引起的刚度系数一起代入位错振动方程,求得了内耗和模量亏损作为频率和应变振幅的函数表达式.以后葛庭燧研究组[125,126]和奥格塔尼等[127]都进行过求解类似的非线性振动方程的工作.虽然目前还不能得到与实验作定量比较的结果,但除获得了定性结果外,这些理论计算本身都是有意义的尝试.

§23.7 位错脱钉引起的内耗

§23.2 中已讲到位错内耗最普遍的现象,是内耗-应变振幅曲线可以分为两部分,$\delta=\delta_I+\delta_H$,δ_I 是与应变振幅无关的内耗,它的变化规律可由振动弦理论给予解释.这 δ_H 部分,也就是应变振幅有关的内耗,即是本节要讨论的内容.首先也是科勒[70]提出了位错脱开钉扎点缺陷的模型,以后格拿那图和柳克[71]又作了进一步的理论处理.

(a) *位错脱钉内耗理论* 这一模型如图 23.36 所示,晶体中位错除去被一些不可动的点缺陷(一般为位错网络节点或沉淀粒子)钉扎外,还有一些可以脱开的点缺陷(如杂质原子、空位等)钉扎于其间.前者称强钉,后者称弱钉,L_N 表强钉间距离,L_d(L_1,L_2,L_3)表弱钉间距离.在外加交变应力不太大时,位错段 L_d 象紧张的弦一样作"弓出"(bowing)的往复运动,如图 23.36(a)中的 a,b 和 c,在运动过程中要克服阻尼力,因而引起内耗 δ_I;当外加应力增加到脱钉应力时,弱钉可被位错抛脱,即发生雪崩式的脱钉(unpinning)过程.继续增加应力,位错段 L_N 继续弓出[图 23.36(a)的 d],应力去除时位错段 L_N 作弹性收缩[图 23.36(a)的 e,f],最后重新被钉扎,在脱钉与缩回的过程中位错的运动情况不同,对应的应力-应变曲线[图 23.36(b)]应当包含了一个滞后回线,因而产生内耗.前一种由于位错段 L_d 作强迫阻尼振动所引起的内耗应当是阻尼共振型的,§23.2 和 §23.3 的振动弦理论正是针对 δ_I 的情形,由于应变振幅小,振动方程是线性的,因而内耗与振幅无关,

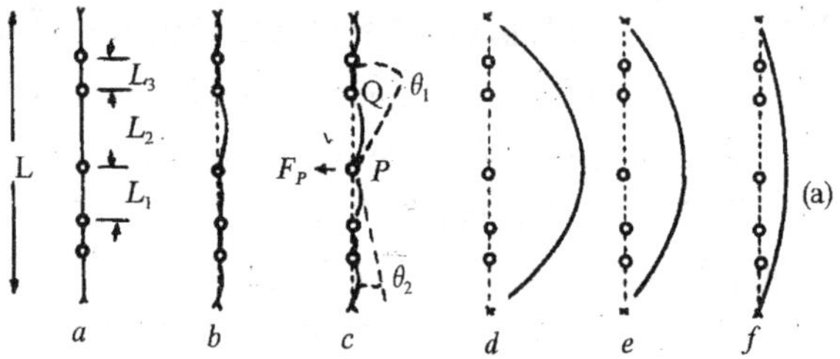

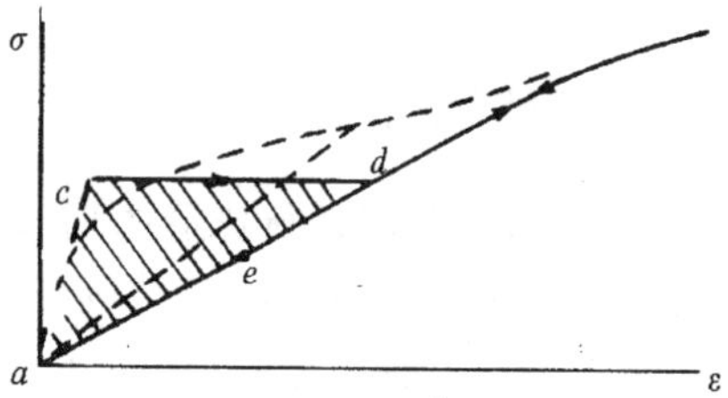

图 23.36 (a)在加载与去载过程中位错弦的弓出、脱钉、缩回及再钉扎的示意图；(b) 相应的应力-应变曲线与滞后曲线. 图中 $a \sim f$ 各点与(a)中各状态相对应. 虚线表示考虑了位错段长有一分布修正后的情况.

但与频率有关；而后一种内耗 δ_H，因假定脱钉过程是机械脱钉（0K下的情形）瞬时完成，因而内耗与频率无关，是一种静滞后型损耗. 下面先讨论机械脱钉引起的 δ_H 与振幅的依赖关系，然后再考虑热激活脱钉的效应.

如图 23.36(b)中虚线所示位错应变-应力的滞后回线是考虑了 L_N 有一指数分布的结果，其回线面积即为振动半周内的能量损耗$\frac{1}{2}\Delta W$

$$\Delta W = 2\int_0^{\sigma_0}[\varepsilon_2''(\sigma) - \varepsilon_1''(\sigma)]\mathrm{d}\sigma, \qquad (23.70)$$

ε_1'' 和 ε_2'' 分别是加载和去载$\frac{1}{4}$周内的位错应变. 从而

$$\delta_H = \frac{\Delta W}{\sigma_0^2/G} \qquad (23.71)$$

对于一根长为 L 的位错弦弓出引起的应变 ε''_L 等于 $\bar{y}Lb$，$\bar{y}$ 是位错线上各点位移的平均值

$$\bar{y} = \frac{1}{L}\int_0^L y(x)\mathrm{d}x \tag{23.37}$$

由于弓出的位错线所对应的曲率半径 R 决定于外应力 σ 与线张力 $c\left(=\frac{1}{2}Gb^2\right)$，很容易证明(参看图 23.8)

$$\bar{y}=\frac{L^2}{6}\frac{\sigma}{Gb}, \tag{23.72}$$

则一根长为 L 的位错线引起的应变

$$\varepsilon''_L=\bar{y}Lb=\frac{L^3\sigma}{6G}. \tag{23.73}$$

对于位错段长度分布为 $N(L)\mathrm{d}L$ 的所有位错的总应变

$$\varepsilon'' = \int_0^\infty \frac{\sigma}{6G}L^3N(L)\mathrm{d}L. \tag{23.74}$$

在外加应力 σ 作用下，当 θ_1 和 θ_2 都很小时，作用在钉点 P 上的力 F_P 近似为

$$F_P\simeq\frac{1}{2}\sigma b(L_1+L_2)=\sigma bL, \quad L=\frac{1}{2}(L_1+L_2). \tag{23.75}$$

当 F_P 大于点缺陷与位错交互作用力 F_m 时，位错即在 P 点脱开，然后作用在 Q 点的力即变为$\frac{1}{2}\sigma b(L_1+L_2+L_3)$，当然就更大于 F_m，如此即发生雪崩式脱钉直至不可动的强钉为止. 一般开始突破的点是被其钉扎的线段长 $2L=L_1+L_2$ 为最大之点. 由于钉点是无规则分布，各线段 L_N 上的最长 L 值不尽相等，于是发生雪崩脱钉所需的应力 Γ 也各不相同. 据式(23.75)可以得到 $\Gamma\simeq\frac{F_m}{bL}$，精确计算结果为

$$\Gamma=\frac{\pi F_m}{4bL}. \tag{23.76}$$

科特雷尔曾计算过位错与杂质点缺陷的结合力[83]

$$F_m=4G\eta b^4/d^2 \tag{23.77a}$$

是溶质和溶剂原子的错配参数,d 是杂质原子与位错轴的距离,代入式(23.76)得

$$\Gamma=KG\eta b/L_d, \tag{23.77b}$$

L_d 是弱钉间距的平均值,K 是与弹性常数的各向异性和样品取向有关的因子.

由于 L 的不同,在脱钉过程位错段的长度分布函数 $N_1(L)dL$ 决定于瞬时的应力值,也即为 $\sigma(=\sigma_0\cos\omega t)$ 的函数. 去载时,位错段作弹性缩回,故其长度分布函数 $N_2(L)dL$ 只是最大振幅 σ_0 的函数. 详细推导了 N_1 和 N_2[71],代入式(23.74)即可求得 $\varepsilon_1''(\sigma)$ 和 $\varepsilon_2''(\sigma)$,从而由式(23.70)和式(23.71),即得到内耗值

$$\delta_H=\frac{\Omega\Delta_0\Lambda L_N^3}{\pi L_d}\frac{\Gamma}{\sigma_0}\exp\left(\frac{-\Gamma}{\sigma_0}\right). \tag{23.78a}$$

Ω 为取向因子,$\Delta_0=4(1-\chi)/\pi^2$,χ 为泊松比,δ_H 也可写为

$$\delta_H=(C_1/\varepsilon_0)\exp(-C_2/\varepsilon_0), \tag{23.78b}$$

其中 ε_0 是应变振幅,

$$C_1=(\Omega\Delta_0/\pi)(\Lambda L_N^3/L_d)C_2,$$

$$C_2=\frac{\Gamma}{G}=Kb\eta/L_d,$$

并且求得模量亏损为

$$\gamma\left(\frac{\Delta M}{M}\right)_H=\delta_H. \tag{23.79}$$

(b) 与实验结果的比较

(1) 频率无关的静滞后型特征. 上述理论是基于雪崩式脱钉模型也即在低温下热激活脱钉过程不显著的情况下，δ_H 是与频率无关的，这在铜和铅的实验中都得到证实[2].

(2) 冷加工量的效应. 将式(23.78b)改写为

$$\ln(\delta_H\varepsilon_0)=\ln C_1-\frac{C_2}{\varepsilon_0}. \tag{23.80}$$

如将 $\ln(\delta_H\varepsilon_0)$ 对 ε_0^{-1} 作图应得到一条直线. 图23.37 示出的是将图23.10a 中不同冷加工量铜多晶的 δ_H-ε_0 曲线按式(23.80)作图获得的直线，符合 G-L 理论，称为 G-L 图. 随着冷加工量的增加仅改变直线的截距($\ln C_1$)，这对于冷加工量不是太大的情况，即 L_N 不变；和足够的杂质可以维持 L_d 恒定的前提下，截距随位错密度 Λ 的增加而增高，符合理论[见式(23.78(b)]预期结果. 但另一些实验也表明当冷加工量过大时，δ_H 又会下降(§23.2)，这因为大量位错相交使 L_N 变短所致.

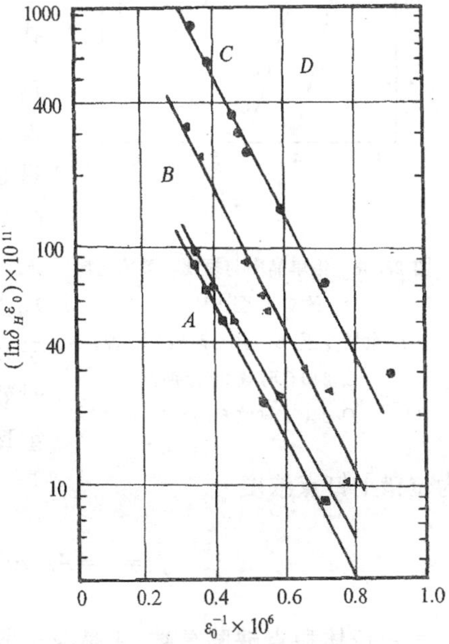

图 23.37 不同冷加工量的 Cu 多晶的 G-L 图[数据取自图 23.10(a)]. A，形变前 B,C,D 外加压应力分别为 60，120，150psi* 后测量.

此外，$\delta_H=\gamma\dfrac{\Delta M}{M}$的关系也在大多数材料中得到证实[128].

---

* 1psi=689.76N/m^2.

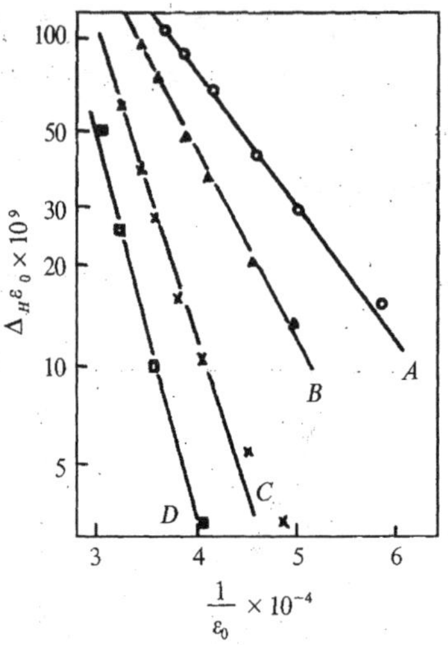

图 23.38　钼单晶中与振幅有关的内耗的 G-L 图[111].

A. 微量冷压；*B*. 240℃时效 8 分钟；

C. 240℃时效 30 分钟；

D. 240℃时效 60 分钟.

(3) 钉扎点缺陷的影响. 从式(23.78b)中很容易说明，δ_H 随着钉扎点浓度$\left(\frac{1}{L_d}\right)$的增加而降低，因指数项比指数前因子影响大. 定量比较可用 G-L 图的直线斜率 C_2 正比于钉扎点浓度$\frac{1}{L_d}$的关系. 早期在 fcc 铅中掺少量铋、锡，镉的合金中得到证实[2]，图 23.38 示出的是 bcc 钼单晶中的 G-L 图[73]. 时效时间愈长，直线斜率就愈大，这是因为斜率正比于 $1/L_d$，时效使钉点(间隙溶质原子)增加，L_d 变短所致. 斜率随时效时间 t 的变化应遵从科特雷耳-比尔弼(Bilby)关系，设 n 为位错上钉点浓度

$$\frac{1}{L_d}=n=An_0At^{2/3}, \tag{23.81}$$

n_0 为单位体积点缺陷总数，A 是与扩散系数、温度有关的常数. 这一关系已在氯化钠单晶[75]及钼单晶[55]等材料中得到证实.

除了杂质钉点以外，淬火、辐照[2]引入的本征点缺陷如空位等也具有同样的效应. 如铜的淬火与辐照效应和金的淬火效应都符合点缺陷钉扎位错的理论.

(4) 温度效应. 位错上点缺陷浓度 n 在平衡情况下应是科特雷耳关系. $n=n_0\exp(-H_B/kT)$，n_0 是体内平均浓度，H_B 是位错与点缺陷交互作用能(负值)，在不同温度 T 下测量 G-L 图的直线斜率，即可求出交互作用能 H_B、用此法求得铅中含锡的 $H_B=$

0.1eV.

虽然大多数实验表明，在一定温度以下及一定振幅范围内位错脱钉理论能解释不少实验事实，但G-L图的低振幅端，实验点总高于G-L图的直线. 此外，当振幅很大时，内耗不再单调上升，而是出现平台，或反而减小，出现极大值，这是因为位错上弱钉全部脱开后，再增大应力，滞后回线面积(即 ΔW)保持不变，但总振动能 W 继续随应力增加而增加，故使内耗$\left(=\frac{1}{2\pi}\frac{\Delta W}{W}\right)$反而减小. 罗吉尔斯(Rogers, D. H.)[130]针对上述问题作了定量处理. 首先认为K-G-L阻尼共振模型预言的 δ_I 是与振幅无关的，但它与 L_d^4 成正比，即敏感于位错段长，当弱钉一旦与位错脱开，δ_I 应当与振幅有关. 他引入了脱钉后位错段长 L 的分布随应力变化的函数，求出了与振幅有关的共振阻尼 δ_I，或称动力学损耗 δ_D. 第二步又对 δ_H 作了更精确的处理，将原G-L理论扩展到更大振幅范围，从而获得了 δ_H 的振幅峰. 这两部分叠加后得到图23.39所示的曲线，并与纯铝的内耗实验进行了比较.

(c) 热助脱钉　上述脱钉过程是一种纯机械脱钉，没有考虑热涨落对位错脱钉的影响. 因此严格讲只适用于0K下情况，以后特尤汤尼科(Teutonico, L. J.)[131]等和柳克等[132]对热脱钉作了详细研究. 为简化计算以便得到解析形式的解，他们考虑相互平行的刃型位错，而且所有位错段等长(l)，只有一个钉扎点在中点，即所谓位错双环模型. 如图23.40所示. 并对钉点与位错的互作用假定为线性化的科特雷耳力 F_c(图23.41)，即相互吸引力先随位移 s 的增加而线性增加，当 $s=pb=b/3$ 时，F_c 达最大值，然后又线性降低至 $s=3b$ 时，$F_c=0$. 如此则总的互作用能 U_0(曲线下面积)和最大的力 F_{cmax} 都保持原有科特雷耳所给出的值. 对于三种应力范围计算得的组态(弓出)能量 $U(s)$ 作为 s 的函数示于图23.42. 对于中等应力曲线(2)上有两个极小值对应两个平衡态，即图23.40中(2)和(3)的位置. 随着应力的增加，U_2 增大而 U_1 减小直至 σ_1 第一个极小消失[图23.42曲线(1)]. 因而，当 $\sigma>\sigma_1$，只有脱钉态存

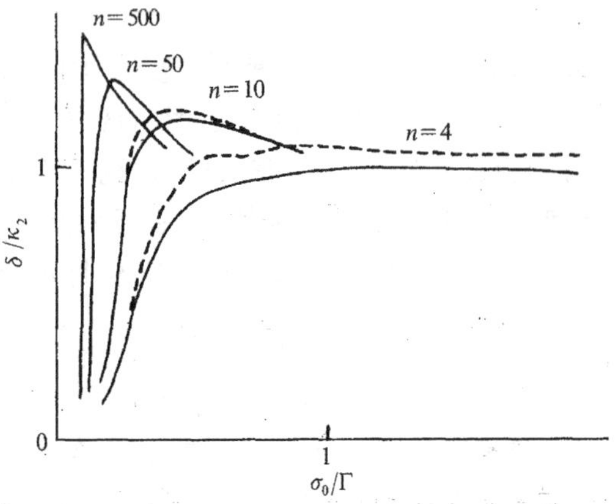

图 23.39 位错阻尼 $\delta=\delta_I+\delta_H$ 的振幅依赖关系[130].

$n=(L_N-L_d)/L_d$. 图中实线是考虑了 n 的指数分布后的结果.

$K_2=\dfrac{8Ga^2\Lambda L_N^2}{\pi^2 c}$,横坐标的 Γ 是脱钉应力.

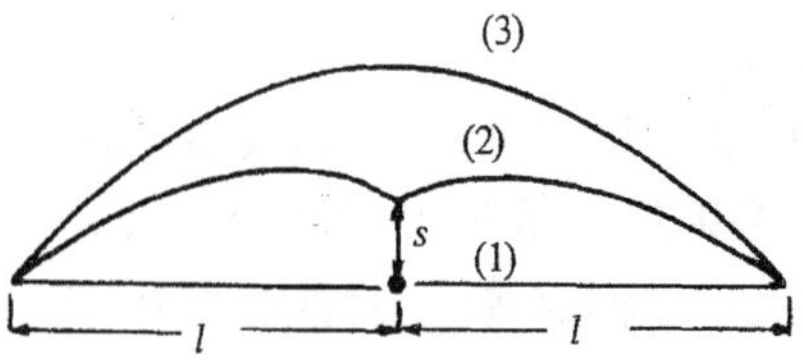

图 23.40 位错双环长 $2l$,钉点在中,s 是位错对钉点的位移.(1) 未加应力;(2) 应力作用下的钉扎态;(3)脱钉态[132].

在,这就是原来 G-L 理论中的机械脱钉情形. 因此 σ_1 就是脱钉应力 Γ,当 σ 减小则 U_2 减小,直至 σ_2 第二个极小消失[曲线(3)]. 只有钉扎态存在,亦即 $\sigma<\sigma_2$ 时不可能脱钉. 只有在中等应力[曲线(2)]下才有热脱钉的可能. 可以求得[131,132]

$$\sigma_1\simeq U_0/b^2l=\Gamma,\qquad \sigma_2\simeq 2Gb^2/l^2, \tag{23.82}$$

$$U_1=r_1U_0(1-\sigma/\sigma_1)^2,\quad U_2=r_2U_0(\sigma/\sigma_2-1)^2, \tag{23.83}$$

r_1 是数量级为 1 的常数;$r_2=r_1\sigma_2/\sigma_1$,U_1 是脱钉的激活能;U_2 是再钉扎(反跳回第一个极小值位置)的激活能,从而位错热脱钉概率 Q_1 为

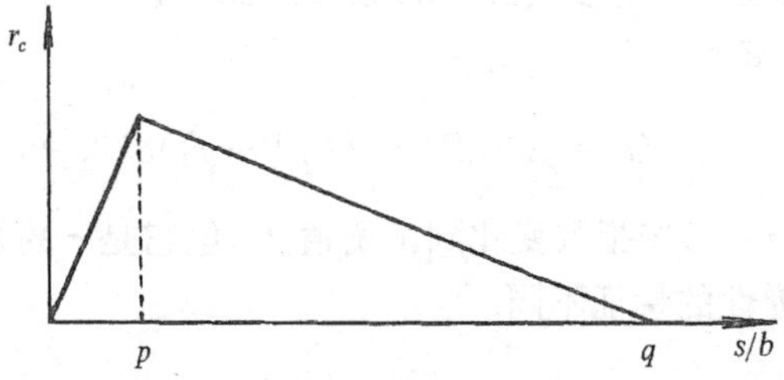

图 23.41 线性科特雷耳力对位移
s 的依赖关系[132].

b 是柏氏矢量, $p\sim\frac{1}{3}$, $q\sim3$.

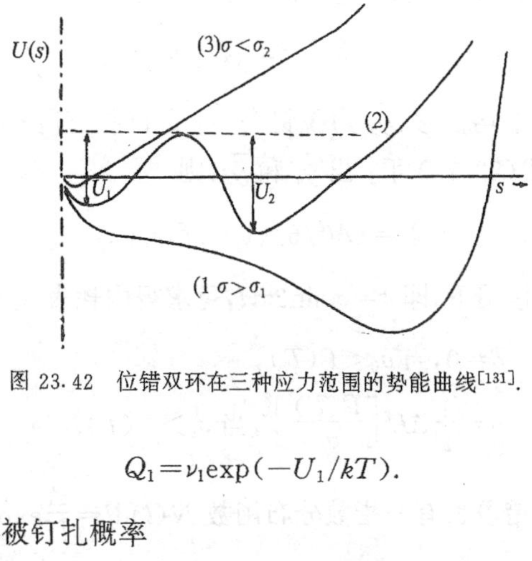

图 23.42 位错双环在三种应力范围的势能曲线[131].

$$Q_1=\nu_1\exp(-U_1/kT). \qquad (23.84a)$$

脱钉位错再被钉扎概率

$$Q_2=\nu_2\exp(-U_2/kT), \qquad (23.84b)$$

式中 ν_1,ν_2 为频率因子. 设 f 为脱钉分数, 则时率方程可写为

$$\mathrm{d}f/\mathrm{d}t=(1-f)Q_1-fQ_2, \qquad (23.85)$$

或

$$\mathrm{d}f/\mathrm{d}t+pf=Q_1, \qquad (23.86)$$

式中 $p=Q_1+Q_2$, 因 U_1 和 U_2 均为 σ 的函数, 故 $1/p$ 即弛豫时间也

是应力的函数[见式(23.83)及式(23.84)]. 当 $\sigma=$ 常数，式(23.86)的解为

$$f(t)=(Q_1/P)-(Q_1/P-f_1)e^{-pt}. \tag{23.87a}$$

$f(t)$从 $f_1(t=0)$按指数变化到平衡值 f_0，但它是 σ 的非线性函数，与标准滞弹性的特征不同.

$$f_0(\sigma)=Q_1(\sigma)/P(\sigma)=1\Big/\left\{1+\left(\frac{\nu_2}{\nu_1}\right)\exp[(U_1-U_2)/kT]\right\} \tag{23.87b}$$

参见式(23.83)，U_1 和 U_2 是 σ 的函数. 而位错应变为

$$\varepsilon_{dis}\simeq\Lambda b[\bar{y}_1 f+\bar{y}_2(1-f)], \tag{23.88}$$

$\bar{y}$ 为位错环平均位移，$\bar{y}_1$ 为脱钉态，$\bar{y}_2$ 是钉扎态[图 23.40 的(2)和(3)]. 按式(23.72)可求出 $\bar{y}_1$ 和 $\bar{y}_2$，则

$$\varepsilon_{dis}=(\Lambda l^2/6)(1+3f)\sigma/G. \tag{23.89}$$

在周期应力作用下，即 $\sigma=\sigma_0\sin 2\pi\nu t$，可求得内耗表式为

$$\delta=0，当\ \sigma_0<\Gamma(T),$$

$$\delta=\frac{1}{2}\Lambda L^2\left[\frac{\Gamma(T)}{\sigma_0}\right]^2，当\ \sigma_0>\Gamma(T). \tag{23.90a}$$

若考虑到位错段长有一指数分布函数 $N(l)\mathrm{d}l=\frac{\Lambda}{L^2}\exp(-l/L)\mathrm{d}l$，则

$$\delta=\Lambda L^2\left(\frac{\Gamma(T)}{\sigma_0}\right)^2\left(\frac{\Gamma(T)}{\sigma_0}+1\right)\exp\left(-\frac{\Gamma(T)}{\sigma_0}\right), \tag{23.90b}$$

L 是平均环长. 这与原来 G-L 机械脱钉理论结果在表观上基本一致. 但此处脱钉应力为

$$\Gamma=\sigma_{10}\left\{1-[kT/\gamma_1 U_0)\ln(\alpha_1\nu_1/\nu)]^{\frac{1}{2}}\right\}, \tag{23.91}$$

Γ 是频率 ν 和温度 T 的函数. σ_{10}是 0K 时的脱钉应力，α_1 是一个分

数. 因此不仅可以得到内耗-振幅峰(图 23.43),而且在固定频率和振幅时还可得到温度峰,如图 23.44 所示($\omega=2\pi\nu$),当频率增加($\omega_2>\omega_1$),峰温向高温方向移动. 显示了弛豫特性. 但这里的弛豫峰与通常的线性弛豫峰不同,后者的平衡值 f_0 常随 σ 线性增长,

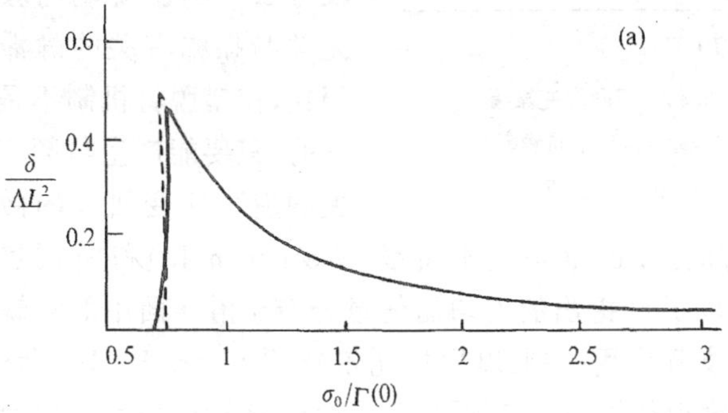

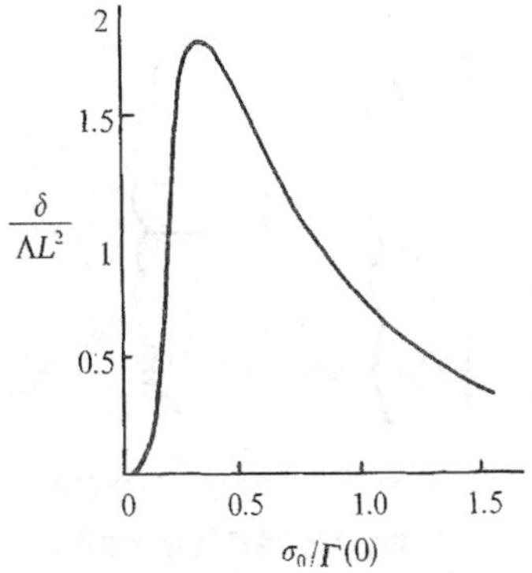

图 23.43 位错环机械脱钉与热脱钉的联合产生的内耗-应力振幅峰[132].
(a) 位错环长均等于 L;(b)环长按指数分布,L 为其平均值.

弛豫时间与 σ 无关,而这里的弛豫平衡值 $f_0(\sigma)$ 和弛豫时间 $\frac{1}{P(\sigma)}$ 都是应力的强函数,因此属于一种静滞后与弛豫的联合效应,当然是一种非线性弛豫.

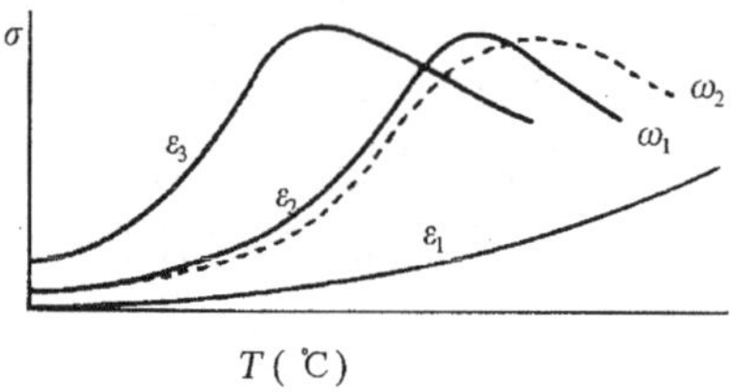

图 23.44 不同应变振幅($\varepsilon_3 > \varepsilon_2 > \varepsilon_1$)与不同频率($\omega_2 > \omega_1$)下的内耗温度峰[132].

§23.8 位错与点阵中均匀分布点缺陷的相互作用

(a)两端被钉扎的位错段弓出　为了说明与频率无关与振幅有关的静滞后损耗,位错脱钉机制不是唯一的.只要能产生与频率无关的应力应变回线的微观过程都可以试探.最早是威尔特曼(Weertman J.)和斯瓦尔兹(Swartz J. C.)[133]提出的均匀而任意分布于滑移面中的点缺陷与位错的相交互作用机制.以后什瓦尔兹(Schwarz R. B.)等[134]又用计算机模拟作了进一步的研究,适合于稀固溶体合金的情形.

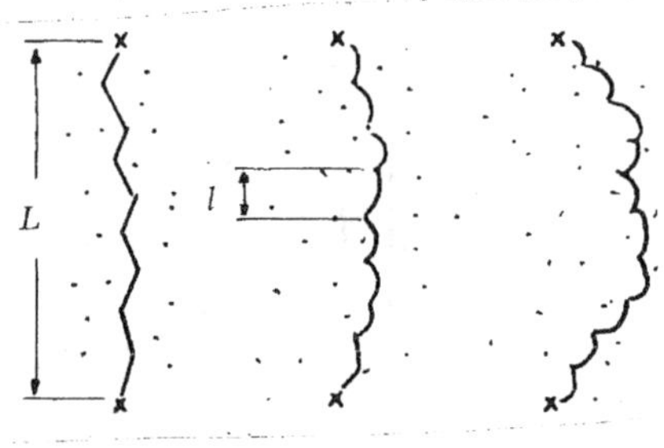

图 23.45 位错与均匀分布点缺陷相互作用机制的示意图.

图 23.45 示出的是这种模型的示意图.位错由于和附近点缺陷的相互作用而变成弯曲的折线.它从一个低能量位置脱开后,可以被另一些点缺陷钉扎在新的位置,因此出现了残留位错应变,这样应力(σ)-位错位移(u)关系就成为图 23.46(d)所示的近似平行四边形的回线.为了对比,图 23.46(b)示出脱钉模型的应力-位移回线,类似蝴蝶的双翼.两种微观机制的差异示于图 23.46(a)和(c).脱钉模型是一种局域摩擦力,而均匀分布点缺陷的作用是一种长程摩擦力,σ_1 相当于固体摩擦器件的临界应力,也即位错可以运动的最小应力.对于脱钉的情形,σ_1 即为脱钉应力 Γ.

对于固定的位错段长 L_N 可从应力应变滞后回线面积求得内

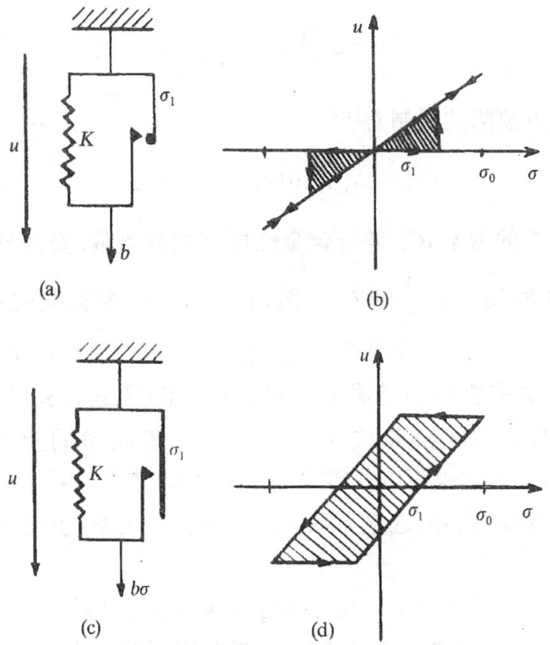

图 23.46　固体摩擦力的流变模型.

(a)位错芯上钉点摩擦力;(c)是滑移面上均匀分布点缺陷的摩擦力;

(b)和(d)是相应的应力-位错位移滞后回线.

耗. 关于脱钉模型内耗表达式为式(23.90a). 长程摩擦力 δ_H 为[134]

$$\begin{cases}\delta_H=0, & (\sigma_0<\sigma_1),\\ \delta_H=4\Delta\dfrac{\sigma_1(\sigma_0-\sigma_1)}{\sigma_0^2}, & (\sigma_0>\sigma_1),\end{cases}\tag{23.92}$$

式中 $\Delta=\dfrac{\Lambda L_N^2}{6}$ 与所有位错弦模型控制的弛豫强度相同,因为这里的位错段两端是被钉扎的. 当振幅很大时,内耗按 σ_0^{-1} 的规律降低,而对于脱钉的情形,内耗按 σ_0^{-2} 下降[见式(23.90a)]. 关于起始内耗随振幅增加的阶段,如果考虑位错段长按指数分布,则对于脱钉机制有[见式(23.78a)]

$$\delta_H=\Delta\,\frac{\sigma_1}{\sigma_0}\exp\left(-\frac{\sigma_1}{\sigma_0}\right). \tag{23.78a}$$

对于弥散点缺陷的机制有[134]

$$\delta_H=C_2[1/\ln(\sigma_1/\sigma_0)-A], \tag{23.93}$$

A 是近于 1 的常数,C_2 是与合金性质有关的参数. 要区分这两种机制可以画 $\ln\delta_H\sigma_0$-$\frac{1}{\sigma_0}$的 G-L 图,式(23.78a)为直线关系;而式(23.93)则为曲线. 如果再考虑热涨落的影响,对脱钉的情况,脱钉应力 σ_1 不再是常数而是温度与频率的函数[见式(23.91)];对于非局域摩擦力的情形,则式(23.93)中的 σ_1 和 C_2 亦将变为温度和频率的函数,虽然也可以获得温度峰,但频率依赖关系不同于热激活线性弛豫峰. 此外,这里有明显的振幅依赖关系,也是主要的不同之点.

什瓦尔兹[134]对 Al-0.1at%Mg 合金在室温下测量了 δ_H-振幅曲线,图 23.47 中的曲线 A 为大应变振幅下振动 10 分钟后立即测量而得出的,曲线组 B 是静态退火依次为 1 分钟、5 分钟和 10 分钟后测量的结果. 曲线 A 是弯曲的 G-L 图,表明刚形变后,点缺陷分散在滑移面上尚未向位错芯聚集,曲线 B 逐渐变为线性 G-L 图,说明是杂质逐渐向位错芯聚集而变成钉扎状态的结果.

斯瓦尔兹和威尔特曼[133]曾考虑有两种杂质存在. 一种是与刃型和螺型位错均有较强相互作用的,但数量少,均匀分布于滑移面中构成非局域障碍或构成不动钉扎点,另一种是杂质只与刃型位错有相互作用,且较弱,数量多,构成位错线上可脱开的钉扎点. 这样,位错脱钉后将由分散的杂质控制它的位移,并求得平均位移

$$\bar{y}\simeq\lambda/2=b/2c^{\frac{1}{3}}, \tag{23.94}$$

λ 是杂质间平均距离,c 是杂质原子占有分数,b 是柏氏矢量. 考虑了位错段长的指数分布,可求得在低应力振幅下的内耗不仅与频率无关,且与振幅无关,高振幅下仍为指数关系,如图 23.48 中虚

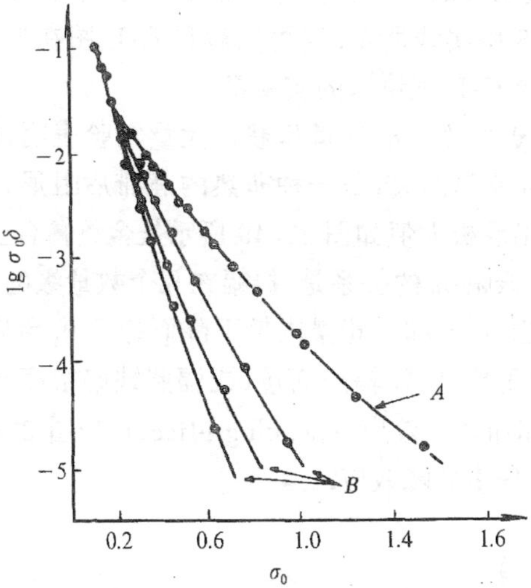

图 23.47 Al-0.1at%Mg 合金的 G-L 图. A,大振幅振动 10 分钟后;B,静态退火 1 分钟(△)5 分钟(○)和 10 分钟(□).

线所示. 这与 10kHz 以下测得的振幅无关内耗 δ_I 与频率无关的事实相一致. 虽然该理论比较适合于 bcc 合金中含有替代式与间隙式两种杂质的情形,但位错弦通过弥散的点障碍可能是解决低频下振幅无关内耗 δ_I 与频率无关而与弦长 L 有关的可行途径.

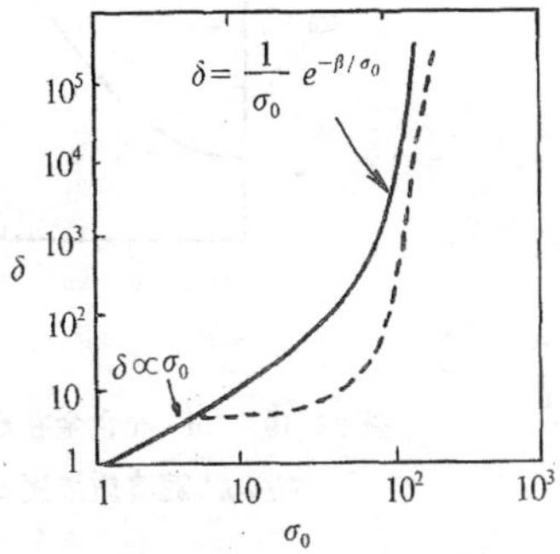

图 23.48 斯瓦尔兹对 KGL 理论 δ_H 的修正,实线表示脱钉后线张力控制位移,虚线表示脱钉后分散杂质控制位移的 $\delta_H\sim\sigma_0$ 关系.

如果仅有一种杂质则位错脱钉后的位移将由线张力控制即

$$\bar{y}=\frac{1}{6}(\sigma L_N^2/Gb),\quad(23.95)$$

并假定杂质只与刃型位错有作用,则钉扎力 $F=F_0\sin\alpha$,α 是柏氏矢量与位错线切线的夹角，可求得 δ_H 在低应力振幅下与 σ_0 成正比，如图 23.48 中实线所示. 这可以解释 G-L 图在低振幅下与直线偏离(不符合 G-L 理论)，的实验事实.

(b)无回复力的有限位错位移　大量实验表明，固溶体的背景内耗 Q_b^{-1} 与频率无关，是一种非热的静滞后阻尼，与杂质原子浓度的关系，出现极大值如图 23.49 所示是金铜稀合金的例子. 这种背景内耗与振幅 σ_0 的关系是：振幅在几个数量级的范围内，Q_b^{-1} 与振幅无关. 当 $\sigma_0 \to 0$ 时，背景内耗下降而趋于 0. 金属被辐照后，Q_b^{-1} 也有类似现象，即随辐照剂量(或辐照缺陷密度)的增加也出现峰值，即所谓的"峰效应"(peaking effect)[136]图 23.50 示出 Cu 在电子辐照过程中的峰效应.

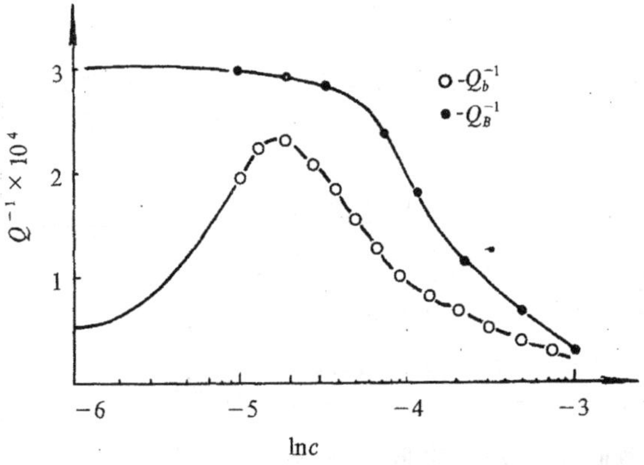

图 23.49　Au-Cu 合金在形变 1%后的内耗背景 Q_b^{-1} 及博多尼峰高 Q_B^{-1} 随溶质浓度 c 的变化[135]. $f=1\text{Hz}$, $T=150\text{K}$.

为了解释上述峰效应，和频率无关以及在大范围内振幅无关的背景内耗，早期曾用两端钉扎的弦模型进行试探处理，必须引入一些物理图象不清楚的奇怪假定. 特别是在高振幅下要消除内耗的下降，对于弦模型是很困难的. 为此，费尔撒姆(Feltham)[137]曾假定位错弦弓出所做的功全部消失于点阵中(不可回复)，这样才能得到数量级与实验一致与频率无关的背景内耗. 但关键是什么样的机制才能使这一能量全部消耗于点阵中呢？

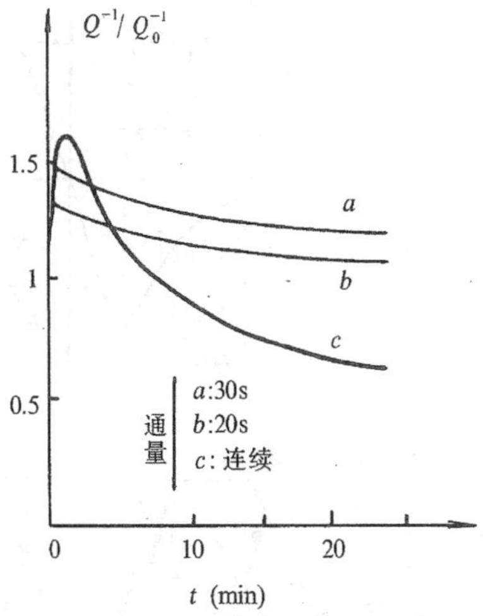

图 23.50　Cu 在 $T=350$K 电子辐照过程中的“峰效应”(曲线 c). $\varepsilon_0=10^{-6}$; $f=400$Hz. 曲线 a 和 b 是电子辐照停止后测量[136].

卡罗(Caro, J. A.)等[138]根据辐照引起的峰效应实验，在起始的内耗随辐照缺陷的增加而增大阶段与扩散过程无关，是非热过程，而峰的形成时间与钉扎速率成反比关系又与扩散有关，提出了两种效应叠加的机制. 一种是弥散分布在体内的点缺陷与位错互作用产生非热的内耗，很自然这种内耗随缺陷浓度的增加而增大；另一种是同样的点缺陷扩散聚集在位错芯附近造成钉扎效应使内耗随缺陷浓度的增大而降低，二部分叠加最终产生峰效应.

格亥莫(Gremaud, G.)[139]结合上述两种思想提出了“无回复力的有限位移”(LDWRF)机制，并进行了计算. 假设在滑移面上下有许多弥散分布的点缺陷，那些离开滑移面很近的点缺陷起着钉扎的作用；那些较远的点缺陷与位错段有着长程的弹性互作用(尺寸效应)，热激活不能帮助位错越过这些障碍. 图 23.51(a)示出距离滑移面为 z 的点缺陷与刃型位错弹性相互作用力在滑移方向的变化；图 23.51(b)示出滑移面上下不同 z 值的点缺陷对位错作用力的分布. 首先考虑一根没有硬钉扎点的位错线突然受到一外加恒应力而运动，如图 23.51(b)所示. 位错可以越过那些阻力较小的点障碍(z 比较大的)而不能越过阻力大的点障碍(z 比较小的)，最后当位错受到的所有点缺陷的阻力之和等于外加应力 σ

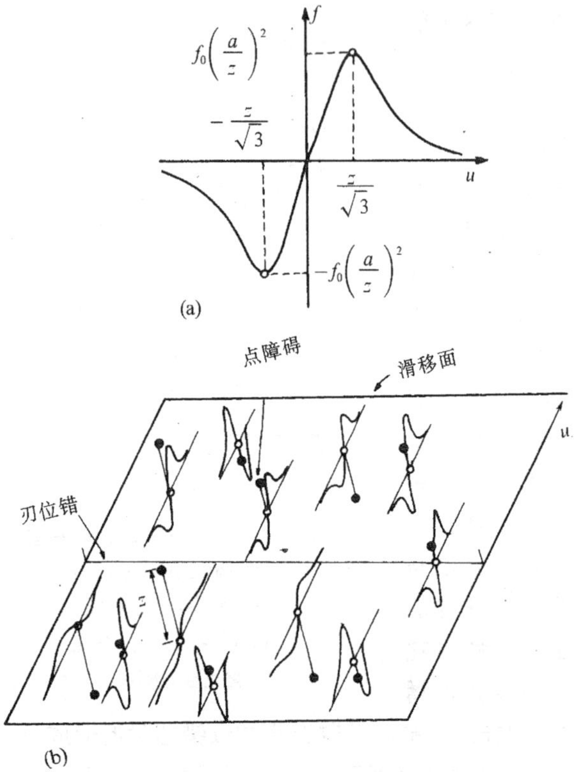

图 23.51 (a)距离滑移面为 z 的点缺陷作用在位错上的力 f；
(b)滑移面上下不同距离 z 值的点缺陷对位错作用力的分布.

时,位错即停止运动,因此位错的平均位移 $\overline{y}$ 应是 σ 的函数,经过计算得到[139]

$$\overline{y}=\frac{a^2b\sigma}{2c_{at}f_0\left(1-\sqrt{K}\,c_{at}^3-\frac{b^2a^2\sigma^2}{2Kf_0^2c_{at}^7}\right)},\tag{23.96}$$

c_{at}是杂质的原子浓度,f_0 是当 $z=\pm a$ 时的最大相互作用力,K 是一个数量级为 $10^7\sim10^8$ 的常数[这和式(23.94)所表示的位错平均位移与杂质浓度的简单关系不同,后者是粗略假定位错位移只有$\frac{1}{2}$杂质平均间距的情况]. 当应力反向时,因没有硬钉扎点而无回复力作用在位错上(故称为无回复力机制),只有在反向应力作用下,位错按同样的$\overline{y}(\sigma)$函数关系而作反向运动,可以得到平行四边形的滞后回线,因此很容易证明这种静滞后内耗与振幅无关[2](早期威特曼[133]所提模型也是一种无回复力的有限位移机制),然后再考虑那些距离z很小的点缺陷的钉扎作用. 当应力很小时($\sigma<\sigma_1$),由于此时的$\overline{y}$小,尚不能激发LDWRF机制,位错段长$\overline{L}$的平均位移应是线张力所控制[见式(23.95)]. 根据$\overline{y}(\sigma)$,即可求得不同振幅下的内耗值,如图23.52所示. 当$\sigma<\sigma_1$时,内耗与振幅有线性关系. 当$\sigma>\sigma_1$时,内耗达到与振幅无关的饱和值$\delta_{饱和}$[139].

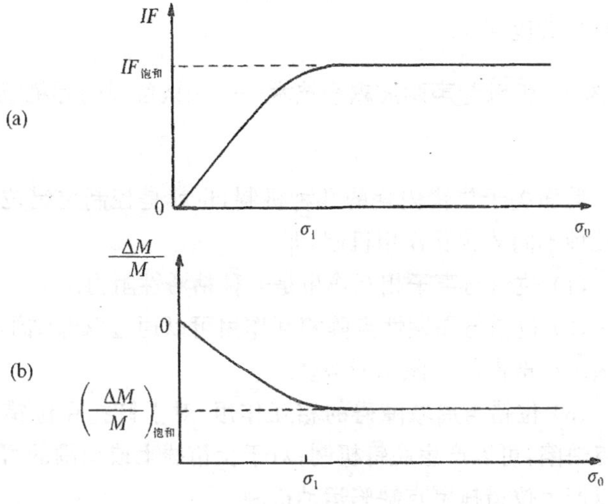

图 23.52　LDWRF 机制产生的内耗与模量亏损与振幅的关系.

$$
\begin{aligned}
\delta_{饱和} &= \Delta \frac{4B(A-B)}{(2A-B)^2}, \\
\left(\frac{\Delta M}{M}\right)_{饱和} &= -\Delta \frac{B}{2A-B},
\end{aligned}
\qquad (23.97)
$$

其中，

$$A=\frac{\overline{L}^2}{6Gb},\ \Delta=\frac{\Lambda\overline{L}^2}{6},$$

$$B=\frac{a^2b}{2c_{at}f_0(1-\sqrt{K}c_{at}^3)}.$$

由此可以求得 $\delta_{饱和}$ 与频率和振幅都无关，但与杂质浓度 c_{at} 有峰值关系，这与实验吻合，计算结果，峰值在 $c_{at}=2.5\%\sim4.5\%$. 从物理上考虑，该式(LDWRF 机制)导出的峰的下降部分是因为溶质浓度高，使阻力有相互抵销作用，类似弥散硬化机制. 当然，浓度高时被钉扎位错的 $\overline{L}$ 变短，使 $\delta_{饱和}$ 下降[见式(23.97)]的作用也是存在的. 图 23.49 中博多尼峰高随溶质浓度增加而下降，这也是说明有钉扎效应存在.

§23.9 低频超声两波耦合技术——确认位错内耗机制的一种方法[140]

前面关于位错内耗的几种机制，也就是控制位错位移动力学的几种不同的相互作用机制，即

(1) 位错与声子相互作用是一种粘滞性阻力.

(2) 位错与周期性点阵相互作用可以通过双弯结形成及弯结的横向扩散而越过佩尔斯势垒.

(3) 位错与局域障碍的相互作用. 对于钉扎在位错线上的不动点缺陷，可以产生脱钉机制；对于位错线上或周围的可动点缺陷可以产生位错拖曳点缺陷运动机制.

(4) 对于点阵中无规分布的不动点障碍，位错可以通过相继脱钉和再钉扎的机制而运动.

这些不同的相互作用机制常常有着表观上相似的内耗现象. 因此，不是很容易识别某一种内耗是由何种相互作用机制所控制. 只有非线性的相互作用才能揭示弛豫峰的特征. 所以有人在样品加偏置应力的情况下测超声衰减与声速来研究它的非线性特征.

偏置应力有静态的，也有线性增加的，这里主要介绍一种加低频周期应力的方法，是格亥莫首先应用的，称为低频超声耦合技术或两声波方法[140]. 被测量超声衰减 α 和声速 v 的样品同时受到一个低频周期应力(频率为 $10^{-4}\sim 2$Hz；振幅为 $0.1\sim 50$MPa). 当低频应力循环一周，即可获得超声衰减 $\Delta\alpha(\sigma)$ 和声速 $\Delta v/v(\sigma)$ 作为应力函数的闭合曲线，这些曲线的形状和它的演变反映出控制位错运动的机制的特征. 因此，这些特殊形状被称为位错运动机制的标记(signatures).

首先要区分两种应力对位错的作用. 低频应力(或称准静态应力)使那些与障碍有相互作用的位错产生慢运动. 如图 23.53 中所示的两个例子. (a)是一排点障碍钉扎的位错，低频应力可使其脱钉；(b)是线障碍——佩尔斯位垒，低频应力可使其产生弯结对并翻越佩尔斯位垒. 而超声应力因频率高，振动应力小，只能使位错产生小的振动，如图中阴影部分.

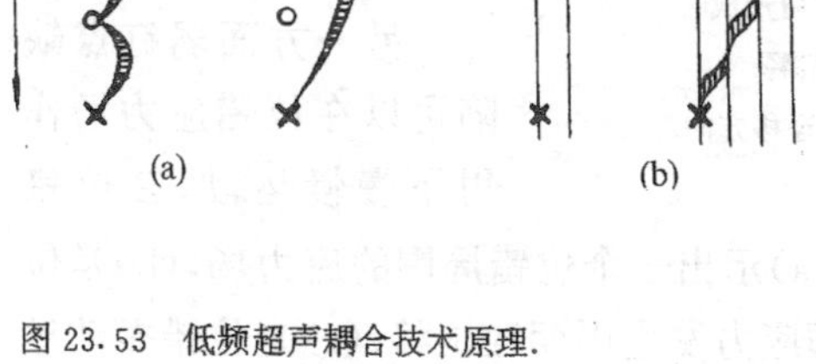

图 23.53 低频超声耦合技术原理.
(a)位错从一排点缺陷脱钉；
(b)弯结对形成机制.

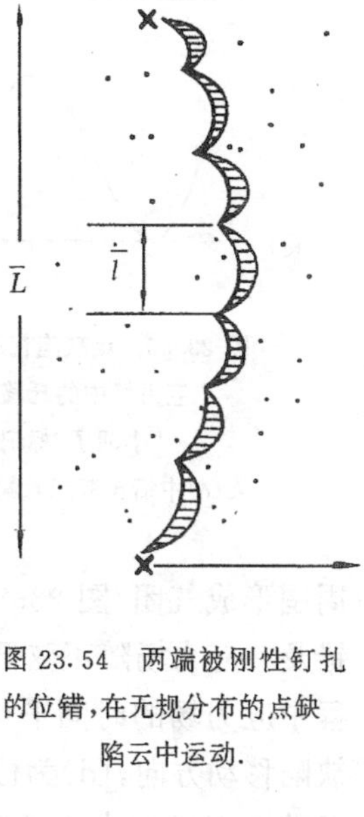

图 23.54 两端被刚性钉扎的位错，在无规分布的点缺陷云中运动.

下面举例说明 $\Delta\alpha(\sigma)$ 闭合曲线标记是如何形成的. 图 23.54 中位错两端被刚性钉扎, 周围有无规分布的弱钉点缺陷, 位错在低频应力作用下可以通过脱钉—再钉扎过程而向前运动. 设弱钉间平均距离为 $\bar{l}$, 超声应力使其作弦振动, 则按式(23.49)和式(23.50)有

$$\Delta\alpha \propto \bar{l}^4,$$
$$\Delta v/v \propto \bar{l}^2. \tag{23.98}$$

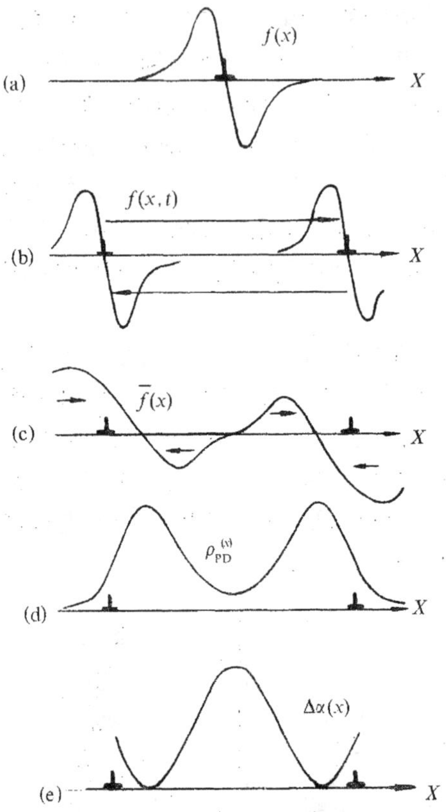

图 23.55　点缺陷在运动位错的平均应力场中的迁移, 从而形成"小胡子"标记的解释. (c)中箭头表示点缺陷迁移方向.

连续测量超声衰减即可得到位错在点缺陷气团内运动过程中 l 的变化, 也即可以间接测量出位错周围点缺陷的局域浓度变化.

另一方面弱钉点缺陷可以在位错应力场作用下慢慢运动, 在位错周围形成气团. 图 23.55(a)示出一个位错周围的应力场, (b)是位错及其应力场随正弦低频应力发生周期性位移, (c)是位错振动过程中应力场的时间平均值在滑移面中的分布, 其中短箭头表示点缺陷移动方向, (d)为位错振动很慢(低频)点缺陷在此应力场中慢慢移动形成两个点缺陷概率密度 ρ_{PD} 极大值. 因为点缺陷间平均

距离$\bar{l}$反比于密度，结果得到超声衰减随位错运动的变化如(e)所示.这就是图 23.56(a)中的"小胡子"标记形成的原理. $\Delta\sigma_0$表示位错穿过两个点缺陷气团时相对于应力有一位相落后.如果点缺陷的动性不是太慢，当位错运动到滑移面的另一端时，气团密度可以部分减少，这就是图 23.56(b)中$\Delta\alpha_0$产生的原因.

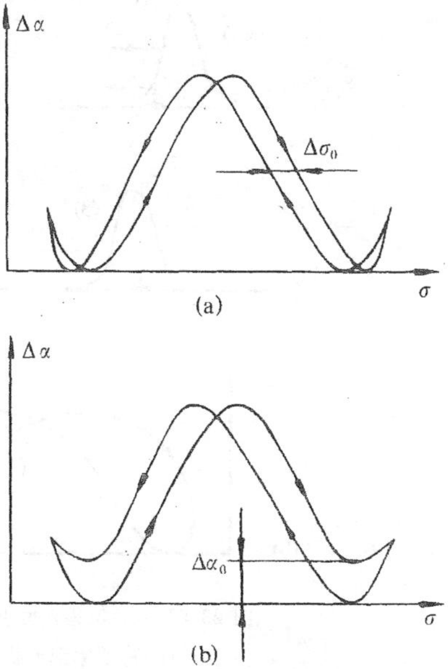

图 23.56 "小胡子"标记.
(a)位错位置与外应力有位相落后的影响;
(b)杂质气团在外应力变化周期内有部分消失情况的影响.

如果点缺陷动性继续增加，可以基本跟上位错的运动，则只有一个气团，变成拖曳机制，因为气团运动需通过点缺陷扩散，所以总是落后于位错，如图 23.57(a)所示.由于位错在振动一周内穿过气团两次，超声衰减$\Delta\alpha(\sigma)$就形成 8 字形标记.图 23.57(b)标记图形中(1)，(2)，(3)，(4)点的α值与图 23.57(a)中位错与气团的相对位置，也即(1)，(2)，(3)，(4)中位错线上的点缺陷密度一一对应.

其他还有位错脱钉的标记是"弓形"；弯结对形成的标记是"茄子形"等等，可以参看原始文献的解释[141].

最近格亥莫等[141]又用上述两声波耦合技术对冷加工并在 350K 退火的 5N 铅的高频(18.5MHz)博多尼峰(峰温 150K)进行了研究，在峰温两侧观察到新的高温标记，测量的温度范围(50～250K)正好对应低频(528Hz)博多尼峰(峰温是 40K)的高温侧一

个较高的与频率无关，振幅无关的背景内耗.它的机制即为上节中

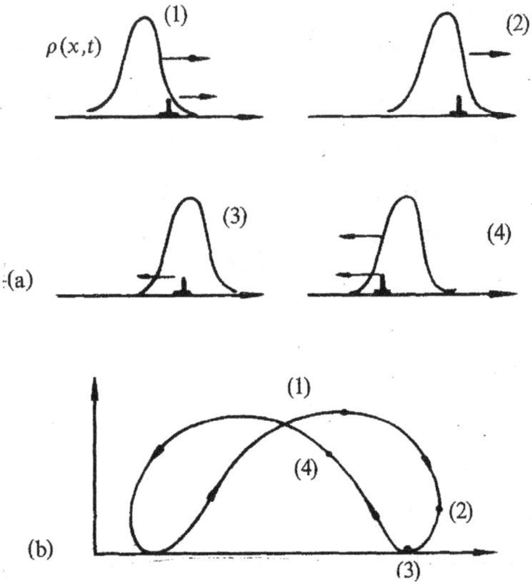

图 23.57 (a)位错拖曳点缺陷气团的机制；
(b)特征标记形状："8"字形.

的无恢复力有限位移(IDWRF)的位错内耗.他们在高频峰的两侧获得镜面对称的平行四边形标记.分析结果是低频下 IDWRF 机制决定了标记的形状(平行四边形)，高频的弯结对形成(KPF)机制产生了高频 150K 峰两侧标记的对称性，最后按模型进行的数值计算得的标记与实验结果基本一致[141].

Ⅲ 晶粒间界内耗与高温位错内耗

§23.10 晶界内耗峰

葛庭燧[142]用扭摆法测量了退火纯铝(99.991%Al)多晶的内耗在 285℃附近出现一个很高的内耗峰，用单晶作测量则无此峰(图 23.58).由此肯定该峰是晶粒间界引起的，改变频率进行测

量,求得激活能为 34kcal/mol,与铝的体扩散激活能相等,这是一种受扩散控制的弛豫峰.

图 23.59 示出弹性模量随温度的变化状况,与单晶试样相比,多晶试样的模量在晶界内耗峰出现的温度范围内有显著的下降,这是滞弹性行为所预期的.

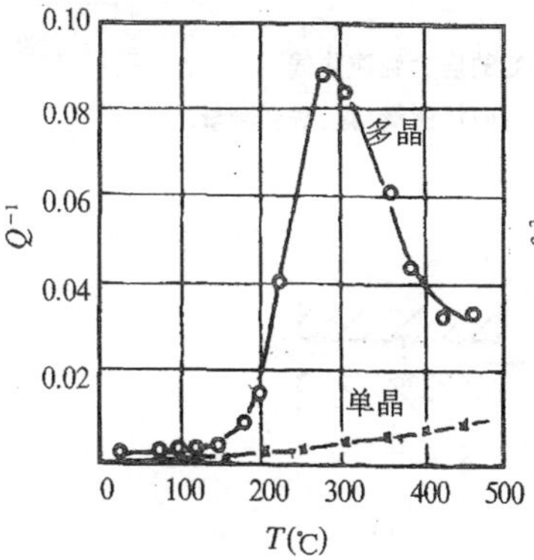

图 23.58 铝多晶及单晶中内耗随温度的变化(频率为 0.8Hz)[142].

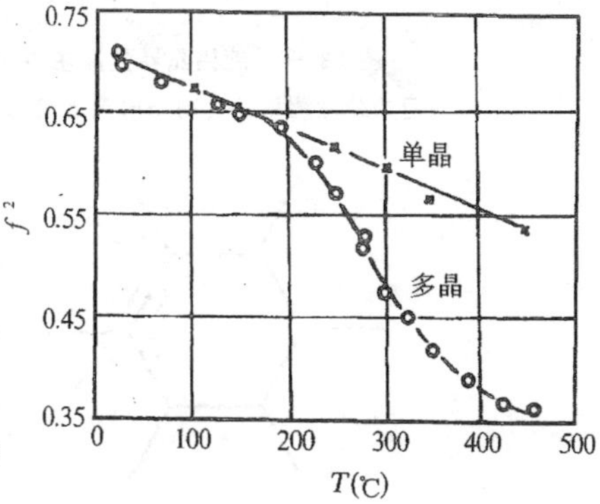

图 23.59 铝多晶及单晶的弹性模量随温度的变化[142].

此外,还测量了多晶试样在恒定应力下的扭转蠕变,蠕变在应力撤除后可完全回复.在不同温度下研究了恒定应变下的应力弛豫,测出过程的激活能与从微蠕变测量求得的完全符合,而且数值也是 34kcal/mol(1.5eV),与内耗方法求得的激活能相同.

曾讷[1]利用玻尔兹曼叠加原理,以及标准线性固体方程(13.13)导出了恒定应变下的应力弛豫和动态模量、内耗及恒定应力下的蠕变等四个效应间的相互关系.利用这些关系,葛庭燧从他的动力学模量、内耗及微蠕变的观测值分别计算了在 200℃下不同时间后的应力弛豫值.从每类观测值中算得的结果与实验测得的应力弛豫值都符合得很好(见图 23.60),这一结果是曾讷提出的滞弹性内耗理论[1]的重要实验基础.

以上结果说明晶界具有粘滞性.葛庭燧还对铝的晶界粘滞系

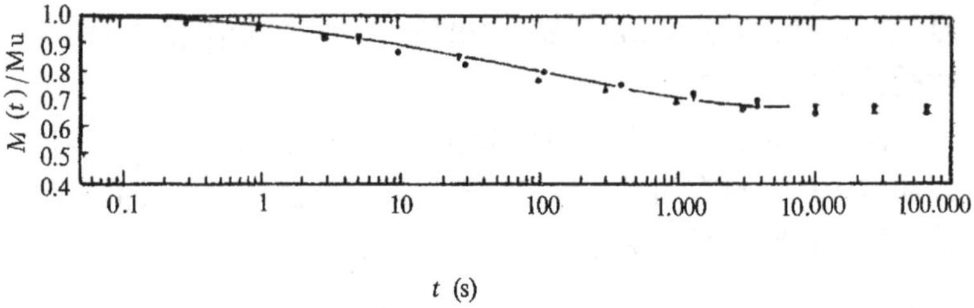

图 23.60　纯铝晶界弛豫在 200℃的应力弛豫曲线.
—:应力弛豫测量;·:动态模量测量;×:内耗测量;▲:蠕变测量.

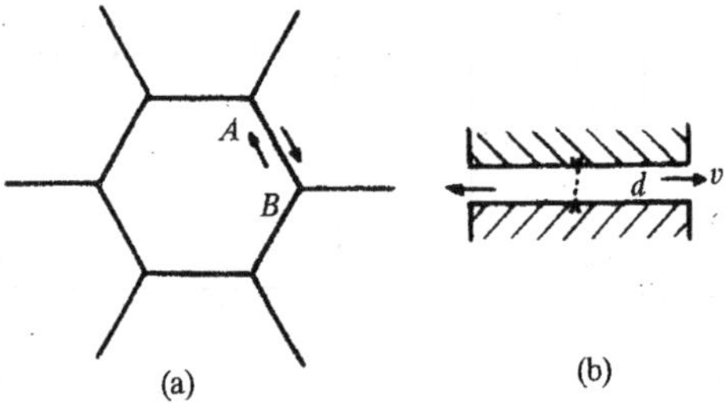

图 23.61　(a)等轴晶粒;(b)沿晶界的粘滞滑动.

数 η 进行了估计.设晶粒直径为 D(图 23.61),A 和 B 为晶角,晶界两侧在弛豫时间 τ 期间的相对滑移量为 Δx,滑移速率为 v

$$v=\Delta x/\tau.$$

由于晶界滑移造成晶粒内的平均应变量为

$$\varepsilon=\Delta x\Big/\frac{1}{2}D=\sigma/G(T),\tag{23.99}$$

从而

$$v=\sigma\cdot D/2G(T)\tau.$$

设晶界层厚为 d,粘滞系数应为

$$\eta=\sigma/(v/d)=2G(T)\tau d/D.\tag{23.100}$$

设 $d\simeq 4A$, $D=0.3\text{mm}$,τ 可从内耗实验求出,代入上式可得

$$\eta=1.20\times 10^{-20}G_u\exp(17,250/T),\tag{23.101}$$

G_u 是未弛豫切变模量. 将上式外推到熔点(659.7℃)的 η 值是 0.18P*;外推到 670℃的 η 值是 0.15P,这与熔态铝在 670℃的实测粘滞系数[143]0.065P 相近.

实验上还发现,当晶粒大小不超过试样的直径时,晶界内耗峰的峰高与晶粒大小无关. 这是容易理解的,因为内耗是正比于晶界滑动引起的非弹性应变,由式(23.99),$\varepsilon=\dfrac{\Delta x}{\frac{1}{2}D}$,而 Δx 是晶界滑移量,应当正比于晶粒尺寸 D,所以内耗峰高与晶粒大小无关. 但内耗峰的位置因晶粒大小的增加而向高温移动. 这符合弛豫时间随 D 增加的预期结果.

这种晶界峰在许多不同结构的纯金属中均观察到,如 Cu(fcc), Fe(bcc), Mg(hcp)等,是一个普遍存在的峰(图 23.62). 峰温均接近再结晶温度,但激活能有的等于、有的低于自扩散激活能,可能是对晶界上的杂质很敏感.

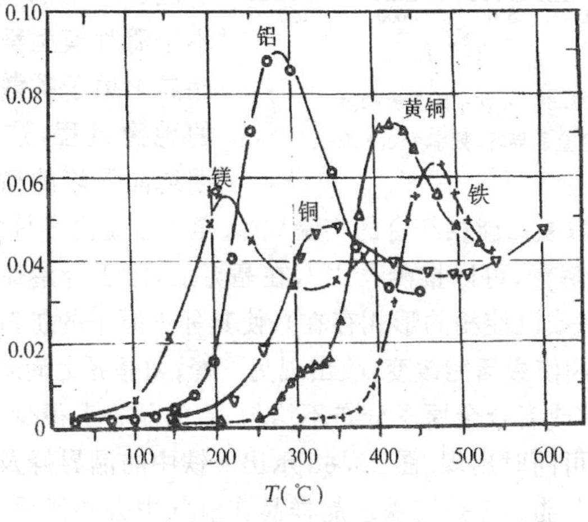

图 23.62 几种金属中的晶界内耗峰[143].

* P(泊)为非许用单位,1P=10^{-1}Pa·s.

杂质一般使晶界峰的高度降低，有时还可在其附近出现另一个“合金晶界峰”，皮尔森（Pearson, S.）和罗瑟汉（Rotherhan, L.）首先在替代式铜合金及银合金中[144,145]发现此峰，以后我们在实验中还观察到间隙式合金如钼中含氧、氮或碳[146]，铁中含碳或氮[147]，都可以出现合金晶界峰. 此峰与纯峰有相互消长的关系.

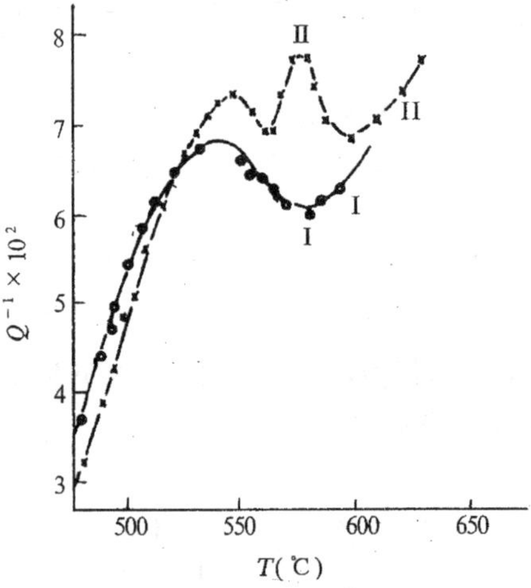

图 23.63 α 铁中纯晶界峰及碳的合金晶界峰，频率为 0.63Hz.

关于晶界内耗峰的机制，葛庭燧提出了滑动模型，认为晶界上存在许多无序群，在应力作用下，这些无序群中的原子相对滑过，因三晶粒交界处的锁住效应而滑动逐渐变慢，于是造成弛豫应变；而利克（Leak, G. M.）则提出了晶界移动的模型[148]. 不论哪种模型都包含了晶界上原子扩散所控制的弛豫过程，这可以说明纯晶界峰的激活能与沿晶界自扩散激活能相符合的实验规律. 至于合金晶界峰的出现，尚无明确的解释，可以推测[146,147]，在晶界上，由于合金原子的存在（以固溶态或沉淀相的形式存在），使其邻近原子的扩散受到合金原子的影响使激活能改变，故出现另一峰；如晶界上尚未被合金原子“布满”，或者合金原子分布不均匀，有的晶界上很少，则原有纯晶界峰仍可同时出现. 图 23.63 示出 α 铁中的晶界峰及碳的合金晶界峰[147]，曲线 I 是纯铁多晶样品在氢气中去碳氮后（含碳量小于 0.0001%）测量的，只出现一个纯晶界峰；曲线 II 是纯铁多晶样品在渗碳后（含碳量近似 0.00051%）测量的，在纯晶界峰的高温侧出现碳的合金晶界峰（在特大晶粒样品中该二峰都不出现）.

内耗峰的高度应扣除高温背景内耗来衡量，因此渗碳后纯晶界峰的高度是下降的.用变频方法测得纯峰激活能为 49±3kcal/mol；碳峰激活能为 85±4kcal/mol.

晶界弛豫内耗峰的发现，是晶界具有粘滞性质的有力的实验证据.此外，对晶界激活能的探讨有助于晶界强度的了解，特别是对于合金元素的作用方面.例如钼[146]中含少量氧、氮或碳等间隙合金元素时，引起的合金晶界峰的峰温和激活能都比纯晶界峰的小，而且激活能大小的次序与引起脆化的程度有一定联系，激活能愈小者愈脆，可能是因为激活能愈小则晶界结合力或表面能愈低，也即晶间强度愈低，致使裂缝在晶界容易生核造成脆断.又如，铁中有少量碳存在时就不脆，而碳合金晶界峰的激活能(85kcal/mol)几乎比纯铁晶界峰的激活能(49kcal/mol)大了一倍[147,148].再如铜中含铋时很脆，它的合金晶界峰在 290℃(1kHz)，比纯铜晶界峰的峰温 500℃要低很多[143].按常规可以推测，激活能也应是低得很多.这些实验结果都说明晶界内耗峰的研究对晶界脆化机制的了解有重要意义.

1976 年冈迪(Gondi)等[149]对单晶铝(99.6%)在轻度冷加工后测出一个峰，峰温与上述晶界峰相近.因此认为原来的晶界峰不是来源于晶界而是位错引起的，并把该峰称为葛峰.差不多同时，瓦加德(Woigard)[150]也在单晶铝(99.99%)中测到一个葛峰，但后者的试样也有少量冷加工.葛等认为他们所用试样不是真正单晶，在轻度冷加工后高温退火可能发生再结晶.为此葛等用同样纯度(99.999%)而未经冷加工的单晶与多晶试样进行了仔细的测量.结果是只有多晶试样有峰，而真正的单晶试样无峰.由此澄清了这一争论[143].

§23.11 竹节晶界内耗峰

为了进一步澄清上述争论，葛庭燧等在大晶粒铝中确实观测到两个新峰(265℃和 365℃)，在葛峰附近，并且对它们的机制作了研究[143].

上面已提到晶粒增大时晶界峰向高温方面移动，峰高不变，但当晶粒尺寸超过试样直径时（竹节晶），内耗峰反而移向低温. 近年来还发现，当这种竹节晶粒不是太少时，峰高反而增大[143]. 这预示了有新的峰出现. 因此制备了只包含竹节晶粒的试样，在 265℃测出一个很高的内耗峰[图 23.64(a)]. 此时，没有三晶交界角的锁住效应，该峰不应是上述晶界弛豫引起，而且该峰也不出现在单晶试样中，因此认为是与竹节晶界有关. 进一步研究发现，该峰与竹节晶数目成正比，如图 23.64(b)[151]所示. 对 6N 铝(99.9999%)也有同样结果[152]. 所以称它为竹节晶界峰. 该峰激活能为 1.5eV. 与葛峰激活能相同，故容易被误认为葛峰.

正如上面所述，因为无晶角锁住效应，该峰的出现决不单纯是

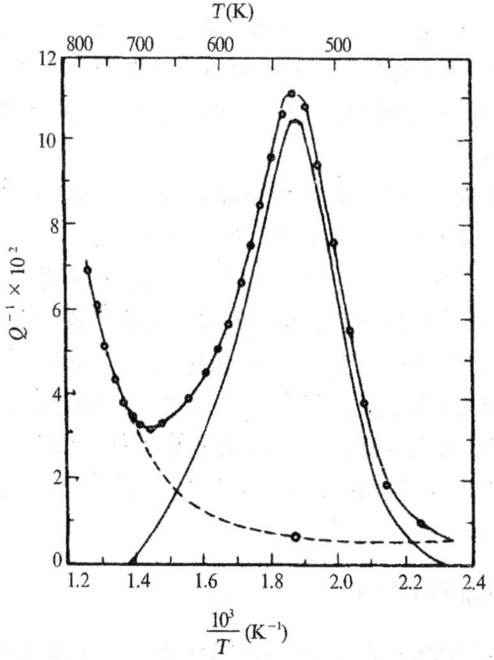

图 23.64(a) 纯铝(99.999%)试样的竹节晶界峰，竹节晶粒数 $N=53, f=1\text{Hz}$.

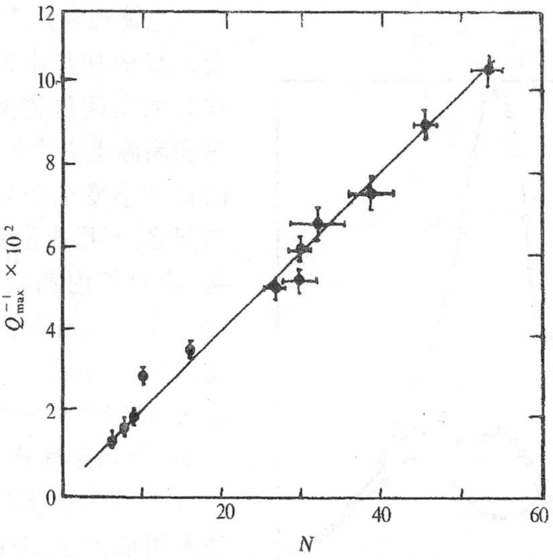

图 23.64(b) 竹节晶界峰高与晶粒数目 N 之间的关系.

竹节晶界的滑动.电镜观察表明,晶界附近有大量位错亚结构.正是这些位错亚结构代替晶角而起着限制滑移的作用,从而产生弛豫型内耗.

§23.12 高温位错内耗

(a) 高温位错内耗峰[153] 单晶或大晶粒(竹节晶)纯铝试样预先有百分之几的形变,然后在高于 550℃的温度退火,即可测出位于 365℃($f=1$Hz)的内耗峰.如图 23.65 所示,当形变 3%后在 460℃退火获得大晶粒的铝试样,在 290℃附近有一个不太高的竹节晶界峰;当退火温度高于 550℃,在高温侧还出现一个 365℃的峰.二者的差异是后者还可出现在真正的单晶中,因此它是不同于晶界峰的新峰;激活能(~1.84eV)也比自扩散激活能(1.5eV)大;还有较弱的振幅效应.另一个重要特点是,在该峰出现后再经拉伸形变(>2%),365℃峰立即消失,以后即使在很高温度退火(高于 600℃)也不复再现.

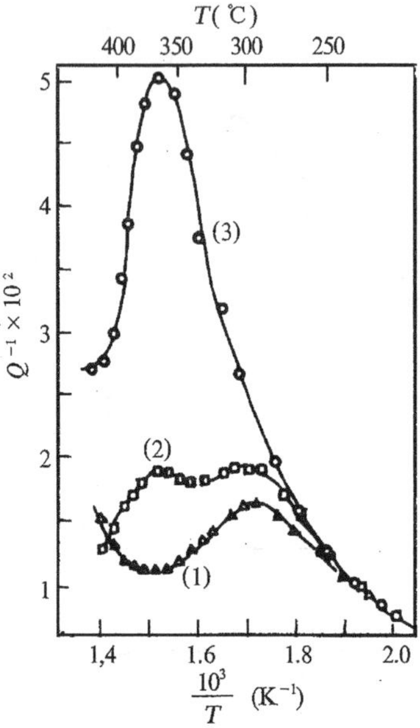

图 23.65 大晶粒铝(99.999%)(形变 3%后 460℃动态退火获得)的内耗温度曲线.
(1) 430℃退火 2h 后测量;
(2) 加热至 580℃立即降温测量;
(3) 600℃退火 2h 后测量.
$f\simeq1\text{Hz},\varepsilon_0=7\times10^{-6}$.

电镜观察发现,凡在出现此峰的样品中都观察到均匀的空间位错网络组态是在高温退火中形成,以后的拉伸形变会破坏这种均匀网络,而形成位错胞壁结构,这对该内耗无贡献.因此作者将此峰归因于均匀位错网络.从图 23.65 可以看出,该峰弛豫强度很高(5×10^{-2}),还有更高的达 0.3,一般位错弦的弓出运动不可能产生如此大的非弹性应变.因此,作者提出网络节点在高温下是可以移动的观点.这样位错网络的整体运动就能够产生很大的非弹性应变.这种节点的非保守运动的时率必将受割阶的形成和位错攀移运动所控制.因此这一弛豫过程的激活能应等于割阶形成能加上自扩散激活能,符合实验结果.

(b)高温背景内耗 当内耗测量到高温,大约在二分之一熔点温度($\frac{1}{2}T_m$)以上,内耗常常随温度指数上升,即

$$\delta=\delta_\infty\exp\left(-\frac{H}{k_BT}\right). \tag{23.102}$$

从图 23.62 和图 23.63 可以看到,在晶界峰的高温边有一个指数上升的背景内耗.即使在单晶中不出现晶界峰的情况也能看到这

一指数上升的高温内耗(图23.66)[50],并且随冷加工量的增大而增高. 因此,一般认为是位错引起. 相应地,模量随温度升高而迅速下降. 有人[107]得到模量亏损$\frac{\Delta Y}{Y}$与δ有相似的温度依赖关系. 但根据式(23.102)求得的激活能H很不一致. 如对单晶铜得到的H在0.5eV至2eV之间变化. 肖克等[154]考虑了内应力的影响,求得

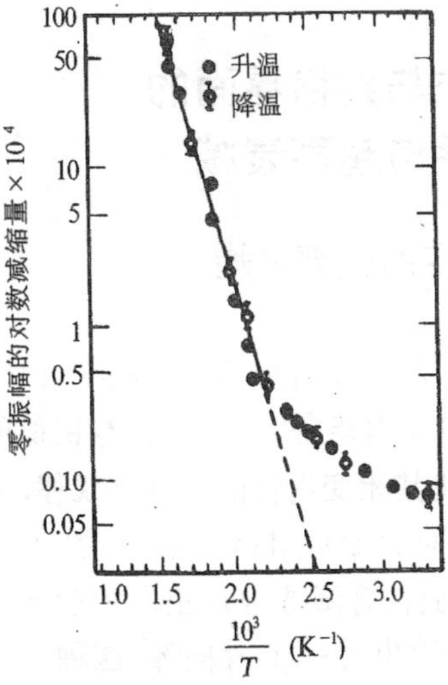

图 23.66 高温下铝单晶的振幅无关内耗与温度的关系.

$$\delta=\delta_{\infty}\left[\omega \exp\left(\frac{H_0}{k_B T}\right)\right]^{-n}, \tag{23.103}$$

n是与内应力分布函数有关的因子. 因此表观激活能($H=nH_0$)与样品的内应力状态有关. 根据改变频率ω的实验可以求得n,也就能得到真实激活能H_0,与自扩散激活能相当. 因此认为高温内耗是一种自扩散所控制的热激活过程所产生,表观激活能的分散是因为内应力分布函数的差异引起. 至于n与样品的内应力或微观内结构的关系仍不清楚.

有人[155]用类似扩散蠕变机制来解释低频下的高温热激活型内耗. 这种机制是在应力作用下,空位自垂直于张应力方向的界面向垂直于压应力方向的界面扩散所引起. 这种界面可以是多边化形成的位错墙,也可以是空位在构成弗兰克网络的位错间的扩散. 由此计算得的内耗公式是$\omega^{-1}\exp[-(E_f+E_m)/k_BT]$,其中$E_f$是空位形成能;$E_m$是空位迁移能. 但实验中得到的频率依赖关系远小于$\omega^{-1}$.

第二十四章　相变与共格界面的内耗与超声衰减

Ⅰ　一级结构相变的低频内耗

一级相变的内耗研究得最早也是最多的是马氏体相变，以后又扩展到许多氧化物的铁弹铁电相变内耗研究，它们具有相似的规律. 因此先以马氏体相变为例阐述其相变内耗的特征与规律. 首先是在 Fe-Ni[156]和 Fe-Mn[157,158]两种合金中进行了研究. 图 24.1 示出的是 Fe-Mn(17.5wt%Mn)合金在升降温进行正向和逆向马氏体相变(fcc⇌hcp)的温度范围内均出现一个内耗峰. 这种内耗现象以后在许多纯金属和合金(如 Co，Zr，In-Tl，Mn-Cu，Ni-Ti)以及多种贵金属的 β 合金中均观测到. 从实验规律与机制方面来看，可以分为瞬态内耗与稳态内耗两部分，现分述如下.

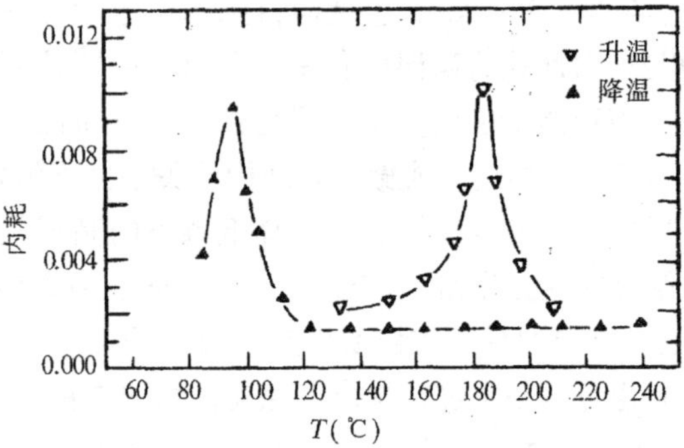

图 24.1　Fe-Mn 合金(含 Mn17.5wt%)在升降温马氏体相变过程中的内耗曲线.
升温速率：2.2℃/min，降温速率：2.0℃/min，测量频率：f=1.4Hz.

§ 24.1 瞬态一级相变的低频内耗

(a) 瞬态一级相变内耗的特征 连续变温测量($\dot{T}\neq 0$)时，内耗随变温速率 $\dot{T}$ 的增加而增高，随测量频率 f 的增加而降低，图 24.2 示出 Fe-Mn 合金(a)及 Co-Ni 合金(b)马氏体相变过程中，内耗峰值 Q_{max}^{-1} 与 $\dot{T}/f$ 的线性关系. 单位时间的转变量 $\frac{dM}{dt}=\frac{dM}{dT}\frac{dT}{dt}$，对变温转变的马氏体材料，在一定温度 T，$\frac{dM}{dT}$ 是常数，故 $\frac{dM}{dt}$ 正比于 $\dot{T}$，从图 24.2 示出的线性关系中可直接得到变温过程的瞬态相变内耗 Q_T^{-1}（即从测量值 Q^{-1} 中扣除 $\dot{T}=0$ 时的稳态内耗值 Q_S^{-1}）与振动一周时间内的转变量 $\frac{dM}{dt}/f$（$\propto$

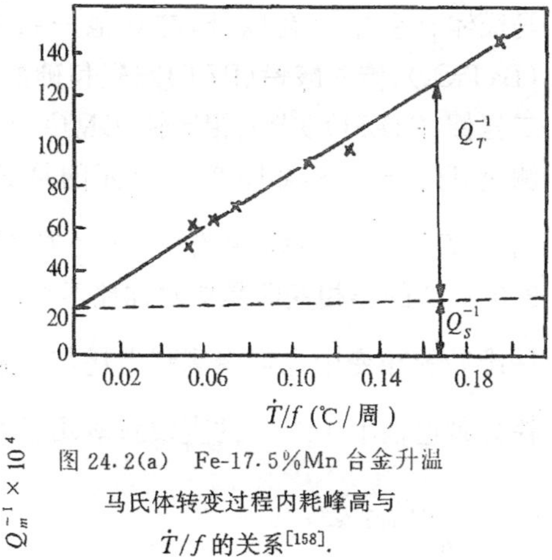

图 24.2(a) Fe-17.5%Mn 合金升温马氏体转变过程内耗峰高与 $\dot{T}/f$ 的关系[158].

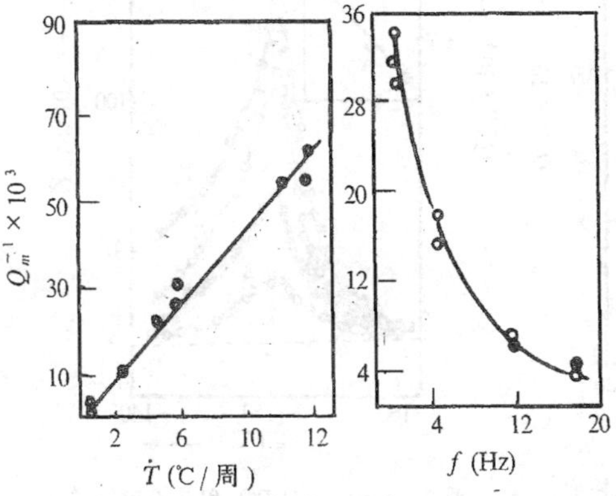

图 24.2(b) Co-23%Ni 合金升温马氏体转变过程内耗峰高与 $\dot{T}$ 及 f 的关系[159].

$\dot{T}/f$)成正比关系的结论[158]. 瞬态内耗的意义在于一旦变温停止($\dot{T}=0$),内耗即很快降为 Q_S^{-1} 值. 许多实验表明,非热弹性马氏体的 Q_S^{-1} 比热弹性马氏体的 Q_S^{-1} 值要小得多. 这一线性关系除了在马氏体合金中存在以外,在其他一系列铁电材料[160][如钛酸钡($BaTiO_3$)、锆钛酸铅(PZT)陶瓷和砷酸二氢铷(RbH_2AsO_4)、磷酸二氢钾(KH_2PO_4)[161]、钼酸钆(GMO)[162]等晶体]的居里点附近也测量到这一关系,如图 24.3 所示的是 KH_2PO_4 单晶的相变内耗峰高与 $\dot{T}$ 及 $1/f$ 的线性关系,甚至在 $LiNbO_3$ 晶体的 75℃[163]和 300℃[164]的类相变即晶体对称性不变仅有晶格参数发生跳变的一种维妙的相变中也都观测到内耗与 $\dot{T}$ 成正比的关系,而且稳态内耗分量也很小,Q^{-1}-$\dot{T}$ 的直线斜率几近通过原点.

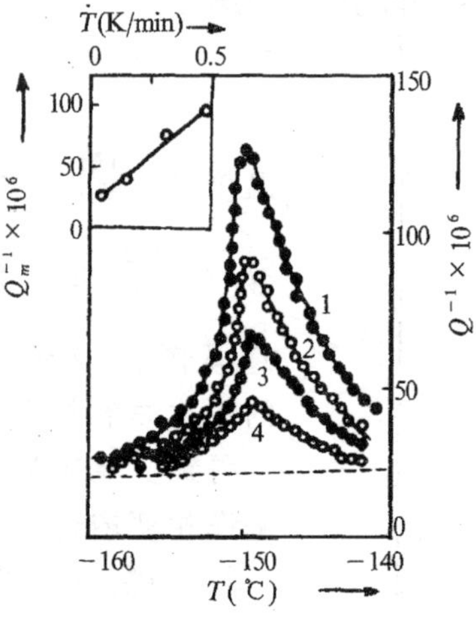

图 24.3(a) KH_2PO_4 单晶铁电铁弹相变内耗峰高与 $\dot{T}$ 的关系[141]. $f=2.6$Hz 升温速率($\dot{T}$)为 (1)0.5;(2)0.36;(3)0.16;(4)0.09K/min.

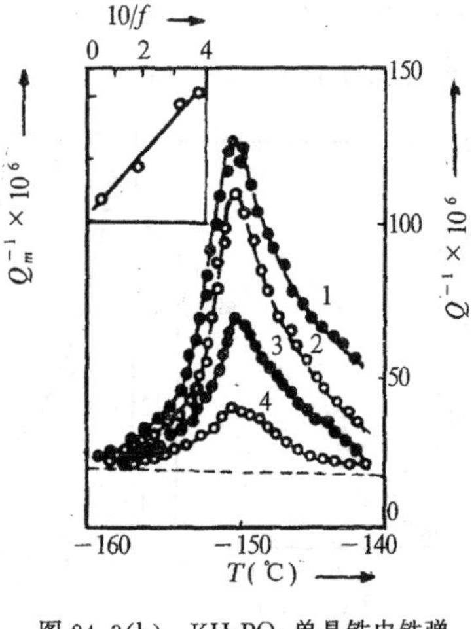

图 24.3(b) KH_2PO_4 单晶铁电铁弹相变内耗峰高与 $1/f$ 的线性关系[141]. $\dot{T}=0.5$K/min,频率(f)为(1)2.6;(2)3.2;(3)5.5;(4)16.6Hz.

此外，由于应力可以诱发马氏体相变，有人曾对 NiTi 在拉伸过程进行内耗（扭摆）测量[165]，在内耗应变曲线上也得到一个内耗峰，且峰高随应变速率 $\dot{\varepsilon}$ 的增大而增高，类似温度效应.

(b) 瞬态相变内耗的理论　1963 年，根据 Fe-Mn[158]合金的实验事实，我们提出变温相变内耗正比于振动一周的转变量，这也是以后两种理论的共同结论.

(1) 贝尔科（Belko，V. N.）和波斯特尼可夫（Postnikov，V. S.）理论[159]. 这一理论是基于一级相变新相成核的涨落特征，由于相变的点阵结构变化必伴生非弹性应变，外加应力将改变临界核的大小与能量 U，当应力 σ 的方向与相变时原子间相对位移方向是一致的则做正功，因而使成核功减少

$$U = U(T) - \beta a\sigma, \tag{24.1}$$

β 是临界核的体积，a 是相变产生的非弹性应变. 单位时间成核数应为

$$\dot{N}(U) = \frac{1}{\tau}N(U), \tag{24.2}$$

式中 τ 为平均成核时间，$N(U)$ 为单位体积核数目

$$\tau = A\mathrm{e}^{U/kT}. \tag{24.3}$$

单位时间转变量为

$$\dot{M} = V\int \dot{N}(U)\mathrm{d}U, \tag{24.4}$$

V 是马氏体片的平均体积. 当应力 σ 很小时，从式(24.1)和式(24.3)可得

$$\tau = \tau_0\left(1 - \frac{\beta a\sigma}{kT}\right), \tag{24.5}$$

τ_0 为无外应力时的成核时间. 由式(24.2)和式(24.5)可得

$$\delta\dot{N}(U) = \frac{1}{\tau_0}\delta N(U) + \frac{\beta a\sigma}{\tau_0 kT}N_0(U), \tag{24.6}$$

$N_0(U)$ 是未加外应力时的核密度.

设周期外应力为 $\sigma = \sigma_0\mathrm{e}^{i\omega t}$，代入上式后积分并忽略二级小项，得

$$\delta N(U) = -\frac{i}{\omega}\frac{\beta a\sigma}{\tau_0 kT}N_0(U), \tag{24.7}$$

$\delta N(U)$是外应力引起的核密度的变化，$\omega=2\pi f$ 为振动圆频率，因而由外应力诱致相变而产生的非弹性应变为

$$\varepsilon'' = \delta N(U)\cdot aV = -\frac{i}{\omega}\frac{\beta a^2\dot{M}\sigma}{kT}. \tag{24.8}$$

上式用了(24.2)和(24.4)两关系式，因此内耗为

$$Q_t^{-1} = \frac{I_m\varepsilon''}{\varepsilon'} = \frac{G}{\omega}\frac{\beta a^2}{kT}\dot{M}, \tag{24.9}$$

式中 ε' 为弹性应变；$G=\frac{\sigma}{\varepsilon'}$ 为切变模量，代入 $\dot{M}=\frac{\mathrm{d}M}{\mathrm{d}T}\frac{\mathrm{d}T}{\mathrm{d}t}$，即得

$$Q_t^{-1} \propto \frac{\dot{T}}{f},$$

与实验结果一致.

(2)德洛梅(Delorme，J. F.)模型[166]. 德洛梅根据钢在马氏体相变过程的微范性试验，提出一个假设，即相变引起的非弹性应变 $d\varepsilon_p$ 有如下式关系：

$$\mathrm{d}\varepsilon_p = A\cdot\sigma\cdot\mathrm{d}M\cdot G^{-1}, \tag{24.10}$$

$\mathrm{d}M$ 是当温度变化 $\mathrm{d}T$ 所产生的马氏体增量，而

$$\mathrm{d}M = \frac{\mathrm{d}M}{\mathrm{d}T}\frac{\mathrm{d}T}{\mathrm{d}t}\mathrm{d}t, \tag{24.11}$$

σ 是外应力，G 为切变模量，A 是材料常数. 这一假设说明非弹性应变不仅与转变量成正比，而且还与外应力成正比. 将 $\sigma=\sigma_0\sin\omega t$ 和式(24.10)代入内耗公式

$$Q_T^{-1} = \frac{\Delta W}{2\pi W} = \frac{G}{\pi\sigma_0^2}\int_0^{2\pi}\sigma\cdot\mathrm{d}\varepsilon_p = \frac{A}{2}\left(\frac{\mathrm{d}M}{\mathrm{d}T}\cdot\dot{T}/f\right), \tag{24.12}$$

得到了内耗与 $\dot{T}/f$ 的线性关系.

目前的问题是(1)近年来有人对 NiTi[166,167]、MnCu[168]和 Co 在更宽的 $\dot{T}/f$ 范围进行了测量，得到了内耗与 $\dot{T}/f$ 的非线性关系. 图 24.4 示出的是 NiTi 的测量结果，因而上述关于线性关系的

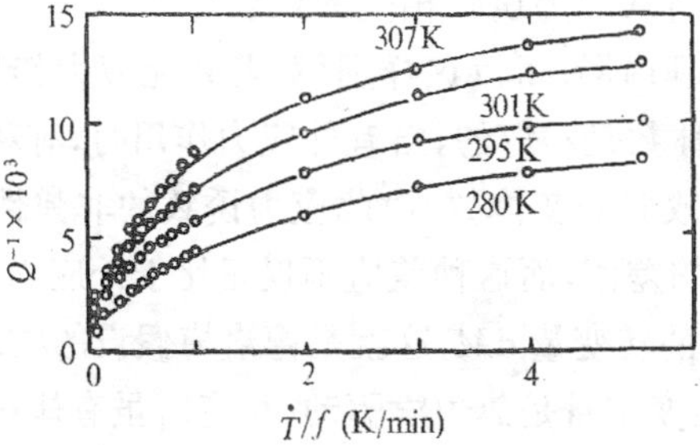

图 24.4　NiTi 合金中马氏体相变内耗与 $\dot{T}/f$ 的非线性关系[147].

理论需要进一步发展.分析已有的实验结果,我们认为[169]对于非热弹性马氏体相变(如 Fe-Ni,Fe-Mn 等合金中)内耗与 $\dot{T}/f$ 的线性范围比较大,而热弹性马氏体(如 NiTi,Mn-Cu 等合金)中则易出现非线性范围.这意谓着在具有软模相变的材料中非线性关系明显.引入了在弹性软化的温度区间成核率对应力更敏感的合理假设,可以得到这一非线性关系的定性趋势[169].至于 KDP 是有软模的晶体,为什么有很好的线性关系将在 §24.4 中说明.

另一个问题是有人提出[170],上述两个理论的出发点完全不同,为什么会获得基本一致的结论?事实上二者是有一定的内在联系[169].因为成核率反比于成核时间,从式(24.5)可有

$$\dot{N}=\dot{N}_0\left(1+\frac{\beta a\sigma}{kT}\right). \tag{24.13a}$$

单位时间转变量($\dot{M}$)

$$\dot{M}=\dot{N}V=\dot{M}_0\left(1+\frac{\beta a\sigma}{kT}\right),$$

式中 $\dot{N}_0$ 和 $\dot{M}_0(=\dot{N}_0V)$分别表示 $\sigma=0$ 时的成核率和转变率.只有外加应力引起的附加非弹性应变才对内耗有贡献,因此

$$\frac{\mathrm{d}\varepsilon_p}{\mathrm{d}t}=(\dot{M}-\dot{M}_0)a=\frac{\beta a\sigma}{kT}\frac{\mathrm{d}M_0}{\mathrm{d}t}. \tag{24.13b}$$

显然,可得到德洛梅的假设公式 $\mathrm{d}\varepsilon_p\propto\sigma\cdot\mathrm{d}M_0$.因此,从微范性试

验获得的假设可从应力诱致相变的概念导出，只是后者给前一种假设补充了物理内涵. 可以这样理解，若在无应力作用下，各种取向的马氏体变体数是相等的，当有外应力作用时，有利取向的变体数将多于不利取向的变体数，由此应力诱致的非弹性应变应正比于两种变体数的差值，而这种差值不仅正比于外应力，而且正比于 $\sigma=0$ 时马氏体的转变量 dM，这就是德洛梅假设的物理基础，这一点至关重要，相变本身是热力学驱动，相变时虽有体积变化产生的范性形变，但不产生内耗. 只有外应力诱导的附加非弹性形变才是内耗的根源.

§24.2 稳态一级相变的低频内耗

当阶梯变温在稳定温度($\dot{T}=0$)下测量，在与 Q_T^{-1} 峰同样温度范围也可得到一个稳定的内耗峰，只是峰高比变温测量的低，当然在变温测量的内耗中应当包含这一部分，相当于图 24.2 中纵坐标上截距. 对于热弹性马氏体及铁弹相变，稳定峰很高，对于非热弹性马氏体或无弹性软化的相变(如 Fe-Mn 合金[171] $LiNbO_3$ 的 75℃和 300℃的[163,164]类相变)，这一稳定峰比较低，或趋于 0.

(a) 稳态相变内耗峰的特点

(1)对热历史敏感. 相变内耗对热历史敏感，各次循环测得的结果往往不同. 图 24.5(a,b)示出 Au-47.5at%Cd 合金[172]在缓慢退火后第一、二、三次循环过程测得的相变内耗曲线，逐次升高，循环 6～7 次以后，基本趋于稳定. 浮凸金相试验表明[173]，马氏体晶粒逐次变细，也即界面逐次增多，说明相变内耗大小与相界面的多少有关.

Cu-Zn-Al 合金有类似的结果，淬火后第一次升温测量无相变峰，但降温测量出现明显的相变峰，作者[173]认为是淬火空位引起的效应，这不能解释上述 AuCd 的结果，因为 AuCd 合金是慢冷却的退火状态，以后曾有人[174]用 CuZnAl 单晶马氏体测得内耗峰很低，而多变体(即多晶)马氏体中，内耗峰很高，这与 AuCd 合金所

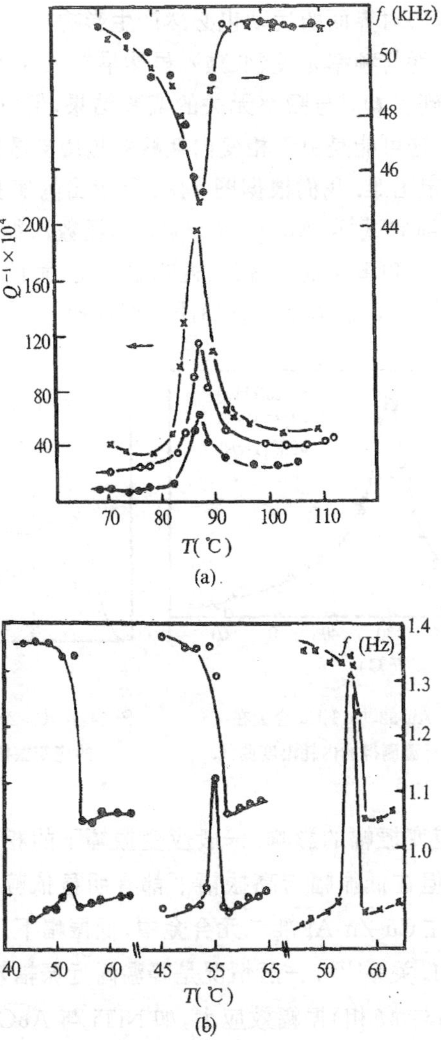

图 24.5　Au-47.5at%Cd 合金各次循环测得的内耗与频率对温度的依赖关系[172].

·第一次测量；° 第二次测量；×第三次测量.

(a) $f=49$kHz,升温测量；　(b) $f=1$Hz、降温测量.

得结论是一致的，说明界面对内耗机制起主导作用，但点缺陷(如淬火空位等)对界面的运动也必然产生影响.

(2)内耗与频率无关(低频). 虽然早在AuCd[158]和Mn-Cu[175]合金就得到了Q^{-1}与频率无关的实验结果，但以后多年未见有明确的报道，这可能是由于相变内耗峰对热历史敏感，要研究频率的影响有一定困难. 我们根据图24.5所示出的实验启示，选用马氏体晶粒很细的试样(Au-52.5at%Cd)，经数次循环后峰高趋于稳定，然后改变频率测量，不仅内耗峰温不变，而且峰高也不变，如图24.6所示[176]，可认为是一种静滞后型损耗.

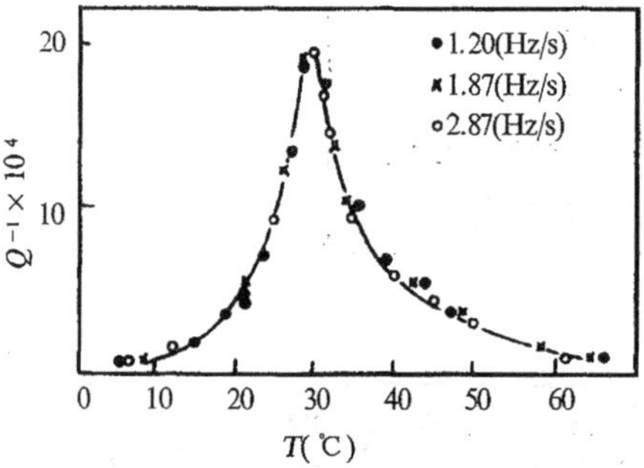

图24.6 Au-52.5at%Cd合金在不同频率下升温测得的内耗温度曲线.

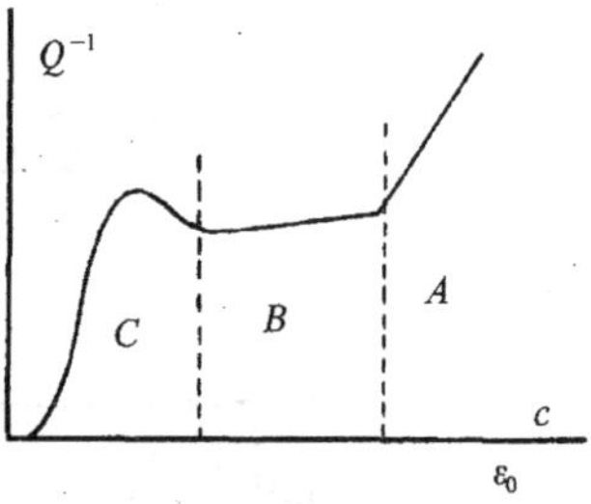

图24.7 Cu-Zn-Al合金相变内耗的应变振幅依赖示意图.

(3)应变振幅的影响. 一般应变振幅下的相变内耗与振幅无关[175,176]，但在低振幅与高振幅下都有明显依赖性，图24.7为示意图[177]. 在Cu-Zn-Al准二元合金中，低振幅下，有类似位错脱钉内耗的G-L关系[177]. 一般情况是峰温附近振幅效应不明显，而峰两侧(母相与M相)振幅效应大，如NiTi与AuCd[178]合金的例子(图24.8). 但Cu-Zn-Al合金正好相反，峰附近振幅效应大而峰两侧振幅效应小，这可能是各种合金A,B,C区出现的振幅范围有较大的差异.

(4)弹性模量软化. 在相变内耗峰的峰温附近，弹性模量有极小值，这对热弹性马氏体合金是普遍现象，图 24.9 示出的是 NiTi 合金的结果[179]. 图 24.5 示出的是 AuCd 合金的结果.

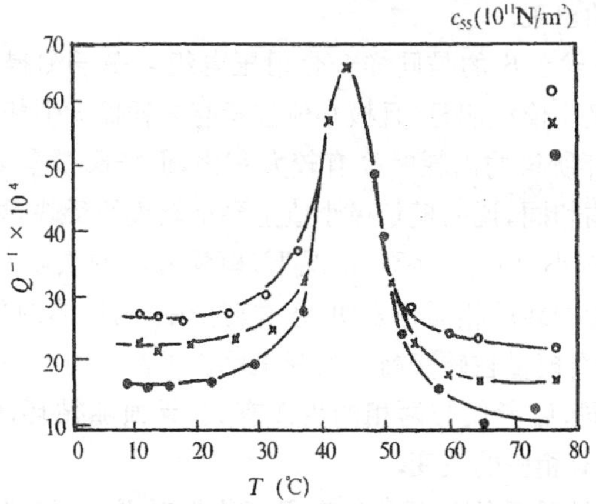

图 24.8 Au-46.1at%Cd 合金在不同应变振幅 ε_0 下升温测得的内耗～温度曲线. $f=1Hz$[172]. 图中●: $\varepsilon_0=4.0\times10^{-4}$; ○: $\varepsilon_0=2.2\times10^{-4}$; ×: $\varepsilon_0=8.0\times10^{-5}$.

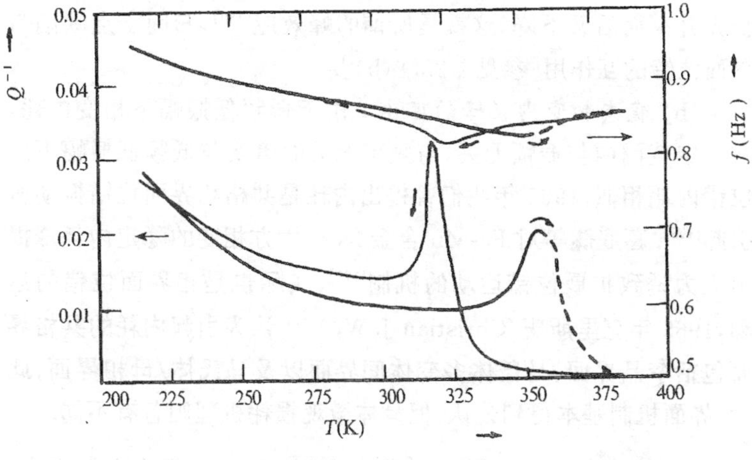

图 24.9 NiTi 合金的内耗-温度和频率(模量)-年克里温度曲线.

图 24.5(b)所示的 Au-47.5at%Cd 中扭转模量的级小值不在

峰温处，这是由于马氏体的扭转模量比母相的大得多，而测量的弹性模量是两相总体的平均值，马氏体生成后，模量提前增大，即提前了极小值的出现.

图 24.5(a)示出的是同样合金用压电组合振子测得的结果，杨氏模量的极小值很明显，且极小值位置与内耗极大值相对应.尽管各次热循环所得的内耗峰高有较大变化，但杨氏模量与扭转模量曲线各次均相同，说明模量极小值主要是软模的反映，模量亏损的贡献相对较小(但并非所有情况下，模量亏损的贡献总是次要的)，而且模量曲线的相同也表明，各次转变中，马氏体的总体积是相同的，因弹性模量在转变前后的变化反映了参与转变的总体积，这与内耗不同，后者仅与两相的界面有关，界面随循环次数的变化，导致内耗有相应的改变.

(5)热弹性马氏体相区往往有很高的内耗平台，如图 24.9 所示 NiTi 合金的例子，这是多变体界面及孪晶界面引起的静滞后型损耗，也正是高阻尼材料可应用的范围.如果是淬火到室温的 Cu-Zn-Al，由于引入了过量的空位，这一高阻尼值将随时效时间的增长先升高而后又下降，这就是所谓的峰效应[180]，归因于点缺陷与界面位错的互作用[参见 § 23.8(b)].

(b) *稳态相变内耗峰的理论*　由于低频低振幅下相变内耗，在一定范围内与振幅无关，与频率无关的事实与低频低振幅下的位错内耗相似，1963 年我们曾提出内耗是共格相界面位错振动所引起[158].葛庭燧等对 Fe-Mn 合金 fcc⇌六方相变的稳定内耗峰提出应力诱致扩展位错运动的机制[171]，实际也是相界面位错的运动，1965 年克里斯庆(Christian J. W.)[181]认为引起内耗的共格界面包括孪晶界面、马氏体多变体间界面以及马氏体/母相界面，此后，界面机制基本得到公认，但具体微观损耗机理则各有不同.

(1)德杨(Dejonghe，W.)[182]考虑到 $\dot{T}=0$ 时仍有内耗产生，提出除温度变化引起马氏体转变外，应力也可以引起 $\beta\rightleftharpoons M$ 转变，这是热弹性马氏体的特征，在德洛梅模型的公式里加了应力诱导

相变的一项，即

$$\frac{\mathrm{d}M}{\mathrm{d}t}=\frac{\partial M}{\partial T}\cdot\frac{\partial T}{\partial t}+\frac{\partial M}{\partial \sigma}\cdot\frac{\partial \sigma}{\partial t}, \tag{24.14}$$

并推导得

$$\delta=\frac{A}{2\pi}\left\{\frac{\partial M}{\partial T}\dot{T}/f+\frac{4}{3}\sigma_0\frac{\partial M}{\partial \sigma}[1-(\sigma_c/\sigma_0)]^3\right\}, \tag{24.15}$$

σ_c 是诱发马氏体的临界应力，σ_0 是应力振幅. 这里既可以说明变温测量中 Q^{-1} 与 $\dot{T}/f$ 的线性关系，又可解释稳定温度测量中的内耗峰. 但对振幅的明显依赖关系不能解释图 24.7 中 β 区振幅无关的内耗，而且这仍是唯象理论，未涉及微观机制. 虽然他的应力诱导马氏体也包括多变体之间的转变，即包含了界面的运动.

(2)界面位错弦振动模型[179]. 默瑟(Mercier, O.)用了福曼(Foreman, A. J.)对各向异性晶体中位错弹性能的计算结果，即各向异性晶体中位错弹性能的表达式与各向同性晶体中的相同，只要将 $W=\frac{\mu b^2}{4\pi}\ln R/r_0$ 中切模量 μ(即前面所用的 G)换为 μ^A(称为能量因子)，而 μ^A 是几个弹性系数分量的函数. 如对 fcc 结构，默瑟计算得螺位错沿〈110〉方向，滑移在{111}面中的能量因子是

$$\mu_s^A=\left[\frac{1}{2}(C_{11}-C_{12})\cdot C_{44}\right]^{1/2}. \tag{24.16}$$

对刃型位错，沿〈100〉方向，滑移在{110}面中的能量因子是

$$\mu_e^A=\frac{(C_{11}+C_{12})[C_{44}(C_{11}-C_{12})]^{1/2}}{[(C_{11}+C_{12}+2C_{44})C_{11}]^{1/2}}. \tag{24.17}$$

在相变温度附近，$(C_{11}-C_{12})$是极小值(软模)，因而 μ^A 也有极小值.

又将振动弦模型的 G-L 位错内耗公式用于相界面上的位错，即

$$Q^{-1}=g^2\frac{\Lambda b^2}{J_0k}\cdot\frac{\omega\tau}{1+\omega^2\tau^2}, \tag{24.18}$$

g^2 是几何因子，Λ 是位错密度，b 是柏氏矢量，J_0 是顺服系数，k 是弦张力产生的恢复系数，τ 是弛豫时间($\tau=B/k$，B 是阻尼常数)，

在准静态近似中，$k=12\mu b^2/l^2$，l 为钉扎点间位错弦长．对各向异性材料，μ 应用 μ^A 代替．

对于低频内耗，$\omega\tau\ll1$，得到

$$Q^{-1}=\frac{g^2\Lambda l^4\omega}{144b^2J_0(\mu^A)^2},\tag{24.19}$$

即

$$Q^{-1}\sim(1/\mu^A)^2.$$

在相变温度，μ^A 是极小值，因而解释了相变内耗有极大值的出现，这是首次引入了弹性软化的概念．但是他们自己也认为 Q^{-1} 正比于 ω 的关系不符合低频内耗的实验事实．

(3)界面位错与杂质内应力场相互作用的静摩擦机制[178]．由于杂质原子的存在，位错运动将受到杂质应力场的阻碍作用，这个起伏的内应力场的平均振幅可用莫特(Mott N.F.)公式表示．

$$\sigma_M=(2\pi)^{-1/3}\mu\eta^{4/3}n^{11/9}[\ln(1/n)],\tag{24.20}$$

μ 为切变模量，η 为原子错配度，$\eta=\frac{1}{a}\mathrm{d}a/\mathrm{d}n$，$n$ 为杂质原子浓度，a 为点阵参数，$\mathrm{d}a$ 为两种原子半径差．由于体心立方结构的 β 相合金在马氏体相变温度附近，(110)面沿$[1\bar{1}0]$方向的切变模量 $C'=\frac{1}{2}(C_{11}-C_{12})$有明显的软化，位于这个面上的位错很容易运动，而其他取向的位错可以看作是不动的，则内应力场的平均峰值

$$\sigma_M=(2\pi)^{-1/3}C'\eta^{4/3}n^{11/9}[\ln(1/n)]=\beta C'.\tag{24.21}$$

当外加应力振幅 $\sigma_0<r\sigma_M$ 时(r 是方向因子)，在周期性应力作用下，位错的位移与起伏变化的内应力场波长 λ 同数量级．引用威特曼[133]在稀合金中振幅无关静滞后型位错内耗的处理方法，进行如下计算，当外应力从 σ 增加到 $\sigma+\mathrm{d}\sigma$ 时，可动位错的长度是高斯分布

$$B\exp(-\sigma^2/r^2\sigma_M^2)\mathrm{d}\sigma,\tag{24.22}$$

B 可由(110)面上位错总长度 N 守恒条件来定

$$\int_0^\infty B\exp(-\sigma^2/r^2\sigma_M^2)\mathrm{d}\sigma=\frac{\sqrt{\pi}}{2}Br\sigma_M=N,$$

$$B = 2N/\sqrt{\pi}\, r\sigma_M. \tag{24.23}$$

当应力振幅 σ_0 小于 $r\sigma_M$ 时，每个振动周期耗散的总能量是

$$\Delta W = \lambda b\int_0^{\sigma_0} B\sigma\exp(-\sigma^2/r^2\sigma_M^2)\mathrm{d}\sigma$$

$$\simeq \frac{1}{\sqrt{\pi}} N\lambda b(\sigma_0^2/r\sigma_M), \tag{24.24}$$

式中 b 是柏氏矢量，并代入式(24.21)

$$Q^{-1} = \frac{\Delta W}{2\pi W} = 2\pi^{-3/2}\lambda b\mu_t S_i \cdot n_i/r\beta C', \tag{24.25}$$

式中 μ_t 是扭转模量；S_i 是样品中可动界面的总面积，n_i 是单位面积上位错的总长度，即 $S_i \cdot n_i = N$. 因所用试样是多晶，μ_t 随温度变化不如软模 C' 敏锐. 在文献[178]中计算了一定取向的单晶及多晶中 μ_t 与 C' 的关系，C' 对多晶 μ_t 影响较小. 故当 C' 为极小值时由式(24.21)知，可动界面也相应最多，从而由式(24.25)可看出，此时内耗应出现峰值. 另外，更重要一点是，此处考虑的是长程应力，对界面的作用是一种静摩擦力. 因此，内耗与频率无关符合实验事实. 当 $\sigma_0 > r\sigma_M$ 时，界面位移量迅速增大($>\lambda$)，此时将产生与振幅有关的内耗. 但这理论对界面随温度的变化及其动性仍未作定量处理.

(4)位错脱钉模型. 因为低振幅下(图 24.7C 区)相变内耗与振幅的依赖性类似 G-L 关系，所以也有人[177]提出位错脱钉模型，用 G-L 公式(23.66)和 $Q^{-1} = \frac{\delta_H}{\pi}$

$$Q^{-1} = \frac{C_1}{\varepsilon_0}\exp(-C_2/\varepsilon_0), \tag{24.26}$$

其中

$$C_1 = \Omega\Lambda\Delta_0 L_N^3/\pi^2\mu l^2, \tag{24.27}$$

$$C_2 = \Gamma/\mu, \tag{24.28}$$

ε_0 为应变振幅，Ω 是取向因子；Λ 是位错密度；$\Delta_0 = 4(1-\nu)/\pi^2$，$\nu$ 为泊松比；l 是杂质钉点间距，L_N 是脱钉后位错弦长(强钉间距)，μ 是切变模量，在相变温度用各向异性的能量因子 μ^A 代替 μ. Γ 是

脱钉应力与 μ 成正比，因此 $C_2=\Gamma/\mu$ 中 μ 被消去后变为常数. 从式(24.27)得 $C_1\propto 1/\mu^A$，在相变点附近，μ^A 趋于极小值，C_1 即达极大值；从而也解释了相变内耗峰. 这一机制说明图 24.7C 区小振幅的内耗比较好，也能说明与频率无关的静滞后型特征，但和前面一样也未考虑可动界面的数量与可动性的变化.

以上几种界面位错模型能阐明部分实验规律，位错弦振动模型引入了软模概念说明了内耗峰的出现，位错脱钉模型可以解释低振幅下内耗对振幅的强烈依赖，而位错运动的静摩擦机制可以说明相当大振幅范围内，内耗与频率(低频 < kHz)无关与振幅无关的事实. 但关于可动界面的密度与动性和内耗的关系尚待进一步研究. 另外，这些基于界面位错模型理论对于合金马氏体相变内耗适用. 对于无位错界面引起的内耗如氧化物晶体中的相变内耗以及畴界内耗将在 § 24.3～ § 24.5 中阐述.

Ⅱ 晶格不稳定性及畴界引起的内耗

§ 24.3 孪晶粗(细)化过程及其他晶格不稳定性引起的内耗

(a)上一节已提到马氏体相变的稳态内耗峰可归因于共格界面的运动，这一概念已被公认. 但由于界面的不同类型，如新相与母相的界面，马氏体相的多变体间界面及孪晶界面几乎同时出现在相变过程中，要研究界面与内耗的定量关系比较困难. 氧化物晶体的铁弹相变不少是二级相变，因此相变过程没有相界面，如果原来高温相是单晶体，则低温相往往只有孪晶界面，而且形态规整，界面都是平行的，如 $La_{1-x}Nd_xP_5O_{14}$(LNPP)、KH_2PO_4(KDP)以及 $Gd_2(MO_4)_3$(GMO). (后二种晶体是近二级铁弹相变). 这些晶体低温相的孪晶界的密度随着温度的升高不断增加，直至 T_c 点全部消失. 这是因为当温度低于 T_c 时，一方面是有序度的提高降低了自由能，使成为铁弹相；另一方面由于晶胞发生畸变(即自发应变)，而导致弹性能的增加，通过孪晶的形成可抵消部分弹性能，但畴的形成又使界面能增加. 三种能量的竞争结果使孪晶畴的密度随温度的降低而逐渐减少，或称为孪晶畴粗化[183]图 24.10 示出的是在测量内耗的同时用偏光显微镜(特制装置)观察到的 LNPP 畴结构变化. 这种晶体在 T_c(141℃)点有 $mmm \rightleftharpoons 2/m$ 的二级铁弹

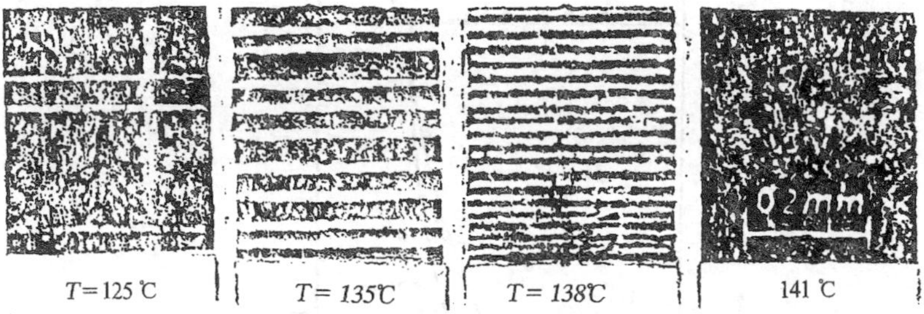

图 24.10　LNPP 晶体中孪晶畴的形貌及其随温度的变化[183].

相变. 图 24.11(b)中示出了在 50kHz 测量的内耗结果和同时观测的畴界密度 N 随温度的变化. 内耗曲线上有两个尖峰(P_1 和 P_2). P_1 峰所在温度恰好是畴消失的温度，也是模量 C_{55}极小值的位置，且升降温度测量没有滞后，显然是与二级相变有关的内耗. P_2 峰和 P_2' 峰表现出升降温过程的热滞后. 相应的畴界密度 N 的变化也表现出热滞后. P_2 和 P_2' 的峰巅对应着 $N=50\pm10$/mm(因畴界几乎都横穿晶体，N 表示单位长晶体中的畴界数). 此时，正负畴片接近等宽度状态. 显然，P_2 是在畴的粗化(或细化)过程产生的内耗峰. 显微镜下观察到畴片的增减和马氏体片的切变相类似，是突变型. 还有比热反常[184]和上述热滞后等现象都说明这种畴的粗(细)化是一种没有结构对称性改变的类一级相变. 最近，在 1991 年 MRS 秋季会议铁电薄膜分会的一篇论文[185]中报道了在 PLZT 等铁电材料中发现过去所谓的 $\alpha\rightarrow\beta$ 相变，实际是畴的粗化过程，与上述实验所得结论一致.

由于此处测量内耗的频率很高(100kHz)，P_2 峰属稳态类相变内耗峰，可归因于畴壁的增减和运动. 但 P_2 峰偏离二级相变温度 T_c，不是对应着弹性系数的极小值，因此不能用软模来解释峰的形

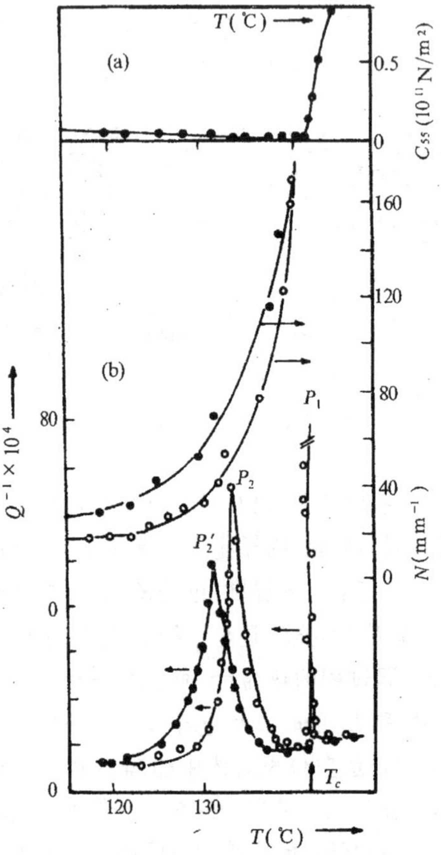

图 24.11　LNPP 晶体中弹性系数 C_{55}(a)，畴界密度 N 和内耗 Q^{-1}随温度的变化(N 和 Q^{-1}同时测量)；　(b) $f=50$kHz.

成.从图 24.11(b)实验可以得到，畴界密度 N 随温度是递增的函数关系，即 $N\sim(T_c\text{-}T)^{-1}$，内耗开始随畴界的增加而增大.但达到峰顶以后 N 仍继续增大，而内耗为什么会降低呢？从实时观察中还发现白畴从黑畴中很快长出并接近于恒定宽度，相当于一种类马氏体的亚稳相，直到黑畴宽度与白畴宽度相近时，进一步再长出新畴必须减少原先的平衡宽度，因而对相邻的畴产生排斥作用. 这一结论已被实时显微观察所证实，如图 24.12 的示意图，a 和 b 畴

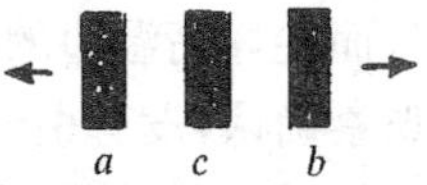

图 24.12　当 c 畴形成时，a 和 b 畴被挤压而向两侧移动.

片由于新畴 c 的长出而被挤压向两侧移动. 由此畴壁间相互作用将使畴壁的动性降低，从而内耗也就降低形成 P_2 峰. 同时也能说明 P_2 峰巅为什么接近正负畴等宽时的温度(图 24.11).

由于 P_1 相变峰很窄，测量中常被忽略，而 P_2 峰又很靠近 T_c，常把 P_2 峰认为是相变峰，如 $KH_2(SeO_3)_2$ 晶体[186]，和 LNPP 相似，在 -62℃发生 $mmm \rightleftharpoons 2/m$ 的二级铁弹相变，而内耗峰在多数情况下只测出一个位于 -72℃的峰，被认为是相变峰. 最近，在此类晶体中进行仔细测量，发现 P_1，P_2 共存是普遍现象，如 TGS 和 KDP 等二级或弱一级相变晶体[187,188].

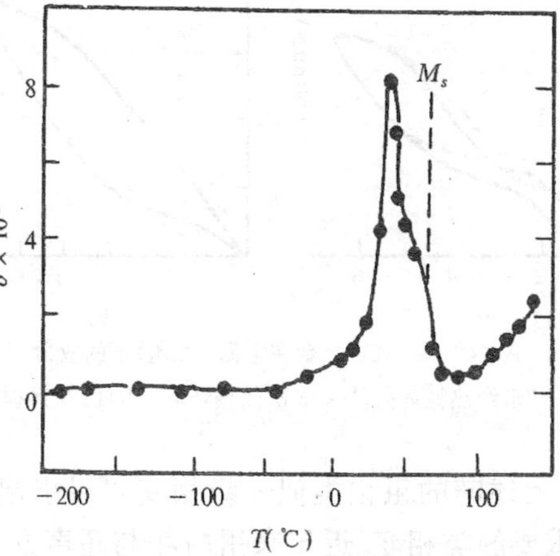

图 24.13　In-19.5%Tl 合金单晶在 M_s 点附近的内耗峰. 尖峰是由于孪晶粗化引起；高温边的肩峰则是马氏体相变引起[191].

实际上这种双峰现象早在 In-Tl 合金的弱一级马氏体相变($fcc \rightleftharpoons fct$)附近早已测量到[189]，如图 24.13 所示. 德莫登(De Morton, M. E.)观察到随着四方性 c/a 的增大，孪晶不断粗化，并认为尖峰是孪晶粗化引起，而尖峰高温边的肩峰才是相变峰. 由于二峰靠得太近，且无直接观察确认，没有引起注意.

这种共格界面相互作用对界面动性的影响已用于热弹性马氏体的形状记忆效应的机理研究[190]. Au-47.5at%Cd 合金的拉伸(σ-ε)曲线[图 24.14(a)]表明第 1 次试验得到临界应力 σ_c 很低的铁弹回线，随着热循环次数的增加，σ_c 也增大，同时记忆效应即剩余应变也减小(虚线所示)，12 次热循环后变成超弹回线[图 24.14(b)]. 金相观察结果，循环次数愈多，马氏体片愈细，直至 12 次以后，马氏体也由正交变成了六方结构，此时畴界间距比初始状态要小一个数量级以上. 所以这种超弹行为可以部分归因于畴界相互作用变强，使其恢复力增大，当然空位和结构的变化也是有影响的，这里想说明畴界间相互作用不可忽视.

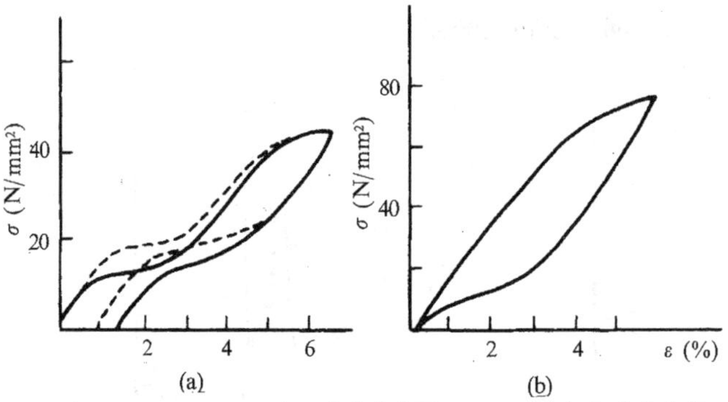

图 24.14　Au-47.5at%Cd 合金在室温($<M_s$)下的应力-应变曲线.
(a)"—"未经热循环前；"---"5 次热循环后；(b)12 次热循环后.

(b)除了上述畴的粗化类似一级相变可以引起内耗峰外，还有另一种更重要的类相变. 近年来用内耗与超声方法在几种高温超导氧化物的 T_c 以上发现了几个具有相变特征的内耗峰[191]. X 光衍射结果表明，峰温区仅有晶格参数的微小跳变而没有对称性的改变，因此我们亦称之为类相变，国外称之为维妙的(Subtle)结构变化[192]. 因为在千赫范围内测量 $YBa_2Cu_3O_{7-\delta}$的内耗，在 T_c 附近有 2 个弛豫峰，相变峰常被掩盖而导致不同的结论. 因此我们用拉伸仪测量应力-应变(σ-ε)回线面积的方法来求得能量损耗$\frac{\Delta W}{W}$随温度的变化，ΔW 为回线所包面积，W 是加载至最大应变($\varepsilon_0\sim 1\%$)时试样的弹性能. 这种方法因为频率低($\sim$0.01Hz)，T_c 附近的弛豫峰(kHz)已移至 77K 以下，可以突出相变峰. 图 24.15(a)即为熔融法生长的 $YBa_2Cu_3O_{7-\delta}$(T_c=92K)在不同温度下测得的应力应变曲线；图 24.15(b)是用(a)中回线面积求得的能量损耗$\Delta W/W$ 与温度的关系. 图 24.15(c)是用同样方法测得 BiSrCaCuO 的能量损耗温度曲线. 从图可以看出，在 90K～150K 之间有两个损耗峰(Y_1,Y_2;B_1,B_2)，它们在低 T_c(<77K)的试样中不出现，但 200K 附近的宽峰(Y_3,B_3)仍存在[图 24.15(b)所表示的曲线]，峰高与振幅有关[图 24.15(c)]，改变加载去载的循环周期，相当于变频率，测量结果是峰位与频率无关，这是典型的稳态相变内耗可归因于晶格参数不同的两相界面，在往复应力作用下运动. 美国宾州大学用振簧法对 $YBa_2Cu_3O_{7-\delta}$单晶($1\times0.2\times0.05mm^3$)测量的超声衰减与杨氏模量随温度的变化示于图 24.16[193]，与上述超低频的结果一致. 用脉冲回波法[191,194]和声表面波法[195]测量的超声衰减结果也类似.

图 24.15(a)所示的铁弹回线是由于应力诱发界面运动而造成了不可恢复的剩余应变；虚线表示在加热逆转变过程由于相界面消失而使应变恢复即所谓的形状记忆效应. 这与热弹性马氏体的形状记忆的应力应变曲线特征完全相似，但后者一般有弹性软模存在，正是这一软化使形状不易恢复而产生剩余形变. 从图 24.16 中可看出，对应衰减峰处没有明显的模量软化，是因为这里测量的是沿 a(或 b)方向的纵模. 我们用超声脉冲回波重叠法测量并计算了 $Bi_2Sr_2CaCu_2O_8$ 单晶 a-b 面内各种弹性常数 C_{11},C_{22},C_{12},C_{66}和 $C'=\frac{1}{2}[(C_{11}+C_{22})/2-C_{12}]$及其随温度的变化发现，只有 C'

模量最小[196]. 这是沿[110]传播和[110]偏振的一种切模，而且在 B_1，B_2 和 B_3 类相变峰温处有极小值[图 24.15(d)]，因而可以认为这是一种切变型的类马氏体相变. 这一软模和托贝(Toby，B. H.)

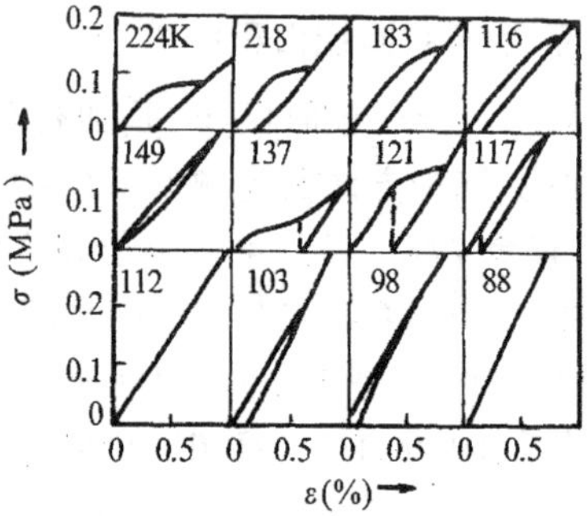

(a)

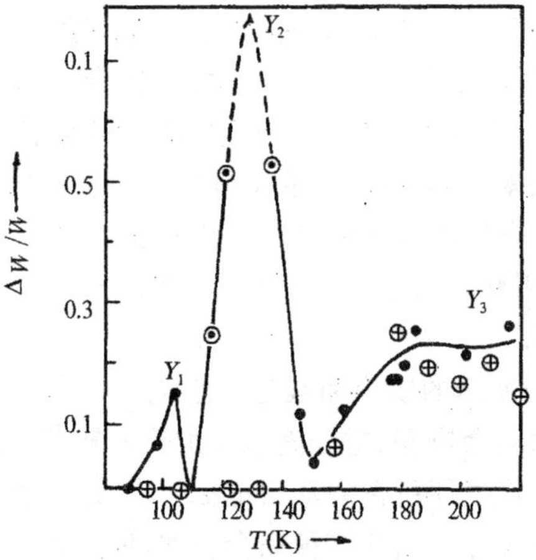

(b)

图 24.15 (a)熔融法生长 $YBa_2Cu_3O_{7-\delta}$，在不同温度 T 下的应力-应变曲线；

(b)从 σ-ε 回线面积求得的能量损耗分数 $\frac{\Delta W}{W}$-T 曲线. $\varepsilon_0=1\%$.

(•)$T_c=92K$；(⊕)$T_c=77K$ 以上不超导试样；

(⊙)形状记忆效应被观测到的温度，亦即(a)中虚线所示

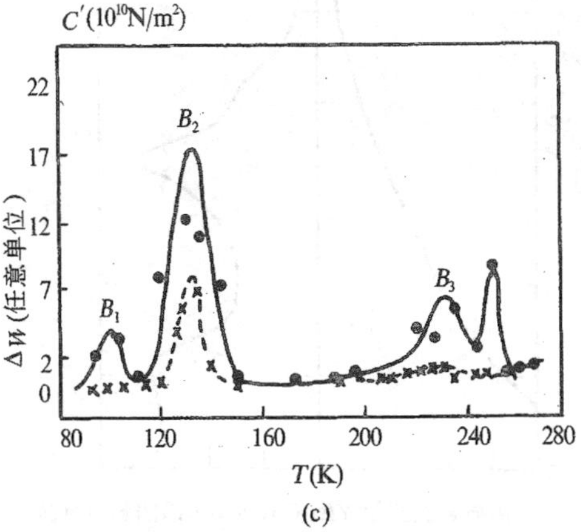

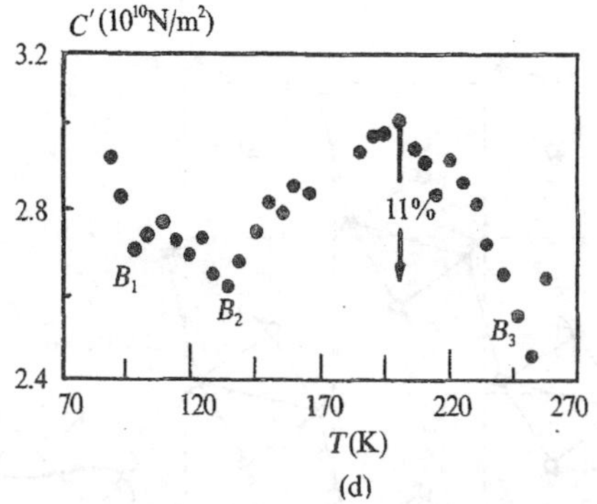

图 24.15 (c)同样方法测得 BiSrCaCuO 超导体的 ΔW-T 曲线.(·)$\varepsilon_0=0.6\%$;(×)$\varepsilon_0=0.4\%$;(d)$Bi_2Sr_2CaCu_2O_8$ 单晶的弹性系数 C' 和温度关系.

等对 Tl-Ba-Ca-Cu-O 做的脉冲中子衍射所得结果是一致的[197,191].他们用 PDF 方法分析得 Tl 和 O 原子在 Tl-O 面中偏离格点的周期性位移正好是受到[110][$1\bar{1}0$]声模或原子位移波的调制,如图 24.17 所示,声波上的箭头代表周期性切位移的方向.

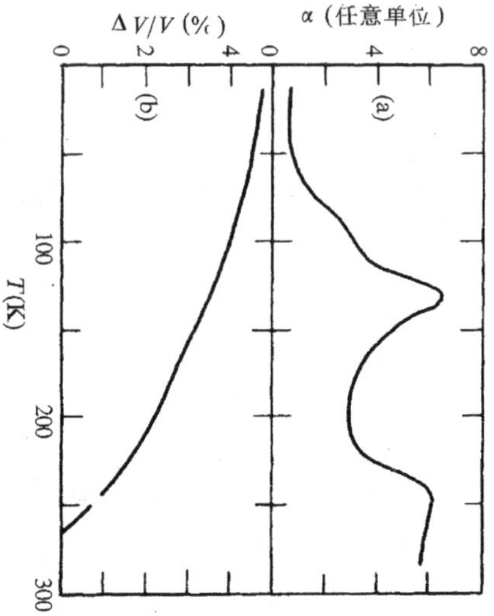

图 24.16 用振簧法测量 $YBa_2Cu_3O_{7-\delta}$ 单晶的超声衰减 α 与相对模量的温度依赖曲线[193].

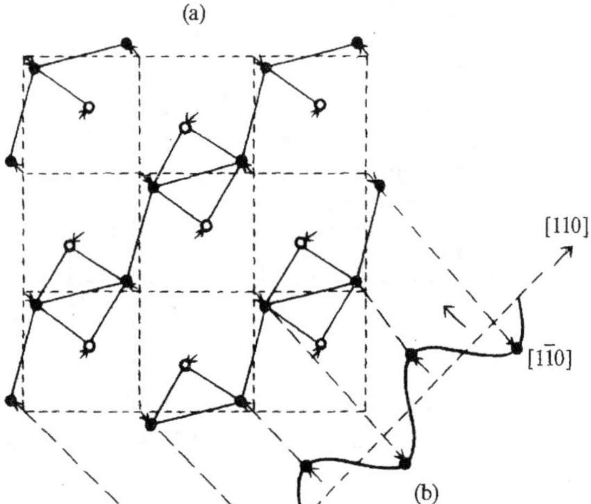

图 24.17 (a) Tl-Ba-Ca-Cu-O 超导体的脉冲中子衍射结果. Tl(•)和 O(◦)原子在 Tl-O 面中发生偏离格点的周期性位移[197];(b)软声模 C' 的原子位移波[196].

这和 Nb_3Sn 等 A15 超导合金 T_c 以上的马氏体相变有相似之处. 所不同的是在高 T_c 超导体中这种局域的原子位移没有形成长程超晶格，所以没发生整体的晶体对称性改变. 由于这种软模所联系的类相变不出现在低 T_c 或不超导的氧化物中，可以推测这种类相变可能和超导电性有一定联系（见 § 24.7）.

§ 24.1 中提到 $LiNbO_3$ 在 75℃和 300℃也有这种类相变引起的内耗峰，但它们是变温过程中测量到的瞬态内耗峰[163,164]. 因其稳态内耗分量很小，属于无软模类型，符合弹性系数的测量结果[163]. 这里高 T_c 超导氧化物中类相变是具有弹性软模 C' 的，而 $LiNbO_3$ 无弹性软模，也不是超导体.

§ 24.4 铁电铁弹畴界在 T_c 附近的粘滞性损耗

用静电驱动的弯曲振动方法在千赫范围内测量了 KDP (KH_2PO_4)[187] 和 TGS（硫酸三甘肽）[188] 在 T_c 附近的内耗. 图 24.18 所示的为 KDP 的结果. 可以看出峰温与频率有关，但不符合热激活控制的阿瑞纽斯关系[187]. 由于实验和理论都表明畴界在晶体中运动具有粘滞性行为，可以推测在一定频率范围将出现粘滞性内耗. 斯尼德(Snead, C. L.)[198]等曾用求解畴界动力学方程得到的内耗表达式来解释 Nb_3Sn 等 A15 合金在千周范围内的马氏体相变内耗. 理论内耗值正比于马氏体的四方畸变的平方，即 $Q^{-1}\sim(1-c/a)^2$，c，a 为四方晶格的点阵参数. 这一结果与纯 A15 合金相变内耗峰的高温边实验数据符合，但与辐照后的 A15 合金的实验结果偏离很大，特别不能解释峰在低温边的降落. 可能是因为没有考虑到 T_c 以下畴界数目及动性的变化. 因 A15 的马氏体相变是近二级相变与 InTl 相似，孪晶的粗化过程必需考虑.

根据 § 24.3 中所叙述的实验结果，即畴界数目随温度的变化，并考虑到畴界的粘滞性和畴界间的相互作用随温度的变化，导出的内耗公式与实验值符合较好. 并且推广到铁电相变点附近的介电损耗，如 KDP 既是铁弹体又是铁电体，在 T_c(123K)同时发生两种相变，所以还可以测出 KDP 的介电损耗与温度的变化关系，如图 24.18(b)所示. TGS 仅是铁电体,当然有介电损耗峰,但由于压电效应,也可以测出力学损耗峰[188],而且都与理论值进行了比较,获得了较满意的结果. 下面简述这一理论[187].

首先导出几种作用在畴界上的力. 根据弹性能量的变化,很容易求得:(1)当一个畴界移动距离为 x,单位面积上受到两旁畴界的相互作用力(也是一种恢复力)F_I 是

$$F_I = -2C_{stst}N[\varepsilon_{st}^{(s)}]^2 \cdot x, \tag{24.29}$$

式中$[\varepsilon_{st}^{(s)}]^2$ 为自发应变,C_{stst}为相应的弹性系数,N 是畴界密度. F_I 与畴界间距 $d=\dfrac{1}{N}$ 成反比,与位移 x 成正比,是容易理解的;(2)当有外应力作用时,单位面积畴界受到的组态力 $F(\sigma_{st})$是

$$F(\sigma_{st}) = 2\varepsilon_{st}^{(s)}\sigma_{st}, \tag{24.30}$$

式中 σ_{st}是外应力作用在畴界上的有效应力. 与位错组态力相似,此处 $2\varepsilon_{st}^{(s)}$相当于孪晶畴界两侧的应变差值,而位错组态力 $b\sigma$ 中的 b 是位错两侧位移量之差值. 畴界运动方程可以写为

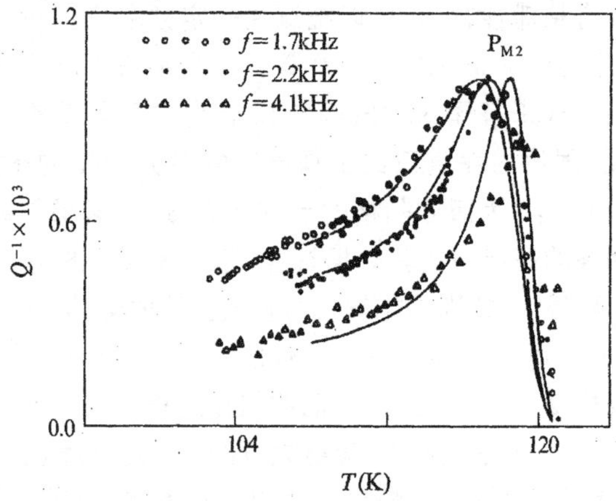

图 24.18(a) KDP 晶体在三种频率下测得的内耗曲线(升温测量). 实线是理论计算结果,用的参数是[187]$A_0=5.4\times10^{-3}$s, $B=9.5$K.

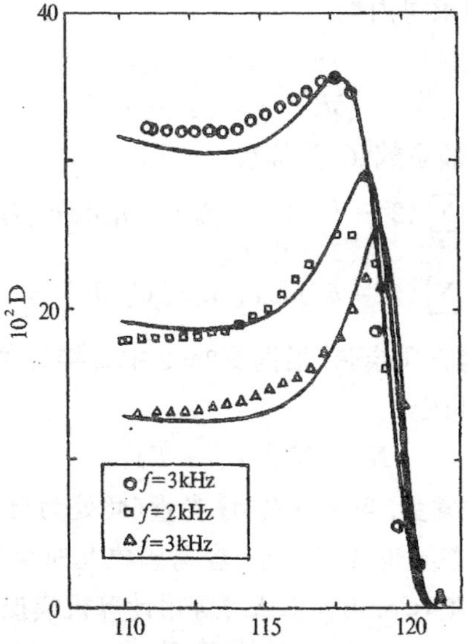

图 24.18(b) KDP 晶体介电损耗与温度依赖关系. 点子是实验数据，实线为理论计算结果($A_0=1.3\times10^{-2}$s, $B=9.5$K)

$$M\ddot{x}+\Gamma\dot{x}+k_0x-F_I=F(\sigma_{st}), \tag{24.31}$$

或

$$M\ddot{x}+\Gamma\dot{x}+kx=F(\sigma_{st}),$$

式中

$$k=k_0+2C_{stst}N[\varepsilon_{st}^{(s)}]^2,$$

M 为畴界有效质量，k_0 是畴界在钉扎势阱中运动受到的恢复力系数. 设 $\omega^2\ll k/M$(即惯性项很小)，ω 为振动频率，可得畴界位移量 x 及由此引起的非弹性应变 $\varepsilon_{st}^{(d)}$

$$\varepsilon_{st}^{(d)}=\varepsilon_{st}^{(s)}x/d=\left[\frac{2N[\varepsilon_{st}^{(s)}]^2}{k}\frac{1}{1+\omega^2\tau^2}-i\frac{2N[\varepsilon_{st}^{(s)}]^2}{k}\frac{\omega\tau}{1+\omega^2\tau^2}\right]\sigma_{st}, \tag{24.32}$$

式中 $\tau=\Gamma/k$. 设外加纵向应力 $\sigma_{mm}=\sigma_0e^{i\omega t}$，则

$$\sigma_{st}=C_{stst}\varepsilon_{st}=\sum_{ij}C_{stst}J_{stij}\sigma_{ij}=\sum_{ij}a_{mi}a_{mj}C_{stst}J_{stij}\sigma_{mm},$$

J 为柔顺系数,可求得内耗

$$Q^{-1}=\frac{C'}{J'}\frac{2N\varepsilon_{st}^{(s)^2}}{k}\frac{\omega\tau}{1+\omega^2\tau^2},\tag{24.33}$$

式中 J' 为有效柔顺系数,C' 为常数

$$J'=\sum_{ijkl}(2-\delta_{ij})(2-\delta_{kl})a_{mk}a_{ml}a_{mi}a_{mj}J_{klij},$$

$$C'=\sum_{ij}(2-\delta_{ij})a_{ms}a_{mt}a_{mi}a_{mj}C_{stst}J_{stij}$$

所有 a_{mk},…,均为方向余弦.根据§24.3中直接观测得到(对于弱一级相变和二级相变)

$$N\simeq N_0/(T_c-T),\tag{24.34}$$

N_0 为与温度无关常数.当 $T\to T_c$,序参量(此处为自发应变 $\varepsilon_{st}^{(s)}$)→0,因此畴界两边差异也变得很小,容易想象此时畴界粘滞系数 Γ 也将趋于0.康姆斯(Combs, J. A.)等用计算机模拟求得[199]

$$\Gamma=Ae^{-B/(T_c-T)},\tag{24.35}$$

A,B 为与温度无关常数.再利用共知的 $\varepsilon_{st}^{(s)^2}=\varepsilon_0^2(T_c-T)$,和 $C_{stst}=C_0g(T_c-T)/[1+g(T_c-T)]$[200],式中 ε_0,C_0 和 g 均为常数.一般情形 $g\ll1$,即 $k\simeq k_0$,则

$$\tau=\frac{\Gamma}{k_0}=A_0e^{-B/(T_c-T)},\tag{24.36}$$

$$Q^{-1}=h_3\frac{\omega\tau}{1+\omega^2\tau^2},\tag{24.37}$$

式中 $A_0=A/k_0$;$h_3=2N_0\varepsilon_0^2C'/J'k_0$,$h_3$ 是峰高可从实验定出.对于KDP,T_c 以下的自发应变 ε_{st} 有 $s=1$;$t=2$,则 $C'=2a_{m1}^2a_{m2}^2C_{1212}J_{1212}+a_{m1}^3a_{m2}C_{1212}J_{1211}+a_{m1}a_{m2}^3C_{1212}J_{1222}$.按式(24.36)和式(24.37)计算得理论曲线[图24.18(a)中的实线]与实验数据符合较好.三种不同频率(1.7,2.2,4.1kHz)的曲线都采用了相同的参数 $A_0=5.4\times10^{-3}$s,和 $B=9.5$K.说明理论可信.更有意义的是,用这种理论对几种铁电材料(如TGS,KDP等)的介电损耗均得到理论与实验一致的结果.见图24.18(b),因为 B 是材料的本征参数,需用与图24.18(a)相同的值9.5K,不能随意选用,故可以认为该理论具有

普遍意义. 从实际应用方面来考虑也是有用的理论，因自 h_3 的表达式(24.37)中可以求出恢复力系数 k_0，还可以从 A_0 和 B 值求得粘滞系数 Γ，这对作为记忆元件的(包括力学的和电学的)开关速度与记忆衰退的疲劳问题的机理研究和改善性能可以提供有用的信息.

畴界在几千赫范围内的粘滞性损耗是与频率有关，但从式(24.37)中可以看出，这种损耗在低频下贡献很小，这与实验事实是一致的. 因为 KDP 是近二级铁弹相变，两相共存区很窄，而图 24.3 中所示的低频内耗峰却很宽，应属于畴的粗化引起的类相变峰，亦即 P_2 峰，但图 24.3(b)中的峰温不随频率改变而移动，与图 24.18 不同，没有显示出粘滞性特征，是一种静滞型损耗，峰高与频率的关系与振动一周内的转变量有关.

这里还想说明一点，正因为图 24.3 中的内耗峰主要是畴界粗化引起的 P_2 峰，虽然 T_c 点(123K)有软模 C_{66} 的极小值，但 P_2 峰的峰温并不对应软模极小值，前面已分析 P_2 是属于一种类一级相变，所以 P_2 峰的峰高与 $\dot{T}/f$ 仍有很好的线性关系，补充了 §24.1 中没有解释的问题.

对具有铁弹性的马氏体合金 Cu-Al-Zn-Ni 和 Mn-Cu 合金，因为都属于较弱的一级相变，P_1 和 P_2 峰重叠在一起，且涨落引起的 P_1 很小仍可用上述理论进行拟合，结果也比较好，只有高温边实验点子比较分散，可能是两相共存区稍宽的缘故. 并用 Cu-Al-Zn-Ni 合金的 X 光衍射结果求得自发应变 ε_s，用金相观察统计得畴界密度 N，然后从式(24.33)对实验数据进行拟合的结果，求出了畴界粘滞系数 Γ 和恢复力系数 k. 详细步骤可参阅文献[201].

§24.5 铁电铁弹畴界有关的热激活弛豫峰及其冻结效应

首先是沃雷尔(Worrell, F.)[202]曾用电磁激发和接收的共振棒方法在 Mn-Cu 合金(含 Mn88wt%)马氏体相(fct)中测得一个与孪晶界面有关的内耗峰. 当频率为 700Hz，峰温在 −60℃附近，因为退火过程中孪晶不断消失，而内耗也随着降低，故认为该峰是孪晶界面的应力感生运动所引起.曾讷[1]提出了一个界面运动的模型，由于点阵结构的四方性，施加切应力将诱导孪晶界面沿法线方向运动.但该峰出现的温度范围是远离马氏体相变点(170℃)，因此不能用界面的增减来解释峰的出现.为了判定峰的性质是静滞后型还是弛豫型，我们曾对两种 Mn-Cu 合金(含 Mn89%及93%)[175]进行了测量.用音频电磁法测量结果与上述乌雷尔的结果一致，图 24.19 所示的为含 Mn93%合金的结果，并测得内耗与振幅无关.另外，又用低频扭摆法(3Hz)测得峰在 −45℃附近，从峰温的移动求得激活能为 16.7kcal/mol.由此肯定了它是热激活型弛豫峰，产生该峰的机制尚无详细研究，我们认为可能是界面拖曳点缺陷运动所引起的弛豫内耗峰.后来也有人[203]相继证明了该峰为弛豫型.对含 Mn89%的 Mn-Cu 合金求得激活能为 0.63±

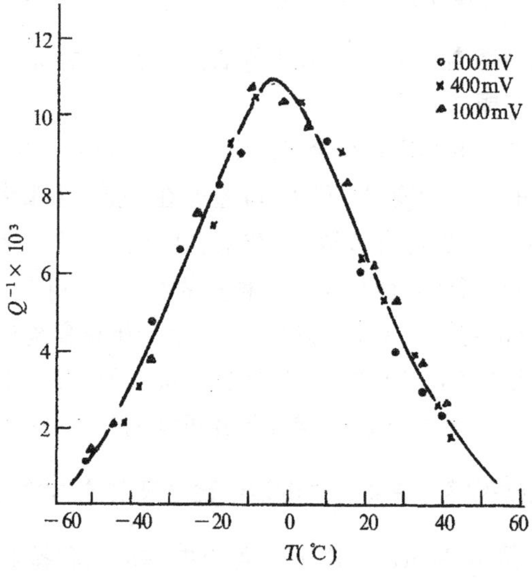

图 24.19 Mn-Cu(93%Mn)合金与孪晶界面有关的热激活弛豫内耗峰.图中 mV 的数字代表激励电压，也即改变振幅.

0.03eV（～15kcal/mol），并认为孪晶界面运动是由热激活形成台阶环的元过程所控制，从而产生弛豫内耗峰，这与位错的博多尼峰的机制很相似，是一种界面的本征内耗. 上述两种机制都有可能，还需要进一步研究才能判断.

德莫登[204]在 In-Tl 合金（18at%Tl）中也观察到类似的弛豫峰，他归因于孪晶界面运动引起溶质原子的重新排列，是属于前一种机制. 曾有人用点缺陷与界面的交互作用对 In-Tl 合金马氏体在低温下橡皮性质转为范性的现象作过解释[175]，若是如此，则与此峰出现的温度和机制相同，即在该峰低温端点缺陷跟不上孪晶界的运动而逐渐形成不动点，当外力去除，孪晶界立即返回到点缺陷所在处，呈现橡皮性质；在高温端点缺陷完全能跟上界面的运动，则表现为范性行为.

类似 Mn-Cu 和 In-Tl 合金的其他一些热弹性马氏体中也在较低温（200～300K）观测到一个与铁弹畴界有关的低频弛豫峰. 如 Cu-Al-Ni[205]和 Cu-Al-Zn-Ni[206]中 200K 附近的峰都已确认为孪晶与多变体界面所引起. 最近，在 AuCd 中测到的宽峰也认为与孪晶界运动有关[207]. 此外，在 NiTi[208]热弹性马氏体中观测到的峰温在 203K. 激活能为 0.38eV，频率因子为 $6\times10^9 s^{-1}$的峰早期被认为是点缺陷与位错相互作用的峰，后来也有人认为是孪晶界面或多变体界面上位错所引起[209]. 总之，这一低于室温的高而宽的内耗峰是界面运动的特征，而且几乎普遍存在于铁弹性马氏体中，它不仅是高阻尼材料应用的依据，由于它是畴界与点缺陷相互作用引起的内耗峰，进一步弄清它的机理，将有助于对阻尼本领衰退和形状记忆效应稳定化的失效分析.

关于这一类畴界的热激活弛豫内耗峰在不少氧化物中也测量到. 波斯特尼可夫等[210]用扭摆测量了多晶锆钛酸铅（PZT）的内耗，在 140℃和 240℃有两个弛豫峰[图 24.20(a)]. 他们认为，此二峰是由于畴界与带电点缺陷相互作用所引起，点缺陷可能是氧、锆或钛等空位. 提出了两种可能的机制：(1)外加应力使畴壁移动一个距离 R，此时留在原位的点缺陷与畴壁产生了交互作用力 f，经过一段时间点缺陷扩散到畴壁的新位置上，f 因而减小，畴壁又可进一步发生位移从而产生滞后应变，即上述界面拖曳点缺陷运动的机制. 计算得出，内耗极大值与单位体积中畴壁面积成正比. (2)畴界假定不动，应力在 90℃畴界上产生压电电荷，由于附近的带电点缺陷逐渐扩散到畴界，这些电荷被中和，结果使畴内电场发生变化. 由于反向压电效应而产生附加应变，引起弛豫内耗. 计算结果，在低点缺陷浓度下，内耗极大值与浓度成正比；在高点缺陷浓度下，内耗极大值与浓度无关. 与实验比较，他们认为可能是第二种机制. 后来波斯特尼可夫等[211]又用畴界与两种带电点缺陷的交互作用对 $LiNbO_3$ 的两个低频弛豫内耗峰进行了讨论，如图 24.20(b)所示－30℃峰称 A 峰；300℃峰称 C 峰. 由于两种点缺陷扩散系数不同，故有两个峰. 因峰高在多畴样品中比单畴样品高得多，故认为该两峰与畴界上点缺陷有关. 氢气氛中，900℃退火 1h，C 峰降低；A 峰升高，他们认为 A 峰是畴界上氧空位引起 C 峰则是 Li^+空位引起. 因 O^{-2}空位扩散快，当浓度高时，单独消除了畴内电场，因此 Li^+空位引起的弛豫被抑制，C 峰降低.

氧化物中畴壁与点缺陷相互作用的弛豫峰常与畴壁的冻结效

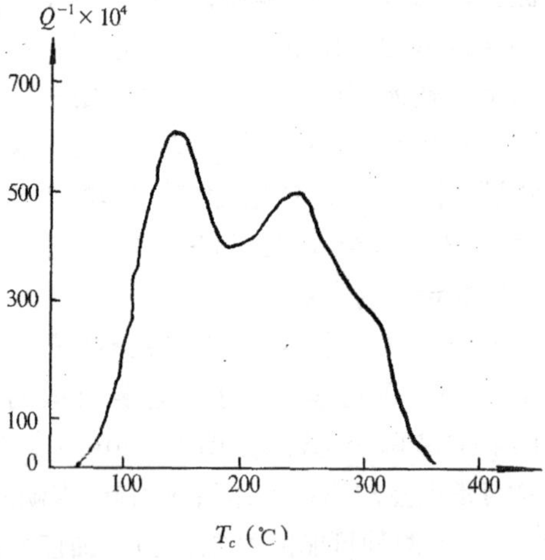

图 24.20(a) 锆钛酸铅多晶的内耗($f\simeq$1Hz).

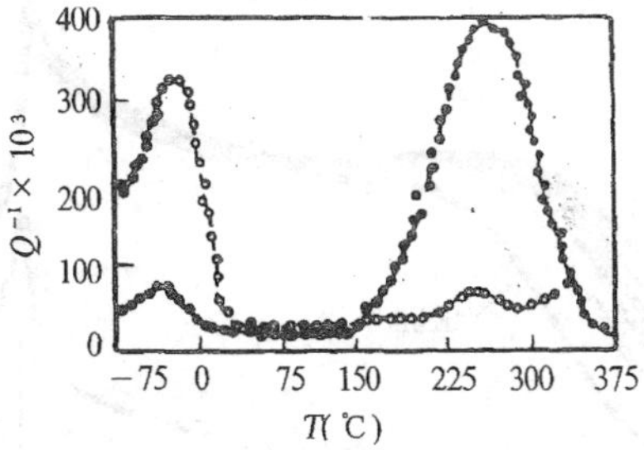

图 24.20(b) 1——纯 $LiNbO_3$ 晶体;2——H_2 退火.

应联在一起.此时,峰的弛豫时间不再满足阿瑞纽斯关系,而是服从一种玻璃化转变的伏盖尔-富席尔(Vogel-Fulcher)关系.KDP,DKDP 和 TGS 晶体中的介电损耗和内耗测量都有 P_1,P_2 和 P_3 三个峰[212],图 24.21 所示的是 TGS 晶体的介电常量(a)和介电损耗(b)曲线(因变频试验介电测量比内耗容易,故系统变频测量多用介电谱).P_1 与图 24.11 中 P_1 峰相同,是相变点附近新相涨落引起的,将在§24.6 中阐明.P_2 峰即§24.3 和§24.4 已讲述的畴的粗化过程中畴壁产生的峰.对于一级晶体结构相变中的 P_2 峰,除孪晶畴壁外还包括两相共存区新旧相界面的贡献;而涨落引起的 P_1 峰与 P_2 重叠,且涨落变小以至消失.P_3 峰显然也与畴壁有关,图 24.21(b)中 LATGS 是掺了 α-丙氨酸的 TGS 单晶.这种晶体有很高的内偏置场,可保持为单畴晶体,因此 P_2 和 P_3 都不出现.介电常量(相当于力学顺服系数)在 T_c 以下有一高于单畴的平台[图 24.21(a)]是畴壁的贡献,当温度降至靠近 T_f 时,陡然下降至单畴的背景值,特别是不同频率下测量的 ε'-T 曲线几乎在同一温度 T_f 降为 0,而不是一般热激活弛豫应有的平移,说明畴壁在 T_f 发生冻结,更重要的是弛豫时间 τ 与 T^{-1} 的关系(图 24.22)已不满足阿瑞纽斯关系,而是服从如插图所示的伏盖尔-富席尔关系

$$\tau = \tau_0 \exp[U/(T - T_f)],$$

T_f 为畴的冻结温度,即当 $T \to T_f$ 时,$\tau \to \infty$.

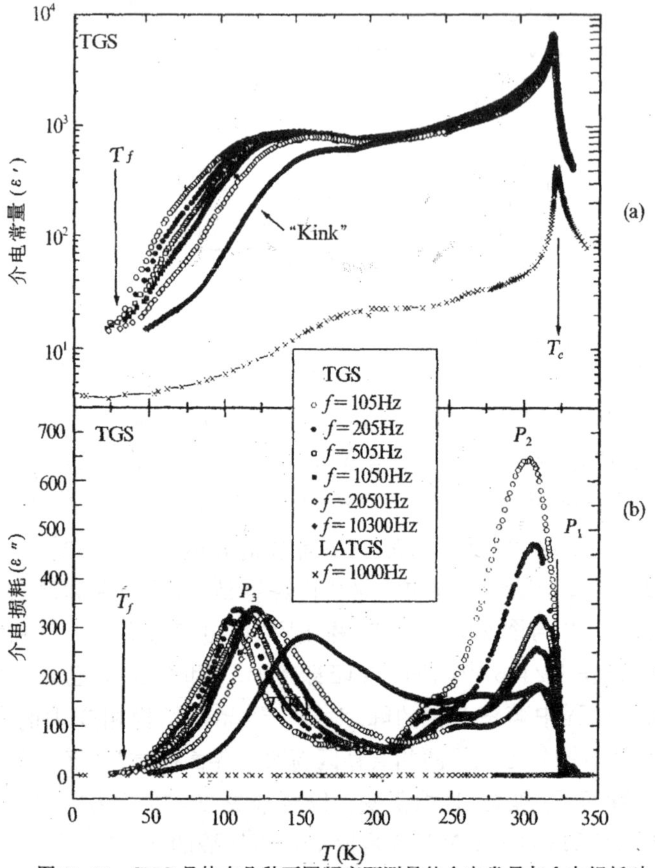

图 24.21　TGS 晶体在几种不同频率下测量的介电常量与介电损耗对温度的依赖关系.

关于畴冻结理论早已有研究,具有代表性的三种模型是:(1)畴壁上存在一种刃型准位错[213],畴壁运动的临界应力即是准位错的临界切应力 σ_c,它随温度降低而升高. 当 $\sigma_c(T_f)$ 大于外应力 σ_a 时发生冻结,即在温度 T_f 以下畴壁不再运动. (2)畴壁有两种组态,当 $T<T_f$,低温畴壁组态具有很高的势垒 U[214]. (3)畴壁内有一定尺寸的偶极子合作反转区的形成,造成势垒的突然升高[215].

正确的冻结理论必需考虑到另外两个重要的实验事实,即:(1)T_f 随点缺陷浓度的增加而升高. (2)T_f 随样品厚度 d 的减小,

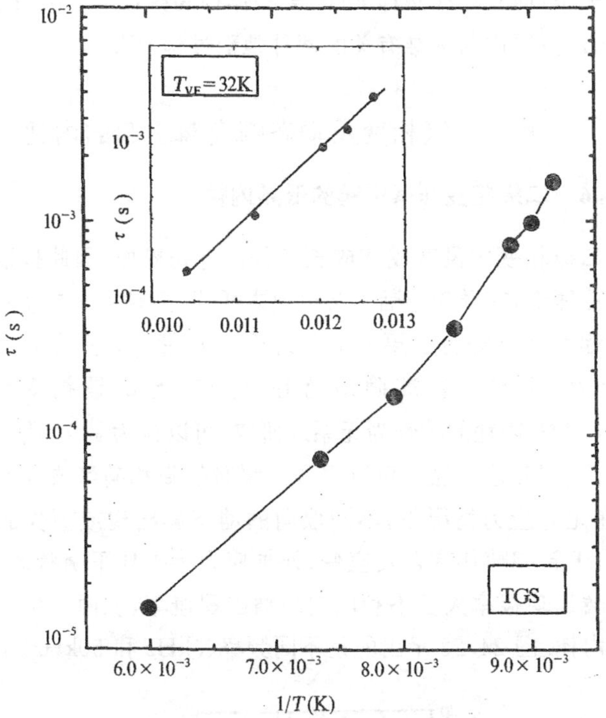

图 24.22 TGS 晶体 P_3 峰的弛豫时间 τ 与温度的关系.

也即随畴的密度 $N\left(d-\frac{1}{N}\right)$ 的增加而提高. 上述理论不能解释这两点,至少无法解释 T_f 的尺寸效应. 我们认为畴壁冻结必定与点缺陷的钉扎和畴壁密度有关. 鉴于高温超导体中磁通玻璃化转变的模型——磁通的集体钉扎机制[212]也是点缺陷的关联钉扎在高密度的磁通线束上,从而造成磁通玻璃态的冻结. 当点缺陷与畴壁之间是不相关的个别钉扎转为一定区域内的合作钉扎时,钉扎势垒突增,加上高密度畴壁间有很大的排斥相互作用力[见式(24.29)],可进一步增强畴壁的冻结效应,这就是畴壁玻璃化转变的集体钉扎模型[212],这不仅可以解释 T_f 对点缺陷和畴壁密度的依赖关系，而且还能解释 KDP 等晶体在高频(10^6～10^9Hz)和低频(10^3Hz)范围内与冻结有关的两种弛豫过程[212].

Ⅲ 二级相变及动态畸变畴引起的内耗

§24.6 二级相变涨落引起的低频内耗

二级相变中没有成核成长过程没有相界面，因此按照一级相变内耗理论，在低频范围不会出现内耗峰(高频下序参量弛豫或涨落引起的衰减峰将在第Ⅴ部分讨论)，但在上节所述 LNPP 等晶体中 P_1 峰的位置准确地落在 T_c 点，无疑是相变引起(图 24.11)[183]. 内耗的特性尚无系统研究，可以认为是 T_c 附近的序参量涨落引起. 这种涨落可以看作是瞬时的新相畴区或叫动态畸变畴. 在无外应力情况下，不同取向的动态畴出现或消失的概率均等. 由于新相畴伴有自发应变，外加应力将破坏平衡状态，有利取向的畴出现概率大于不利取向的畴出现概率，从而产生非弹性应变和内耗. 图 24.23 示出的是不同频率(5kHz 和 50kHz)下测量得

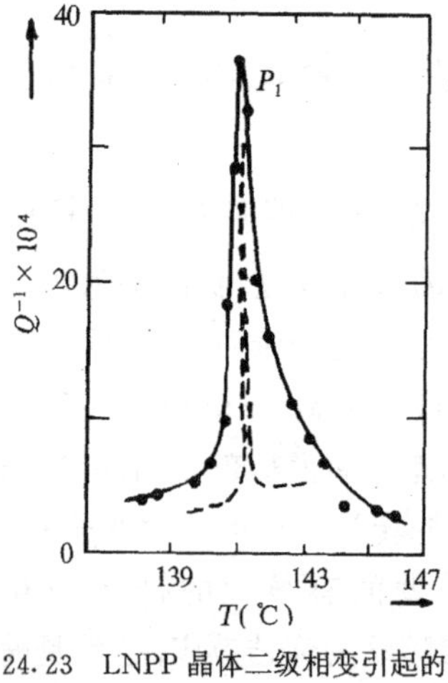

图 24.23 LNPP 晶体二级相变引起的内耗峰. 实线和虚线分别表示在 5kHz 与 50kHz 的测量曲线.

LNPP 的 P_1 峰. 这里的结果表明,频率愈低,内耗愈大,可能是与振动一周内参予涨落的分数有关[183]. 与一级相变低频内耗的理论[§24.1(b)]相似,容易导出[169]

$$Q_{2nd}^{-1} \sim \mathrm{d}F/\mathrm{d}t \cdot \omega^{-\rho},$$

ρ 是大于 0 的常数,$\mathrm{d}F/\mathrm{d}t$ 是单位时间内参予涨落的总量,它在相变温度 T_c 当然具有极大值,因而导致 T_c 处有一个二级相变引起的低频内耗峰,这与下节(§24.9)中所写二级相变点附近序参量弛豫或涨落产生的衰减峰的机制不同,一般超声衰减系数 α 与频率平方成正比,往往只在 MHz 范围观测到.

§24.7 高温超导体的超导相变前后的内耗[216,217]——载流子动态畸变畴的内耗[216,217]

图 24.24 示出的是用静电法(0.8kHz)测得的 $Bi_2Sr_2Ca_2Cu_3O_x$ ($T_c=104.5$K)内耗温度曲线[217],正常态区有一高的背景平台(Q_p^{-1}),它在正常态转为超导态的温度 T_c以下发生陡降,转折点正好在 T_c 附近. $Tl_2Ba_2Ca_2Cu_3O_x$ 的结果也一样(图略). 至于

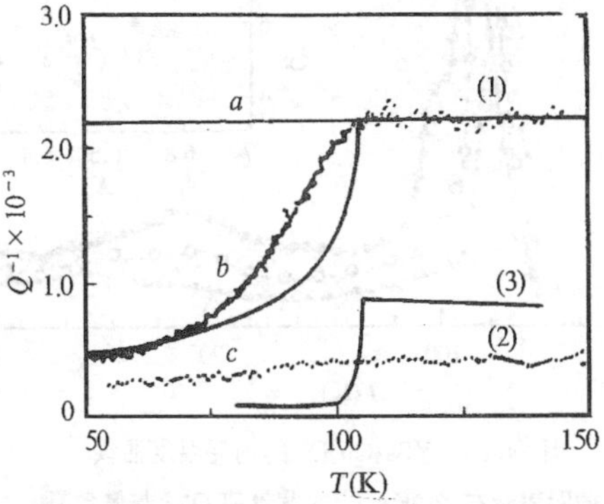

图 24.24 (1)超导 $Bi_2Sr_2Ca_2Cu_3O_x$ 试样的内耗温度曲线. $f=0.8$kHz. 曲线 a 是正常态的内耗 Q_{pN}^{-1};曲线 b 表示式(24.41)的理论拟合线;曲线 c 用弱耦合极限值 $2\Delta_0/k_BT=3.5$ 代入 BCS 公式求得;(2)非超导 BiSrCaCuO 的内耗曲线;(3)与(1)相同的超导试样的交流磁化率曲线[217] 表示 T_c 的位置.

$YBa_2Cu_3O_x$ 中的 Q_p^{-1}，虽由于 T_c 附近的弛豫峰[§24.3(b)]掩盖了转折点(图 24.25)，但仍可看出，正常态背景高于 T_c 以下的最低值，改变频率测量 Q_p^{-1} 变化不明显[216]. 首先讨论正常态的高背景平台内耗 Q_p^{-1} 的起因. 对于金属材料，这种高背景内耗常是由于冷加工后的高密度位错(>10^{10})或孪晶所引起. 高 T_c 氧化物材料，位错密度比金属要低几个量级；至于孪晶，虽然 $YBa_2Cu_3O_x$ 中有高密度孪晶，但 $Bi_2Sr_2Ca_2Cu_3O_x$ 和 $Tl_2Ba_2Ca_2Cu_3O_x$ 中却很少，不能说明三种材料中的共同特征.

为了探查 Q_p^{-1} 的起因，改变了 $YBa_2Cu_3O_x$ 中的氧含量，其结果也示于图 24.25 中，发现 Q_p^{-1} 随氧含量的降低而减小. 由于载流子浓度与氧含量有关，可以推测 Q_p^{-1} 与载流子有关. 进一步的证实，是用不同掺 Pr 量的 $Y_{1-x}Pr_xBa_2Cu_3O_{7-\delta}$($x$=0，0.1，0.2，0.4，

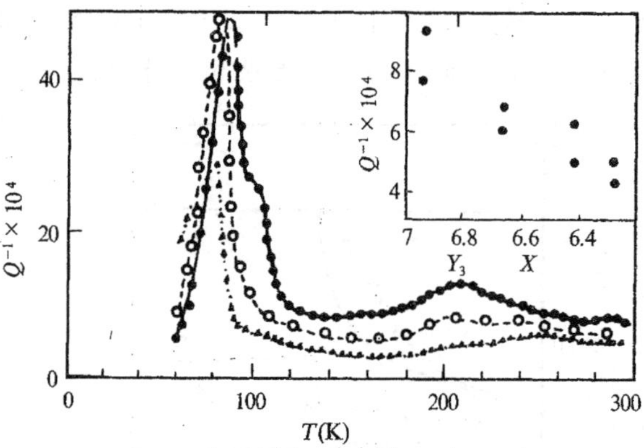

图 24.25　$YBa_2Cu_3O_x$ 的内耗温度曲线.
插图表示在 150K(。)的背景值 Q_p^{-1} 与氧含量
x 的关系. f=2.7kHz[216].

0.55)进行了系统的内耗测量，结果如图 24.26 所示. Q_p^{-1} 随 Pr 含量增加而降低. 同时进行了霍尔系数的测量，求出了载流子浓度 n_H 与

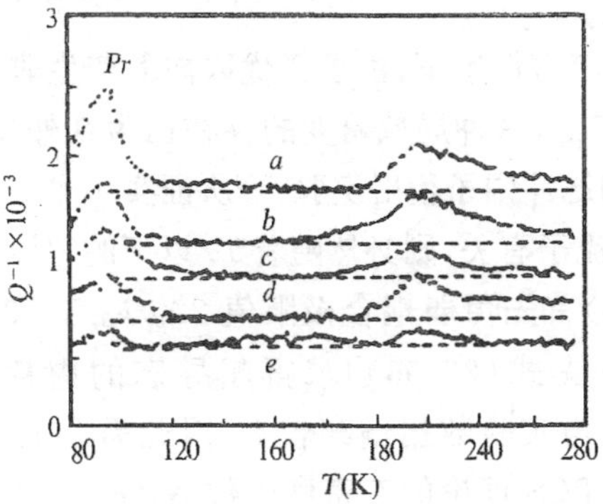

图 24.26 $Y_{1-x}Pr_xBa_2Cu_3O_7$ 的 Q_p^{-1} 与 Pr 含量 x 的关系[47].
$x=0(a),0.1(b),0.2(c),0.4(d),0.55(e)$. $f=1.7\sim2$kHz.

x 的关系[217](图 24.27). 可以看出, n_H 随 Pr 含量的增加而降低. 由此可以求得 Q_p^{-1} 与 n_H 的关系,示于图 24.27 的插图内,近似为正比关系(直线通过 $n_H\simeq0$ 点). 可以认为 Q_p^{-1} 是载流子引起,但单纯电子(或空穴)引起的阻尼只有在低温下才有贡献[218]. 我们提出了带有动态畸变云(当然也可同时存在局域反铁磁序)的载流子模型. 如像可动

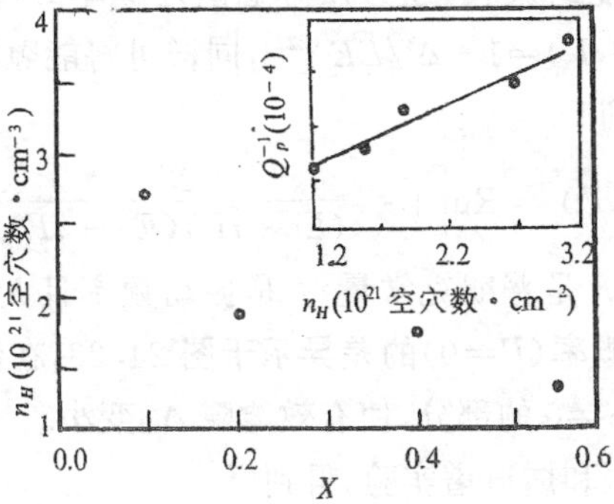

图 24.27 $Y_{1-x}Pr_xBa_2Cu_3O_7$ 的载流子霍尔浓度 n_H 与 Pr 含量 x 的关系($T=100$K). 内插图: Q_p^{-1} 与 n_H 的关系.

的极化子，切模量 $C' = \frac{1}{2}\left[\frac{1}{2}(C_{11}+C_{22})-C_{12}\right]$[196]的软化提供几个等效的畸变体. 在外应力作用下，由于择优取向而产生非弹性应变从而导致内耗. 事实上，这种局域畸变的存在已为红外光测量[219]光致吸收测量[220]和脉冲中子衍射实验[221]所证实.

因为 Q_p^{-1} 与载流子有关，则必然随着 T_c 以下的超导凝聚过程而下降.（见 § 25.6）首先用弱耦合极限值 $2\Delta_0/k_BT_c = 3.52$ 代入 BCS 理论公式[222]［见式（25.96）］求得超导态的内耗值，如图 24.24 曲线 c 所示，与实验数据偏离较大，因此需要重新考虑理论. 事实上，传统的 BCS 理论的态密度函数 $N_s(E) = N_n(E)/[E^2 - \Delta^2]^{\frac{1}{2}}$ 不能解释高温超导体的燧道谱，有人[223]用达因斯（R. C. Dynes）[224]首先提出的考虑了能隙边宽化而修正的态密度函数解释了燧道谱实验，即

$$N_s(E,\Gamma) = N_n(E)\mathrm{Re}\left\{\frac{E - i\Gamma}{[(E - i\Gamma)^2 - \Delta^2]^{1/2}}\right\}, \quad (24.38)$$

式中 Γ 是准粒子能量线宽，$\Delta/\Delta_0 = 1.82(1-T/T_c)^{1/2} + (1-T/T_c)[-0.82 + 0.09(T/T_c) + 0.3175(T/T_c)^2]$[212]，$N_n(E)$ 是正常态的态密度. Δ_0 是 0K 下的超导能隙.

为了计算声能的吸收，还必须考虑跃迁概率 $S(E,E')$，BCS 理论导出 $S(E,E',\Gamma) = 1 - \Delta^2/EE'$[222]，同样可将能隙宽化的效应引入跃迁概率得到

$$S(E,E',\Gamma) = \mathrm{Re}\left[1 - \frac{\Delta^2}{(E - i\Gamma)(E' - i\Gamma)}\right], \quad (24.39)$$

式中 $E' = E + hf$，h 是普朗克常量，f 是振动频率且 $hf \ll \Delta_0$，它与 BCS 理论的跃迁概率（$\Gamma = 0$）的差异示于图 24.28，在能隙内靠近费米面存在一个 $S \neq 0$ 的部分，使有效能隙 Δ_{eff} 变小.

根据核磁共振和燧道谱实验，得到[225]

$$\Gamma = \Gamma_0 + Gk_BT_c(T/T_c)^3, \quad (24.40)$$

式中 Γ_0，G 是与温度无关的常数. 从式（24.38）至式（24.40）及文献［222］，可得

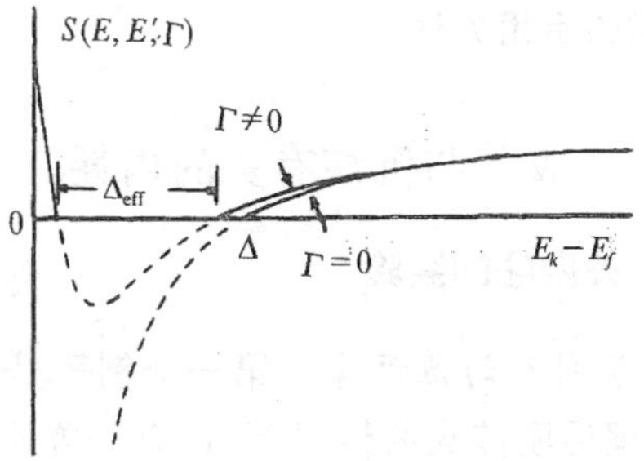

图 24.28 跃迁概率 $S(E,E',\Gamma)$和能量 E 的关系示意图.

$$\frac{Q_{ps}^{-1}-Q_b^{-1}}{Q_{pn}-Q_b^{-1}}=\frac{\int_0^\infty W_s(E)\mathrm{d}E}{\int_0^\infty W_n(E)\mathrm{d}E}, \tag{24.41}$$

式中 $W_s(E)=Ⓗ[S(E,E',\Gamma)]S(E,E',\Gamma)[f(E)-f(E')]N_s(E,\Gamma)N_s(E',\Gamma)$，其中 $Ⓗ[S(E,E',\Gamma)]=0$，当 $S(E,E',\Gamma)<0$；$Ⓗ[S(E,E',\Gamma)]=1$. 当 $S(E,E',\Gamma)>0$；$f(E)$是费米函数，$W_n=[f(E)-f(E')]N_n(E)N_n(E')$. Q_{ps}^{-1}，Q_{pn}^{-1}分别是超导态与正常态的载流子有关内耗，Q_b^{-1} 是与载流子无关的背景内耗.

从图 24.24 中可看出，超导 $Bi_2Sr_2Ca_2Cu_3O_x$ 试样的内耗数据及公式(24.41)可以计算得 $2\Delta_0/k_BT_c=3.9$；$G=0.51$；$\Gamma_0=2.4$meV 和 $Q_b^{-1}=2.8\times10^{-3}$.

对于多晶试样，上面所得结果应是各向异性能隙值的权重平均值. 隧道谱方法求得 HTSC 在 a-b 平面的能隙值是$2\Delta_0/k_BT_c=4\sim8$，而沿 c 方向的测量值为 3.5. 因此我们用内耗法测得多晶的数值是合理的.

测量超导能隙有多种方法，除常用的隧道谱方法外还有红外光散射和拉曼散射法，只有隧道谱方法是目前公认为最好的方法，但由于 HTSC 的相干长度 ξ 太短，致使测量值敏感于试样表面状态和污染情况. 特别在 T_c 附近，ξ 更小，因此至今数据比较分散.

而内耗方法是测量的总体效应，对表面不是特别敏感，所以不失成为测量超导能隙的有用方法之一.

Ⅳ 与沉淀有关的内耗

§24.8 沉淀有关内耗的实验

(a)沉淀粒子引起的弛豫峰 第一个例子是 Al-4wt%Cu 合金[226]在固溶处理后刚淬火的情况下，仅有一曾讷弛豫峰(175℃，

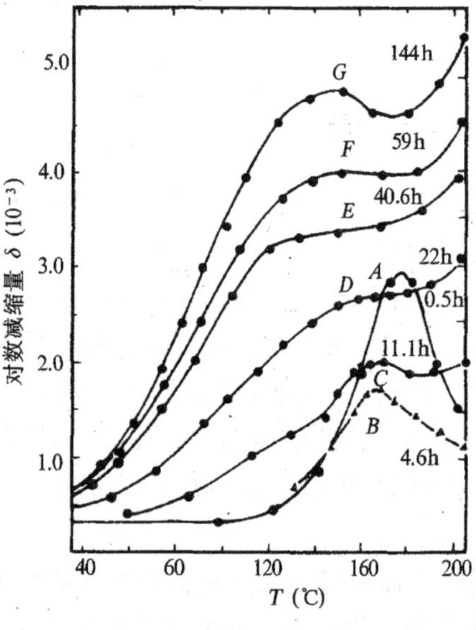

图 24.29 Al-4%Cu 合金在固溶处理并淬火，又在 203℃时效不同时间后的内耗，频率为 0.5Hz(只有曲线 *A* 是 1.3Hz)[226].

1Hz)，见图 24.29 曲线 *A* 所示. 在 200℃时效数小时后，因有 *G*.*P*.[1]和 *G*.*P*.[2]的富 Cu 区形成，固溶体中 Zn 减少到使该峰降低(曲线 *B*)进一步时效，有一个宽峰在曾讷峰温以下隆起，此时 *GP* 区已转变为成分为 $CuAl_2$ 的 θ'相，与母相{100}面共格. 当 θ'转

变完成时，该峰(140℃)达到最大高度并重叠在一个很高的背景上(曲线 G)，峰高随时效时间的增长动力学与 θ' 相的成长动力学相似，即峰高大致与 θ' 相的量成正比. 再延长时效时间，当 θ' 相开始转变为非共格的 θ 相时，该峰即降低，说明该峰完全是 θ' 相引起的，而且是热激活型弛豫峰，激活能是 0.95 ± 0.05eV，$\tau_0=10^{-12.5\pm0.8}$s.

第二个例子是 Al-Ag 合金[227]. 将固溶化后的 Al-20wt%Ag 合金在 155℃短暂退火就可在 140℃(0.25Hz)得到一个稳定内耗峰.

继续在 155～230℃时效，峰增高并向高温有少量移动，继而又回到低温并降低高度，200℃时效后峰位稳定. 激活能为 1.09 ± 0.02eV，$\tau_0=10^{-13.2}$s. 与沉淀过程的结构变化相比较得到的结论是：当 Ag 偏聚粒子形成时即出现该峰，当它转为 γ' 相时并无明显变化.

肖克等[228]还指出该峰高度与 Ag 浓度成正比. 图 24.33 示出的是 Al-30wt%Ag 合金的沉淀内耗峰.

关于该峰产生的机制，首先排除了是由沉淀相内部引起的可能性，因为弛豫强度没有明显的各向异性，峰很宽，τ_0 也比较大，最大可能是母相与沉淀相的关联部分所引起. 作者们提出了几种可能的机制：(1)应力导致粒子形状的改变. 是外应力与粒子周围内应力的相互作用破坏了平衡，导致粒子的一部分再溶解而另一部分扩大沉淀，这一过程的速率受制于原子沿沉淀粒子与母相界面的迁移，因而激活能低于溶质的体扩散激活能. (2)沉淀周围的不全位错拖着 Ag 元子的运动[228]. (3)沉淀粒子边界上突起部分的沿边界运动[229]. (4)认为沉淀系统总存在元子集团(cluster)，弛豫是集团中元子群的运动结果[226].

其他例子还有不少. 比较系统地进行了研究的是一些高熔点金属，如 V，Nb，Ta，Pd 和 Ti 等中氢化物沉淀引起的弛豫峰. 因为这些弛豫峰与沉淀过程中的瞬态内耗峰正巧重叠或部分重叠，所以将它并在(b)部中一起阐述.

(b)沉淀过程的内耗　首先是坎内里(Cannelli G.)和马卓莱(Mazzolai F. M.)[230]在 Ta-H 系的冷却过程随着氢化物沉淀的发生，内耗陡然升起. 尔后，小宏昌谷(Koiwa)等[231]用低频内耗法详细研究了含 H(或 D)的 V,Nb,Ta 等系统中的沉淀内耗峰，并扩展到 Pd 和 Ti 的氢化物沉淀峰.

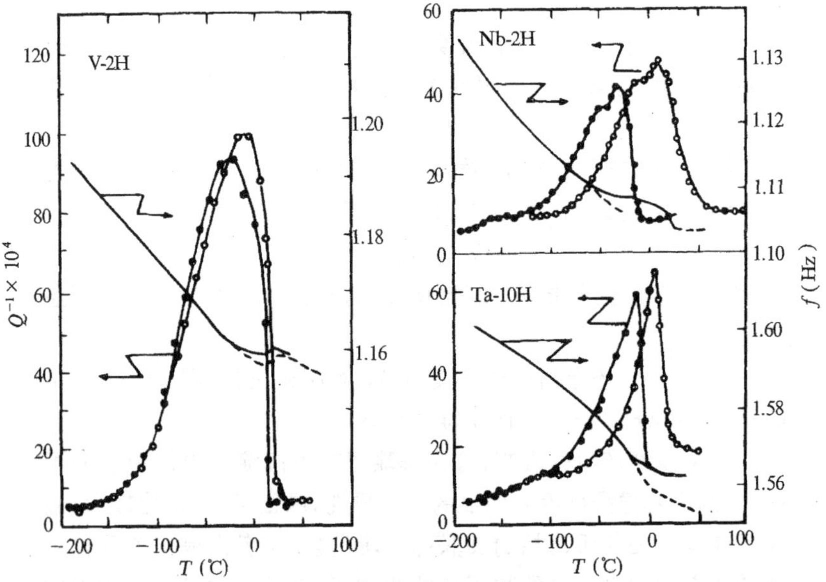

图 24.30　V-H,Nb-H,Ta-H 中氢化物沉淀引起的内耗峰与频率的变化.
• (—)冷却测量；∘ (…)加热测量.

图 24.30 示出在低频(～1Hz)下测得的钒(a)、铌(b)和钽(c)中氢化物的沉淀峰. 图中 M_{-xH}的 M 表示金属元素，x 表示氢含量(wt%)，这些峰存在着如下一些共同的特征：

(1) 内耗在某一温度徒然升起，峰形接近 λ 形.

(2)升温和降温测量有热滞后现象，热滞后大小有所不同，Nb 最大，V 最小，其次，' 为 Ta. (V＜Ta＜Nb＜Pd＜Ti).

(3) 峰高随变温速率 $\dot{T}$的增大而增大；随频率 f 的增大而减小，

与 $\dot{T}/f$ 有线性关系[232]，和马氏体相变类似(图 24.31). 而且在测量内耗的扭摆仪中，当试样有沉淀发生时，也表现出零点漂移[233].

关于这一瞬态内耗的机制和马氏体相变瞬态内耗的机制是一样的[232]. 因为沉淀以小片形式出现且有惯态面. V-H 系的惯态面是{227}，Nb-H 和 Ta-H 系则是{100}. 当沉淀形成时，若无外应

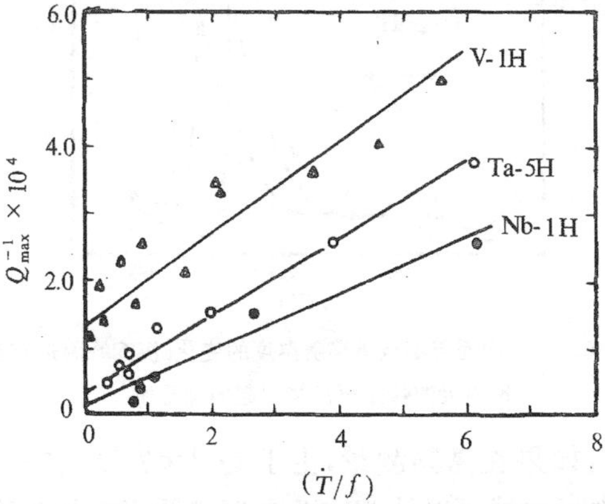

图 24.31 沉淀峰高与 $\dot{T}/f$ 的关系(升温测量，$\dot{T}$的单位是℃/s).

力，则每一种变体的概率是相同的. 在外应力作用下，某些变体较另一些变体更有利，从而产生了择优沉淀，也就产生了应力诱致的非弹性应变与内耗. 计算结果也得到[232]

$$Q_t^{-1}\propto\frac{dV_\beta}{dT}\frac{\dot{T}}{f},\tag{24.42}$$

dV_β 是有利取向和不利取向 β-氢化物的体积差.

当 $\dot{T}=0$，$Q_{max}^{-1}\neq0$，其值即图 24.28 中截距的大小，以钒最大，钽次之，铌更小，正好与热滞后大小的次序相反. 这部分也称为稳态内耗 Q_s^{-1}. 但这一部分内耗与低频下马氏体相变的稳态内耗不同，它显示了热激活弛豫型的特征，在低频下正好落在沉淀过程的温度范围或附近. 但也有如 Ti-H 系中弛豫峰与沉淀过程峰是分开的(图 24.32).

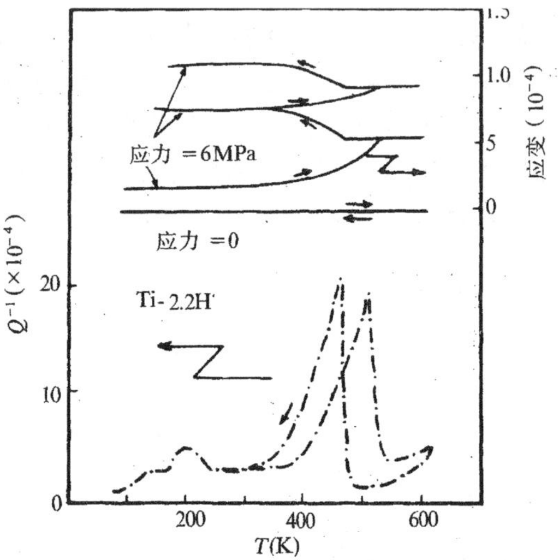

图 24.32　Ti-2.2H 中内耗与零点漂移随温度的变化. 沉淀峰附近零漂明显，200K 附近的峰是沉淀物引起的弛豫峰.

另一方面，如果在高频测量，由于 $Q_t^{-1} \propto \dot{T}/f$，这一分量的贡献很小，所以测得的峰可以认为主要是沉淀物引起的弛豫峰，如图 24.35 所示为 Ta-H 的例子.

§24.9　沉淀弛豫峰机理的进一步探讨

(a)实验结果分析　上面已讲到与沉淀有关的两种内耗峰，一是与沉淀过程有关的瞬态内耗峰，内耗与 $\dot{T}/f$ 成正比，其机理与马氏体相变的瞬态内耗相似. 另一是沉淀物引起的弛豫内耗峰，虽也有几种简单模型，但尚无定量理论.

从 Al-Ag 合金的沉淀峰来看，从一开始溶质原子集团的形成就出现 140℃(0.25Hz)峰，直到后来形成了片状 γ' 沉淀相，该峰变化很小[227]，Ta-H 系中 200K 沉淀峰归因于沉淀相中氢原子集团的运动[230]（这种溶质集团为中子散射实验所证实），即使在有一定结构的沉淀物边界或周围也可存在着无序的原子集团，其一是应力作用下，沉淀物的一部分溶解，而另一部分扩大沉淀，这一过程就牵涉到溶质原子的有序无序转变，因而也联系到原子簇的集体运动. 另一是沉淀物周围的位错拖曳溶质集团的运动. 综上所述，再加以沉淀弛豫峰不表现出各向异性的特征，可以认为该峰不是单个原子的应力感生弛豫，而是一种无序原子群的集体耦合弛豫.

沉淀弛豫的温度峰(T^{-1}为横坐标)的另一特征是峰宽比单一对称的德拜弛豫峰要宽，而且峰形不对称，这和非晶电介质中的弛豫峰很相似. 倪嘉陵(Ngai K. L.)曾用耦合模型模拟了大量无序材料中的非德拜弛豫谱[112]，得到了满意的结果. 因为上述沉淀峰的特征，宽而不对称，而弛豫机制也可认为是无序原子群的相关运动，所以尝试将耦合弛豫理论应用于沉淀弛豫峰的定量分析，也获得了较好结果.

(b)基于耦合模型的非德拜弛豫理论[234,235]

大家熟悉德拜弛豫是标准的指数衰减过程

$$\varphi(t) = \varphi_0 \exp(-t/\tau_0). \tag{24.43}$$

由此给出频率依赖的动力学响应函数是

$$\chi(\omega) = \chi(0)/(1 + i\omega\tau_0),$$

其中 τ_0 是德拜弛豫时间，其虚部 $\mathrm{Im}[\chi(\omega)]$是对称的德拜峰. 但在许多情形、特别是无序系统常显示出比指数衰减要慢一些也即分数的指数衰减函数

$$\varphi(t) = \varphi_0 \exp[-(t/\tau_p)^{1-n}], 0 \leqslant n < 1, \tag{24.44}$$

同时损耗峰变得比德拜峰要宽而且不对称. 通常，人们将一个弛豫时间的分布函数 $g(\tau)$引入响应函数式

$$x(\omega) = \int_0^\infty \frac{g(\tau)}{1 + i\omega\tau} \mathrm{d}\tau, \tag{24.45}$$

但这样的处理只是把问题转移到另一个物理上仍不清楚的 $g(\tau)$ 上.

倪嘉陵提出一个相关态模型[112,235]在无序系统中总是存在着许多相距很近的能级，并产生红外发散的低能激发与退激发，因而跃迁率 τ_0^{-1} 要被相关态的激发和退激发所修正，成为时间依赖的 $[\tau(t)]^{-1}$

$$[\tau(t)]^{-1} = \tau_0^{-1}\exp(-n\gamma)(E_c t)^{-n}, 0 \leqslant n < 1, \tag{24.46}$$

其中 n 是红外发散指数或相关指数，$\gamma=0.577$，$E_c t \gg 1$，E_c 是相关态激发能量的上截止值，即当能量超过 E_c 时，相关态激发的密度 $N(E)$ 不再是 E 的线性函数（正是这一线性关系导致了红外发散的响应）. $\tau_0=\tau_\infty\exp(E_a/kT)$，其中 τ_∞ 和 E_a 是在没有关联（$n=0$）情况下的弛豫参数. 将式(24.46)代入时率方程，即可得到分数指数衰减函数(24.44). 其中 τ_p 和 τ_0 由下式相联系：

$$\tau_p = [(1-n)\exp(n\gamma)E_c^n\tau_0]^{1/(1-n)}, \tag{24.47}$$

令 E_a^* 表示表观激活能，则有，

$$\tau_p = \tau_\infty^*\exp(E_a^*/kT), \tag{24.48}$$

$$E_a^* = E_a/(1-n). \tag{24.49}$$

根据涨落耗散理论，内耗 Q^{-1} 可写成下式：

$$Q^{-1} = \pi\Delta\omega\tau_p Q_\alpha(\omega\tau_p) = \pi\Delta z Q_\alpha(z), \tag{24.50}$$

Δ 是弛豫强度；$z=\omega\tau_p$；$Q_\alpha(z)$ 是莱维(Levy)函数由下式给出：

$$Q_\alpha(z) = \frac{1}{2\pi}\int_{-\infty}^{\infty}\exp(-izu-u^\alpha)\mathrm{d}u, \tag{24.51}$$

式中 $u=t/\tau_p$，$\alpha=1-n$，因 $z=\omega\tau_p=\omega\tau_\infty^*\exp(E_a^*/kT)$ 是频率和温度的函数，用了 Levy 函数可以计算得频率谱和温度谱. 倪嘉陵等将此计算值和大量的非晶凝聚态物质的实验数据作了对比，获得了式(24.44)的分数指数衰减函数中的 n 与联系 τ_p 和 τ_0 的式(24.47)中的 n 是一致的证明. 当然，对于不同弛豫种类（如离子，分子，大分子，电子等）和不同的材料（玻璃，非晶高聚物，离子导体，等等），n 值是可以不相同的.

后来，倪嘉陵等[112,236]又用不规则量子系统（又称能级系统 LS）的观念来阐明式(24.41)和式(24.42)的普适关系的物理根源. 把进行弛豫的系统称为基本物质(PS)，并假定 PS 是和 LS 以及一个很大的热池相接触. 在沉淀弛豫的情形中，溶质元子簇是无规量子系统 LS，它具有许多能级差很小的能级，而簇中每一溶质元子是起着 PS 的作用. 由于 PS 和 LS 的耦合产生了 LS 的激发，从而使原来时间无关的 τ_0^{-1} 变成时间有关的跃迁率$[\tau(t)]^{-1}$[见式

(24.46)]. 这一相互作用可以这样理解. 当 PS 为外力驱动而偏离平衡态,则 PS-LS 的相互作用就要减少 LS 激发的熵(平衡时熵为最大值),在一定温度 T,环境中熵随时间的变化 $\Delta S_{LS}(t)$就导致弛豫率对时间的依赖

$$[\tau(t)]^{-1} = \tau_0^{-1}\exp[-\Delta S_{LS}(t)/k]. \qquad (24.52)$$

计算表明 ΔS_{LS}有一对数的时间依赖关系,因而可以导出式(24.46).

(c) 计算结果与实验数据的比较[234] 理论计算是这样进行的,选择最合适的 E_a^* 和 n 值利用式(24.51)算出莱维函数再代入式(24.50),即可求得内耗温度谱,并与 E_a^* 的实验值进行对比(表24.1). 计算的几种合金的沉淀弛豫峰,是选择那些在峰两侧背景都很低的数据,使背景引起的误差尽量减小. 五种合金的计算值与

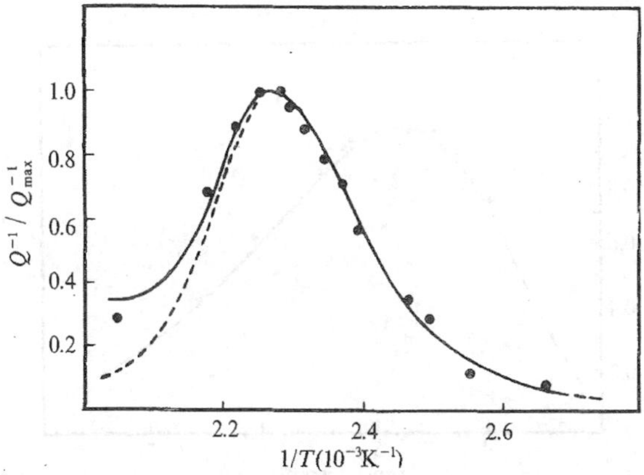

图 24.33 Al-30wt%Ag 合金的内耗峰(规一化),f=0.25Hz.
(·)实验数据[228];(——)加上高温背景后的理论计算曲线;
(………)扣除高温背景后的理论曲线.

实验值符合很好[234],其中两种 Al-20.1wt%Ag 采用了不同作者的数据[227,228]. Al-30wt%Ag 合金[3]的结果示于图 24.33,而图 24.34 和图 24.35 分别示出 Ti-5.4at%H 与 Ta-5at%H 的例子. 值得一提的是,Al-Ag 合金采用了不同成分和不同作者的数据,所

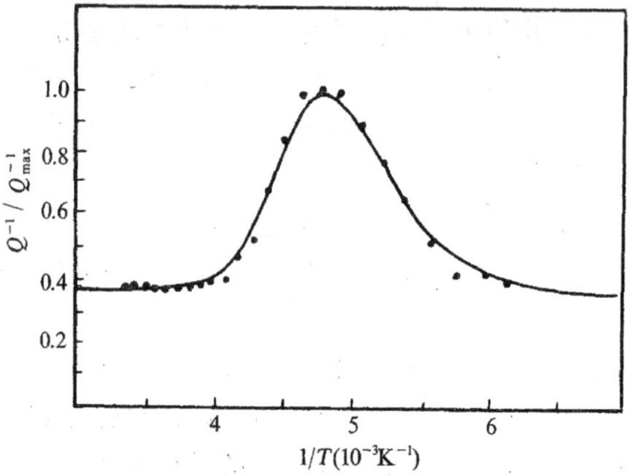

图 24.34　Ti-5.4at%H 合金的内耗曲线(规一化). f=1.5Hz,(·)沉淀峰实验数据[233](扣除了背景);(——)理论曲线.

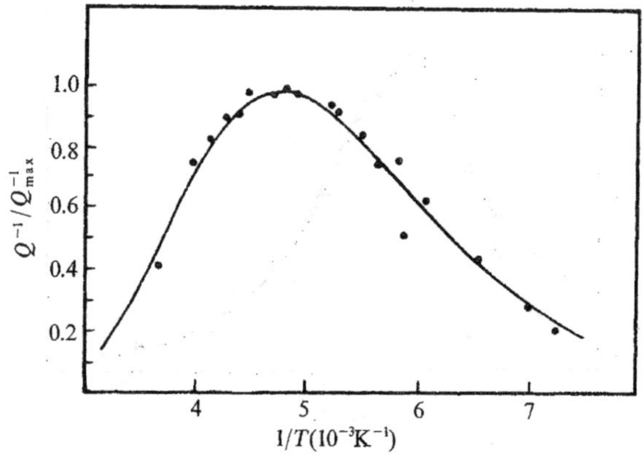

图 24.35　Ta-5at%H 的内耗曲线(规一化). f=26kHz,(·)沉淀峰实验数据[230];(——)理论曲线.

得结果几乎完全一致(表 24.1).更重要的启示是:(1)从 Al-Ag 合金中 Ag 的团簇和 γ' 沉淀物引起的内耗有着相同的峰温,可以看出,该峰与沉淀物结构关系不大,而溶质原子的关联运动才是引起内耗的微观机制.(2)为什么 Ta-H 系沉淀峰表观激活能(0.38eV)

比 H 在 α-Ta 相中的扩散激活能(0.12eV)大得多？若从这里的相关态理论求得的真实激活能(0.10eV)来考虑就可以理解了.

表 24.1　几种合金沉淀弛豫峰的表观激活能(E_a^*)观测值及计算值、真实激活能(E_a)及相关指数 n

	合金结构	沉淀物结构	E_a^*(观测)(eV)	E_a^*(计算)(eV)	E_a(eV)	n
Al-30wt%Ag	FCC	HCP	1.2±0.1	1.3	0.91	0.3
Al-20wt%Ag	FCC	HCP	1.2±0.1	1.3	0.91	0.3
Al-20.1wt%Ag	FCC	HCP	1.09±0.02	1.3	0.91	0.3
Ta-5at.%H	BCC	BCT	0.38±0.05	0.40	0.10	0.75
Ti-5.4at.%H	HCP	FCT	0.47±0.01	0.47	0.25	0.44

V　与相变有关的超声衰减与声速

超声方法与内耗方法是相同的，都是研究系统在外加交变应力场作用下的响应. 反映这响应的量对内耗方法来说是内耗 Q^{-1} 和有关的模量 M；对超声方法，则是超声衰减 α 和声速 v_0 在内耗很小($Q^{-1}\ll 1$，通常如此)的情况下，它们之间存在如下关系(见第 21 章)：

$$Q^{-1} = \alpha\lambda/\pi = \frac{2v}{\omega}\alpha, \tag{21.53}$$

$$M_1 = \rho v^2, \tag{21.54}$$

其中 λ 为超声波长，ω 为圆频率，ρ 为材料密度，M_1 为复弹性模量的实部，即通常所测量到的材料的弹性模量. 超声衰减 α 和声速 v 又常分别用复弹性模量的实部 $\mathrm{Re}C$(即 M_1)和虚部 $\mathrm{Im}C$(即 M_2)来表示

$$v = (\mathrm{Re}C/\rho)^{1/2}, \tag{24.53}$$

$$\alpha = \frac{\omega}{2\rho v^3} \mathrm{Im} C. \tag{24.54}$$

关于与相变有关的超声研究，已有许多综述报告. 加兰德(Garland,C. W. R.)[237]比较全面地总结了各种相变，从液汽相变到固体中的铁电相变，铁磁相变，马氏体相变等的超声研究结果；吕德(Luthi,R.)和雷瓦尔德(Rehwald,W.)[238]从理论和实验方面总结了结构相变点附近的超声研究，他们把各种材料分为两类，其中一类材料的应变是序参量；另一类的应变不是序参量. 此外，雷瓦尔德[239]又根据序参量和应变的耦合方式，对材料进行了分类. 本章主要总结二级相变(λ 相变)的超声衰减理论，同时列举一些有关的实验结果来进一步予以说明. 对于一级相变的超声研究，由于至今还缺乏较完善的理论，本书将不拟陈述.

§24.10 应变和序参量的耦合

连续相变可以用序参量 Q 来描述. 对于高温无序相，Q 为零，而低温有序相，Q 不为零. 非零值的序参量的出现，降低了高温原型相的对称性，从而使系统转变到对称性较低的有序相. 虽然对连续相变，序参量 Q 从零连续地过渡到非零值(这是连续相变的含义)，然而，对称性的改变，即某些对称元素的出现和消失却是突变的，把相变和对称性的突变联系起来，这是朗道相变理论的一个重要贡献[240].

序参量可以是标量，也可以是有多个分量 Q_i 的矢量或张量. 例如，在铁电相变情形，自发极化强度作为序参量就是三分量的矢量.

序参量的一个很重要的性质是它的波矢 q_0. 对铁电、铁磁、铁畸变型等相变，$q_0=0$；对反铁电、反铁磁、反铁畸变型等相变，q_0 落在布里渊区的边缘[241]；此外，在某些情况下，如电荷密度波，无公度相等，q_0 落在 $q_0 \neq 0$ 的布里渊区中心附近，如 $q_0 = \frac{1}{3} a^*$. 在临界点附近，序参量的涨落谱以 q_0 为中心.

在通常情况下，序参量是一些微观量，但这些微观量往往和某些宏观量之间存在相互作用，或者说相互耦合，在双线性耦合的情况下，宏观量正比于微观序参量，这时，人们往往以这些宏观量作为序参量. 例如 $BaTiO_3$ 晶体的 120℃结构相变起源于 Ti 原子的位移 d_{Ti}使 Ti 原子偏离了氧八面体中心，因而，序参量可选 Ti 原子对氧八面体中心的偏移量 d_{Ti}. 然而，由于氧八面体中心是负电荷中心，Ti 原子的位移，使 Ti-O 集团具有不为零的电偶极矩，从而产生宏观电极化强度 P. 很显然，P 和 d_{Ti}之间存在着线性依赖关系，因而，P 常常被作为序参量. 再如，在五磷酸镧(LaP_5O_{14})晶体中，二级铁弹相变由 B_{2g}光学模的软化引起声学模软化所致[242]，序参量为光学振动模的声子坐标. 因为应变 ε_s 与此光学模之间存在线性耦合，因而，ε_s 常被作为序参量. 当然，还存在许多非线性耦合的情况.

应变 ε 和序参量 Q 之间的耦合，是力学方法探测微观序参量的基础，若二者之间不存在任何形式的耦合，则从一切力学方法中均无法获得序参量(从而为相变)的信息.

考虑到应变和序参量之间的耦合，朗道自由能展开式可以表示成如下形式：

$$F(Q_i,\varepsilon_k,T)=F_c(T)+\frac{1}{2}a_2(T)f_2(Q_i)+\frac{1}{4}a_4f_4(Q_i)+\cdots$$
$$+\frac{1}{2}b(\nabla Q_i)^2+\cdots+F_m(\varepsilon_k)+F_c(Q_i,\varepsilon_k), \tag{24.55}$$

其中 $a_2(T)=a(T-T_c)$，$a_4>0$，$f_2(Q_i)$，$f_4(Q_i)$分别为序参量 Q_i 的二次，四次项，它们在晶体的所有对称操作下均不变；选取适当的 a_2，a_4，a_6 系数，式(24.55)也可以用来描述一级相变；Q_i 的梯度项表示了空间不同点的序参量之间的耦合；$F_m(\varepsilon_k)$为纯的弹性能项；$F_c(Q_i,\varepsilon_k)$为序参量和应变的耦合能项，一般可表示成：

$$F_c(Q_i,\varepsilon_k)=\beta_{ij}Q_i\varepsilon_j+\gamma_{ijk}Q_iQ_j\varepsilon_k+\delta_{ijk}Q_i\varepsilon_j\varepsilon_k+\cdots, \tag{24.56}$$

式中各项已用爱因斯坦求和表示法表示. 式中 β_{ij}，γ_{ijk}，δ_{ijk}等系数

是否为零值，由晶体的对称性决定，只有在 Q_i 和 ε_j，Q_iQ_j 与 ε_k，Q_i 与 $\varepsilon_j\varepsilon_k$，分别具有共同的对称性或用群论的语言表述为具有共同的不可约表示时，相应的系数 β_{ij}，γ_{ijk}和 δ_{ijk}才为非零值.

§24.11 朗道-卡拉特尼可夫二级相变弛豫理论[226]

(a) *德拜弛豫* 标准滞弹性固体的顺服系数 $J(\omega)$的实部 J_1 和虚部 J_2 可以用如下德拜方程表示[2]：

$$J_1(\omega) = J_U + \delta J/(1 + \omega^2\tau^2), \tag{24.57}$$

$$J_2(\omega) = \delta J\omega\tau/(1 + \omega^2\tau^2). \tag{24.58}$$

内耗 Q^{-1}和超声衰减 α 为

$$Q^{-1} = J_2/J_1 = \delta J\omega\tau/[J_R + J_U(\omega\tau)^2], \tag{24.59}$$

$$\alpha = \pi Q^{-1}/\lambda.$$

内耗峰(德拜弛豫峰)出现的条件为 $\omega\tau=1$. 对通过热激活实现的弛豫，弛豫时间 τ 满足阿瑞纽斯关系，$\tau=\tau_0 e^{H/RT}$，因此，该峰的峰温 T_p 随频率 ω 而变. 实验上，可以根据 T_p 随 ω 的变化关系，求得弛豫激活能 H.

(b) *λ 相变过程中的序参量弛豫* 在连续相变点附近，在一定的温度 T 和外力 σ 下，序参量有一平衡值 $\bar{Q}$，外力 σ 的改变将使序参量的平衡值也发生改变. 朗道和卡拉特尼可夫(Khalatnikov)结合热力学不可逆过程和平均场近似，提出了连续相变附近序参量的弛豫理论，即 L-K 弛豫理论[226].

为方便起见，设序参量为单分量的标量 Q，外场为单一的应力场 σ. 吉布斯自由能密度 g 的微分形式为

$$\mathrm{d}g = -\varepsilon\mathrm{d}\sigma - S\mathrm{d}T - Z\mathrm{d}Q, \tag{24.60}$$

式中 Z 为驱动序参量变化的广义力，称为亲和势. 按朗道自由能展开公式，g 可表示为

$$g(Q,\sigma,T) = g(0,0,T) + \frac{1}{2}a_2Q^2$$

$$+\frac{1}{4}a_4Q^4 - F_m(\sigma) - F_c(Q,\sigma)$$

$$= g(0,0,T) + \frac{1}{2}a(T-T_c)Q^2$$

$$+\frac{1}{4}a_4Q^4 - \frac{1}{2}J_U\sigma^2 - \beta\sigma Q - \alpha\sigma\Delta T. \qquad (24.61)$$

由式(24.60)和(24.61)可得

$$Z = -\left(\frac{\partial g}{\partial Q}\right)_{Q,T} = \beta\sigma - a_2Q - a_4Q^3, \qquad (24.62)$$

$$\varepsilon = -\left(\frac{\partial g}{\partial \sigma}\right)_{Q,T} = J_U\sigma + \beta Q + \alpha\Delta T, \qquad (24.63)$$

α 为热膨胀系数. 平衡条件要求 $Z=0$,即

$$\beta\sigma - a_2\bar{Q} - a_4\bar{Q}^3 = 0, \quad a_2 = a(T-T_c). \qquad (24.64)$$

在 $\sigma=0$ 的情况下,Q 的稳定平衡值 $\bar{Q}_0$ 为

$$\bar{Q}_0 = \begin{cases} [a(T_c-T)/a_4]^{1/2}, & T<T_c, \\ 0, & T>T_c. \end{cases} \qquad (24.65)$$

在一定小的外应力 σ 的情况下,即 $\bar{Q}-\bar{Q}_0 \ll \bar{Q}_0$,$T<T_c$时的 Q 平衡值可从式(24.64)和式(24.65)得到

$$\bar{Q} = \bar{Q}_0 + \beta\sigma/2a(T_c-T), \quad T<T_c. \qquad (24.66a)$$

再利用式(24.63)可得到滞弹性应变为

$$\Delta\varepsilon_{an} = \beta(\bar{Q}-\bar{Q}_0) = \beta^2\sigma/2a(T_c-T)$$

于是弛豫强度 δJ 为

$$\delta J = \beta^2/2a(T_c-T), \quad T<T_c. \qquad (24.67a)$$

当 $T>T_c$ 时,$\bar{Q}_0=0$,略去 $\bar{Q}^3$ 项,由式(24.64)可得

$$\bar{Q} = \beta\sigma/a(T-T_c), \quad T>T_c. \qquad (24.66b)$$

再利用式(24.63),得弛豫强度为

$$\delta J = \beta^2/a(T-T_c), \quad T>T_c. \qquad (24.67b)$$

可见,当 $T\to T_c$ 时,$\delta J\to\infty$.

对弛豫时间 τ,利用不可逆过程方程

$$Q = LZ,$$

L 称为动力学系数，在 T_c 附近可视为常数，不难得到弛豫时间 τ.

结合式(24.62)和式(24.64)，当 $T<T_c$ 时，可以得到

$$\begin{aligned} Z &= \beta\sigma - a_2 Q - a_4 Q^3 \\ &= a_2(\bar{Q} - Q) + a_4(\bar{Q}^3 - Q^3) \\ &\approx a_2(\bar{Q} - Q) + 3a_4\bar{Q}^2(\bar{Q} - Q) \\ &= (a_2 + 3a_4\bar{Q}_0^2)(\bar{Q} - Q). \end{aligned}$$

由式(24.64)，当 $\sigma=0$，$a_2=-a_4\bar{Q}_0^2$，故有

$$Z = -2a_2(\bar{Q} - Q).$$

于是

$$\dot{Q} = -2a_2L(\bar{Q} - Q) = -\tau^{-1}(\bar{Q} - Q),$$

$$\tau^{-1} = 2aL(T_c - T), \qquad T < T_c. \tag{24.68a}$$

同样的方法可得到 $T>T_c$ 时的 τ

$$\tau^{-1} = aL(T - T_c), \qquad T > T_c. \tag{24.68b}$$

可见，$T\to T_c$ 时，$\tau\to\infty$，这称为临界慢化现象.

从式(24.67)和式(24.68)可以看到，弛豫强度和弛豫时间只有在 T_c 附近才变得很显著，并且，随 $T\to T_c$ 而剧烈增加，这是连续相变附近序参量弛豫和一般热激活德拜弛豫的主要差别，这差别导致了相变峰和德拜弛豫峰不同的特征.

对通常的结构相变，在超声及以下频段，一般有 $\omega\tau\ll1$，($\tau\sim10^{-11}$s)的关系，把式(24.67)和式(24.68)代入式(24.59)，可以得到近似式

$$\alpha \approx \frac{\omega}{2v}\frac{\delta J}{J_R}\omega\tau \sim \omega^2|T - T_c|^{-1}. \tag{24.69}$$

由上可见，超声衰减在 T_c 附近形成一 λ 型峰.

对德拜峰，峰呈劳伦兹线形或钟形，峰二边分别对应着 $\omega\tau\gg1$ 和 $\omega\tau\ll1$，峰温位置随频率而变，而峰高与频率无关；对相变峰，峰

二边均为 $\omega\tau \ll 1$,峰的出现是由于弛豫强度和弛豫时间在 T_c 点急剧增大.因而,峰位置由 T_c 决定,与频率无关,但峰高与频率有关($\alpha \sim \omega^2$),这一点往往成为判别是否是相变峰的依据.

(c)L-K 理论与铁电相变超声实验的比较　L-K 弛豫理论对许多铁电相、顺电相均有压电效应的铁电晶体(如 KDP,罗息盐等)有很成功的应用.晶体的压电性表明序参量(电极化强度 P)和应变(或应力)之间存在线性耦合.下面将以 KDP 晶体中的一些实验结果来证实 L-K 理论.对于那些应变 ε 通过电致伸缩效应与

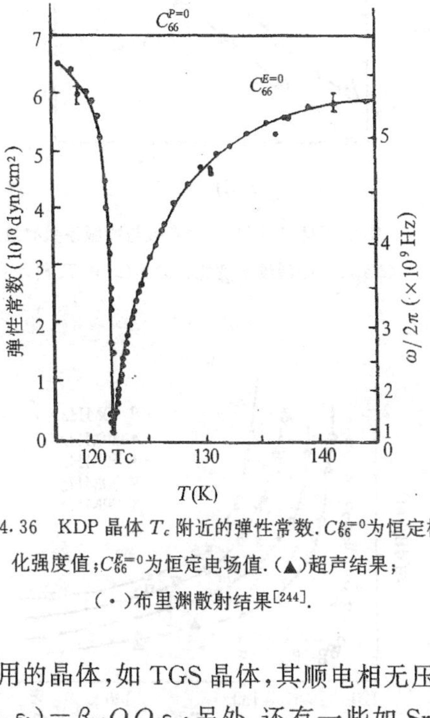

图 24.36　KDP 晶体 T_c 附近的弹性常数.$C_{66}^{P=0}$为恒定极化强度值;$C_{66}^{E=0}$为恒定电场值.(▲)超声结果;(·)布里渊散射结果[244].

序参量发生作用的晶体,如 TGS 晶体,其顺电相无压电效应,ε 正比于 P^2,$F_c(Q_i, \varepsilon_k) = \beta_{ijk} Q_i Q_j \varepsilon_k$;另外,还有一些如 $SrTiO_3$ 等发生位移型结构相变的晶体,序参量和应变也具有上述 εQ^2 耦合形式.具有这种耦合形式的晶体,朗道理论失效,序参量涨落机制将起主要作用[238].

KDP(磷酸二氢钾 KH_2P_4)在 $T_c = 122K$ 附近发生二级铁电铁

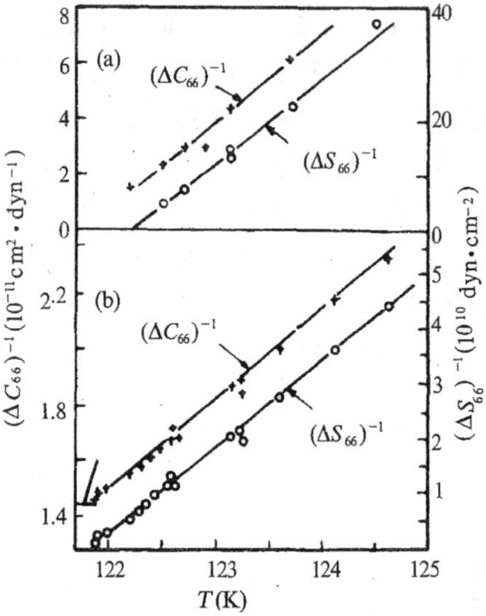

图 24.37 (a)KDP 晶体 T_c 附近弹性常数与顺服系数的弛豫量的倒数 $(\Delta C_{66})^{-1}$,$(\Delta S_{66})^{-1}$随温度的变化;(b)为(a)在 T_c 附近的放大图.

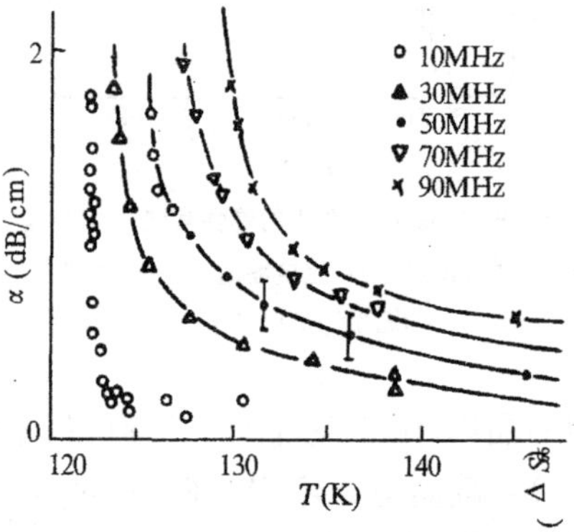

图 24.38 KDP 在 T_c 以上的超声衰减曲线.

弹相变,结构从四方变到正交. 铁电相的自发极化矢量为 P_3,同

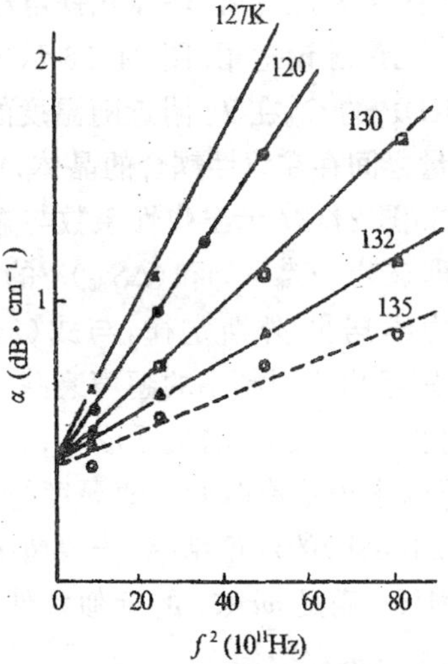

图 24.39 KDP 在 T_c 附近超声衰减 α 与频率平方 f^2 的关系.

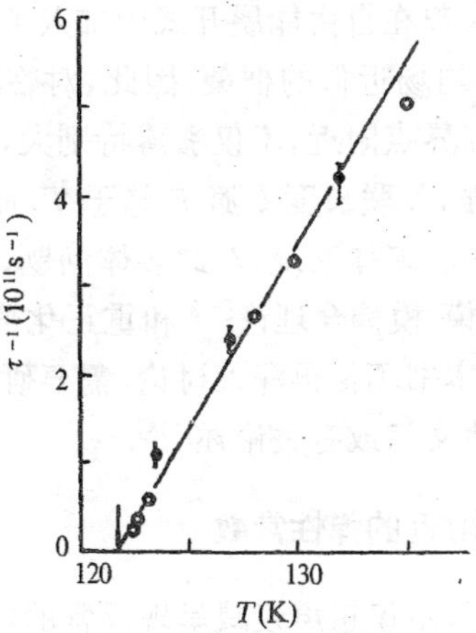

图 24.40 KDP 在 T_c 以上序参量弛豫时间倒数 τ^{-1} 与温度 T 的关系.

时，由于耦合作用，产生自发应变 ε_6. 晶体在铁电相和顺电相都具有压电性，因而，L-K 弛豫理论适用. 图 24.36 示出了超声测量和布里渊散射测量的 KDP 的 C_{66}^E 在 T_c 附近随温度的变化[244]. 事实上，所有应变和序参量之间存在线性耦合的晶体，相应的弹性模量均呈现这种变化形式. 图 24.37 示出弹性系数与顺服系数的弛豫量的倒数 $(\Delta C_{66})^{-1}$[即 $(C_{66}^D-C_{66}^E)^{-1}$]和 $(\Delta S_{66})^{-1}$ 的温度依赖关系. 这说明了高温相的力学居里-外斯定律，与式(24.67b)一致. 图 24.38 和图 24.39 分别示出不同频率的超声衰减 α 曲线和 α 与频率平方 f^2 的关系. 可见，α 正比 ω^2 的关系成立；利用式(24.69)和实验得到的 α 和 v 可以求得弛豫时间 τ 随温度的变化，结果如图 24.40 所示，符合式(24.68b)的理论结果. 一般情况下，$\tau\sim10^{-12}$s. 而超声频率 $\omega<100$MHz. 满足 $\omega\tau\ll1$ 的近似条件，因而有 α 正比 ω^2 的关系.

L-K 弛豫理论的基础是朗道的平均场理论，因而，只适用于温度远离 T_c 点的温区. 当温度 T 接近 T_c，或约化温度 $t(=|T_c-T|/T_c)$ 小于某一临界值 $t_c(t<t_c)$ 时，由于大的涨落，L-K 弛豫理论失效. 虽然，历来有人曾在自由能展开式中加入了一涨落项[226]，然而，由于没有跳出平均场近似的框架，因此，对临界点附近的大涨落，仍无法处理. 在临界点附近，不仅涨落特别大，更主要的是涨落之间的关联也特别强，关联长度 ξ 随 T 趋于 T_c 而趋向无穷大. 这样的系统是一个真正的多体系统，对此多体问题，经典理论无能为力. 以后发展起来的模-模耦合理论[238]和重正化群理论[245,246]较好地解决了这个问题. 本书不拟再深入讨论，需要研究这方面问题的读者可从参阅总结性文献或有关论述[238].

§24.12 临界温度附近的弹性常数

在临界温度附近，不仅超声衰减呈现反常的峰形，声速也呈现有规律的变化.

对于序参量 Q 和应变 ε 线性耦合的情况，如 KDP 中 122K 的铁电相变，Nb_3Sn 中超导转变前的马氏体相变，以及 $DyVO_4$ 中

13K 的合作杨-泰勒(Jahn-Teller)相变某些振动模式的模量呈现如图 24.41 所示的软化行为. 图中 C^Q 和 C^Z 分别表示固定序参量(Q)和该序参量对应的固定广义力(Z)情况下的弹性常数[239].

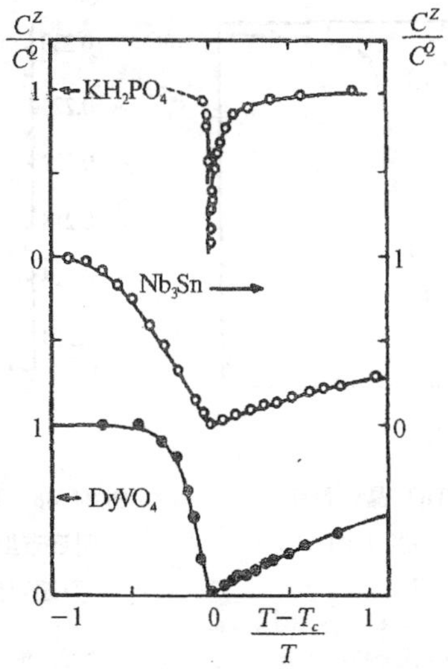

图 24.41 KDP, Nb_3Sn, $DyVO_4$ 晶体在 T_c 附近的弹性常数. C^Q 和 C^Z 分别为恒定序参量和恒定广义力情况下的弹性常数. (∘)超声测量;(•)布里渊散射.

对于应变 ε 和序参量平方 Q^2 耦合的情况,弹性常数则呈现台阶状变化,如图 24.42[247]和图 24.43 所示[248]. 图 24.43 中的 $\Delta\nu$ 是布里渊漂移,正比于声速.

序参量与应变的耦合方式决定弹性常数的变化行为,这在 LaP_5O_{14} 晶体中有突出的表现. LaP_5O_{14} 在 125℃发生二级铁弹相变,自发应变为 ε_s, ε_s 与序参量 Q 存在线性耦合,而应变 ε_1, ε_2, ε_3 则与 Q^2 有耦合. ε_4, ε_6 与 Q 无耦合,因而自由能中耦合能项为

$$F_c = \beta\varepsilon_s Q + \sum_{i=1,2,3} \gamma_i \varepsilon_i Q^2,$$

各弹性常数随温度的变化如图 24.44 所示[242]. 可见,与 Q 有线性耦合的 ε_5 对应的弹性模量 C_{55} 呈与图 24.41 中相似的模量变化;

而与 Q^2 有耦合的 $\varepsilon_1,\varepsilon_2,\varepsilon_3$ 对应的弹性模量则呈台阶状变化，与图 24.42 和图 24.43 所示的相似.

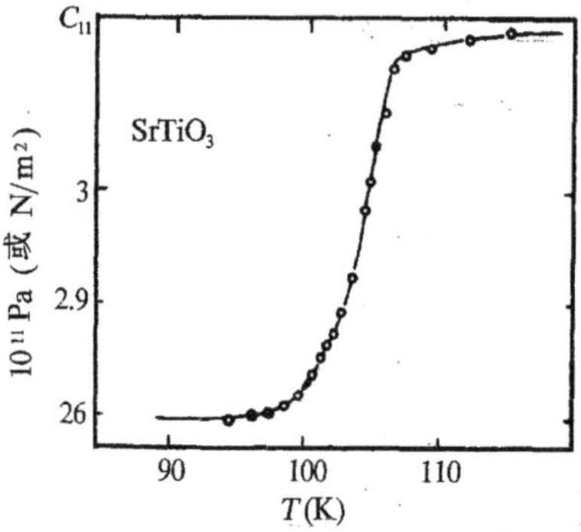

图 24.42 $SrTiO_3$ 晶体弹性常数 C_{11} 与温度 T 的关系[247].

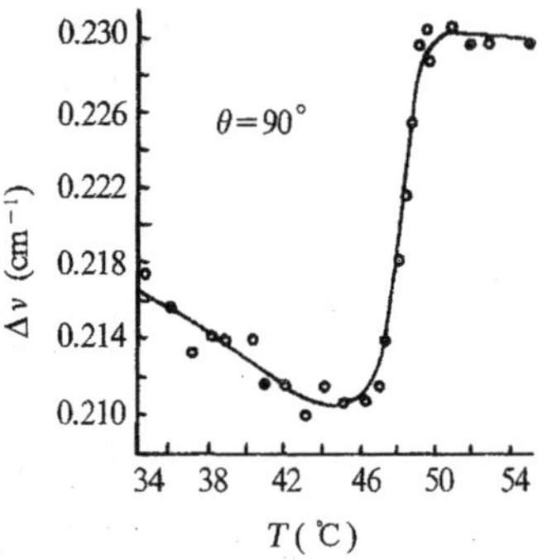

图 24.43 TGS 晶体在 T_c(49℃)附近布里渊漂移 $\Delta\nu$(正比于声速)与温度的关系[248].

利用自由能表达式(24.55)不难求得各种耦合情况下的静态弹性常数[239].

$$C_{mn}^{(Z)} - C_{mn}^{(Q)} = -\sum_{k,l} \frac{\partial^2 F_c}{\partial \varepsilon_m \partial Q_k} \chi_{kl}^{(\varepsilon)} \frac{\partial^2 F_c}{\partial \varepsilon_n \partial Q_l}, \qquad (24.70)$$

其中

$$\chi_{kl}^{(\varepsilon)} = \left(\frac{\partial^2 F}{\partial Q_k \partial Q_l}\right)_\varepsilon^{-1} = \left(\frac{\partial Z_k}{\partial Q_l}\right)_\varepsilon^{-1} = \left(\frac{\partial Z_l}{\partial Q_k}\right)_\varepsilon^{-1}. \qquad (24.71)$$

在 Q 和 ε 成线性耦合情况下，$F_c=\beta Q\varepsilon$，则

$$\begin{aligned} \Delta C &= \beta^2/a(T-T_c), \qquad T>T_c, \\ \Delta C &= \beta^2/a(T_c-T), \qquad T<T_c, \end{aligned} \qquad (24.72)$$

如图 24.45 曲线 a 所示.

在 ε 和 Q^2 耦合情况下，$F_c=\gamma Q^2\varepsilon$，则

$$\begin{aligned} \Delta C &= -\gamma^2\chi^{(\varepsilon)}\langle Q\rangle^2 \\ &= -\gamma^2/2a_4, \qquad T<T_c, \end{aligned} \qquad (24.73)$$

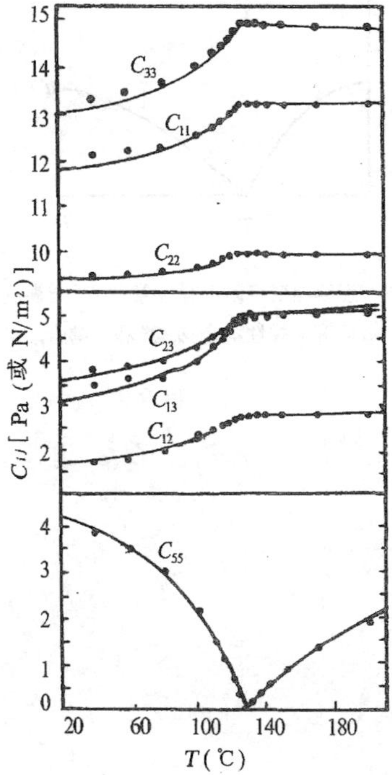

图 24.44　LaP_5O_{14}晶体在 T_c(125℃)附近，各种弹性常数 C_{ij}随温度 T 的变化.

按朗道理论，在 T_c 以下，$\chi^{(\varepsilon)}$ 和 $\langle Q\rangle^2$ 随 T 的变化正好相消。

$$\Delta C = 0, \qquad T > T_c,$$

这是因为当 $T > T_c$ 时，$\langle Q\rangle^2 = 0$，如图 24.45 曲线 b 所示. 与实验结果一致(图 24.41 至图 24.44).

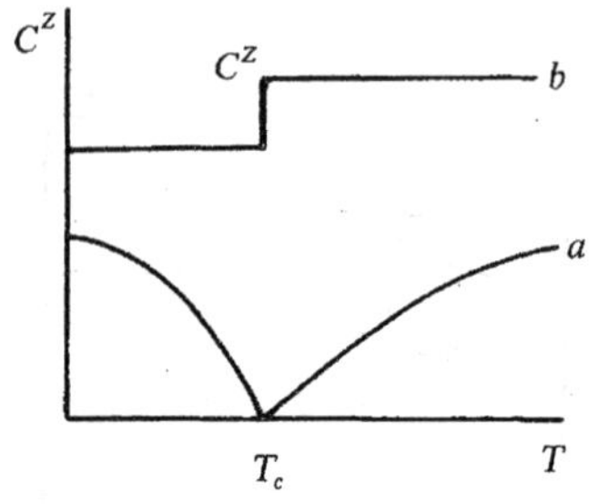

图 24.45　连续相变点附近弹性常数 C^Z 与温度关系.
a. Q 和 ε 线性耦合；b. Q^2 和 ε 耦合.

第二十五章　与热、磁、电性质有关的内耗

I　热弹性内耗与声子弛豫

§25.1　热流引起的弛豫型内耗

外加应力使试样内部产生温度梯度或改变试样相对于环境的温度，从而产生热流，以达到新的平衡，如簧片状试样上加一弯曲应力，试样的凸出部分因发生伸长而变冷，凹进部分因受压缩而变热，因此热流便自热部向冷部扩散，使冷部温度升高，从而又产生膨胀，同时也产生附加应变. 由于热扩散是一弛豫过程，附加的非弹性应变必落后于应力，由此可产生弛豫型内耗，这一现象实际上是热弹性耦合的结果，下面我们先从热力学角度来分析这一热弹性偶合.

取 σ 和 T 为自变量，吉布斯自由能密度的微分形式为

$$dg = -SdT - \varepsilon d\sigma. \tag{25.1}$$

根据全微分性质，得

$$(\partial s/\partial \sigma)_T = (\partial \varepsilon/\partial T) = \alpha_\varepsilon, \tag{25.2}$$

式中 α_ε 为热膨胀系数（ε 为线应变，则 α_ε 为 α 方向的线膨胀系数，ε 为体应变则 α_ε 为体膨胀系数）. 如 $\alpha_\varepsilon \neq 0$，从式(25.2)可知，外应力将导致熵的改变

$$(\partial S/\partial T)_\sigma = c_\sigma/T\ , \tag{25.3}$$

这里 c_σ 是等压比热. 在绝热条件下，由于外加应力 σ 而引起温度变化为

$$(\partial T/\partial \sigma)_S = -(\partial S/\partial \sigma)_T \Big/ \left(\frac{\partial S}{\partial T}\right)_\sigma$$

$$=-\alpha_s T_0/c_\sigma, \tag{25.4}$$

$$T-T_o=-\alpha_s T_0\sigma/c_\sigma, \tag{25.5}$$

$$\bar{\varepsilon}_{an}=\alpha_s(T_0-T) \ ,$$

故

$$\delta J=\bar{\varepsilon}_{an}/\sigma=\alpha^2T_0/c_\sigma. \tag{25.6}$$

可以证明,均匀热弹性弛豫是标准滞弹性行为. 选取 σ,s 为自变量,热力学函数取焓 h,则

$$(\partial\varepsilon/\partial S)_\sigma=-(\partial T/\partial\sigma)_s=\alpha T_0/c_\sigma, \tag{25.7}$$

$$\varepsilon(\sigma,S)=J_v\sigma+(\alpha T_0/c_\sigma)\Delta S, \tag{25.8}$$

式中

$$J_v=(\partial\varepsilon/\partial\sigma)_s,\ (\partial\varepsilon/\partial S)_\sigma=-(\partial T/\partial\sigma)_s=\alpha T_0/c_\sigma.$$

$$\begin{aligned}\Delta T(S,\sigma)&=(\partial T/\partial S)_\sigma\,\Delta S+(\partial T/\partial\sigma)_s\sigma\\&=(T_0/c_\sigma)\Delta S+[-\alpha T_0\sigma/c_\sigma]\\&=T_0(\Delta S-\alpha\sigma)/c_\sigma.\end{aligned} \tag{25.9}$$

平衡时, $\Delta T=0$,所以在外应力 σ 下,有

$$\Delta\bar{S}=\alpha\sigma \tag{25.10}$$

代入上式,可得

$$-\Delta T=-(T_0/c_\sigma)(\Delta S-\Delta\bar{S})\ . \tag{25.11}$$

热流近似为

$$\dot{q}=To\mathrm{d}(\Delta S)/\mathrm{d}t=-\mu\Delta T\ , \tag{25.12}$$

式中 μ 为热导系数,结合式(25.12)和式(25.11)可得

$$\mathrm{d}(\Delta S)/\mathrm{d}t=-\frac{1}{\tau_\sigma}(\Delta S-\Delta\bar{S})\ , \tag{25.13}$$

式中

$$\tau_\sigma=c_\sigma/\mu\ . \tag{25.14}$$

式(25.8),式(25.10)及式(25.13)即为标准滞弹性的三个基本条件,由式(25.8)可得非弹性应变为

$$\varepsilon''=(\alpha T_0/c_\sigma)\Delta S . \tag{25.15}$$

结合式(25.13)可得

$$\dot{\varepsilon}''=-(\alpha T_0/c_\sigma\tau_\sigma)(\Delta S-\Delta\overline{S}) . \tag{25.16}$$

因 ε''为简谐解,即 $\varepsilon''=\varepsilon''_o\exp(i\omega t)$代入上式

$$i\omega\tau_\sigma\varepsilon''=-(\varepsilon''-\alpha T_0/C_\sigma\Delta\overline{S}),$$

$$\varepsilon''=\frac{\alpha T_0\,\Delta\overline{S}}{c_\sigma}\cdot\frac{1}{1+i\omega\tau}, \tag{25.17}$$

其虚部可得内耗

$$Q^{-1}=(E_u\alpha^2T_0/c_\sigma)\cdot\frac{\omega\tau}{1+\omega^2\tau^2}, \tag{25.18}$$

式中 E_u是未弛豫的杨氏模量.

这里要注意,由于切应变不会改变试样体积,也不产生温度改变,所以像扭转振动中的不均匀应力也不会产生这种内耗.

(a) 宏观热流　上述的讨论是考虑均匀形变下的热弛豫,现在来考虑非均匀形变下的热弛豫,这种弛豫是指外应力作用下试样内部各处之间的内热流(如上述簧片作弯曲振动的情况),可分为横向热流和纵向热流.

(1) 横向热流.簧片在不均匀应力下作横向振动时就会产生横向热流,其热扩散方程为

$$\dot{q}=\nabla\cdot(K_{th}\cdot\nabla T), \tag{25.19}$$

K_{th}为热导率,它是对称二阶张量,在立方晶系晶体,其独立分量仅一个,相当于标量,因此式(25.19)可简化为

$$\dot{q}=K_{th}\nabla^2T . \tag{25.20}$$

又　$\mathrm{d}q/\mathrm{d}t=T_0\mathrm{d}(\Delta S)/\mathrm{d}t$,利用式(25.11),得

$$d(\Delta S)/dt = D_{th}\nabla^2(\Delta S - \Delta\overline{S}), \quad (25.21)$$

式中 $D_{th}=K_{th}/c_\sigma$为热扩散系数.用分离变数法,即把变量 ε,σ 和 S 与时间、空间的依赖关系分开来,每一个变量可展开为

$$\varepsilon = \sum_n \varepsilon_n(t)U_n(x,y,z), \quad (25.22)$$

$$\sigma = \sum_n \sigma_n(t)U_n(x,y,z), \quad (25.23)$$

$$\Delta S = \sum_n \Delta S_n(t)U_n(x,y,z), \quad (25.24)$$

ε_n, σ_n, ΔS_n仅是时间的函数,位置函数 U_n 满足方程

$$\nabla^2 U + \zeta U = 0 \quad (25.25)$$

的解,U_n 是一组正交的特征函数,ζ 是特征值,

$$\int U_k U_l dv = \delta_{kl}, \quad (25.26)$$

这里

$$\delta_{kl} = \begin{cases} 1, & \text{如 } k=l, \\ 0, & k \neq l. \end{cases}$$

把式(25.22)、(25.23)和(25.24)代入式(25.8),可得

$$\varepsilon_n(t) = J_u\sigma_n(t) + (\alpha T_0/c_\sigma)\Delta S_n(t), \quad (25.27)$$

它和空间坐标无关.采用类似方法可得

$$\Delta\overline{S}_n = \alpha\sigma_n, \quad (25.28)$$

$$d(\Delta S_n)/dt = -(\Delta S_n - \Delta\overline{S}_n)/\tau_n, \quad (25.29)$$

式中 $\tau_n^{-1}=D_{th}\zeta_n$,从式(25.27)~(25.29)可看到,每一组 ε_n、σ_n 均能导致标准滞弹性固体方程,对横的热流过近以得到

$$Q^{-1} \approx E_u\alpha^2 T_0/c_\sigma \cdot \frac{\omega\tau}{1+\omega^2\tau^2}. \quad (25.30)$$

对于簧片或矩形截面的薄样品

$$\tau = a^2/\pi^2 D_{th}, \tag{25.31}$$

a 是簧片厚度.

对圆棒或线状样品

$$\tau = d^2/13.55\ D_{th}, \tag{25.32}$$

式是 D_{th}是热扩散系数,D_{th}随温度变化很小,因此只能改变频率获得内耗峰,这是和原子扩散所控制的弛豫过程不同之点,从式(25.31)求得的弛豫时间在铝、银、钢、黄铜等金属中得到证实[249].此外,实验测得的内耗峰的高度和形状也和理论计算所解的相符合,如图 25.1 所示[249].

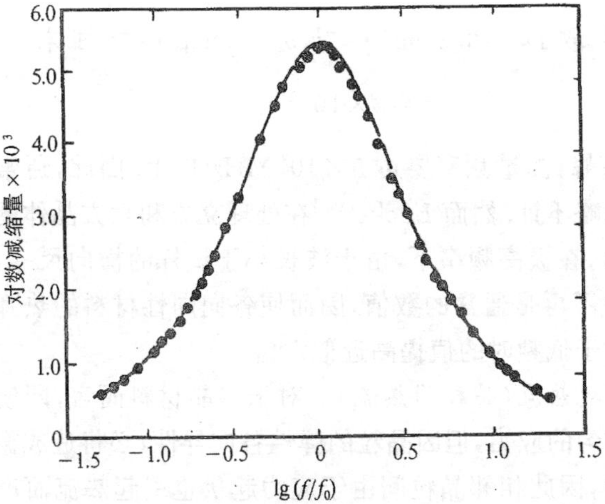

图 25.1 四个退火 α 黄铜簧片的内耗与频率的依赖关系.
f_0 为最大内耗值所对应的频率,曲线为理论所得,点子为实验测得.

(2) 纵向热流.

如果试样作纵振动,原则上在其压缩区域和膨胀区域之间也有热流而产生内耗,但由于这两区域的间距为 $\lambda/2$.

$$\lambda = v_s/f\ , \tag{25.33}$$

频率低时，λ 大，因此弛豫时间很长，在通常的频率范围内，内耗很小. 如采用超声波，将大大减小弛豫时间，把 $\lambda/2$ 代入式(25.31)，得

$$\tau=\lambda^2/(2\pi)^2 D_{th}, \tag{25.34}$$

$$\omega\tau=v_s\lambda/2\pi D_{th}. \tag{25.35}$$

内耗为峰值时的临界波长由 $\omega\tau=1$ 求得

$$\lambda'=2\pi D_{th}/v_s. \tag{25.36}$$

相应的弛豫时间 τ' 为

$$\tau'=D_{th}/v_s^2. \tag{25.37}$$

对金属材料，取 $D_{th}=0.3\ \text{cm}^2\cdot\text{s}^{-1}$，$v_s=10^5\text{cm}\cdot\text{s}^{-1}$，那末

$$\tau'=3\times10^{-11}\text{s},$$

要观察到该峰，测量频率要达 5×10^3 MHz 以上. 因此，通常这一内耗可以忽略不计. 然而 Lücke[250]在处理立方和六方晶体的这一弛豫时指出，在极高频率下，由于波长小于试样的横向尺寸，模量和膨胀系数不再是通常的数值，因而使各向同性材料的热弹性弛豫强度相对于低频时的值提高近似六倍.

(b) 微观热流(晶粒间热流)　对于多晶材料而言，即使施加一宏观上均匀的应力，但因晶粒的弹性各向异性，必将造成微观的应力不均匀，因此相邻晶粒间由于应力起伏也引起热流而产生内耗峰. 显然，此时热流扩散的区间相当于晶粒尺寸 d，由于试样的不均匀性，弛豫时间有分布，曾讷[251]得到

$$\tau=d^2/3\pi^2 D_{th}. \tag{25.38}$$

当 $\omega\tau=1$，即 $f_0d^2/D_{th}=3\pi/2$ 时，出现内耗峰值，内耗表达式，即式(25.30)，但弛豫强度为

$$\Delta=R\Delta_k=R(3\alpha)^2T K_u/c_\sigma, \tag{25.39}$$

式中 3α 代表体膨胀系数，K_u 是体积模量，R 是总的应变能的分数，它和晶体的弹性各向异性有关，曾讷[251]给出了一些立方晶系的金属的 R 值，如表 25.1 所示.

表 25.1 立方晶系金属的 R 值

金属	$R\times10^3$	金属	$R\times10^3$
Ag	63	K	150
Al	2.4	Na	160
Au	67	Pb	100
Cu	71	W	0
Fe	40	α 黄铜	91

§25.2 声子弛豫

晶格振动时所形成的波称为格波，波速为

$$v=\omega/q\ , \tag{25.40}$$

式中 $\omega=2\pi f, q=2\pi/\lambda$，分别为格波的振动圆频率和波矢大小，$\lambda$ 为声波波长. 格波可以用声子来表征，它具有动量为 $\hbar\boldsymbol{q}$，$\boldsymbol{q}$ 的方向为波的传播方向，能量为 $\hbar\omega$. 频率为 ω_m 的声子数 $N_m(\omega_m)$ 遵循普朗克分布

$$N_m(\omega_m)=[\exp\ (\hbar\omega_m/kT)-1]^{-1}. \tag{25.41}$$

超声波通过晶体时能和热声子相互作用而产生散射，出现声子碰撞和色散. 这是非简谐性，描述它最好要用六阶张量的三阶弹性常数 c_{ijk}

$$U=U_0+\frac{1}{2}\sum_{i,j=1}^{6}c_{ij}\varepsilon_i\varepsilon_j+\frac{1}{6}\sum_{i,j,k=1}^{6}c_{ijk}\,\varepsilon_i\varepsilon_j\varepsilon_k. \tag{25.42}$$

对六方晶系，根据诺埃曼原理，c_{ijk}只有六个独立分量

$$\left.\begin{array}{l} c_{111}=c_{222}=c_{333}, \quad c_{144}=c_{255}=c_{366}, \\ c_{112}=c_{223}=c_{331}=c_{122}=c_{233}=c_{311}, \\ c_{155}=c_{266}=c_{344}=c_{166}=c_{244}=c_{355}, \\ c_{123}\text{和 } c_{456}\text{，其余分量为 0.} \end{array}\right\} \tag{25.43}$$

三阶弹性常数可以由不同静态应力下的声速来测定，且足符 i,j,k 可以互换.

由于非简谐性，应变可以改变晶格振动模的频率

$$(\Delta\omega/\omega)_m=-\gamma_m^j\varepsilon_j, \tag{25.44}$$

这里 $(\Delta\omega/\omega)_m$ 是 m 模频率改变的分数，γ_m^j 被称为该模的格林爱林(Grüneisen)数，很清楚 γ_m^j 和 c_{ijk} 有关. 假定 ω 仅是体应变的函数，且所有模(m)都有相同的 γ_m(称为格林爱森常数 γ)，那末在德拜近似下，

$$\begin{aligned} \gamma &= -\mathrm{d}(\ln\omega_D)/\mathrm{d}(\ln v) \\ &= -\mathrm{d}(\ln\Theta_D)/\mathrm{d}\ln v, \end{aligned} \tag{25.45}$$

式中 ω_D 为德拜频率，Θ_D 为德拜温度，$\Theta_D=\hbar\omega_D/k$. 根据热力学关系可以证明

$$\gamma=3\alpha K/c_v, \tag{25.46}$$

式中 3α 是体膨胀系数，K 是等温体模量，c_v 是等容比热. 一般 γ 在 1.2～2.5 范围.

阿凯瑟(Akhieser)在 1939 年[252]首先提出了声子弛豫理论，认为超声波通过晶体，在 $\omega\tau\ll 1$ 时，即热声子的弛豫时间远小于超声波周期时，超声波可近似为一静态的周期性应变场，由于非简谐弹性效应，它将改变声子模的频率分布，热声子达到新的平衡分布是个弛豫过程，需要一定的时间，因而伴生的应变落后于超声应力，产生滞弹性内耗.

假定属于同一支所有声子都有相同的格林爱森常数 γ_k^j，则该支的每个声子的频率变化也相同，为 $\Delta\omega/\omega$，而声子数新的平衡分

布仍遵守普朗克分布,即式(25.41),因而引起的温度改变为

$$(\Delta T/T)_k=(\Delta\omega/\omega)_k=-\gamma_k^j\varepsilon_j. \tag{25.47}$$

由于 γ_k^j 有正有负,因此给定应变下,有些支,$\Delta T>0$,有些支,$\Delta T<0$,因此声子弛豫可以描写为不同支之间的热流,内耗表达式与标准滞弹性内耗相同,即

$$Q^{-1}=\Delta_\varepsilon\,\omega\tau/(1+\omega^2\tau^2)\,. \tag{25.48}$$

弛豫时间 τ 为不同支的声子之间建立平衡的时间,它和导热率 K_{th} 有关. 除了极低温度外,可以将晶格振动看作声子气体,用气体分子动力学理论求得导热率 K_{th}为

$$K_{\mathrm{th}}=\frac{1}{3}\,c_v vl=\frac{1}{3}\,c_v v^2\,\tau_{\mathrm{th}}, \tag{25.49}$$

式中 l 为声子平均自由程,$\tau_{\mathrm{th}}=l/v$ 为热弛豫时间,v 通常采用德拜平均声速.

$$3/v^3=(2/v_t^3)+(1/v_l^3)\,, \tag{25.50}$$

式中 v_t,v_l 分别为横波和纵波声速. 在高温(德拜温度以上),τ_{th}正比于 $1/T$,在 $\tau_{\mathrm{th}}\sim10^{-12}$s 范围内,一般 $\omega\tau_{\mathrm{th}}\ll1$.

博曼尔(Bömmel)等[253]和乌特拉夫(Woodruff)[254]等用格林爱森常数的平方平均值来表示弛豫大小,对纵波,他们得到

$$\delta c_{11}=c_v T\,\overline{\gamma^2}. \tag{25.51}$$

如每一支声子模有不同的 γ_k 和 c_{v_k},则

$$\delta c_{jj}=T\sum_k c_{v_k}(\gamma_k^j)^2, \tag{25.52}$$

式中 c_{v_k}是与第 k 支声子谱有关的等容比热

而
$$c_{jj}=\rho v^2. \tag{25.53}$$

由此可求得超声衰减系数 α 为

$$
\begin{aligned}
\alpha &= \frac{\omega}{2v}Q^{-1} \\
&= \frac{\delta c_{jj}}{2\rho v^3} \cdot \frac{\omega^2\tau}{1+\omega^2\tau^2} \\
&\approx \frac{\delta c_{jj}}{2\rho v^3}\omega^2\tau .
\end{aligned} \tag{25.54}
$$

上式利用了 $\omega\tau \ll 1$，适用范围为低频和高温. 图 25.2 示出的是沿纯硅〈100〉方向传播的纵波和切波的超声衰减与 T 的关系图. 从图上可以看到，在低温(20K 以下)，衰减很小，且和温度无关，在 50K 以上，衰减随温度增加而迅速增加，到 100K 以上，增加又减慢. 由于在这纯晶体中，位错和电子缺陷很少，因此 50K 以上的衰

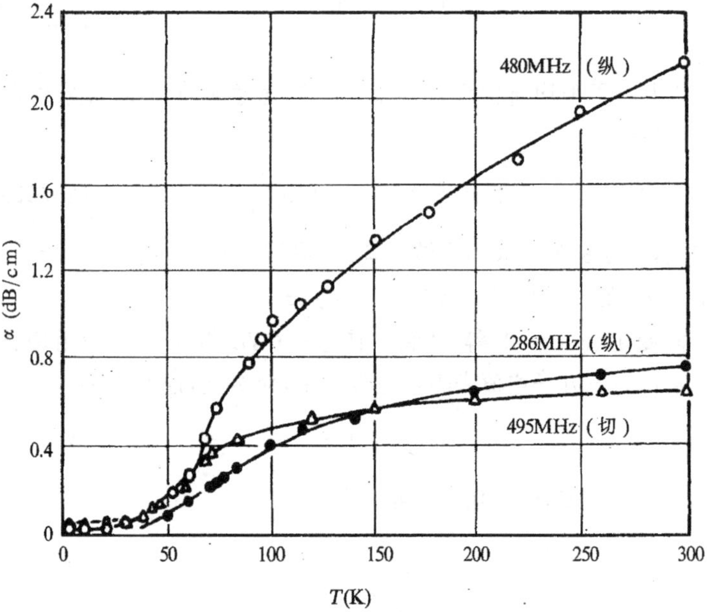

图 25.2 纯硅中沿〈100〉方向传播的纵波和切波的衰减系数(α)与温度(T)的关系曲线.

减行为和热声子有关.而且在室温附近,α 正比于 ω^2,与 $\varepsilon\tau \ll 1$ 范围的声子弛豫理论相一致.

Ⅱ 磁弹性内耗

磁弹性内耗是由于铁磁材料中磁性与力学性质间的耦合所引起,磁致伸缩现象提供了磁性与力学性质的耦合,即在磁化方向上材料表现出伸长(或缩短),反过来加应力可以产生磁化状态的改变,因此除弹性应变外,还有由于磁化状态改变而导致的非弹性应变,其虚部和实部是内耗和模量亏损的来源.

磁弹性内耗一般分为三类:宏观涡流、微观涡流和静滞后型.

§25.3 宏观涡流引起的内耗

在部分磁化的试样上,突然加一应力,除弹性应变外还要产生磁性的变化.这种变化会感生出表面涡流,而涡流又产生一个附加的磁场,使样品内部总磁通量瞬时保持不变,表面涡流逐渐向内耗散,使内部磁场强度逐渐变到给定应力下的平衡磁化状态.这种趋于平衡态的磁场变化,因磁致伸缩效应又产生了附加的应变.因涡流(或磁通量)的扩散是一弛豫过程,故可产生弛豫型内耗,能量消耗于涡流中,这种内耗的特征与热弹性内耗相似.

在磁弹性内耗中,用磁感应强度 B 作为内参量,因此

$$E_U = E_B(\text{恒 } B \text{ 下的模量}), \tag{25.55}$$

$$E_R = E_H(\text{恒 } H \text{ 下的模量}). \tag{25.56}$$

类似于(21.232)式,总应变为

$$\varepsilon = E_U^{-1}\sigma + (\partial\varepsilon/\partial B)_\sigma \Delta B, \tag{25.57}$$

$$\delta E^{-1} = E_R^{-1} - E_U^{-1} = (\partial\varepsilon/\partial B)_\sigma (\overline{\Delta B}/\sigma), \tag{25.58}$$

其中

$$\overline{\Delta B} = \overline{B}(\sigma) - \overline{B}(0). \tag{25.59}$$

由于平衡值

$$\overline{\Delta B}=(\partial B/\partial\sigma)_H\sigma\ ,$$

所以

$$\delta E^{-1}=(\partial\varepsilon/\partial B)_\sigma(\partial B/\partial\sigma)_H, \tag{25.60}$$

其中两个偏微分都依赖于磁化强度,当接近于退磁状态或饱和状态时,它们都趋于 0.

B 弛豫到新的平衡值的速率可以从麦克斯韦方程确定

$$\partial\boldsymbol{B}/\partial t=-(1/\mathscr{H}_{el})\nabla\times(\nabla\times\boldsymbol{H})\ , \tag{25.61}$$

式中 $\mathscr{H}_{el}$是电导率,如沿棒状试样的轴向加磁场,横向磁化可以忽略.上式可简化为

$$\frac{\partial(\Delta B)}{\partial t}=\frac{1}{\mathscr{H}_{el}}\left(\frac{\partial^2}{\partial x^2}+\frac{\partial^2}{\partial y^2}\right)\Delta H\ , \tag{25.62}$$

式中 ΔH 是涡流产生的磁场.为了把上式均用 B 来表达,我们把 B 看成 H 和 δ 的函数,得到

$$\Delta B=(\partial B/\partial H)_\sigma\Delta H+(\partial B/\partial\sigma)_H\,\sigma. \tag{25.63}$$

在实用单位制中,这些量将用 μ_0,μ_r 来标记,其中 μ_0 是真空磁化率,μ_r 是无量纲的相对磁化率,上式可写为

$$\Delta B=\mu_0\mu_r\Delta H+\overline{\Delta B}. \tag{25.64}$$

由式(25.61)和式(25.63)消去 ΔH 可得

$$\partial(\Delta B)/\partial t=D_m\left(\frac{\partial^2}{\partial x^2}+\frac{\partial^2}{\partial y^2}\right)(\Delta B-\overline{\Delta B})\ , \tag{25.65}$$

式中磁通量扩散系数 D_m 为

$$D_m=1/\mu_0\mu_r\mathscr{H}_{el}. \tag{25.66}$$

式(25.65)完全类似于热弛豫方程式(25.21),因此可以求得内耗有如下表达式:

$$Q^{-1}=\Delta_E\sum_{j=1}^{\infty} f_j[\omega\tau_j/(1+\omega^2\tau_j^2)] ,\qquad(25.67)$$

式中 f_j 是权重因子，这是由于涡流不均匀性引起的. 对轴向磁化的圆棒在弯曲或纵振动下或具有矩形截面的簧片在弯曲振动下，曾讷[255]给出了内耗表达式为

$$Q^{-1}=\Delta_E\, g(\theta) ,\qquad(25.68)$$

式中无量纲参数 θ 为

$$\theta=\omega a^2/D_m,\qquad(25.69)$$

这里 a 是圆棒的直径或簧片的厚度.

对于上面提到每一种情况，曾讷[255]已计算出 $g(\theta)\sim\theta$ 关系，如图 25.3 所示. 在低频条件下

$$Q^{-1}\propto\theta\propto\omega .\qquad(25.70)$$

在高频条件下

$$Q^{-1}\propto\theta^{-1/2}\propto\omega^{-1/2},\qquad(25.71)$$

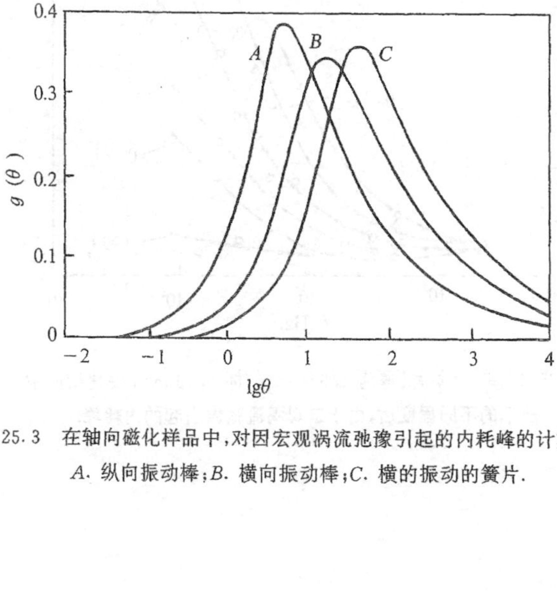

图 25.3　在轴向磁化样品中，对因宏观涡流弛豫引起的内耗峰的计算结果：*A*. 纵向振动棒；*B*. 横向振动棒；*C*. 横的振动的簧片.

这从涡流耗散而引起一周内的能量损耗也是可以理解的. 在低频，在截面上的涡流密度都是相同的，由涡流引起的一周内能量损耗与频率 ω 有线性关系. 而在高频，由于集肤效应，$\boldsymbol{B}$ 的变化被限止在表面附近的薄层内，因此每周的能量损耗与频率的关系和集肤深度和频率的关系一样，正比于 $\omega^{-1/2}$.

从热力学关系可得

$$(\partial \varepsilon/\partial H)_\sigma=(\partial B/\partial \sigma)_H. \tag{25.72}$$

式(25.60)可以改写为

$$\delta E^{-1}=(\partial \varepsilon/\partial B)_\sigma(\partial \varepsilon/\partial H)_\sigma, \tag{25.73}$$

又

$$(\partial \varepsilon/\partial B)_\sigma=(\partial \varepsilon/\partial H)_\sigma/(\partial B/\partial H)_\sigma. \tag{25.74}$$

因此，我们可以得到弛豫强度的表达式(由于 $B=\mu_0\mu_r H$)

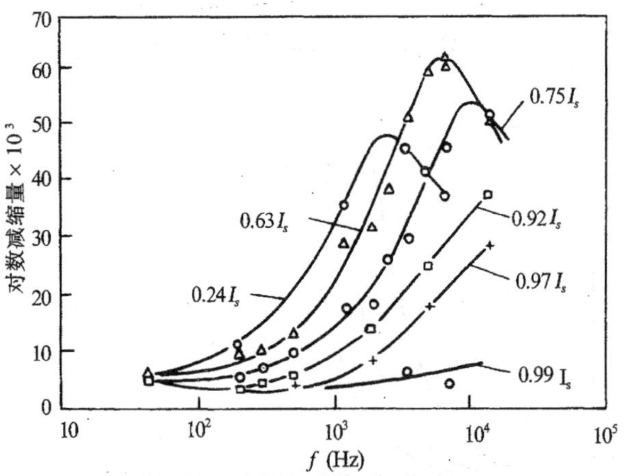

图 25.4　纯 Ni 簧片[厚为 1.524 mm (即 0.06 in)] 磁化到图中所示的不同程度后，由于宏观涡流弛豫引起的内耗峰.

$$\begin{aligned}\Delta_E &= \delta E^{-1}/E_U^{-1} = \mu_0\mu_r E_U(\partial\varepsilon/\partial B)_\sigma^2 = (E_U/\mu_0\mu_r)(\partial\varepsilon/\partial H)_\sigma^2 \\ &= (E_U/\mu_0\mu_r)(\partial B/\partial\sigma)_H^2 \end{aligned} \tag{25.75}$$

式(25.75)也说明了恒磁场下,应力可以诱导出磁感应强度的变化.

图25.4示出的是由宏观涡流引起内耗峰的实验结果.这类内耗与振幅无关.在退磁样品中不出现.从图中可以看出,随着磁场的增加,弛豫强度经历一个极大值,而峰频率却稳定地增加.

最后还要提一下ΔE效应,它是指模量E对磁化强度I的依赖关系,在高频,即$f>f_o$(峰频),Δ_E对ΔE没有贡献,退磁状态$E(I)$有最低值,饱和磁化状态有最高值E_U,在$f<f_0$时,观测到的ΔE包含了宏观涡流弛豫的ΔE,使$\Delta E\sim I$曲线上出现一个出现极大值,而在共振频率$\sim I$(或外场H)曲线上只现一极小值.

§25.4 微观涡流引起的内耗

对于退磁样品,应力虽然不能产生大块的磁化,但由于铁磁材料的磁畴结构,应力可以在磁畴中产生磁性的局部变化(宏观磁化仍为零),从而引起微观涡流(microeddy currents),它仍对内耗有贡献.内耗及高、低频下的解析式与式(25.67)、式(25.70)、式(25.71)相似.微观涡流引起的内耗峰在ω_p处

$$\omega_p \simeq D_m/l^2. \tag{25.76}$$

弛豫时间由$\omega_p\tau=1$可知

$$\tau = l^2/D_m, \tag{25.77}$$

式中l是畴的平均大小,若$l\sim10^{-3}$cm,则ω_p在MHz量级,显然比宏观涡流内耗峰的峰频高得多.因此,在千周范围内,$Q^{-1}\propto\omega$关系仍成立.对几种理想的畴模型,贝克(Becker)[256]计算了微观涡流引起的内耗为

$$Q^{-1} = A\mathscr{H}_{el} I_s^2 l^2 E_U \omega/\sigma_i^2, \tag{25.78}$$

式中 I_s 是饱和磁化强度，σ_i 是内应力振幅，无量纲常数 A 在 1～6 范围内. 甘甘纳(Ganganna)等求解了畴界在强迫振动时微观涡流引起的损耗为

$$Q^{-1}=\pi\kappa_3 E\omega/[m(\omega_0^2-\omega^2)^2+\omega^2R^2]\ , \qquad (25.79)$$

式中 κ_3 是与电、磁性质有关的常数，$\omega_0^2=\kappa/m$，m 是畴界质量，κ 是畴界的回复力系数，R 是与欧姆损耗有关的耗散系数，上式说明损耗与应变振幅无关，与频率有关，且存在极大值，Ni 单晶的实验证实了这一结果[257]，如图 25.5 所示.

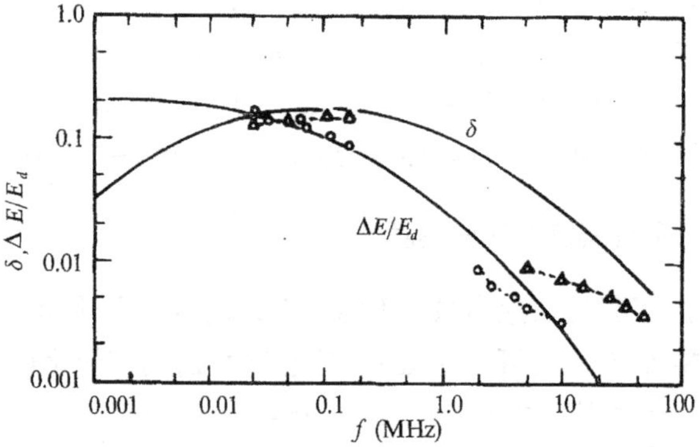

图 25.5　纯 Ni 中微观涡流峰(Δ)和模量 $\Delta E/E_d$ 的变化，图中实线为梅逊[257]所得的计算结果.

冷加工后内耗较低，对频率也不敏感，如图 25.6 所示，这归结为冷加工样品的内应力太大，畴界被锁定，而退火状态，内应力小，畴界易动，故内耗变大[258].

§25.5　静态滞后型内耗

当振动频率足够低时，磁性变化是如此之慢，以致感生的涡流甚小，此时另一种静态滞后型的损耗变成主要的内耗. 这是因为应力使畴壁发生了不可逆的位移，使应力应变图上出现了滞后回线，

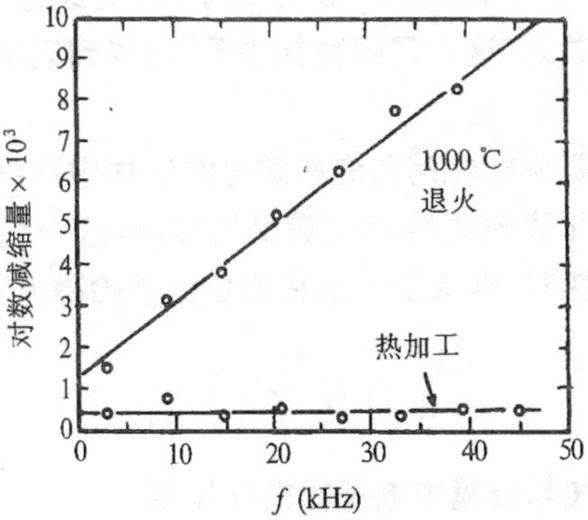

图 25.6 退磁的 68 型镍铁合金的内耗～频率曲线.
退火试样的阻尼正比于频率[10].

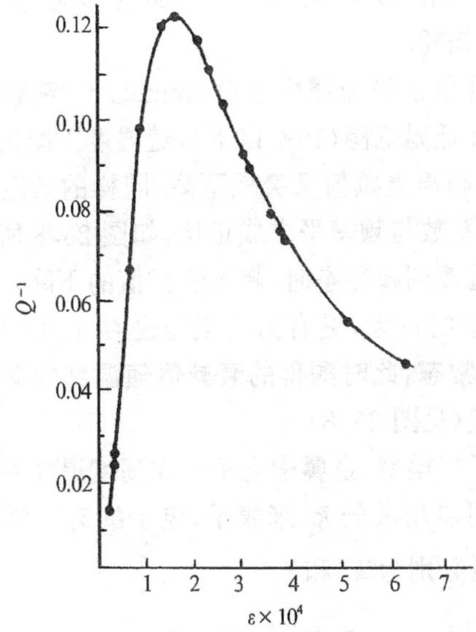

图 25.7 高纯铁中阻尼对应变振幅的依赖关系.

这种内耗的特征是与频率无关,但与振幅有强烈的依赖关系. 内耗作为振幅的函数,开始遵从一次方关系,继而经过一极大值,最后又遵从反平方关系.这在阿姆科铁中[259]已得到证实,如图 25.7 所示.

以上几种磁弹性内耗在饱和磁化的试样中不再出现因为此时应力已不能感生磁畴的转动或畴壁的移动,故一般在研究铁磁性材料的高频内耗时,常常加一饱和磁场以消除磁弹性内耗的干扰.

Ⅲ 电子阻尼

§25.6 超声波与金属中电子的交互作用

由于外加应力可以引起金属中费米面上电子的统计分布,即费米面发生畸变,因而又产生附加的应变.这种变化一般进行得很快,弛豫时间 τ 应和电导率理论中产生的具相同的数量级.如果振动频率很高(一般在 MHz 范围),费米面的形变将落后于点阵的形变,从而产生损耗.

这种阻尼现象首先为博梅尔(Bömmel)[260]观察到,铅单晶中的超声衰减值在低温范围(10K 以下),随温度下降而增加,直到过渡到超导态时,超声衰减值又突然下降,同样的效应在锡、铟中也观察到,且衰减系数与频率平方成正比,如图 25.8 所示.

从正常态过渡到超导态时,超声衰减值的下降,说明这种衰减主要是自由电子的贡献,更有力的根据是在 T_c 以下加一临界磁场,使其转回正常态,此时测得的衰减值随温度的变化又与 T_c 以上的变化相衔接(见图 25.8).

用自由电子气模型,金属中电子形成高度退简并的气体.一个电子的量子态可以用波矢 $\boldsymbol{k}_0$ 来表示,电子的有效质量为 m,则电子的动量和能量分别为 $\hbar\boldsymbol{k}_0$ 和

$$E(k)=\hbar^2/2mk^2. \tag{25.80}$$

在绝对零度下,在动量空间所有能态都被占满[按泡利(Pauli)不相容原理],直到 E_F 为止,E_F 就是费米能,对应的等能面即费米

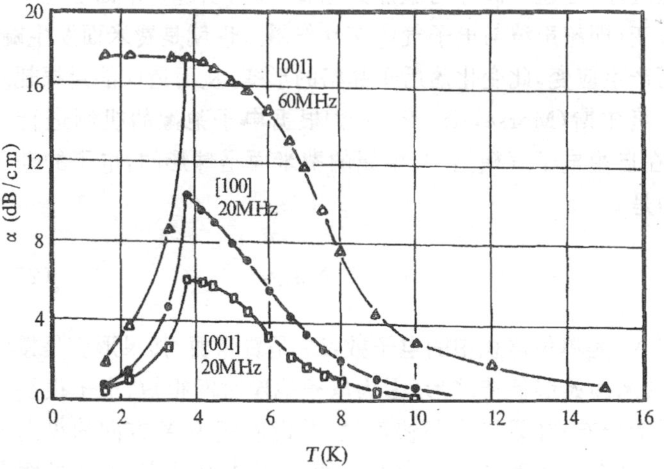

图 25.8 锡单晶中沿[100]和[001]纵波的衰减系数 α-T 曲线，$T_c=3.7$K，最上面一条曲线的低温数据是借助磁场，使正常态延伸到 1.5K.

面. 对给定温度($T>0$)下，占有能态为 E 为概率遵循费米-狄拉克(Fermi-Driac)分布

$$f(E)=\{\exp[(E-E_F)/kT]+1\}^{-1}. \tag{25.81}$$

对于自由电子，费米面为球状，费米能为

$$E_F=mv_F^2/2=P_F^2/2m=\hbar^2k_F^2/2m\ , \tag{25.82}$$

这里 v_F、P_F 和 k_F 均取费米面处的数值，m 为电子质量，$\hbar=h/2\pi$，h 为普朗克常数. 这种情况，仅在碱金属中可以近似得到，此时，电子的平均动能为

$$\overline{E}=\frac{3}{5}E_F. \tag{25.83}$$

对于更实际的情况，必须考虑晶核的周期势场，这将形成多面体的布里渊区，在布里渊区的边界能量 E 不连续.

(1) 无磁场时的超声衰减. 电子阻尼是发生在高频区的一种

弛豫现象，当超声波应力施加到金属上时，引起费米面上电子分布的改变(即超声波与电子气体交互作用)，也就是费米面发生畸变，从而产生应变，此变化落后于晶格的形变，从而造成能量损耗.

莫尔斯(Morse, R. W.)[261]根据电子弛豫的机制进行了计算，在自由电子气模型中，金属的费米面是球形的，电子的动力学压力是

$$\sigma=\frac{2}{5}N_vE_F, \tag{25.84}$$

式中 N_v 是单位体积中的电子数，E_F 是费米面. 如果形变是慢慢产生，费米面始终保持球形，因为电子弛豫时间很短，电子很快达到其平衡分布；如果形变很快产生，并设应变为 X 方向的纵向压应变 ε_x，则电子速度在 x 方向的分量 v_x 首先有反应，即费米面在 X 方向瞬时被拉长，由于电子和晶格的碰撞最终又导致球状的平衡分布. 维持 ε_x 的应力也就从初始值 $\sigma_x(0)$ 松弛到平衡值 $\sigma_x(\infty)$，其弛豫量 $\Delta\sigma_x=\sigma_x(0)-\sigma_x(\infty)$. v_x 开始增加一个因子 $(1+\varepsilon_x)$，经过时间 τ 达到最终平衡值 $v_x\left(1+\frac{1}{3}\varepsilon_x\right)$，这里电子总动能保持不变，而 N_v 从开始到最终都是增加 $(1+\varepsilon_x)$ 因子，以此代入式(25.84)可求得 $\Delta\sigma_x=\frac{8}{15}N_vE_F\varepsilon_x$. 因电子弛豫时间很小，$\omega\tau\ll1$，由式(21.124)可得

$$Q^{-1}=\frac{8}{15}\frac{N_vE_f}{\rho v_l^2}\omega\tau, \tag{25.85}$$

式中 ρ 为材料密度，v_l 为纵波声速，而电子弛豫时间 $\tau=l/\bar{v}=\frac{\mathscr{H}_{el}m}{N_ve^2}$，$l$ 为电子平均自由程，$\bar{v}$ 为电子平均速度，$\mathscr{H}_{el}$ 为电导率，m 为电子质量，e 为电子电荷. 根据式(21.52b)和式(25.85)可得衰减系数 α 为

$$\alpha=\frac{4}{15}\cdot\frac{\mathscr{H}_{el}mE_F}{\rho v_l^3e^2}\omega^2. \tag{25.86}$$

上式给出了衰减系数 α 与 ω^2 成正比关系. 同时由 α 和 $\mathscr{H}_{el}$成正比说明为什么电子阻尼只有在纯金属和低温下才能观测到.

梅逊(Mason, W.P.)[262]用电子气的粘滞性观点处理了这一问题,他认为晶格振动通过像粘滞性那样的作用把能量传递给了电子系,其粘滞系数 η 为

$$\eta=\frac{1}{3}N_v ml\,\bar{v}\ , \tag{25.87}$$

式中 N_v 为单位体积中的电子数,l 是电子平均自由程,m 为电子质量,$\bar{v}$ 是平均速度. 由于其粘滞性,超声波把动量和能量转移给电子从而产生了超声衰减. 这里粘滞系数与单位体积中的电子数,平均自由程及平均速度有关,而这些量与金属电导率有关,说明这种粘滞性由电导率决定. 因此也可以把上述情况处理为金属中电子分布的弛豫. 在一横向超声波的作用下,费米面发生畸变,如果施加的切应力施加很快,电子来不及重新分布,那末费米球就成了椭球,如图 25.9 所示. 由于在畸变的费米面内的一些电子处于高能状态,因此,这一畸变的费米面并不是电子的平衡分布,电子通过与晶格碰撞而最终回到球状平衡分布,这一过程的弛豫时间为

$$\tau=l/v_F, \tag{25.88}$$

式中 l 是电子的平均自由程,v_F 是费米电子平均速度,由式

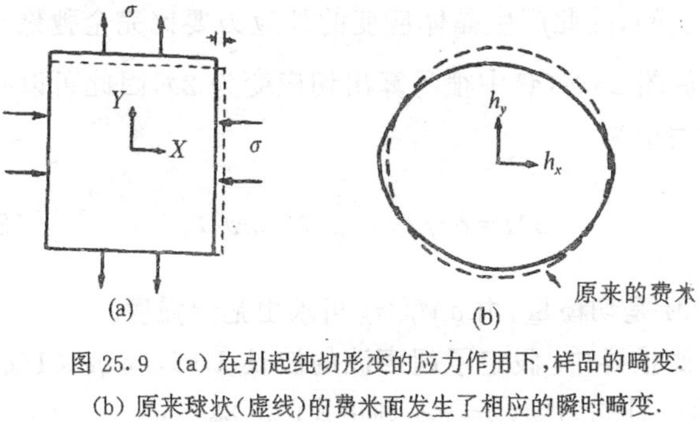

图 25.9 (a) 在引起纯切形变的应力作用下,样品的畸变.
(b) 原来球状(虚线)的费米面发生了相应的瞬时畸变.

(25.82)给出.由于金属的电导率为

$$\mathscr{H}_{el}=N_v e^2\tau/m \quad , \tag{25.89}$$

因此,只要测出金属的电导率,就可算出 τ 为

$$\tau=\mathscr{H}_{el}m/N_v e^2. \tag{25.90}$$

假设金属样品在外加应力作用下突然发生切变[如图25.9(a)所示],自由电子的球状费米面畸变为一椭球面[如图25.9(b)所示],由于在箱中自由电子气体的本征值为 $k_x=2n_x\pi/L_x$,这里 n_x 是整数,L_x 是箱子 x 方向的尺寸,Y 和 Z 方向也相类似.那末图 25.9(a)所示正方形的 x 和 y 边分别乘以 $1\pm\delta$ 的话,图 25.9(b)中的椭圆轴必将正比于 $1\pm\delta$.如上所述,这时椭圆形的费米面不是平衡态,电子-晶格碰撞重新回到球状,相应的弛豫时间为 τ.在平衡条件下,电子对试样边界的压力 σ 由动能表达式给出为 $\frac{1}{3}N_v m\overline{v^2}$, $\overline{v^2}$是电子速度平方的平均值,对费米电子气体,其动能为

$$E=\frac{3}{5}E_F=\frac{1}{5}N_v m v_F^2. \tag{25.91}$$

在没有弛豫时,电子气作用在垂直于 X 面和 Y 面上的压力是不等的,分别为 $\frac{1}{5}N_v m v_F^2(1\pm2\delta)$,而式(25.82)中,$(k_F)_x$ 和 $(k_F)_y$ 分别正比于 $(1\pm\delta)$,因此产生晶体应变的外应力要比完全弛豫后大 $\frac{2}{5}N_v m v_F^2\delta$,从图 25.9(a)中很易算出切应变为 2δ,因此可以得到模量的弛豫大小为

$$\delta M=\delta\sigma/2\delta=\frac{1}{5}N_v m v_F^2, \tag{25.92}$$

注意这里 M 是切模量,由 $\delta M/M_R$ 可求出弛豫强度.

从上面推导中,假定了超声波的波长 $\lambda\gg l$,或 $ql\ll1(q=2\pi/\lambda)$,即它是一种均匀场,$\omega=v_s q$ 利用式(25.88)

$$\omega\tau = qlv_s/v_F, \tag{25.93}$$

这里 v_s 是切波声速，由于 $v_s/v_F \sim 1/300$，因此，$ql \ll 1$ 意味着 $\omega\tau \ll 1$，因此上面导出的结果仅在弛豫峰的很低的低频端才正确，这时，切波的衰减

$$\alpha_s = \frac{\omega Q^{-1}}{2v_s} = \frac{\omega\delta M}{2v_s M_R}\omega\tau .$$

利用 $M_R = \rho v_s^2$ 及式(25.92)，可得

$$\alpha_s = (N_v\, mv_F^2/10\rho v_s^3)\omega^2\tau, \ \omega\tau \ll 1 . \tag{25.94}$$

所以 $\alpha_s \propto \omega^2$，为了得到纵波下的衰减系数 α_l，令 $\delta K = 0$，这里 K 是体模量. 可得

$$\alpha_l = \frac{4}{3}(N_v\, mv_F^2/10\rho\, v_l^3)\omega^2\tau . \tag{25.95}$$

以上关系得到了实验证实. 图 25.10 示出的是在 20K 和 30K 下的纵波实验结果[263]. 图 25.8 示出的是锡单晶在纵波作用下的 α_l 的

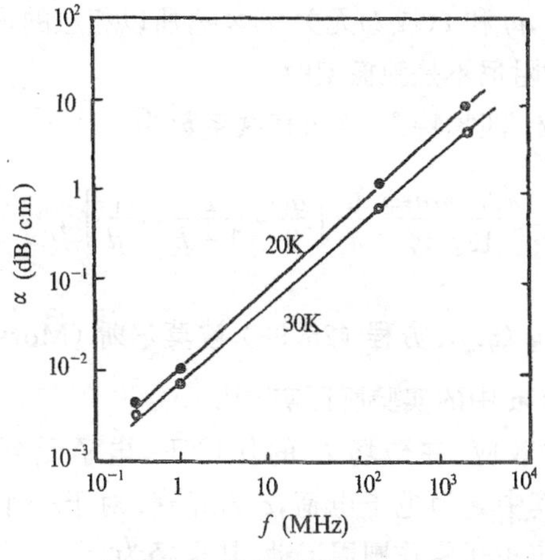

图 25.10 铝中纵波的 $\alpha_l \sim f^2$ 关系图.

温度谱，可以看出，在 4K 时，由于电子自由程度大(一般高纯合金中，l 达 10^{-1}cm 量级以上)，$ql \ll 1$ 不再成立，结果 $\alpha_l \propto \omega$ 而不是 $\alpha_l \propto \omega^2$，故式(25.95)不再正确，然而正是在此温度下，发生了超导转变，在 T_c 以下 α_l 迅速下降而不象正常态时继续增加. 这可理解超导态的超导电子不再与超声波发生交互作用，这是因为 BCS 超导理论所描述的超导能隙 ε_g 的存在，它的大小强烈地依赖于温度. 纵波在超导态的衰减系数 α_s 和正常态的衰减系数 α_n 之比为[264]

$$\alpha_s/\alpha_n = 2/[\exp(\varepsilon_g/2kT)+1] . \qquad (25.96)$$

因此可以用超声方法测传统的合金超导体的能隙.

以上的理论是假定了离子实静止的条件下得到的. 如果考虑到超声波作用下，它们也发生位移，从而引起一周期性内电场，这必将导致电子位移，因此空间电子密度不再保持为常数，把电子在内电场及电子与晶格碰撞结合起来考虑，在 $ql \gg 1$，可得到如下的表达式：

$$\alpha_l' = \pi N_v m v_F \omega / 12 \rho v_l^2 , \qquad (25.97)$$

从该式可以看到，α_l' 和 τ(或 l)无关，$\alpha_l' \propto \omega$，所以相应的内耗与频率无关，因此，这种阻尼不是弛豫型的.

对于任意 ql，匹拍特[265]给出衰减系数为

$$\alpha = \frac{\pi N_v m v_F \omega}{12 p\ v_e^2} \frac{6}{\pi} \left[\frac{ql}{3} \cdot \frac{B}{1-B} - \frac{1}{ql} \right] , \qquad (25.98)$$

式中 $B = \frac{1}{ql} \text{arc tg}\,(ql)$. 方程 (25.98) 被莫尔斯 (Morse) 和玻恩 (Bohn)在 In 和 Cu 中的实验所证实[264].

(2) 磁场的效应. 在磁场 $\boldsymbol{H}$ 的作用下，电子受到洛伦磁力 $-(e/c)\boldsymbol{v} \times \boldsymbol{H}$，其中 e 为电子电荷，c 为光速. 对于一个球状费米面，若 $\boldsymbol{v} \perp \boldsymbol{H}$，那末电子将作圆周运动，其半径为

$$r = m v_F c / eH = P_F c / eH , \qquad (25.99)$$

其圆频率为

$$\omega_c = v_F / r = eH/mc \ . \tag{25.100}$$

对于更一般费米面，电子运动轨道不是圆的，但电子仍在费米面上，只要把上式中 m 用有效质量来代替即可.

在 $ql<1$ 范围内，可观察到衰减系数随磁场的增加而单调下降，这是因为磁场缩短了电子碰撞之间的平均距离 l，而在这范围内，从式(25.88)和式(25.94)、式(25.95)可知，α 正比于 l，故 α 下降. 斯泰因伯格(Steinberg)[266]用自由电子模型详细计算了切波的衰减系数与磁场的关系为

$$\alpha(H_{\perp})/\alpha(0) = (1+4\omega_c^2\tau^2)^{-1}, \tag{25.101}$$

$$\alpha(H_{/\!/})/\alpha(0) = (1+\omega_c^2\tau^2)^{-1}, \tag{25.102}$$

式中 $H_{\perp}$表示磁场方向垂直于切波的偏振方向和传播方向，$H_{/\!/}$表示磁场方向平行于切波的偏振方向. 莫尔斯[267]在实验上证实了式(25.101)和式(25.102)，如图 25.11 所示.

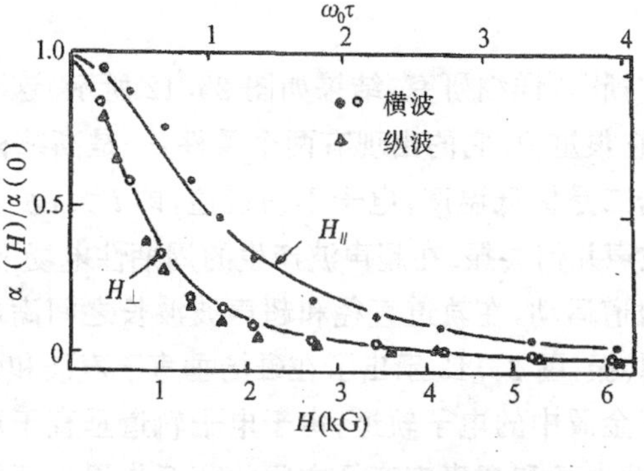

图 25.11 Cu 中超声波的衰减系数与磁场的关系. 实线为理论计算值.

然而，在 $ql>1$ 的情况下，磁场对超声衰减的影响表现出随磁场振荡的有趣现象. 这一现象最早为博曼尔(Bömmel)[268]观察到，

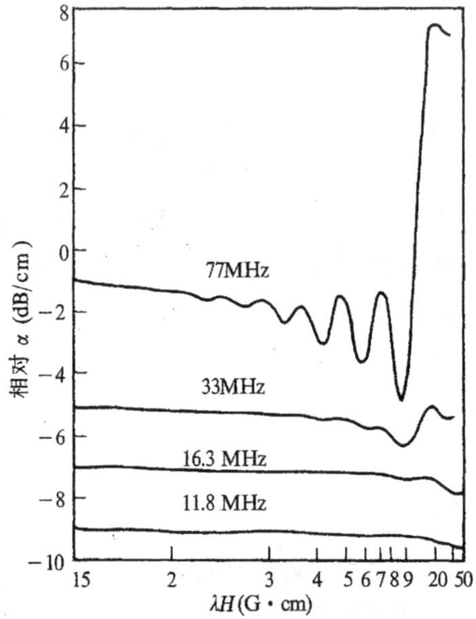

图 25.12 纵向超声波在纯铜中随频率增加而形成的 α-λH 周期性振荡.

以后又为莫尔斯[269]详细研究,结果如图 25.12 所示. 这不是一种弛豫现象,但它很重要. 它的出现有两个条件:一是高纯样品,τ 很大,使 $\omega_c\tau>1$,二是极低温度,电子不易碰撞,即 l 大,使 $ql>1$. 这一现象来自磁声几何共振. 在超声波产生的周期性电场下,传导电子沿一螺旋轨道运动,在轨道直径和超声波波长之间满足一定条件时,将发生共振,图 25.13 示出了在磁场垂直于声波和偏振方向时的自由电子金属中的电子轨道,由于电子轨道垂直于声波造成的应变面,因此电子和超声应变场主间的相互作用主要发生在轨道的端点,在该点电子运动的瞬间平行于应变平面. 如果在真实空间电子回旋轨道的直径 d 为波长的整数倍,如图中轨道 B、作用在上述两个端点上电子的力是同方向的,和应变场耦合而造成衰减最大. 如轨道直径为半波长的奇数倍,如图中轨道 A,则作用在轨

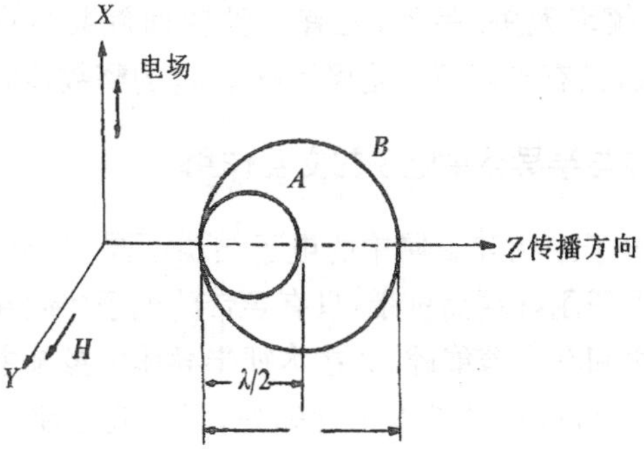

图 25.13　在方向垂直于声波的传播方向和偏振方向的磁场中，自由电子运动的轨道.

道端点上电子的力的方向相反，此时衰减最小，因此，随 H 大小的变化，由式(25.99)可知，电子的轨道半径也随之改变，因而可观测到 α 的周期性变化. 在极小值和极大值之间. 轨道直径改变了$\lambda/2$，α 变化的周期满足.

$$\lambda=(2P_Fc/e)\Delta(1/H), \tag{25.103}$$

式中 $\Delta(1/H)$是相应两个相邻的超声吸收极大(或极小)的磁场倒数之间的差. 上述现象被称为磁声几何共振. 式(25.103)也可表示为

$$K_F=\lambda e/2\hbar c\Delta(1/H). \tag{25.104}$$

故改变磁场，由超声吸收的周期变化测出 K_F，从而获得费米面的信息. 因此，近几年来，利用几何共振的磁声技术已发展成为测量费米面大小的有力工具，因 K_F 这个参量是不能用其它方法直接测到，所以这一方法特别有用.

几何共振并不是磁场引起的唯一的共振型声损耗. 还有一种量子振荡也可发生，它是由于电子轨道量子化引起能量不连续($\hbar\omega_c$)而产生的. 它只在磁场足够高使得能量间隔$\hbar\omega_c(\hbar eH/mc)$大于热能 kT 时发生，此时超声衰减随 H^{-1}呈现出振荡现象，但振荡周期与超声波频率无关. 另外,还有一种叫回旋共振(cyclotron resonance)现象,只有当声频 ω 是回旋频率 ω_c 的整数倍时才出现.

§25.7 超声波与半导体中电子的交互作用

半导体的电子结构和金属中的电子结构不同,对于本征半导体(如硅、锗),电子刚好填满价带,只有导带的电子才起导电作用,而价带和导带之间存在着能隙. 如在本征半导体中掺施主杂质(如五价的 P,As,Sb),可在导带以下近邻处,引入旋主能级,该半导体称 n 型半导体. 反过来掺受主杂质(如三价的 B, Al, Ga),可在价带以上近邻处引入受主能级,使半导体成 p 型半导体. 由于这些能级的存在可以为价带电子变为导带电子提供了方便,从而使载流子浓度大大提高. 通过超声波和这些可动载流子的耦合而造成超声衰减. 下面介绍两种最重要的耦合机制.

(a) 多谷半导体(multivalley semiconductors) 在半导体中,能量 $E(\boldsymbol{K})$-波矢 $\boldsymbol{K}$ 的电子图在导带底和价带顶附近成抛物面且能量 $E(\boldsymbol{K})$具有晶体的点群对称性,如果在 $\boldsymbol{K}_0$ 处能量有极值,那末通过晶体的点群对称操作,在其等效位置也有极值,在这极值附近的能态的集合称为一个谷. 有一系列此类谷且能互相传递的半导体称为多谷半导体. 图 25.14 示出的是立方或四方晶体中四次对称轴下的情况,如这种半导体沿 X 方向受拉伸应变,X 和 Y 轴不再等效,从而一些电子将通过谷间散射机制(intervalley scattering mechanism)从 X 谷转移到 Y 谷,这种再调整的出现构成了一种弛豫过程. 因此,超声波将导致晶体应变并与电子耦合,使能带结构发生变化而产生超声衰减.

电子和晶体应变之间的耦合可以用形变势常数(deformation potential constants)来表示. 它的意思是,应变改变能带结构仅对某一谷中所有态的能量改变同一量值. 所以应变 ε 对第 i 个谷的影响是使第 i 个谷的最低态的能量 U_i 发生变化,取线性近似,可表示为

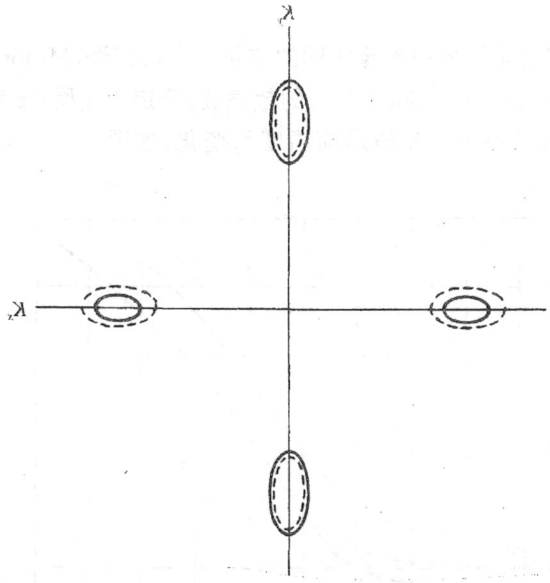

图 25.14 多谷半导体在 K 空间的等能面，虚线代表无应力的初始状态，实线表示在 X 方向拉伸形变下的等能面.

$$\Delta U_i = \Xi_i \varepsilon , \tag{25.105}$$

式中应变 ε 是二阶张量，Ξ_i 也是张量称为形变势常数张量，类似于点缺陷中的弹性偶极子张量 λ. 对于切应变，Ξ 典型的大小约为 10eV. 观测多谷半导体的弛豫的方法可考虑伴随超声波的电场，它可通过 ΔU_i 空间求导获得，从 i 谷的电子来考虑，电场正比于 ω，落后于应变 $\pi/2$，由此得知，多谷半导体中的弛豫. 由于从压阻测量知锗(Ge)的谷沿〈111〉方向，因此，凯叶斯(Keyes)[270]根据多谷半导体概念预言 Ge 的弹性常数 C_{44} 将受这电子弛豫的影响，他计算了 n 型 Ge 在低温的弛豫大小

$$(\delta C_{44})_{T=0} = -\frac{4}{3}(4\pi/3)^{2/3} m^* N_v^{1/3} \Xi^2 / h^2 , \tag{25.106}$$

式中 m^* 是电子的有效质量，N_v 是单位体积的电子数，h 是普朗克常量，Ξ 是适当的切形变势常数. 从这关系式，凯叶斯预言由于谷间弛豫机制，在低温 n 型 Ge 的 C_{44} 将降低 8%，这一预言为实验所

证实[271].多谷半导体中弛豫时间的定量信息被梅逊(Mason)等人得到[272].他们用(10～500)MHz的超声波,测定了n型Ge和p型Si的超声衰减系数α和声速随温度的变化,如图25.15所示.在

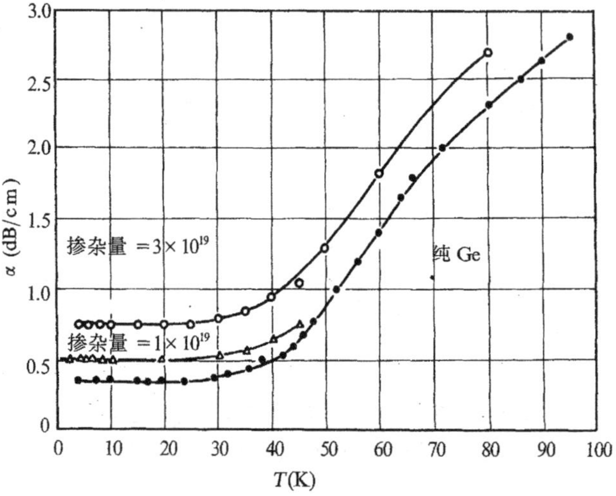

图 25.15 纯Ge和掺As的n型Ge半导体的纵波衰减系数～温度曲线.超声波沿〈110〉传播,频率为475MHz.

$\omega \ll 1$时,内耗表达式为$(\Delta M/M)\omega\tau$,因此测出α和$\Delta M/M$即可求出谷间弛豫时间τ.掺杂不同,弛豫时间也不同,如图25.16所示.例如掺砷(As)为10^{18}和$3\times10^{19}\mathrm{cm}^{-3}$的Ge,其弛豫时间分别约为$4\times10^{-13}$和$2.3\times10^{-13}$s.且在300K以下,$\tau$和温度无关.

(b) 压电半导体　耦合的另一机制来自切变波和电子的耦合即压电耦合.该机制仅发生在压电半导体中.在局部应变作用下,因压电效应产生一个正比于应变的内电场,它和ω无关.但它比100GHz以下频率的形变势产生的电场要强.如果材料具有可动的电荷载流子,载流子将在压电效应产生的电场中运动到最小势能位置.与多谷半导体中的耦合机制不同,这里,在最小势能位置上将出现一簇净电子并发生空间电荷的排斥效应.这样产生的声

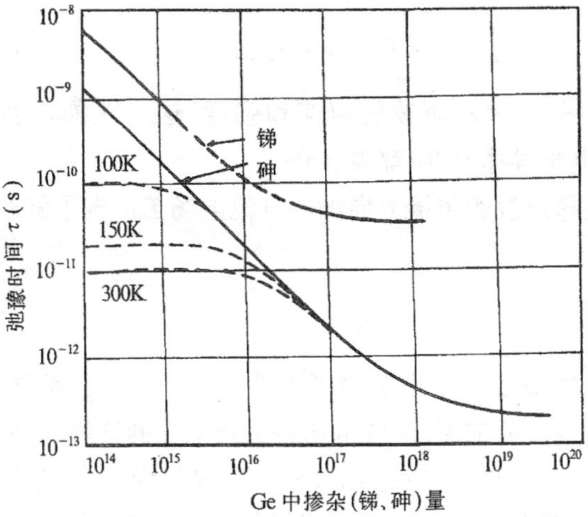

图 25.16　掺 As 和 Sb 的 Ge 的弛豫时间和掺杂程度之间的关系. 虚线显示声子散射效应;实线显示杂质散射效应.

电电流(acoustoelectric current) 比外加应变落后一位相,因而产生超声衰减. 对于最简单的情况,即只有单个电荷载流子且忽略其扩散效应,可以得到标准滞弹性行为,其弛豫时间的倒数(τ^{-1})正比于电导率($\mathscr{H}_{el}$). 如扩散不能忽略,那么超声衰减中就增加一项,此时不再是单一弛豫了. 实验上已观察到这种电子弛豫,不过大都在 CdS 中得到的. 电荷载流子通过光照(光电效应)而引入. 洛特(Lord)等[273]在 30K 以下观察到一个大的 $\alpha \sim T$ 峰. 他们把这归于电导率(因此 τ^{-1})对温度有强烈的依赖性.

(c) 其它相关现象　除了以上两种表现滞弹性弛豫的电子阻尼外,还有"声电效应"(acoustoelectric effect)和"声放大效应"(acoustic amplification),它们也都是声波和电子交换能量的现象,只是此时不再具有滞弹性性质. 当超声波传播时,弹性波引起的周期电场中最低能量的位置发生变化,而处于该处的电子试图跟上声波一起运动,因而产生声电电流,如果试样两端绝缘,便可以测量直流声电电场 E_{ae}，由下式可得衰减系数 α：

$$\alpha/E_{ae}=eN_v v/2I \ , \tag{25.107}$$

式中 v 和 I 分别为超声波的声速和强度．这一现象在多谷半导体[274]和压电半导体[275]中都观察到．

如果在超声波的传播方向加一直流电场 E_{dc}，电子就获得一漂移速度 v_d，

$$v_d=\mu E_{dc}, \tag{25.108}$$

式中比例系数 μ 表征了电子的可动性．如果 v_d 大于超声波声速，电子将跑到声波的前面．声波电场将阻止电子的这种运动，结果平均看来，电子便将能量传给声波，从而声波得到放大，这就是声放大现象，这一现象也在上述两种半导体中得到观察[276,277]．这一现象的理论描述可参阅文献[278,279]．

§25.8 超声波与绝缘体中电子的交互作用

绝缘体也有弛豫现象，尽管绝缘体中的电子处于束缚态，但这些束缚电子有两个或更多个等效位置，弛豫现象是由于这些电子在等效位置之间重新分布引起的．这种效应非常类似于点缺陷弛豫，只不过这里的激活过程是电子的跳动而不是离子的跳动．目前研究的弛豫有两种机制，分述如下．

(a) *等效位置上的重新分布*　知道得最清楚的例子是磁铁矿 Fe_3O_4，它的结构有 8 个四面体位置被 Fe^{3+} 离子占有，16 个八面体位置可由 Fe^{3+} 和 Fe^{2+} 各占一半．室温下，Fe^{3+}，Fe^{2+} 离子无规地占据八面体位置，它们的电子在这些离子中连续交换．在 115K 发生 Fe^{2+} 和 Fe^{3+} 离子有序化排列的转变，内耗和模量有明显的变化，如图 25.17 所示．我们可以看到，在 90KHz 频率下，有两个内耗峰，一个在 40K，另一个在 95K，而杨氏模量在转变温度 115K 有一极小值．95K 内耗峰的峰温随频率变化不大，因此它不是热激活弛豫内耗峰，而是与 115K 附近的相变开始有关的内耗峰，而且呈

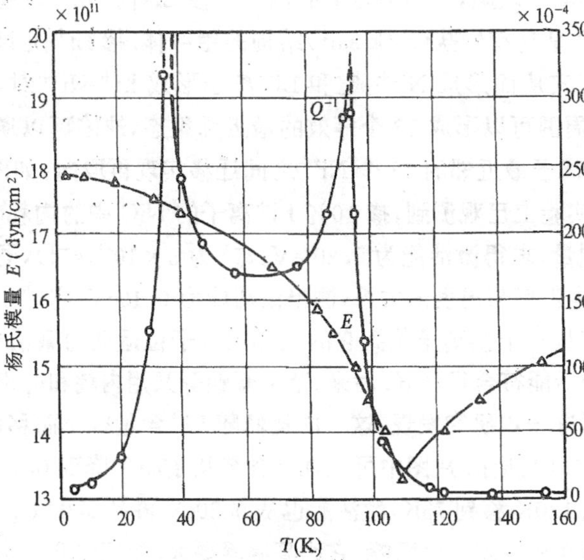

图 25.17 Fe_3O_4 在⟨111⟩纵波下的内耗和
杨氏模量随温度的变化. $f=90$ kHz.

现出强烈的各向异性. 即⟨100⟩纵波下,该峰不出现. 而 40K 峰在变频时,峰温移动较明显,由此可求出激活能为 0.05eV,频率因子 τ_0^{-1} 为 $10^{11}s^{-1}$. 绥脱(Suiter)等[280]研究表明空位对这两个峰有重要贡献,空位越多峰越高,根据这一实验事实,阿埃达(Iida)[281]提出了一个模型:Fe^{3+}离子在完全有序晶格中,周围有 4 个等价的最近邻 Fe^{2+}离子,当一个空位占据了原 Fe^{3+}的八面体位置时,为达到电荷平衡,原来 4 个等价的 Fe^{2+}只能保留一个,其它 3 个必须变为 Fe^{3+}离子,因此通过电子迁移而导致应力感生有序.

(b) 俘获的空穴或电子跳变机制　在某些绝缘体中引入杂质(或空位),可能伴随着出现空穴或电子,它们被杂质俘获,成为一个弹性偶极子中、心,这样的中心可以通过空穴或电子的跳动而引起弛豫,情形完全与发生原子跳动时一样.

范·豪顿(Van Houten)[282]等已详述了在过渡金属氧化物中

这一类电子缺陷，其中最显著的例子是掺 Li^+的 NiO. 纯化学当量的 NiO 是具有岩盐(rock salt)结构的绝缘体. 掺 Li^+使 Ni^{2+}能级形成空穴从而形成 Ni^{3+}，它和 Li^+离子形成 Li^+-Ni^{3+}对，在一个 Li^+离周围可以形成 12 个等效的最近邻组态，缺陷可以通过空穴在 Li^+离子最近邻的 12 个 Ni^{2+}之间迁移实现再取向，如图 25.18 所示. 实验上已观测到，掺 10% Li^+离子的 NiO 中的内耗峰，通过变频测量，求得激活能为 0.20 eV，τ_0^{-1} 为 $5\times10^{12}(s^{-1})$，同样的样品，由电阻率与温度的关系，测出激活能为 0.19eV. 它被认为是自由空穴从一个镍离子位到它的相邻镍离子位运动的激活能，它和弛豫激活能符合得很好. 后来，范·豪顿等又用内耗和介电损耗方法做了进一步研究发现，这一内耗峰随 Li^+含量减小而移向低温，如图 25.19 所示. 从图中可见，Li^+含量从 10at%降到 0.1 at%时，峰温从 120K 移到 75K，激活能也从 0.20eV 降到 0.07 eV，同时在更低温度还发现一个新峰. 它比高温峰要大. 相应的介电测量显示出与低温弛豫内耗峰相一致的弛豫峰. 因此，高温峰不是电激活而是应力激活的弛豫峰. 它起因于非极性缺陷例如反平行的 Li^+-Ni^{3+}对而低温峰起因于简单的 Li^+-Ni^{3+}对的跳变. Li^+含量较低

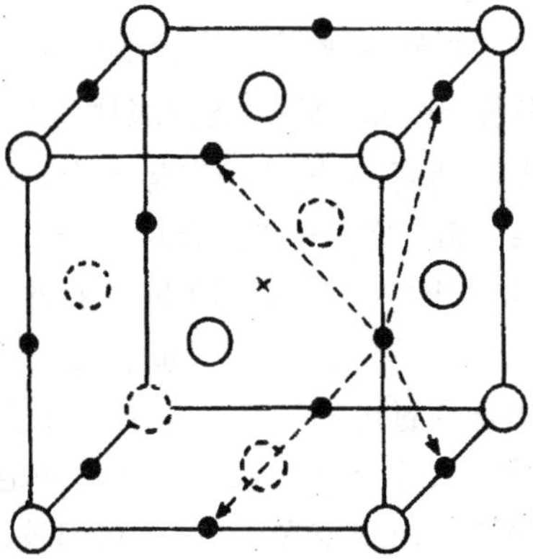

图 25.18 NiO 中束缚于 Li^+的空穴跃迁概率. 通过这跃迁空穴可以进入 Li^+离子最近邻的 12 个 Ni^{2+}离子. (○) 氧；(×) 锂；(•) 镍.

时，低温峰起着主导作用.

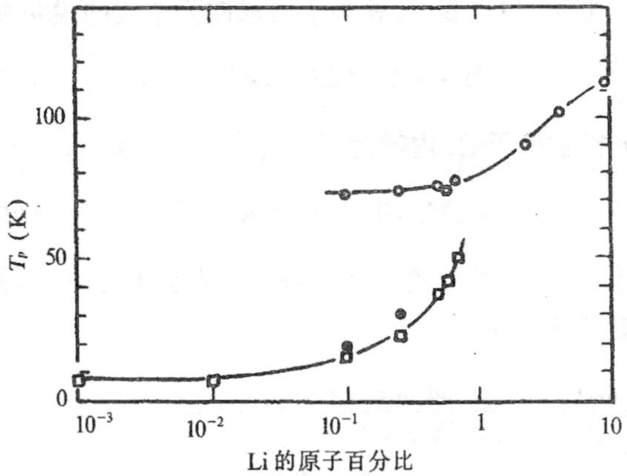

图 25.19 NiO 的滞弹性弛豫峰温（∘）和介电弛豫峰温（□）随 Li^+ 浓度的变化.（•）代表低温滞弹性峰. $f=250$kHz.

§25.9 杨-特勒缺陷引起的弛豫型内耗

点缺陷产生弛豫的必要条件是缺陷对称性要比完整晶体的对称性低. 杨-特勒(Jahn-Teller)提出由于电子-晶格振动互作用而引起多原子分子构形失稳，这样形成的缺陷称为杨-特勒缺陷. 主要涉及处在立方环境中的过渡簇金属离子，这类离子的 d 电子有 5 个轨道. 没有微扰时，如果电子轨道是简并的话，相应的原子组态是不稳定的. 因此，晶体会自发地畸变到低对称组态而使简并消除.

由于具杨-特勒缺陷的原子组态能自发地发生畸变降低对称性，因此在外应力作用下会产生缺陷的重新分布或者说产生在不同畸变方向之间的再取向而产生弛豫型内耗.

斯特格(Sturge)等[283]研究了 Al_2O_3 中杨-特勒离子 Ni^{3+} 的声学行为，Ni^{3+} 和最邻近的 O^{2-} 离子构成八面体，杨-特勒效应使材料发生四方畸变，即有等效的 3 个势阱极小值，这些极小值之间有相当低的势垒分开(一般势垒高度仅为 10^{-2} eV 量级)外应力场将造成 3 个势阱不等价,设单位应变引起的势能极小值之间的差为 ΔE,则在外应变下,由于杨-特勒离子再取向而造成的模量变化为

$$\Delta M = -2n_0(\Delta E)^2/kT \ , \tag{25.109}$$

式中 n_0 是杨-特勒离子数. 内耗为

$$Q^{-1} = \Delta M/M[\omega\tau/(1+\omega^2\tau^2)] \ , \tag{25.110}$$

式中 $M=\rho v_s^2$, ρ 为材料密度,v_s 为声速,τ 是弛豫时间. 内耗也可以用衰减系数 α 来表示

$$\begin{aligned}\alpha &= \frac{\omega Q^{-1}}{2v_s} = \frac{\Delta M\ \omega^2\tau}{2\rho v_s^3(1+\omega^2\tau^2)} \quad (\mathrm{Np/cm}) \\ &= 4.343 \times \frac{2n_0(\Delta E)^2}{\rho v_s^3 kT} \times \frac{\omega^2\tau}{1+\omega^2\tau^2} \quad (\mathrm{dB/cm})\ ,\end{aligned} \tag{25.111}$$

式中声速以(cm/s)作单位.

斯特格还用超声方法证实了上述杨-特勒缺陷属四方缺陷对称性,即⟨111⟩纵波不产生损耗峰,其它方向的超声波将产生弛豫峰. $f=260$MHz,峰温(T_p)为 14K. $f=100$MHz,则 $T_p=12$K,温度较高(12K 以上),kT 趋近于势垒高度 U_0 时,弛豫是热激活越过势垒的弛豫. 弛豫时间遵循阿瑞纽斯关系,$\tau^{-1}=2\nu_0\exp(-U_0/kT)$,他们从超声实验得出 $U_0=0.011$ eV,$\nu_0=10^{13}\ \mathrm{s}^{-1}$. 在低温,$\tau$ 和温度成正比,是由隧道效应引起的.

§25.10 二能级系统的弛豫

曾勒(Zeller)等[284]等在实验中发现非晶硅石的超声吸收行为与石英晶体的行为大不相同,随后的一系列实验也证实了这一点,如图 25.20 所示. 非晶硅石的超声吸收在 50K 附近有一个高而宽的大峰. 在 5K 左右有一个小峰,且小峰对频率的依赖关系比大峰敏感,随着频率 ω(>1MHz)的增加,小峰逐渐变成"肩膀"峰形,而

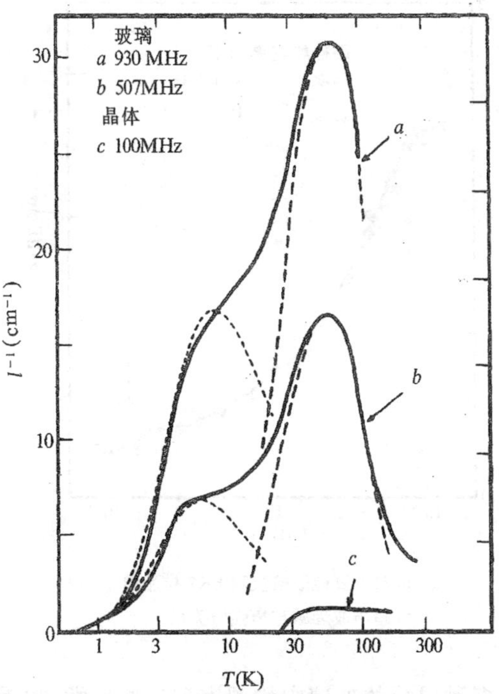

图 25.20 透明硅石和石英晶体纵超声波衰减与温度关系.
虚线代表理论的近似结果.

石英晶体在该温区的衰减系数非常小.上述实验结果无论是超声纵波还是横波都能观测到.

在 $T<2K$ 时,衰减系数按 T^3 规律下降.当 $T\leqslant 1K$ 时,超声衰减存在功率饱和现象,即声强很低($<10^{-7}W/cm^2$)或很高($>5\times 10^{-4}W/cm^2$)时,超声衰减与声强无关,但声强在这二者之间时,超声衰减随声强增加而减小,图 25.21 示出的是硼硅酸盐中的实验结果.此外,这些非晶材料的声速在低温也有反常行为,在 1K 以下,非晶玻璃的声速变化量正比于 $\ln T$,如图 25.22 所示.

上述反常在非晶材料的介电性能上也同样存在,而且不论是

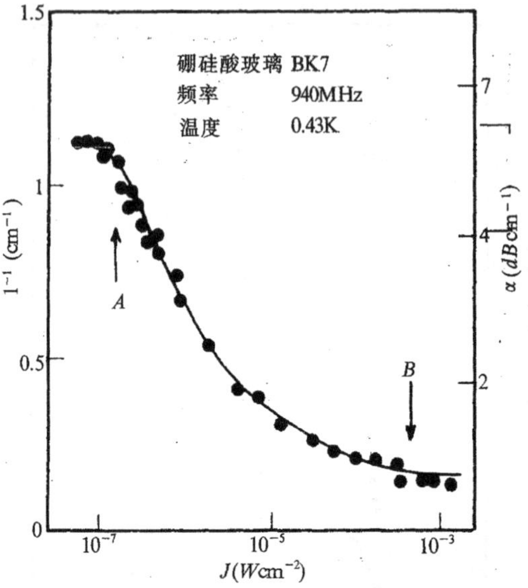

图 25.21 硼硅酸盐玻璃 BK7 样品中纵超声波衰减与声强的关系.

单一成分还是多种成分的玻璃中均观察到这些反常，也就是说这类反常具有普适性.

目前，理论上广泛地应用唯象的二能级模型来解释上述非晶材料的声学和介电反常行为. 这个模型的基本思想是，在非晶固体中存在两个结构缺陷态，一些粒子(原子或原子团)可在这两个缺陷态之间来回运动，若用势能曲线来描述这两个缺陷态，就是图 25.23 中所示的双势阱. 处于这双势阱的粒子如从热库获得足够的能量，可以从一个势阱跃迁到另一个势阱，从而产生热激活弛豫. 如粒子未能获得越过势垒的能量，则可以隧道穿透的方式来实现从一个势阱到另一势阱的跃迁. 这个过程本来不是弛豫过程，但它同样引起占据数的调整，所以也起着弛豫过程的作用，并简称隧道弛豫. 显然玻璃超声吸收的大峰(高温峰)主要是由热激活弛豫

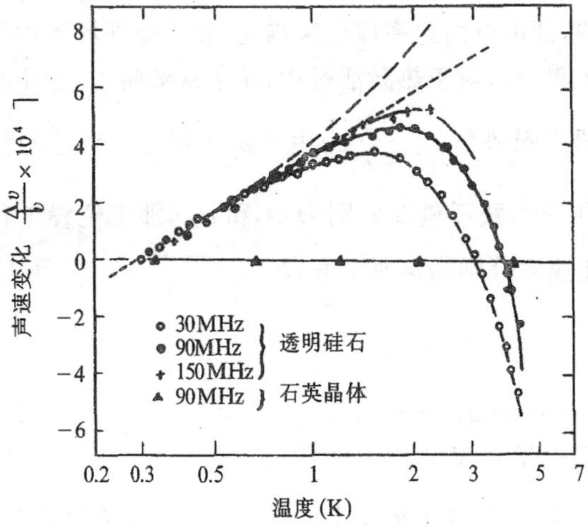

图 25.22 透明硅石中纵超声波声速相对改变与温度的关系.

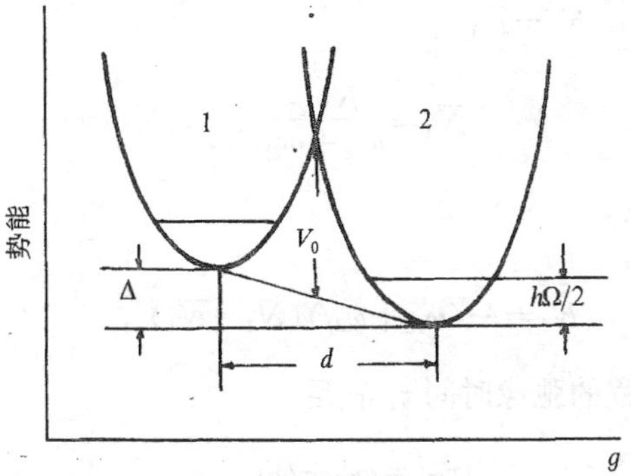

图 25.23 双势阱示意图. 势垒高度为 V_0, 非对称为 Δ, 两个势能最小值为距离为 d 的双势阱, $\hbar\Omega/2$ 为单个谐振子的基态能量.

引起的,小峰(低温峰)主要是由隧道弛豫引起的. 而整个温区的超声吸收是这两种弛豫效应的叠加.

处于双势阱中的粒子,其位置变化不论是热激活过程还是隧道过程引起的,都可以用速率理论来描述,设未受外场扰动的弛豫时间分别为 τ_{10}和 τ_{20},对于热激活过程,粒子从势阱 1(见图 25.23)到 2 的跃迁要克服势垒 $V_0-\frac{1}{2}\Delta$,由 2 跃迁到 1 要越过的势垒为 $V_0+\frac{1}{2}\Delta$. 设相应的跃迁概率分别为 ω_{12}和 ω_{21},那末位置 1 和 2 上粒子数的变化速率分别满足速率方程

$$\dot{N}_1=-\omega_{12}N_1+\omega_{21}N_2, \tag{25.112}$$

$$\dot{N}_2=-\omega_{12}N_1-\omega_{21}N_2, \tag{25.113}$$

$$N_1+N_2=N, \tag{25.114}$$

式中 N_1,N_2 分别为位置 1 和 2 上的粒子数,N 为总粒子数. 由式(25.112)和式(25.114)得

$$\dot{N}_1=N\omega_{21}-N_1(\omega_{12}+\omega_{21}). \tag{25.115}$$

平衡时, $\dot{N}_1=0$, $N_1=\overline{N}_1$

$$\overline{N}_1=\frac{N\omega_{21}}{\omega_{12}+\omega_{21}}, \tag{25.116}$$

代回式(25.115)

$$\dot{N}_1=-(\omega_{12}+\omega_{21})(N_1-\overline{N}_1), \tag{25.117}$$

所以热激活过程的弛豫时间 τ_{10}满足

$$\tau_{10}^{-1}=\omega_{12}+\omega_{21}. \tag{25.118}$$

又由平衡时

$$N_1/N_2=\omega_{21}/\omega_{12},$$

而 N_1,N_2 满足玻尔兹曼分布律,因此

$$\omega_{12}=\omega_0\mathrm{e}^{-(V_0-\Delta/2)/kT}, \tag{25.119}$$

$$\omega_{21}=\omega_0 e^{-(V_0+\Delta/2)/kT}, \tag{25.120}$$

$$\tau_{10}^{-1}=\omega_0 e^{-V_0/kT}(e^{\Delta/2kT}+e^{-\Delta/2kT})$$
$$=\tau_{1\infty}^{-1}\cosh(\Delta/2kT)e^{-V_0/kT}, \tag{25.121}$$

式中 $\tau_{1\infty}^{-1}=2\omega_0$，一般情况下，热激活弛豫满足 $kT\gg\Delta$. 上式可简化为

$$\tau_{10}=\tau_{1\infty}\exp(V_0/kT), \tag{25.122}$$

即满足阿瑞纽斯关系.

隧道弛豫是量子效应，假定低温时，粒子所具有的能量远低于势垒高度 V_0，这样我们开始时先把双势阱作为两个独立的谐振子势阱来研究.

对左半边，势函数为

$$V(x)=V_0\left(\frac{2x}{d}+1\right)^2+\frac{1}{2}\Delta.$$

薛定谔方程为

$$-\frac{\hbar^2}{2\mu}\frac{d^2\psi_L(x)}{dx^2}+\left[V_0\left(\frac{2x}{d}+1\right)^2+\frac{1}{2}\Delta\right]\psi_L(x)=E_L\psi_L(x). \tag{25.123}$$

令 $y=x+d/2$，$E_L'=E_L-\frac{1}{2}\Delta$，$\frac{1}{2}\mu\omega^2=4V_0/d^2$，则有

$$-\frac{\hbar^2}{2\mu}\frac{d^2}{dy^2}\psi_L(y)+\frac{1}{2}\mu\omega^2y^2\psi_L(y)=E_{L'}\psi_L(y), \tag{25.124}$$

这是标准的谐振子方程，有能量最低解为

$$\psi_L(y)=(\mu\omega/\pi\hbar)^{1/4}\exp(-\mu\omega y^2/2\hbar)$$
$$=(4\lambda/\pi d^2)^{1/4}\exp\left[-\frac{\lambda}{2}\left(\frac{2x}{d}+1\right)^2\right]$$
$$=\psi_L(x), \tag{25.125}$$

$$E_{L'}=\frac{1}{2}\hbar\omega, \tag{25.126}$$

式中 λ 为隧道参数

$$\lambda=2V_0/\hbar\omega=\frac{d}{2\hbar}(2\mu V_0)^{1/2}. \qquad (25.127)$$

同时可以得

$$E_L=E_{L'}+\frac{1}{2}\Delta=\frac{1}{2}(\hbar\omega+\Delta), \qquad (25.128)$$

对于右边同样可以得

$$V(x)=V_0\left(\frac{2x}{d}-1\right)^2-\frac{1}{2}\Delta, \qquad (25.129)$$

$$\psi_R(x)=(4\lambda/\pi d^2)^{1/4}\exp\left[-\frac{\lambda}{2}\left(\frac{2x}{d}-1\right)^2\right], \qquad (25.130)$$

$$E_R=\frac{1}{2}(\hbar\omega-\Delta). \qquad (25.131)$$

如果只考虑单势阱，粒子相当于处于一维谐振子，其激发态和基态之间的能量差为$\hbar\omega$ 的整数倍，而$\hbar\omega$ 相当于德拜能量，因此，低温下这种激发很难实现. 在研究低温性质时，我们仅考虑两个最低能量状态并以狄拉克符号$|1\rangle$和$|2\rangle$代表粒子处于势阱 1 和 2 的基态 $\psi_L(x)$和 $\psi_R(x)$，设一粒子在双势阱下的本征态为

$$\psi=C_1|1\rangle+C_2|2\rangle. \qquad (25.132)$$

单个左势阱和单个右势阱的哈密顿分别为 H_1，H_2.

$$H_1=-\frac{\hbar^2}{2\mu}\frac{\mathrm{d}^2}{\mathrm{d}x^2}+V_0\left(\frac{2x}{d}+1\right)^2+\frac{1}{2}\Delta, \qquad (25.133)$$

$$H_2=-\frac{\hbar^2}{2\mu}\frac{\mathrm{d}^2}{\mathrm{d}x^2}+V_0\left(\frac{2x}{d}-1\right)^2-\frac{1}{2}\Delta. \qquad (25.134)$$

双势阱下的哈密顿 H 为

$$H=H_1+(V-V_1)=H_2+(V-V_2). \qquad (25.135)$$

如用矩阵来表示(二维态矢空间)

$$H=\begin{pmatrix} E_L+\langle 1|V-V_1|1\rangle & \langle 1|H|2\rangle \\ \langle 2|H|1\rangle & E_R+\langle 2|V-V_2|2\rangle \end{pmatrix} . \qquad (25.136)$$

由于粒子在左边时,虽$|1\rangle$较大,但$V-V_1\to 0$,如粒子在右边,$V-V_1\to V_2-V_1$为有限值,但$|1\rangle$的波幅$\to 0$,因此$\langle 1|V-V_1|1\rangle\sim 0$,同样,$\langle 2|V-V_2|2\rangle\sim 0$,所以

$$\langle 1|H|1\rangle\simeq E_L=\frac{1}{2}(\hbar\omega+\Delta) , \qquad (25.137)$$

$$\langle 2|H|2\rangle\simeq E_R=\frac{1}{2}(\hbar\omega-\Delta) . \qquad (25.138)$$

非对角元是局域振子波函数的交叠,产生了粒子从一个位置到另一位置的隧道行为.

$$\begin{aligned}\langle 1|H|2\rangle&=\langle 1|H_2+(V-V_2)|2\rangle\\&=\frac{1}{2}(\hbar\omega-\Delta)\langle 1|2\rangle+\langle 1|V-V_2|2\rangle\\&=\frac{1}{2}\hbar\omega e^{-\lambda}-\hbar\omega(\lambda/\pi)^{1/2}\mathrm{e}^{-\lambda},\end{aligned} \qquad (25.139)$$

其中

$$\langle 1|2\rangle = \int \mathrm{d}x\psi_L(x)\psi_R(x) = \mathrm{e}^{-\lambda}, \qquad (25.140)$$

$$\begin{aligned}\langle 1|V - V_2|2\rangle &= \int \mathrm{d}x\ \psi_L(x)(V - V_2)\psi_R(x)\\&= \frac{\Delta}{2}\mathrm{e}^{-\lambda} - \hbar\ \omega(\lambda/\pi)^{1/2}\mathrm{e}^{-\lambda},\end{aligned} \qquad (25.141)$$

而且

$$\begin{aligned}\langle 2|H|1\rangle&=\langle 2|H_1+(V-V_1)|1\rangle\\&=\langle 1|H|2\rangle ,\end{aligned} \qquad (25.142)$$

这说明哈密顿矩阵为厄密矩阵.

由于我们关心的是两能级之间的能量差,因此可以扣除零点

能$\frac{1}{2}\hbar\omega$，并令

$$\Delta_0 = 2\,\hbar\omega\sqrt{\lambda/\pi}e^{-\lambda} \approx \hbar\omega e^{-\lambda}, \tag{25.143}$$

Δ_0 为重叠能量，由二分量矩阵形式的薛定谔方程

$$\begin{pmatrix} H_{11} & H_{12} \\ H_{21} & H_{22} \end{pmatrix}\begin{pmatrix} C_1 \\ C_2 \end{pmatrix} = \begin{pmatrix} E & E\langle 1|2\rangle \\ E\langle 2|1\rangle & E \end{pmatrix}\begin{pmatrix} C_1 \\ C_2 \end{pmatrix}.$$

得

$$\frac{1}{2}\begin{pmatrix} \Delta & -\Delta_0 \\ -\Delta_0 & -\Delta \end{pmatrix}\begin{pmatrix} C_1 \\ C_2 \end{pmatrix} = \begin{pmatrix} E & Ee^{-\lambda} \\ Ee^{-\lambda} & E \end{pmatrix}\begin{pmatrix} C_1 \\ C_2 \end{pmatrix}. \tag{25.144}$$

考虑到 $\lambda = 2V_0/\hbar\omega$ 较大，上式可简化为

$$\frac{1}{2}\begin{pmatrix} \Delta & -\Delta_0 \\ -\Delta_0 & -\Delta \end{pmatrix}\begin{pmatrix} C_1 \\ C_2 \end{pmatrix} = E\begin{pmatrix} C_1 \\ C_2 \end{pmatrix}, \tag{25.145}$$

可得在基态$|1\rangle$和$|2\rangle$上的未微扰的哈密顿量，即隧道态哈密顿量

$$H = \frac{1}{2}\begin{pmatrix} \Delta & -\Delta_0 \\ -\Delta_0 & -\Delta \end{pmatrix}, \tag{25.146}$$

这说明$|1\rangle$和$|2\rangle$不是二能级系统的本征态，为使 H 对角化，可作么正变换

$$T = \begin{vmatrix} \sin\theta & \cos\theta \\ -\cos\theta & \sin\theta \end{vmatrix} \tag{25.147}$$

便可求得能量的本征值和对应的本征矢.

基态：
$$E_1 = -\frac{1}{2}(\Delta^2 + \Delta_0^2)^{1/2},$$
$$\psi_1 = |1\rangle\sin\theta + |2\rangle\cos\theta. \tag{25.148}$$

激发态：
$$E_2 = \frac{1}{2}(\Delta^2 + \Delta_0^2)^{1/2},$$
$$\psi_2 = -|1\rangle\cos\theta + |2\rangle\sin\theta, \tag{25.149}$$

这里

$$\mathrm{tg}2\theta=\Delta_0/\Delta\ . \tag{25.150}$$

激发态和基态能量差为

$$E=E_2-E_1=(\Delta^2+\Delta_0^2)^{1/2}, \tag{25.151}$$

这里估计在 $10^{-5}\mathrm{eV}<E<10^{-4}\ \mathrm{eV}$，相当于 1K 左右的温区，故作为低能激发，有可能说明低温反常.

由于双势阱不对称，Ψ_1 和 Ψ_2 也不对称. 它们是一个双势阱中运动的粒子无微扰时的本征态. 由于量子力学的特征，粒子不是局限于双势阱中的某一个，而是由隧道效应使粒子在不同时刻处于不同位置. 对于非晶固体中的原子或原子团，它们可能因隧道过程从一种位形变至另一种位形.

格伦纳托(Granato)等人[285,286]也研究了两能级系统的超声行为. 在应变 $\varepsilon=0$ 时，假定偶极子有两个等效取向，缺陷的基态由于隧道劈裂为两个能级，并且具能隙为 $2\Delta_0$，如加上一应力(或应变)，使一个取向上能量变得有利，能隙由 $2\Delta_0$ 变为 2Δ，

$$\Delta(\varepsilon)=(\Delta_0^2+\alpha^2\varepsilon^2)^{1/2}, \tag{25.152}$$

式中 α 是应变耦合常数.

对 $kT\ll\Delta(\varepsilon)$，只能占据基态，对于小的超声应力振幅，弹性常数由基态的曲率给出，感生的偶极矩正比于应变 ε，这种变化被称为非弹性变化，这种响应具类共振的特征、共振频率通常在 MHz 范围以上. 结果只发现弹性常数的低频变化，而看不到超声衰减，在 $\hbar\omega\ll\Delta_0$ 条件下(ω 是超声波圆频率)，$\delta c/c$ 被称为共振强度 Δ_s. 式中 c 为弹性常数，$\delta c=\partial^2F/\partial\varepsilon^2$，$F$ 为单位体积缺陷自由能，取 $F=-f\Delta(\varepsilon)$，f 为单位体积的缺陷数，则

$$\Delta_s=\delta c/c=-f\alpha^2\Delta_0^2/[c(\Delta_0^2+\alpha^2\varepsilon^2)^{3/2}]. \tag{25.153}$$

Δ_s 与温度无关，但在一定温度下，上能级也能被占领，它具有相反的曲率导致 Δ_s 随温度增加而减小，但对小振幅($\varepsilon\approx0$)超声波，仍

没有弛豫发生. 因为状态的能量对小 ε 来说是平坦的，状态保持着平衡态.

对 $\Delta_0=0$，这可以表示为一经典的斯诺克(Snoek)系统，如 Fe-C 系，现加上应变，平衡被破坏，发生偶极子在应变场下重新再取向，这是超弹性(parelastic)效应，是一弛豫过程. 这一过程可用德拜弛豫方程来表示

$$Q^{-1}=\Delta_R\omega\tau/(1+\omega^2\tau^2)\ , \qquad (25.154)$$

$$\delta c/c=\Delta_R/(1+\omega^2\tau^2)\ , \qquad (25.155)$$

式是 Q^{-1} 为内耗，$\delta c/c$ 为模量亏损，Δ_R 为弛豫强度. 对于典型的具 $\Delta_0=0$，$E_i=\pm\alpha\varepsilon$ 的两能级系统，由 $\delta c=\partial^2 F/\partial\varepsilon^2$，$F=-kT\ln Z$，$Z=\sum_{i=1}^{z}e^{-E_i/kT}$，可得

$$\Delta_R=\delta c/c=(f\alpha^2/ckT)\mathrm{sech}^2(\alpha\varepsilon/kT)\ . \qquad (25.156)$$

对 $\varepsilon=0$，$\Delta_R=f\alpha^2/ckT$，这就和著名的斯诺克弛豫结果一样.

综上所述，弹性常数 C 的变化为

$$\delta c/c=\left(\frac{\partial^2 F(\varepsilon)}{\partial\varepsilon^2}\right)/C=\Delta_R+\Delta_S, \qquad (25.157)$$

$$\Delta_R=\frac{f\alpha^2}{ckT}[\alpha\varepsilon/\Delta]^2\ \mathrm{sech}^2(\Delta/kT)\ , \qquad (25.158)$$

$$\Delta_S=\left(\frac{f\alpha^2}{C\Delta_0}\right)(\Delta_0/\Delta)^3\tanh(\Delta/kT)\ , \qquad (25.159)$$

Δ_R 为弛豫强度，Δ_S 为共振强度. 当 $kT\gg\Delta$ 时，$\Delta_S\to 0$，Δ_R 退化为一般经曲系统的德拜弛豫强度表达式. 在低温小振幅下，Δ_S 与超声有共振响应.

格伦纳托用两能级模型[286]处理了 Nb 中 H 的量子弛豫行为，并求出了两能级模型中的三个参数，$\Delta_0=0.85\mathrm{K}$，$\varepsilon_0=7.2\times10^{-4}$和 $\alpha=51\mathrm{meV}$. 他还用六能级量子力学隧道模型处理了 Rbcl：OH 的[100]弹性偶极子的共振与弛豫现象[287]. 低温超声衰减起

源于共振机制，频率和浓度的关系用偶极子之间的动态和静态互作用了解释.

对于弛豫过程，它可通过三种平行过程来完成，其主宰过程取决于温度和应变. 一是直接过程，是通过隧道效应完成的，弛豫时间基本上与温度无关，主要在极低温度才起主要作用，温度稍高，将发生声助弛豫过程，弛豫时间 τ 反比于温度 T，还有一个热激活过程，τ 满足阿瑞纽斯关系. 在超低温时，由于 $\Delta_R \to 0$，一般可以认为弛豫速度正比于 T. 上述三种过程与温度的关系如图 25.24 所示.

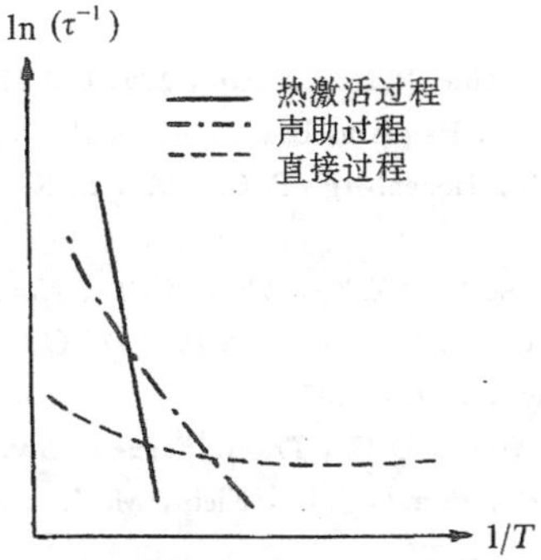

图 25.24 三种不同的弛豫过程的弛豫时间与温度的关系.

金国钧也系统地综述了无序固体中的低温反常行为，并用隧道态模型进行了详细的理论分析，可参阅参考文献[288].

第十编　参考文献

[1] Zener, C., Elasticity and Anelasticity in Metals, Chicago Univ. Press (1948); 中译本:孔庆平,周本濂译,科学出版社(1965).

[2] Nowick, A. S., Berry, B. S., Anelastic Relaxation in Crystalline Solids, Academic Press, New York and London (1972).

[3] 王华馥、吴自勤主编,固体物理实验方法,第五章,高等教育出版社(1990).

[4] Hopkins, I. L., Hamming, R. W., *J. Appl. Phys.*, **28**, 906 (1957).

[5] Kronig, R., Kramers, H. A., *J. Opt. Soc. Amer.*, **12**, 547 (1926).

[6] Kramers, H. A., Atti Conger. Dei Fisici, Como., 545 (1927).

[7] Fuoss, R. M., Kirkwood, J. G., *J. Amer. Chem. Soc.*, **63**, 395 (1941).

[8] Bottcher, C. J. F., Bordewijk, P., Theory of Elastic Polarization, Elserier (1978).

[9] Dissado, L. A., Hiu, R. M., *Nature*, **279**, 685 (1979).

[10] Hohenberg, P. C., Halperin, B. I., *Rev. Mod. Phys.*, **49** 435 (1977).

[11] Halperin, B. I., Hohenberg, P. C., Ma, S. K., *Phys. Rev.*, **B 13**, 4119 (1976).

[12] Ngai, K. L., Jonscher, A. K., White, C. T., *Nature*, **277** 155 (1979); Ngai, K. L., White, C. T., *Phys. Rev.*, **B 20**, 2475 (1979); Ngai, K. L., *Comments Solid State Phys.*, **9**, 127 (1979).

[13] Williams, G., Watts, D. C., *Trans. Faraelay Soc.*, **66**, 80 (1970).

[14] Signorini, G. F., Barrat, J. L., Klein, M. L., *J. Chem. Phys.*, **92**, 1294 (1990).

[15] Ngai, K. L., Kanert, O., *Solid State Ionics*, **53～56**, 936 (1992).

[16] Ngai, K. L., Wang, Y. N., Magalas, L. B., *J. Alloys and Compounds*, **211/212**, 327 (1994).

[17] Wang, Y. N., Gu, M., Sun, L. H., *J. Phys. C. Condensed Matter*, **1**, 10039 (1989).

[18] Sun, L. H., Wang, Y. N., Gu, M., in T. S. Ke (ed.) Proc. ICIFUAS-9, Beijing, China 61 (1990).

[19] Nye, J. F., Physical Properties of Crystals, New York, Oxford (1957).

[20] Nowick, A. S., Berry, B. S., Anelastic Relaxation in Crystalline Solids, Academic Press, New York and London, 201 (1972).

[21] Snoek, J. L., *Physica*, **8**, 711 (1971).

[22] Szkopiak, Z,C., Eliaz, W., *J. Less-Common Metals*, **11**, 273 (1966).

[23] Swartz, I. C., Shilling, J. W., Schwoeble, A. J., *Acat. Met.*, **16**, 1359 (1968).

[24] Ino, H., Sugeno, T., *Act. Met.*, **15**, 29; 1197 (1967).

[25] Weller, M., *J. de Phys.*, **46**, C10-7 (1985).

[26] Gibala, R., Wert, C. A., Diffusion in Body-Centered-Cubic Metals, Amer. Soc. For Metals, Cleveland, Ohio 131 (1965).

[27] Weller, M., Li, G. Y., Zhang, J. X., Ke, J. S., Diehl, J., *Acta Met.*, **29**, 1055 (1981).

[28] Boratto, F. J. M., Reed-Hill, R. E., *Scripta Met.*, **11**, 1107 (1977).

[29] Klein, M. J., *J. Appl. Phys.*, **38**, 167 (1967).

[30] Haneczok, G., Poloczek, T., Moron, J. M., *J. Less-Comm. Met.*, **98**, 33 (1984).

[31] Lord, A. E., Beshers, D. N., *Acta Met.*, **14**, 1659 (1966).

[32] DaSilva, J. R. G., McLellan, R. B., *Mat. Sci. and Engin.*, **26**, 83 (1976).

[33] Cost, J. R., *J. Appl. Phys.*, **54**, 2137 (1983).

[34] Zener, C., *Trans. AIME*, **152**, 122 (1943).

[35] Ke, T. S., *Trans. AIME*, **176**, 448 (1948).

[36] Zener, C., *Phys. Rev.*, **71**, 34 (1947).

[37] Seraphim, D. P., Nowick, A. S., *Acta Met.*, **9**, 85 (1961).

[38] LeClaire, A. D., Lomer, W. M., *Acta Met.*, **2**, 731 (1954).

[39] Li, C. Y., Nowick, A. S., *Acta Met.*, **9**, 49 (1961).

[40] Chang, R., *J. Phys. Chem. Solids*, **25**, 1081 (1964).

[41] Povolo, F., Bisogni, E. A., *Acta Met.*, **14**, 711 (1966).

[42] Chen, T. G., Xie, X. M., *Chinese Phys. Lett.*, **5**, 185 (1988).

[43] Xie, X. M., Chen, T. G., Wu, Z. L., *Phys. Rev.*, **B 40**, 4549 (1989).

[44] Nowick, A. S., Proc. Of ICIFUAS-9, Pergamon Press, New York, Beijing, Frankfurt, Sao Paulo, Sydney, Tokyo, Toronto, (et. by Ke, T. S.), 85 (1985).

[45] Hasson, D. F., Arsenault, R. J., Treatise on Materials Science and Technology (ed. by Herman, H.), Academic Press, New York, **1**, 179 (1972).

[46] Chen, T. G., Xie, X. M., Wu, Z. L., *J. de Phys.*, **C8**, 233 (1987).

[47] Chen, T. G., Jing, C., Wu, Z. L., *J. de Phys.*, **46**, **C10**, 39 (1985).

[48] Hu, X. F., Ke, Q. L., Wu Z. L., *Acta Metall.* **41**, (1993).

[49] Bordoni P. G., *Ric. Sci.*, **19**, 851 (1949); *J. Acoust. Soc. Am.*, **26**, 495 (1954). Bordoni P. G., *Nuovo Cimento*, **Suppl. 17**, 43 (1960).

[50] Niblett D. H., Wilks J., *Adv. in Phys.*, **9**, 1 (1960).

[51] Fantozzi G., Esnouf C., Benoit W., Ritchie I. G., *Progress in Mat. Sci.*, **27**, 311—415 (1982).

[52] Mecs B. M., Nowick A. S., *Phil. Mag.*, **17**, 509 (1968).

[53] Gran R., Schultz G., *J de Phys.*, **42**, C5-49 (1981).

[54] Chambers R. H., Schultz J., *Acta Met.*, **10**, 466 (1962).

[55] Schultz H., Funk G., Ziebart V., Bauer R., *Acta Met.*, **46**, C10-289 (1985).

[56] Mason W. P. , *Phys. Rev.* , **98**, 1136 (1955).
[57] Seeger A. , *Phil. Mag.* , **1**, 651 (1956).
[58] Seeger, A. , Donth, H. , Pfaff, F. , *Discuss. Faraday Soc.* , **23**, 19 (1957). Donth, H. , *Z. Phys.* , **149**, 111 (1957).
[59] Seeger A. , Schiller P. , *Acta Mat.* , **10**, 348 (1962); Physical Acoustics, **III** A ed. By Mason W. P. , Academic Press, New York and London, 361 (1966).
[60] Kramers H. A. , *Physica*, **7**, 284 (1940).
[61] Seeger A. , *J. de Phys.* , **42**, C5-201 (1981).
[62] Ulfert, W. , Seeger, A. , *J de Phys.* , **IV 6**, C8-207 (1996).
[63] Seeger A. , Wuthrich C. , *Nuovo Cimento*, **33B**, 38 (1976).
[64] Pare V. K. , *J. Appl. Phys.* , **32**, 332 (1961).
[65] Alefeld G. , Filloux J. , Harper H. , Dislocation Dynamics, Rosenfield A. A. et al. , eds, Mograw-Hill, New York (1968).
[66] Brailsford A. D. , *Phys. Rev.* , **122**, 778 (1961).
[67] Feltham P. , *Phil. Mag.* , **13**, 913 (1966).
[68] Gilman J. J. , *J. Phys. Soc.* Japan, Suppl. I **18**, 172 (1963).
[69] Read T. A. , *Phys. Rev.* , **58**, 371 (1940); *Trans. AIME*, **143**, 30 (1941).
[70] Koehler J. S. , Imperfections in Nearly Perfect Crystals, Shockley W. et al. eds, Wiley, New York. Chapter 7 (1952).
[71] Granato A. , Lucke K. , *J. Appl. Phys.* , **27**, 583, 789 (1956).
[72] Thompson D. O. , Holmes D. K. , *J. Appl. Phys.* , **27**, 713 (1956). Thompson D. O. , Pare V. K. , *J. Appl. Phys.* , **31**, 528 (1960).
[73] 丁垂典、胡梅生、王业宁,高校自然科学学报物理版试刊, **6**, 420 (1965).
[74] Carpenter S. H. , Baker G. S. , *Acta Met.* , **13**, 917 (1965).
[75] Bauer C. L. , Gordon R. B. , *J. Appl. Phys.* , **31**, 945 (1960).
[76] 王业宁、丁垂典、蒋树声、王士元,*Scientia Sinica*, **13**, 517 (1963);物理学报, **20**,1142 (1964).
[77] Alers G. , Thompson D. O. , *J. Appl. Phys.* , **32**, 283 (1961).
[78] Stern R. M. , Granato A. V. , *Acta Met.* , **10**, 358 (1962).
[79] Leibfried G. , *Z. Phys.* , **127**, 344 (1950).
[80] Hikata A. , Johnson R. A. , Elbaum C. , *Phys. Rev. Lett.* , **24**, 215 (1970).
[81] Suzuki T. , Ikushima A. , Aoki M. , *Acta Met.* , **12**, 1231 (1964). Mitchell, O. M. M. , *J. Appl. Phys.* , **36**, 2083 (1965).
[82] Mason W. P. , *J. Acous. Soc. Amer.* , **32**, 458 (1960); *J. Phys.* , **35**, 2779 (1964).
[83] De Batist R. , Internal Friction of Structural Defects in Crystalline Solids, North-Holland Publ. Co. , Amsterdam/London, 267-320 (1972).
[84] Ke T. S. , *Phys. Rev.* , **78**, 420 (1950).
[85] Weertman J. , *J. Appl. Phys.* , **28**, 193 (1957).

[86] Schoeck G., *Acta Melall.* **6**, 617 (1963).
[87] Schiller P., *Phys. Stat. Sol.* **5**, 391 (1964).
[88] Yamafuji K., Bauer C. L., *J. Appl. Phys.*, **36**, 3288 (1965).
[89] Lucke K., Schlipf J., The Interaction between Dislocations and Point Defects, edited by Eyre B. L. (AERE, Harwell), **1**, 118 (1968).
[90] Simpson H. M., Sosin A., *Phys. Rev.*, **B5**, 1382 (1972); **B16**, 1489 (1977).
[91] Ogurtani O, *Phys. Rev.*, **B21**, 4373 (1980).
[92] Hikata A. and Elbaum C., IFUA in Crys. Sol., By Braisford A., Springer, New York, **II**, 188 (1957).
[93] Garber J., Granato A. V., *J. Phys. Chem. Sol.* **31**, 1863 (1970).
[94] Suzuki T., Elbaum C., *J. Appl. Phys.*, **35**, 1539 (1964).
[95] Lucke K., Granato A. V., *Phys. Rev.*, **B24**, 6991 (1981).
[96] Granato A. V., Lucke K., *Phys. Rev.*, **B24**, 7007 (1981).
[97] Snoek J. L., *Physica*, **8**, 711 (1941).
[98] Ke T. S., *Trans. AIME*, **176**, 448 (1948).
[99] Koster W., Bangert L., Hahn R., *Arch. Eisenhuttenw.*, **25**, 569 (1954).
[100] Sugeno T., Sakamoto K., Ino H., *J. Phys. Soc. Japan*, **18 Suppl. 1**, 154 (1963).
[101] Boone D. H., Wert C. A., *J. Phys. Soc. Japan*, **18**, **Suppl. I.**, 141 (1963).
[102] 葛庭燧、容保粹、王业宁,物理学报,**11**, 91 (1955).
[103] Koster W., Kampschutle G., *Arch. Eisenhuttenw.*, **32**, 809 (1961).
[104] Seeger A., Weller M., Diehl J., Pan Z. L., Zhang J. X., Ke T. S., *Z. Metallkunde*, **73**, H1-20 (1982).
潘正良、张进修、李广义,金属学报, **21**, A9 (1985);
李广义、潘正良、张进修,金属学报, **21**, A25 (1985).
[105] Van Goijn D. J., Van Der Goot A. G., *Philips Res. Rep.*, **22**, 150 (1964).
[106] Schoeck G., *Acta Metall.*, **11**, 617 (1963);
Schoeck G., Mondino M., *J. Phys. Soc. Japan*, **18**, **Suppl. 1**,349 (1963).
[107] De Batist, Internal Friction of Structural Defects in Crystalline Solids, ed. Amelinckx S., North Holland Publ. Co. Amsterdam/London, 320～396 (1972).
[108] Seeger A., *Phys. Stat. Sol.*, **(a) 55**,457 (1979).
[109] Seeger A., *J de Phys.*, **42**, C5-201-228 (1981).
[110] Magalas L. B., Gorczyca S., *J de Phys.*, **46**, C10-253 (1985);Magalas L. B., Dufresne J. F., Mosor P., *J. de Phys.*, **42**, C5-127 (1981).
[111] 张进修、潘正良,金属学报,**21**, A100 (1985).
[112] Ngai K. L., *Comments on Sol. State Phys.*, **9**, 127～140, 141～156 (1979);
Ngai K. L., Jonscher A. K., White C. T., *Nature*, **277**, 185 (1979);
Ngai K. L., White C. T., *Phys. Rev.*, **B 20**, 2475 (1979);

Rajagopal A.K., Teitler S., Ngai K.L., *J Phys.*, **C 17**, 6611 (1984).
[113] Sun Linhai, Wang Yening, Gu Min, Proc. ICIFUAS-9, 61 (1989);
Wang Y.N., Gu M., Sun L. H., Ngai K. L., *Phys. Rev.*, **B 50**, 3525 (1994).
[114] Hasiguti, R.R. Igata, N., Kamoshita, G., *Acta Met.*, **10**, 442 (1962).
[115] Koiwa, M., Hasiguti, R.R., *Acta Met.*, **11**, 1215 (1963).
[116] Okuda, S and Hasiguti, R.R., *Acta Met.*, **11**, 257 (1963).
[117] 见文献[83]p334～346.
[118] Ke T.S., *Phys. Rev.*, **76**, 470 (1949); **78**, 420 (1950).
[119] 葛庭燧、张进修,物理学报,**21**, 1711 (1965); **22**, 71 (1966).
[120] 潘正良、王中光、孔庆虎、葛庭燧,物理学报,**29**, 1180 (1980).
Ke T.S., *J de Phys.*, **46**, C10-267 (1985).
[121] Ke T.S., Tan, Qi, Fang Q.F., *Phys. Stat. Sol.*, (a) **103**, 421 (1987);
Tan Qi, Ke T.S., *Phys. Stat. Sol.*, (a) **104**, 723 (1987); (a) **122**, K25 (1990);Ke T.S., *J. Nuclear Materials*, **169**, 275 (1989).
[122] Fang Q.F., Ke T.S., Proc. ICIFUAS-9, ed. Ke T.S., Inter. Acad. Publ. A Pergarmon-CNPIEC (Beijing), 37 (1990);
Ke T.S., Fang Q.F., *Phys. Stat. Sol.*, (a) **121**, 139 (1990).
[123] Tan Q., Ke T.S., *Acta Metall. Mater.*, **39**, 877 (1991); **39**, 885 (1991).
[124] 孙宗琦,中国科学, (A) **25**, 1279 (1981); 物理学报,**31**, 561 (1982).
[125] Ni J., Ke T.S., *Phys. Stat. Sol.*, (a) **98**, 487 (1986); *Phil. Mag.*, **A 64**, 465 (1991); Proc. 9th ICIFUAS, Inter. Acad. Publ. A Pergamon-CNPIEC (Beijing), 49 (1989).
[126] Zhu A. W., Ke T.S., *Phys. Stat. Sol.*, (a) **128**; (1991).
[127] Ogurtani T. O., Seeger A., *J Appl. Phys.*, **57**, 5127 (1985); **58**, 4102 (1985); **62**, 3704 (1987); **65**, 4679 (1989); Ogurtani T. O., *Phys. Stat. Sol.*, (a) **128**, 69 (1991).
[128] Niblett, D. H., Wilks, J., *Adv. in Phys.*, **9**, 1 (1960).
[129] 王业宁、丁垂典、蒋树声、王士元,*Scientia Sinica*, **13**, 517 (1963).
[130] Rogers, D. H., *J. Appl. Phys.*, **33**, 781 (1962).
[131] Teutonico, L. J., Granato, A. V., Lucke, K., *J. Appl. Phys.*, **35**, 220 (1964).
[132] Lucke, K., Granato A. V., Teutonico, L. J., *J. Appl. Phys.*, **39**, 5181 (1968).
[133] Weertman, J., Salkovitz, *Acta Metall.*, **3**, 1 (1955).
Swartz, J.C., Weertman, J., *J Appl. Phys.*, **32**, 1860 (1961).
[134] Schwarz, R.B., Funk, L.L., *Acta Melall.*, **31**, 299 (1983).
Schwarz, R.B., *Acta Metall.*, **29**, 311 (1981).
[135] Bonjour, C., Benoit, W., *Acta Metall.*, **27**, 1755 (1979).

[136] Simpson, H. Sosin, A., Seiffert, S., *Phys. Rev. Lett.*, **26**, 897 (1971).
[137] Feltham, P., *J. de Phys.*, **42**, C5-1073 (1981); *Phil. Mag.*, **A 49**, 727 (1984).
[138] Caro, J. A., Mondino, M. A., *J de Phys.*, **42**, C5-295 (1981).
[139] Gremaud, G., ECIFUAS-5, *J de Phys.*, **48**, 18 (1987).
[140] Gremaud, G., Bujard, M., Benoit, W., *J. Appl. Phys.*, **61**, 1795 (1987); Bujard, M., Gremaud, G., Benoit, W., *J. Appl Phys.*, **62**, 3173 (1987).
[141] Progin, O., Gremaud, G., Benoit, W., *J. de Phys.*, **IV**, 6, C8-179 (1996).
[142] Ke T. S., *Phys. Rev.*, **71**, 533 (1947).
[143] Ke T. S., Advances in Science of China, (Physics), 中国,科学出版社 **3**, 1 (1989~90).
[144] Rotherhan L., Pearson S., *Trans. AIME*, **206**, 881 (1956).
Weinig S. P., Machine E. S., *Trans. AIME*, **207**, 32 (1957).
[145] Pearson S., Rotherhan L., *Trans. AIME*, **206**, 894 (1957).
[146] 王业宁、许自然、韩叶龙,物理学报,**22**, 647 (1966).
[147] 王业宁、朱劲松,*J de Phys.*, **42**, C5-457 (1981).
[148] Miles G. W., Leak G. M., *Proc. Phys. Soc. Lond.*, **78**, 1529 (1961).
[149] Bonetti E., Evangelista E., Gondi P., Tognato R., *Nuovo Cimento* **33B**, 408 (1976).
[150] Woirgard J., Amirault J. P. and de Fouquet J. Proc. 5th ICIFUAS-1, 392 (1975).
[151] Ke T. S., B. S. Zhang, *Phys. Stat. Sol.*, **(a) 96**, 515 (1986).
[152] Cheng B. L., Ke T. S., J. Physique C8-413 (1987), *Chinese Phys. Lett.*, **5**, 81 (1988).
[153] Su C. M. Ke T. S., *Acta Metall.*, **37**, 79 (1989).
[154] Schoeck G., Bisogni E., Shyne J., *Acta Met.*, **12**, 1466 (1964).
[155] Escaig B., *Acta Met.*, **10**, 829 (1962).
[156] Scheil E., Muller J., *Arch. Eisenhuttenwes.*, **27**, 801 (1956).
[157] 王业宁、朱建中,物理学报, **15**, 341 (1959); 中国科学, **9**, 197 (1960).
[158] 王业宁、杨正举、祝和、马进超,南京大学学报, **7**, 1 (1963); 高校自然科学学报试刊,**5**, 352 (1965).
[159] Belko V. N., Darinskii B. M., Postnikov V. S., Sharshakov I. M., *Fiz. Metall. Metallov*, **27**, 141 (1969).
[160] Postnikov V. S., Gridnev S. A., Darinskii B. M., Sharshakov I. M., *NUOVO CIMENTO*, **23**, 324 (1976).
[161] Gridnev S. A., *Ferroelectrics*, **112**, 107 (1990).
[162] 王雅谷、王业宁,物理学报, **34**, 520 (1985).
[163] 王业宁、沈惠敏、许自然、周衡南, *Ferroelectrics Letters*, **6**, 1 (1986).
[164] Postnikov V. S., Gridnev S. A., Prasolov B. N., Turkov S. K., *Phys. Stat.*

Sol, (a) **47**, 65 (1978).
[165] 张进修、李燮均,物理学报案,**36**, 847 (1987);张进修,李江宏,物理学报,**37**, 363 (1988).
[166] Delorme J. F. Gobin P. F., *Metaux*, **573**, 185 (1973); **574**, 209 (1973).
[167] Zhu J. S., Benoit W., *Phys. Stat. Sol*, (a) **108**, 613 (1988).
[168] 谢存毅、文亦汀、朱贤方,金属学报,**24**, A71 (1988).
[169] 王业宁、陈小华、沈惠敏,*Chin*, *J. Met. Sci. Technol.*, **7**, 157 (1991).
[170] Van Humbeek J., Proc. Of the Summer School on IFS (Cracow, Poland), 131 (1984).
[171] 马应良、葛庭燧,物理学报,**20**, 72 (1964).
[172] Wang Yening, Shen Huimin, Xu Ziran, Zhu J. S., zou Yifeng, Zhang Zhifang, *J. De Phys.*, **42**, C5-1049 (1981).
[173] Dejonghe W., Delaey L., De Batist, R., Van Humbeech J., *Metal Science*, **11**, 523 (1977).
[174] Morin M., Guenin G., Gobin P. F., *J de Phys.*, **43**, C4-685 (1982).
[175] 冯端、王业宁、丘第荣,金属物理,下册,科学出版社,554~620 (1975).
[176] 王业宁、邹一峰、张志方,物理学报,**29**,1535 (1980).
[177] Koshimizu S. and Benoit W., *J de Phys.*, **43**, C4-679 (1982).
[178] 杨照金、王业宁,金属学报,**18**, 21 (1982).
[179] Mercier O., Melton K. N., *Scripta Metall.*, **10**, 1075 (1976).
Mercier O., Melton K. N., De Preville Y., *Acta Metallurgica*, **27**, 1467 (1979).
[180] Van Humbeeck J., Delaey L., *J de Phys.*, **43**, C4-691 (1982); **44**, C9-217 (1983);
Van Humbeeck J., *J de Phys.* IV, **6**, C8-371 (1996).
[181] Christian J. W., *J. Inst. Metals.*, **93**, 546 (1965).
[182] Dejonghe W., De Batist R., Delaey L., *Scripta Met.*, **10**, 1125 (1976).
[183] Wang Y. N., sun W. Y., Chen X. H., Shen H. M., Lu B. S., *Phys. Stat. Sol.*, (a) **102**, 279 (1987).
[184] Qu X. X., Zhang X. K., *J. Phys. Condens. Mat.*, **2**, 55 (1990).
[185] De Graef M., Speck J. S., Clarke D. R., 1991 MRS Fall Meeting, Abstract Book, 339 (1991).
[186] Gridnev S. A., Postnikov V. S., Prasolov B. N., Shuvalov L. A., Fedosyk R. M., *Ferroelectrics*, **21**, 597 (1978).
[187] Huang Y. N., Wang Y. N. and Shen H. M., *Phys. Rev.*, **B 46**, 3290 (1992).
[188] Liu Z. M., Chen X. H., shen H. M., Wang Y. N., *Phys. Stat. Sol.*, (a) **116K**, 199 (1989).
[189] De Morton M. E., *J Appl. Phys.*, **40**, 208 (1969).
[190] Shen Huimin, Zhang Zhifang, Rui Yuming, Wang Yening, Proceeding of the 3rd

China-Japan Metal Phys. & Phys. Metall. Symp., 226 (1988).
[191] Wang Yening, Shen Huimin et al., *J. Phys.*, **C 20**, L665 (1987); *Phase Transition* (Review Paper), **23**, 9 (1990); Wang Y. N., Huang Y. N., Shen H. M., *Supercond. Sci. Technol.* (Review article) **7**, 441 (1994).
[192] You, H., Axe, D., Liu, J. Z., Crabtree, G. W., Lam, D. J. et al., *Phys. Rev.*, **B 38**, 9213 (1988).
[193] Shi X. D., Yu R. C., Wang Z. Z., Chaikin P. M., *Phys. Rev.*, **B 39**, 827 (1989).
[194] He Y. S., Zhang B. W., Lin S. H. et al., *J. Phys.*, **F 17**, L243 (1987).
[195] Lee S. G., Chi C. C., Koren G., Gupta A., *Phys. Rev.*, **B 43**, 5459 (1991).
[196] Wu J., Wang Y. N., Guo P. S., Shen H. M., *Phys. Rev.*, **B 47**, Feb (1993).
[197] Dmowski, W., Toby, B. H. et al., *Phys. Rev. Lett.*, **61**, 2608 (1989).
[198] Snead, Jr. C. L., Welch D. O., *J. de Phys.*, **46**, C10-589 (1985).
[199] Andrew Combs, J and Yip, S., *Phys. Rev.*, **B 28**, 6873 (1983).
[200] Errandona, G., *Phys. Rev.*, **B 21**, 5221 (1980).
[201] Shen H. M., Zhang Z. F., Huang Y. N., Liu L. B., Wang Y. N., *J. de Phys.*, **IV** (6) C8-393 (1996).
[202] Worrell F., *Phys. Rev.*, **72**, 533 (1947).
[203] Aoyagi T. & Sumino K., *Phys. Stat. Sol.*, **37**, 317 (1969); Sugimoto K. & Mori T., ICIFUAS-5, 418 (1972).
[204] De Morton M. E., *Phys. Stat. Sol.*, **26**, 73 (1986).
[205] Suzuki, K., Nakanishi, N., Mitami, H., *JIM*, **44**, 43 (1980).
[206] Wang Y. N., Huang Y. N., Shen H. M., Zhang Z. F., *J. de Phys.*, **IV** (6), C8-505 (1996).
[207] Murakami, Y., Otsuka, K., Mizubayashi, H., Suzuki, T., Proc. Wayman Conf. May, ed. TMS, to be published (1996).
[208] Hasiguti, R. R., Iwasaki, K., *J. Appl. Phys.*, **59**, 2182 (1968).
[209] Tirbonod, B., Koshimizu, S., *J. de Phys.*, **42**, C5-1043 (1981).
[210] Postnikov V. S., Panloo V. S., Turkov S. K., *J. Phys. Chem. Sol.*, **31**, 1785 (1970).
[211] Postnikov V. S., Gridnev S. A., Prosolov B. N., Turkov S. K., *Phys. Stat. Sol.*, (a) **47**, 65(1978).
[212] Huang Y. N., Li X., Ding Y., Wang Y. N., Shen H. M., Zhang Z. F., *Phys. Rev.*, **B 55**, 16159 (1977).
[213] Bornarel, J., *J. Appl. Phys.*, **43**, 3 (1972).
[214] Fedsov, V. N. and Sidorkin, A. S., *Sov. Phys. Sol.*, **19**, 1359 (1977).
[215] Kuramoto, K., *J. Phys. Soc. Jpn.*, **56**, 1859 (1987).
[216] Sun L. H. and Wang Y. N., *Phys. Lett.*, **A 154**, 59 (1991).
[217] Huang Y. N., Wang Y. N., Zhao Z. X. *Phys. Rev.*, **B49**, 1320(1994).

[218] Almond D. P., *J. Phys.*, **C**, **21**, L1137 (1988).
[219] Schlesinger et al., *Phys. Rev.*, **B 41**, 11237 (1990); *Phys. Rev. Lett.*, **65**, 801 (1990).
[220] Kim Y. H., Heeger A. J. et al., *Phys. Rev.*, **B 38**, 6478 (1988).
[221] Toby B. H. et al., *Phys. Rev. Lett.*, **64**, 2414 (1990).
[222] Bardeen J. and Schrieffer J. R., Progress in Low-Temp. Physics, ed. Corter C. J., NHPC, Amsterdam, 9216-222 (1964).
[223] Hasegawa T., Ikuta H. Kitazawa K., Physical Properties of High Tc Superconductors III ed. Ginsberg D. M. (World Scientific Publishing) (1992).
[224] Dynes R. C. et al., *Phys. Rev. Lett.*, **41**, 1509 (1978).
[225] Coffey J., *Phys. Rev. Lett.*, **64**, 1071 (1990).
Wolf E. F. et al., *Sol. State Commun.*, **77**, 519 (1991).
[226] Nowick A. S. and Berry B. S., Anelastic Relaxation in Crystalline Solids, New York, Academic, 464—492 (1972).
[227] Damask A. C. and Nowick A. S. *J. Appl. Phys.*, **26**, 1165 (1955).
[228] Schoeck G. and Bisogni E., *Phys. Stat. Sol.*, **32**, 31 (1969).
[229] Miner R. E., Wilson T. L., Jackson J. K., *Trans. Met. Soc. AIME*, **245**, 1375 (1969).
[230] Cannelli G., Mazzolai F. M., *Nuovo Cimento*, **B 64**, 171 (1969).
[231] Koiwa M., Yoshimari O., *J. de Phys.*, **46**, C10-99 (1985).
Yoshinari O., Koiwa M., *Acta Metall.*, **30**, 1979 (1982).
[232] Yoshinari O., Koiwa M., *Acta Metall.*, **30**, 1987 (1982).
[233] Koiwa M., Yoshimari O., *Acta Metall.*, **31**, 2073 (1983).
[234] Wang Yening, Gu Min, Sun Linhai, *J. Phys. Condens. Matter.*, **1**, 10039 (1989).
[235] Ngai K. L., *J. Alloys and Compounds*, **211/212**, 327(1994).
[236] Rajagopal A. K., Teieler, S., Ngai. K. L. *J. Rhys.*, **C17**, 6611(1984).
[237] Garland C. W. R., Physical Acoustics Principles and Methods, **7**, ed. Masow W. P. and Thurston R. N., Academic Press, New York and London (1970).
[238] Luthi R. and Rehwald W. Structural Phase Transitions I, ed. by Muller K. A. and Thomas H., Springer-Verlag, 131—184 (1981).
[239] Rehwald W., *Adv. Phys.*, **22**, 721 (1974).
[240] 郎道和栗弗席兹(杨训愷译),统计物理,科学出版社,第十四章(1964).
[241] 冯端等,金属物理,第二卷,科学出版社,第十三章(1975).
[242] Errandon G., *Phys. Rev.*, **B 21**, 5221 (1980).
[243] Cowley R. A., *Phys. Rev.*, **B 13**, 4877 (1976).
[244] Brody E. M., Cummins H. Z., *Phys. Rev. Lett.*, **21**, 1263 (1968); *Phys. Rev.*, **B 9**, 179 (1974).
[245] Wilson K. G., *Phys. Rev. Lett.*, **26**, 584 (1972); Wilson K. G., Kogut J.,

Phys. Reps., **12 C**,75 (1974).
[246] Ma S-K, Modern Theory of Critical Phenomena, Benjamin, New York (1976).
[247] Luthi b., Moran *J.*, *Phys. Rev.*, **B 2**, 1211 (1970).
[248] Gamon R. W., Cummins H. Z., *Phys. Rev. Lett.*, **7**, 193 (1966).
[249] Berry, B. S., *J. Appl. Phys.*, **26**, 1221 (1955).
[250] Lucke, K., *J. Appl. Phys.*, **27**, 1433 (1956).
[251] Zener, C., Elasticity and Anelasticity of Metals, Univ. of Chicago Press, Chicago, Illinois, Osford Univ. Press, London (1948).
[252] Akhieser, A., *J. Phys. USSR.*, **1**, 277 (1939).
[253] Bummel, H. E., Dransfeld, K., *Phys. Rev.*, **117**, 1245 (1960).
[254] Woodruff, T. O., Ehrenreich, H., *Phys. Rev.*, **123**,1533(1961).
[255] Zener, C., *Phys. Rev.*, **53**, 90; 1010 (1938).
[256] Becker, R., Doring, W., Ferromagnetismus, Springer-Verlag, Berlin (1939).
[257] Mason, W. P., *Rev. Mod. Phys.*, **25**, 136 (1953).
[258] bozorth, R. M., Mason, W. P., Mcskimin, H. J., *Bell Syst. Tech. J.*, **30**, 970 (1951).
[259] Nowick, A. S., Internal Friction in Metals, *Progr. Met. Phys.*, **4** (1953). 物理译丛（"固体物理"部分）第二期，1 (1964).
[260] Mason, W. P., Bommel, H. E., *J. Acoust. Soc. Amer.*, **28**, 930 (1956).
[261] Morse, R. W., *Phys. Rev.*, **97**, 1716 (1955).
[262] Mason, W. P., *Phys. Rev.*, **97**, 557 (1955).
[263] Gibbons, D. F., Resonance and Relaxation in Metals, F. L. Vogel, Jr. ed., 2nd ed. Plenum Press, New York (1964).
[264] Morse, R. W., Bohm, H. V., *Phys. Rev.*, **108**, 1094 (1957).
[265] Pippard, A. B., *Phil. Mag.*, **46**, 1104 (1955).
[266] Steinberg, M. S., *Phys. Rev.*, **110**, 772 (1958).
[267] Morse, R. W., Progress in Cryogenics, K. Mendelssohn, ed., **1**, 221, Heywood, London (1959).
[268] Bommel, H. E., *Phys. Rev.*, **100**, 758 (1955).
[269] Morse, R. M., Bohm, H. v., Gavenda, J. D., *Phys. Rev.*, **109**, 1394 (1958).
[270] Keyes, R. W., *IBM J. Rev. Develop.*, **5**, 266 (1961).
[271] Burner, L. J. and Keyes, R. W., *Phys. Rev. Lett.*, **7**, 55 (1961).
[272] Mason, W. P. and Bateman, T. B., *Phys. Rev.*, **134**, A1387 (1964).
[273] Lord, A. E. and Truell, R. J., *J. Appl. Phys.*, **37**, 4631 (1966).
[274] Weinreich, G., Sanders, T., White, H. G., *Phys. Rev.*, **114**, 33 (1959).
[275] Wang, W. C., *Phys. Rev. Lett.*, **9**, 443 (1962).
[276] Hutson, A. R., McFee, J. H., White, D. L., *Phys. Rev. Lett.*, **7**, 237 (1961).
[277] Pomerantz, M., *Phys. Rev. Lett.*, **13**, 308 (1964).

[278] Spector, H. N., *Phys. Rev.*, **127**, 1084 (1962).
[279] White, D. L., *J. Appl. Phys.*, **33**, 2547 (1962).
[280] Suiter, W. B., Jr., Blair, R., *J. Appl. Phys.*, **36**, 1156 (1965).
[281] Iida, S., *J. Phys. Soc. Japan*, **22**, 1233 (1967).
[282] Van Houten, S. and Bosman, A. J., in Proc. 1st Buhl Int. Conf. Transition Metal Compounds p123, E. R. Schatz, ed., Gordon and Breach, New York (1964).
[283] Sturge, M. D., Krause, J. T., Gyorgy, E. M., Le Craw, R. C., Merritt, F. R., *Phys. Rev.*, **155**, 218 (1967).
[284] Zeller, R. c., Pohl, R. O., *Phys. Rev.*, B**4**, 2029 (1971).
[285] Granato, A. V., Hultman, K. L. and Huang, K. F., *J. de Phys.*, **46**, C10-23 (1985).
[286] Drescher-Krasicka, E., Granato, A. V., *J. de Phys.*, **46**, C10-73 (1985).
[287] Kogure, Y., Ho, W. K. B., Granato, A. V., *J. de Phys.*, **6**, C8-305 (1996).
[288] 金国钧,物理学进展,**10**, 123 (1990).

第十一编　晶体的范性

冯　端

引　言

金属具有优良的延展性，易于加工成形，这是它区别于非金属材料的一个重要特征；另一方面，还可以通过范性形变、合金化以及热处理的手段，使之强化，能够承受较高的负荷，从而成为常用的结构材料. 铜器时代以来，世世代代的能工巧匠通过大量的实践，掌握了许多行之有效的诀窍和经验规律，但知其然而不知其所以然. 金属学的科学研究始于19世纪中叶，但关于范性形变物理基础的研究却迟至20世纪20年代方始开始，已在物理学家探明了晶体结构的奥秘之后了. 当时科学家掌握了制备金属单晶体的技术，开展了有关金属单晶体范性形变规律性的研究. 通过一系列的实验研究，阐明了范性形变的晶体学特征，以及与之相应的宏观规律. 这方面的工作已经总结在30年代中所出版的两部专著之中[1,2]，为建立范性形变的物理理论作好了准备，由于完整晶体屈服强度的理论值比实测值高出千倍以上，这就导致有些科学去挖空心思来设想在晶体中容易滑移的缺陷构形，30年代中位错理论即应运而生. 随后位错理论的发展与进一步被实验所证实，从而全面奠定了晶体范性形变微观理论的基础[3~11].

应该指出，在泰勒(Taylor，G. I.)提出位错设想的第一篇论文之中，就用位错间的相互作用来解释加工硬化的现象．半个世纪过去了，尽管有许多科学家对于加工硬化的机制进行了相当深入细致的实验和理论的研究，而且就原则而言，它也不会越出位错与位错间相互作用的理论框架．但是由于影响因素的繁多，现象的错综复杂，以致于成效并不显著，仍然是众说纷纭的局面．正如科特雷耳所说的，"这是滑移理论首次尝试处理的问题，也许将被证明为最后才能解决的问题"．另一方面，第二相粒子的强化问题可以归结为位错与第二相粒子的相互作用，物理图象是清楚的，理论也比较成熟．固溶强化中起关键作用的是位错与溶质原子之间的相互作用，情况正好介乎上述两者之间．

理解了单晶体范性形变的概貌之后，就进一步探讨更接近实际应用的多晶体范性形变的问题．就几何性质而言，形变织构在应用上是有其重要性的；而晶界对于滑移位错的影响导致了细晶强化．本编以讨论单晶体的范性形变规律为主，也简略涉及多晶体范性形变的问题．

第二十六章　范性形变的几何学与晶体学

Ⅰ　基本情况

金属的范性形变是和它的晶体结构的特征密切相关的.早期在晶体范性学研究方面的主要成果就在于搞清楚了其几何学与晶体学的特征,这方面的大量实验规律为范性形变的位错理论奠定了基础.近年来位错直接观测技术的发展,又进一步揭示其内在的机制,使我们能够从微观的角度来了解这些特征.总的说来,这一部分是晶体范性学中最成熟的部分,成为进一步理解晶体范性形变的物理本质问题所必循的途径.

§26.1　范性形变的测量

测量金属晶体的范性性质,多半沿用材料试验的一些标准方法或根据试样的具体情况稍加变易[4,12].下面分别就加载方式和测试方法作一些讨论.

(a) *加载方式*　试样中的应力分布状态和加载方式有密切的关系,可以分为均匀加载和非均匀加载两类来讨论:

(1) 均匀加载.对于棒状或丝状试样,最通用的加载方式就是拉伸.在拉伸试验中夹头直接加张应力于试样上,试样内部的应力分布基本上是均匀的,最大的切应力平面和拉伸轴成45°[图26.1(a)].另一种加载方式是对试样进行压缩[图26.1(b)].但在压缩中,压头和试样间有摩擦力,影响到试验结果.虽然可以用增加试样的长度直径比来减小摩擦力的影响,但太长的试样,在压缩时容易产生不均匀形变而弯折.由于这些缺点,压缩加载比较少用.但压缩试验也有其优点,压应力不象张应力那样会促使裂口发展,造成断裂,因而适合于脆性材料的试验.剪切加载是直接加切应力于试样[图 26.1(c)].这样,对于方形试样最大切应力平面就和试样表面平行,有些单晶体的试验采用这种方式.

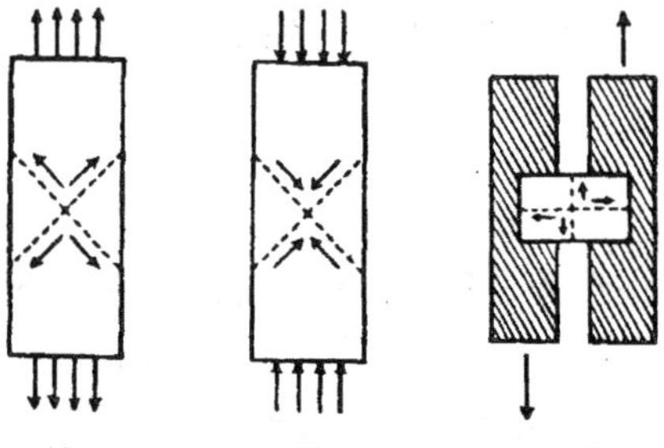

图 26.1 均匀加载的示意图.

(a) 拉伸;(b) 压缩;(c) 剪切(虚线表示最大分切应力平面的迹线).

(2) 非均匀加载.非均匀加载在试样中引起不均匀的应力分布,较常用的是弯折和扭转两种试验.在弯折试验中,试样支持在刀口上,受到一定弯曲力矩的作用.试样内和上下表面平行的平面因在和弯曲轴正交的方向上位置不同发生拉伸或压缩,没有改变的只是中间的中平面[图 26.2(a)中的虚线表示中平面的迹线]. mn 线上正应力的分布如图 26.2(b)所示,在试样上、下表面的张、压应力分别为极大值.在扭转试验中弯曲力矩的作用在试样截面上引起在中轴处为零、在表面上最大的不均匀的切应力分布[参看图 26.2(c)与(d)].如果采用薄壁中空的圆筒试样,就得到近似均匀的应力分布.

(b) 测试方法　当加载方式确定后,还可以选择不同的测试方法.在测试时,一般地除要求温度尽可能不变外,还要选择某一参量(例如应变速率或应力)保持恒定.测量方法可以分为动态和静态两类.

(1) 动态试验.在试验中试样的夹头(或加力点)以一定速率作相对运动,以保持恒定的应变速率.如果应变 ε 可以表示为弹性应变 ε_e 与范性应变 ε_p 的叠加,在测试过程中

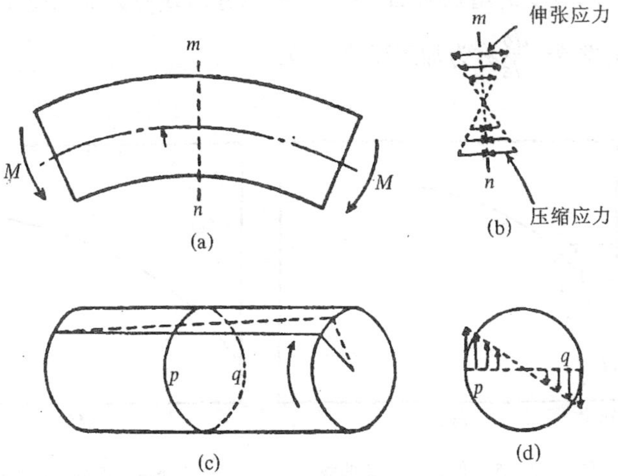

图 26.2 非均匀加载的示意图.

(a) 弯折；(b) 弯折试样中的 mn 线上的应力分布；

(c) 扭转；(d) 扭转试样横截面上的应力分布.

$$\dot{\varepsilon} = \dot{\varepsilon}_e + \dot{\varepsilon}_p = \text{常数}, \tag{26.1}$$

其中弹性应变 ε_e 是和应力 σ 成正比. 因而

$$\dot{\sigma} = E' \dot{\varepsilon}_e, \tag{26.2}$$

E' 为一常数，如果可以忽略拉伸机本身的形变，E' 就应等于试样材料的弹性模量 E. 在动态试验中测量的是应力-应变曲线[即 $\sigma = f(\varepsilon)$]. 图 26.3 示出了典型的应力-应变曲线. 在起始阶段是一直线，属弹性形变的范围，其斜率就等于 E'. 当应力超过一定值后(称为比例极限 σ_p)，就开始和直线偏离，即进入范性形变的范围. 比例极限和测量应变的精密度有很大的关系，往往不容易精确定出. 所以实际上常用的是屈服应力 σ_s，即在试样上出现宏观范性形变迹象的临界应力. 屈服现象不很明显时，可以规定卸载后剩余的范性应变值 ε_s(例如 0.2%或 0.02%)作为判据，这就是工程技术上常用的条件屈服应力($\sigma_{s\,0.2}$或 $\sigma_{s\,0.02}$). 在屈服以后的区域内应力也是随应变的增加而加大的.这一部分曲线称为加工硬化曲线,它的斜率 $\theta=\frac{d\sigma}{d\varepsilon}$ 称为加工硬化系数.

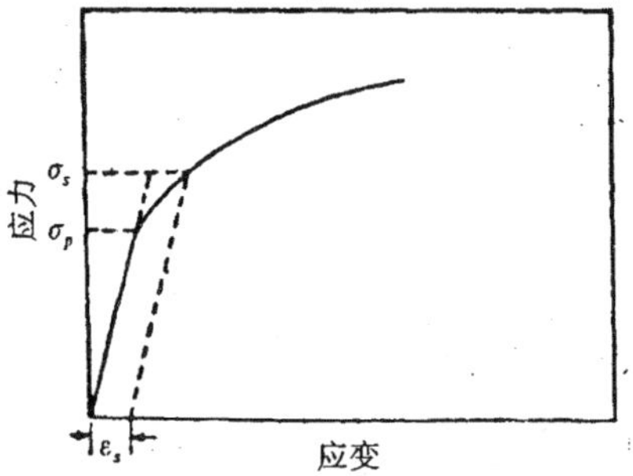

图 26.3　典型的应力-应变曲线(示意图).

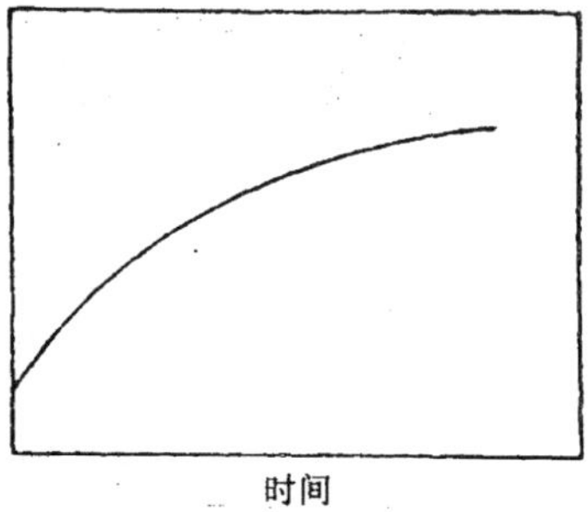

图 26.4　典型的低温蠕变曲线(示意图).

(2) 静态试验.在测试时如果应力保持恒定($\sigma=$常数),测量应变随时间变化的关系[即 $\varepsilon=f(t)$]就得到蠕变曲线.图 26.4 示出的是典型的低温蠕变曲线,应变先是随时间延长而增加的,后来趋近于一饱和值.蠕变试验是测量材料的高温力学性质的主要方法,但同样也可以用于低温力学性质的研究.在小形变时,采用恒定的负载就可以获得几近恒定的应力.但在形变度较大的情况下,就有必要采用适当的措施来补偿截面积的缩减和晶体取向的改变,以保证应力的恒定.

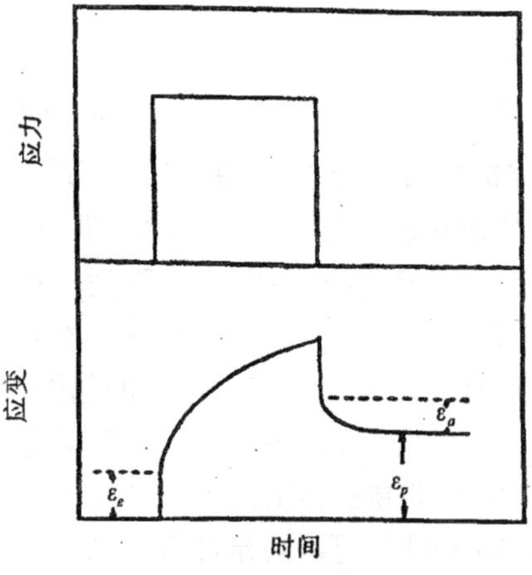

图 26.5　加载与卸载过程中应力和应变随时间变化的关系(示意图).

在实际形变中，除了弹性应变和范性应变外，还有少量的滞弹性应变 ε_a（参看第十编），这可以由应变随时间变化关系中反映出来. 例如图 26.5 示出了加载一段时间后再卸载所得到的应变和时间的关系：刚加载时，立刻产生了弹性应变 ε_e，而滞弹性应变 ε_a 和范性应变 ε_p 则随时间逐渐增加，在卸载时，弹性应变 ε_e 立即消失，ε_a 在一段时间范围内才消除，剩下的只是 ε_p. 由于在一般金属的范性形变过程中 ε_a 要比 ε_p 小得多，通常可以将 ε_a 忽略不计.

将加载方式和测试方法作适当的组合，可以得到多种多样测量范性形变的试验方法. 但实际上应用最广的方法是用拉伸加载，在恒应变速率条件进行试验，简称为拉伸试验. 在以后如果不加特别声明的话，所指的就是这种试验方法.

§26.2 滑移的晶体学特征

单晶体在拉伸情形下，表面总是出现许多带纹（实际为台阶）. 图 26.6 示出锌金属单晶体在拉伸后的表面情况. 由此可以设想晶体的范性形变是以滑移方式进行，滑移的意义就是晶体的一部分相对于另一部分沿着晶面作相对平动. 图 26.7 示出一个圆柱形六角晶体的滑移模型，滑移面就是六角晶系的基面（0001），它和拉伸轴斜交，与圆柱面相交截就表现为图中所示的椭圆. 图中的短箭代表滑移方向，一般不一定和椭圆长轴相重合. 图 26.7(a,b)示出滑移前的形态，图 26.7(c,d)示出滑移后的形态. 可以看出，试样经过滑移之后伸长了，它的横截面（和拉伸轴相正交的截面）也发生了变化，在某一方向上缩小很显著，而在其垂直方向可能略有扩大（扩大是由于滑移方向和滑移椭圆长轴不一致的缘故），就从原来的圆形横截面变为椭圆形，而总的横截面积产生了收缩.

图 26.6 清晰示出被拉长晶体表面的带纹就是作平动滑移的面在表面上造成台阶的痕迹，称为滑移带（有时也称滑移线）. 如果晶体表面是平面，则滑移带一般呈直线状. 过去研究滑移现象都是用光学显微镜来观察滑移带的形态与结构，由于分辨本领比较低，许多细节看不清楚，后来在电子显微镜下观察时发现每个滑移带

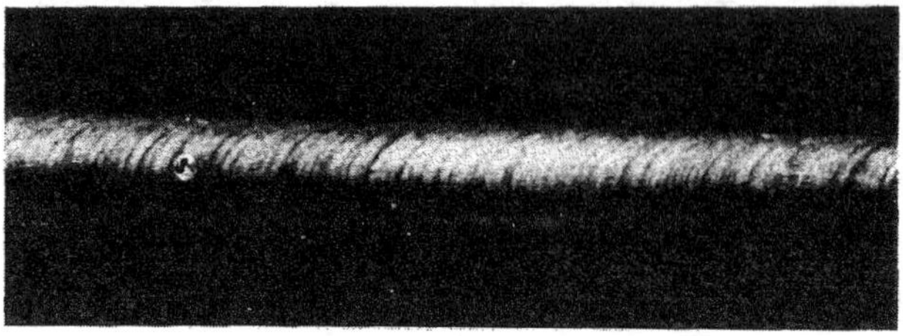

图 26.6　锌单晶体的滑移线的迹象.

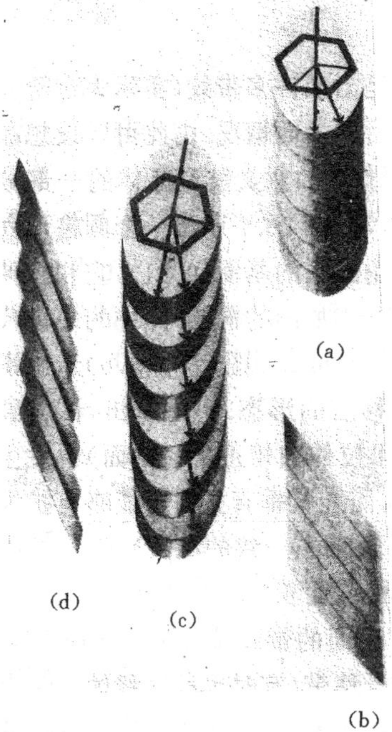

图 26.7　晶体滑移模型.
(a)和(b)原始状态;(c)和(d)拉伸以后.

实际上是一群靠得很近的细线所构成. 图 26.8(a)示出的是用电子显微镜照得铝单晶体表面上的滑移带[7],带中有许多细线,线间距[图 26.8(b)中的 d]约为 20nm,每一线上的滑移量[即图 26.8(b)中的 s]约为 200nm. 对于不同晶体和在不同条件下,s 和 d 的数值变化甚大,但有一点是共同的,即每一条滑移线是由该线附近的原子面相对滑移了一个很大距离(几百至几千个原子间距)而形成. 另从滑移带的分布可以看出形变是不均匀的,滑移集中在某些晶面上,滑移带之间的晶片就没有发生滑移. 如果在一个磨光的晶体上观察形变过程中滑移带的发展,首先是出现细线,到后来才发展成带.

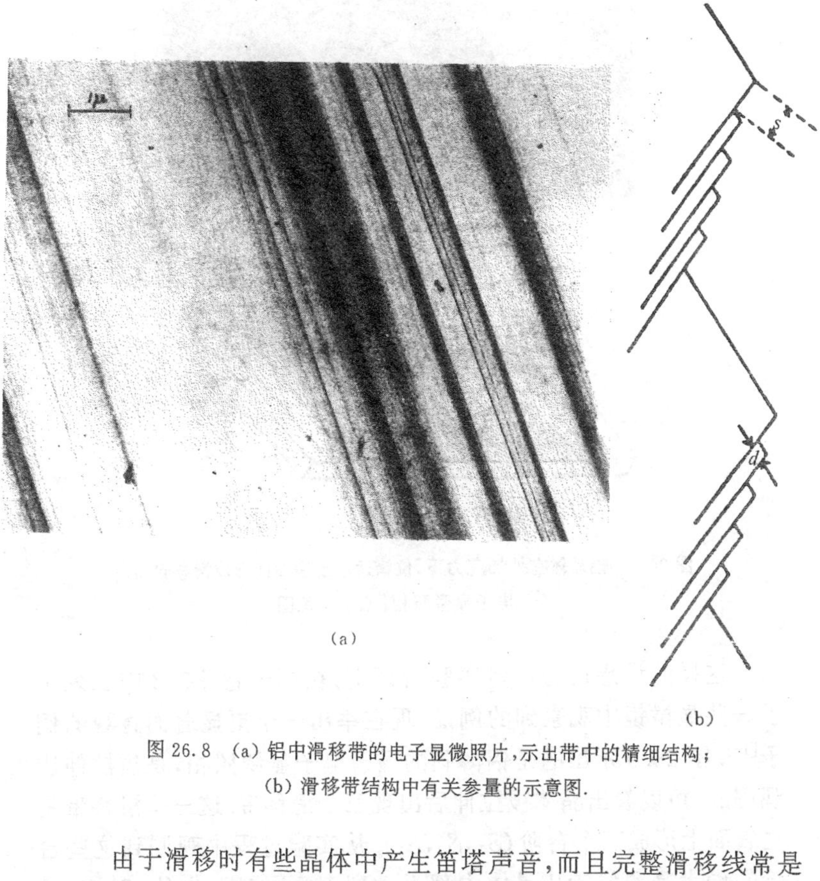

(a)

(b)

图 26.8 (a) 铝中滑移带的电子显微照片,示出带中的精细结构;
(b) 滑移带结构中有关参量的示意图.

由于滑移时有些晶体中产生笛塔声音,而且完整滑移线常是在突然间形成,因而最早关于滑移机制的假想是:滑移面上的原子面如同刚性的整体而彼此滑过.这种滑移过程中原子面内原子必需同时移动,这样滑移所需要的临界切应力,从理论上计算得的数值比实际数值大1000倍左右(见§7.2及§27.1),因而人们设想滑移是原子逐步滑移的过程,即位错运动的结果.

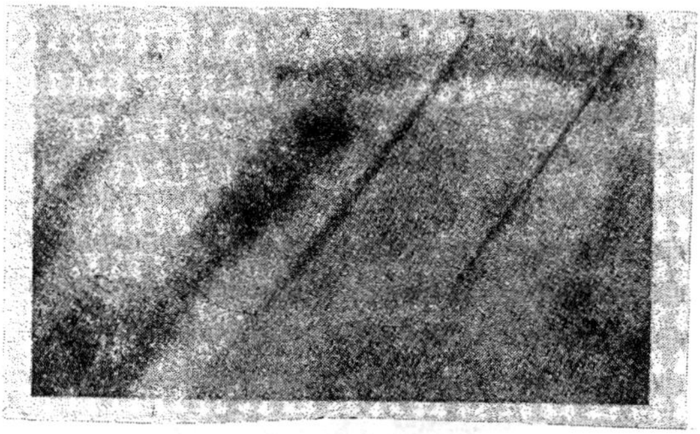

(a)

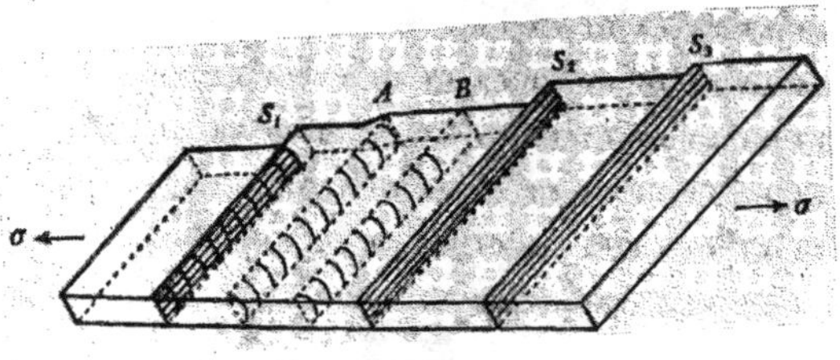

(b)

图 26.9　铝晶体在外加应力下，位错运动至表面而形成滑移台阶.

(a) 电子显微照相；(b) 示意图.

这样的设想已为许多实验所证实，在第一卷§7.2中已列举了一些显微镜中观察到的例证. 现在举出一个更显著而直观的例子[13]. 图 26.9 示出的是铝薄膜的透射电子显微照相，是边拉伸边观测的，可以看出晶体被拉伸后出现三个滑移带. 这三个滑移带是在表面上形成三个台阶(S_1,S_2,S_3). 从实验过程中观测到这些台阶的增大是和位错从晶体中部运动到表面同时发生的. S_2,S_3 两滑移带已完成，在 S_1 的滑移面上还留下若干位错没有滑移到表面上来. 另外还有两列位错 A,B 尚未移出表面，故台阶未形成. 这一实验不仅说明滑移的进行是通过位错的运动来完成的，而且也更加肯定了滑移是集中在某些面上. 滑移量(即台阶高度)可达几百纳米，这必须有成百上千个位错在同一面上滑出晶体，而晶体内位错并没减少反而增加(实验观测结果). 对这一现象的最好说明是位错增殖的弗-瑞机制及双交滑移机制, 详细过程已在第一卷§7.22中讨论过.

实验表明, 滑移通常是沿一定的结晶面和结晶方向发生, 而不受外加负载的影响, 仅与晶体结构有关. 这一定的结晶面和结晶方向, 称为滑移面和滑移方向, 是晶体的两个滑移要素. 一般滑移面总是原子排列最密的面. 例如在面心立方金属中滑移面为{111}; 体心立方晶体的滑移面已被肯定的有{110}面; 密集六角晶体通常是它的基面(0001). 但在和密集结构有偏差的情况下, 六角晶体各晶面上原子密排程度相差常随轴比(c/a)值的变化而改变, 当(c/a)$<$1.633时基面(0001)不再是唯一的密排面, 其他棱柱面$\{10\bar{1}0\}$或棱锥面$\{10\bar{1}1\}$具有相近的密排程度甚至可以超过基面, 如钛(c/a)$=$1.589, 棱柱面$\{10\bar{1}0\}$的滑移比基面更重要. 再如镁的轴比(c/a)$=$1.624接近理想值1.633, 在室温时(0001)是主要滑移面, 在225℃以上则有$\{10\bar{1}1\}$面的滑移出现. 镁中加少量锂使轴比减小到1.61, 因而可同时出现{0001}和$\{10\bar{1}0\}$的滑移. 实验测得的滑移方向更明确地表明原子排列最密的方向是唯一的滑移方向, 如面心立方金属的滑移方向是〈110〉, 体心立方金属的滑移方向是〈111〉, 六角金属则是$\langle 11\bar{2}0\rangle$. 表26.1中列举了一些重要的金属滑移要素.

从滑移的位错机制很易说明滑移方向的确定, 因为晶体中能量最低(也是最稳定)的位错是具有最短柏格斯矢量的位错, 这种位错扫出晶体造成的滑移方向自然就是原子最密排的方向. 至于滑移面的选择, 有人认为是位错沿着密排面运动所受到的佩-纳阻力最小, 因为从第一卷§5.10对于位错在点阵中滑移时能量的计算[第一卷式(7.108)]可以看出, 佩-纳力与$e^{-4\pi\zeta/b}$成正比: ζ是表示位错宽度的参量, 它等于$a/2(1-\nu)$[式(7.110)], ν为泊松比, a表示滑移面间距, a愈大, 则佩-纳力愈小. 大家知道原子排列最密的面, 其面间距最大, 也即佩-纳力最小, 从而说明了滑移为什么总是发生在原子排列最密的面.

表 26.1 几种重要金属的滑移要素

金　属	点阵类型	温度(℃)	滑　移　面	滑移方向
Al, Cu, Ag, Au, Ni, Pb	面心立方	20	{111}	⟨110⟩
Al		$\frac{T}{T_m}>0.72$	{100}	⟨110⟩
α-Fe, Mo, Nb	体心立方		{110} {112} {123}	⟨111⟩
α-Fe+4% Si			{110}	⟨111⟩
Zn, Cd, Mg	六　角	20	(0001)	$\langle 11\bar{2}0\rangle$
Mg		$\frac{T}{T_m}>0.54$	$\{10\bar{1}1\}$	$\langle 11\bar{2}0\rangle$
Mg+14% Li		20	$(0001)\{10\bar{1}0\}$	$\langle 11\bar{2}0\rangle$
α-Ti		20	$\{10\bar{1}0\}\{10\bar{1}1\}$ (0001)	$\langle 11\bar{2}0\rangle$

关于体心立方系晶体的滑移面的问题至今尚无统一的看法. 因为它的滑移线是波浪形的(图 26.10),很难准确测定滑移面. 一种看法认为体心立方晶体没有确定的晶体学滑移面,滑移是沿了⟨111⟩晶带的最大分切应力平面进行[2]. 第二种看法认为确实有沿{110},{112},{123}三组晶面的滑移[14,15,16]. 第三种看法认为真正的滑移面只有{110}面,至于{112},{123}面,是滑移在不同取向的{110}面上交替进行所引起的表观迹象[16]. 以上这三种看法的依据多半是一些比较宏观的滑移迹象,例如滑移线的观测或点阵弯曲轴线的测定. 近年来利用直接观测位错的技术,可以看到微观滑移面的迹象. 图 26.11 示出钼中蚀斑观测和电子显微镜薄膜透射的结果,都明确显示滑移位错沿着确定晶面排列. 由于体心立方晶

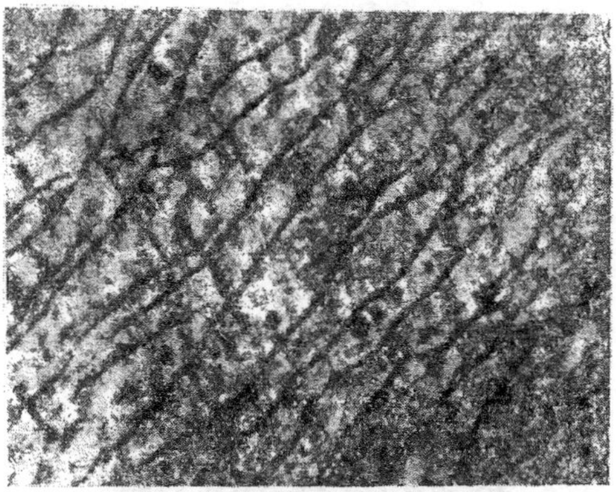

图 26.10　α 铁中的波浪形滑移带(×300).

体中螺型位错很容易交滑移,从[图 26.11(b)]示出弯折钼晶体表面上滑移带中蚀斑图象,可以看出尖劈形的滑移带,表明它随应变增加而变宽,可能就是通过双交滑移机制增殖的结果. 根据这个线索,我们就不难理解为什么根据宏观滑移迹象可以推导出完全不同的结论. 设想位错的主滑移面并不和最大分切应力平面相重合,一个位错圈在扩展过程中,由于螺形部分不断作交滑移,就造成了沿棱柱面的滑移. 此棱柱面是以位错的柏格斯矢量为其轴线交替地由主滑移面和交滑移面的窄条所组成,使其平均位向接近于最大分切应力平面(参看图 26.12). 这种滑移所产生的形变就和一捆铅笔沿着它们长度方向切变一样,在文献中也称之为铅笔式滑移. 如果我们所选的观察面和柏格斯矢量相平行,就可以观察到笔直的滑移痕迹(由于扫过的位错不在此面形成台阶,滑移线不易察觉,但可以用浸蚀法将沿滑移面排列的位错迹象显示出来)表现出晶体学滑移的特征. 如果所选的观察面和柏格斯矢量相正交,棱柱滑移的台阶就应表现为折线式的滑移线(在分辨率不够的情况下就是波浪形的滑移线),其方向大体上接近于最大分切应力平面迹线的方向. 形变度愈大,形变温度愈高,交滑移愈容易进行,就可能

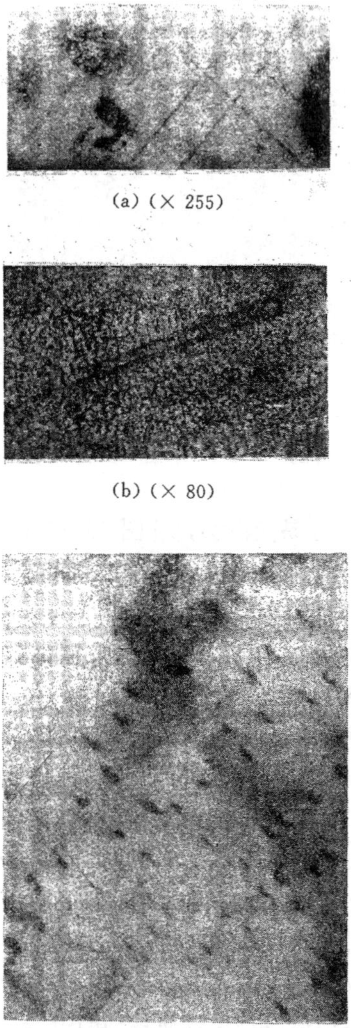

(a) (× 255)

(b) (× 80)

(c) (× 120,000)

图 26.11　钼中滑移位错的迹象.

(a) 蚀斑图象,显示两组正交的{110}滑移带;(b) 弯曲晶体侧面的蚀斑图象,显示滑移带变宽(接近上表面)的迹象;(c) 电子显微镜薄膜透射图象,显示滑移面上的位错列.

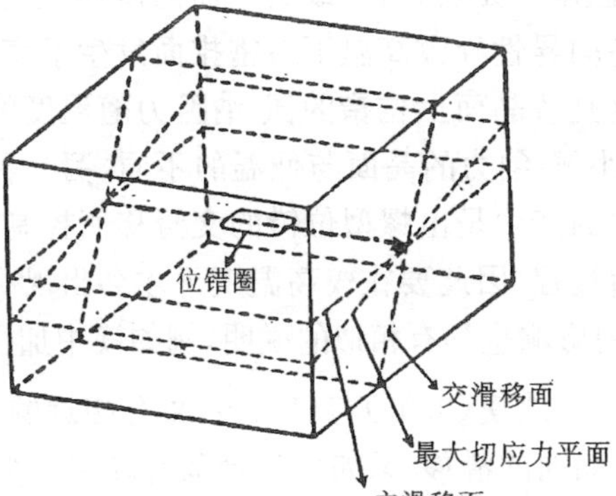

(a)

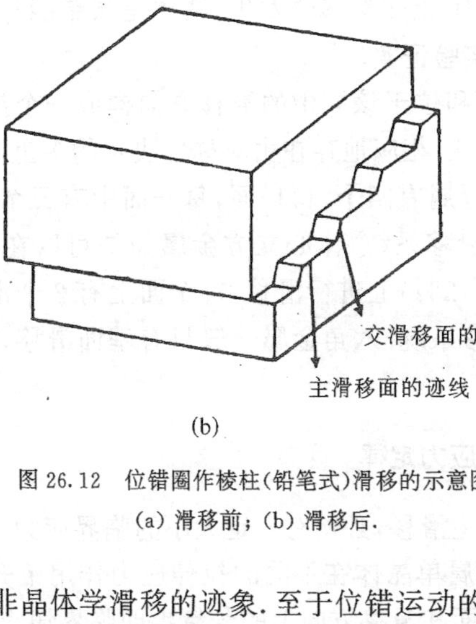

(b)

图 26.12　位错圈作棱柱(铅笔式)滑移的示意图.
(a) 滑移前; (b) 滑移后.

得出类似于非晶体学滑移的迹象. 至于位错运动的微观滑移面,已肯定的有{110}面和{112}面,未能肯定的是{123}面.

从表 26.1 中还可以看出,对于一定的晶体结构,滑移方向是唯一肯定的,而滑移面则随温度和成分的不同有所变化. 除上述镁的滑移面受温度影响外,还有铝在室温下的滑移面是{111},在 450℃ 以上则沿{100}面滑移. 又如硅铁在 70K 以下只有{110}面的滑移，较高温度下始有{112}或其它面的滑移. 这有人解释为是膨胀系数的各向异性导致高温下最密排面发生了变化，更本质地也可以认为这是各晶面上位错的佩-纳阻力随温度的变化不同所致，高温下最小佩-纳力的晶面与低温的不同. 另一种解释认为次密排面上滑移的产生是由螺型位错的交滑移所控制的，而交滑移是一种热激活过程，因此要在较高温度下才会出现次密排面的滑移. 关于成分的影响也是有相似的说明，例如镁中加少量锂使六方晶体的轴比变小，致使(0001)与$(10\bar{1}0)$面有相近的密排度，故可同时出现两种晶面的滑移. 又如硅铁合金当硅含量小于4%时，滑移线是波浪形，也即出现较多的滑移面，但当硅含量大于4%时，滑移主要沿{110}面进行，滑移线是很直的. 一般认为当铁中含一定量的硅时可以阻止交滑移的发生，猜想是层错能降低位错变宽之故，但尚有待实验证实.

一个滑移面和位于该面中的滑移方向构成一个滑移系统. 由于晶体具有对称性，相应地存在由对称性决定的多重滑移系统族. 例如，面心立方金属有四个{111}面，每一面中有三个〈110〉方向，因而具有12个滑移系统. 体心立方金属如果可以在三组滑移面({110}、{112}、{123})上进行滑移，每个面上有2个滑移方向，因此可有48个滑移系统. 六角金属一般只有基面滑移，故只有三个滑移系统.

§26.3 临界切应力定律

晶体开始产生滑移，必须有一定大小的临界应力. 许多试验证明不同取向的金属单晶体在不同的拉伸应力作用下开始滑移，但这些应力在滑移面和滑移方向上的分量也即临界切应力是完全相同的(临界切应力定律). 一般金属的临界切应力数值在0.1—100MPa之间，和其纯度有很大关系. 由图26.13可以计算出临界切应力与拉伸应力的关系. 设P为沿着拉伸轴方向的拉力，A为试样的横截面积，设滑移面是倾斜的与横截面之间的夹角为φ，则滑移面积为$A/\cos\varphi$，作用在滑移面单位面积上的应力为

$$\frac{P}{A/\cos\varphi}.$$

此应力是沿试样轴的方向，设 λ 为滑移方向与拉伸轴之间的夹角，则切应力

$$\tau = \frac{P}{A}\cos\varphi\cos\lambda .$$

若开始滑移时的拉伸应力（即屈服应力）为 $\sigma_0 = \frac{P_0}{A}$，则临界分切应力

$$\tau = \sigma_0 \cos\varphi\cos\lambda . \tag{26.3}$$

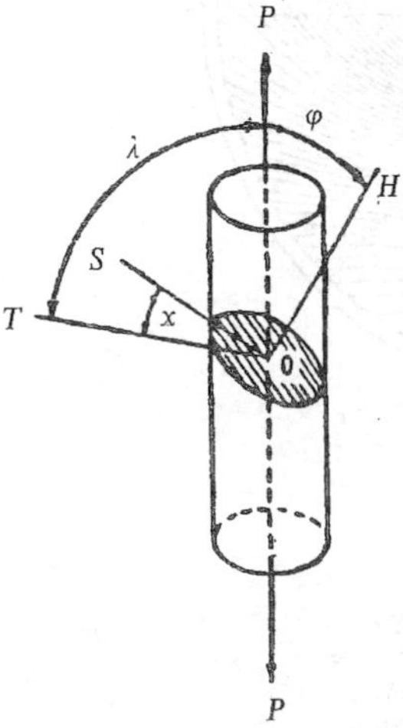

图 26.13 拉伸应力与有效滑移切应力的关系.

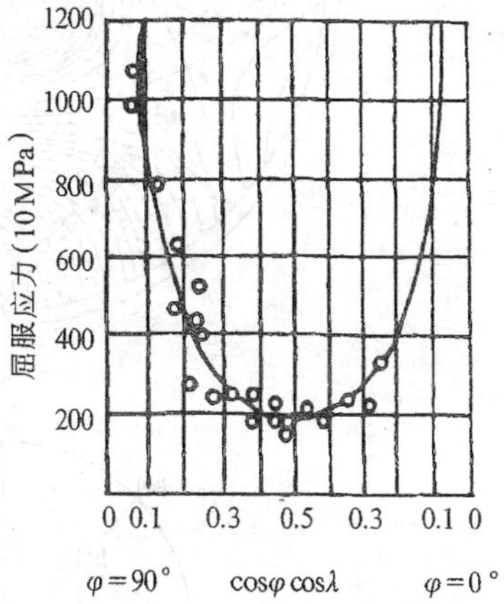

图 26.14 镁晶体的屈服应力与晶体取向的关系.

图 26.14 所示的是六角晶系金属镁中晶体取向对屈服应力的影响，点子表示实验数据，曲线是从式(26.3)计算得的理论曲线，可以看到理论值与实验值符合很好. 在此等轴双曲线对称轴左边是 φ 的值在 90°～45°之间的曲线，右半边是 φ 值在 45°～0°之间的曲

线. 可证明，当两个滑移要素和拉力之间的夹角都是 45°时，晶体的屈服应力最小.

式(26.3)中的 $\cos\varphi\cos\lambda$ 称为取向因子，一般用 Ω 表示. 对于面心立方点阵而言，有 12 个等同的滑移系统，晶体在拉伸过程中，究竟在哪一个系统上滑移决定于取向因子 Ω，在图 26.15(a)中将

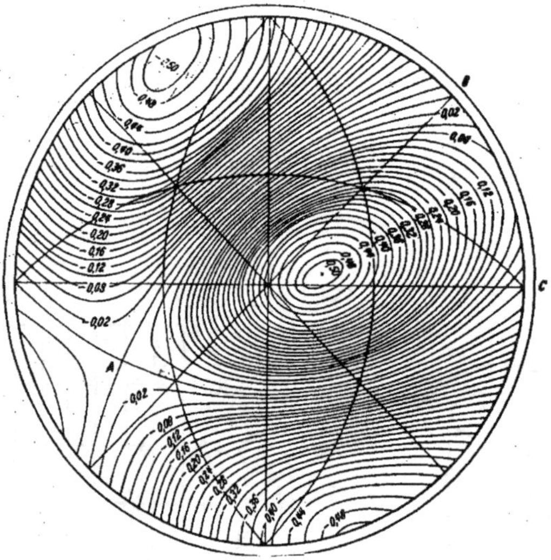

(a)

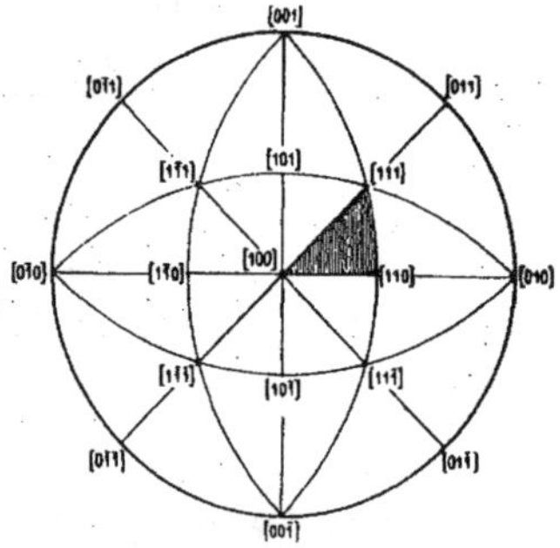

(b)

图 26.15 (a) 在极射投影图中$(11\bar{1})[101]$滑线系统的等取向因子 Ω 线；(b) 极射投影(a)的指标化.

等取向因子曲线在极射投影图上画出，在等取向因子线旁的数值都是相对于$(11\bar{1})[101]$滑移系统计算的. 可以看出，如果拉伸轴处于图 26.15(b)有影线的三角形中时，则对于上述滑移系统而言，取向因子具有最大数值.

从位错理论的观点看来，临界切应力定律是很容易理解的：在第一卷§7.15 曾经证明过，作用于单位长度位错线上促使位错滑移的力只决定于沿滑移面的切应力沿柏格斯矢量方向(即滑移方向)的分量. 因此临界切应力定律的物理实质，无非是作用于位错的力促使滑移开动.

密集结构金属单晶体中的实验结果基本上符合于临界切应力定律，只有在当两个或多个滑移系统同时开动时会出现少量的偏差. 但是体心立方金属单晶体的实验结果就比较混乱，有时在低温下首先开动的并不是分切应力最大的滑移系统，甚至出现不对称滑移的现象，即沿$(112)[11\bar{1}]$和$(112)[\bar{1}\bar{1}1]$方向滑移的临界切应力不相等. 近年来这种反常现象被人们所注意研究，其机制可能和体心立方金属中位错蕊区域的特殊结构有关[17](参看第一卷§7.33).

§26.4　形变过程中滑移的几何关系

(a) *单滑移*　首先考虑仅有单一滑移系统动作的情形. 从图 26.7 可以看出，晶体的长度有了变化，同时取向也变动了. 这是很容易理解的：在拉伸时，如果拉伸机的夹头可以自由移动[图 26.16(a,b)]使滑移面和滑移方向的取向保持不变，则拉伸轴的取向要发生不断的变化；如果夹头固定不动，保持拉伸轴的方向不变，则晶体的取向就要发生变化[图 26.16(a,c)]，使得拉伸轴和滑移方向 t 的夹角不断变小. 因而晶体取向变化为一旋转，旋转的结果要使滑移方向和拉伸轴一致.

在压缩形变中也产生晶体取向相对于压缩轴的旋转，其结果要使滑移面法线和压缩轴相重合(图 26.17). 所以在拉伸和压缩

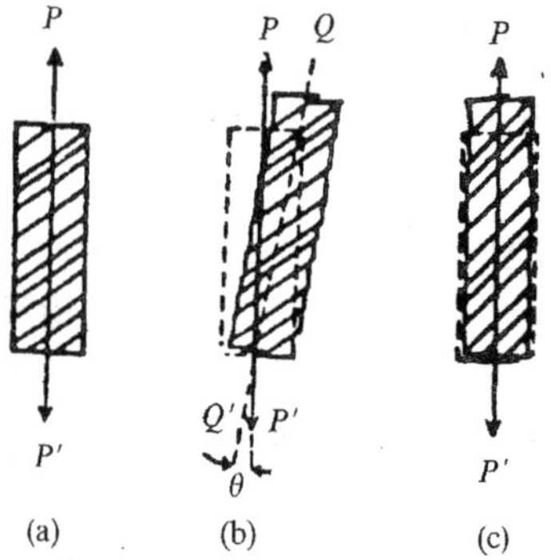

图 26.16　拉伸过程中晶体取向转动的示意图.
(a) 拉伸前；(b) 拉伸后(滑移面及滑移方向的取向不变)；(c) 拉伸后(拉伸轴方向不变).

情况下分别测定晶体取向变亻趋向,也可以将晶体的滑移要定出.

这样在晶体形变过程中耳因子 Ω 是在改变的,也就会弓作用于滑移方向上有效应力的小或增大,产生了硬化或软化的应.这被称为几何硬化和软化和由于位错的阻力变化所引起更本质的硬化或软化效应是有别的.

下面来看滑移应变和拉伸变的关系.如果晶体所发生的总移量(相当于各个平行滑移面上移量的叠加)为 s,试样长度由 l 为 l',参照图 26.16(b),我们可以将它们之间的几何关系用图 18 表示出来,图中的 λ 及 λ' 分别代表滑移前后拉伸轴和滑移方的夹角.由三角形 ABC,可得出

$$\frac{l'}{l}=\frac{\sin\lambda}{\sin\lambda'}. \qquad (26$$

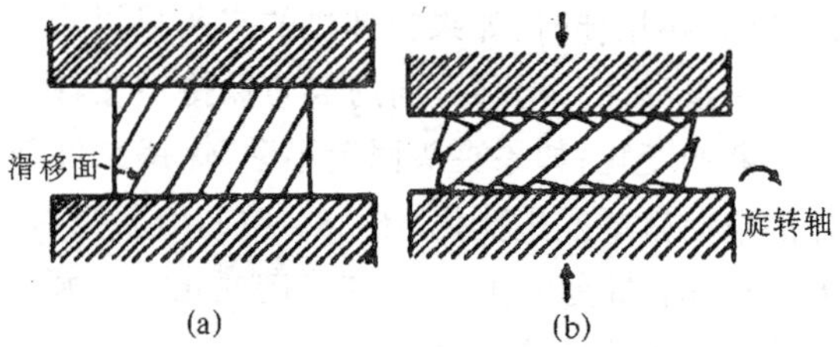

图 26.17　压缩过程中晶体取向转动的示意图.
(a) 压缩前；(b) 压缩后.

根据几何关系,还可以进一步求出其他参量间的关系,在文献[4]中给出了详尽的处理.

当滑移量为一无穷小量 ds 时,关系就特别简单:相应的伸长量 dl 就等于 $ds\cos\lambda$,所以拉伸应变

$$d\varepsilon = \frac{dl}{l} = \frac{ds\cos\lambda}{l}. \quad (26.5)$$

另一方面,各滑移层厚度的叠加就等于 $l\cos\varphi$,因而滑移的切应变

$$d\gamma = \frac{ds}{l\cos\varphi}. \quad (26.6)$$

从式(26.5)及式(26.6)消去 ds,就得到

$$d\varepsilon = \cos\varphi\cos\lambda d\gamma = \Omega dr, \quad (26.7)$$

这里的 $\cos\varphi\cos\lambda$ 就是§27.3中导出的取向因子 Ω.

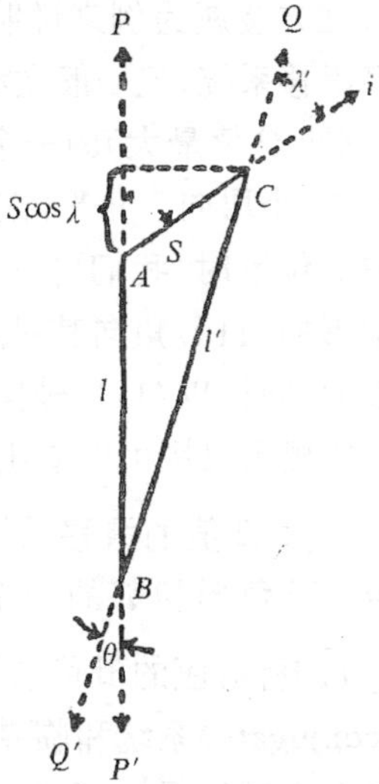

图 26.18 说明拉伸与滑移的几何关系.

前面已讲过滑移是由位错的运动来完成的,第一卷§7.5中已导出切应变与位错运动的关系,此处设位错密度为 ρ,位错线扫过的平均距离是 dx,则有

$$d\gamma = \rho b dx. \quad (26.8)$$

代入式(26.7)得

$$d\varepsilon = \rho b\cos\varphi\cos\lambda\, dx. \quad (26.9)$$

对时间求微商即得应变速率的公式:

$$\dot{\varepsilon} = \rho v b\cos\varphi\cos\lambda = \Omega\rho v b, \quad (26.10)$$

v 表示位错运动的平均速率.式(26.10)是分析范性形变位错机制常用的公式.

(b) *多滑移* 六角金属一般不产生多滑移，所以这里就以面心立方金属为例来说明多滑移的问题. 在面心立方金属中虽有很多滑移系统，但一般在滑移开始阶段也是单滑移，即在分切应力最大(或 Ω 值最大)的一个滑移系统进行滑移. 如果在面心立方点阵的 48 个取向三角形[图 26.15(b)]中给定了试棒轴在任一三角形中的位置时，我们可以用下法决定最大 Ω 值的滑移系统：从该三角形的〈110〉角向其对边作镜像，这样得到的〈110〉轴即代表滑移方向. 同样以〈111〉轴向其对边作镜像就得到滑移面的法线方向，用此规则很快可以看出当棒轴位于影线三角形[图 26.15(b)]中时最大 Ω 值的滑移系统即为$(11\bar{1})[101]$，这又称为主滑移系统. 与此三角形相邻的两个三角形[100][101][111]和[100][110]$[11\bar{1}]$所对应的滑移系统$(1\bar{1}1)[110]$和$(111)[10\bar{1}]$分别称为共轭(conjugate)系统和临界(critical)系统，因该二滑移系统的 Ω 值仅次于主滑移系统. 另外一个与主滑移系统具有相同滑移方向不同滑移面的系统$(1\bar{1}\bar{1})[101]$称为交滑移系统. 因为每一滑移方向同时处于两个滑移面上，两个面上的螺型位错具有相同柏格斯矢量，在适当条件下即可产生交滑移.

由于滑移过程中晶体相对于拉伸轴发生旋转，原来有利的主滑移系统逐渐趋于不利地位，而另一滑移系统逐渐变得有利，达一定阶段两个系统同样有利时即发生双滑移(同时在两个滑移系统上进行滑移称为双滑移，依此类推有三滑移、四滑移……等，统称为多滑移). 由于晶体取向相对于拉伸轴发生了变化，为说明问题更方便起见，可以设想晶体是固定的，而拉伸轴旋转. 下面我们用极射投影图来具体说明. 图 26.19(a)中 P 点是拉伸轴的开始取向位置，P 与滑移面$(11\bar{1})$的法线方向的夹角为 φ，P 与滑移方向[101]间的夹角为 λ，当形变进行时，P 点沿虚线大圆向[101]方向转动，λ 减小，φ 增加，直到晶体取向达到[100]-[111]的对称线上时，第二个滑移系统$(1\bar{1}1)[110]$(即共轭系统)在几何上变得同样有利. 如果此时主滑移系统中的硬化与共轭系统中的硬化相同，则

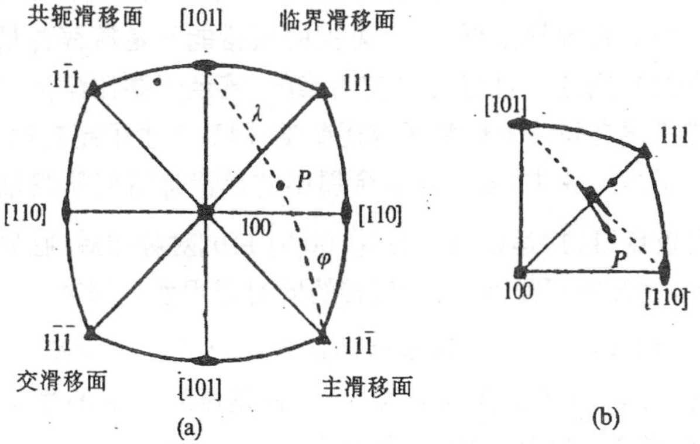

图 26.19　用极射投影图表示.

(a) 面心立方金属的滑移系统；(b) 主滑移系统的超越现象.

立即产生双滑移.共轭系统滑移引起的旋转要使拉伸轴朝向[110]极点运动.由于两个滑移系统所产生的旋转可以部分相互抵消,实际上拉伸轴将沿[100]-[111]对称线运动,以保持两滑移系统受到相同的有效切应力.直到拉伸轴和[211]轴相重合.此时两滑移方向和拉伸轴在同一平面上而分处在拉伸轴的两侧,旋转的效应完全抵消.继续拉伸,将不再发生取向的变化.实验结果表明一些纯金属如铝、铜等是符合这一情况的.但在某些合金如 α 黄铜中,常表现出另一种情况,当拉伸轴取向达到对称线时,滑移仍在初始滑移系统上继续进行,以致 P 点越过了对称线[图 26.19(b)]达到一定位置后,共轭滑移系统上的滑移才突然激发,被称为超越(overshooting)现象.在共轭滑移系统动作后,拉伸轴 P 就朝向[110]极点运动,又反向超越过对称线,这种现象可以重复多次.这表明实际上进行的不是双滑移(主次滑移系统的同时动作),而是两个滑移系统中的滑移在交替地进行.超越现象是和 α 黄铜中的锌含量有关的,锌含量愈多,这一现象就愈厉害.超越现象说明了共轭系统的硬化要比主滑移系统大,所以开动比较困难.这也是可以理解的:共轭滑移系统动作时,它的位错必然要和主滑移系统中已经增殖的大量位错相交截. 如果扩展位错的宽度较大(合金的层错能一般比纯金属要低,而 α 黄铜的层错能又是随锌含量的增加而减少的),则这一过程是比较困难的,甚至于要比激活主滑移系统中滑移线之间的未形变区域还要难,因而产生了超越现象.

在压缩形变中,面心立方金属中的单滑移将使压缩轴朝向主滑移面极点$(11\bar{1})$运动. 在到达[100]-[110]对称线后,临界系统也动作了,就开始双滑移. 两个旋转的同时作用使压缩轴沿着[100]-[110]对称线移动,一直到压缩轴达到[111][$11\bar{1}$]大圆上的[110]极点,使旋转倾向完全抵消为止,这就是压缩形变的稳定终点位置. 继续形变,晶体取向就不再变化了.

当晶体进行多滑移时,总的拉伸应变应等于各个滑移系统所贡献的拉伸应变的代数和. 设第 i 个滑移系统的取向因子为 Ω,位错密度为 ρ_i,位错平均速度为 ν_i,则式(26.10)可以推广为

$$\dot{\varepsilon}=\sum\Omega_i\rho_i\nu_i b\ . \tag{26.11}$$

Ⅱ 若干特殊问题

上面几节已经对滑移与范性形变的基本情况作了论述,下面再补充讨论若干与范性形变有关的特殊问题,如扭折、孪生、多晶体形变的特征与形变织构等问题.

§26.5 不均匀的范性形变

在理想的情形下,滑移虽然改变了晶体的外形,但可以不产生点阵的畸变. 设想扫过滑移面的位错都跑出了晶体,这样,晶体的各个区域间就没有取向差. 点阵发生畸变的表征是劳厄照相上出现星芒(asterism). 如果对于适当取向的单晶体在单滑移范围内小心地进行拉伸,劳厄照相的星芒就不很明显,甚至于完全没有. 这个事实证实了滑移不一定产生点阵畸变的设想. 但一般情况下,晶体的范性形变不仅改变了外形,同时也使点阵产生范性弯曲,即晶体各部

分的取向在一定范围内作变化，在劳厄照相上表现出星芒[18].

点阵畸变基本上可以归结为弯曲与扭转两类，前者的弯曲轴平行于点阵平面，后者的和点阵平面正交.单晶体在不均匀加载条件进行范性形变，形变晶体的宏观外形就反映出内部的点阵弯曲（见图26.20）.晶体的范性弯曲可以用滑移面上适当的位错分布

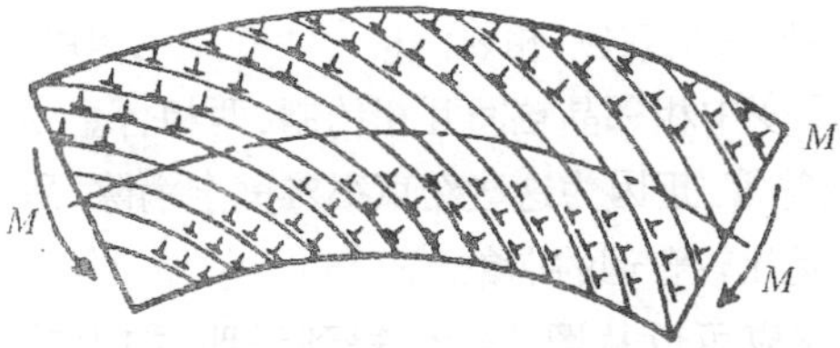

图 26.20　弯曲.

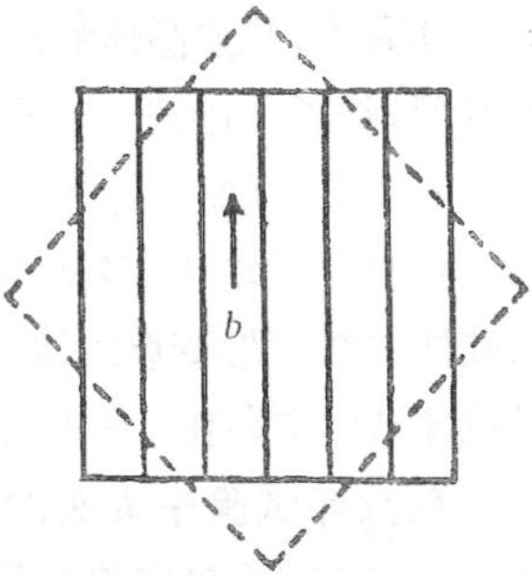

图 26.21　扭转.

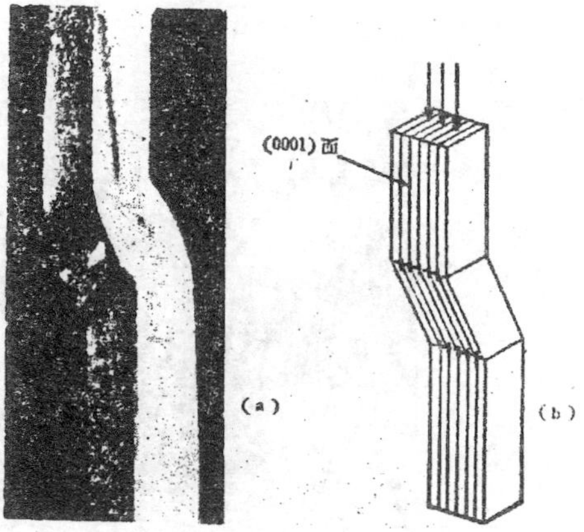

图 26.22　镉单晶体的扭折.
(a) 照片；(b) 示意图.

来实现:在弯折的晶体中滑移面上有过量的同号刃型位错,或列成明确的界面,而在滑移面内有同号螺型位错(或两组螺型位错)的分布,就可造成点阵扭转(图 26.21).六角晶体在不利于基面滑移的取向(例如基面平行于拉伸轴)进行压缩或拉伸,也会由于不均匀形变使外形变为 S 形(见图 26.22),实际上是产生了一对反向的点阵弯曲,在文献中称为扭折(kinking).

实际上,只要晶体的范性形变受到某些约束的限制时就会出现点阵畸变,除了上述的一些不均匀加载的效应外,还可以由其他的约束条件来实现,例如单晶体拉伸的夹头效应、相邻滑移带间的交互作用、多滑移的同时动作、多晶体形变中相邻晶粒间互相约制、两相合金中软硬两种相的形变彼此协调等等.正因为这些约束很难完全消除,所以拉伸试样中存在点阵畸变是比较普遍的现象.

在拉伸试验中夹头的效应可以从图 26.23 得到说明,如上节所述,试样中部在拉伸过程中发生了转动,但在夹头附近的晶体被夹住了不能转动,因而在中部与夹头之间的过渡区域产生了点阵的弯曲.弯曲的轴线是沿着滑移面上和滑移方向相正交的方向.因

图 26.23 夹头引起的点阵弯曲(示意图).

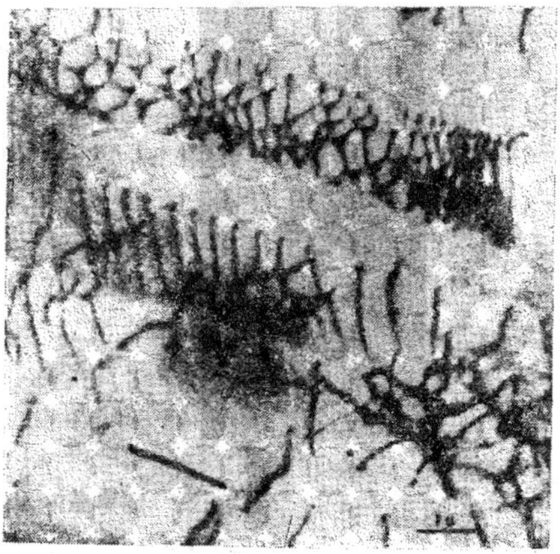

图 26.24 不锈钢中的位错网络.

而我们可以根据劳厄照相星芒的指向来推出晶体的滑移要素.

深入的观测证实了晶体在大量范性形变后几乎普遍存在点阵畸变,只是程度上有差别.例如,应用电子衍射方法测出形变的铝晶片滑移面的两侧晶体取向是不同的,存在以滑移面法线为转轴的扭转[19].近年来薄膜透射观察常看到滑移面上分布的平行的螺型位错或更一般的位错网络(图 26.24)[20],进一步证实了形变晶体中存在点阵扭转.

有时形变的铝晶体的滑移带作 S 状的弯曲(见图 26.25).此取向转折的区域被称为扭折带(kink band).在将表面抛光后,滑移带消失了,但扭折带的痕迹依然存在,表明这个区域的点阵取向和其他部分不同.在文献中也往往将扭折带笼统地称为形变带(deformation band).在形变度较高的情况下,不同的实验方法(薄膜透射和微束 X 射线衍射)都观察到明显的胞状结构(cell structure),各个单胞间存在 1°～2°的取向差.

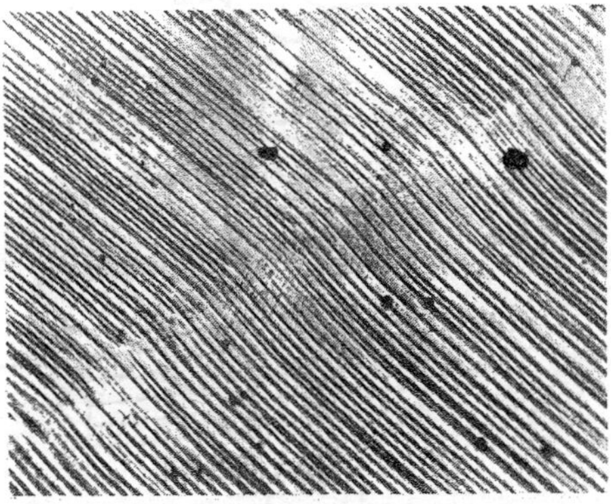

图 26.25　铝中的扭折带(×230).

根据实验结果,可以大致推测形成扭折带与胞状组织的机制[18].图 26.26(a,b)示出不相邻滑移带中异号刃型位错间的交互作用使它们锁住在平衡位置(参阅第一卷 § 7.15),这样就形成了扭折带.如果滑移带中的螺型位错不能完全互毁或通过交滑移逸出晶体,则在滑移面两侧就会产生点阵扭转.这样,晶体就被分划为许多单胞,其线度在一个方向上等于滑移带的间隔,另一方向等于扭折带的间隔,形成胞状结构的雏型.如果次滑移系统也开始动

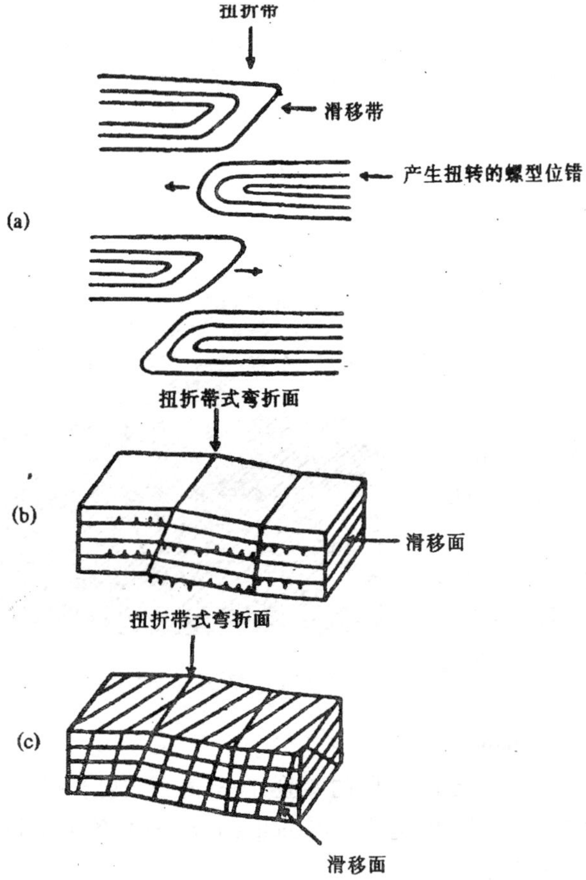

图 26.26　形成扭折带与胞状组织的示意图.
(a)，(b) 单滑移；(c) 双滑移.

作，由于两个滑移系统中位错的交互作用，扭折带就为结构更复杂的位错界壁所代替，形成更一般的胞状结构[图 26.26(c)]. 当然这里没有考虑许多细节，例如滑移带本身在侧向有一定的散开，而在两个滑移带之间还有许多更精细的滑移带等. 因而实际的过程要比这里图示的要复杂得多，而且实际形变中看到的胞状组织的界壁也没有这么明确.

值得注意的是图 26.26 所示滑移面上螺型位错的分布，除了会产生点阵扭转外，也引起较大的长程应力场，因而是不稳定的. 如果滑移面上有另一组与柏格斯矢量不同的位错和它交互作用，可以使点阵扭转部分地稳定下来. 不过，要使所有胞状组织界壁完全稳定化(即形成长程应力场消弛的位错亚晶界)，就需要位错的攀移，这只有通过退火才能实现.

§26.6 孪生

除了滑移之外，另一种范性形变的方式就是孪生.

所谓孪生，可以用图 26.27 所示体心立方晶体中的实例来说明. 图 26.27(a)所示为形变前(110)面上原子排列的组态，显示出沿($\bar{1}$12)面正常堆垛的顺序. 图 26.27(b)表示了上半部晶体作了均匀切变后的孪生组态：上半部晶体的取向改变到和下半部晶体正好成反映对称的关系，对称面就是($\bar{1}$12)面.

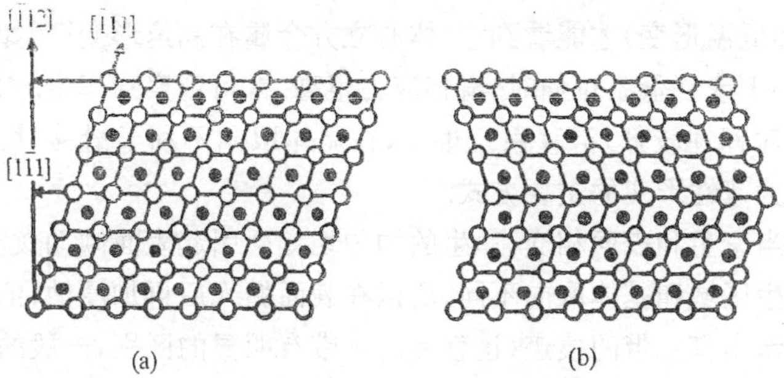

图 26.27 体心立方晶体孪生的示意图.
(a) 完整晶体的原子组态；(b)孪生形变后的原子组态.

孪生和滑移一样，也产生晶体的切变，但两者之间有很显著的差异：在滑移时，相对位移集中出现在少数原子面上，而其数量可以比点阵间距大好多倍，决定于位错源所发出的位错数. 但在孪生形变时，切变是均匀分布在孪生区域中的每一原子面上，其中每一对相邻原子面的相对位移量都是相同的，等于点阵间距的一个分数. 在图 26.27 所示例子中，原子面间的相对位移量为 $t[1\bar{1}1]$，所产生的均匀切变等于 $1/\sqrt{2}$.

与滑移类似，孪生的切变也是沿着特定的晶面和特定的晶体方向发生的，这些就是孪生面和孪生方向，合称为孪生要素. 实验测出体心立方金属的孪生面为{112}，孪生方向为⟨111⟩；密集六角金属的孪生面为$\{10\bar{1}2\}$，孪生方向为$\langle\bar{1}011\rangle$；面心立方金属的孪生面为{111}，孪生方向为⟨112⟩. 从这些结果看来，晶体的孪生要素和滑移要素不一定相同. 这也是不难理解的：孪生的效应是将晶体中的不对称的原子组态转化为以孪生面为对称面的反映对称的组态. 所以发生相对位移的晶面不能是原来晶体中的对称面，而密集六角的(0001)面和体心立方的{110}面，原来就是对称面，所以虽然可以作为滑移面，但不可能作为孪生面.

孪生是否出现和晶体的对称性有密切的关系. 面心立方金属由于对称性高，容易滑移，形变孪生即不常见，只有在少数情况下(例如低温形变)才能看到它. 体心立方金属在高速形变(例如受到冲击)下或在低温拉伸时，滑移应力很高，常可观察到孪生. 六角金属的对称性较低，滑移系统很少，在晶体取向不利于滑移时，孪生就成为范性形变的主要方式.

当孪生和表面相交，孪生的均匀切变会引起表面倾动效应. 而且孪生区域和基体取向不同，所以在表面抛光后再加浸蚀，依然可以显示出孪生带的痕迹(这就和滑移带有明显的区别，一般的滑移带在表面抛光后就消失了). 孪生带常以透镜片的形式出现，然后伸长变粗(参看图 26.28). 其生长过程往往是突变式的，可以听到噶滋的声音. 这些特征和马氏体相变中马氏体晶片生长的情况非常相似. 相似性的根源在于形变孪生和马氏体相变具有相同的基本过程，即在母相晶体一个区域内原子重排成新的组态. 在孪生中重排后的晶体结构和原来相同，但取向不同；在马氏体中不仅取向有不同，晶体结构也发生了变化. 当然促使这两种过程进行的驱动力也是不同的，孪生是由于切应力的作用，马氏体相变是由于自由能的差值.

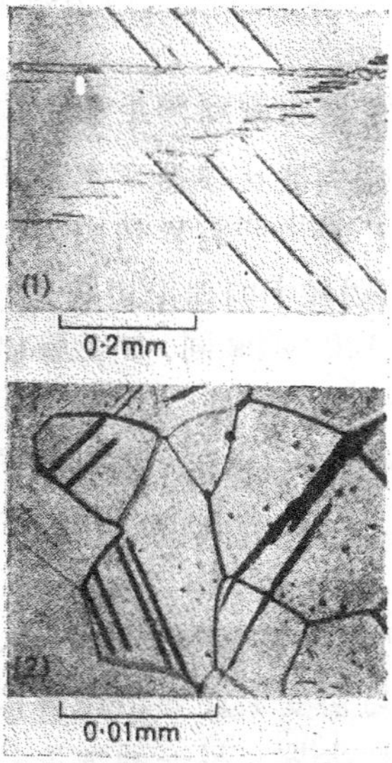

图 26.28　锌在拉伸过程中孪生带的生长.

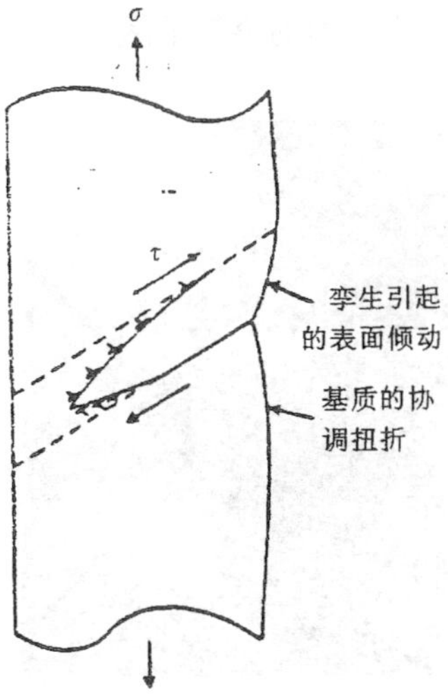

图 26.29　孪生带生长.

我们也可以从微观的机制来解释孪生带的生长特征. 孪生区域和基质的界面(当不和孪生面相平行时)可以用一列不全位错(称为孪生位错，参看第一卷 § 9.4)来代表. 例如体心立方晶体的孪生位错就是柏格斯矢量为 1/6⟨111⟩的不全位错. 孪生位错墙在切应力作用下的移动，将未孪生的区域转化为孪生区域，促使孪生带生长(图 26.29). 孪生界面由一列孪生位错构成的设想已经得到了实验的证实，有人用电子显微镜薄膜透射法观测到钼铼合金孪生界面上柏格斯矢量为 1/6⟨111⟩的位错行列[21]. 根据这个设想，当孪生带的生长受到阻碍时，孪生位错的塞积会引起应力的高度集中，可能触发基质进一步的范性形变或裂口成核，这也得到实验观察的证实(参看图 26.30 及§15.3). 孪生位错的滑移会引起层错的扩展,因而要比一般位错的滑移困难得多,这就可以解释为什么当滑移能在晶体中顺利进行的,很少会出现孪生. 孪生的突发式生长现象也可以归结为使孪生位错成核要比使它运动更困难. 所以,一旦成核后,在金属中引起冲击波,发出声音,同时引起拉伸曲线上应力的突然下降.

图 26.30 受阻于晶界的孪生带引起基质中大量的位错(浸蚀现象).

但是实测到产生孪生的临界切应力要比根据孪生带均匀成核计算出的临界切应力低得多. 例如锌中的理论切应力约在 400—1200MPa 间,而实验值则在 5—35MPa 间. 为了要说明这个差异,曾经提出了两种不同的设想. 一种是非均匀成核理论[22],即在晶体中应力集中的场所(例如位错塞积群的末端,通过均匀切变形成一小块透镜片式的孪生核). 另一种理论是孪生位错增殖的极轴机制. 科特雷耳与比耳弼首先提出体心立方晶体中的具体模型[3]. 它和第一卷§7.22 中所述的位错增殖的极轴机制很类似,只是用孪生位错来代替滑移的全位错. 每当它在蜷面上扫过一圈,就产生一个单原子层的孪生,并上升一个原子层. 上述过程重复进行.

假设在这样一种晶体中的 *AOBD* 线代表一个全位错(图 26.31)具有柏格斯矢量 1/2[111],并且这线的 *OB* 部分是坐落在(112)面内,这样,在适当应力的作用下,*OB* 部分便能发生下述分解:$1/2[111]\rightarrow 1/3[112]+1/6[11\bar{1}]$. 首先考虑不全位错 1/3[112],因为位错线 *OB* 是处在(112)面上. 因此这一位错是一个纯刃型位错,而且在(112)面上它是不能滑移的. 而另一不全位错1/6

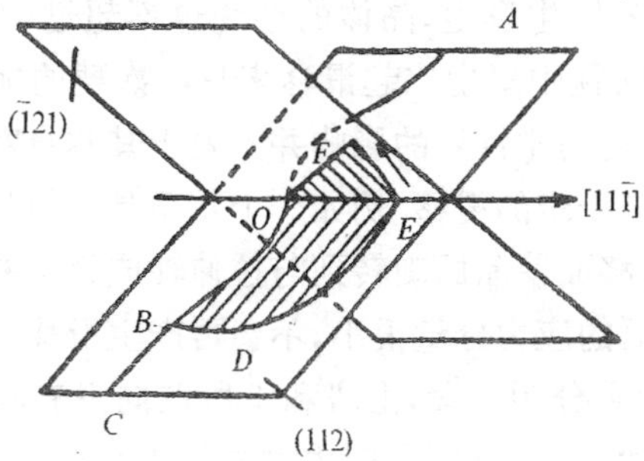

图 26.31 孪生的极轴机制的示意图.

$[11\bar{1}]$,它的滑移面就是(112),因此可以从 OB 线分裂出去,以 O 点与 B 点为固定结点而作滑移运动,并产生一个单层的孪晶. 但当这一位错运动到(112)面和$(\bar{1}21)$面的交线$[11\bar{1}]$上时,它变成一个螺型位错(OC). 在适当的应力条件下,它可以转到$(\bar{1}21)$面上滑移. 对于$(\bar{1}21)$面,三根位错线 OA,OB,OC 构成一个以 O 为结点的极轴机制. 以$(\bar{1}21)$为扫动面,OC 为扫动位错,极轴位错也即不动的不全位错 OB 的柏格斯矢量是 $a/3[112]$,垂直于$[\bar{1}21]$面的分量恰好是 $1/6[\bar{1}21]$(因为 $1/3[112]=1/6[\bar{1}21]+1/2[101]$),也就是$[\bar{1}21]$面的面间距. 因此,$OC$ 每转一周即在$(\bar{1}21)$面上造成一个单层孪晶,并且向 OB 方向移上一层;如 OC 位错不断旋转,即可形成大块孪生. 这种机制也可推广到其他的晶体结构[23,24].

目前,关于孪生成核的机制还不十分清楚,观测表明在锌中只有在基面和非基面滑移都开动后才产生孪生[22],而锡与锌的薄膜透射观测表明,孪生的成核是由于应力集中处的均匀切变[25,26],这些非立方晶体的观测都支持非均匀成核的理论. 而在体心立方的钼铼合金的薄膜透射中观测到滑移位错转变孪生位错的迹象[27],则支持极轴机制的理论.

一般说来,孪生所引起的晶体形变并不大,计算结果指出,即使晶体的大部分发生孪生，晶体的形变也不超过10%. 因而在一般的范性形变问题中孪生比起滑移来只占次要的地位. 但是值得注意的是，孪生对力学性质的影响并不限于其本身对形变的贡献，它还可以触发进一步的滑移. 例如一个六角晶系的晶体，滑移面是(0001). 如果滑移面使晶面旋转到与拉伸轴成很小的锐角，这时外加应力在滑移面的应力分量很小，不会再产生滑移. 但如果发生孪生后，晶体就大致分为三段，上段和下段取向没有改变，而夹在中间的孪生这一段上，滑移面与应力方向的夹角变得更有利于滑移了，这时，形变就以滑移的方式进行下去. 又如孪生带的相交可以导致脆断. 在再结晶中孪生带的附近也往往成为新晶粒优先成核的场所. 这些结果都说明孪生对于金属力学性质起了相当重要的作用.

§26.7 多晶体范性形变的特征[28,29]

由于多晶体是由取向不同的许多小晶粒组成，在外加拉伸应力作用下有些晶粒处于有利方向，滑移较易；有些晶粒处于不利的方向，则滑移较难. 不仅如此，每一晶粒滑移的难易，还要看其邻近晶粒的取向及晶间界层的性质而定.

晶界层的性质主要在脆性断裂及蠕变过程中有重要作用，对于常温下的范性形变最重要的因素还是邻近晶粒的取向差，它的影响可以从竹节试样的拉伸结果看出(图26.32). 所谓竹节试样，即由许多短的单晶联结而成，其晶界接近垂直于拉伸轴的方向的晶体. 在拉伸形变后，每一晶粒中靠近晶界的区域都产生一个劈形区，在此区域内滑移未发生，而晶粒中部都已发生滑移. 说明滑移从一个晶粒过渡到另一个晶粒是有困难的，因为二晶粒取向不同滑移系统也不同，所以滑移不能连续发展过去.

式(26.3)给出了单晶体临界切应力与拉伸应力的关系，即$\tau=\Omega\sigma_0$(Ω为晶体中取向最有利的滑移系统的取向因子)，或写成$\sigma_0=m\tau$，m为取向因子Ω的倒数. 要从单晶体的临界切应力计算出多晶体的拉伸屈服应力则是一个相当复杂的问题. 取向不同的

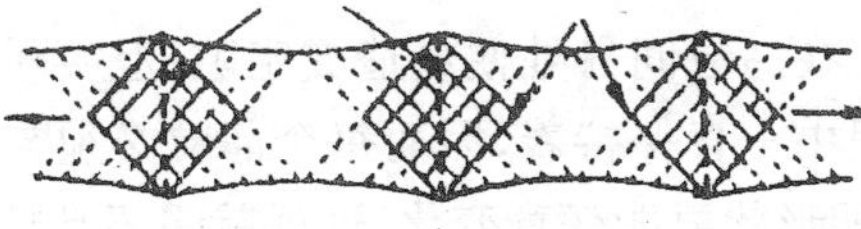

图 26.32　竹节试样在拉伸形变后晶界附近出现无滑移区.

晶体的 m 值不同,因而多晶体的问题是找适合的平均值. 设一个多晶体中取向在 m 和 $m+\mathrm{d}m$ 范围以内的晶体数目是 $N(m)\mathrm{d}m$,那么求出散布于所有晶粒上的积分便可得出平均取向因子

$$\bar{m}=\frac{\int mN(m)\mathrm{d}m}{\int N(m)\mathrm{d}m}\ . \tag{26.12}$$

对于面心立方金属中无规则取向的多晶体而言,$\bar{m}=2.338$[7],因而多晶体的拉伸应力就被认为是 $\sigma_0=\bar{m}\tau$. 再假定所有的晶体都伸长得一样多,即能从单晶体的应力-应变曲线推得多晶体的曲线. 假定单晶体的临界切应力与切应变 γ 的函数关系是

$$\tau = f(\gamma)\ ,$$

则

$$\sigma_0 = \bar{m}\,\tau = \bar{m}\,f(\gamma)\ . \tag{26.13}$$

又从式(26.7)知单晶体拉伸应变与切应变有相似的关系,即 $(\mathrm{d}\gamma/\mathrm{d}\varepsilon)=m$,并假设 $N(m)$ 在形变过程中不变,则对多晶体有 $\gamma=\bar{m}\varepsilon$,代入上式得到

$$\sigma_0 = \bar{m}\,f(\bar{m}\,\varepsilon)\ . \tag{26.14}$$

这就是多晶体的屈服应力 σ_0 与拉伸应变 ε 的关系式.

泰勒曾经比较过铝多晶体和单晶体的应力-应变曲线[7],发现当选定 $\bar{m}\simeq3.1$ 时,方程(26.14)与多晶体曲线符合得很好;但选

定上述无规取向的平均值 $\bar{m}=2.2$ 时，符合得并不好. 这是因为多晶体中每个晶粒只在取向最有利的一个滑移系统上进行滑移是不可能的. 如果这样，在晶粒间界处便会造成空隙. 但实际上材料的连续性在形变过程中一直保持着，因而每个晶粒必须与邻近的晶粒产生协调形变，即形状要能任意变化. 这样就需要晶粒至少在五个独立的滑移系统上进行滑移①. 在这些滑移系统中，有的对拉伸应力的取向不是最有利的，因而具有较大的 m 值，有效的平均取向因数 $\bar{m}$ 必然大于假定每个晶粒中只有一个最有利的滑移系统动作时所得之值(即 $\bar{m}=2.238$).

多晶体是否具有范性，首先要看它是否具备五个独立滑移系统以保证各晶粒形变的协调性. 例如面心立方和体心立方金属都具备这个条件，因此多晶状态也表现出良好的范性. 这也在应力-应变曲线上反映出来，多晶体的曲线介乎不同取向的单晶体的曲线之间[图 26.33(a)]. 但只发生基面滑移的六角金属(如镁、锌、镉等)仅有共滑移面的三个滑移系统(其中两个是相互独立的)，不容易使晶粒的形变彼此协调，因而多晶体的应力-应变曲线就比各个取向的单晶体都高[图 26.33(b)]，表现出韧性较差. 在 §26.2 中讲过六角金属在高温有新的滑移系统 $\{10\bar{1}1\}\langle 2\bar{1}\bar{1}0\rangle$ 开动，可以预期这将使多晶体的范性改善. 事实上的确如此，例如镁锂合金的加工性能在 210℃ 时有一突变，对应于新的滑移系统的开动. 有的晶体虽然形式上具有五个独立的滑移系统，而多晶体的范性仍旧

---

① 因为晶体的形变一般地可以用应变张量 ε_{ij} 来描述，我们知道应变张量是对称的，$\varepsilon_{ij}=\varepsilon_{ji}$，只有六个独立的分量. 假定范性形变只改变晶体的形状，不改变其体积，应变张量诸分量间应该满足一个附加的约束条件，即

$$\delta=\varepsilon_{xx}+\varepsilon_{yy}+\varepsilon_{zz}=0.$$

这样一来，应变张量只剩有五个相互独立的分量. 沿单一滑移系统发生滑移，将使一个应变分量独立地发生变化. 例如选择滑移面的法线为 X 轴，滑移方向为 Y 轴，滑移引起的切变 γ 可以用应变张量的分量

$$\varepsilon_{xy}=\varepsilon_{yx}=\frac{\gamma}{2}$$

来表示，其余分量均等于零. 因此需要有五个独立的滑移系统来产生应变张量的五个独立的分量.

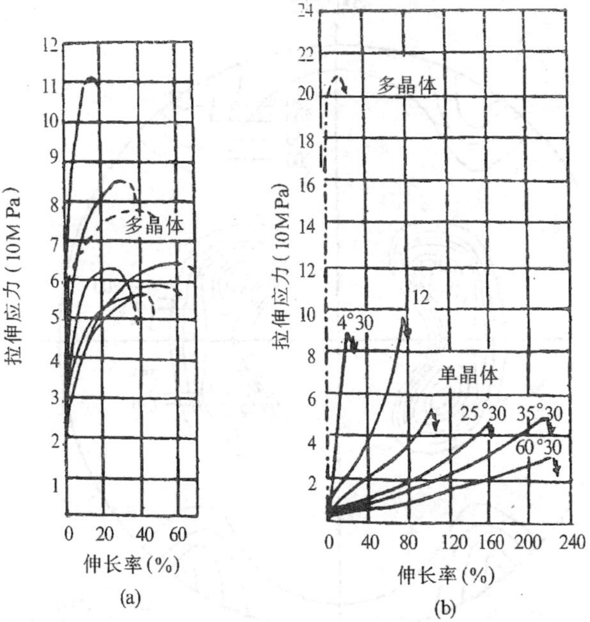

图 26.33　多晶体与单晶体应力-应变曲线的比较(虚线表示多晶体的曲线,实线表示不同取向单晶体的曲线).
(a) 铝(面心立方); (b) 镁(密集六角).

不佳,这就牵涉到滑移的灵便性(slip flexibility)的问题,也就是晶体内各个小区域内是否五个独立的滑移系统都能同时开动,或者说,位错交滑移是否容易以及不同的滑移带是否能够彼此穿过.例如含钒 2%的铁钴合金属体心立方点阵,具有五个独立的滑移系统.在有序化以后,波浪形的滑移线不出现了(表明位错交滑移变困难了),虽滑移系统数目没有改变,而多晶的范性已明显地变差.

§26.8　形变织构

由于单向形变(像一般的拉伸与压缩,或金属加工工艺中的拉

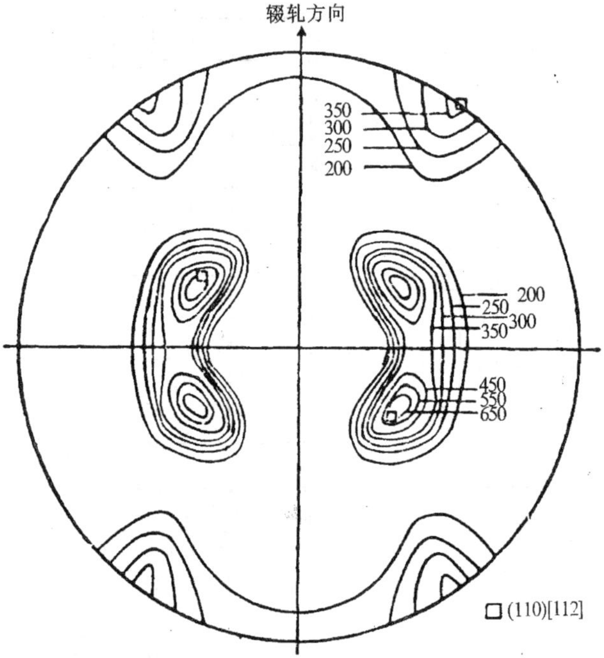

(a)

图 26.34　面心立方金属

(a) α 黄铜；

丝、辗轧等)过程中，多晶体中的各个晶粒，一方面形状在改变，同时取向也发生转动. 在经历了较大的形变后，晶粒的取向集中于某些共同的方向，这种晶粒择优取向排列的现象称为织构(texture)[30~32]. 用 X 光照相可以发现，形变前的德拜环各方向强度一致，形变后的强度则集中于某些方向. 形变度愈大这种强度的集中愈明显，但仍与单晶体不同. 晶粒对于理想取向总存在一定的偏离，因而更确切地，金属的织构可以用极图(即晶粒取向分布图)表示出来(参看图 26.34).

表 26.2 列出不同结构金属的形变织构，其中方向指数表示平

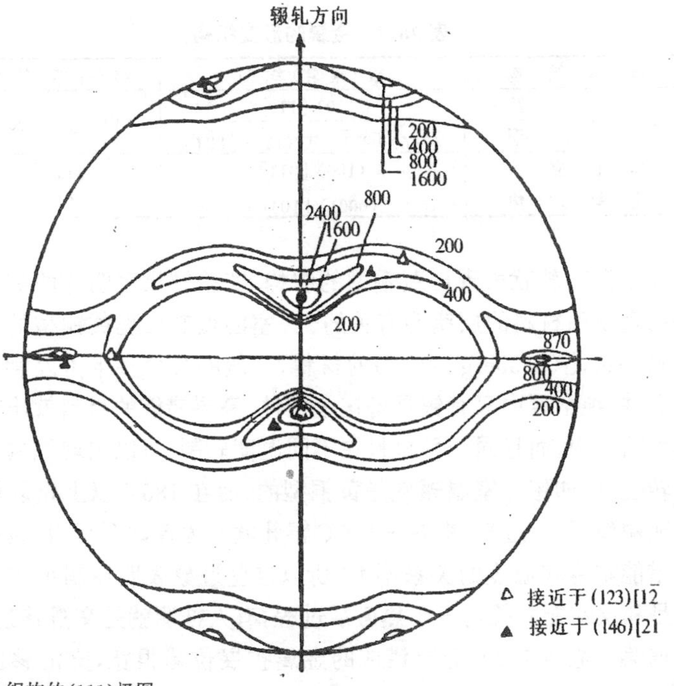

辗轧织构的(111)极图.
(b)

(b) 铜.

行于拉丝或辗压方向的晶轴;面指数表示该种晶面平行于辗轧面.近年来对于面心立方金属的辗轧织构研究得比较深入,而且有一些结果表明它和金属力学性质的一些基本问题密切相关,下面就简略介绍这方面的一些工作.

面心立方金属的辗轧织构有两种类型(表 26.2):一类是黄铜型,织构可以用理想的取向{110}⟨112⟩来表示.面心立方的合金多半表现出这类织构.另一类是纯铜型的,织构取向的指数是无理数,可以近似表示为{146}⟨21$\bar{1}$⟩或{123}⟨1$\bar{2}$1⟩,甚至于{110}⟨112⟩和{112}⟨111⟩的混合织构,大部分纯金属归于这一类.过去

有人将这两类分别称为合金型和纯金属型，看来并不妥当，例如纯

表 26.2　金属的形变织构

晶体结构		板（辗轧）织构	丝（纤维）织构
面心立方	α黄铜	(110)[112]	[111]+[100]
	铜	(146)[$21\bar{1}$]或(123)[$1\bar{2}1$]	
体心立方		(100)[011]	[110]
密集六角		(0001)[$10\bar{1}0$]	[210]

银在室温辗轧就表现出黄铜型的织构. 实验结果表明这两类织构的出现是和材料的层错能有关的[33]. 室温辗轧出现黄铜型的织构是低层错能（<35erg*/cm^2）的材料，一般的合金多半可以满足这个条件，纯金属中只有银具备这个条件. 高层错能的材料就出现纯铜型的织构，而且同一种材料在不同温度轧制，可以出现织构类型的转变. 例如银在室温辗轧是黄铜型的，而在 185℃以上辗轧就变为纯铜型了. 反过来，铜在－196℃辗轧就变为黄铜型织构. 金属的层错能本身和温度的关系不大，所以这些迹象表明控制织构类型的是和层错能有关的一个热激活过程，有人推测就是交滑移过程. 根据第一卷 § 7.30，低层错能的金属扩展位错很宽，交滑移就困难. 黄铜型织构的材料很少发生交滑移. 提高层错能或者提高辗轧温度，使得交滑移得以大量进行，就使织构转变为纯铜型. 高层错能材料在低温辗轧转变为黄铜型的也可以得到类似的解释.

织构理论应该说明多晶体在形变中各个晶粒取向的变化过程，并正确地预测出稳定的终点取向. 泰勒在他的多晶体形变理论基础上较严格地处理了面心立方金属的纯拉伸和纯压缩织构的问题. 他选择了 44 个原始取向的晶粒，假定每一晶粒中有 5 个最有利的滑移系统动作（以保证晶界上形变的协调性），具体计算了各个晶粒在形变过程中的转动[参看图 26.35(a)]. 有人测量了铝多晶体在压缩形变中各个晶粒取向的变化，对于泰勒理论进行了检验[图 26.35(b)][30]，发现大约半数晶粒的旋转符合理论的预测，

* erg 为非许用单位，1erg=10^{-7}J.

有三分之一和理论不符，其余的不能肯定. 理论和实验有分歧的原因可能是理论没有考虑到晶粒中形变的不均匀性，因为有观察表明多晶体中多滑移主要集中在晶界附近，在晶粒内部的地区往往只有一两个滑移系统动作.

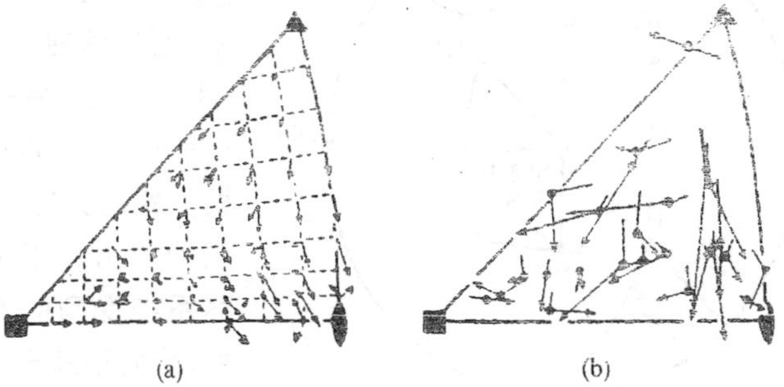

图 26.35　面心立方多晶在压缩形变中晶粒取向的变化.
(a) 泰勒理论计算的结果(形变 2.37%)；(b) 铝中实验观测的结果
(黑点表示形变 11%，箭号表示形变 31%).

辗轧织构的情况更加复杂[34~36]，但实验结果表明，在多晶体的形变过程中起主导作用的是晶粒内部少数滑移系统的动作，因而在形变织构问题上，不一定需要考虑晶粒间复杂的协调作用，主要只需考虑不同取向晶体在形变过程中的转动[36]. 辗轧过程相当于沿着碾轧方向有拉伸应力 σ_t 作用，而沿辗轧面法线方向有压缩应力 $-\sigma_c$ 作用，拉伸轴和压缩轴相互正交. 对于任一滑移系统作用的有效切应力可以表示为

$$\tau = \sigma(\Omega_t - \Omega_c) , \tag{26.15}$$

这里 Ω_t 及 Ω_c 分别表示相对于拉伸轴与压缩轴的取向因子. 在 § 26.4 中我们已经讲过，当单轴应力作用时，拉伸轴将朝向滑移方向转动，而压缩轴将朝向滑移面的法线方向转动. 在辗轧时，双轴应力同时在作用，产生的转动将使拉伸轴转向工作的滑移方向，而压缩轴转向工作的滑移面法线，在转动时，拉伸轴和压缩轴应始

终保持相互正交的关系.

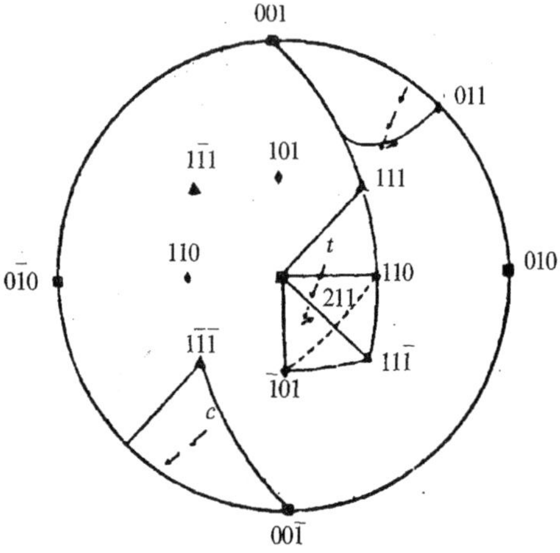

图 26.36　辗轧形变中晶粒取向的变化.

设形变开始时,相对于某一晶粒,拉伸轴 t 处在取向三角形[100]-[111]-[110]中,而压缩轴 c 处在和 t 相正交的另一位置(图 26.36). 我们可以根据式(26.15)来计算双轴应力作用下各滑移系统受到的有效应力,从而推断出首先开动的是(111)[10$\bar{1}$]滑移系统. 开始阶段是单滑移,拉伸轴应朝向滑移方向[10$\bar{1}$]转动,而压缩轴则应朝向滑移面(111)的法线方向转动(在图 26.36 中用箭号标出). 当拉伸轴越过[100]-[11$\bar{1}$]界线后,次滑移系统(1$\bar{1}\bar{1}$)[110]就将开动,又产生使拉伸轴转向[110]和压缩轴转向(1$\bar{1}\bar{1}$)的趋向. 在主次滑移系统同时开动的双滑移阶段,这两种转动倾向可以相互平衡. 这样,拉伸轴将达到稳定的终点取向[21$\bar{1}$],而压缩轴相应地达到终点取向(011). 如果对于不同原始取向的晶粒进行分析,动作的滑移系统可能不同,但是求得的双滑移阶段稳定的终点取向都是{110}〈112〉型的. 这就可以解释黄铜型织构的形成. 至于要解释纯铜型的织构,就需要进一步考虑交滑移参与作用下对晶体转动的终点取向所产生的影响.

织构使得多晶体表观各向同性(这是由于大量的杂乱取向的晶粒的平均效应)遭到破坏,引起性能的各向异性. 一般说来,严重的织构所引起的各向异性对金属的力学性质起有害的作用. 例如用有织构的金属板冲击的杯壳状工件的边是不平的,有突出的"制耳”,这样就增加工序,多耗材料,有时会造成废品(在金属工艺中常用冲杯试验来检验板材的各向异性).由于织构不可能用退火来消除(退火产生再结晶织构来代替原来的形变织构),因而在辗轧工艺中避免织构是一个相当重要的问题.但也有例外的情况:例如六角金属往往可以利用织构来获得硬化的效应,由于具有织构的铍板中各晶粒的基面(0001)都和板面平行,如果沿板面加双轴应力,因晶粒的取向因子不利于基面上的滑移而得到了强化的效应.其它六角金属如钛、锆等,也能获得织构硬化(虽然由于这些金属棱柱面滑移较易产生,织构硬化不及铍板那么显著).织构硬化的板材主要应用于承受双轴应力的工件,如高压锅壁等.另一方面,适当的织构有利于硅钢片的磁化过程,可以减少作为变压器铁心的功率损耗.因而,如何通过适当的轧制和退火过程来获得有利的织构,就成为硅钢片生产工艺中的一个关键问题.

第二十七章　范性形变的物理本质

I 屈　　服

屈服是范性形变的开始. 因而探讨范性形变的物理本质首先需要考虑屈服的问题. 这里先对屈服难易的物理本质作一般性的讨论,然后集中论述有关明显屈服点以及屈服应力的热激活效应.

§27.1　晶体软硬的物理本质

大家都知道,有些材料是硬的,象金刚石、碳化硅、氧化铝等,硬度极高,但非常脆;另一些材料,像铜、银、金等纯金属,很软,范性良好,容易加工成形,问题是强度不高;而另外一些材料,像钢铁、硬铝等似乎兼具软硬两种材料的优点,既能加工成形,又有较高的强度,是生产实践中广泛应用的结构材料. 现在要探讨的问题就是由那些因素决定这些晶体是软还是硬,我们用什么办法来控制它.

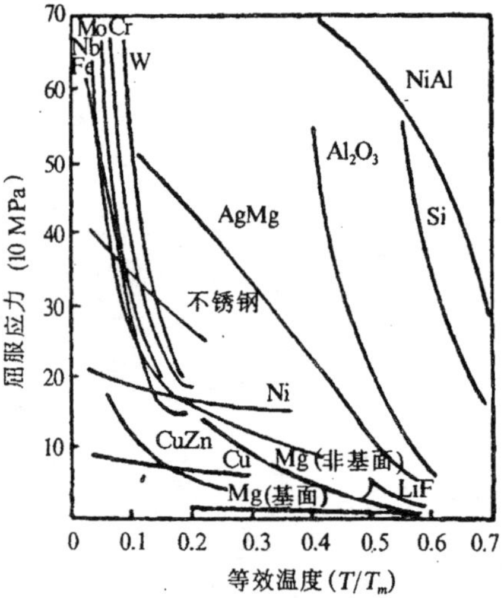

图 27.1　不同温度下材料的屈服强度.

首先我们来看不同材料屈服应力与温度关系的实验结果(图 27.1),为了比较方便起见,我们将图中的温度坐标采用等效温度(即试验温度 T 与试样的熔点温度 T_m 的比值). 根据图中所示的结果,我们可以大致将晶体材料分成两类:

(1) 在所有温度屈服强度都不高，表明滑移很容易，范性良好. 一般的面心立方金属如铜、铝等，以及密集六角金属(例如镁)沿基面的滑移，属于这一类.

(2) 只有在高温($T>0.5T_m$)才表现出范性，在$T<0.5T_m$范围内，屈服强度急骤上升，表现出硬而且脆. 共价键晶体硅和锗、离子晶体Al_2O_3、金属间化合物NiAl等属于这一类.

另外有一些材料其情况介于(1)(2)两类之间. 屈服强度在低温($T<0.15T_m$)很高，表现脆性，在室温以上就显著降低，范性接近典型的金属. 体心立方的过渡金属，如铁、钨、钼、铌、钽等都属于这一类. 下面，我们要来进一步分析图27.1所揭示的不同材料的软硬的实质. 为此我们首先来探讨一个理论问题：促使一块完整晶体发生范性形变需要多大的切应力？换句话说，就是来计算晶体的理论屈服强度τ_t.

设想图27.2所示的两层原子面之间发生刚性滑移，相对位移值为u. 令a表示原子层的间隔，b表示滑移方向的点阵周期. 当两

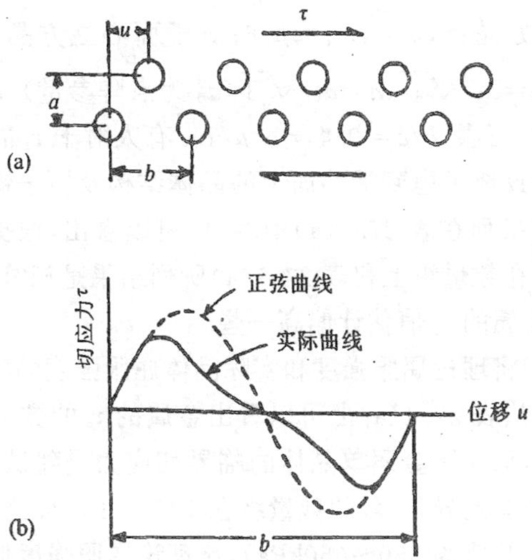

图27.2 (a) 相邻原子平面间的切位移；(b) 在滑移方向切应力和位移的关系.

层原子错开时，会引起点阵恢复原状的趋势，所相应的切应力 τ 应该是位移 u 的周期函数(周期等于 b)，为简便起见，用正弦函数近似地来表示它

$$\tau = k\sin\left(\frac{2\pi u}{b}\right). \tag{27.1}$$

振幅 k 的数值可以按照胡克定律的条件求出来. 当 u 很小时，$\sin\left(\frac{2\pi u}{b}\right) \simeq \frac{2\pi u}{b}$，而此时 τ 与 u 的关系应满足胡克定律(引入切变模量 μ)

$$k\sin\left(\frac{2\pi u}{b}\right) \simeq k\frac{2\pi u}{b} = \mu \cdot \frac{u}{a}. \tag{27.2}$$

当外界所加切应力超过 τ 的振幅时，滑移就能够持续进行下去，所以理论屈服强度就等于 τ 的极大值，即

$$\tau_t = k = \frac{\mu}{2\pi} \cdot \frac{b}{a}. \tag{27.3}$$

对于简单立方晶体，$b=a$，$\tau_t \simeq \mu/6$；对于面心立方晶体作$\{111\}\langle 11\bar{2}\rangle$切变，$b=a_0/\sqrt{6}$，$a=a_0/\sqrt{3}$($a_0$ 为点阵参量)，$\tau_t \simeq \mu/9$；对于层状结构的石墨，$b/a=0.4$，$\tau_t \simeq \mu/15$. 有人对于 τ_t 的计算进行了改进，更细致地考虑到滑移面上的晶体结构及原子键合力的影响，他们的结果列在表 27.1(a)中. 我们可以看出，根据式(27.3)估计的 τ_t 值，在数量级上和表 27.1(a)所列结果是相符合的，只是对面心立方金属的 τ_t 值估计偏高一些.

下面我们将理论屈服强度和实际晶体屈服强度的实验结果进行对比[37,38]. 从表 27.1(a)上可以看出金属的 τ_t 的数量级为 GPa(即 10^3MPa)，而实际金属单晶体的临界切应力是随试样的纯度、位错密度等而有差异，一般的数量级在 10^{-1}～1MPa 之间(例如高纯铜单晶的实验值为 350～650kPa)，比理论屈服强度低好几个数量级. 这表明实际金属单晶的屈服，不是原子面间发生刚性滑移的结果，而是位错滑移的结果，因为金属晶体中位错在甚低的应力作

表 27.1(a) 理论屈服强度的计算值

材　料	滑移面和方向	切变模量 μ (10GPa)	τ_t/μ	τ_t (GPa)
铜(10K)	$\{111\}\langle 11\bar{2}\rangle$	3.25	0.028～0.039	0.91～1.27
铜	$\{111\}\langle 11\bar{2}\rangle$	3.02	0.028～0.039	0.84～1.18
金	$\{111\}\langle 11\bar{2}\rangle$	1.86	0.028～0.039	0.52～0.72
银	$\{111\}\langle 11\bar{2}\rangle$	1.93	0.028～0.039	0.54～0.75
铝	$\{111\}\langle 11\bar{2}\rangle$	2.25	0.028～0.039	0.64～0.88
铝	$\{111\}\langle 1\bar{1}0\rangle$	2.25	0.114	2.57
锌	$\{0001\}\langle 10\bar{1}0\rangle$	3.7	0.034	2.25
铁	$\{1\bar{1}0\}\langle 111\rangle$	5.9	0.11～0.13	6.5
钨	$\{1\bar{1}0\}\langle 111\rangle$	14.7	0.11～0.13	15.9
金刚石	$\{111\}\langle 1\bar{1}0\rangle$	49.5	0.24	119
硅	$\{111\}\langle 1\bar{1}0\rangle$	5.6	0.24	13.4
石墨	$\{0001\}\langle 10\bar{1}0\rangle$	0.23	0.05	0.113
NaCl	$\{110\}\langle 1\bar{1}0\rangle$	2.32	0.120	2.77
Al_2O_3	$\{0001\}\langle 10\bar{1}0\rangle$	14.4	0.115	16.6

表 27.1(b) 晶须的屈服强度

材料	临界切应力 τ_m (GPa)	τ_m/μ
铜	0.78	0.022
银	0.69	0.031
铁	3.51	0.060
镉		0.033～0.069
NaCl	0.53	0.030

表 27.1(c) 高硬度晶体的屈服强度

(根据室温硬度测量数据估计)

材料	硬　度 (10MPa)	临界切应力 τ_m (GPa)
金刚石	8400	27
WC	2100	3.5
TiC	2900	10
B	2500	6.5
BeO	1300	3.5
AlN	1225	3
Al_2O_3	2600	5.5

用下就能运动. 据此推想，如果将金属晶体中的位错全部清除，并

且将其它可以引起应力集中的因素(例如表面刻痕、台阶、夹杂物等)也完全去掉,它的屈服强度应该等于在晶体中均匀地形成位错圈所需的切应力,这就接近于 τ_t. 关于金属晶须(直径为微米级的高度完整的细单晶体)的实验结果证实了这一点[参看表 27.1(b)]. 但是晶须这种高强度性能是不稳定的,位错一旦产生以后,强度就大幅度地下降. 在大块的金属单晶体中极难将位错和其它缺陷消除干净,因而不易达到接近于 τ_t 值的屈服强度. 至于非金属(离子键和共价键)单晶体的实验结果,出现了两种情况,一类是像 NaCl,LiF 等离子尺寸相差不大的离子晶体,和金属晶体相似,实际晶体的屈服强度远低于 τ_t,表明位错是容易动的;另一类是高硬度的晶体,如金刚石、氧化铝等,在室温很脆,不好进行常规的拉伸试验,但从硬度测量结果可以间接推出其屈服应力,表 27.1(c)列出了一部分实验结果. 值得注意,求出的临界切应力很接近于 τ_t,例如金刚石的结果约为 τ_t 的 1/4,而且这些结果和晶体中有无位错或位错的多少并没有关系. 从这个实验结果可以推断,这类晶体中位错是很难运动的,滑移只有在切应力接近于 τ_t 的情形下才会发生.

通过以上的讨论,使我们对晶体的理论强度的实际意义得到了解:它标志着晶体屈服强度的上限,即晶体处于最硬状态(也就是说原子键合强度充分发挥作用的情况下)的屈服强度,它指出了各种强化金属方法的奋斗目标,至于晶体屈服强度的下限,即晶体处于最软状况(也就是说位错最容易运动的情况下)的屈服强度,就相当于晶体中其他缺陷全部被扫清以后使位错滑移所需的临界切应力. 这就是位错的点阵阻力,由晶体中的佩-纳势垒所确定,位错理论中的佩-纳力可以作为点阵阻力的参考值①(参看第一卷 §7.14 及 §5.24). 佩-纳力的计算牵涉到位错核心区域原子错排的一些细节,又随着晶体键合类型和结构类型有差异,目前尚缺乏

---

① 严格说来,点阵阻力和佩-纳力还是有差异的. 因为计算佩-纳力时通常假定位错是笔直地翻越佩-纳势垒,而实际上可以用形成弯结的方式翻越佩-纳势垒,这样使位错的点阵阻力要比佩-纳力小些. 这里不去深究这个问题.

可靠的理论计算结果.这里根据简化模型导出的结果[第一卷式(7.110)]作如下讨论:

$$\tau_p = \frac{2\mu}{1-\nu} e^{-4\pi\zeta/b} = \frac{2\pi}{1-\nu} e^{-2\pi a/b(1-\nu)},$$

这里的 ζ 表示位错的半宽度,ν 为材料的泊松比.可以看出,位错的宽度对 τ_p 影响甚大.宽的位错,原子错排区域散布得很开,τ_p 的值就小.而上式中的位错宽度取决于滑移面上晶体结构的情况,具体地说,取决于参量 $b/2\pi a$[或者利用式(27.3)化为参量 τ_t/μ].根据表 27.1(a)所列出的各种材料的 τ_t/μ 值,我们可以作出如下推断:密排金属的 τ_t/μ 最小,τ_p 应该最小,体心立方金属 τ_p 高一些,而金刚石、硅这些共价键晶体的 τ_p 应该最高.另一方面,泊松比 ν 的数值对 τ_p 也有影响,一般金属的 ν 值较大(~0.3—0.4),相应地 τ_p 应该小,锗、硅次之(ν~0.28);Al_2O_3、金刚石的 ν 值很小(~0.2以下),相应地这些材料的 τ_p 应该高.从物理本质上看来,归根结底,上述的这些因素无非是键合类型对 τ_p 影响的反映:金属键没有方向性,键合能对原子体积很敏感,而对近邻原子排列方位并不敏感,因而位错的 τ_p 很小;共价键(或部分的离子键)有强烈的方向性,而在位错核心区域正常的价键往往不能保持,再加上价键的晶体不能采取密集结构,具有大的 τ_p 值本是意料中的事.一般说来,佩-纳力高的材料也正是理论屈服强度高的材料.以上关于佩-纳力的讨论限于低温($T<0.5T_m$).在高温($T>0.5T_m$),位错的运动可以通过原子扩散来实现,导致一些方向键晶体的佩-纳力大幅度下降.这可以解释为什么硅、Al_2O_3 在高温屈服强度下降,表现出一定的范性.

概括起来,我们大体上按照其键合强度,将晶体分为软硬两类:软的晶体,其位错的佩-纳力远低于理论屈服强度,位错很容易动,范性良好.金属基本上都属于这一类.硬的晶体,佩-纳力接近于理论屈服强度,在室温位错基本上不能动,呈现脆性.共价键晶体和一些氧化物晶体属于这一类.当然这两类的区分也不是绝对的，一成不变的. 例如体心立方结构的过渡金属就比较特殊，虽然具有金属软晶体的通性，但在低温($T<0.15T_m$)，佩-纳力骤然升高，造成低温脆性，可能是有部分的方向键在起作用的缘故. 又如在高温，由于原子扩散过程加快，原子扩散参与的位错运动和粘滞性流变得以进行，软硬两类晶体的差别也就减少了，硬的晶体也具有范性.

即使在室温，晶体的软硬也不是一成不变的，也可以相互转化. 软的金属材料，便于切削加工，作为结构材料应用的关键在于提高它的强度. 从理论上来看，提高金属强度有两条途径：第一条是完全消除内部的位错和其它的缺陷，使它的强度接近于理论强度. 目前虽然能够制出无位错的高强度的金属晶须，但实际应用它还存在困难，因为这样获得的高强度是不稳定的，对于操作效应和表面情况非常敏感，而且位错一旦产生后，强度就大大下降. 因而在生产实践中，强化金属走的是另一条途径，就是在晶体中引入大量的缺陷，以阻碍位错的运动，例如加工硬化、合金强化、细晶强化、马氏体强化、沉淀强化等. 值得注意的是，有效地综合利用这些强化手段，也可以从另一方面接近理论强度，例如在铁和钛中可以达到理论强度的 38%，而且这些数值只代表目前的技术水平，进一步发展还可能提高，在以后的章节中，将会对这些强化机制作更详细的讨论.

至于硬的材料，虽然有高的屈服强度，但很容易脆断，因而也无法当作一般的结构材料来应用. 但可以设想，如果将软硬两种材料渗合起来，有可能获得高强度的韧性结构材料. 在软的基质中分布了硬的颗粒可强化材料，在实践中已经广泛应用的沉淀硬化与弥散硬化就是具体的例证. 至于纤维强化，即将硬材料的纤维加在软材料的基质中，直接利用硬纤维来承担负载，又有一定的韧性，这将为更有效地应用硬的材料开辟道路[39].

§27.2　屈服现象

在宏观屈服之前，一般试样中位错已经开始运动，引起少量的范性形变，在文献中称之为屈服前的微应变. 侵蚀法对位错运动的观测和与振幅有关位错内耗的测量，都显示出这种微应变的迹象. 例如，宏观临界切应力为 350～650kPa 的铜单晶体，在分切应力为 40kPa 的作用下，就观察到大约有百分之一的位错发生运动. 近年来，直接测量微应变的技术有了发展，应用精密的应变规，可以察觉 10^{-5}～10^{-9}范围内的范性形变. 虽然在通常的拉伸曲线上(由于灵敏度不够)不能很明显地把这个阶段反映出来，但是，测量结果表明宏观屈服前的微应变是普遍存在的.

在拉伸曲线上，表现出有几种类型不同的宏观屈服过程. 一类是拉伸曲线逐渐而连续地变化，没有明显的屈服点来标志宏观屈服的开始. 属于这一类型的有面心立方和密集六角结构的纯金属[参看图 27.3(a)]. 另一类呈现明显的屈服点，在屈服后应力突然下降，可以明确定出上屈服点和下屈服点. 图 27.3(b)所示为低位错密度的共价键晶体(锗，硅)及离子晶体(LiF)中的情况，虽然有明显的屈服点出现，变化还是比较连续的. 图 27.3(c)代表含有少量的填隙元素的体心立方金属(如低碳钢)的情形，在屈服点有明显不连续的转折，过了下屈服点有一应力平台区域(或存在有少量的起伏). 在存在明显屈服点的试样上应变的分布往往很不均匀，范性形变首先集中于范性区内，然后范性区扩展到整个样品. 在不连续的屈服现象中的范性区通称为吕德斯带(Lüders band)，它可

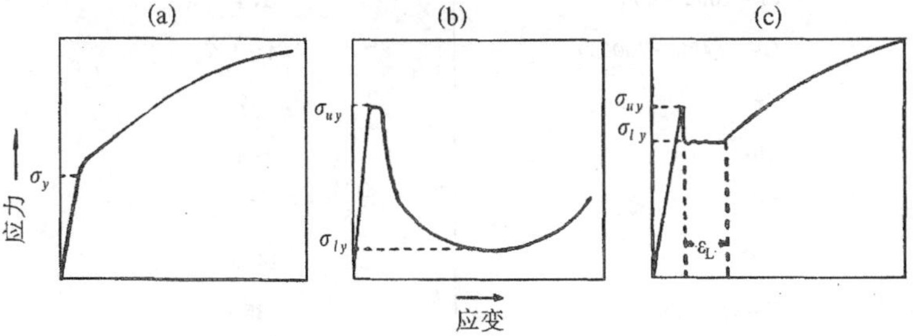

图 27.3　不同类型的屈服现象的示意图.

以穿过不同的晶粒，在试样表面上产生印痕. 上屈服点相当于吕德斯带成核的应力，而下屈服点的平台区域则对应于使吕德斯带传播的应力.

屈服的微观过程牵涉到位错的形成、增殖与运动. 位错运动的直接测量，表明位错速率 v 和所受有效应力 σ^* 之间的关系可以用经验公式来表示(参看第一卷 § 7.25)

$$v=\left(\frac{\sigma^*}{\tau_0}\right)^m, \tag{27.4}$$

这里 τ_0 为位错作单位速率运动所需的应力；指数 m 标志了位错速率对应力的敏感性，是随着材料不同而有差异的. 表 27.2 列出了一系列材料的 m 值(直接或间接的测定值). 从表中可以看出一些本质很软的材料，像面心立方金属，m 值都很大(大于 100)，接近于理想的范性($m=\infty$)，稍许提高应力就引起位错速率大幅度的增加. 至于本质很硬的材料，如锗、硅等，在高温滑移时，m 值很小，接近于纯粘滞性流变的极限($m=1$)，即应力和位错速率成线性关系. 体心立方过渡金属处在这两种极端情况之间. 在拉伸过程中，应变速率 $\dot{\varepsilon}$ 是恒定的，一般地可表示为弹性应变速率 $\dot{\varepsilon}_e$ 与

表 27.2 不同材料的 m 值

材料	m 值
Si (600～900℃)	1.4
Ge (420～700℃)	1.4～1.7
Cr	～7
Mo	～8
W	5
LiF	14.5
Fe-3% Si	35
Cu	～200
Ag	～300

范性应变速率 $\dot{\varepsilon}_p$ 的叠加.在范性形变大量开始以后,忽略 $\dot{\varepsilon}_e$ 的变化,因而 $\dot{\varepsilon}_p$ 可近似地看作常数.按式(26.9),$\dot{\varepsilon}_p=\Omega\rho_m\nu b$,如果拉伸过程中运动位错密度 ρ_m 突然增大,将引起位错速率 ν 的下降,而根据位错速率与应力的关系式(26.10),也将导致应力的突然下降.这就是屈服现象的位错增殖理论的基本观点[40].

可动位错数的增大可以通过位错的成核、脱钉及增殖过程来实现.如果晶体中原来没有位错,范性形变的开始就是在应力下位错成核的过程,当位错大量产生后,应力急剧下降.无位错晶须的明显屈服点就是一个例证.如果晶体中原来就存在大量位错,但这些位错是否能够运动,就要看位错被杂质原子钉扎的情况(我们知道,即使是所谓"纯"金属,晶体内总存在少量杂质原子).在面心立方晶体中,间隙溶质原子与位错的交互作用比较弱.在一般纯金属中,观测到原生位错在低应力作用下就能运动.在体心立方晶体中,填隙溶质原子(碳、氮、氧等)和位错交互作用很强.实验观测的结果表明,在体心立方金属中,原生的老位错都被杂质牢牢钉住,在一般应力作用下是不能滑移的.因而,范性形变的开始也牵涉到形成可滑移位错的过程,这可以是在应力集中场所新位错的成核,或是位错的脱钉过程(杂质原子钉扎比较轻微的情况下).这可以说明为什么体心立方金属的屈服点现象比较明显.

在形变过程中位错的增殖也影响到屈服现象,直接观测表明位错密度是随应变增加的,可以用经验的关系式来描述

$$\rho=\rho_0+C\varepsilon_p^a, \tag{27.5}$$

这里的 ρ_0 为形变前的位错密度,C 和 a 都是常数,对 α-铁实验测定的 a 等于 0.8,C 等于 $1.6\times10^9\text{cm}^{-2}$.设可动位错密度 ρ_m 为总位错密度的一个分数

$$\rho_m=f_0\rho_0+f_C\varepsilon_p^a, \tag{27.6}$$

由于新老位错被杂质钉扎情况不同,f_0 和 f 可以有不同的数值.

在范性形变过程中,作用于位错的有效应力比实际外加应力

σ 要小(有一部分用来克服内应力场),假定内应力随 ε_p 作线性增加,有效应力 σ^* 就可以表示为 $\sigma - q\varepsilon_p$(q 为加工硬化系数).将它代入式(27.6),解出 σ

$$\sigma = q\varepsilon_p + \sigma_0 \nu^{\frac{1}{m}}. \tag{27.7}$$

应用式(26.10)消去 ν,再用式(27.6)消去 ρ_m,就得出屈服过程应力-应变曲线的解析表示式

$$\begin{aligned}\sigma &= q\varepsilon_p + \sigma_0\left(\frac{\dot{\varepsilon}_p}{\Omega\rho_m b}\right)^{\frac{1}{m}} \\ &= q\varepsilon_p + \sigma_0\left[\frac{\dot{\varepsilon}_p}{\Omega b(f_0\rho_0 + f_C\varepsilon_p^a)}\right]^{\frac{1}{m}}.\end{aligned} \tag{27.8}$$

上式中第一项和 ε_p 成正比,表示通常的线性加工硬化曲线;第二项是随 ε_p 的增大而减小的.如果第二项随 ε_p 的下降比第一项随 ε_p 的增大更快时,两项叠加在一起,就表现出明显的屈服降落(参看图 27.4).可以看出,影响屈服降落的主要材料参量为试样中原始的可动位错及位错速率的应力敏感性指数 m.

根据式(27.8)可以看出,小的 $f_0\rho_0$ 值和 m 值都将导致明显的屈服降落.这可解释不同材料的屈服情况:锗、硅等共价键晶体的 m 值很小,ρ_0 也小,因而具有很明显的屈服点;一般的面心立方和密集六角的纯金属 m 值很大,$f_0\rho_0$ 也大(位错钉扎效应很微弱),除无位错的晶须外($\rho_0=0$),并不出现明显的屈服点;而体心立方金属的 m 值介乎二者之间,由于原生晶体中位错都被杂质牢牢钉住,虽然 ρ_0 并不小,但 $f_0=0$,因而理论也预期有明显屈服点出现.多晶中的屈服现象有晶界效应参与,将在§27.8中讨论.

图 27.5 示出了实验测定的不同位错密度的锗晶体的拉伸曲线[41],基本上符合上述理论的预期:随原始位错密度的加大,屈服降落逐渐减小.含有填隙杂质的体心立方金属的应变时效现象(看图 27.6)[3],也说明同类的问题.实验结果表明,在拉过屈服点后,由于试样中已经存在大量的可动位错,卸载后,立即再行拉伸,就

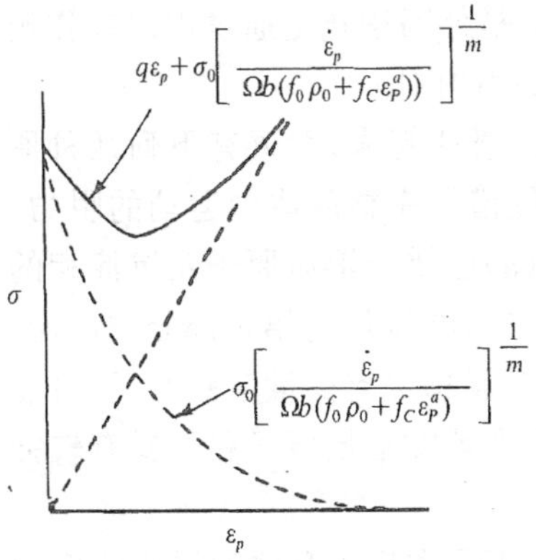

图 27.4　形成屈服降落的示意图.

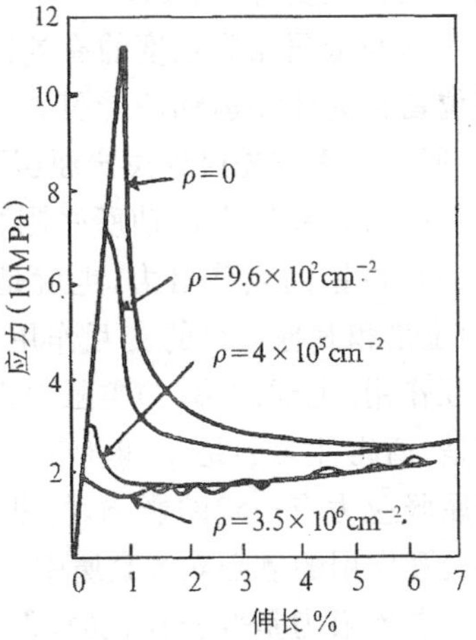

图 27.5　不同位错密度锗晶体的屈服现象(温度 515℃,形变速率 5×10^{-3}cm/min).

没有明显的屈服点出现;但经过一段时效的时间,由于填隙杂质原子和位错的交互作用,使杂质原子通过扩散偏聚到位错上,产生钉扎,可动位错数逐渐减少,屈服点也就愈来愈明显.

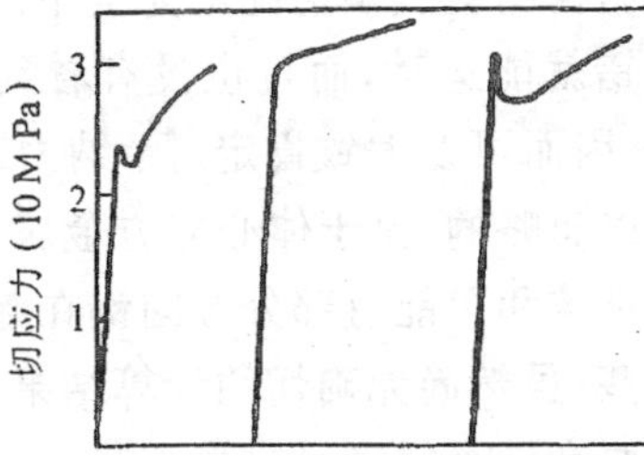

图 27.6　含氮 β 黄铜单晶体的应变时效
1. 第一次加载;2. 卸载后立即重新加载;
3. 250°时效 2h 后重新加载.

明显屈服点现象也和一些生产工艺问题直接有关. 深冲薄钢板常因吕德斯带的出现使表面不平整,造成废品. 如果在深冲前将钢板轻微地辗轧一下,就可以避免这种毛病. 在钢材中加入少量铝、钛、钒等元素,形成稳定的氮化物与炭化物,降低固溶态的间隙原子含量,从而消除或减轻了应变时效现象.

影响金属屈服强度的有外因,如温度和形变速率;也有内因,即位错在晶体中运动所受阻力.但是外因毕竟是通过内因起作用的,所以这里首先讨论决定屈服强度的内因.

位错在晶体中运动所受阻力,概括起来,大致有下列几种原因:(1)位错的点阵阻力,也就是位错在完整晶体中运动的阻力;(2)位错和其他位错的交互作用;(3)位错与溶质原子及沉淀相的交互作用.上述的第(3)类阻力因素将在以后的第Ⅳ部分中讨论.但是,值得注意的是,一般所谓纯金属总含有少量杂质原子,可能对屈服应力有一定的影响,特别是在填隙溶质原子和位错有较强的交互作用的体心立方金属中.

点阵阻力是普遍存在的,但在不同类型的晶体的屈服强度中所占比重有很大的差异.在本质硬的晶体,例如共价键晶体,点阵阻力很可能是决定其屈服强度的主导因素,而实验观测中也的确看到位错源所发出的位错线都是笔直地沿着密排方向排列起来,很象是躺在佩-纳能谷中(参看第一卷图 7.58),即为一证.但在密集结构的金属中情况就完全不同.实验观测到在极低应力作用下位错就能运动,而且也没有看到位错线偏向佩-纳能谷排列的迹象,因而可以大致肯定,佩-纳力对于这些晶体屈服强度的影响是可以忽略的.至于体心立方金属,问题就不那么明确.由于其非密集结构和可能有部分方向键在起作用,从理论上估计点阵阻力应高些(虽然尚无确切的计算结果).而且,其屈服强度高(比面心晶体要高一个数量级或更多些),并对温度很敏感,也被一些人引作为点阵阻力起作用的证据.由佩-纳力控制的屈服强度的理论,牵涉到佩-纳势垒的计算以及位错线越过佩-纳势垒方式的设想(有的采用形成弯结对的方式,类似于塞格对波多尼峰机制的解释,参看 §23.1)[42].应该承认,目前我们对低位错密度晶体(原生态或退火状态)的屈服应力的规律性还不很清楚(它往往受到一些偶然性因素的影响,如试样的纯度,形变中应力集中因素等).

§ 27.3 热激活的形变过程[43]

范性形变可以在液氦温度(4K)进行,表明位错的滑移不一定依靠热激活过程.但热激活过程对范性形变还是有帮助的.这可以从实验结果上看出来:拉伸试验求出的屈服和流变应力是随了温度和形变速率而变化的,蠕变试验中的应变是随时间而变化的.这种效应虽然在高温形变中特别突出,但即使在低温形变中同样是存在的,不可忽视.这类现象可以用位错越过障碍的热激活过程来解释[43].

设想有许多障碍不规则地分布在滑移面上,位错的滑移必需越过障碍来进行(图 27.7).设 H 为位错线越过障碍的激活能,一般地 H 是位错线实际所受切应力 τ^* 的函数.由于晶体中原子不断在作不规则的热运动,引起位错线的布朗运动,即位错线沿其滑移面作不规则的振动(类似于静电计的悬线在空气分子撞击下所引起的布朗运动).按照能量均分定律,运动的每一自由度具有$(1/2)kT$ 的能量,所以位错的振动能(等于其平均动能与平均势能的叠加)就等于 kT.设位错线的振动频率为 ν,则在单位时间内位错线依靠热激活越过障碍的次数等于 $\nu\exp(-H/kT)$,假定位错线在越过一个障碍后所扫过的面积为 A,沿位错线障碍的间距为 l,位错线在障碍间的不规跃进可以用平均速率 ν 来表示(参看图 27.7)

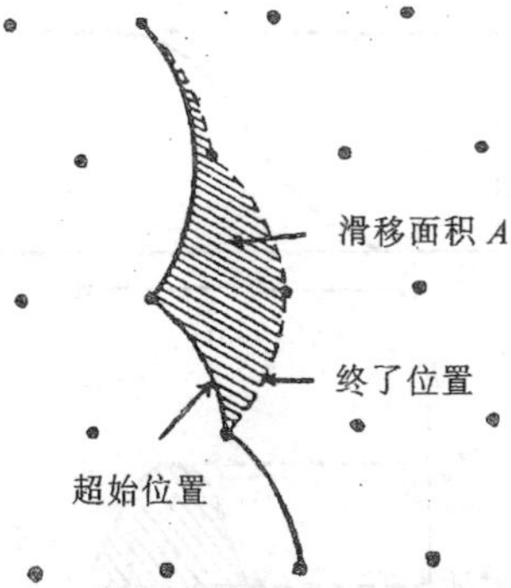

图 27.7 位错线在障碍间的进程.

$$\nu=\frac{A\nu}{l_0}\exp\left[-\frac{H(\tau^*)}{kT}\right]. \tag{27.9}$$

将它代入式(26.10),得到

$$\dot{\varepsilon} = \dot{\varepsilon}_0 \exp\left[-\frac{H(\tau)}{kT}\right], \qquad (27.10)$$

这里的 $\dot{\varepsilon}_0$ 为频率因子$\left(即\ \dot{\varepsilon}_0 = \Omega\rho b\,\frac{A}{l_0}\nu\right)$. 假如我们知道 $H(\tau)$ 与 $\dot{\varepsilon}_0$,就可以从式(27.10)中解出 τ,表示成 T 与 $\dot{\varepsilon}$的函数. 反过来,我们可以根据不同温度与形变速率条件下屈服应力或流变应力的实验数据,证实式(27.10)的关系,并导出 $H(\tau)$和 $\dot{\varepsilon}_0$. 据此可以推测决定屈服应力或流变应力的位错的热激活机制.

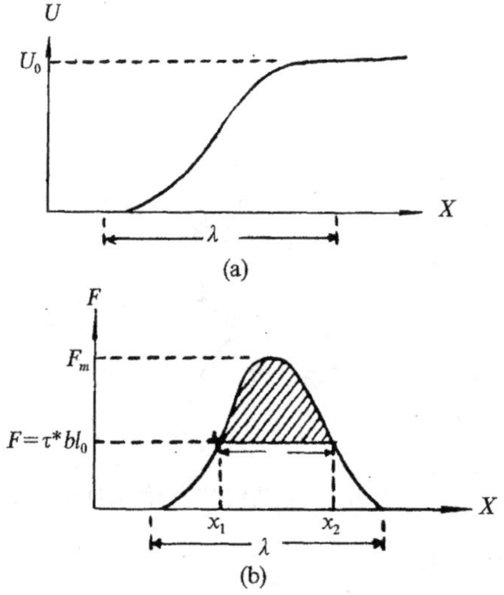

图 27.8 位错障碍的势垒曲线与阻力曲线.

下面,我们来探讨位错线在有效切应力 τ^* 作用下越过障碍的激活能. 设位错线越过障碍时引起系统能量的增加为 U. U 是位错前进距离 x 的函数,可以用图 27.8(a)中的势垒曲线来表示,势垒高度为 U_0. $\frac{\mathrm{d}U(x)}{\mathrm{d}x}$ 就相当于障碍对位错的阻力 $F(x)$,表示在图 27.8(b)中. 在绝对零度,只有当位错线所受的有效作用力 $\tau^* b$ 超过阻力的极大值 F_m 时,才能越过障碍;但在一般温度下,即使有效作用力 $\tau^* b$ 比 F_m 小,也可以凭借热激活的帮助使位错越过势垒. 这个过程的激活能就等于所需要热运动所补充的能量,相当于图 27.8(b)中划线区域的面积

$$\begin{aligned} H &= \int_{x_1}^{x_2} [F(x) - \tau^* bl_0]\mathrm{d}x \\ &= H^* - V^*\tau^*. \end{aligned} \qquad (27.11)$$

这里

$$H^* = \int_{x_1}^{x_2} F(x)\mathrm{d}x = U(x_2) - U(x_1) \ , \qquad (27.12)$$

$$V^* = -\frac{\mathrm{d}H}{\mathrm{d}\tau^*} = b(x_2 - x_1)l_0 = bd^* l_0, \qquad (27.13)$$

V^*具有体积的量纲,被称为激活体积.

位错滑移的障碍,按照其势垒范围的大小,大致可以分为如下两类:

(1) 长程的障碍. 势垒延伸范围很广,其 λ 值(参照图 27.8)远超过 10 个原子直径.

(2) 短程的障碍. 势垒的范围很狭小,其 λ 值小于 10 个原子直径.

位错线越过这两类障碍的热激活效应是不同的. 对于长程的障碍,U_0 和 V^* 都大,在通常温度,只有当作用的 $\tau^* b$ 接近于 F_m 时,才能将 H 降到 kT 的数量级,这样,热激活就几乎不起作用. 而对于短程的障碍,热激活就有显著的效应.

在实际晶体中位错运动所遇的障碍是多种多样的(参看图 27.9):各种长程障碍的阻力叠加在一起构成起伏的长程应力场,对流变应力贡献了和热激活无关的部分 τ_μ(它和温度的关系同弹性模量对温度的依赖关系相同);另外,在运动过程中也碰到许多短程障碍,这些障碍中起作用的只是处于内应力峰值处的激活能最大的障碍,它对流变应力贡献了和热激活有关的部分 τ_s,所以一般地流变应力可以表示为(参看图 27.9).

$$\tau = \tau_s(T, \dot{\varepsilon}) + \tau_\mu. \qquad (27.14)$$

下面我们汇集一些有关屈服应力的实验数据,并对其机制作一些探讨.

从金属的屈服强度对温度和应变速率的敏感性,可以得到屈服强度的位错机制的信息. 一般而言,密集结构金属的屈服强度对温度是不敏感的:例如多晶铜的屈服强度,当温度改变 100℃,差

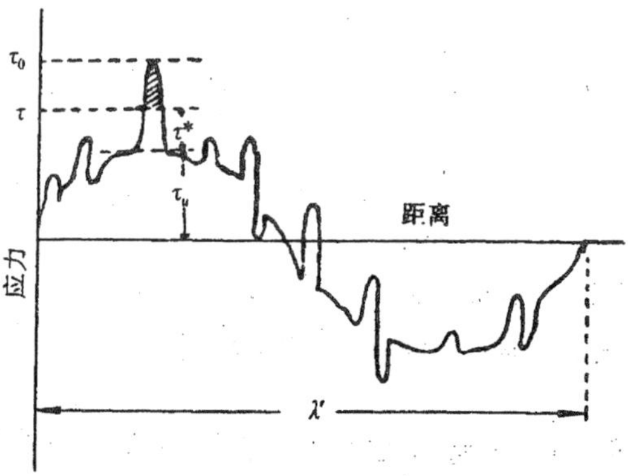

图 27.9 晶体中起伏的内应力场(示意图).

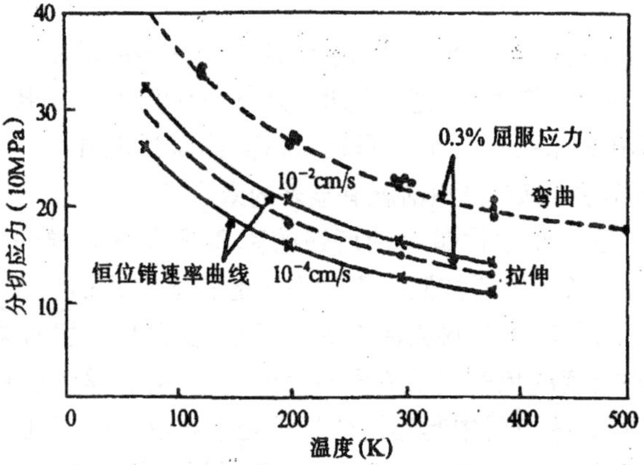

图 27.10 位错恒速运动所需应力及屈服应力和温度的关系(硅铁单晶).

异只有 5MPa;少量的温度敏感性可以归结为位错交截过程所引起的.至于体心立方金属,情况就截然不同:改变 100℃,使多晶钼的屈服强度产生 400MPa 的差异.这种强烈的温度敏感性显然不能由位错的交截过程来解释.硅铁单晶中的实验结果表明流变应力与温度的关系和使位错达到一定速率所需应力与温度的关系基

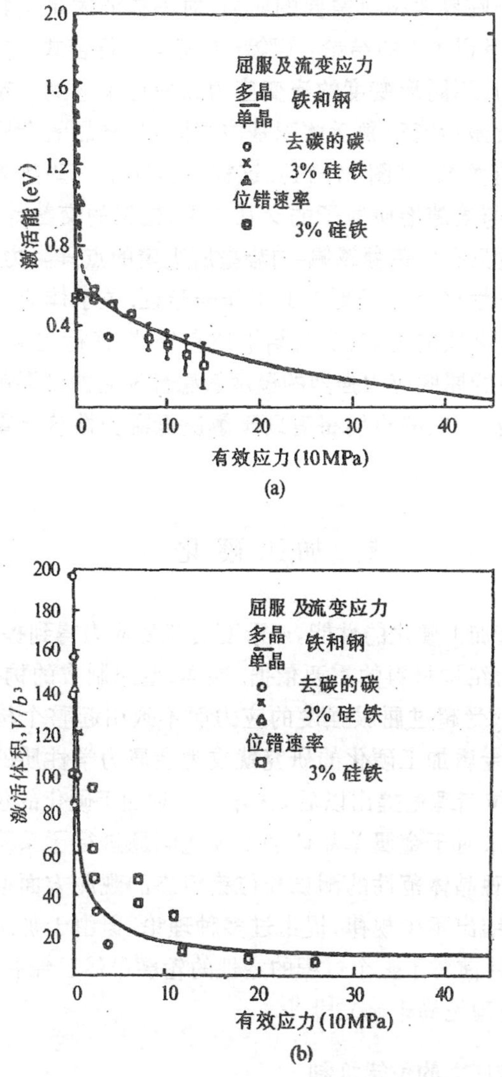

图 27.11 (a) 铁和钢范性形变的激活能与有效应力的关系；

(b) 铁和钢范性形变的激活体积与有效应力的关系.

本相同[44](图 27.10),因而有人推断宏观的屈服应力就相当于使位错达到某一临界速率所需要的应力.对钢铁的大量实验数据进行了分析,可得到如下的结论:实验结果基本上符合式(27.10),而根据屈服应力、不同形变度的流变应力和使位错达到一定速率所需应力所求出激活能和激活体积基本相同,和样品的杂质含量和位错组态没有关系(见图 27.11).这样就排除了一些热激活的机制,例如位错与填隙溶质原子的交互作用,位错的交截等;剩下来可能的机制就只有位错翻越佩-纳势垒所决定的点阵阻力.当然这种解释的唯一性尚有待于更多的工作来验证.关于体心立方金属中的微量间隙杂质的影响,实验结果还有分歧,尚待澄清[45].由于体心立方金属的屈服应力强烈的温度敏感性和它的低温脆性有密切的关系,搞清楚它的机制将有助于解决低温脆性这一重大的实际问题.

Ⅱ 加工硬化

金属具有加工硬化的性能,即形变后流变应力得到提高,是金属可以用作为结构材料的重要依据.这样,金属制成的构件,在局部区域可以承受超过屈服强度的应力而不致引起整个构件的破坏.因而关于金属加工硬化的研究就成为金属力学性质的中心课题之一.自从位错理论提出以后,就开始了对加工硬化的位错机制的探索.近年来对于金属单晶体加工硬化问题进行了系统而深入的研究,在宏观晶体范性的测试和位错组态的观测方面取得了大量的资料,总结出不少规律,提出过多种理论,但由于加工硬化过程极其复杂,目前对于整个过程的定性的轮廓虽然已经有所认识,但完整的定量理论尚未确立[46,47].

§ 27.4 流变应力的位错机制

试样经过预形变之后,其屈服应力被称为流变应力.预形变使试样的位错密度得到提高,从而使流变应力明显地表现出和位错密度有依赖关系.一系列关于流变应力 τ 与位错密度 ρ 对应关系

的实验研究揭示出下列关系(参看图 27.12):

$$\tau = \tau_0 + \alpha\mu b\rho^{\frac{1}{2}}, \tag{27.15}$$

这里的 α 为一系数,μ 为切变模量,b 为位错的强度. 式(27.15)通常称为培莱-赫许(Bailey-Hirsch)关系式. 表 27.3 列出了在不同晶体中测出的参量 α 与 τ_0 的数值. 值得注意的是,这个关系式在面心立方和体心立方金属中都能成立,但 τ_0 值表现出不同的情况. 参量 τ_0 相当于位错密度为零的晶体的流变应力,也就代表位错交互作用以外的因素对位错运动的阻力. 面心立方金属中 τ_0 等于零,表明前述的(1)、(3)类阻力是很小的. 在体心立方金属中 τ_0

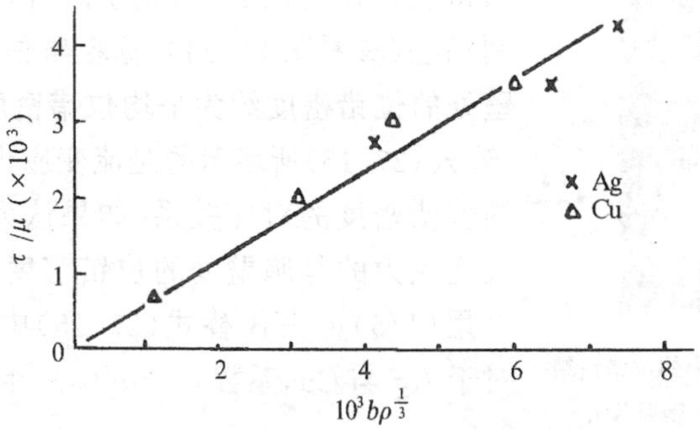

图 27.12　铝与铜多晶体流变应力与位错密度平方根的直线关系.

表 27.3　式(27.15)中的参量的实验值

晶体类型		α	τ_0/μ
面心立方	Cu(多晶)	0.55	~0
	Cu(单晶)	0.3	~0
	CuAl(单晶) (含 0.8,2.5,4.5%Al)	0.5	~0
	Ag(多晶)	0.55	~0
	Ni-Co(单晶含 0,40,60,67%Co)	0.3	~0
体心立方	Fe(多晶)	0.4	0.46×10^{-3}
	Mo(单晶)	0.49	0.56×10^{-3}

就不可忽略了，这也符合于它的位错具有较高的点阵阻力或和杂质原子有较强相互作用的设想.

在形变后，一般位错的分布是不均匀的.在低层错能的金属中曾观察到位错塞积群（参看第一卷§7.17），但一般金属中位错的排列并没有那么规则，而是形成比较杂乱的位错纠结（tangle）组态（参看图27.13）.当形变度较高时，就出现明显的胞状结构，单胞的内部是位错密度较低的区域，而胞壁附近位错特别高些（参看图27.14）.据粗略估计，胞壁处的位错密度约为平均位错密度的5倍.式（27.15）所表示的是流变应力和平均位错密度的对应关系.如果认为决定流变应力的是胞壁处的位错密度 ρ_c，可以用 $(1/5)\rho_c$ 去代替式（27.15）中的 ρ，对于Ag与Cu，系数 $\alpha'=\alpha/(5)^{1/2}$ 约等于0.2.

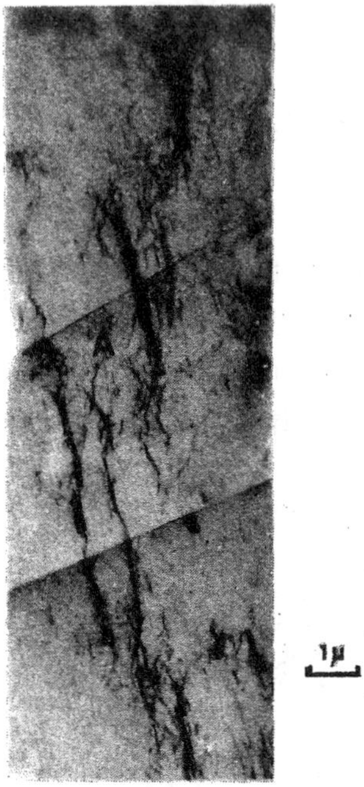

图27.13 铜中的位错纠结（透射电子显微照片）.

流变应力和位错密度的1/2次方的关系，可以用位错间的相互作用来解释.在讨论具体的机制之前，可以根据量纲分析来看这个问题[12].晶体的流变应力 τ 应该和材料的切变模量 μ、位错强度 b 及位错密度 ρ 有关. τ 与 μ 的量纲相同，b 具有长度的量纲 $[L]$，而 ρ 的量纲为 $[L^{-2}]$，所以这些量的无量纲关系式应具有如下的形式：

$$\frac{\tau}{\mu}=\alpha(b^2\rho)^n. \tag{27.16}$$

等式的两侧都是纯数，α,n 为两个常数.在切应力 τ 作用下，单位长度位错所受作用力等于 τb（见第一卷§7.15）；而位错间的交互作用（或者是位错的线张力在起作用），不管它的具体机制如何，总

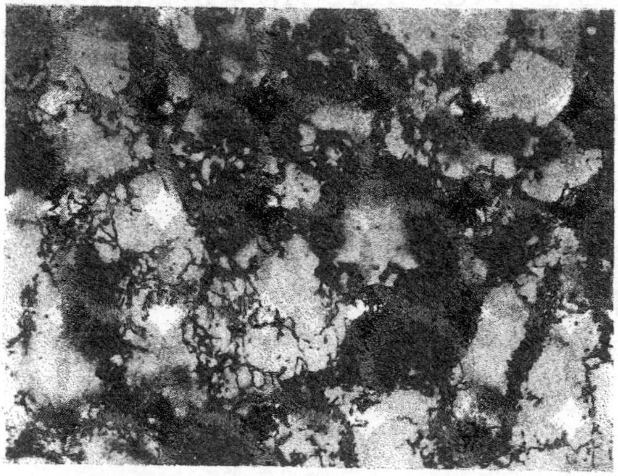

图 27.14 铝中的胞状组织(透射电子显微照片).

应该正比于 b^2. 由此可以推断 $\tau\propto b$. 这样,式(27.16)中的常数 $n=1/2$,就可以得到 $\tau=\alpha\mu b\rho^{\frac{1}{2}}$ 的关系. 所以培莱-赫许关系式是位错相互作用的必然结果. 下面我们来探讨位错相互作用的一些可能的机制.

(a) 平行位错间的交互作用 我们知道一根位错线在距离 r 处所产生切应力的数量级为 $\mu b/2\pi r$,当平行位错的密度为 ρ_p 时(图 27.15),相邻位错线的间距约为 $r=\rho_p^{-\frac{1}{2}}$,即晶体中存在有长程切应力场,其振幅的数量级为 $\mu b\rho_p^{1/2}/2\pi$,只有当外应力超过它时,位错才能运动,即

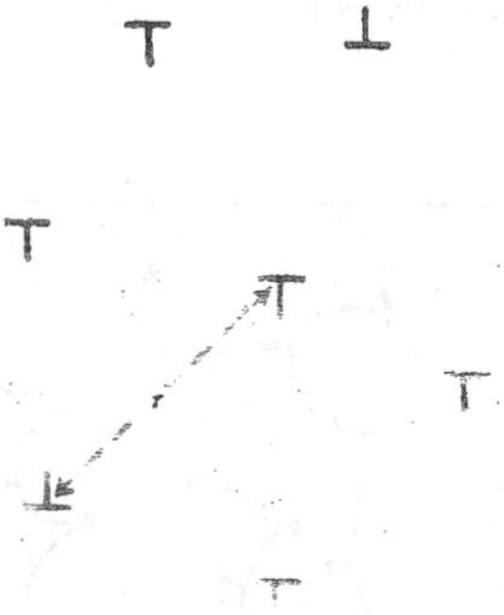

图 27.15 平行位错间交互作用的示意图.

$$\tau = \mu b\rho_p^{1/2}/2\pi .$$

在这种情况下,式(27.9)中的 α 为$1/2\pi$,而 ρ_p 是主滑移系统中的位错密度.

上述模型也可以进一步推广到位错分布不均匀的情况，设位错聚集成许多平行的塞积群（群内位错平均数为 n），则距离塞积群为 r 处的切应力约为 $nb\mu/2\pi r$，邻近塞积群的间距约为 $(\rho_p/n)^{-\frac{1}{2}}$，于是

$$\tau = \mu b(n\rho_p)^{\frac{1}{2}}/2\pi . \tag{27.17}$$

这种情况下，式(27.9)中的 α 为 $n^{\frac{1}{2}}/2\pi$. 取 $n \sim 25$，则 $\alpha \sim 1$.

(b) 与林位错的相互作用　滑移位错也可以和穿过滑移面的位错（称为林位错）产生相互作用，林位错可以是原生网络中的位错，也可以是次滑移系统中的位错. 设想下列不同的相互作用过程：

(1) 绕过林位错. 如果滑移位错避免和林位错相交截，它可以在两根林位错间弓成弧形，以弗兰克-瑞德源的方式越过林位错（图 27.16）. 如果林位错的间隔为 $l = \rho_f^{-\frac{1}{2}}$，这里的 ρ_f 表示林位错的密度，则

$$\tau = \mu b\rho_f^{1/2}. \tag{27.18}$$

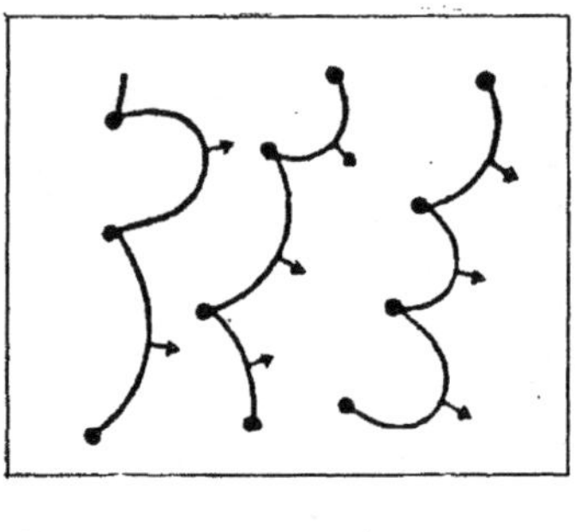

图 27.16　滑移位错绕过林位错的示意图.

实际上只需要一小部分位错线源动作就可以产生范性流变.

(2) 和林位错的弹性交互作用. 滑移位错和林位错相遇时，可能通过位错反应，形成一段新的位错，以降低能量（参看第一卷 § 7.18），这样就形成一个相吸引的交结，滑移位错要越过去，必须破坏这个交结. 这需要依靠外应力做功来供给所需要的能量. 破坏交结所需的应力可以简略地估计如下：图 27.17 示出了不同滑移面上位错形成的交结. 这里我们假定一种对称的组态，各段位错线的长度都等于

l,位错线和滑移面交线的夹角都等于ϕ,设交结位错线的长度为$2L$,当交结位错长度缩短$2\mathrm{d}L$时,系统的能量增加为

$$\mathrm{d}U = (4T_1\cos\phi - 2T_2)\mathrm{d}L, \tag{27.19}$$

这里的T_1及T_2分别表示原来位错和交结位错的线张力.

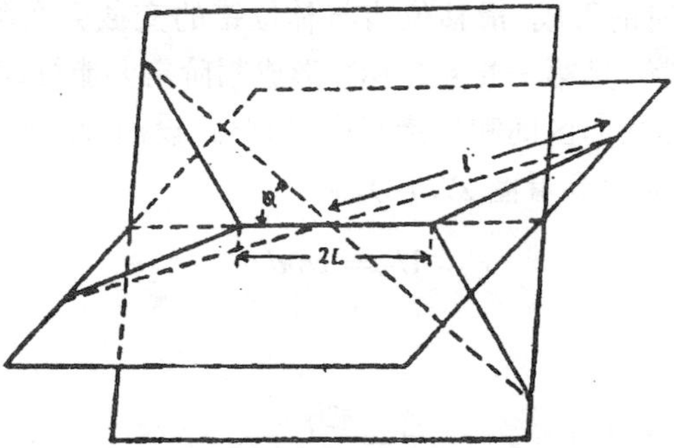

图 27.17 滑移位错和林位错弹性交互作用的示意图.

与此同时,在外切应力τ作用下,每段位错滑移的平均距离约为$\frac{1}{2}\sin\phi\mathrm{d}L$,外应力所作功

$$\mathrm{d}W = 4\tau bl \cdot \frac{1}{2}\sin\phi\mathrm{d}L . \tag{27.20}$$

这正好供给系统的能量增加,即式(27.19)和(27.20)相等.由此得出

$$\tau = \frac{2T_1\cos\phi - T_2}{bl\sin\phi} . \tag{27.21}$$

在面心立方金属中,形成交结的位错反应是

$$\frac{1}{2}[110] + \frac{1}{2}[0\bar{1}1] \longrightarrow \frac{1}{2}[101]$$

型的,因而$T_1=T_2\simeq\frac{1}{2}\mu b^2$,设$\phi=45°$,而$l=\rho_f^{-\frac{1}{2}}$,代入式(27.16)

就得到

$$\tau = \alpha\mu b\rho_f^{\frac{1}{2}}, \tag{27.22}$$

这里 $\alpha \simeq 0.3$，对于这种交结硬化更细致的计算，可参阅文献[137].

(3) 割阶的形成. 滑移位错与林位错的交截会在两位错线上分别形成割阶（见第一卷 § 7.18）. 形成割阶需要能量，因而引起阻力. 此阻力作用的区间和位错宽度 d 相当，设割阶的形成能为 U_i，割阶的间距为 l（参看图 27.18），则

$$U_i = \tau lbd$$

或

$$\tau = \frac{U_i}{lbd}, \tag{27.23}$$

$U_i \sim \frac{1}{30}\mu b^2 d$（参看第一卷 § 7.18），因而式(27.23)也和式(27.15)相似，而 $\alpha = U_i/\mu bd$.

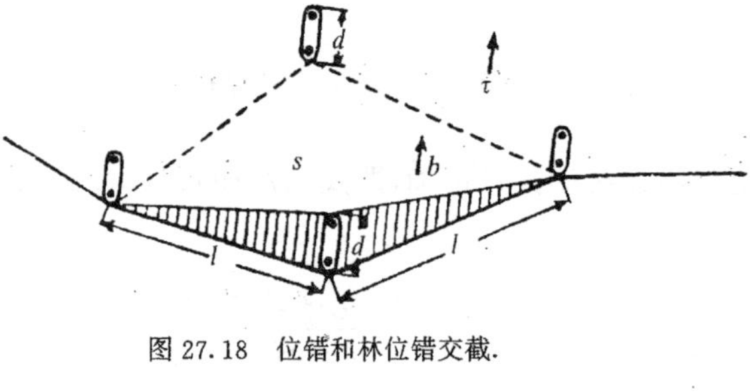

图 27.18 位错和林位错交截.

(4) 割阶的非保守运动. 我们知道螺型位错带了割阶运动会产生点缺陷，形成点缺陷所需能量对位错运动产生阻力（参看图 27.19）. 如果形成点缺陷的能量为 U_f，位错线上割阶的间距为 l，产生一个点缺陷需要位错线走过的距离为 y. 类似于式(27.23)，可得出

$$\tau = \frac{U_f}{lby}. \tag{27.24}$$

如果割阶是位错交截所产生的，$l=\rho_f^{-\frac{1}{2}}$，对于纯螺位错 $y=b$，空位的形成能为 $\alpha\mu b^3$，结果也和式(27.15)相似.

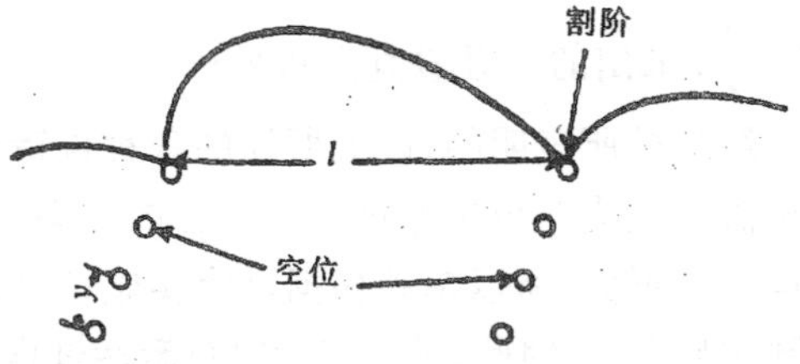

图 27.19　带割阶的位错运动.

(c) 胞壁的长程应力　形变中形成的胞状结构的胞壁，一般没有达到长程应力消弛的能量最低状态，也就是说，它和退火后的亚晶界是不同的，可能具有长程应力场. 胞壁的位错组态很不规则，难以进行确切的计算. 有人采取一个简化的模型来进行计算[138]，即位错构成交叉网格. 但和两组螺型位错所构成的纯扭转亚晶界不同，位错线组间的夹角 ω 不等于 90°(图 27.20). 这种位错墙的应力场与能量都可以进行确切的计算. 它对于墙外的螺型位错单位长度的作用力为

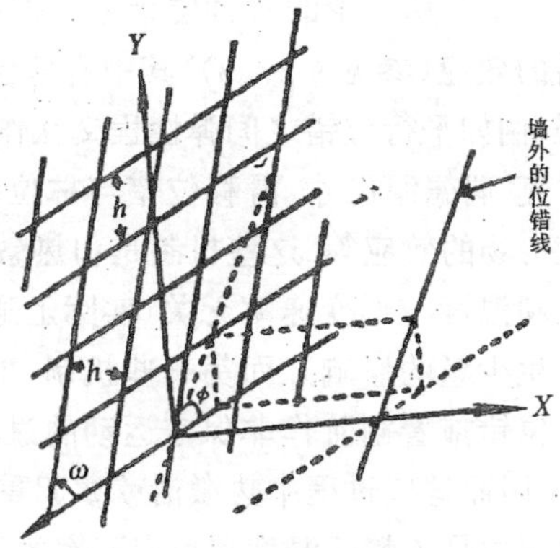

图 27.20　位错墙和墙外位错的交互作用.

$$f = \left(\frac{\mu b^2}{h}\right)\cos\omega\cos(2\phi - \omega). \tag{27.25}$$

这里的 ϕ 为墙外螺型位错和墙中一组螺位错的夹角，h 为位错网格的间距．利用式(27.25)，我们可以计算出在胞的中央移动位错所需的应力

$$\tau = \frac{f}{b} = \alpha' \mu b \rho_c^{\frac{1}{2}}, \tag{27.26}$$

这里的 $\rho_f^{\frac{1}{2}} = \frac{1}{h}$．求出的 α' 近似值为 0.2.

正如量纲分析所表明的，以上所述的各种位错相互作用的机制都能给出流变应力与位错密度 1/2 次方的关系．而且求出的系数 α 的值也相差不大，所以单独根据这个实验结果还很难判断究竟哪些机制在起作用．因此，进一步考察热激活过程对流变应力的影响，将有助于我们对这些机制加以甄别．至于要全面地澄清这个问题，还需要有更细致的实验，将位错的分布组态和流变应力的相应关系找出来.

上面所讨论的各种位错之间相互作用的机制具有不同的热激活的效应(参见 § 27.3)．其中有些位错相互作用所引起长程的障碍，例如平行位错之间弹性程交互作用、位错网格间距所决定的弗兰克-瑞德源尺寸、滑移位错与林位错的弹性相互作用、位错胞壁应力场的效应等．这些机制是和热激活无关的，所引起的阻力基本上和温度与形变速率无关(实际上通过温度对弹性模量的影响而产生少量的影响)．而另一些机制，如位错交截产生割阶的过程以及位错拖着割阶作非保守运动的过程，所牵涉的障碍的尺寸都很小，因而这些过程中热激活就要起重要作用，所以这些过程所产生的应力是依赖于温度和形变速率的.

§ 27.5　加工硬化的一些实验结果

图27.21示出了几种典型的金属单晶体的加工硬化曲线，从图上可以明显地看出晶体结构对加工硬化曲线的影响：六角金属单晶体只能沿一组滑移面(平行于基面)作滑移，加工硬化曲线的斜率很小；立方晶体可以同时开动好几个滑移系统，呈现很强的加

工硬化效应. 但如果将立方晶体的滑移限制在单一滑移系统时(借用流体力学的术语,可称之为位错的"片流"),加工硬化系数也很小,而强烈的加工硬化的根源在于相交截的滑移系统相互干扰(可称为位错的"湍流")的结果.

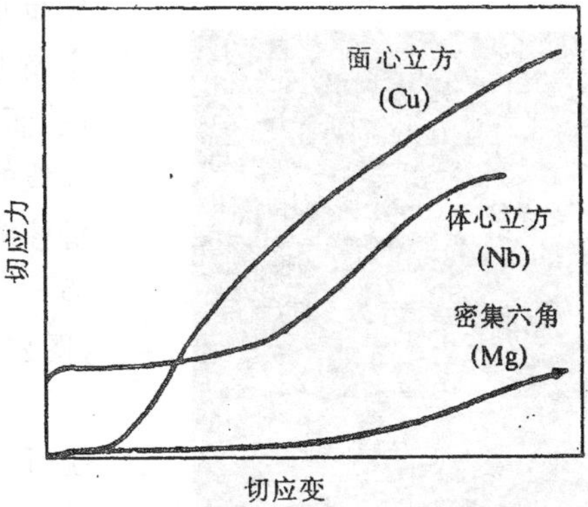

图 27.21 典型的金属单晶体的加工硬化曲线.

由于面心立方金属单晶体的加工硬化曲线具有典型性,故人们注意研究,下面我们着重介绍这方面的研究结果. 概括了大量的实验结果,面心立方金属单晶体(铜、银、金、镍等)典型的加工硬化曲线如图 27.22 所示,分为三个阶段:

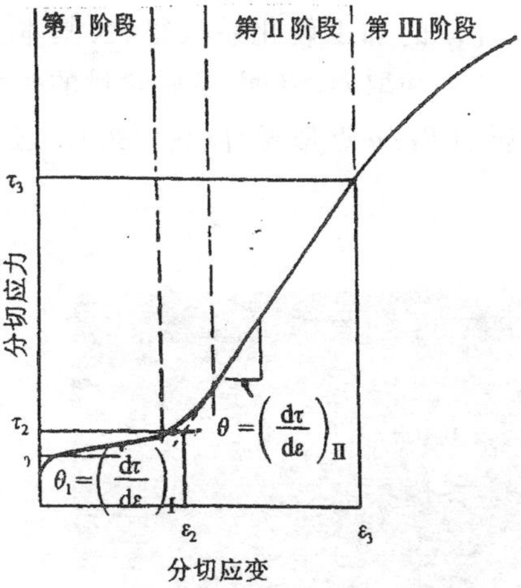

图 27.22 面心立方金属单晶体的加工硬化曲线的三个阶段.

(1) 第 I 阶段. 亦称为易滑移阶段. 硬化系数 θ_I 很小,在铜单晶中约为 $2\times10^{-4}\mu$(随晶体取向略有差异),和六角金属单晶的硬化系数相近. 在这个阶段中晶体中只有一个滑移系统开动. 如果晶体取向使数个滑移系统同时开动,这个阶段就不出现. 所以一般多晶体的加工硬化曲线中根本就没有这个阶段. 温度的下降使得易滑移阶段变长,蚀斑的观测表明在这个阶段中位错

图 27.23　银晶体第 I 阶段的位错蚀斑图象

分布并不均匀[48,49](图 27.23)，主滑移面的位错密度增长较快，而林位错增长较慢. 表面滑移线的观测表明在这个阶段内滑移线长(～1mm) 而细(层高 5 ～10nm)，分布得很均匀(图27.24).

(2) 第 Ⅱ 阶段. 在次滑移系统开动后，林位错的密度很快地加大(图 27.25)，相应地，加工硬化系数也急骤上升，这样就转入了第 Ⅱ 阶段. 这个阶段的加工硬化系数很大，基本上和取向、温度、杂质含量的关系不大，而且各种面心立方金属的 θ_{I}/μ 近似相等(～1/300). 这个阶段也称为线性硬化阶段.

图 27.24　铜晶体第 I 阶段的细滑移线.

图 27.25　铜晶体在第Ⅱ阶段开始时的位错(电子显微镜衍衬像).
(a)和(b)所示为同一区域.
(a) 只显示林位错；(b) 同时显示出滑移面上的位错.

直接观察表明位错一般是以纠结的形式出现(图 27.26),并看到它和主、次滑移系统中位错交互作用的迹象.在这个阶段的后期出现不规则胞状结构(直径数微米).这个阶段内滑移线比较明显,但很短(数十微米,图 27.26),而且其平均长度随着应变的增加而减少,满足下面的经验关系式:

$$L=\frac{\Lambda}{\varepsilon^*},$$

这里的 ε^* 表示第二阶段内的应变,即 $\varepsilon^*=\varepsilon-\varepsilon_2$,$\Lambda$ 为一常数.

(3) 第Ⅲ阶段.这个阶段的特征是硬化系数 $\theta_{\rm III}$ 随应变 ε 的增加而减小,故被称为抛物线型硬化阶段.而起始应力 τ_3 及硬化系

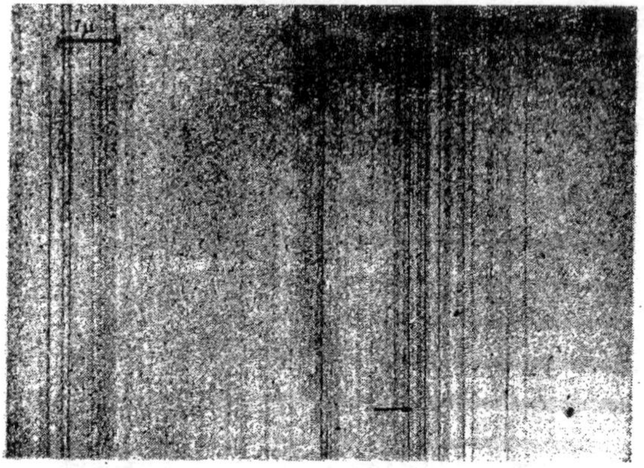

图 27.26　铜晶体第Ⅱ阶段的滑移线.

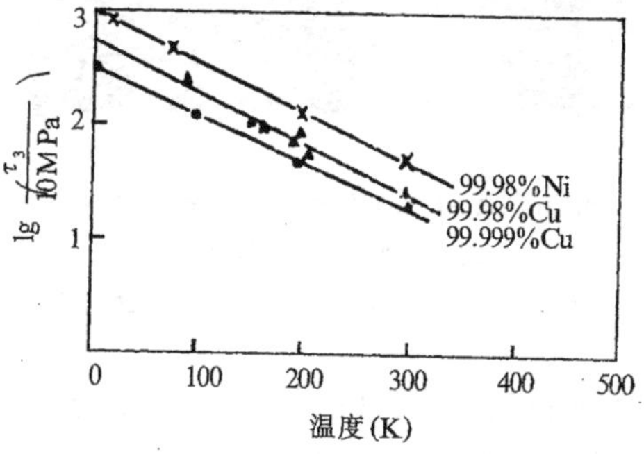

图 27.27　镍和铜单晶体中 τ_3 与温度的关系.

数 $\theta_{Ⅲ}$ 都随了温度的升高而减小(参看图 27.27),故又称为动态回复阶段.回复的意义在于温度使硬化系数减小.此时晶体的位错组态不再完全决定于应力或应变,而且显著地依赖于温度.但和静态回复不同,它产生于形变过程,卸载后就中止了.如果晶体先在较低温度 T_1 进行形变(达到第Ⅱ阶段),卸载后在较高的温度 T_2(此时已达到此温度下的第Ⅲ阶段)重新加载,可以观察到明显的屈服点(参看图 27.28),称为加工软化现象.

电子显微镜薄膜透射观察表明在第Ⅲ阶段内出现明显的胞状结构(图 27.29).表面观察可以看到许多滑移带(带中包含许多靠得很近的滑移线),滑移带端显示碎裂现象,带端间出现交滑移的痕迹(图 27.30).

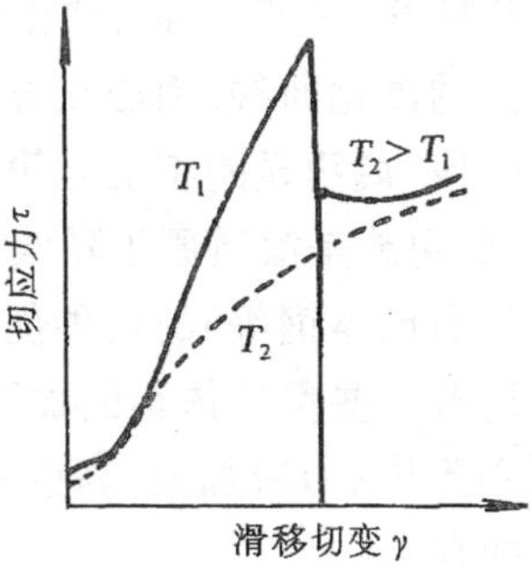

图 27.28 加工软化的示意图(试样是在温度 T_1 加载,卸载后在温度 T_2 重新加载).

以上所讨论的是低层错能的纯金属(铜、银、金),至于高层错能的纯金属(如铝),在液态空气下的应力-应变

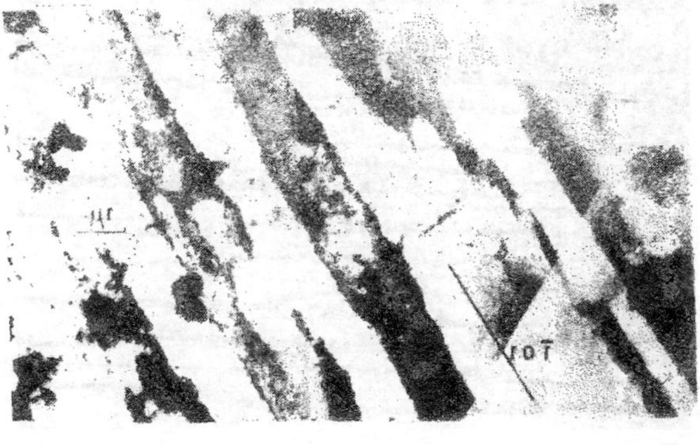

图 27.29 铜晶体第Ⅲ阶段的胞状组织(电子显微镜衍衬像)明暗交替的带是由于取向差(~2°)引起衬度差.

曲线和上述的情况很相似,也有明显的三个阶段;但在室温由于 τ_3 很小,第Ⅲ阶段开始得较早,第Ⅱ阶段就被掩盖了,如果晶体取向使第Ⅰ阶段也不出现,得到的是抛物线型的硬化曲线.六角金属单晶体,由于滑移限制在基面上,一般出现很长的第Ⅰ阶段.高纯度的体心立方金属单晶体(如铌、钽、铁等)在室温也出现三个阶段的硬化曲线,样品不纯或在低温形变,可能由于杂质原子和位错交互作用强或位错的点阵阻力的增大的缘故,就得不到三个阶段的硬

化曲线.另外,对锗、锑化铟、氯化钠等非金属晶体也观察到三个阶段的硬化曲线.面心立方固溶体单晶的加工硬化曲线也出现三个阶段,最明显的特征是第Ⅱ阶段大为伸长使得加工硬化的效果增强,可能是溶质原子降低了层错能的结果.一些合金(如黄铜、青铜和奥氏体钢等)的这种优良的加工硬化性能,在工业上已被利用.还有一些奥氏体钢的加工硬化为形变过程中发生部分的相变(面心到体心)所加强,高锰钢(含12%的锰)突出的耐磨性能的根源即在于此.

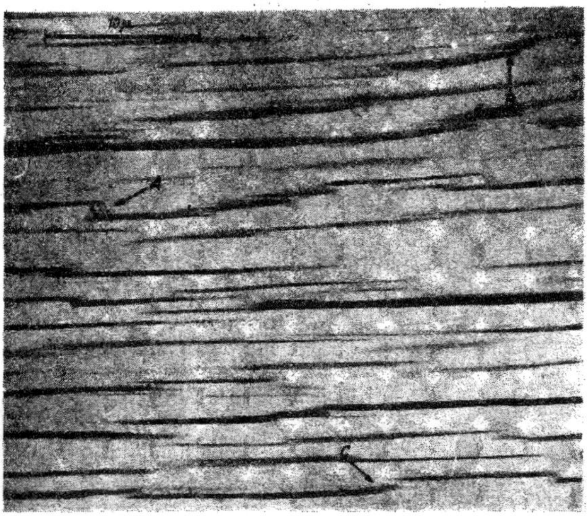

图 27.30 铜晶体第Ⅲ阶段碎裂的滑移带.

如果在形变过程之中突然改变温度或形变速率,流变应力将发生变化;又如在形变过程中更换动作的滑移系统,也可导致流变应力的变化.从实测出流变应力变化的规律中可以取得有关加工硬化机制的信息,有助于对于不同的加工硬化理论作出甄别.下面概述这方面的实验结果.

(a) 科特雷耳-斯托克斯定律　科特雷耳与斯托克斯(Stokes,R.J.)对于铝单晶所作的经典实验证实了如下的关系:当形变量超过15%以后,温度 T_1 的流变应力 $\tau(T_1)$ 与温度 T_2 的流

变应力$\tau(T_2)$的比值为一常量，即

$$\frac{\tau(T_1)}{\tau(T_2)} = \kappa, \tag{27.27}$$

κ 仅是所涉及的两个温度的函数，与应变量及晶体取向无关. 令$\tau(T_3)$为另一温度 T_3 下的流变应力，则

$$\frac{\tau(T_1)}{\tau(T_2)} \times \frac{\tau(T_2)}{\tau(T_3)} = \frac{\tau(T_1)}{\tau(T_3)}. \tag{27.28}$$

一般而言，流变应力可以视为两部分的叠加，即

$$\tau = \tau_i + \tau_r, \tag{27.29}$$

τ_i 为不可逆的部分，取决于形变晶体的位错结构；τ_r 为可逆部分，取决于热激活过程. 科特雷耳-斯托克斯定律实质上意味着 τ_i 与 τ_r 的增长保持正比关系. 由于弹性模量也随温度有变化，因而更精确地检验科特雷耳-斯托克斯定律往往采用突变应速率来测量可逆流变应力的变化 $\Delta\tau_r$. 如果科特雷耳-斯托克斯定律严格成立，则 $\Delta\tau_r/\tau$ 应为一常量. 图 27.31 示出纯铜(99.999%)与含少量银的铜合金中的实验结果. 可以看出，在低 τ 值情况下的偏离，主要是杂质的效应. 但是即使在纯铜的情况下，$\Delta\tau_r/\tau$ 之比值随 τ 增大也略有增加. 这也是不难理解的：如果流变应力的可逆部分与不可逆部分都植根于同一位错密度 ρ 所确定的位错结构，则

$$\Delta\tau_r = c_1\rho^{\frac{1}{2}}. \tag{27.30}$$

而不可逆部分则需要考虑位错线在障碍间弓出的线张力随曲率变化的效应，于是

$$\tau = c_2\rho^{\frac{1}{2}}\ln(1/\rho^{\frac{1}{2}}\alpha b) \tag{27.31}$$

将导致 $\Delta\tau_r/\tau$ 值随 τ 增大而略有增大.

(b) *潜硬化* 另一类型用以甄别加工硬化机制的实验为在形变过程中更换动作的滑移系统，通常可以先对于一块母晶体进行

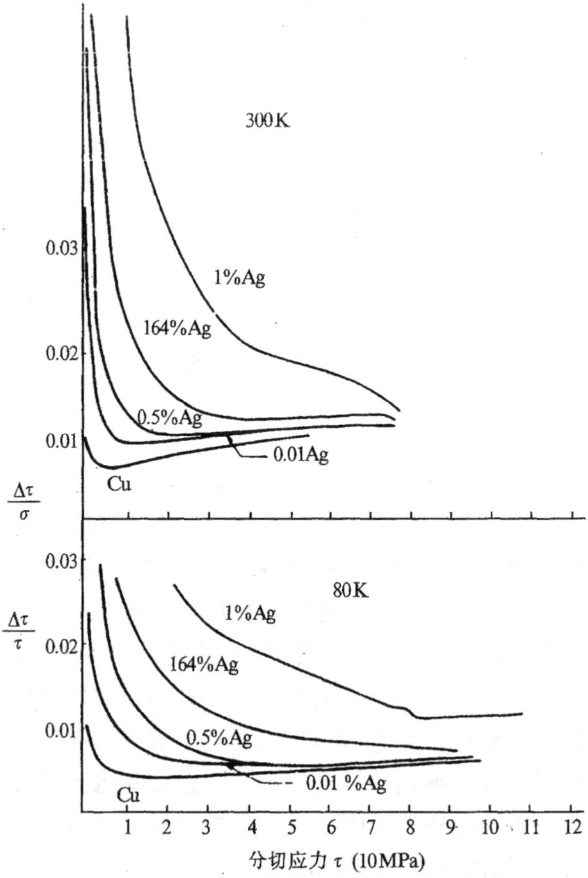

图 27.31 科特雷耳-斯托克斯定律的验证.

范性形变，然后从中截取出适宜于开动另一滑移系统的试样，重新进行拉伸. 这样得出的流变应力与原来流变应力之比，被称为潜硬化率. 图 27.32 为杰克逊(Jackson，P. J.)与巴辛斯基(Basinski，Z. S.)对铜晶体的测量结果. 实验结果大体上落在三根曲线上. 最下面的一根曲线为共面滑移系统，和 1 偏离不大；第二根曲线为由原来的$(11\bar{1})[101]$变为$(111)[10\bar{1}]$或$(1\bar{1}1)[10\bar{1}]$；第三根曲线为由原来的$(11\bar{1})[101]$变为其他的交截滑移系统. 可以看出，在低应力状态，潜硬化率可以高达 2.6，随应力的增大而逐渐下降. 如果认为加工硬化的主因为主滑移面上的位错就很难理解潜硬化的实验结果；而如果认为与主滑移面交截的林位错起主导作用，就可以很自然地解释这一结果. 更换滑移面之后，原来主滑移面上高密度的位错就成为与滑移面交截的林位错.

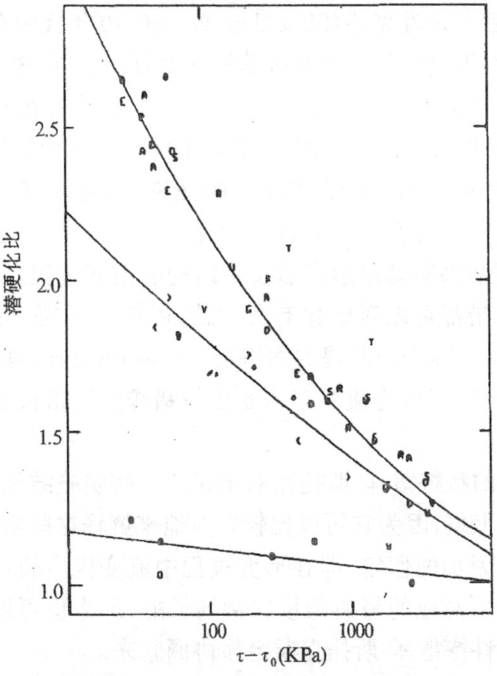

图 27.32 潜硬化的实验结果(图中各种符号表示不同试样的实验结果).

§27.6 加工硬化的理论

加工硬化理论渊远流长，从 30 年代以来，先后提出的理论达数十种之多，众说纷纭，莫衷一是. 但随了实验观测结果日益丰富，其主要轮廓也趋于明朗. 加工硬化理论有双重任务：其一在于阐明各个阶段之中位错结构的演变行为；其二是认定各个阶段之中流变应力的机制.

在加工硬化理论中影响最大的两个流派是按流变应力的机制来区分的：其一是平行位错的硬化理论，其二是交截位错的硬化理论. 前者系由泰勒在30年代中首先提出的，到50至60年代以塞格(Seeger, A.)为首的斯图加特(Stuttgart)学派进行了全面的发展，建立了比较完整的理论. 在这一理论中主滑移面上平行位错所产生的长程应力场对硬化起主导作用，因而亦被称为长程应力场的硬化理论. 后者是肖克莱(Shockley, W.)于40年代中首先提出的，到50至60年代中又为巴辛斯基等所大力发展. 在这一理论中与主滑移面交截的林位错对硬化起主导作用，因而亦被称为林位错的硬化理论. 折衷于两者之间的，曾在60至70年代起较大影响的有赫许与米切尔(Mitchell, T. E.)的理论[50]. 这一理论的特点在于并不认定一种流变应力的机制，而是力图根据电子显微镜薄膜透射的观测结果来确定形变后位错结构的演变过程，认为平行位错与交截位错都可能对硬化有所贡献. 还有，库尔曼-威尔斯道夫(Kuhlmann-Wilsdorf)所提的网格长度(meshlength)理论，比较接近林位错理论，但认为流变应力系由位错源的网格长度所决定的.

鉴于前述的科特雷耳-斯托克斯定律的一些实验结果，林位错理论显然略占上风，因为它可以比较自然地来解释这些实验结果. 但是如果作一附加的假定，即在形变过程中流变应力的可逆部分与不可逆部分所对应的障碍是按比例增长的，那么也可以使长程应力场理论与科特雷耳-斯托克斯定律协调起来.

另一重点问题为如何描述加工硬化过程之中的位错结构. 当然，实验观察可提供重要线索，另一方面，理论考虑也应起一定作用. 作范性形变的晶体并不处于热力学的平衡态(在平衡态，位错密度应等于零)，因而平衡态的热力学对此问题是无能为力的. 但是应该看到位错在形变晶体中可能存在双重的作用：一方面它是内应力场的泉源；另一方面它还可能通滑移和增殖对应力场起调正、屏蔽和消弛的作用. 塞格的长程应力场理论的一个重要弱点在于没有考虑位错塞积群的应力场可能为其他位错所屏蔽；赫许与米切尔的理论考虑到塞积群的应力场有一部分被屏蔽掉了；而库尔曼-威尔斯道夫则十分强调位错对应力场的屏蔽效应，从而提出了一种亚稳态的热力学观点来阐明加工硬化中的位错组态，即她认为在加工硬化过程之中(除去开始阶段)，位错集体总倾向于形成某种低能位错组态. 例如，泰勒列阵(相当于将图 27.15 所示的位错组态加以规则化，构成了列阵)、位错垫毯、位错墙、胞壁等低能组态.

下面我们引入唯象的理论框架. 令 $\bar{l}$ 表示位错之间的平均间距，它约略等于位错密度 ρ 的平方根的倒数，即 $\bar{l}=1/\rho^{\frac{1}{2}}$. 它应与位错的平均自由程成正比，引入比例常数 g，得出

$$\lambda = g\bar{l} = \frac{g}{\rho^{\frac{1}{2}}}. \tag{27.32}$$

另一方面，应变的增量 $d\varepsilon$ 与参与滑移的位错密度的增量 $d\rho_m$，应满足如下的关系式：

$$d\varepsilon = b\lambda d\rho_m. \tag{27.33}$$

而晶体中的总位错密度的增量 $d\rho$ 也应与 $d\rho_m$ 成正比，引入比例常数 β，即

$$d\rho = \beta\, d\rho_m, \tag{27.34}$$

因而

$$d\varepsilon = \frac{bg}{\beta}\cdot\frac{d\rho}{\rho^{\frac{1}{2}}}. \tag{27.35}$$

再利用培莱-赫许关系式(21.15)，得出

$$d\tau = \frac{\alpha\mu}{2}\cdot\frac{d\rho}{\rho^{\frac{1}{2}}}. \tag{27.36}$$

从而得出加工硬化系数 θ 的表达式

$$\theta = \frac{d\tau}{d\varepsilon} = \frac{\alpha\beta\mu}{2g}. \tag{27.37}$$

可以看出,对加工硬化起关键作用的量是 β/g 的比值.

在加工硬化的第Ⅰ阶段,形变产生的位错基本上分布在主滑移面上,几乎都是可滑移的位错,因而 $\beta\simeq1$. 从观测的滑移线很长,可以推断,位错具有甚大的平均自由程,因而 g 值甚大. 这样,在第Ⅰ阶段,由于 β/g 甚小,反映了易滑移阶段小的加工硬化系数这一特征.

从第Ⅰ阶段转向第Ⅱ阶段,由于林位错的大量产生,使 β 值突然增大,因为林位错对滑移没有贡献,而大量林位错逐步所胞壁转化,导致胞状结构的出现,使位错滑移的平均自由程大为减小,对应于 g 值的下降. 这样,β/g 比值的升高导致大的硬化系数 θ. 一般的理论都认为在第二阶段中,由于位错密度的增高导致胞状结构中的胞的尺寸的减小,但是由于相似性原理得以成立,β/g 的比值保持不变. 使得第Ⅱ阶段的特征,硬化系数保持恒定,而且其数值较大.

第Ⅱ阶段向第Ⅲ阶段过渡可以理解为位错交滑移的大量出现,从向使位错三维运动得以实现,从而不可滑移的位错数骤减. 而 g 值的情况仍然和第Ⅱ阶段相似,这样就导致在第Ⅲ阶段中加工硬化系数的逐步下降. 这样,就以理解加工硬化机制的基本轮廓. 至于众多细节,就不一一赘述了.

§27.7 包辛格效应与疲劳硬化

加工硬化具有方向性,在正向形变(例如拉伸)后,继续正向形变比较困难,但进行反向形变(压缩)反而变得容易了. 图 27.33 中 OAC 代表原始的拉伸过程的应力-应变曲线,在 A 点发生屈服,如果同一材料直接进行压缩形变,所得应力-应变曲线(虚线)和拉伸的是对称的,在和 A 点对称的 B 点发生屈服;但如果先经过拉伸,沿 OAC 达到 C 点后就卸载,卸载过程的曲线将沿直线 CD(这里我们忽略微量的弹性滞后效应). 如果现在对试样加一压缩应力,

范性形变在 E 点就开始了，E 点所对应的应力比原始压缩的屈服应力要小得多，这样，加工硬化使拉伸的屈服应力从 τ_A 增加到 τ_C，反而使压缩的屈服应力从 τ_B 降至 τ_E. 这就是包辛格(Baushinger)效应. 这个现象是可逆的，如果先进行压缩的范性形变，将使拉伸的屈服应力降低. 包辛格效应的数值可以用同一应力下拉伸曲线和压缩曲线上应变的差值来表示(图中的 β). 此即被称为包辛格应变.

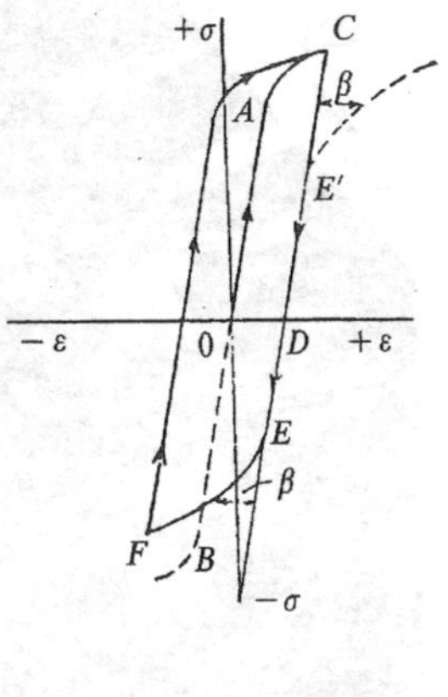

图 27.33 包辛格效应与滞后回线.

单晶与多晶都显示出包辛格效应，但单晶更明显些. 加工硬化的理论也必须能说明包辛格效应. 塞格理论是用塞积群存在反向应力来解释.

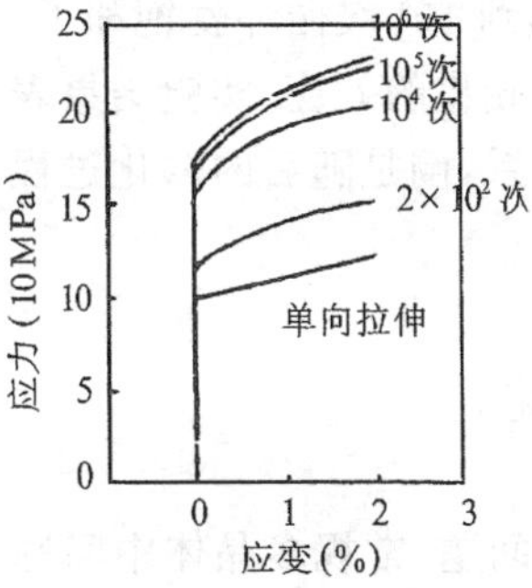

图 27.34 铜经过不同循环数的应力-应变曲线.

如果图 27.33 中所示的反向形变达到 F 点，又卸载，又重新拉伸加载，就获得范性的滞后回线. 如果样品反复地在循环荷载下形变(疲劳试验)，它将比只受一次单向应力作用要硬些，这就是疲劳硬化[52]. 这反映在随循环次数的增加，滞后回线逐渐合拢(同一应力作用下应变 β 减小). 也可以在中途停止疲劳试验，对样品进行普通的拉伸试验，发现流变应力增加了(见图 27.34).

疲劳硬化状态和普通加工硬化状态有两点不同：一点是疲劳硬化状态表现出的包辛格应变要小得多，这也是不难理解的，因为反复的循环载荷使样品中的应力状态比较对称；另外一点是疲劳硬化的温度敏感性更大些. 电子显微镜薄膜透射观测表明在疲劳

图 27.35 经过 1.4×10^6 循环疲劳形变的铝(电子显微镜衍衬像).

硬化状态没有胞状组织,这和X射线观察劳厄斑点很敏锐的结果相符合.滑移面上出现大量的位错圈(图 27.35).位错在往复运动中产生大量的点缺陷及割阶,就造成许多位错圈以及超出电子显微镜分辨范围的点缺陷集团.这些是产生疲劳硬化的主要原因.这可以解释为什么它对温度的敏感性特别高.

疲劳硬化现象出现在疲劳形变的初期.从图 27.34 中可以看出,强度的增加集中在最初 10^4 次循环内,过后就增加很少,到 10^6 次循环就饱和了.这表示另外有一疲劳软化的过程在抵消硬化的效应.实验结果表明疲劳硬化和疲劳断裂并没有直接的关系,倒是随后的软化过程影响到疲劳裂口的成核.

Ⅲ 细晶硬化

下面进而讨论多晶体的屈服与流变问题.常规多晶体中问题的关键在于晶界对位错滑移的阻滞效应,已经有了大量的实验和理论的研究工作.至于晶粒的尺度缩小到纳米的量级,研究工作刚刚开始,显然是一个很有前景的研究领域.

§27.8 多晶体的屈服与流变

在§26.7 中我们已经初步讨论过多晶体范性形变的问题.晶界对于范性形变的影响可以归结为两点:(1)由于晶界两侧晶粒的

取向不同，因而一侧晶粒中的滑移带不能直接进入第二个晶粒，要使第二个晶粒产生滑移必需激发它本身的位错源.(2)要满足晶界上形变的协调性，需要多个滑移系统同时动作. 上述的第(1)个因素直接影响屈服应力. 因为个别晶粒的滑移尚不足以造成试样的宏观屈服，必须要有大量晶粒的滑移，这里就牵涉到滑移越过晶界传播的问题. 第(2)个因素主要对于流变应力产生影响，因为一些取向不利的滑移系统也需要开动，而且多滑移也引起位错间强烈的交互作用，使流变应力增大.

首先讨论多晶体的屈服问题. 如果滑移越过晶界传播是多晶体屈服的关键，可以预期，随晶体中位错受杂质钉扎的情况的不同将产生很大的差异. 如果位错未被钉扎，第二个晶粒中总存在有一些合适的位错源可被另一侧滑移带所激发，因而滑移很容易越过晶界传播. 而如果位错受到杂质强烈的钉扎，就需要使新位错成核或老位错脱钉，只有在较大的应力集中因素作用下才能实现这些过程. 实验结果也表现出两种不同的情况：面心立方金属多晶体的屈服过程和屈服应力和单晶体没有明显的差别；而体心立方金属以及面心立方的合金就完全不同，多晶体的屈服点要比单晶明显得多，而且晶粒度对于屈服应力有显著的影响. 下面就重点讨论第二种情况. 有人应用浸蚀法对硅铁多晶的屈服过程进行了观察[149]：在未达到上屈服点之前，个别的晶粒已经发生了滑移. 位错往往发源于某些应力集中的场所，例如夹杂物或晶界上，但是这些晶粒中的滑移带阻塞在晶界上，不能立即传播到邻近的晶粒中去. 当所加应力达到上屈服限时，已屈服的晶粒就能触发邻近晶粒也发生滑移. 这样就使一丛已经屈服的晶粒构成了一个范性区，即所谓吕德斯带(参看图 27.36). 当吕德斯带扫过整个样品，滑移的继续发展就依靠吕德斯带前沿的侧向传播. 此时所需的应力就等于下屈服点. 实验结果表明，上下屈服点都是和晶粒度有关. 在许多金属中(主要是体心立方金属，包括钢、铁、钼、铌、钽、铬、钒等以及一些铜合金)，实验证明下屈服点和晶粒大小的关系满足关系式(参看图 27.37)[54]：

$$\sigma_y = \sigma_i + k_y d^{-\frac{1}{2}}, \tag{27.38}$$

式中的 σ_i 和 k_y 是两个和材料有关的常数，d 为晶粒直径. 这个公式被称为霍耳-配奇(Hall-Petch)关系式.

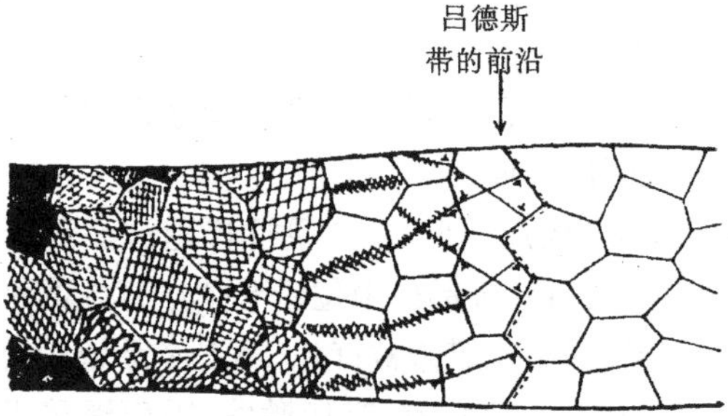

图 27.36　吕德斯带前沿的示意图.

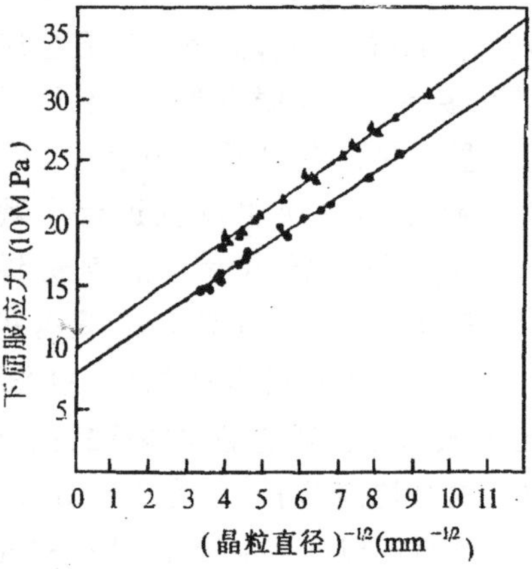

图 27.37　屈服应力与晶粒度的关系(黑点和三角形分别表示钼含量略有差异的两种低合金钢的数据).

要解释多晶体的屈服现象，必须考虑晶界对于位错的阻塞效应. 柯特雷耳与配奇认为多晶的屈服应力就是滑移越过晶界传播所需的临界应力. 假设已滑移的晶粒中的滑移带阻塞在晶界上，滑移带的塞积引起了应力集中. 外加应力 σ_y 的一部分(σ_i)用来克服对位错运动的摩擦阻力，其余的部分(即 $\sigma_y-\sigma_i$)构成塞积位错的有效应力. 长度 d 的滑移带在距离其末端 l 处所引起的应力，可以表示为(σ_y-

$\sigma_i)(d/l)^{\frac{1}{2}}$,[这里套用第一卷§7.17中塞积群的式(7.134),虽然实际上滑移带中位错分布的组态可能和塞积群的经典图象有些差异,但对于应力集中因素影响不大].当此应力超过某一临界值σ_n,就触发晶界另一侧的晶粒发生滑移.所以滑移越过晶界的条件可以表示为

$$(\sigma_y-\sigma_i)\left(\frac{d}{l}\right)^{\frac{1}{2}}=\sigma_n. \tag{27.39}$$

整理一下,就得出霍耳-配奇关系式,只需将σ_i理解为位错的摩擦阻力,而

$$k_y=\sigma_n l^{\frac{1}{2}}, \tag{27.40}$$

和滑移越过晶界传播的临界应力有关.

前面讲过,多晶体的上、下屈服点基本上都是滑移越过晶界传播的过程.所不同的是在下屈服限吕德斯带已经扫过整个试样截面.沿着带的前沿许多晶粒都参与这个过程,而在上屈服点参加滑移的只有极少量晶粒(实验观测表明只有10^2/厘米^3).如果已经屈服了的晶粒中可动位错密度大致相同,在上屈服点对于整个试样所求出的平均可动位错密度将要比下屈服点小得多.如果要保持相同的应变速率,在上屈服点位错运动的速率就要大得多(参看第一卷§7.2)这样上下屈服点的σ_i就产生差异,造成了多晶的屈服降落.

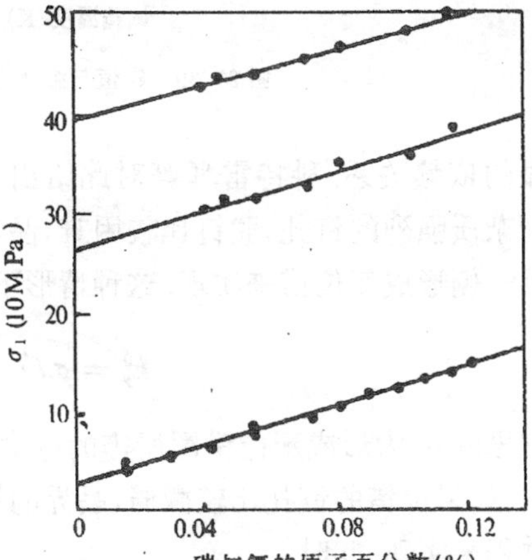

图27.38 间隙溶质原子的含量对σ_i的影响.

由于样品中存在的应力不均匀性对上屈服点的

测定值的影响很大,例如样品的少量弯曲可以导致上屈服点的消失.因而上屈服点的可靠的数据不多.现有的少量实验结果是符合于上述解释的[55].

大量的实验表明霍耳-配奇关系式中的 σ_i 对温度和形变速率都很敏感,而其数值又随杂质含量而增加(见图 27.38),这些事实都符合于点阵对位错摩擦阻力的解释.

图 27.39 示出铁中 k_y 和温度的依赖关系,表明在一般情况下 k_y 和温度无关,但是在淬火和轻微时效的试样中 k_y 和温度就有明

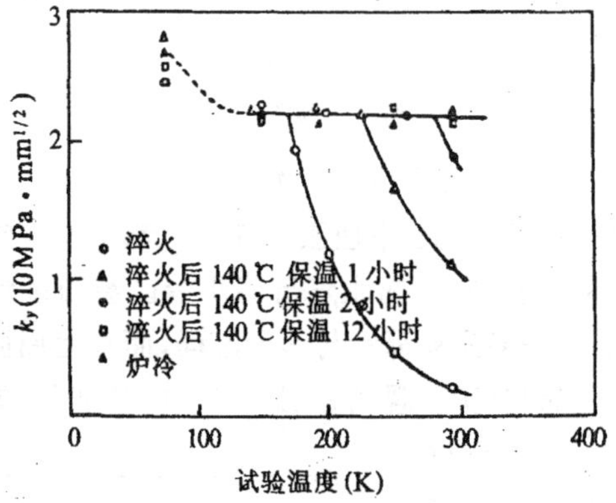

图 27.39 k_y 值与温度的依赖关系.

显的依赖关系.科特雷耳等对此给出了如下的解释[10]:当位错受到杂质强烈的钉扎,脱钉比较困难,晶界的滑移传播就通过在晶界另一侧形成新位错来实现.这种情形下,有

$$k_y^0 = \sigma_c l_c^{\frac{1}{2}}, \qquad (27.41)$$

这里的 σ_c 为形成新位错圈所需的应力,而 l_c 为到应力集中点的距离.如果位错的钉扎比较微弱,晶界的滑移传播可以通过位错脱钉过程来实现.此时

$$k_y = \sigma_p l_p^{\frac{1}{2}}. \qquad (27.42)$$

这里的 σ_p 代表脱钉应力，而 l_p 相当于位错网的间隔. 根据位错理论 σ_c 是和温度无关的，而 σ_p 对温度很敏感，因此实验中表现的 k_y 和温度的两种不同的依赖关系可能就分别代表形成新位错或使老位错脱钉的两种情况. 在一般退火及正火处理的钢铁中，碳与氮在位错的偏聚都产生强烈的钉扎，因而通常 k_y 是和温度无关的. 只有在特殊的处理条件下使位错钉扎极其轻微，当 $k_y < k_y^0$ 时，才能观测到 k_y 和温度的依赖关系. 在一系列低碳钢和铁中求出相同的极限值 $k_y^0 \simeq 22 \times 10\text{MPa} \cdot \text{mm}^{\frac{1}{2}}$，尽管它的成分，热处理状态和其他力学性质上存在着差异. 这也符合于形成新位错的解释，因为这个过程是非结构敏感性的，如果设 $l_c = 4 \times 10^{-6}\text{mm}$，则求出的 σ_c 接近于理论屈服强度（$\sim \mu/8$）.

实验结果表明，屈服以后的流变应力也遵守类似的关系式

$$\sigma_f = \sigma_i + k_f d^{-\frac{1}{2}}, \tag{27.43}$$

甚至没有明显屈服点的金属也是如此. k_f 这个因素反映了多晶体形变协调性的影响（参看 § 28.7）.

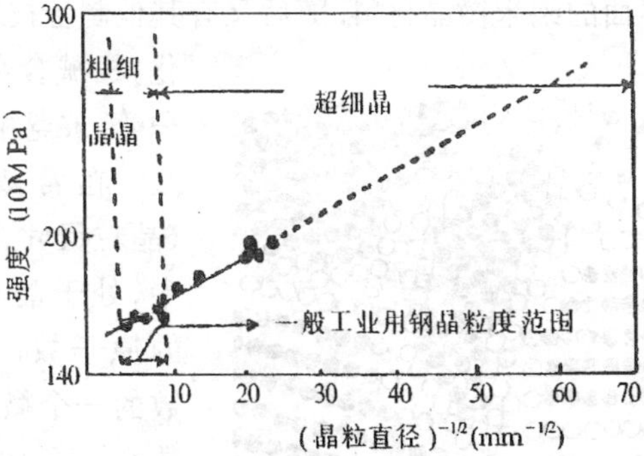

图 27.40　马氏体钢晶粒度与屈服强度的关系.

根据式（27.38）及式（27.43）可以看出，细化晶粒将提高金属的强度. 一些软的金属，例如铜、铝等，单晶体的屈服强度非常低，

它们依靠多晶体中的晶界强化来获得较高的条件屈服应力，方能符合实际应用的需要．在低碳钢中晶粒细化既提高了强度又改善了韧性，所以是生产实践中改善金属力学性质的一种很有效的手段．至于在高强度钢中，晶粒度和强度的关系就不那么明确，这也是可以理解的．因为这些钢的强度的本底已经很高（＞1000 MPa/mm^2），一些偶然因素的影响可以将晶粒度对强度的效应（通常的晶粒度变化所引起的强度变化只有 70MPa 的量级）掩盖了．但是如果采取一些特殊措施来获得超细晶粒（＜0.01mm），细晶强化效应仍然可以表现出来[56]．已经发展的控制奥氏体再结晶的技术获得了超细的奥氏体晶粒，在淬火后，这种超细显微组织为马氏体所继承，得到显著的强化效应（参看图 27.40）．这个事例表明在生产实践中应用细晶强化还有不少潜力可挖．

§27.9 纳米微晶的硬化

80 年代以来，晶粒尺度在 1～100nm 间的纳米微晶材料问世，又为细晶强化研究注入了新的活力．格拉特（Gleiter，H．）发展了在超高真空中金属蒸发、冷凝后，再进行原位压结的技术，从而获得清洁界面的纳米微晶材料．随后又有其他制备技术，如非晶晶化，机械合金化，电极沉积等，被竞相开发．

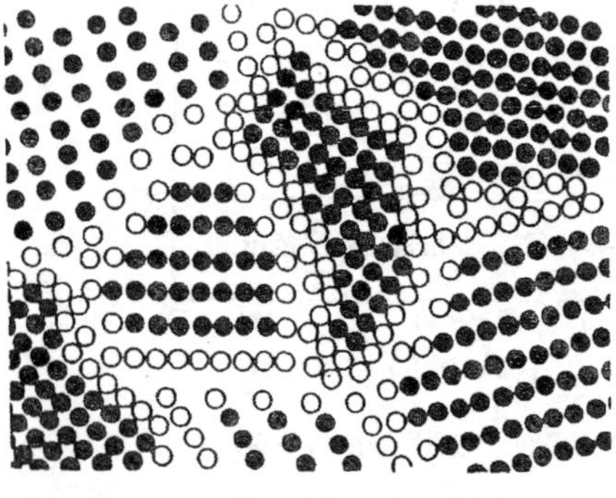

图 27.41　纳米微晶材料的两维结构的示意图（图中黑丸代表晶粒内部的原子，白丸代表晶界核心区域中的原子）．

在常规的多晶体（晶粒尺寸大于 100nm）中，处于晶界核心区域的原子数，只占总原子数的一个微不足道的分数（小于 $10^{-2}\%$）；但在纳米微晶材料中，情况就大不相同，如果晶粒尺寸为数个纳米，晶界核心区域的原子所占的分数可高达 50%(参看图 27.41),这样在晶界核心区域密度的明显下降,以及原子近邻的配置情况的截然不同,均将对性能产生显著影响.

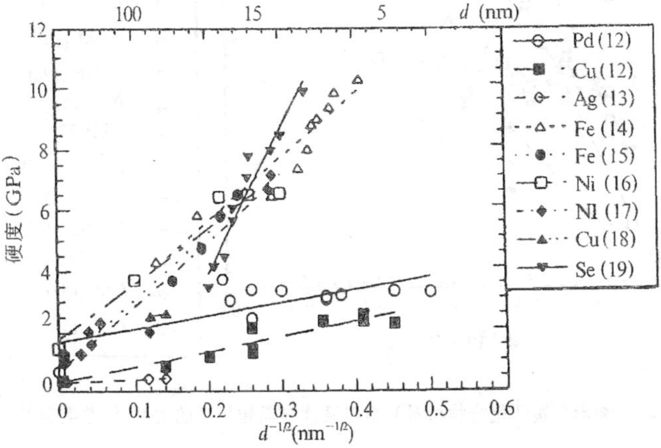

图 27.42　纳米金属材料的室温硬度与晶粒尺寸的关系(汇总实验结果).

前面讲过,细晶强化遵从霍耳-配奇关系式.因而当晶粒尺度缩减到纳米范围之后,这一关系式是否依然成立,就成为研究的焦点.由于不易制备纳米材料的标准拉伸试验的样品,强度通常用显微硬度测量来表征.图 27.42 所示的是概括了许多纯金属纳米材料的实验结果,表明了大体上霍耳-配奇关系式依然成立.图27.43所示的是概括了许多金属间化合物纳米材料的实验结果,表明有些材料先是随晶粒细化而增强,随后即随进一步细化而变软,有些材料呈现反常关系.从纯金属纳米材料的情况看,霍耳-配奇细晶增强效应,似乎仍是位错机制在起作用.但位错的活动是随晶粒尺寸减小而缩减的.由于界面上象应力的作用,将使纳米晶粒中可动位错数减小,再加上位错源的起动应力将随晶粒尺寸的减小而增大.两者结合起来,将使纳米微晶中仍然出现细晶硬化的现象.至于金属间化合物纳米材料的反常软化,则可能是晶界滑动和短程

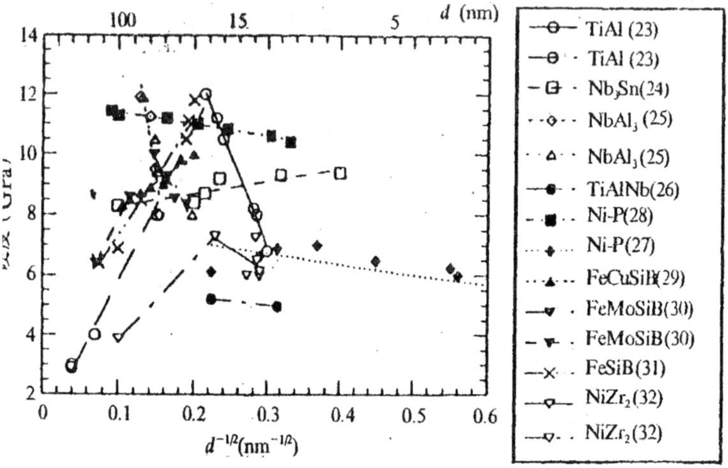

图 27.43 纳米金属间化合物材料的室温硬度与晶粒尺寸的关系(汇总实验结果).

扩散引起范性的结果.

第二十八章　合 金 强 化

I　单相合金的强化

实际使用的金属材料多半是合金.合金元素的作用主要是改善金属的力学性质,即提高强度或改善范性.通过长期的生产实践,劳动人民已经掌握了许多行之有效的合金配方和热处理规范,而金属物理的一个重要任务就在于将这些丰富的实践经验加以总结,找出其规律性并进一步探明其物理本质,从而促进合金材料的发展.合金元素对于金属力学性质的影响是多种多样的.有些作用是间接的,例如,钢中加进少量的镍、锰、铬、钼等元素可以增进其淬透性;加进大量的镍、锰可以将晶体结构转变成面心立方;加进极少量的铝可以起细化晶粒的作用.这一类间接的作用就不在这里讨论,这里着重论述的是合金元素直接的强化效应.合金元素在基质中的分布状态也有好多种:均匀的单相固溶体、有成分偏聚的固溶体、有序化的固溶体及金属间化合物,还有通过脱溶沉淀或粉末冶金等方法所获得的复相合金.这里首先讨论的是单相合金的强化,涉及固溶硬化,溶质沿位错线偏聚的效应以及有序硬化等问题.

§28.1　固溶硬化的基本情况[60,61]

溶质原子对于晶体范性性质的影响,可以归结为两类:一类是直接的影响,也就是溶质原子和位错直接交互作用的结果;另一类是间接的影响,也就是溶质原子的存在改变了基体的某些位错属性(例如位错密度或层错能),从而改变了它的力学性质.溶质原子对于范性性质的间接影响可以在纯金属范性的规律上得到理解,这里就不去讨论它.但应该注意的是实际合金中这两种影响可能叠加在一起,造成了问题的复杂性.

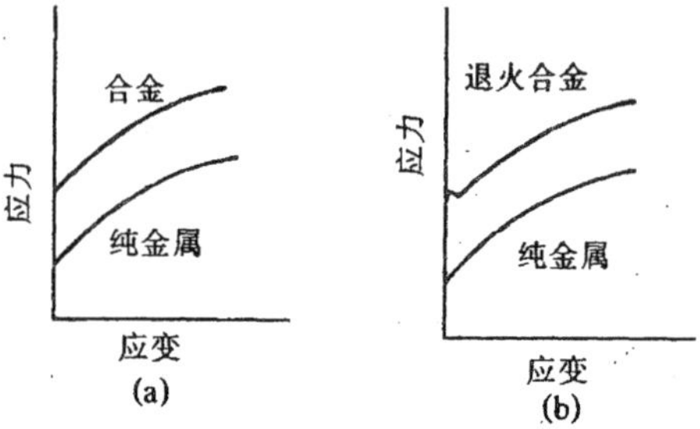

图 28.1　合金与"纯"金属应力-应变曲线的比较(示意图).

(a) *源硬化与点阵硬化*　溶质原子对晶体力学性质的影响突出地表现在范性形变初期的屈服过程中.溶质原子提高了屈服应力,从而使整个应力-应变曲线升高[见图 28.1(a)].除此而外,退火的合金往往出现明显的屈服点[图28.1(b)].通常的解释认为屈服点现象和溶质原子在位错周围的偏聚效应有关(参看§28.3),这一类由于可动位错数减少或位错起动困难所产生的效应称为源硬化;而更一般的硬化效应则归结为在基质中散布的溶质原子与位错交互作用的结果,即所谓点阵硬化.位错运动的直接观察也显示出溶质原子的这两种不同的效应.LiF 与硅铁晶体中的观察结果表明:如果溶质原子含量不变,通过低温时效,使溶质原子偏聚在位错线上.被钉扎的老位错起动应力增加了(参看图28.2),但一旦起动后,位错速度与应力的关系和时效前的情况完全一样,只有增大基质中的溶质原子含量,才影响到位错运动的阻

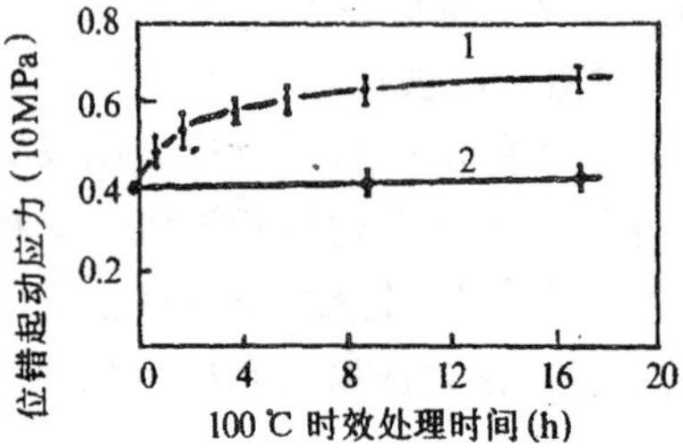

图 28.2　LiF 晶体中位错起动应力与时效时间的关系.
1. 时效应; 2. 新位错.

力.

(b) *强硬化与弱硬化* 不同类型的溶质原子引起的硬化效应差异很大.硬化的定量指标可以用每单位溶质原子浓度所引起的切应力的增加(即 $d\tau/dc$)来表示.表 28.1 列出了六种不同的基质材料中固溶硬化的一些数据[62].可以看出硬化效应大致可以分为两类:一类是强硬化,另一类是弱硬化.前者的硬化效应要比后者大两个数量级①.这两种类型的差异并不能单纯地归结为填隙式和替代式的差异.因为从表中可以看出填隙溶质原子在某些情况

表 28.1 溶质原子与点缺陷的强化效应

材料	溶质原子或点缺陷类型	$d\tau/dc$
Al	替代溶质原子	$\mu/10$
Cu	替代溶质原子	$\mu/20$
Fe	替代溶质原子	$\mu/16$
Ni	填隙的碳	$\mu/10$
Nb	替代溶质原子	$\mu/10$
KCl	F 中心	$\mu/2.5$
NaCl	单价替代离子	$\mu/100$
Al(淬火)	空位盘	2μ
Cu(辐照)		9μ
Fe	填隙碳原子	3μ
LiF(辐照)	填隙氟	5μ
Nb	填隙氮原子	2μ
KCl	填隙氯	7μ
NaCl	双价替代离子	2μ

① 由于 τ 和 c 的关系不一定是线性的,因而 $d\tau/dc$ 的值也和溶质原子成分有关,这个因素可能使这两类强化差异加大,但这两类强化本质上有显著差异,还是不能否认的.

下(如镍中的碳)也产生弱硬化的效应. 两种类型的差异主要在于: 引起弱硬化效应的溶质原子所造成的畸变是具有球面对称性的, 例如立方晶体中代位式溶质原子或单价替代式离子,面心立方金属中的填隙溶质原子,离子晶体中的 F 中心等;引起强硬化效应的溶质原子所造成的畸变具有强烈的四角性(不对称),例如体心立方金属中的填隙溶质原子,离子晶体中和正离子空位相结合的双价替代式离子等. 表 28.1 中也列出了产生四角性畸变的点缺陷或其集团,也起了同量级的硬化效应.

(c)硬化和成分与温度的依赖关系 图28.3示出了碳在铁中引起的硬化和碳原子成分的依赖关系. 强度的增加和碳原子成分的平方根成直线关系. 这种关系在强硬化的情形具有典型性. 在弱硬化的情形关系就不这样明确. 硬化的数据可以满足 c 或 $c^{\frac{1}{2}}$ 的关系,虽然符合于 $c^{\frac{1}{2}}$ 的数据更多一些. 在连续互溶的合金中,出现图 28.4 的钟形曲线,近似满足 $c(1-c)$ 的关系.

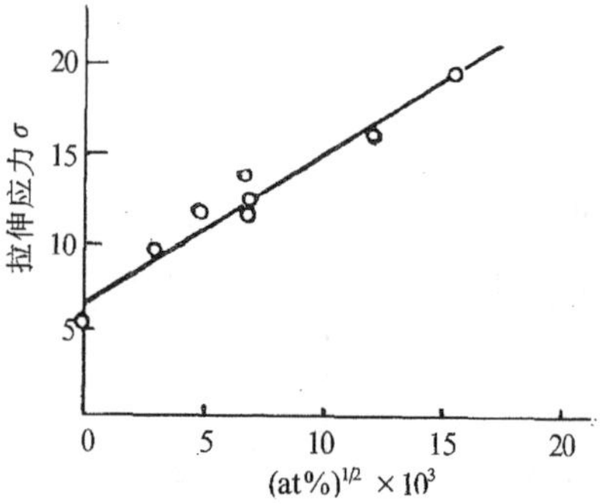

图 28.3　铁的屈服应力与碳含量的关系.

图 28.5 示出银合金的临界切应力与温度的关系. 在室温以上的平台区域硬化基本上和温度无关,在低温硬化随温度的下降而上升,随溶质原子含量的增加,这个效应就愈来愈显著.

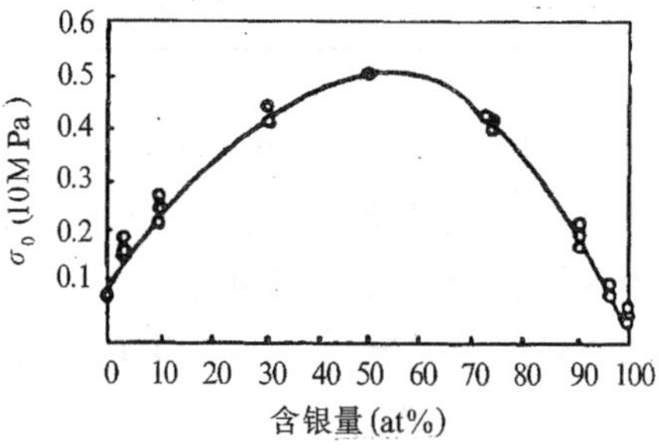

图 28.4　Au-Ag 合金临界切应力与成分的关系.

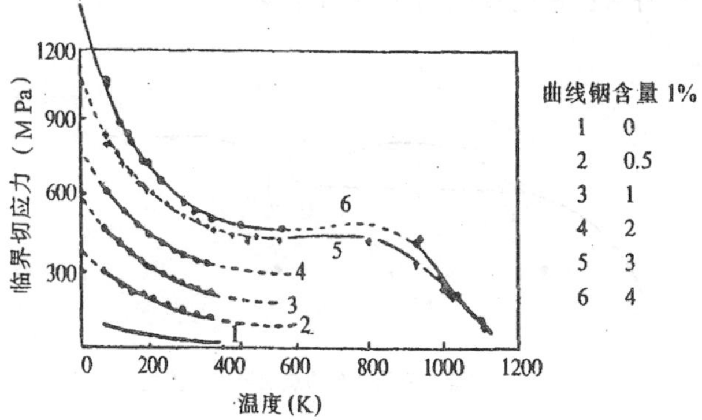

图 28.5 Ag-In 合金临界切应力与温度的关系.

§28.2 均匀固溶硬化的理论

由于溶质原子与位错有交互作用(参看第一卷 §7.19)[62~64]，固溶体中溶质原子统计地散布在基质中，构成了位错滑移的障碍.滑移面上溶质原子的平均间距决定于溶质原子的浓度 c.在滑移面上单位面积厚为 b 的薄层中溶质原子数为 bc/b^3，它应等于 $1/l^2$，即

$$\frac{1}{l} = \frac{c^{\frac{1}{2}}}{b}. \tag{28.1}$$

下面我们来探讨一个更一般化的问题:在滑移面上杂乱分布着平均间距为 l 的点状障碍，求位错扫过去所需要的临界切应力.这个问题不仅是固溶硬化理论的中心问题，也适用于第二相粒子硬化.这里介绍的是弗里埃德尔与弗拉歇尔(Fleischer R. L.)的理论处理①.在切应力 τ 作用下，位错和一系列障碍相遇，位错将弯曲成圆弧形，圆弧的半径取决于位错所受作用力和线张力的平衡(§7.15).在障碍处位错弯过角度 θ(参看图 28.6)，障碍对位错的

① 两人的理论，形式上不同，但实质上是相同的.

作用力 F 将与位错的线张力 T 保持平衡

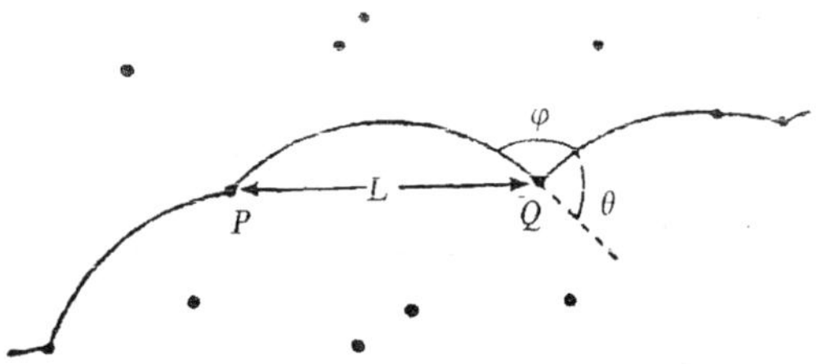

图 28.6　位错被杂乱分布的点状障碍所挡住.

$$F = 2T\sin\left(\frac{\theta}{2}\right) . \tag{28.2}$$

随着 τ 的增大,θ 达到一临界值 θ_c(F 也增大到峰值 F_m),障碍挡不住了,所对应的切应力就是晶体的屈服应力 τ_c

$$\tau_c = \frac{F_m}{Lb} = \frac{2T}{Lb}\sin\left(\frac{\theta_c}{2}\right) , \tag{28.3}$$

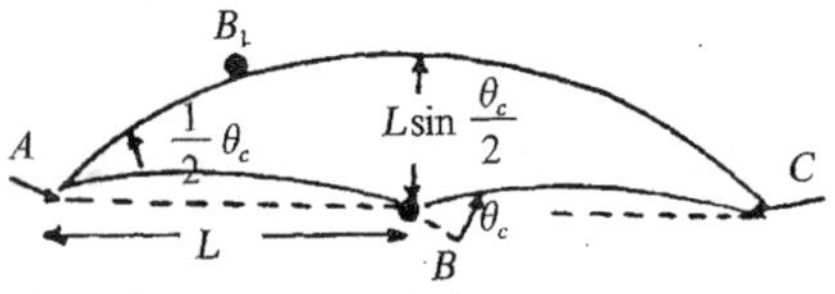

图 28.7　计算 L 值采用的模型.

这里的 L 为位错线上障碍的平均间距. 注意 L 的数值和 l 不一定相同,L 的值是和位错柔韧度(决定于 θ_c 的数值)有关的. 当位错能够弯过很大的角度时(F_m 很强),L 应接近于 l;但当障碍较弱,θ_c 角很小的情况下,L 将大于 l. 设位错为一系列间距为 L 的障碍所阻(见图 28.7),如果切应力使位错克服 B_1 处的障碍,它将弯出去和另一障碍 B_2 相遇,假定在面积 AB_1CB_2 中没有其他障碍,AB_1、B_1C 和 AB_2C 圆弧的半径相等,从图 14.87 中所示的几何关系,可近似求出 AB_1CB_2 的面积约为 $L^2\sin\frac{\theta_c}{2}$,它应等于 l^2,即

$$L = l\left(\sin\frac{\theta_c}{2}\right)^{-\frac{1}{2}}. \qquad (28.4)$$

可以看出，随 θ_c 角的减小，L 就要比 l 大得多. 更严格的计算(避免应用弱障碍的假设)也得出和式(28.4)大体相同的结果. 代入式(28.3)，就得到临界切应力的表示式

$$\tau_c = \frac{2T}{lb}\left(\sin\frac{\theta_c}{2}\right)^{\frac{3}{2}}. \qquad (28.5)$$

用式(28.2)关系代入，采用近似关系 $T \simeq \frac{1}{2}\mu b^2$

$$\tau_c = \frac{F_m^{3/2}}{b^3}\left(\frac{c}{\mu}\right)^{\frac{1}{2}}. \qquad (28.6)$$

上述的计算没有考虑到热激活的效应，求得的是 $T=0\text{K}$ 的切应力，由于热激活的效应，τ_c 将随温度的上升而下降.

式(28.6)可以解释实验所得到的 τ_c 与 $c^{\frac{1}{2}}$ 的正比关系，从不同类型溶质原子所产生硬化的差异可以反映出是那些类型的交互作用决定了硬化. 将溶质原子尺寸错配度 ε_b $\left(=\frac{1}{b}\frac{db}{dc}\right)$ 与铜合金固溶硬化系数 $\frac{d\tau}{dc}$ 作图，得出的关系不是单调的，而且数据的分散度很大. 将弹性模量的错配度 ε_μ' $\left(=\frac{\varepsilon_\mu}{1+\frac{|\varepsilon_\mu|}{2}}\right.$，这里的 ε_μ

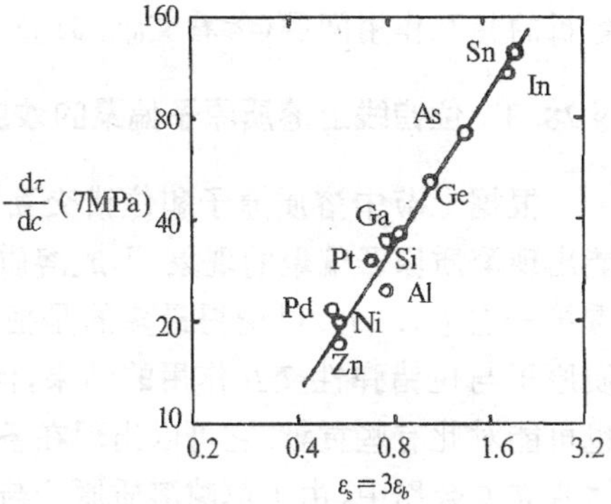

图 28.8 铜合金的错配度参量与固溶硬化系数的关系.

$= \frac{1}{\mu}\frac{d\mu}{dc}\Big)$和$\frac{d\tau}{dc}$作图，比较接近单调地上升，但数据的分散度仍然很大. 用参量 $\varepsilon_s = \varepsilon_\mu' - \alpha\varepsilon_b$ 对硬化系数作图，并调整 α 的数值以减少数据的分散度，可以得到较好的直线关系(图 28.8). 这个结果表示溶质原子与位错的弹性交互作用是固溶硬化的主要原因，而溶质原子的模量效应(溶质原子引起晶体局部地区弹性模量的变化，从而改变了位错的能量)也相当重要. 在银合金单晶体中的一些实验结果表明，屈服应力的平台部分大体符合上述理论的预期，也是由错配度参量 ε_s 控制，如果进一步考虑位错越过障碍的热激活效应，也能定性地解释在低温屈服强度的上升.

上述理论的不足之处，在于回避了溶质原子与位错相互作用的统计性质. 拉布许(Labusch R.)的理论则引入了统计分布函数来处理这一问题，取得了更加确切的结果[60].

在体心立方结构的合金中，由于佩-纳力对屈服应力起了关键作用，因而固溶硬化的理论就需要另起炉灶，处理溶质原子与位错弯折的相互作用问题(参看文献[61]).

§28.3　位错线上溶质原子偏聚的效应

根据上节中溶质原子和位错交互作用的讨论，在位错线上可能出现溶质原子偏聚的现象，形成溶质原子气团或析出沉淀相(参看第一卷§7.19). 讨论得最多的是柯特雷耳气团[3]，它主要是溶质原子与位错弹性交互作用的结果，但位错核心区的电交互作用也可能对此有些贡献. 它可以出现在各种结构类型的金属中，但在体心立方金属中，由于填隙溶质原子与位错有强烈的交互作用，其效应特别明显，除此以外，位错的应力场还可以对具有不对称畸变的溶质原子产生取向效应以降低能量，这就形成斯诺克气团[65]. 面心立方金属中位错是扩展的，层错和溶质原子的交互作用可以促使溶质原子偏聚到层错附近，这样就形成铃木气团. 至于溶质原子在位错线上偏聚的形式究竟是气团还是沉淀相，这和样品的晶体结构和所经历的处理情况有关. 一般说来，体心立方金属中偏聚在原生的位错线上的溶质原子，已经脱溶而有沉淀相析出，在形变后经短期时效处理则可能获得柯特雷耳气团. 已有不少直接观察证实了钉扎位错线的弥散沉淀相. 但关于气团的存在还只有一些比较简接的证据，例如短期时效处理获得对温度敏感的 k_y 值(参看 § 27.9).

在低温下，溶质原子偏聚效应在力学性质上的表现是明显的屈服点. 这一点我们已经在 § 27.2 中讨论过，比较肯定的是柯特雷耳气团的效应. 也有人用铃木气团来解释 α 黄铜的屈服点. 下面我们只讨论在中温范围内(熔点温度 15%～50%)的一些效应. 在这个温度范围内，填隙溶质原子具有足够的扩散速度，以至于缓慢运动的位错可以拖着气团运动，当气团落后于移动位错时，拖住位错产生阻力[3]. 气团要能追随位错运动只有当位错运动速度低于某一临界值 v_c 才能实现. 溶质原子在外加力 K 作用下的迁移速度为

$$v_c = \frac{DK}{kT}\ , \tag{28.7}$$

这里的 D 表示溶质原子的扩散系数. 位错对溶质原子的作用力可近似地表达为 A/r^2，如果气团落后于位错的距离为气团半径 l 的一半，则 $r=\frac{l}{2}\simeq A/2kT$，所以

$$v_c = \frac{D}{kT}\cdot\frac{4A}{l^2} = \frac{4D}{l}\ .$$

我们可以约略估计位错以临界速度运动时气团所产生的阻力，它应等于单位长度位错线后截面积为 l^2 的晶体中溶质原子对位错作用力的叠加

$$\sigma_c = kl^2cN/b, \tag{28.8}$$

这里 $k=4A/l^2$，N 为单位体积晶体中的原子数，c 为气团的平均浓度，应等于 $c_0\exp(l/r)$(c_0 为基体中的溶质原子浓度)，当 $r=\frac{l}{2}$，约等于 $7c_0$，因而 $\sigma_c\sim 28Ac_0N/b$. 柯特雷耳等进行了更确切计算，结

果大致相同,只是系数 28 应换为 17 而已. 当位错速度 v 低于 v_c 时,气团可以更对称地分配在位错周围,阻力就减少了,其数值约为 $\left(\dfrac{v}{v_0}\right)\tau_c$. 类似地可以考虑斯诺克气团的效应:气团要能追随位错运动,当位错经过相当于气团直径($2l\sim 2A/kT$)的距离,溶质原子有时间跃迁到新的位置[碳原子的跃迁时间为 $2b^2/3D$,参看第一卷式(10.63b)],因而其临界速度

$$v_c' = \left(\frac{2A}{kT}\right)\bigg/\left(\frac{2b^2}{3D}\right) = \frac{3Dl}{b^2}. \qquad (28.9)$$

和柯特雷耳气团相比,斯诺克气团的临界速度要大些(约大了 $3l^2/4b^2$ 倍),这是可以理解的,因为斯诺克气团的形成和消散无需乎溶质原子的长程扩散,所以要快得多.

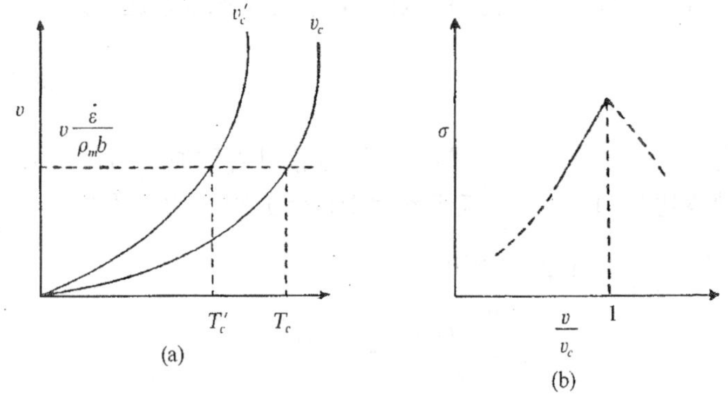

图 28.9　气团效应示意图.

柯特雷耳等曾用上述模型讨论了锡中微蠕变的实验结果. 根据以上模型也可以理解,为什么含有填隙杂质的体心立方金属在中温范围内流变应力对温度的曲线上有峰值出现. 图 28.9(a)示出了柯特雷耳气团和斯诺克气团的临界速度随温度变化的关系. 当试样以一定速度在不同温度拉伸时,位错运动基本决定于形变速度. 根据 $\dot{\varepsilon}=\rho_m vb$ 的关系,如果忽略 ρ_m 的变化,v 就可以看为一常数,在图中

表示为虚线. 在 $T>T_c$ 时，$v_c>v$，柯特雷耳气团追随位错运动，产生阻力随温度的下降（v/v_c 增大）而增加；在 $T=T_c$ 时，$v=v_c$，阻力为极大值 σ_c；当 $T<T_c$ 时，$v>v_c$，位错可以脱离气团运动，阻力又迅速下降[图 28.9(b)]. 在低温范围，气团的影响反映在明显屈服点的现象（§28.2）. 对于斯诺克气团，应力的峰值所对应的温度 T_c' 要更低一些. 图 28.10 示出了含氮与碳的铁与锰钢的实验曲线[69]，可以明显看出有几个峰，有的可能是对应于柯特雷耳气团的，有的对应于斯诺克气团的，目前尚不能肯定这些峰的机制. 这种效应在生产实践中还是很有意义的，例如图 28.10 中示出了铁中加锰使氮峰向高温方向移动，工业用的锰钢就利用了这个效应来提高此温度范围内的抗蠕变性能.

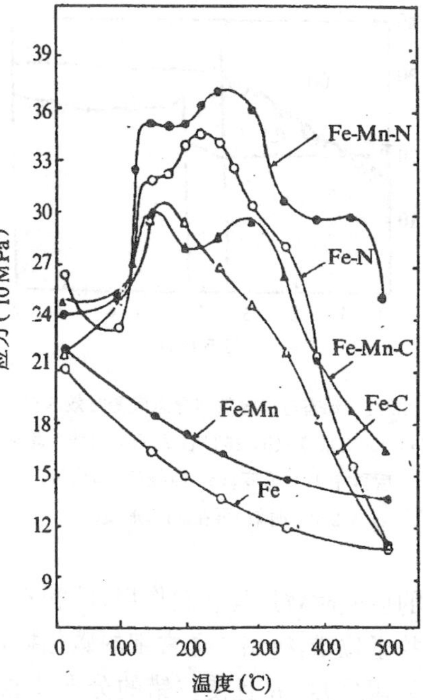

图 28.10　含氮碳钢铁的流变应力与温度的关系

和上述现象有关的是碳钢在 150～350℃范围内出现的锯齿状的应力-应变曲线（见图 28.11 中的曲线 a）[70]. 这实际上是一种动态的应变时效过程，即屈服和应变时效交替地进行的结果. 在这个温度范围内形变的钢显得硬而脆，称为蓝脆. 值得注意的是 200℃形变的加工硬化系数要比室温形变的（曲线 b）要大，而且卸载后，再在室温拉伸（曲线 c），得到的屈服强度要比先在室温预形变，然后在 200℃进行时效的更高些.

获得超高强度钢（例如含 0.4 碳、6%锰、3%铬、1.5%硅的钢

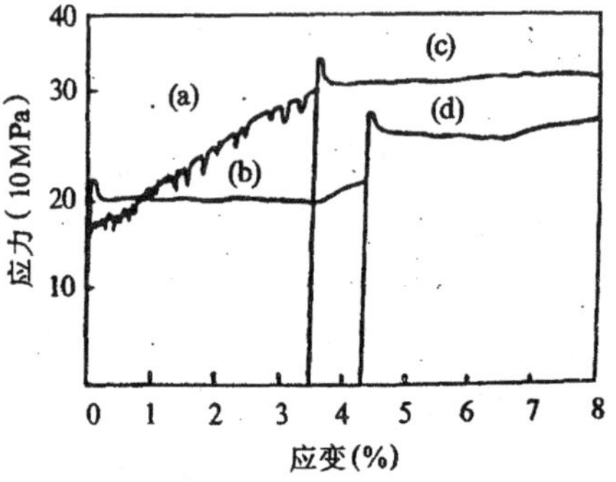

图 28.11　动态应变时效和静态应变时效的对照.
(a) 200℃形变；(b) 25℃形变；(c) 曲线 a 卸载后再在 25℃形变；(d) 曲线(b)卸载后，200℃时效，再在 25℃形变.

的拉伸强度可达到 3.1GPa)的形变热处理工艺事实上应用了这里所讲的动态的应变时效. 钢经过奥氏体化处理后，降温到 400～600℃间进行范性形变(形变度可达 80%)，再转变为马氏体. 合金元素(锰、铬等)的作用主要是为了避免在形变中奥氏体就分解，最佳的形变温度取决于钢的成分. 在奥氏体形变时观测到锯齿状的应力-应变曲线，表明动态的应变时效过程在起作用；碳朝向形变后产生的大量位错偏聚，钉扎了位错，析出了非常细的碳化物，增大了位错的增殖率和位错的极限密度，并且使位错的分布比较均匀，不形成常见的胞状组织. 这种密度极高而分布均匀的位错组态为马氏体所继承，可能是产生高强度的主要原因. 实测到的最高位错密度达到 $10^{13}cm^{-2}$，用式(27.15)来估计流变应力约为 $\mu/50$，和实测到的形变热处理的最高强度的量级相同.

§28.4　有序合金的硬化

固溶体中的原子分布也不是完全杂乱的，可能存在短程序或原子偏聚的情况(参看第一卷第五章). 根据固溶体的统计理论模型，这种情况的出现可以用同类原子和异类原子键合能有差异来解释；对于 A，B 两组元的二元合金，如以 w_{AB}，w_{AA}，w_{BB}分别表示各种原子对的键合能，就是

$$w = w_{AB} - \frac{1}{2}(w_{AA} + w_{BB}) \neq 0 .$$

当位错扫过滑移面后，就可能改变滑移面上近邻原子对配列的情况，使一些异类原子对转变为同类原子对(或者倒过来)，从而使合金的键合能增加. 如果位错扫过单位面积所增加的能量为 ψ，使位错运动所需要的切应力

$$\tau = \frac{\psi}{b}. \tag{28.10}$$

设位错扫过后，单位面积滑移面上重排的近邻键数为 m，并假定重排的结果是从平衡组态转变为完全无序状态. 如果晶体中总原子数为 N，近邻键总数为 $\frac{1}{2}NZ$，平衡态及完全无序状态的 AB 键总数分别为 $P_{AB}^{*}Z$ 及 $P_{AB}^{0}Z$，单位面积能量的变化可以表示为

$$\psi = \frac{(P_{AB}^{0} - P_{AB}^{*})Zmw}{\frac{1}{2}NZ}. \tag{28.11}$$

根据第一卷的式(5.9)和式(5.11)，可将 P_{AB}^{0} 及 P_{AB}^{*} 求出，由于 $\frac{2w}{kT} \ll 1$，可以求出近似的结果

$$\psi = 8c^2(1-c)^2\frac{w^2m}{kT}. \tag{28.12}$$

由于 ψ 决定于 w 的平方，所以不论 w 是正(原子偏聚)还是负(短程序)都产生强化效应. m 可以根据晶体学的关系求出，例如面心立方晶体(111)面上的原子密度为 $\frac{2}{\sqrt{3}}b^2$，每个原子发出的近邻键中有三个是跨越滑移面的，当作了滑移 b 后，其中有两个发生重排，一个近邻关系不变，因而 m 就等于 $\frac{4}{\sqrt{3}}b^2$.

当合金的原子排列为完全有序时(具有超结构)，情况又不同了. 我们已经讨论过超结构合金中的位错组态(参看第一卷§5.29). 根据反相畴界能量的差异，可能有三种不同的情况. 如果畴界能很高(例如 AuZn, AuCd)，位错是不扩展的，位错的柏格斯

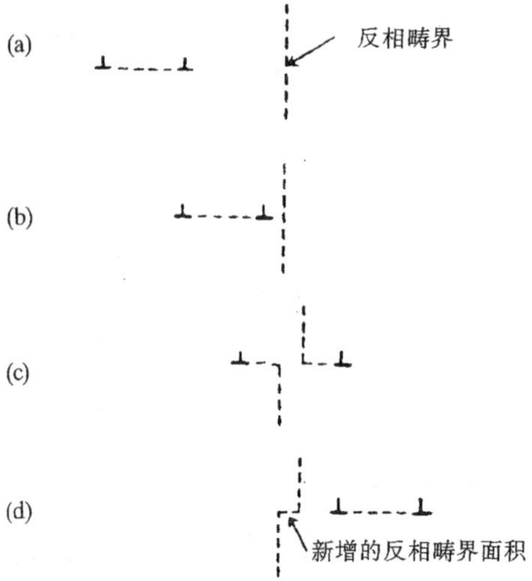

图 28.12 扩展位错和反相畴界交互作用的示意图.

矢量和无序状态不同,比无序状态的要大.滑移系统改变了,形变很困难并且很脆.另一种情况是畴界能非常小(例如 Fe_3Al),位错扩展的平衡宽度非常大,这样不全位错(其柏格斯矢量和无序状态的位错相同)可以单独行动,扫过的面上就产生反相畴界,因而其强化效应和式(28.10)相同,只需将式中的 ψ 理解为畴界能.介乎两者之间的情况是超结构中的扩展位错宽度适中,因而一般是作整体运动的(例如在 Cu_3Au 中).在完全有序的区域内,扩展位错的运动将不引起能量的增加,但如果遇到反相畴界,位错穿过反相畴界,将引起畴界面积的增加(见图 28.12),则能量的增加就造成对位错运动的阻力.设反相畴的直径为 t,单位长位错线经过行程 t,所增加畴界面积为 b;设畴界能为 ψ,切应力所做的功 τbt 应等于畴界能的增加 ψb,因而

$$\tau = \frac{\psi}{t}. \tag{28.13}$$

当 t 和扩展位错宽度为同一数量级时,情况很复杂,式(28.12)就不能成立了.

一般的固溶强化中,短程序及原子偏聚的效应尚无确切的实验数据,通常实验观测到的成分的依赖关系也不符合于式(28.12)[只有个别的合金系如 Fe-Cr 有接近于式(28.12)的关系].在有序

合金中，有一些迹象显示出短程序的效应，例如 Cu_3Au 的流变应力在淬火状态(短程序)反大于退火状态(长程序). 在下面会谈到，在沉淀强化中，这一类改变原子对键合状态的强化效应(可称为化学强化)是一个很重要的因素.

在 60 年代，有不少关于超结构合金强化的研究[71]，式(28.13)所表示屈服强度与反相畴尺寸的关系，已在 Cu_3Au 中得到证实. 也有许多工作企图找出具有实用价值(特别是高温应用)的超结构材料. 一般说来，有序化能量太高的合金非常脆，不适宜于做结构材料；而有序化能量太低的合金有序转变的居里温度太低，又不能在高温保持超结构. 因而，注意力比较集中在具有中等有序能量的超结构合金，例如 Fe_3Al，Ni_3Al 等. 在镍基高温合金中应用有序结构的沉淀相 Ni_3Al 作为位错运动的障碍，获得了优异的高温力学性能.

Ⅱ 复相合金的硬化

不少高强度合金是采用第二相来使基质强化，沉淀硬化及弥散硬化均属此类. 这里着重讨论弥散分布的第二相所产生的强化效应.

§28.5 第二相粒子强化的基本情况[72,73]

实际使用的高强度合金，大多数含有第二相，其中最强的是第二相质点尺寸不大，而高度弥散分布在基质之中，这些第二相往往是金属化合物或氧化物，要比基质硬得多. 在基质中渗入第二相的方法有好几种，最常用的是利用固溶体的脱溶沉淀，进行时效热处理，这就是沉淀强化. 近年来也发展了加第二相粉末的烧结、内氧化等方法，文献中称为弥散强化. 虽然渗入第二相的方法不同，但强化的机制却有其共性. 沉淀强化的情况更复杂些，所以这里的讨论就以它为主.

在时效处理的过程中，合金的强度随时效时间而有变化. 图

28.13 所示出含 1.6% Cu 的 Al 合金在 190℃时效的实验数据具有一定代表性. 在沉淀的前期,析出的主要是共格的脱溶区(GP Ⅱ),随析出量的增加和粒子间距的加大,屈服强度是上升的,在时效到 40 小时 θ' 相大量析出后,屈服强度就随时效时间开始下降了. 在拉伸曲线上,沉淀前期和后期的合金也有显著的差异. 图 28.14 中,在前期虽然临界切应力提高得很多,但加工硬化的曲线的形状仍和固溶体的相似;而在后期,加工硬化曲线就显著不同了,在小形变的区域加工硬化系数变得很大. 从图 28.15 中可以看出,加工硬化系数的增加是和图 28.13 中的屈服强度下降相对应的.

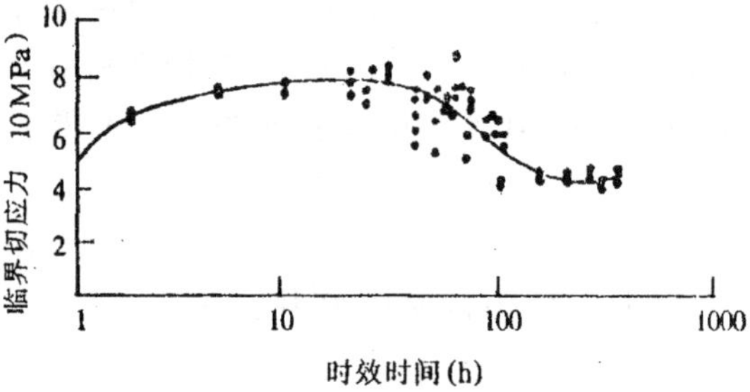

图 28.13 Al-1.6% Cu 合金的临界切应力与时效时间的关系.

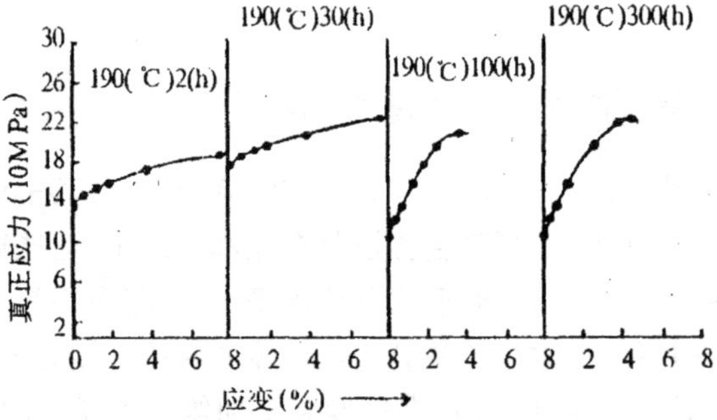

图 28.14 时效合金的典型的拉伸曲线.

图 28.16 示出了含有脱溶区(GP Ⅰ 及 GP Ⅱ)合金的屈服强度随温度变化的情况. 值得注意的是,在130℃时效的GP Ⅰ 和GP Ⅱ

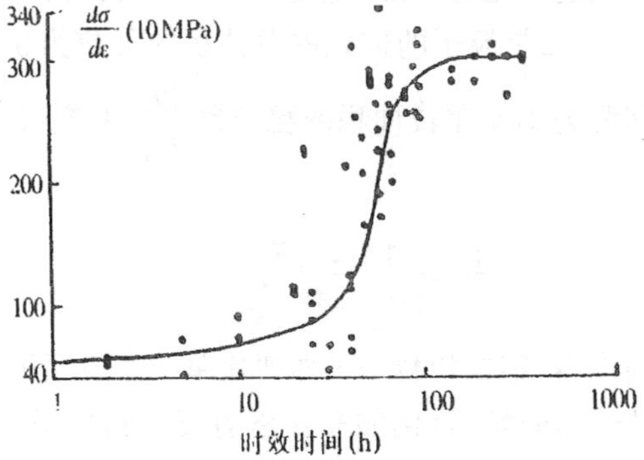

图 28.15　Al-1.6% Cu 合金的加工硬化系数与时效时间的关系.

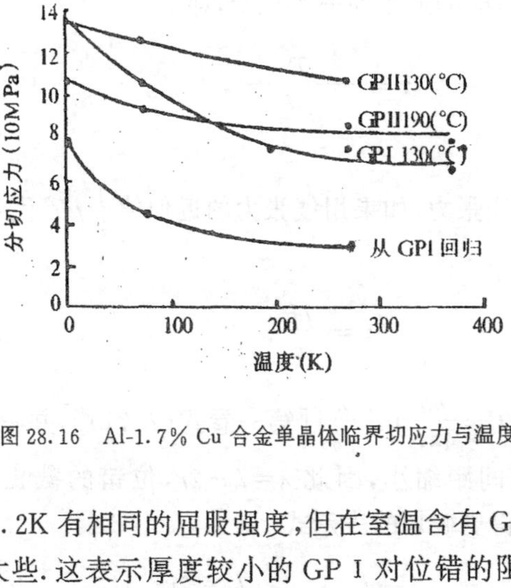

图 28.16　Al-1.7% Cu 合金单晶体临界切应力与温度的关系.

合金在 4.2K 有相同的屈服强度,但在室温含有 GP Ⅱ 的合金的强度就要大些.这表示厚度较小的 GP Ⅰ 对位错的阻力的温度敏感性大些.

§28.6　两相合金屈服强度的理论

在基质内散布有第二相粒子,构成位错滑移的障碍,使得屈服应力提高.滑移面内点状障碍对位错运动的影响在 §28.2 中已经结合固溶硬化的问题讨论过，在这里更进一步进行探讨. 设第二相粒子的半径为 r，第二相粒子的体积占总体积的分数为 f，滑移面上粒子的平均间距为 l，则单位面积的粒子数 $\frac{2rf}{\frac{4}{3}\pi r^3}$ 应等于 $\frac{1}{l^2}$，即

$$\frac{1}{l} = \frac{1}{r}\left(\frac{3f}{2\pi}\right)^{\frac{1}{2}}. \tag{28.14}$$

作为位错运动的障碍，第二相粒子显然要比单个溶质原子要强，因此 θ_c 要大些. 对于强的障碍(例如非共格的第二相粒子)，位错切不过去，θ_c 将达到最大值 π，位错遂以类似于弗兰克-瑞德源的形式绕过障碍粒子，此时位错线上的障碍间距 $L=l$，临界切应力决定于位错绕过障碍时的最小曲率半径 $\frac{l}{2}$，即

$$\tau = \frac{T}{b\frac{l}{2}}, \tag{28.15a}$$

这里 T 为位错的线张力，如果用线张力的近似值 $\frac{1}{2}\mu b^2$ 代入，就得到

$$\tau = \frac{\mu b}{l}. \tag{28.15b}$$

如果线张力采用 $T=\frac{\mu b^2}{4\pi K}\ln\left(\frac{\lambda}{r_0}\right)$ [第一卷式(7.71)]，并考虑到粒子的半径使有效间距缩小，因此 $\lambda=l-2r$，位错的截止半径取 $r_0=2b$，这样就求得更确切的表示式

$$\tau = \frac{\mu b}{2\pi K(l-2r)}\ln\left(\frac{l-2r}{2r_0}\right). \tag{28.15c}$$

上述的位错绕过障碍的机制是奥罗万(Orowan, E.)首先提出的，有人称之为奥罗万机制. 按照这个机制，位错绕过第二相粒子，将留下位错环套在第二相粒子上[参看图 28.17(a)]. 电子显微镜薄膜透射的观测证实了这个设想[参看图 28.17(b)].

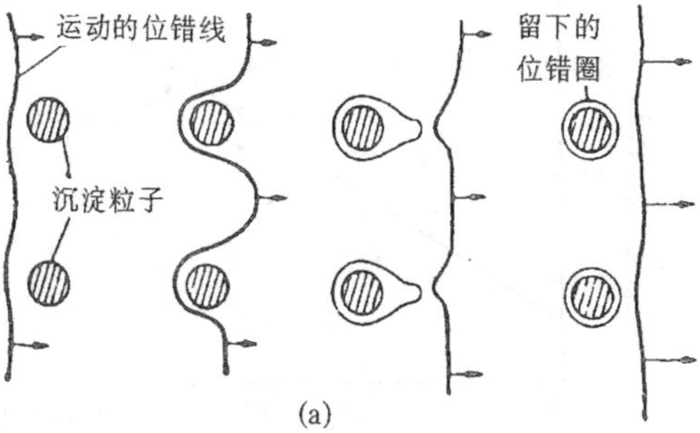

(a)

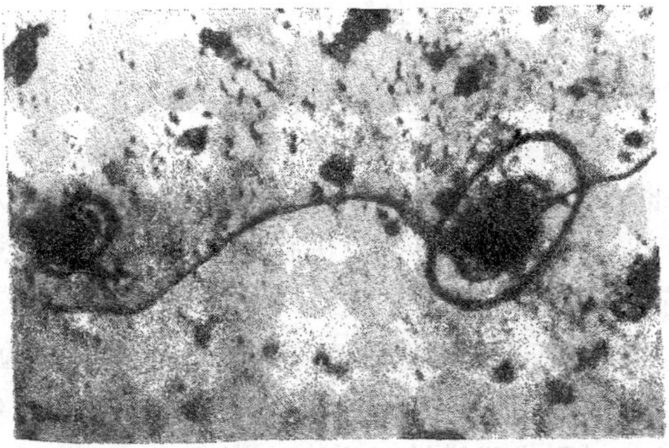

(b)

图 28.17 (a) 奥罗万机制的示意图；
(b) Cu-30Zn 合金中 Al_2O_3 粒子周围的位错圈.

含有非共格的第二相粒子的合金的屈服强度可以用上述的机制来解释，而实验结果基本上符合理论的预期. 图 28.18 示出了含有 θ 相的 Al-Cu 合金的实验结果符合式(28.15c)的线性关系，数据的分散度较大，可能因为粒子不是球形的缘故. 表 28.2 列出了对于含 Si,Al,Be 的内氧化铜合金单晶体实测出的 τ 和根据式(28.15c)计算出的 τ，它们在绝对值上符合得也很好，特别是 77K 的数据.

当第二相粒子的强度达不到奥罗万机制的要求，在 $\theta_c < \pi$ 的

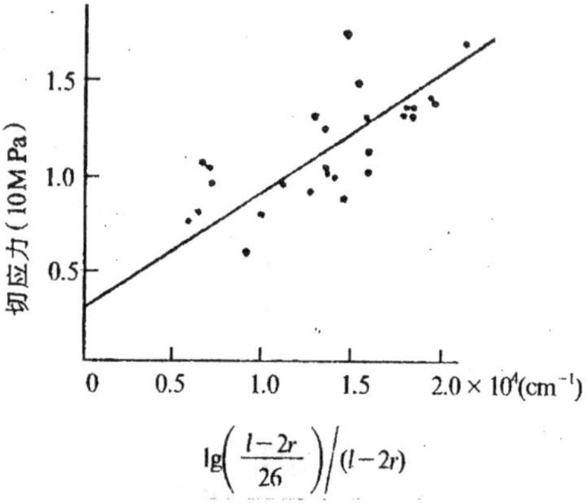

图 28.18　Al-Cu 合金奥罗万机制的检验.

情况下,位错将切过第二相的粒子,这也得到了电子显微镜观测的证实[参看图 28.19(a)]. 和奥罗万机制比较起来,位错切过粒子的情形就复杂得多,牵涉到第二相粒子本身的结构和它与基质的关系.下列的各种效应可能对强度有影响:(1) 位错切过粒子,形成表面台阶,增加了界面能(文献中称之为化学强化);(2) 位错扫过有序结构的粒子形成了错排面(即反相畴界);(3) 位错与粒子周围的应力场有交互作用;(4) 在粒子内部扩展位错的宽度产生变化(粒子的层错能与基质不同);(5) 粒子的弹性模量与基质不同,引起位错能量的变化.这些效应中起主要作用的是(1),(2),(3)三种情况,下面作一简略的讨论.

表 28.2　内氧化铜合金临界切应力实验值与理论值的比较

合　金	粒子大小(nm)	粒子间距(nm)	20℃		77K	
			τ(计算值)(10MPa)	τ(实验值)(10MPa)	τ(计算值)(10MPa)	τ(实验值)(10MPa)
0.3% Si	48.5	300	3.08	2.5	3.3	3.4
0.25% Al	10	90	10.5	6.4	11.2	8.0
0.34% Be	7.6	45	19.4	11.2	20.7	15.7

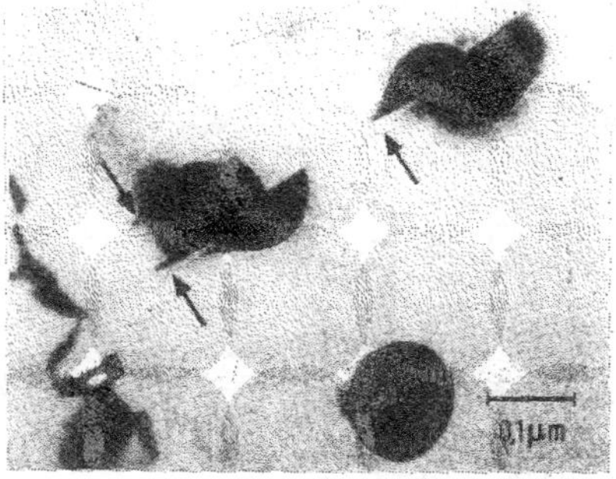

(a)

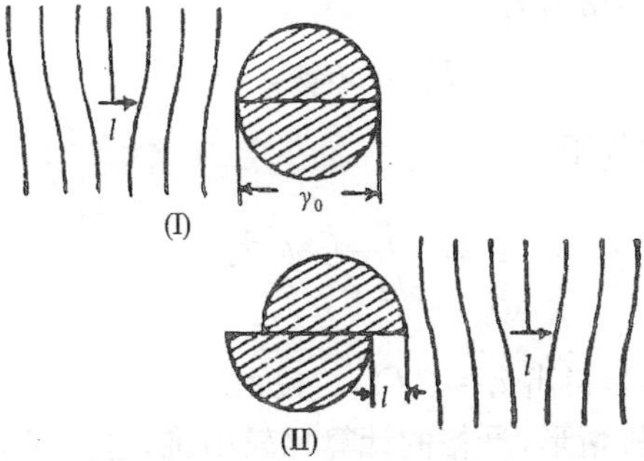

(b)

图 28.19 (a) 镍基合金中被位错线切过的 γ' 相；
(b) 位错线切过其格沉淀相的示意图：
Ⅰ. 切割前， Ⅱ. 切割后.

设 F_m 为障碍对位错的最大作用力，根据 § 28.2 中式(28.5)，临界切应力

$$\tau_c = \frac{2}{blT^{\frac{1}{2}}}\left(\frac{F_m}{2}\right)^{\frac{3}{2}}, \tag{28.16}$$

这里的 T 为位错的线张力.

在第(1)种情形，令 γ_s 表示单位面积的界面能，则位错线切过

时

$$F_m = 2b\gamma_s, \tag{28.17}$$

代入式(28.16),得

$$\tau_c = \frac{2b^{\frac{1}{2}}}{lT^{\frac{1}{2}}}\gamma_s^{\frac{3}{2}}. \tag{28.18}$$

考虑到式(28.14)的关系,$\tau_c \propto \frac{f^{\frac{1}{2}}}{r}$. 由于这种机制的激活体积小. 屈服应力应具有一定的温度敏感性.

在第(2)种情形,令 ψ 表示单位面积的畴界能,则位错线切过时,粒子的最大作用力为

$$F_m = 2r\psi, \tag{28.19}$$

因而临界切应力等于

$$\tau_c = \frac{2}{blT^{\frac{1}{2}}}(r\psi)^{\frac{3}{2}}. \tag{28.20}$$

考虑到式(28.14),得出 $\tau_c \propto (rf)^{\frac{1}{2}}$的关系.

至于第(3)种情形,严格的计算比较困难,这里只介绍莫特与纳巴罗较简单的处理. 沉淀相所产生的应力场可以用错配弹性球模型来计算(参看第一卷 § 5.5),对于半径为 r 的球体,在距离中心为 R 处所产生的切应变可以表示为

$$\gamma = \frac{\varepsilon r^3}{R^3}, \quad (R \gg r),$$

这里的 ε 为错配度,$\varepsilon = 1 - \left(\frac{r_b}{r_a}\right)$,$r_b$ 及 r_a 分别表示沉淀相与基体中的平均原子半径. 如果晶体的单位体积中有 N 个第二相粒子,在基体中一点到最近粒子的平均距离为$\frac{1}{2}N^{-\frac{1}{3}}$,所以基体的平均切应变为

$$\bar{\gamma} = 8\varepsilon r_0^3 N. \tag{28.21}$$

由于$\frac{4}{3}\pi r_0^3 N$等于第二相所占体积分数f,所以

$$\bar{\gamma} \simeq 2\varepsilon f . \qquad (28.22)$$

莫特与纳巴罗认为,对于柔韧的位错线,流变应力就等于内应力的算术平均值,即等于式(28.22)乘以切变模量μ

$$\tau = 2\mu\varepsilon f , \qquad (28.23)$$

τ与f为线性关系.

关于位错切割第二相粒子强化机制的检验,目前尚无可靠的定量结果.由于问题比较复杂,各种合金系统又各有其特殊性,下面只能作一些定性的讨论:

(1) 含有片状沉淀相(具有较高的相界面积和体积比)的合金,例如铝铜合金、铜铍合金等,化学强化可能是主导的因素,而实验结果也表明这些合金在低温的屈服应力有一定的温度敏感性(图28.16),这和化学强化机制的预期相符合.

(2) 含有γ'相的镍基合金,错配度小,界面能低,起主导作用的将是有序强化,实验结果表明,当f保持一定值时屈服应力和$r^{\frac{1}{2}}$成线性关系,大致符合式(28.20)的预期.但由于位错可以成对地切过第二相粒子以减少所作的功,因而实际的屈服应力比式(28.20)估计的要低一些.

(3) 含有一定错配度的球形粒子的合金,如铜钴合金、铝锌合金等,共格应力场可能是强化的主要因素.铜钴合金在低温的屈服应力反而小于室温的,这种反常现象的根源是在低温错配度减小了,因而降低了它的屈服应力,表明是粒子的应力场在起作用.但用式(28.23)来计算它的屈服强度,只有实验值的一半.

综上所述,我们对于沉淀强化的基本轮廓已经有所了解,我们可以对时效合金在时效过程中强度的变化给出如下解释:最初合金的强度相当于过饱和固溶体,开始阶段的沉淀相和基质共格,而且尺寸很小,因而位错可以切过沉淀相,而且对温度也比较敏感,在此阶段屈服应力决定于切过沉淀相所需要的应力,包括共格应

力、沉淀相的内部结构和相界面的效应等. 当沉淀相体积含量 f 增加，在有些情况下内部结构和界面结构都发生变化(γ 变大)，切割粒子所需要的应力加大了. 终于，位错绕过粒子所需应力会小于切割粒子，从此以后奥罗万机制起作用，屈服应力将随粒子间距的增加而减少，这可以解释时效后期屈服强度随时效时间加长而降低的现象. 同时，粒子附近位错密度的增加引起加工硬化系数的增大.

下面我们联系获得高强度合金的实际问题作一些讨论. 首先是获得大的体积含量的沉淀相的问题. 一般情况下，如果其他条件一样，沉淀相的体积含量 f 愈大则强度愈高. 许多实用合金的例子可以说明这一点：Cu-Be 合金和一些镍基合金具有较高的 f 值，前者的强度可达到 1000MPa($\sim E/100$)，后者可达到 1400MPa($\sim E/150$)，这是沉淀强化合金的突出例子. f 值大的合金要求高温的固溶度大，通常这可以从相图上看出来. 另外，利用马氏体式相变以获得过饱和的固溶度也是一种很有效的办法：传统的马氏体钢中的碳化物沉淀强化的效应提供了一个典型的例子. 近年来钛基合金及马氏体时效钢(maraging steel)中金属间化合物的沉淀也都应用了这种效应. 还有一些尝试，直接将液相合金(在液相中元素多半能够互溶)淬火，使得一些固溶度极小的共晶合金也能获得高度弥散的过饱和固溶体[74]，这可能为解决这个问题开辟一条新的途径.

其次是第二相粒子的弥散度的问题，应该获得尽可能高的弥散度. 因为形成脱溶区或部分共格的中间沉淀相是获得高强度合金的有利条件. 一般说来，平衡沉淀相和基质不共格，界面能比较高，因而成核的临界尺寸很大，晶粒成长的驱动力也大，不易获得高度弥散的粒子.

影响强度的另一因素就是第二相粒子对位错的阻力. 大的错配度引起强的内应力场，对强化有利；界面能高或反相畴界能高，也对强化有利，这些都是发展沉淀硬化合金系统所需要考虑的因素. 另外一种办法就是直接采用高键合强度的第二相粒子使位错不易切割，弥散强化合金多半采用 Al_2O_3，ThO_2 这类高硬度的粒子获得强化的效应.

上面提出的三个影响强化的因素，相互之间也存在矛盾. 例如，弥散强化合金中第二相的强度特别高，但是由于制备工艺条件的限制，弥散度就差一些，因而室温强度并不能超过沉淀强化的合金，但由于热稳定性好，在高温使用才现示出其优越性. 又如二元合金中，高键合能的沉淀相又是和大的固溶度不相容的. 一种可能解决问题的办法是利用三元系合金. 在三元系中常能发现，当两种元素单独在基体中出现时，具有较大的固溶度，但并存时，可以形成稳定的沉淀相，Al-Zn-Mg 及 Al-Mg-Si 就是很好的例子.

通过高温淬火或高能粒子的辐照，可以在试样中形成过饱和的点缺陷及其集团，这也引起硬化的效应. 在许多方面，这和固溶及沉淀硬化有相似之处，这里就不细加讨论[75~79].

§28.7 两相合金加工硬化的理论

§28.6 中所述的实验结果表明，第二相粒子对加工硬化的影响和粒子本身是否发生范性形变有关：能够形变的粒子对加工硬化影响不大；而不能形变的硬粒子，对于加工硬化有深远的影响. 下面着重讨论不能形变的硬粒子对加工硬化的影响[80,81]. 当晶体屈服以后，位错按照奥罗万机制绕过第二相粒子，留下位错圈套在粒子上. 随着应变的增大，粒子上套的位错圈数也要增加，这样的位错圈将在粒子周围产生较大的切应力. 因此，形变超过一定限度(应变约 1%)后，这些位错圈就不稳定了，它可以在粒子周围基质内广泛地引起范性形变，产生许多棱柱位错圈来松弛硬粒子周围的弹性畸变(图 28.20 所示照片为铜晶体中 Al_2O_3 粒子周围的棱柱位错圈组). 这些棱柱位错可能是在应力作用下在粒子基质界面上成核的，或是滑移面的位错圈通过交滑移过程转变过来的. 由于棱柱位错圈组几乎没有长程应力场，因而是比较稳定的组态，只是随应变 γ 的增大，棱柱位错的密度 ρ 有相应的增加. 它的位错密度可以根据应变的协调条件来估计.

图 28.20 铜晶体中 Al_2O_3 粒子周围的棱柱位错圈组(切应变约 15%).

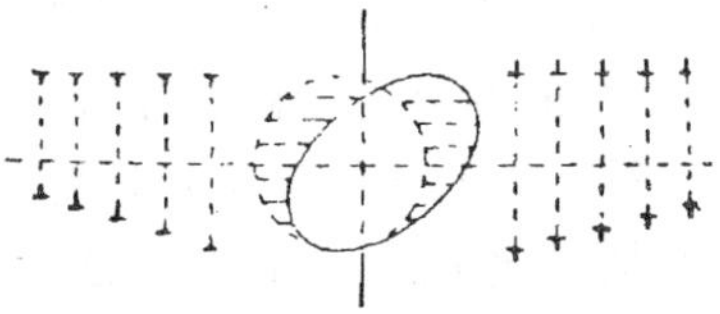

图 28.21 不能形变的硬粒子所产生的棱柱位错圈组(示意图).

设基质中嵌有半径为 r，体积为 V_p 的球形粒子. 当基质作了应变为 γ 的范性形变时，如果粒子随基质作 γ 的应变，粒子将变为图 28.21 中所示的椭球形. 但是事实上粒子不能形变，这样就需要在粒子右侧形成一组空位圈将图中的划线区域填补起来，在粒子左侧形成一组填隙原子圈将划线区域吃掉，使得粒子保持原来的球形. 两侧划线区域的体积各等于 $\frac{1}{2}V_{p}\gamma$(这个结果可以从假定粒子为正方形来算出). 这样，每个粒子周围的棱柱圈的总数为(假定棱柱圈的平均半径就等于 r)

$$n=\frac{V_{p}\gamma}{\pi r^{2}b}=\frac{4r\gamma}{3b}. \qquad (28.24)$$

单位体积中的粒子数为$\frac{f}{\frac{4}{3}\pi r^3}$($f$ 为第二相体积分数),位错圈的平均长度为 $2\pi r$,因此协调形变所产生的棱柱圈的位错密度 ρ_A 为

$$\rho_A = n \cdot \frac{3f}{4\pi r^3} \cdot 2\pi r = \frac{2f\gamma}{rb}. \tag{28.25}$$

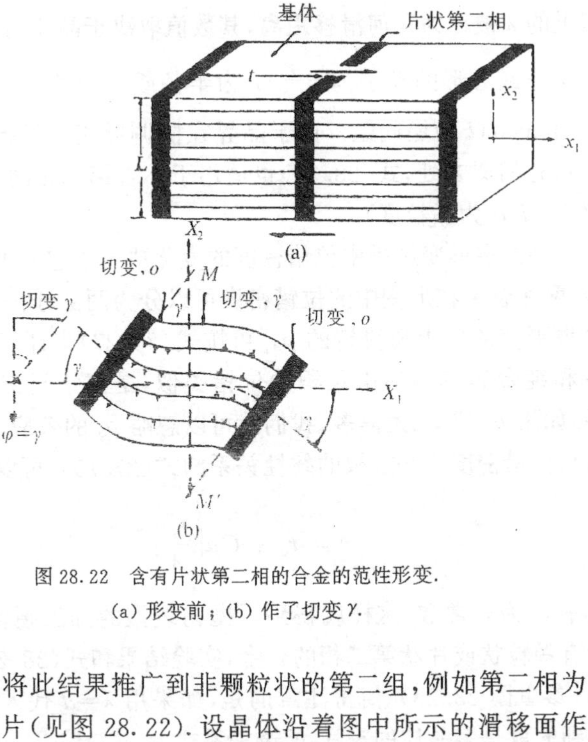

图 28.22 含有片状第二相的合金的范性形变.

(a) 形变前;(b) 作了切变 γ.

我们也可以将此结果推广到非颗粒状的第二组,例如第二相为间距为 l 的硬片(见图 28.22). 设晶体沿着图中所示的滑移面作切变,在每一滑移面的中央部分切应变为 γ,但滑移面两端和不能范性形变的硬片粘接在一起,相应的应变应为零. 这样就形成了滑移面左右两侧正反两个方向的点阵弯曲,弯曲的半径近似地等于 $R=\frac{l/2}{\gamma}$,协调形变所产生的位错密度

$$\rho_A = \frac{2\gamma}{bl}. \tag{28.26}$$

值得注意的是，式(28.26)和式(28.25)在形式上是相似的，只是以 l 代替了 $\frac{r}{f}$，因此我们推广到一般的情形. 由于不均匀形变协调条件的要求，所产生的位错密度可以表示为

$$\rho_A = \frac{2\gamma}{b\lambda}, \tag{28.27}$$

这里的 λ 被称为几何滑移距离，其数值取决于晶体的微观组织，对于球形或方形的粒子，$\lambda=\frac{r}{f}$(r 为半径或半边长)，对于片状的第二相，$\lambda=l$(l 为层间距). 由于晶界在协调形变中所起的作用和第二相有相似之处，式(28.27)也适用于不含第二相的多晶体，只需取 $\lambda=d$(d 为晶粒度).

晶体在形变过程中位错密度的变化决定了它的加工硬化的性能. 两相合金在形变中的位错密度可以分为两部分：一部分是由于协调形变的要求所决定的 ρ_A[可按式(28.27)来计算]；另一部分 ρ_S 和纯金属单晶体中聚积的位错类似，是位错间交互作用的结果. 如果 ρ_A 比 ρ_S 大得多，我们就可以忽略 ρ_S 的效应，根据流变应力与位错密度的平方根的线性关系的式(27.15)，可以求得

$$\tau = \tau_0 + C\mu\left(\frac{br}{\lambda}\right)^{\frac{1}{2}}, \tag{28.28}$$

其中 C 为一常数，这样就得到了抛物线型的加工硬化曲线. 对于含有颗粒状或片状第二相的合金，实验结果和式(28.28)吻合得很好(参看图 28.23). 值得注意的是，如果用 $\lambda=d$ 代入式(28.28)，得到的就是多晶体的霍耳-配奇关系式.

含有不能形变粒子的两相合金的屈服强度决定于粒子的间距 l[参看式(28.15b)]，当 l 处于 0.1～10μm 之间时，屈服强度也只不过为(μ/500)～(μ/50000)，因此要进一步缩小粒子间距，提高强度，技术上就遇到困难，不容易走通. 但利用两相合金强烈的加工硬化效应，倒是一条发展高强度材料的切实可行的道路. 第二相通过产生高密度的协调位错来提高强度，实际上就等于利用了推

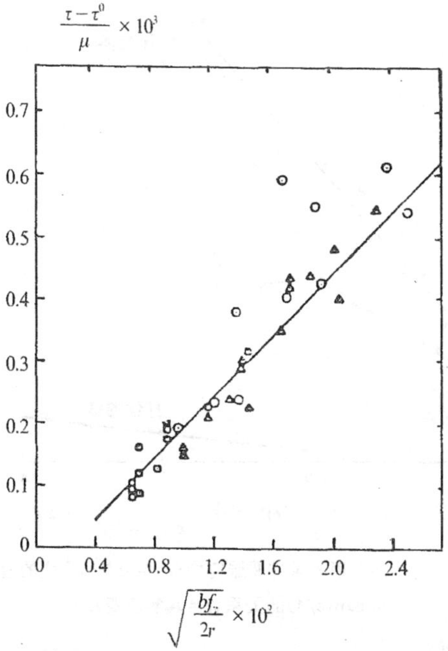

图 28.23　式(28.28)的验证(含有球形 SiO_2 粒子的铜单晶体).
斜率的理论值近似为 0.25;斜率的实验值为 0.24±0.04.

广的霍耳-配奇关系式

$$\sigma_f = \sigma_i + kd^{-\frac{1}{2}}, \tag{28.29}$$

这里的 d 应理解为胞状组织界壁的间距;第二相所起的作用是获得精细的胞状组织,并使得高位错密度的胞壁稳定下来.冷拉钢丝就是一个很好的实例.

图 28.24 示出了几种冷加工钢丝的条件屈服应力 σ_y(产生 0.2%应变的应力)和真实应变 ε 的关系,表明 σ_y 与 $\exp(\varepsilon/4)$ 存在直线关系.直线的斜率和钢种有关:纯铁的斜率很小,珠光体钢斜率就大得多;而细的珠光体的强化效应特别显著.这表示珠光体的

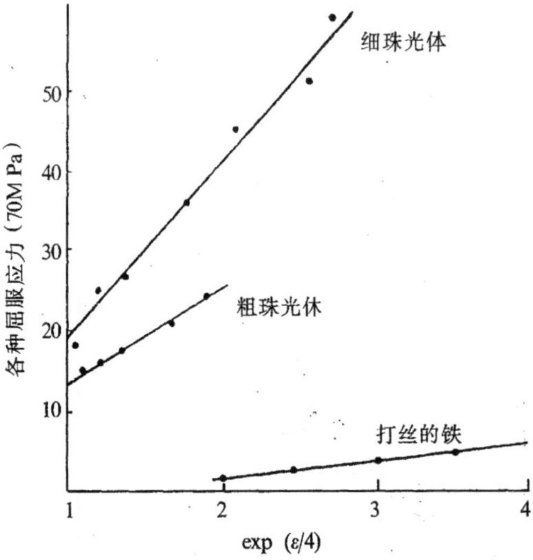

图 28.24 冷加工钢的条件屈服应力(产生 0.2%应变的应力)与 exp(ε/4)的关系(ε=真实应变).

复相组织(渗碳体的硬片和软的铁素体相交替)加强了加工硬化的效应.对冷拉钢丝的显微组织的观测,表明片状珠光体沿拉丝轴排列起来,出现长条形的胞状组织(参看图 28.25),而垂直于丝轴方向胞壁的间距 d 和珠光体的层间距相当,随钢丝直径 D 的变细而减小,存在如下的关系:

$$\frac{d_0}{d_\varepsilon}=\frac{D_0}{D_\varepsilon}, \tag{28.30}$$

这里的脚标"0"表示拉丝前的状态,脚标 ε 表示产生真实应变后的状态,由于 $\varepsilon=2\ln\left(\frac{D_0}{D_\varepsilon}\right)$,所以

$$\frac{d_0}{d_\varepsilon}=\exp\left(\frac{\varepsilon}{2}\right). \tag{28.31}$$

代入推广了的霍耳-配奇关系式(28.29),得到

$$\sigma_y = \sigma_i + k d_0^{-\frac{1}{2}} \exp\left(\frac{\varepsilon}{4}\right). \tag{28.32}$$

这就解释了图 28.24 所示的实验结果. 对于珠光体钢 k 为一常数, 约等于 30 MPa·$mm^{\frac{1}{2}}$; 珠光体原始的层间距 d_0 是决定冷拉钢丝强度的一个重要参量. 在实践中通常采用尽可能低的等温转变温度来获得细的层状珠光体(d_0～70nm).

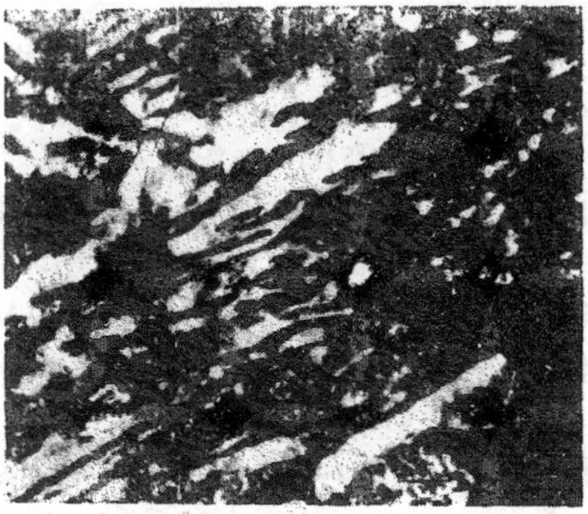

(a)

(b)

图 28.25　珠光体钢的电子衍衬像.

(a) 拉丝前 (×33,600);

(b) 拉丝后 (×49,200).

值得注意, 冷拉钢丝可以获得极其高的强度. 例如含炭 0.9%、锰 0.4%、硅 0.2%的共析钢, 截面收缩率为 98%, 拉伸强度达到 4200MPa, 约为理论屈服强度的 1/3, 为实用金属材料中强化效果最高的. 它的强度已经接近无位错晶须的强度, 但又和晶须不同, 冷拉钢丝的强度是稳定的, 可以在生产实践中应用(例如制造钢丝绳等). 冷拉钢丝的这种高强度的显微组织是很有启发性的, 看到的是沿拉伸轴伸长的胞状组织和沿拉伸轴排列起来的片状或丝状的硬第二相. 模拟这种显微组织就过渡到了纤维强化.

第十一编　参考文献

[1] Schmid, E, Boas, W., Kristallplastizität, Springer (1935); 钱临译,科学出版社(1958).

[2] Elam, C. F., Distortion in Metal Crystals, Oxford (1935).

[3] Cottrell, A. H., Dislocations and Plastic Flow in Crystals, Oxford (1953); 葛庭燧译,科学出版社(1960).

[4] Seeger, A., Kristallplastizität, Handbuch der Physik Ⅶ/Ⅱ Springer, (1958); 张鸿图译,科学出版社(1962).

[5] MeLean, D., Mechanical Properties of Metals, Wiley (1962).

[6] 晶体缺陷与金属强度(下册),1960 年固体物理理论学习报告汇编,科学出版社(1963).

[7] Seeger, A., Moderne Problems der Metallphysik, Band Ⅰ, Springer (1985).

[8] MeClintock, F. A., Argon, A. S., Mechanical Behavior of Materials, Addison-Wesley (1965).

[9] F.R.N. Nabarro (ed.) Dislocations in Solids, vol. Ⅳ, North Holland (1979).

[10] The Relation between the Structure and Mechanical Properties in Metals, N. P. L. Symposium, H. M. Stationary Office (1963).

[11] 张宏图、陈易之、固体的形变与断裂,高等教育出版社 (1989).

[12] Dieter, G., Mechanical Mettallurgy, McGraw-Hill (1961).

[13] Berghezan, A., Fourdeux, A., *J. Appl. Phys.*, **30**, 1913 (1959).

[14] Tsien, L. C. (钱临照), Chow, Y. S. (周如松), *Proc. Roy. Soc.*, **A163**, 912 (1937).

[15] Andrade, E. N. Da, C. and Chow, Y. S. (周如松), *Proc. Roy. Soc.*, **A175**, 962 (1940).

[16] Maddin, R. and Chen, N. K. (陈能宽), Geometrical Aspects of the Plastic Deformation of Metal Single Crystals, *Progr. Met. Phys.*, **5**, 53(1954)

[17] Christian, J. W., 见 Second International Conference on the Strength of Metals and Alloys, Conference Proceedings, A. S. M., (1970).

[18] Hirsch, P. B., *Progr. Met. Phys.*, **6**,236 (1956).

[19] Heidenreich, R. G. and Shockley, W., Report of the Conference on Strength of Solids, The Physical Society (1948).

[20] Hirsch, P. B., Patridge, P., Segall, E., *Phil. Mag.*, **4**,721(1959).

[21] Hull, D., 5th International Congress for Electron Microscopy, Academic Press (1962).

[22] Bell, R L., Cahn, R. W., *Proc. Roy. Soc.*, **A239**, 494 (1957).
[23] Thompson, N., Millard, D. J. *Phil. Mag.*, **43**, 422(1952).
[24] Venables, J. A., *Phil. Mag.*, **6**, 379 (1961).
[25] Fourie, J. T., Weinberg, F., Boswell, F. W. C., *Acta Met*, 851 (1960)
[26] Price, *Proc. Roy. Soc.*, **A260**, 251 (1961).
[27] Ogawa, K., Maddin, *R.*, *Acta Met.*, **12**, 713 (1964).
[28] Dorn, J. E., Mote, J. D., Materials Science Research, 1, Plenum Pres (1963).
[29] Macherauch, E., *Z. Metallkde*, **55**, 60 (1964).
[30] Barrett, C. S., Structure of Metals, McGraw-Hill (1953).
[31] Wassermann, G., Grewen, J., Texturen-Metallischer Werkstoffe, Springe (1962).
[32] Dillamore, I. L., Roberts, W. T. *Met Rev.*, **10**, 270 (1965).
[33] Smallman R. E., Green, D., *Acta Met.*, **12**, 145 (1964).
[34] Hibbard, W. R. and Yen, M. K. (颜鸣皋), *Trans. AIME*, **175**, 126 (1948)
[35] Calnan, E. A., Clews, C. J. B., *Phil. Mog.*, **41**, 1085 (1950); **42**, 616, 91 (1951).
[36] Dillamore, I. L., Roberts, W. T., *Acta Met.*, **12**, 281 (1964).
[37] Kelly, A., *Strong Solid*, Clarenden Press (1955).
[38] Mac Millan, N. H., *J. Mat. Sci.*, **7**, 239 (1972).
[39] Kelly, A., Davies, G. J., *Met. Eov.*, **10**, 1 (1965).
[40] Johnston, W. G., *J. Appl. Phys.*, **33**, 2716 (1962).
[41] Patel, J. R., Chaudhuri, A. B., *J. Appl. Phys.*, 2788 (1963).
[42] Dorn, J. E., Rajnak, S., *Trans. AIME*, **230**, 1052 (1964).
[43] Conrad, H., *J. Metals*, **16**, 582 (1964).
[44] Stein, D. F., Low, J. R., *J. Appl. Phys.*, **61**, 362 (1960).
[45] Stein, D. F., Low, J. R., Seybolt, A. V., *Acta Met.*, **11**, 1253 (1963).
[46] Basinski S. J., Basinski, Z. S., in [9].
[47] D. Kuhlmann-Wilsdorf, *Mat. Sci. Eng.*, **A113**, 1 (1989).
[48] Livingston, J. D., *J. Austral. Inst. Met.*, **8**, 15 (1963).
[49] Basinski, Z. S., Basinski, S. J., *Phil. Mag.*, **9**, 51 (1963).
[50] Hirsch, P. B., 见[10].
[51] Seeger, A., 见[10].
[52] Thompson, N., *Z. Metallkde*, **53**, 71 (1962).
[53] Suits, J. C., Chalmers, B., *Acta Met.*, **9**, 854 (1961).
[54] Hall, E. O., *Proc. Roy. Soc.*, **B64**, 747 (1951).

[55] Peteh, N. J. , *Acta Met.* , **12**, 59 (1964).

[56] Darken, L. S. , *Trans. Aom.* , **12**, 600 (1961).

[57] Gleiter, H. , *Prog. Mat. Sci.* , **33**, 1 (1990).

[58] Suryanarayana, C. , *Inter. Mat. Rev.* , **40**(2), 41 (1995).

[59] Siegel, R. W. , Fougere, G. E. , *Nano Stru. Mat.* , **6**, 205 (1995).

[60] Haasen, P. , 见[9].

[61] Suzuki, H. , 见[9].

[62] Fleisher, R. L. , Hibbard, w. R. , 见[10].

[63] Haasen, P. , *Z. Metallkde*, **55**, 55 (1964).

[64] Fleisher, R. L. , 见 D. Peckner, The Stengthening of Metals, Reinhold (1964).

[65] Cochardt, A. W. , Shoeck, G. , Wiedersich, H. , *Acta Met.* , **3**, 533 (1955).

[66] Schoeck, G. , Seeger, A. , *Acta Met.* , **3**, 469 (1959).

[67] Fleisher, R. L. , *Acta Met.* , **9**, 996 (1961).

[68] Fleisher, R. L. , 见[10].

[69] Baird, J. D. , Jamieson, A. , 见[10].

[70] Keh, A. S. , Leslic, W. C. , *Materials Science Research*, **1**. Plenum Press (1963).

[71] Flinn, P. A. , The Stengthening of Metals, Reinhold (1964).

[72] Kelly, A. , Nicholson, R. B. , Precipitation Hardening, *Progr. Mat. Sci.* , 10, 3, Pergamon Press (1963).

[73] Fine, M. E. , 见[10].

[74] Duwez, P. , Willens, R. H. , Klement, W. , *J. Appl. Phys.* , **31**, 1136 (1960).

[75] Levi, F. A. , *Supplemento Nuovo Cimento* 12, *Series* **10**(2) (1959).

[76] Cottrell, A. H. , et al. , Other Point Defects in Metals, Alloys, Inst. Metals (1958).

[77] Seeger, A. , Proc. , Geneva Conference of Peaceful Use of Atomic Energy, **6** (1958).

[78] Maddin, R. , Cottrell, A. H. , *Phil. Mag.* , **66**, 735 (1955).

[79] Saada, G. , Washburn, J. , *Proc. International Conference on Crystal Lattice Defects*, **1**, *Phys. Soc. Japan*, 43 (1963).

[80] Kelly, A. , Nicholson, R. B. , Strengthening Methods in Crystals, Elsevier (1971).

[81] Embury, J. D. , Fisher, R. M. , *Trans. AIME*, **236**, 1252 (1966).

第十二编　断裂和高温力学性质

吴希俊　孔庆平

引　言

断裂和高温力学性质是金属材料在使用过程中遇到的重要实际问题，也是金属物理学研究的重要内容．断裂和高温蠕变现象的研究始于19世纪后期和20世纪初期．很早就发现金属材料的力学性质对于不同层次的微观结构具有敏感性．研究断裂和高温力学性质的宏观规律及其与微观结构之间的关系，是金属物理学的重要内容之一，近几十年来得到很大发展．

关于断裂的宏观理论，格里菲斯(Griffith A. A.)[1]最早研究了裂纹在脆性断裂中的作用，并给出了脆性断裂应力与裂纹长度的关系．但是格里菲斯并未考虑裂纹尖端在外加应力作用下会发生范性形变，因此他的理论适用于完全脆性断裂．在裂纹尖端应力场和裂纹尖端发生小范围屈服的基础上，欧文(Irwin G. R.)[2]提出了线弹性断裂理论，并引入了描述材料抵抗断裂的性能的量，称为断裂韧度．线弹性断裂理论适用于高强度和超高强度材料．对这类材料的发展有指导作用．随后，赖斯(Rice J. R.)[3]提出了弹塑性理论．目前，线弹性和弹塑性断裂理论已被广泛用于断裂和高温力学性质的研究，并且是金属材料结构件安全设计的基础．关于断裂的微观机制，斯特劳(Stroh A. N.)[4]和科特雷耳[5]等人在50年代提出了延脆转变和裂纹成核的位错机制．70年代以后，关于裂纹和位错这两个控制金属断裂的基本缺陷之间相互作用的理论研究，以及裂纹尖端位错分布的研究，有了很大发展[6~8]. 进而对各种不同断裂现象的微观机制提出了新的解释. 随着凝聚态理论和计算技术的发展，关于断裂微观机制的研究逐步深入到了原子和电子的层次.

金属高温力学性质的一个显著特点是，它在高温下发生显著的蠕变. 本世纪上半叶，关于金属蠕变的研究主要在宏观规律方面，如蠕变随时间的变化规律，蠕变与温度和应力的经验关系，以及各种冶金因素对蠕变的影响等. 其目的主要是为了配制在高温下抗蠕变的合金，和找出由短期数据外推长期数据的方法. 50 年代以后，人们注意到把微观机制与宏观规律的研究结合起来. 对蠕变过程进行了金相、透射电镜、X 射线衍射和多种物理方法的观测. 在这些实验观测的基础上，形成了一些受到普遍重视的微观理论. 其中有莫特(Mott N. F.)[9]提出，并为威尔特曼(Weertman J.)[10]发展的位错攀移理论，以及纳巴罗和赫润(Nabarro F. R. N.-Herring C.)[11,12]提出的扩散蠕变理论. 晶界滑动在蠕变中的作用也得到了比较清楚的阐述. 70 和 80 年代以后，蠕变研究在以下两方面又有了新的进展. 其一是蠕变微观机制的研究进一步深入和扩展，如扩展位错在蠕变中的攀移过程、新型高温材料(如金属间化合物)的蠕变研究等. 其二是蠕变研究进一步接近材料的实际使用状态，如蠕变与疲劳交互作用的研究等.

从以上简要的历史回顾中可以看出，断裂和高温力学性质的研究，经历了从宏观到微观、并逐渐进入更深层次的过程. 其研究结果不仅丰富了金属物理学的内容，而且对实践起着日益显著的指导作用.

本编包括断裂和高温力学性质两章. 在断裂一章中，首先介绍断裂的一般性的宏观理论和微观理论，然后针对几个具体的断裂问题(包括延性断裂、脆性解理断裂、晶间断裂、延性脆性转变和疲劳断裂)的特征和微观机制，作进一步阐述. 在高温力学性质一章中，着重阐述高温力学性质的主要问题，即蠕变，包括蠕变的实验规律、结构变化和微观理论，以及有关的若干实际问题．回复和再结晶与高温力学性质密切相关，本章对它们也进行了介绍．

第二十九章 断　　裂

§29.1 断裂的基本类型

随着材料、温度、应力状态、加载速度的不同，金属的断裂表现出多种类型．根据断裂前发生范性形变的情况，大体可分为两类：一是延性断裂(ductile fracture)，在断裂前试样已经历了大量的范性形变；二是脆性断裂(brittle fracture)在表观上没有明显的范性形变的迹象，只有细致的观测才能在断口发现少量范性形变的痕迹．早期关于断裂的研究采用圆棒形拉伸试样，测定其应力-应变曲线(图 29.1)，曲线下面的面积代表断裂前试样吸收的能量．延性断裂吸收的能量大，是一种高能量的失效，脆性断裂的应变能很小，是一种低能量的失效．

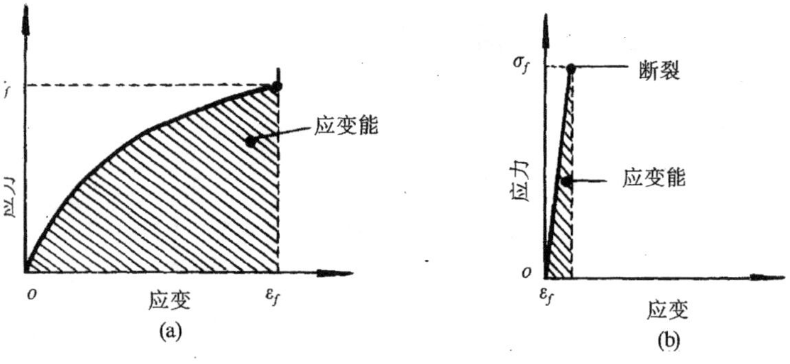

图 29.1　延性断裂(a)和脆性断裂(b)的应力-应变曲线(曲线下包含的面积为应变能，σ_f 和 ε_f 分别为断裂应力和断裂应变)．

拉伸试样断裂后的形状示于图 29.2．由图可见，完全脆性断裂的断裂面和张应力接近于正交[图 29.2(a)]，在单晶试样中表现为沿解理面的解理断裂[图 29.2(a)]．表 29.1 列出不同金属解理面的晶体学数据．在多晶试样中可能出现两种情况：一是沿解理面的穿晶断裂，断口上可以看到解理亮面[图 29.2(b)]；二是沿晶界的晶间断裂(断口呈颗粒状)[图 29.2(c)]，后一种情况和晶界上的脆化因素(例如沉淀相的析出或杂质原子的偏聚)有关．密集六角和体心立方金属都会发生脆断的现象，但是面心立方金属在一般的情况下不会发生脆断，除非晶界上存在有脆化因素．

延性断裂也有几种不同的表现形式：一种是切变断裂，例如密集六角金属单晶体沿基面作大量滑移后会发生这样形式的断裂，断裂面就是滑移面[图 29.2(d)]；另一种情况是试样在范性形变后产生缩颈，延性非常好的材料如金和铅，可以拉伸到缩成一点才断开[图 29.2(e)]，对于一般的延性金属，断裂由试样中心开始，然后沿图 29.2(f)所示的曲线断开，形成杯锥断口，杯锥断口的底部断面在低放大倍率下是灰色的，呈纤维状，故亦称为纤维断口．

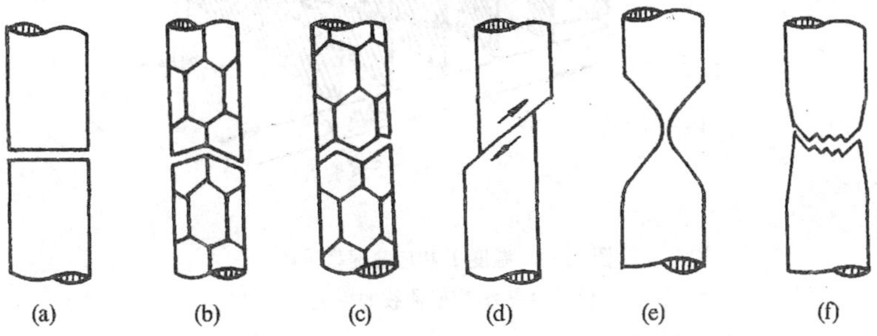

图 29.2　在拉伸试样上观察到的各种断裂类型．(a) 单晶的解理脆性断裂；(b) 多晶的解理脆性断裂；(c) 多晶的晶间脆性断裂；(d) 切变断裂；(e) 完全延性断裂；(f) 一般延性材料的杯锥状延性断裂．

金属的断裂类型除了与材料本身的化学组成和晶体结构等内在因素有关以外，还与温度、应变速率和环境介质等使用条件有关．在某些情况下表现为延性断裂，在另一种情况下则呈现脆性断裂．例如随使用时的温度降低和应变速率提高，金属材料的断裂由延性转变为脆性．图 29.3 示出温度和应变速率对材料的应力-应变曲线的影响．我们将区分断裂类型所应用的一些名称收集在表 29.2 中,要注意这些分类不是绝对的,例如断口也可能一部分为纤维状的,而另一部分则是颗粒状的．脆性断裂和延性断裂虽然存在着差别,但有时很难明确划出两者的分界线．另外,在特殊试验条件下的断裂也有专门的名称,例如交变载荷下的断裂称为疲劳断裂,高温蠕变引起的晶间断裂称为蠕变断裂．

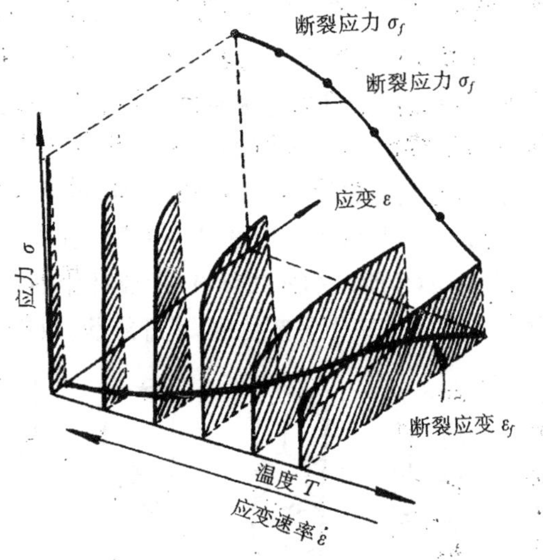

图 29.3 温度 T 和应变速率 $\dot{\varepsilon}$ 对材料的应力-应变曲线的影响．

断裂类型的鉴别主要根据断口(即断裂表面)形貌的分析,近年已发展出一门称为断口学的科学(fractography). 断口的观察和分析主要使用扫描电子显微镜和电子显微镜,通过对断口形貌特征的研究及断口上残留物的化学成分分析,可以准确地确定断裂的类型,并可分析产生断裂的原因．这门科学称为失效分析．断裂宏观力学理论的发展已成为结构材料选材和安全设计的基础．关于断裂的专著参看参考文献[13～21].

表 29.1　金属晶体的解理面

晶体结构	材　料	解理面
体心立方	Fe, W, Mo, Cr	(100)
密集六角	Zn, Be	(0001)
六　　角	Te	$(10\bar{1}0)$
菱形体心	Bi	(111)
	Sb	$(11\bar{1})$
	As	(111),(110)

表 29.2　金属断裂的分类

分类标准	应用的名词	
断裂前的范性形变	延　性	脆　性
晶体学特征	切　变	解　理
断口的面貌	纤　维	颗粒或亮面

§29.2　脆性断裂的格里菲斯理论

(a) *理论断裂强度*　完整晶体在正应力作用下沿着某一原子面被拉断时,其断裂强度(称为理论断裂强度)可简单估计如下:设想图 29.4 中被 mn 解理面分开的两半晶体其解理面间距为 d,沿拉力方向发生相对位移 x. 当位移很大时,位移和作用应力的关系就不是线性的. 原子间的交互作用最初是随 x 的增加而增大,达到一峰值 σ_m 后就逐渐下降(见图 29.5),σ_m 就是理论断裂强度. 在拉断后产生两个解理断面. 设单位面积表面能用 γ 表示. 在拉伸过程中,应力所作的功(即图 29.5 中曲线下面的面积),就应等于 2γ. 为了近拟地求出图 29.5 中曲线下面的面积,用一正弦曲线

$$\sigma = \sigma_m \sin\frac{2\pi x}{\lambda} \tag{29.1}$$

来代替原有的曲线,这里 $\lambda/4$ 为曲线峰值处的 x 值,因而

$$2\gamma = \int_0^{\lambda/2} \sigma_m \sin\left(\frac{2\pi x}{\lambda}\right) dx = \frac{\lambda\sigma_m}{\pi}. \tag{29.2}$$

对于无限小的位移,式(29.1)可简化为

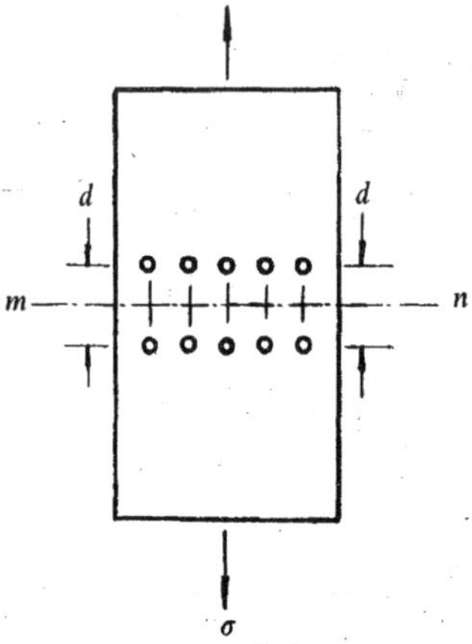

图 29.4 完整晶体拉断的示意图．
mn 为断裂面的迹线；d 表示原子面间距．

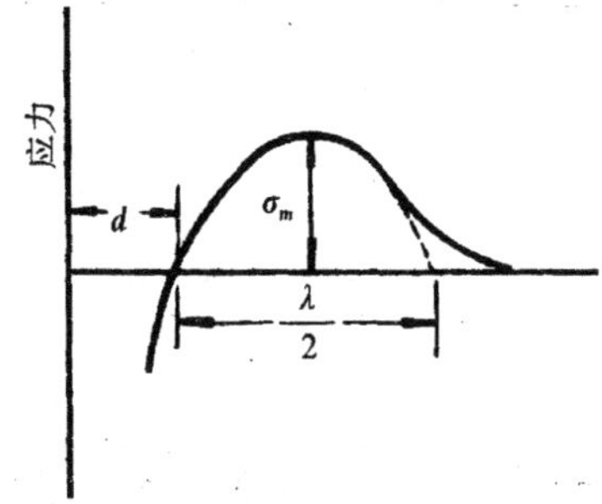

图 29.5 晶体中的内聚力与原子间距的关系．

$$\sigma = \sigma_m \cdot \frac{2\pi x}{\lambda} \tag{29.3}$$

而根据胡克定律（E 为杨氏模量）

$$\sigma = E\,\frac{x}{d} \tag{29.4}$$

可求得

$$\lambda = \frac{2\pi\sigma_m d}{E} \tag{29.5}$$

代入式(29.2)，就得出

$$\sigma_m = \left(\frac{E\gamma}{d}\right)^{1/2}. \tag{29.6}$$

对于铁，$\gamma \simeq 2000\mathrm{erg/cm}$，$E \simeq 2\times10^{12}\mathrm{dyn/cm^2}$，$d \simeq 2.5\times10^{-8}\mathrm{cm}$，得出 $\sigma_m \simeq 4\times10^{11}\mathrm{dyn/cm^2} = E/5$．对于一般固体，$\sigma_m$ 的数量级为 $E/5 \sim E/10$，但实际材料的断裂强度要比这个估计值低得多（只有它的 1/100～1/1000），这是由于存在缺陷的结果．只有毫无缺陷的晶须才能达到接近于 σ_m 值的断裂强度．

(b)格里菲斯的裂纹理论[1] 为了解释实际材料的断裂强度和理论强度的差异，格里菲斯[1]提出这样的设想，即材料中有微裂纹存在引起应力集中，使得断裂强度大为下降．对应于一定尺寸的裂纹，有一临界应力值 σ_c. 当外加应力低于 σ_c 时，裂纹不能扩大；只有当应力超过 σ_c 时，裂纹迅速扩大，导致断裂.

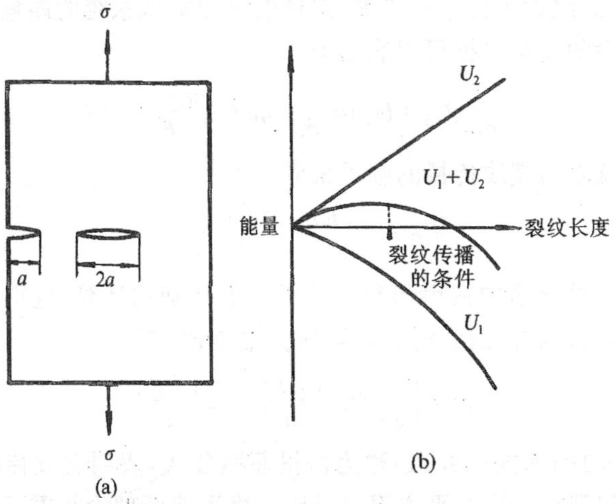

图 29.6 (a) 格里菲斯裂纹的示意图；(b) 裂纹的能量与长度关系的示意图.

设试样为一薄板，中间有一长度为 $2a$ 的裂纹（靠近边上长度为 a 的裂纹的情况是和它相似的）贯穿其间[图 29.6(a)]. 设板受到均匀张应力 σ 的作用，它和裂纹面正交. 在裂纹面两侧的应力被松弛掉了（应力比 σ 低），而在裂纹两端局部地区引起应力集中（应力远超过 σ）. 格里菲斯用能量条件导出 σ_c，即裂纹扩展所降低的弹性能恰好足以供给表面能的增加. 裂纹所松弛的弹性能可以近似地看作形成直径为 $2a$ 的无应力区域所释放出的能量（单位厚度），在松弛前弹性能密度等于 $\sigma^2/2E$，被松弛区域的体积为 πa^2，粗略估计弹性能的改变量等于 $-\pi a^2\sigma^2/2E$，更精确的计算求出的值为粗略估计值的一倍，即

$$U_1=-\frac{\pi a^2\sigma^2}{E}. \tag{29.7}$$

裂纹所增加的表面能（单位厚度）为

$$U_2=4a\gamma, \tag{29.8}$$

γ 为单位面积的表面能．U_1,U_2 及 U_1+U_2 和裂纹长度的关系可以用图 29.6(b)来表示．如果裂纹的长度对应于能量 U_1+U_2 的极大值，裂纹就可自发地扩展(这样的过程降低系统的能量)，因而裂纹传播的能量判据可以表示为

$$\frac{\mathrm{d}}{\mathrm{d}a}(U_1+U_2)=\frac{\mathrm{d}}{\mathrm{d}a}\left(4a\gamma-\frac{\pi a^2\sigma^2}{E}\right)=0. \qquad (29.9)$$

这样就求出裂纹传播的临界张应力为

$$\sigma_c=\left(\frac{2E\gamma}{\pi a}\right)^{1/2}\simeq\left(\frac{E\gamma}{a}\right)^{1/2} \qquad (29.10)$$

对于三维介质中钱币形裂纹进行过更精确的计算，也得出类似的结果，只是数值因素略有差异(ν 为泊桑比)[22]

$$\sigma_c=\left(\frac{0.9}{1-\nu^2}\right)\left(\frac{E\gamma}{a}\right)^{1/2}\simeq\left(\frac{E\gamma}{a}\right)^{1/2}. \qquad (29.11)$$

式(29.10)和式(29.11)称为格里菲斯公式，表明裂纹传播的临界应力和裂纹长度的平方根成反比．格里菲斯理论的重要贡献是将裂纹看作材料中的重要缺陷，这是裂纹研究的开端．

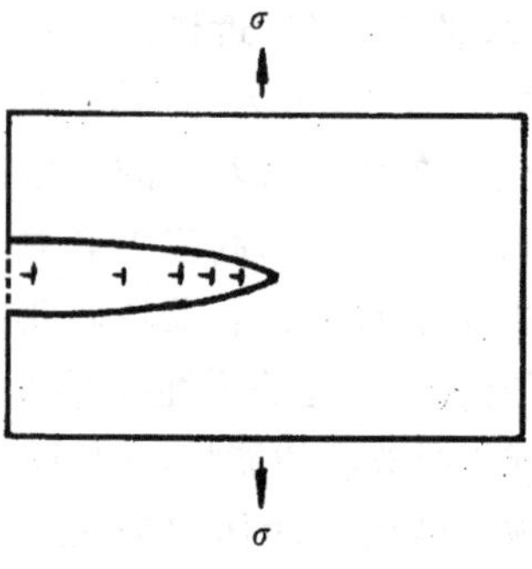

图 29.7　裂纹位错的示意图．

我们也可以利用位错理论来推导格里菲斯公式[23,16]．裂纹两端的相对位移可以看成 n 个柏格斯矢量为 $\boldsymbol{b}$ 的刃型位错沿攀移而排列的结果(图 29.7)，裂纹两端的最大位移就等于 na．在张应力 σ 作用下，这一列位错应达到塞积群的平衡组态，即各个位错受力等于零，这和裂纹表面应力为零的边界条件相当．裂纹半长度 a 与最大位移的关系式，就可以利用位错塞积群的公式可得出

$$a=\frac{nb\mu}{n(1-\nu)\sigma}=\frac{nbE}{2\pi(1-\nu^2)\sigma} \quad . \qquad (29.12)$$

裂纹的长度扩展，对应于整个位错向前攀移，外应力对位错列所作功应和表面能的增加平衡，

$$\sigma_c nb = 2\gamma . \qquad (29.13)$$

结合式(29.11),消去 nb,就得到数值因素略有差异的格里菲斯公式.

将有裂纹存在的断裂强度式(29.10)和理论断强度对比,可求出

$$\frac{\sigma_m}{\sigma_c} = \left(\frac{a}{d}\right)^{1/2}, \qquad (29.14)$$

这个结果也可以这样来理解:裂纹在其两端引起了应力集中,将外加应力放大$\left(\frac{a}{d}\right)^{\frac{1}{2}}$倍,使局部地区达到理论强度,而导致断裂.

应用格里菲斯的理论可以说明实际断裂强度和理论强度的差异,只需假定材料中存在一定尺寸的微裂纹,式(29.14)中 $d \simeq 2\times 10^{-8}$cm,a 为 2×14^{-4}cm 的裂纹即可使断裂强度降为理论值的百分之一.一般脆性材料,如玻璃、硅、锗等,由于少量夹杂物和表面损伤,都含有微裂纹.钱临照等[24]用钠蒸气缀饰法显示出玻璃的表面上的确存在这样尺度的微裂纹,证实了格里菲斯理论的预测.如果用氢氟酸将损伤的表面层去除后,断裂强度就大为提高.岩盐晶体的脆性也和表面损伤有关,约飞(Иоффе, А. Ф.)[25]将晶体浸在温水中溶掉其表面层来进行试验,也发现断裂强度从 0.5kg/mm^{2}提高到 160kg/mm^2.

微裂纹的数量不必很多,有一个合适的微裂纹就能导致断裂,这可以说明试样尺寸对于断裂强度的影响.有人研究了不同尺寸锗晶体的强度[26],试样都从大块晶体中割出,并进行化学抛光,当试样直径接近于 1μm 时,强度就接近于理论值 σ_m.将在临界尺寸范围内断开的两半试样再进行试验,强度就比原来要高.这个结果表明原来的试样中只包含一个满足格里菲斯判据的裂纹.

下述的实验事实也支持表面能是决定断裂强度的一个关键因素.有一些表面活性介质可以降低固体的表面能,从而使固体的断裂强度下降[27].这个效应已经在生产中得到了应用,即利用表面活性剂来提高对岩石钻孔的效率.

(c) *格里菲斯公式的修正* 至于格里菲斯理论是否适用于金属材料的脆断问题,还需要作进一步探讨. 的确,有不少冶金过程可以在金属中形成微裂纹,例如冷热加工,夹杂物与第二相处的应力集中,表面损伤和缺口等. 但严格说来,金属中不存在纯粹的脆性断裂. 一些表观上看来是脆性断裂,实质上是半脆性断裂,因为其裂纹的成核和传播过程还是和局部区域的范性形变息息相关的. 由于格里菲斯理论没有考虑范性形变的问题,因此对它需要作适当的修正和补充,才能说明金属中的问题.

奥罗万(Orowan)[28]首先提出裂纹扩展时,裂纹尖端由于应力集中,裂尖局部区域内会发生范性形变. 范性形变所消耗的能量成为裂纹扩展所消耗的能量的一部分. 因此他提出格里菲斯公式中的表面能除了包括弹性表面能之外,还应当包括裂尖发生范性形变之消耗的塑性功 γ_p,因此式(29.11a)应当修正为

$$\sigma=\left[\frac{2E(\gamma_e+\gamma_p)}{\pi a}\right]^{\frac{1}{2}}. \tag{29.15}$$

实验表明,许多金属的 γ_p 比 γ_e 大得多,有的要大 10^3 倍,因此金属的断裂强度要高得多.

欧文[29]提出用能量释放率 G 描述裂纹扩展单位长度时裂纹表面能量的增量

$$G=\frac{\partial U}{\partial a}, \tag{29.16}$$

并提出

$$G=(\gamma_e+\gamma_p). \tag{29.17}$$

因此将格里菲斯公式和奥罗万公式统一为

$$\sigma=\begin{cases}(EG/\pi a)^{1/2}, & \text{平面应力},\\ [EG/\pi a(1-\nu^2)]^{1/2}, & \text{平面应变}.\end{cases} \tag{29.18}$$

§29.3 裂纹的弹性场

格里菲斯脆性断裂强度理论的提出使人们认识了裂纹在材料脆性断裂中的重要作用,此后关于裂纹的研究受到重视. 奥罗万

提出断裂强度应当包括裂纹尖端范性功的贡献，但是裂纹尖端的范性形变十分复杂，因此范性功的计算至今仍未解决．为了研究裂纹尖端的范性形变，必须首先研究裂纹的应力场．这方面的研究得到较好发展的是裂纹尖端弹性应力场．在线性弹性理论的基础上，对裂纹应力场的研究发展出一门称之为线弹性断裂力学的理论．本节介绍该理论的主要结果，包括裂纹尖端的应力和位移分布，裂纹尖端发生范性形变的区域（称为裂尖范性区）的尺寸和形状，发生范性区以后裂尖的钝化，以及裂尖应力强度的描述．

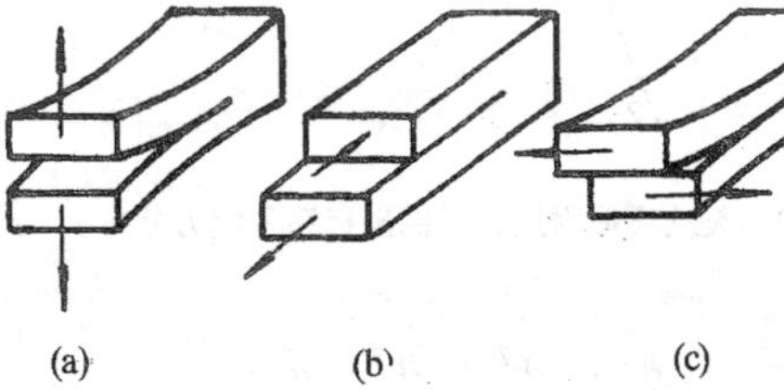

图 29.8　三种裂纹类型：(a) Ⅰ型（张开型）；(b) Ⅱ型（滑开型）和 (c) Ⅲ型（撕开型、或称剪切型）．

根据外加应力和裂纹扩展方向之间的关系，将裂纹分为三种类型（也称为三种裂纹加载类型）（图 29.8）．若外加应力垂直于裂纹面，裂纹在外加应力作用下张开并沿着与外加应力垂直的方向扩展，称为Ⅰ型裂纹或张开型裂纹[图 29.8(a)]；若裂纹受到如图 29.8(b)所示的切应力的作用，裂纹以滑动的方式扩展，称为Ⅱ型裂纹或滑开型裂纹；若裂纹受到如图 29.8(c)所示的切应力的作用，裂纹以撕裂的方式扩展，则称为Ⅲ型裂纹或撕开型（或剪切型）裂纹．相应的三类断裂方式分别称为Ⅰ型、Ⅱ型和Ⅲ型断裂．

(a) *裂纹尖端弹性应力场*　考虑单位厚度的无限大薄板中一个长度为 $2a$ 的Ⅰ型穿透裂纹[图 29.6(a)]，在无限远处受到双向拉伸应力的作用，裂纹平行于 Z 轴方向，下面求裂纹尖端的应力场．根据第一卷附录 7.Ⅰ关于弹性力学基础知识，裂尖应力场由

应力平衡方程求解．为此要寻找满足双谐和方程和边界条件的应力函数 x

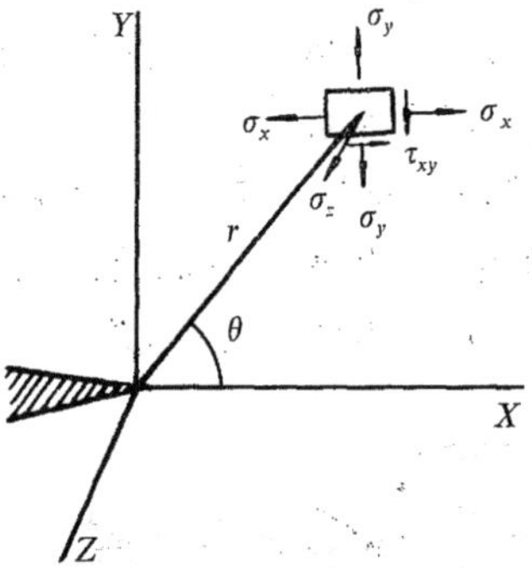

图 29.9　裂纹顶端附近的局部坐标系和应力分布．

$$\nabla^4 x=\left(\frac{\partial^2}{\partial x^2}+\frac{\partial^2}{\partial y^2}\right)\left(\frac{\partial^2}{\partial x^2}+\frac{\partial^2}{\partial y^2}\right)x=0. \qquad (29.19)$$

在裂纹体中引入坐标(图 29.9)，(Z 轴垂直于纸面)边界条件为

当 $z\to\infty$时，则

$$\begin{cases}\sigma_{xx}=\sigma_{yy}=\sigma,\\ \sigma_{xy}=0(\text{张开型}).\end{cases} \qquad (29.20)$$

应用魏斯特加特(Westergard)[30]提出的满足双谐和方程的应力函数

$$x=\mathrm{Re}\,\bar{\bar{Z}}+y\mathrm{Im}\bar{Z}, \qquad (29.21)$$

式中

$$\bar{Z}=\frac{\mathrm{d}\,\bar{\bar{Z}}}{\mathrm{d}z},\quad Z=\frac{\mathrm{d}\bar{Z}}{\mathrm{d}z},\quad Z'=\frac{\mathrm{d}Z}{\mathrm{d}z},$$

$$Z=f(z)=\frac{\sigma z}{[(z+a)(z-a)]^{1/2}}.$$

式(29.21)中的 Re 和 Im 分别为复变函数的实部和虚部．由弹性理论第一卷附录 7.Ⅰ，各应力分量为应力函数 x 的二阶偏微商

$$\sigma_{xx}=\frac{\partial^2 x}{\partial x^2},\sigma_{xy}=-\frac{\partial^2 x}{\partial x\partial y},\sigma_{yy}=\frac{\partial x}{\partial y^2}. \tag{29.22}$$

下面求解式(29.22). 由式(29.21)得

$$\frac{\partial x}{\partial y}=\frac{\partial}{\partial y}(\mathrm{Re}\,\bar{\bar{Z}})+\mathrm{Im}\,\bar{Z}+y\frac{\partial}{\partial y}(\mathrm{Im}\,\bar{Z}). \tag{29.23}$$

由柯西-黎曼关系

$$\begin{cases}\dfrac{\partial}{\partial x}\mathrm{Re}f(z)=\dfrac{\partial}{\partial y}\mathrm{Im}f(z),\\[2ex]\dfrac{\partial}{\partial y}\mathrm{Re}f(z)=-\dfrac{\partial}{\partial x}\mathrm{Im}f(z).\end{cases}$$

可将式(29.23)简化为

$$\frac{\partial x}{\partial y}=y\mathrm{Re}Z,$$

进而可得

$$\sigma_{xx}=\frac{\partial^2 x}{\partial x^2}=\mathrm{Re}Z-y\mathrm{Im}z'.$$

同理可得

$$\sigma_{yy}=\mathrm{Re}Z+y\mathrm{Im}z',$$

$$\sigma_{xy}=-y\mathrm{Re}z'. \tag{29.24}$$

下面证明对于平面应变情形式(29.24)中各应力分量满足边界条件(29.20). 平面应变情形 Z 方向的位移分量应为零,$U_z=0$,因此 Z 方向的应变为零,即 $\varepsilon_{zz}=0$,而且 $\varepsilon_{yz}=\varepsilon_{xz}=0$. 另一方面,各应力分量还满足附录 7. I 中式(7.282)的关系

$$\begin{cases}\sigma_{xz}=\sigma_{yz}=0,\\ \sigma_{zz}=\nu(\sigma_{xx}+\sigma_{xy}).\end{cases} \tag{7.282}$$

注意式(29.21),当 $z\to\infty$ 时,$z\pm a\to z$,此时 $z\to\sigma$,$z'=0$,因此由式(29.24)可得

$$\sigma_{xx}=\sigma,\sigma_{yy}=\sigma\ ,\sigma_{xy}=0,$$

亦即边界条件式(29.20)得到满足.

下面进一步求解式(29.24)中各应力分量与裂纹尖端球坐标 r 和 θ 之间的关系. 引入变量.

$$\zeta = re^{i\theta} = (x - a) + iy. \tag{29.25}$$

在很靠近裂纹尖端处

$$\zeta = z - a. \tag{29.26}$$

当$|\zeta| \to 0$时，有$z + a = 2a$和$z - a = \zeta$，代入式(29.21)得

$$z = \frac{\sigma a}{\sqrt{2a\zeta}} = \sigma\sqrt{\frac{a}{2}}\zeta^{-1/2}. \tag{29.27}$$

应用式(29.25)，可得

$$z = \sigma\sqrt{\frac{a}{2}}(\cos\theta - i\sin\theta). \tag{29.28}$$

将式(29.28)中z函数的实部$\mathrm{Re}z$和虚部$\mathrm{Im}z$代入式(29.24)，并引入参量(对于I型断裂)

$$K_{\mathrm{I}} = \sigma\sqrt{\pi a}, \tag{29.29}$$

则可得I型裂纹尖端各应力和位移分量如下：

$$\left.\begin{matrix}\sigma_{xx}\\ \sigma_{yy}\\ \sigma_{xy}\end{matrix}\right\} = \frac{K_{\mathrm{I}}}{(2\pi r)^{1/2}} \cdot \begin{cases}(\cos\theta/2)[1 - \sin(\theta/2)\sin(3\theta/2)],\\ (\cos\theta/2)[1 + \sin(\theta/2)\sin(3\theta/2)],\\ \sin(\theta/2)\cos(\theta/2)\cos(3\theta/2);\end{cases}$$

$$\left.\begin{matrix}\sigma_{rr}\\ \sigma_{\theta\theta}\\ \sigma_{r\theta}\end{matrix}\right\} = \frac{K_{\mathrm{I}}}{(2\pi r)^{1/2}} \cdot \begin{cases}(\cos\theta/2)[1 + \sin^2(\theta/2)],\\ \cos^3(\theta/2),\\ \sin(\theta/2)\cos^2(\theta/2);\end{cases}$$

$$\begin{aligned}&\sigma_{zz} = \nu'(\sigma_{xx} + \sigma_{yy}) = \nu'(\sigma_{rr} + \sigma_{\theta\theta}),\\ &\sigma_{xz} = \sigma_{yz} = \sigma_{rz} = \sigma_{\theta z} = 0,\\ &u_z = -(\nu''z/E)(\sigma_{xx} + \sigma_{yy}) - (\nu''z/E)(\sigma_{rr} + \sigma_{\theta\theta});\end{aligned} \tag{29.30}$$

$$\left.\begin{matrix}u_x\\ u_y\end{matrix}\right\} = \frac{K_{\mathrm{I}}}{2E}\left(\frac{r}{2\pi}\right)^{1/2} \cdot \begin{cases}(1 + \nu)[(2k - 1)\cos(\theta/2) - \cos(3\theta/2)],\\ (1 + \nu)[(2k + 1)\sin(\theta/2) - \sin(3\theta/2)];\end{cases}$$

$$\left.\begin{matrix} u_r \\ u_\theta \end{matrix}\right\} = \frac{K_{\mathrm{I}}}{2E}\left(\frac{r}{2\pi}\right)^{1/2} \cdot \begin{cases} (1+\nu)[(2k-1)\cos(\theta/2) - \cos(3\theta/2)], \\ (1+\nu)[-(2k+1)\sin(\theta/2) + \sin(3\theta/2)]. \end{cases}$$

同理，引入Ⅱ型和Ⅲ型裂纹相应的参量

$$K_{\mathrm{II}} = s\sqrt{\pi a}, \qquad K_{\mathrm{III}} = \tau\sqrt{\pi a}, \tag{29.31}$$

式中 s 和 τ 为切应力，则可得Ⅱ型裂纹尖端的应力和位移分量如下：

$$\left.\begin{matrix} \sigma_{xx} \\ \sigma_{yy} \\ \sigma_{xz} \end{matrix}\right\} = \frac{K_{\mathrm{II}}}{(2\pi r)^{1/2}} \cdot \begin{cases} -(\sin\theta/2)[2 + \cos(\theta/2)\cos(3\theta/2)], \\ \sin(\theta/2)\cos(\theta/2)\cos(3\theta/2), \\ (\cos\theta/2)[1 - \sin(\theta/2)\sin(3\theta/2)]; \end{cases}$$

$$\left.\begin{matrix} \sigma_{rr} \\ \sigma_{\theta\theta} \\ \sigma_{r\theta} \end{matrix}\right\} = \frac{K_{\mathrm{II}}}{(2\pi r)^{1/2}} \cdot \begin{cases} (\sin\theta/2)[1 - 3\sin^2(\theta/2)], \\ -3\sin(\theta/2)\cos^2(\theta/2), \\ (\cos\theta/2)[1 - 3\sin^2(\theta/2)]; \end{cases}$$

$$\sigma_{zz} = \nu'(\sigma_{xx} + \sigma_{yy}) = \nu'(\sigma_{rr} + \sigma_{\theta\theta}),$$

$$\sigma_{xz} = \sigma_{yz} = \sigma_{rz} = \sigma_{\theta z} = 0; \tag{29.32}$$

$$u_z = -(\nu'' z/E)(\sigma_{xx} + \sigma_{yy}) = -(\nu'' z/E)(\sigma_{rr} + \sigma_{\theta\theta}).$$

$$\left.\begin{matrix} u_x \\ u_y \end{matrix}\right\} = \frac{K_{\mathrm{II}}}{2E}\left(\frac{r}{2\pi}\right)^{1/2} \cdot \begin{cases} (1+\nu)[(2k+3)\sin(\theta/2) + \sin(3\theta/2)], \\ -(1+\nu)[(2k-3)\cos(\theta/2) + \cos(3\theta/2)]; \end{cases}$$

$$\left.\begin{matrix} u_r \\ u_\theta \end{matrix}\right\} = \frac{K_{\mathrm{II}}}{2E}\left(\frac{r}{2\pi}\right)^{1/2} \cdot \begin{cases} (1+\nu)[-(2k-1)\sin(\theta/2) + 3\sin(3\theta/2)], \\ (1+\nu)[-(2k+1)\cos(\theta/2) + 3\cos(3\theta/2)]. \end{cases}$$

Ⅲ型裂纹尖端应力和位移分量为

$$\sigma_{xx} = \sigma_{yy} = \sigma_{rr} = \sigma_{\theta\theta} = \sigma_{zz} = 0, \qquad \sigma_{xy} = \sigma_{r\theta} = 0;$$

$$\left.\begin{matrix} \sigma_{xz} \\ \sigma_{yz} \end{matrix}\right\} = \frac{K_{\mathrm{III}}}{(2\pi r)^{1/2}} \cdot \begin{cases} -\sin(\theta/2), \\ \cos(\theta/2); \end{cases} \tag{29.33}$$

$$\left.\begin{matrix} \sigma_{rz} \\ \sigma_{\theta z} \end{matrix}\right\} = \frac{K_{\mathrm{III}}}{(2\pi r)^{1/2}} \cdot \begin{cases} \sin(\theta/2), \\ \cos(\theta/2); \end{cases}$$

$$u_z = (K_{\mathrm{III}}/2E)(r/2\pi)^{1/2}[2(1+\nu)\sin(\theta/2)],$$

$$u_x = u_y = u_r = u_\theta = 0.$$

式(29.30)，(29.32)和式(29.33)中的系数为

$$k=\frac{(3-\nu)}{(1+\nu)},\quad \nu'=0,\quad \nu''=\nu \qquad (\text{平面应变}),$$
$$k=(3-4\nu),\quad \nu'=\nu,\quad \nu''=0 \qquad (\text{平面应力}). \tag{29.34}$$

由式(29.30)至式(29.33)可以看出,裂纹尖端各应力分量均正比于参量 K_{I},K_{II}和 K_{III},这些参量仅与外加正应力(或切应力)和裂纹长度有关,称为应力强度因子.裂纹尖端的应力场由应力强度因子单值决定,而且具有 $r^{-\frac{1}{2}}$奇异性.

(b) *应力强度因子与格里菲斯断裂强度的关系* 考虑无限大薄板中存在一个长度为 $2a$ 的格里菲斯裂纹.设在外力作用下,裂纹两端各扩展 Δa. 下面计算裂纹扩展所释放的弹性能.裂纹扩展过程中 Δa 内 x 点在 Y 方向(外力方向)发生的位移可以由式(29.30)求得,将 $r=(\Delta a-x)$和 $\theta=\pi$ 代入,得

$$u_y=\frac{2K_{\mathrm{I}}}{\mu}\sqrt{\frac{\Delta a-x}{2\pi}}(1-\nu). \tag{29.35}$$

由胡克定律,裂纹扩展($2\Delta a$)所需的弹性能为

$$4\int_0^{\Delta a}\frac{\sigma_{yy}}{2}u_y\mathrm{d}x,$$

式中

$$\sigma_{yy}=K_{\mathrm{I}}/\sqrt{2\pi x},\ \text{应用积分分式}$$

$$\int_0^{\Delta a}\sqrt{\frac{\Delta a-x}{x}}dx=\frac{\pi\cdot\Delta a}{2}$$

可得

$$4\int_0^{\Delta a}\frac{\sigma_{yy}u_y}{2}\mathrm{d}x=\frac{2(1-\nu^2)K_{\mathrm{I}}^2}{E}\Delta a. \tag{29.36}$$

裂纹扩展过程中表面能的增加为 $4\gamma\Delta a$. 略去热效应,裂纹扩展的条件是释放的弹性能等于表面能的增加,由此求得裂纹扩展时的临界应力强度因子 $K_{\mathrm{I}c}$为

$$K_{\mathrm{I}c}=\sqrt{\frac{2\gamma E}{1-\nu^2}}. \tag{29.37}$$

将式(29.37)代入式(29.29)可求得脆性断裂强度为

$$\sigma_c = \sqrt{\frac{2\gamma E}{\pi a(1-\nu^2)}} = \frac{K_{\mathrm{I}c}}{\sqrt{\pi a}}. \tag{29.38}$$

上式给出格里菲斯脆性断裂强度与应力强度因子 $K_{\mathrm{I}c}$的关系，表明当外加应力达到临界值 σ_c 时，裂纹开始失稳扩展，此时应力强度因子 K_{I} 也达到临界值 $K_{\mathrm{I}c}$. 因此，在线弹性断裂情形，裂纹发生失稳扩展的条件，也即断裂判据如下：对于平面应变情形，有

$$K_{\mathrm{I}} = K_{\mathrm{I}c}, \text{或 } \sigma_c = \sqrt{\frac{2\gamma E}{\pi a(1-\nu^2)}}. \tag{29.39}$$

同理，对于平面应力情形，有

$$K_I = K_c \text{ 或 } \sigma_c = \sqrt{\frac{2\gamma E}{\pi a}}. \tag{29.40}$$

$K_{\mathrm{I}c}$和 K_c表示裂纹发生失稳扩展时的临界值，是材料抵抗裂纹扩展的性能的一种度量，称为材料的断裂韧度（fracture toughness）[2].

线弹性脆性断裂是由于弹性能的释放．根据欧文[29]定义的弹性能释放率（亦即裂纹边缘扩展单位面积所释放的弹性能）为裂纹扩展力，可以证明，对于 I 型平面应变裂纹，作用于裂纹尖端的裂纹扩展力为 G_{I}

$$G_{\mathrm{I}} = \frac{K_{\mathrm{I}}^2(1-\nu^2)}{E}. \tag{29.41}$$

裂纹开始失稳扩展时，K_{I} 达到 $K_{\mathrm{I}c}$，G_I 达到临界值 $G_{\mathrm{I}c}$

$$G_{\mathrm{I}c} = \frac{K_{\mathrm{I}c}^2(1-\nu^2)}{E}. \tag{29.42}$$

对于平面应力情形，则

$$G_{\mathrm{I}} = \frac{K_{\mathrm{I}}^2}{E}, \quad G_c = \frac{K_c^2}{E}. \tag{29.43}$$

（c）裂纹尖端范性区　前面关于裂纹尖端应力场的分析未考虑到裂纹尖端在外加应力作用下会发生范性形变，适用于完全脆性断裂的材料，如玻璃等．但是大多数实际金属材料在外力作用下裂纹尖端会由于屈服而发生范性形变，并通过范性形变弛豫应

力，引起裂纹尖端应力场发生变化．裂尖范性变形区域称为范性区(plastic zone)．当范性区的尺寸比裂纹的尺寸小得多时，称为小范围屈服．前述的线弹性断裂力学理论加以适当修正可以适用于小范围屈服情形．下面讨论范性区的大小，及其对应力强度因子和裂纹扩展力的影响．

对于I型断裂，式(29.30)给出了平行于 X，Y 和 Z 轴的应力分量，代入下式：

$$\begin{vmatrix} \sigma-\sigma_{xx} & -\sigma_{xy} & 0 \\ -\sigma_{xy} & \sigma-\sigma_{yy} & 0 \\ 0 & 0 & \sigma-\sigma_{zz} \end{vmatrix}=0, \tag{29.44}$$

可求出平行于 xy 平面的两个主应力 σ_1 和 σ_2 以及垂直于 xy 平面的主应力 σ_3

$$\left.\begin{matrix}\sigma_1\\ \sigma_2\end{matrix}\right\}=\frac{K_1}{\sqrt{2\pi r}}\cos\theta\cdot\begin{cases}\left(1+\sin\dfrac{\theta}{2}\right), \\ \left(1-\sin\dfrac{\theta}{2}\right),\end{cases} \tag{29.45}$$

$$\sigma_3=\sigma_{zz}.$$

对于平面应力状态，各应力分量与屈服应力 σ_{ys} 之间满足冯-密塞斯(Von-Mises)判据

$$(\sigma_1-\sigma_2)^2+(\sigma_2-\sigma_3)^2+(\sigma_3-\sigma_1)^2\geqslant 2\sigma_{ys}^2. \tag{29.46}$$

对于平面应力状态，$\sigma_3=\sigma_{33}=0$．将式(29.45)代入上式，可求得范性区的极坐标 r 为

$$r\leqslant\frac{K_1^2\cos^2\dfrac{\theta}{2}\cdot\left(1+3\sin^2\dfrac{\theta}{2}\right)}{2\pi\sigma_{ys}^2}. \tag{29.47}$$

图 29.10 示出 $r\cdot 2\pi\sigma_{ys}^2/K_1^2$ 随 θ 的变化状况．当 $\theta=0$ 时，范性区在 X 轴上的宽度为

$$r_0=\frac{1}{2\pi}\cdot\left(\frac{K_1}{\sigma_{ys}}\right)^2, \tag{29.48}$$

r_0 称为平面应力情形范性区的特征尺寸．对于平面应变情形，σ_3 不等于零，由式(29.30)，和

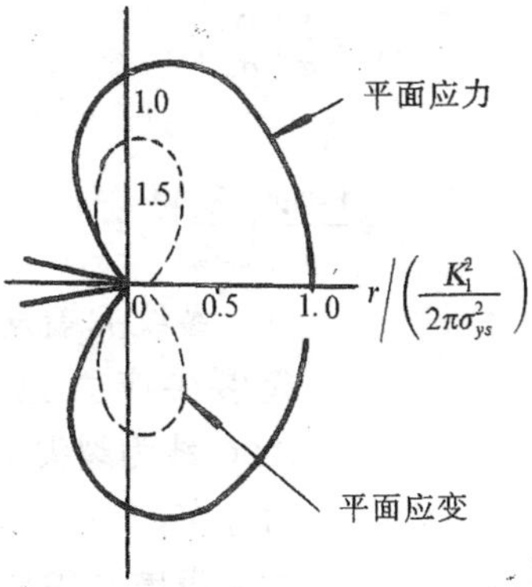

图 29.10 裂纹尖端范性区边界.

$$\sigma_3=\sigma_{zz}=\nu(\sigma_1+\sigma_2),$$

可得

$$\sigma_3=\frac{2K_1\nu\cos\dfrac{\theta}{2}}{\sqrt{2\pi r}}, \tag{29.49}$$

代入冯-密塞斯判据得范性区的极坐标方程为

$$r\leqslant\frac{K_1^2\left[2(1-2\nu)^2\cos^2\dfrac{\theta}{2}+\dfrac{3}{2}\sin^2\dfrac{\theta}{2}\right]}{4\pi\sigma_{ys}^2}. \tag{29.50}$$

由 $\theta=0$ 可求得范性区在 X 轴上的宽度(亦即范性区的特征尺寸)为

$$r_0=\frac{1}{2\pi}\left(\frac{K_1}{\sigma_{ys}}\right)^2(1-2\nu)^2. \tag{29.51}$$

对于一般材料,$\nu=0.3$,因此与平面应力范性区的尺寸相比较,平面应变范性区的特征尺寸要小得多.图 29.10 示出平面应力和平面应变两种情形的范性区的形状和边界.

上面的推导没有考虑范性区内发生的范性形变所引起的应力弛豫.欧文[29]考虑了范性区内的应力弛豫后,指出范性区尺寸应当增大一倍,对于平面应力状态(29.48)应当改为

$$r_0=\frac{1}{\pi}\left(\frac{K_1}{\sigma_{ys}}\right)^2. \tag{29.52}$$

对于平面应变状态

$$r_0=\frac{1-\nu^2}{\pi}\left(\frac{K_1}{\sigma_{ys}}\right)^2. \tag{29.53}$$

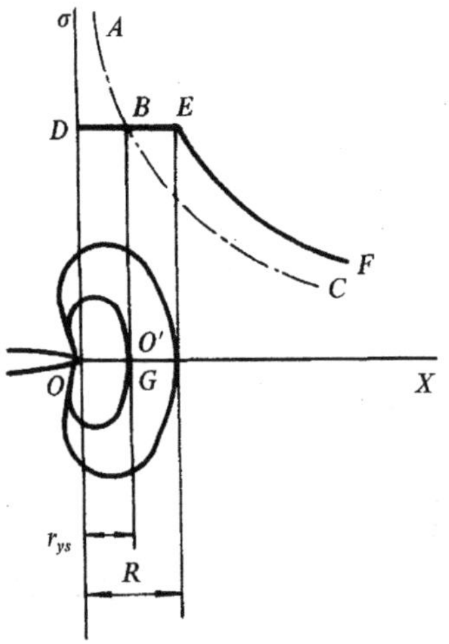

图 29.11 裂纹尖端由于屈服而产生的应力松弛.

裂纹尖端发生范性变形会引起裂尖应力弛豫. 图 29.11 中 ABC 线为裂尖未发生屈服时的应力分布,当 $r\to0$ 时,应力趋于无穷大. 考虑裂尖屈服而发生的范性变形后,应力分布如曲线 DEF 所示,当 $r\to0$ 时,裂尖应力等于单轴拉伸屈服应力,应力分布线发生移动. 如果仍用线性弹性理论描述,则需将裂尖由 O 点移至范性区中点 O',相当于裂纹长度增加 r_{ys}. 对于平面应变性形,r_{ys}值很小,可以忽略. 因此应力强度因子作为断裂韧度的度量主要针对平面应变小范围屈服情形.

由于裂纹尖端形成范性区要消耗范性功 γ_p,因此对于小范围屈服情形,式(29.37)应修正为

$$K_{\mathrm{I}c}=\left[\frac{2E(\gamma_e+\gamma_p)}{1-\nu^2}\right]^{1/2}, \tag{29.54}$$

式中 γ_e 和 γ_p 分别为弹性和范性功.

(d) 裂纹尖端张开位移 裂纹尖端形成范性区使裂纹的端点前移的结果相当于裂纹尖端在垂直于裂纹面的方向上发生了位移,称为裂纹张开位移(crack opening displacement,简称为 COD). 杜格达尔(Dugdale)[31]最早研究了无限大薄板中一个长度为 $2a$ 的穿透裂纹[图 29.6(a)]在平面应力状态时的 COD,他把范

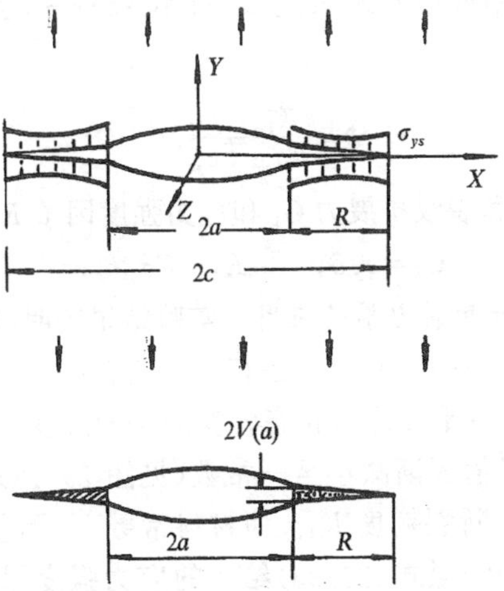

图 29.12 杜格达尔条形塑性区模型.

性区的形状看作是裂纹尖端呈尖劈形向两边扩展,长度为 $2c$(图 29.12),而且假设范性区上下两个面受到均匀张力的作用,在不考虑材料的加工硬化时,张力等于屈服应力.根据裂纹表面不受力和范性区内张应力等于屈服应力 σ_{ys} 的条件,可以求得范性区尺寸与裂纹长度之比为

$$\frac{r_0}{a}=\sec\left(\frac{\pi\sigma}{2\sigma_{ys}}\right)-1. \qquad (29.55)$$

当 $\sigma\leqslant\sigma_{ys}$ 时,有

$$r_0\approx\frac{\pi a\sigma^2}{8\sigma_{ys}}\approx\frac{1}{8}\left(\frac{K_1}{\sigma_{ys}}\right)^2. \qquad (29.56)$$

上式与欧文得到的平面应力状态范性区尺寸公式(29.52)相似.利用上述条形范性区模型,高第尔(Godier)和弗里埃德尔[32]推导出裂纹张开位移为

$$\delta=\mathrm{COD}=2v(a)=\frac{8\sigma_{ys}a}{\pi E}\ln\left[\sec\frac{\pi\sigma}{2\sigma_{ys}}\right]. \qquad (29.57)$$

当 $\sigma \ll \sigma_{ys}$ 时，利用近似公式 $\ln x \cong x-1$ 和 $\sec x - 1 \cong \frac{1}{2}x^2 (x \leqslant 1)$，可进一步得到

$$\delta = \frac{K_1^2}{E\sigma_{ys}} = \frac{G_1}{\sigma_{ys}}. \tag{29.58}$$

由此得到 COD 和裂纹扩展力 G_1 和应力强度因子 K_1 之间的关系

$$G_1 = \sigma_{ys}\delta, \quad K_1^2 = E\sigma_{ys}\delta. \tag{29.59}$$

(e)线性弹性断裂力学的应用　实验结果表明，应力强度因子的临界值与裂纹尖端的应力状态有关．随着试样厚度增大，裂尖的应力状态可以由平面应力状态转变为平面应变状态，相应的应力强度因子临界值逐渐减小至一常数(见图 29.13)，此常数即为材料的平面应变断裂韧度 $K_{\mathrm{I}c}$，为材料常数，其测量方法见文献[33]．由式(29.30)至式(29.33)给出的应力强度因子 K_{I}、K_{II} 和 K_{III} 的表达式为理想的简单力学状态下的表达式．实际材料的结构件具有不同的几何形状和尺寸，裂纹也具有不同的形状(例如中心裂纹，单边裂纹，双边裂纹，倾斜裂纹等)和尺寸，因此其应力强度因子的表达式不能由式(29.30)至式(29.33)表示．对于各种构件和各种形状的裂纹，应力强度因子的一般表达式为[34,35]

$$K_{\mathrm{I},\mathrm{II},\mathrm{III}} = Y\sigma\sqrt{a}, \tag{29.60}$$

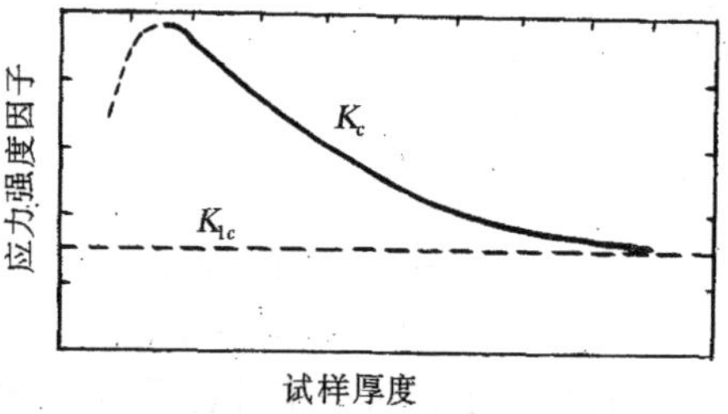

图 29.13　材料的平面应变断裂韧度 K_{ic}.

式中 Y 为与构件的形状和尺寸以及裂纹形状有关的函数，a 为裂纹长度，σ 为外加应力．上式对于线性弹性断裂力学的应用和材

料构件的安全设计十分重要．知道构件的形状和尺寸后由手册[34,35]可查到函数 Y，由标准试样[33]测量的材料平面应变断裂韧度 $K_{\mathrm{I}c}$（或 $K_{\mathrm{I}c}$，或 $K_{\mathrm{II}c}$），代入式(29.60)即可进行材料的安全设计和分析：由设计应力 σ 可以求得容许的裂纹的临界尺寸 a；或由容许的裂纹尺寸 a 可计算设计的临界应力．这是线性弹性断裂力学最成功的应用．

§29.4 裂纹的受力问题

前节谈到当裂尖范性区尺寸和裂纹长度相比很小时，亦即小范围屈服情形，裂尖应力场由应力强度因子单值决定．但是对于中低强度材料，裂尖常发生大范围屈服，范性区尺寸与裂纹长度可以相比拟，断裂由脆性断裂变为弹塑性断裂，此时前述的线弹性断裂力学理论已不再适用，需要研究新的描述裂尖应力场的方法．在裂尖受力问题的研究基础上，赖斯[3]提出J积分概念．前述裂纹尖端张开位移的概念也被推广用于弹塑性断裂．本节介绍用J积分和裂尖张开位移描述弹塑性断裂的主要内容．

(a) J积分的守恒性及其与裂纹尖端区域应力应变场的关系

对于塑性断裂的研究，严格讲应该从范性力学理论出发分析裂尖范性应力场．由于范性形变时应力应变呈非线性关系，在数学处理上十分复杂．但是从另一方面看，裂纹尖端可以被看作是应力场中的奇点．据此赖斯[3]提出J积分概念，应用于研究弹塑性断裂．J积分概念是埃竭尔脾(Eshelby)[36]．

关于弹性体中作用于弹性奇点上的力的概念在裂纹研究上的推广和发展．赖斯证明，J积分与积分路径无关，因此可以用它描述弹塑性断裂．

对于二维平面问题，J积分的定义为[3]

$$\mathrm{J}=\int_{\Gamma}\left[W(x,y)\mathrm{d}y-\boldsymbol{T}\cdot\frac{\partial \boldsymbol{u}}{\partial x}\mathrm{d}s\right], \tag{29.61}$$

式中积分回路 Γ 为围绕裂纹尖端的一条反时针方向的非封闭回路 ABC，一端始于裂纹的下表面，另一端终于裂纹的上表面(图

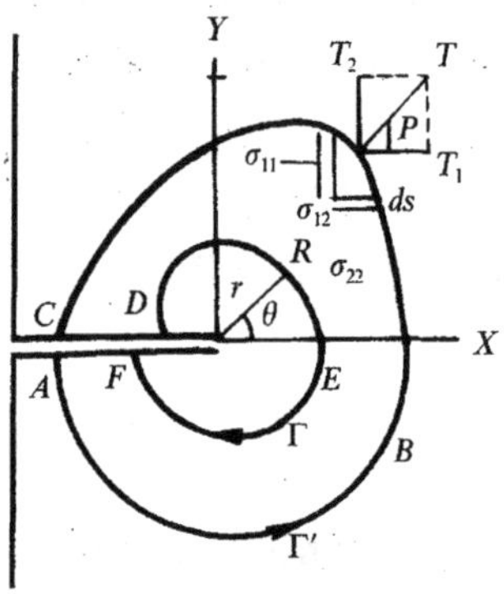

图 29.14 J 积分的积分路径.

29.14)，$W(x,y)$是回路上任意点(x,y)的应变能密度，$\boldsymbol{T}$ 是回路 Γ 上线元 ds 对应的面元 $dsdz$ 上的面力矢量，亦即回路 Γ 以外的材料对 Γ 以内的材料经过(x,y)点的内应力，$\boldsymbol{n}$ 是(x,y)点的外向法线单位矢量，$\boldsymbol{u}$ 是(x,y)点的形变位移.

J 积分与路径无关的条件之一是单调加载而无卸载，这时按范性形变的全量理论，各体元内有确定的应变能密度 $W=W(\varepsilon_{ij})$，范性形变的应力应变关系可以用 $\sigma_{ij}=\partial w/\partial\varepsilon_{ij}$描述. 由于塑性形变在卸载时有残余变形，形变不可逆，形变能密度和应力应变关系不能唯一确定，因此不允许卸载. 第二个条件是应变是线性的，$\varepsilon_{ij}=\frac{1}{2}\left(\frac{\partial u_i}{\partial x_j}+\frac{\partial u_j}{\partial x_i}\right)$. 现在证明 J 积分在满足上述两个条件时与积分路径无关. 为此考虑两条积分回路的封闭回路，即 $ABCDEF$，对这条回路求线积分. 由于

$T_1=\sigma_{11}n_1+\sigma_{12}n_2$，$T_2=\sigma_{21}n_1+\sigma_{22}n_2$，而且 $\mathrm{d}s\cdot n_1=\mathrm{d}y$，$\mathrm{d}s\cdot n_2=-\mathrm{d}x$，代入式(29.61)可得

$$\mathrm{J}=\oint w\mathrm{d}y-\oint\left[\sigma_{11}\frac{\partial u_1}{\partial x}\mathrm{d}y-\sigma_{12}\frac{\partial u_1}{\partial x}\mathrm{d}x+\sigma_{21}\frac{\partial u_2}{\partial x}\mathrm{d}y-\sigma_{22}\frac{\partial u_2}{\partial x}\mathrm{d}x\right].\tag{29.62}$$

利用二维格林定理，将曲线积分变为面积分

$$\oint P\mathrm{d}x=-\iint\frac{\partial P(x,y)}{\partial y}\mathrm{d}x\mathrm{d}y,\quad\oint Q\mathrm{d}y=\iint\frac{\partial Q(x,y)}{\partial x}\mathrm{d}x\mathrm{d}y,$$

则式(29.62)右端可写为

$$\mathrm{J}=\iint_{(A)}\left[\frac{\partial w}{\partial x}-\sum_{i,j}\frac{\partial}{\partial x_j}\left(\sigma_{ij}\frac{\partial u_i}{\partial x}\right)\right]\mathrm{d}x\mathrm{d}y,\tag{29.63}$$

其中(A)为封闭曲线所包围的面积.

下面求$\frac{\partial w}{\partial x}$. 应变能密度可写为

$$W(x,y)=\int_0^{\varepsilon}\sum_{i,j}\sigma_{ij}\mathrm{d}\varepsilon_{ij}, \tag{29.64}$$

则

$$\begin{aligned}\frac{\partial w}{\partial x}&=\sum_{ij}\sigma_{ij}\frac{\partial\,\varepsilon_{ij}}{\partial x}\\&=\sigma_{11}\frac{\partial}{\partial x}\left(\frac{\partial u_1}{\partial x}\right)+\sigma_{12}\frac{\partial}{\partial x}\left(\frac{\partial u_1}{\partial y}\right)+\sigma_{21}\frac{\partial}{\partial x}\left(\frac{\partial u_2}{\partial x}\right)+\sigma_{22}\frac{\partial}{\partial x}\left(\frac{\partial u_2}{\partial y}\right)\\&=\frac{\partial}{\partial x}\left(\sigma_{11}\frac{\partial u_1}{\partial x}\right)+\frac{\partial}{\partial y}\left(\sigma_{12}\frac{\partial u_1}{\partial x}\right)+\frac{\partial}{\partial x}\left(\sigma_{12}\frac{\partial u_2}{\partial x}\right)+\frac{\partial}{\partial y}\left(\sigma_{22}\frac{\partial u_2}{\partial x}\right)\\&\quad-\left(\frac{\partial\sigma_{11}}{\partial x}+\frac{\partial\sigma_{12}}{\partial y}\right)\frac{\partial u_1}{\partial x}-\left(\frac{\partial\sigma_{12}}{\partial x}+\frac{\partial\sigma_{22}}{\partial y}\right)\frac{\partial u_2}{\partial x}.\end{aligned} \tag{29.65}$$

在曲线 $ABCDEF$ 所包围的面积内无奇点,由应力平衡方程有

$$\sum_j\frac{\partial\sigma_{ij}}{\partial x_j}=0.$$

因此式(29.65)中后两项为零,由此得

$$\frac{\partial w}{\partial x}=\sum_{i,j}\frac{\partial}{\partial x_j}\left(\sigma_{ij}\frac{\partial u_i}{\partial x}\right) \tag{29.66}$$

将上式代入式(29.63)可知 J 积分在曲线 $ABCDEF$ 所包围的面积(A)内为 0,亦即

$$\oint_{ABCDEF}\left(w\mathrm{d}y-\boldsymbol{T}\cdot\frac{\partial\boldsymbol{u}}{\partial x}\mathrm{d}s\right)=0. \tag{29.67}$$

由于裂纹是自由表面,在 CD 和 FA 段 $\boldsymbol{T}=0$,而且 $\mathrm{d}y=0$,这两段对积分无贡献,因此

$$\oint_{ABC}\left[w\mathrm{d}y-\boldsymbol{T}\cdot\frac{\partial\boldsymbol{u}}{\partial x}\mathrm{d}s\right]+\oint_{DEF}\left[w\mathrm{d}y-\boldsymbol{T}\cdot\frac{\partial\boldsymbol{u}}{\partial x}\mathrm{d}s\right]=0,$$

亦即

$$\oint_{ABC}\left[w\mathrm{d}y-\boldsymbol{T}\cdot\frac{\partial\boldsymbol{u}}{\partial x}\mathrm{d}s\right]=\oint_{DEF}\left[w\mathrm{d}y-\boldsymbol{T}\cdot\frac{\partial\boldsymbol{u}}{\partial x}\mathrm{d}s\right]. \tag{29.68}$$

上式证明 J 积分与积分路径无关,具有守恒性.

在 § 29.3 中已经证明,在线弹性和小范围屈服情形,裂尖应力场由应力强度因子单值描述.类似的,如果要用 J 积分描述弹塑

性断裂，除了 J 积分具有守恒性的特点以外，还要求弹塑性裂纹尖端的应力应变场可以由 J 积分单值描述. 这个证明由霍钦森(Hutchinson)[37]及赖斯和罗森格林(Rosengren)[38]完成. 他们给出弹塑性裂纹尖端的应力和应变场与 J 积分的关系为

$$\begin{aligned} \sigma_{ij}(r,\theta) &= \left(\frac{J}{\alpha I}\right)^{\frac{n}{n+1}} r^{-\frac{n}{1+n}} \psi_{ij}(\theta), \\ \varepsilon_{ij}(r,\theta) &= \alpha\left(\frac{J}{\alpha I}\right)^{\frac{1}{n+1}} r^{-\frac{1}{1+n}} \varphi_{ij}(\theta), \end{aligned} \tag{29.69}$$

式中 I 为硬化指数 n 的函数，α 为材料常数，ψ_{ij}和 φ_{ij}为角因子. 式(29.69)表明，弹塑性裂纹尖端的应力场和应变场分别具有 $r^{-\frac{n}{1+n}}$ 阶和 $r^{-\frac{1}{1+n}}$阶奇异性，称为 H-R-R 奇异性.

(b) J 积分和裂纹扩展力的关系　首先证明在平面应变线弹性断裂或小范围屈服条件下，J 积分等于裂纹扩展力. 考虑一无限大薄板中一个半无限长裂纹，对于平面应变情形，有

$$\varepsilon_{zz}=0,\ \sigma_{zz}=\nu(\sigma_{xx}+\sigma_{yy}),$$

得

$$\begin{aligned} \omega &= \frac{1}{2}\sigma_{ij}\varepsilon_{ij} \\ &= \frac{1+\nu}{2E}[(1-\nu)(\sigma_{xx}+\sigma_{yy}) \\ &\quad -2\nu\sigma_{xx}\sigma_{yy}+2\sigma_{xy}^2]. \end{aligned}$$

对于线弹性情形，将式(29.30)代入上式得

$$\omega=\frac{K_I^2}{2\pi r}\cdot\frac{1+\nu}{E}\left[\cos^2\frac{\theta}{2}\left(1-2\nu+\sin^2\frac{\theta}{2}\right)\right]. \tag{29.70}$$

由于 J 积分与积分回路无关，取积分回路为一以裂纹顶端为圆心，以 r 为半径的圆. 此时

$$y=r\sin\theta,\qquad ds=rd\theta,$$

得

$$\int_\Gamma \omega dy=\int_{-\pi}^{\pi}\omega r\cos\theta d\theta=\frac{(1+\nu)(1-2\nu)}{4E}K_I^2, \tag{29.71}$$

$$\int_{\Gamma} \boldsymbol{T} \cdot \frac{\partial \boldsymbol{u}}{\partial x} \mathrm{d}s = \int_{-\pi}^{\pi} \left(T_1 \frac{\partial u_{xx}}{\partial x} + T_2 \frac{\partial u_{yy}}{\partial x} \right) r \mathrm{d}\theta, \qquad (29.72)$$

式中

$$T_1 = \sigma_{xx}\cos\theta + \sigma_{xy}\sin\theta = \frac{K_{\mathrm{I}}}{\sqrt{2\pi r}}\cos\frac{\theta}{2}\left(\frac{3}{2}\cos\theta - \frac{1}{2}\right),$$

$$T_2 = \sigma_{xy}\cos\theta + \sigma_{yy}\sin\theta = \frac{K_{\mathrm{I}}}{\sqrt{2\pi r}}\cos\frac{\theta}{2} \times \frac{3}{2}\sin\theta.$$

利用坐标变换

$$\frac{\partial}{\partial x} = \cos\frac{\partial}{\partial r} - \frac{1}{r}\sin\frac{\partial}{\partial \theta}$$

和公式(29.30)中的位移分量 u_{ij}的表达式代入式(29.72)得

$$\int_{\Gamma} \boldsymbol{T} \cdot \frac{\partial \boldsymbol{u}}{\partial x} \mathrm{d}s = -\frac{(3 - 2\nu^2 + \nu)}{4E} K_{\mathrm{I}}^2, \qquad (29.73)$$

$$\mathrm{J} = \frac{1-\nu^2}{E} K_{\mathrm{I}}^2 = G. \qquad (29.74)$$

上式表明在线弹性或小范围屈服情形，J 积分即为裂纹扩展力. 将上式与式(29.37)对比可得

$$\mathrm{J}_{1c} = 2\gamma. \qquad (29.75)$$

上式表明对于由格里菲斯公式控制的脆性断裂发生的条件可以表述为临界能量释放率(或称材料的断裂韧度)J_{1c}与断裂功(即表面能)相平衡. 如果将裂纹看作弹性连续介质中的一个奇点，由埃竭尔脾[36]理论，能量释放率应当与作用于弹性奇点上的力相平衡，因此格里菲斯公式的含义在于当作用于裂纹上的力达到临界值 J_{1c}时裂纹将扩展. 对于裂尖发生范性形变的断裂，由式(29.54)可得

$$\mathrm{J}_{1c} = 2(\gamma_e + \gamma_p). \qquad (29.76)$$

(c) J 积分与形变功率(应变能)的关系　由于 J 积分既适用于线弹性断裂，又适用于弹塑性断裂，因此可以用不满足平面应变条件的尺寸较小的试样测量，然后通过式(29.74)变换得到平面应变断裂韧度. 这是 J 积分应用中的一大优点. 下面介绍 J 积分测量

的理论基础. 赖斯[3]首先证明, J 积分等于形变功率. 设有一裂纹长度为 a、厚度为 B 的试样, 在外加载荷 P 的作用下, 施力点位移为 Δ, 则外加载荷对试样所作的形变功为

$$U=\int P\mathrm{d}\Delta .$$

赖斯[3]证明 J 积分与形变功之间的关系为

$$\mathrm{J}=-\frac{1}{B}\frac{\mathrm{d}U}{\mathrm{d}a}+\frac{P}{B}\frac{\mathrm{d}\Delta}{\mathrm{d}a},$$

进而有

$$\mathrm{J}=-\frac{1}{B}\left(\frac{\partial U}{\partial a}\right)_{\Delta}. \tag{29.77}$$

上式表示 J 积分等于两个几何形状和尺寸完全相同而裂纹长度相差 $\mathrm{d}a$ 的试样加载至同一位移 Δ 时的形变功(亦即应变能)之差.

根据式(29.77)给出的 J 积分和应变能之间的关系式, 兰德斯和贝格利[39]提出了用多个 3 点弯曲试样测量 J 积分的方法, 但是十分麻烦. 由于 J 积分是作用在裂纹尖端的力, 用单个试样测量 J 积分的方法的研究自然十分重要, 其基础就是要给出单个试样的 J 积分与应变能之间的关系, 赖斯等人[40]首先提出弯曲试样的 J 积分与应变能之间的关系为

$$\mathrm{J}=\frac{2(U-U_0)}{B(W-a)}, \tag{29.78}$$

式中 U 和 U_0 分别为裂纹试样和无裂纹试样的应变能, a 为裂纹长度, B 和 W 为试样的尺寸. 随后, 在总结实验规律的基础上, 兰德斯和贝格利[41]和陈篪[42]提出标准 3 点弯曲试样的 J 积分与应变能之间的关系式为

$$\mathrm{J}=\frac{2U}{B(W-a)}. \tag{29.79}$$

对于 $\frac{a}{W}\geqslant 0.4$ 情形, 上式能得到恒定的 J 积分值. 但是对于各种弯曲试样, 上述两个公式均不能给出准确的结果. 式(29.79)的明显错误是, 当 $a=0$ 时(即无裂纹的试样), J 积分应当为零, 但由式(29.79)此时 $U=U_0$, 则 J 积分不为零. 吴希俊和姜健[43,44]提出各

种弯曲试样的J积分和应变能之间的关系为

$$J=\frac{2}{B(W-a)}\left[U-U_0+\frac{M^2\psi}{BE'W}\right],\qquad(29.80)$$

式中 M 为作用在裂纹面上的弯矩，ψ 为与试样尺寸、裂纹长度和实验条件有关的函数，对于平面应变情形，$E'=E/(1-\nu)^2$. 对于某些特殊情形，由式(29.80)可以导出式(29.78)和式(29.79). 对于深裂纹弯曲试样，ψ 趋近于零，此时由式(29.80)得到式(29.78)；对于标准3点弯曲试样，当裂纹长度与宽度之比 $\frac{a}{W}\geqslant 0.4$ 时，有

$$U_0\cong\frac{M^2\psi}{BE'W}.$$

此时由式(29.80)可得到式(29.79). 因此，式(29.79)适用于用标准3点弯曲试样在 $0.45\leqslant\frac{a}{W}\leqslant 0.55$ 条件下测定J积分，斯劳利(Srawley)[45]同时得到与式(29.80)类似的公式，并证明如采用式(29.78)和式(29.79)的J积分表达式，则系数不是常数2，而是与裂纹长度和试样类型有关的变量.

(d) J积分和裂纹尖端张开位移的关系　选择积分回路由裂纹下表面的裂尖出发紧贴范性区边界到裂纹上表面的裂尖，根据杜格达尔[31]模型不难证明

$$J=\sigma_{ys}\delta,\qquad(29.81)$$

式中 σ_{ys} 为屈服强度. 上式表明，在不考虑范性区内材料的加工硬化效应时，J积分和裂尖张开位移成线性关系. 在考虑范性区内材料的加工硬化效应以后，式(29.81)修正为

$$J=\alpha\sigma_{ys}\delta,\qquad(29.81a)$$

式中 α 为系数. 实际金属结构件的弹塑性断裂经常发生于应力集中超过屈服限的范性应变区中的小裂纹. 蔡其巩[46]考虑了范性区中裂纹的扩展，导出J积分的近似表达式为

$$J=2\pi Y^2a\int\sigma d\varepsilon,\qquad(29.81b)$$

式中 a 为裂纹长度，Y 为与构件的几何形状有关的因子，$\int\sigma d\varepsilon$ 为

范性区中裂纹所在地区的平均变形功密度.

§29.5 裂纹和位错之间的相互作用

在前两节给出了外力在裂纹尖端产生的弹性应力场和作用在裂纹尖端的力，讨论了裂尖范性区的尺寸，但是没有讨论范性区中的位错的形成过程和分布，以及位错与裂纹的相互作用及其对裂尖应力场和断裂的影响. 这些问题是十分重要的. 在本节将予以介绍.

(a) 裂尖塑性区中位错分布的 BCS 模型　比尔弼(Bilby)、科垂耳(Cottrell)和斯温顿(Swinden)[47]应用位错连续分布描述裂纹，研究了裂尖范性区的形成、尺寸和范性区中的位错分布，得到裂尖范性区中位错呈倒塞积状态连续分布的结果，称为 BCS 模型.

BCS 用刃型位错的双塞积群描述Ⅱ型裂纹，这群位错称为裂纹位错. 设有一维刃型位错双塞积群分布于 $-c<x<c$ 区间(如图 29.15 中所示)，在无穷远处有一切应力 σ_a 作用于裂纹. 设每个位错的柏格斯矢量为 $\boldsymbol{b}$，分布于 x 和 $x+\mathrm{d}x$ 之间的位错数为 $f_1(x)\mathrm{d}x$，其中 $f_1(x)$为裂纹中的位错分布函数. 对于位于 x 处单位长度的位错线，受到外加切应力和其他位错的作用. 在平衡时有

$$AP\int_{-c}^{c}\frac{f_1(x')\mathrm{d}x'}{x-x'}+\sigma_a=0 \qquad (-c<x<c), \tag{29.82}$$

式中 $A=\mu b/2\pi(1-\nu)$，P 为积分主值. 解此积分方程可得

$$f_1(x)=\frac{2\sigma_a(1-\nu)}{\mu b}\frac{x}{\sqrt{c^2-x^2}}. \tag{29.83}$$

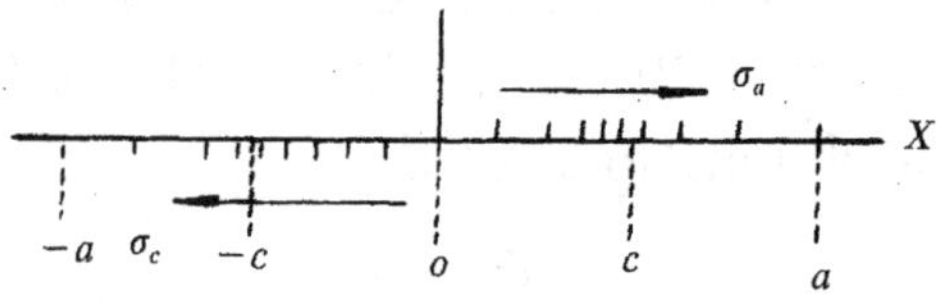

图 29.15　用位错双塞积群表示的Ⅱ型裂纹.

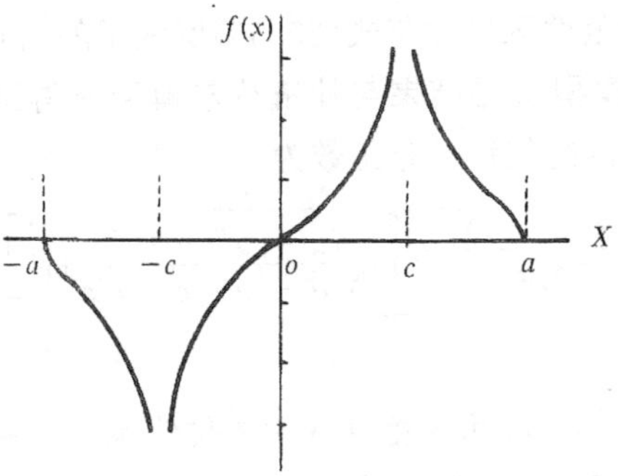

图 29.16 Ⅱ型裂纹在无穷远处受切应力作用时范性区中的位错分布函数.

在$(-c<x<c)$区间内的位错分布示于图 29.16. 此外,可以求得位于 X 轴上在位错双塞积群顶端处的应力场为

$$\sigma_{yx}\Big|_{y=0}=\frac{K_{\mathrm{I}}}{\sqrt{2\pi x}}, \tag{29.84}$$

其中

$$K_{\mathrm{I}}=\sigma_a\sqrt{\pi c}. \tag{29.85}$$

上两式表明刃型位错双塞积群顶端处的应力场与一个Ⅱ型裂纹的应力场(29.31)式相同. 因此,Ⅱ型裂纹完全可以用刃型位错的双塞积群表示.

下面讨论外加切应力作用下裂尖范性区尺寸和范性区中的位错分布. 设范性区的范围为$(-a,-c)$和(c,a),其中位错分布函数为 $f_2(x)$. 位错进入裂尖范性区以后不仅受到外加切应力 σ_a 的作用,而且受到点阵阻力 σ_f 的作用(令点阵阻力为屈服切应力),在平衡时有

$$AP\int_{-a}^{a}\frac{f_2(x')\mathrm{d}x'}{x-x'}+\sigma_a=\begin{cases}0 & 当\ -c<x<c,\\ \sigma_f & 当\ c<|x|<a.\end{cases} \tag{29.86}$$

解此积分方程,可求得

$$\frac{c}{a}=\cos\left(\frac{\pi\sigma_a}{2\sigma_f}\right)\quad(\sigma_f=\sigma_{ys}). \tag{29.87}$$

由上式得到的范性区尺寸与式(29.55)所表示的相同,表明对于Ⅱ型裂纹,BCS 模型所得结果与杜格达尔模型所得结果相同.进一步求得范性区内的位错分布函数为

$$f_2(x)=-\frac{2(1-\nu)}{\pi\mu b}\left[P\int_{-a}^{a}\sqrt{\frac{a+x'}{a-x'}}\frac{\sigma_a(x')}{x'-x}\mathrm{d}x'\right]\left(\frac{a-x}{a+x}\right)^{\frac{1}{2}},\tag{29.88}$$

其分布示于图 29.16.可见范性区中的位错也呈倒塞积分布,在整个范性区中连续分布,在裂尖附近位错密度很高,随着距裂尖的距离增大,位错密度快速下降,至范性区边界处($x=\pm a$)降为零.

(b) 裂纹尖端位错分布和运动的实验观察　奥尔(Ohr)等人[48,49]对电子显微镜原位拉伸试样的裂纹尖端位错的产生、分布和运动、裂尖范性形变特征以及断裂过程进行了详细研究,所得结果综述如下:

(1) 在外力作用下,裂纹扩展的早期阶段,裂尖常先产生排成一列的呈反塞积分布的位错,与 BCS 模型所描述的结果一致,这些位错构成范性区.

(2) 位错产生以后会快速地运动而离开裂尖,在裂尖和范性区之间形成一个无位错区.这个过程称为位错发射.一个螺位错沿着一个与Ⅲ型裂纹共面的滑移面内的发射示于图 29.17.当外加应力减小时某些在裂尖附近的从裂尖发射的位错可以回到裂尖并被湮灭.但当外加应力再次增大时,位错重新由裂尖发射,并沿原滑移面运动.图 29.18 示出Ⅲ型裂尖发射位错后在裂尖形成的无位错区(由 c 至 e)、范性区(由 e 至 a)和裂纹张开位移 δ_p.奥尔等人已经在多种面心立方金属(例如 Al,Cu,Ni)、体心立方金属(例如 Mo,Nb 和 W)和不锈钢中观察到无位错区.王中光等人[50]也在多种材料中观察到无位错区.图 29.19 为在镍基合金单晶中观察到的裂尖无位错区和范性区的照片.裂尖无位错区的发现与 BCS 模型的结果不一致.实验结果还表明,面心立方金属的无位错区的范围小,发射的位错多,导致裂尖形成较大的范性形变和裂

纹张开位移 δ_p；而体心立方金属的无位错区相对而言比较大，发射的位错比较少，因而裂尖范性形变和 δ_p 均比较小.

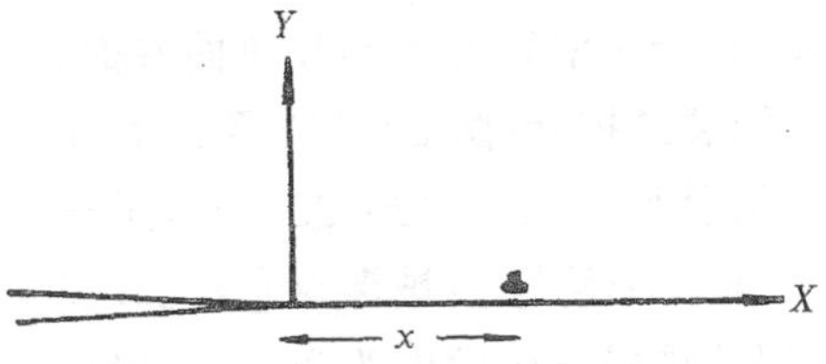

图 29.17　一个螺位错从一个与Ⅲ型裂纹共面的滑移面上发射.

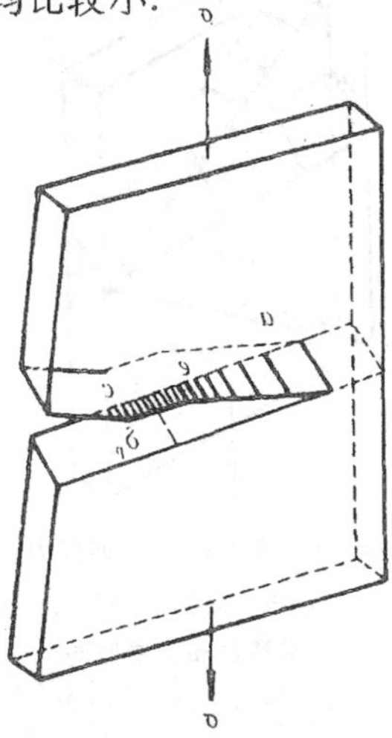

图 29.18　Ⅲ型裂尖发射位错后形成的无位错区(ce)、范性区(ea)和裂纹张开位移 δ_p.

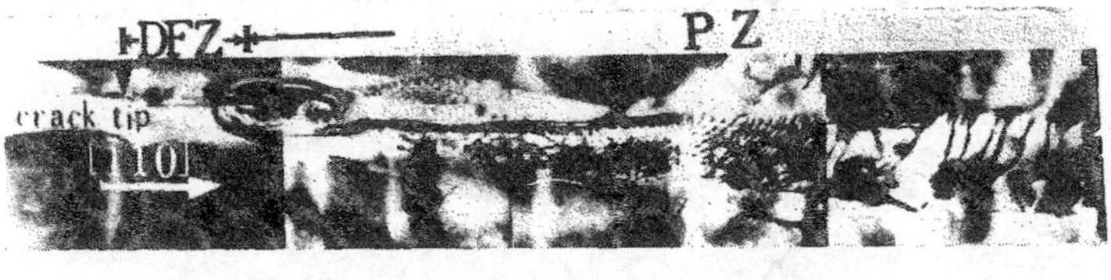

图 29.19　镍基合金单晶中裂纹尖端的无位错区(DFZ)和范性区(PZ)中观察到的位错.

(3) 裂纹尖端的滑移系被激活的条件取决于裂纹尖端施密特(Schmidt)因子，而不取决于一般晶体的体施密特因子. 裂尖施密特因子具有极大值的滑移系首先被激活. 在拉伸应力的作用下薄片试样中的最大切应力平面示于图 29.20. 位错线一般穿透薄片的厚度，以减短位错线的长度. 在两个倾斜滑移面中的位错主要是刃型位错；在另一个歪斜滑移面中的位错主要是螺型位错. 在拉伸

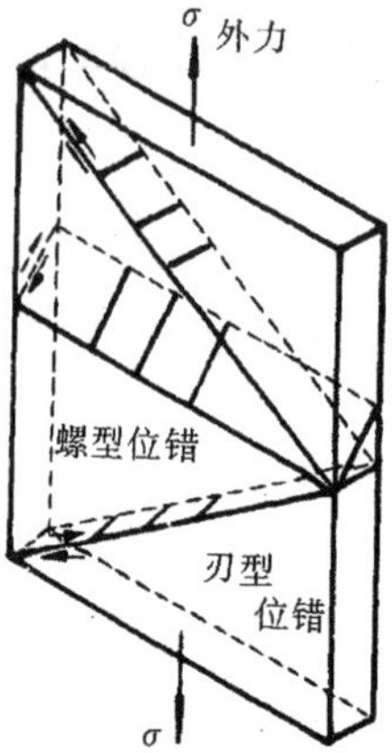

图 29.20 在拉伸应力作用下,薄片试样中的滑移系和位错取向.

应力作用下,刃型位错在两个滑移面内同时发射(图 29.21).这些位错的柏格斯矢量平行于拉伸方向,裂纹尖端形变产生的位移平行于裂纹张开位移,导致Ⅰ型裂纹钝化(图 29.22).如果刃型位错在一个倾斜滑移面中发射,产生的范性区与裂纹面共面,将导致Ⅱ型裂纹扩展(图 29.23).裂纹首先沿着一个滑移面扩展[图 29.23(a)],至一定位置后第二个滑移面被激活[图 29.23(b)],使裂纹扩展方向发生改变,至一定位置后第一个滑移面又被重新激活[图 29.23(c)],这个滑移交替进行的过程不断重复导致Ⅱ型裂纹扩展,裂纹被钝化,但其裂尖始终保持尖锐[图 29.23(d)].在裂纹扩展

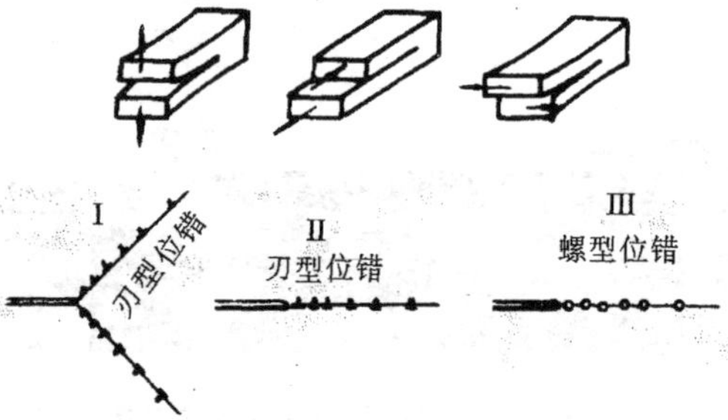

图 29.21 三类裂纹尖端的范性形变和位错类型.

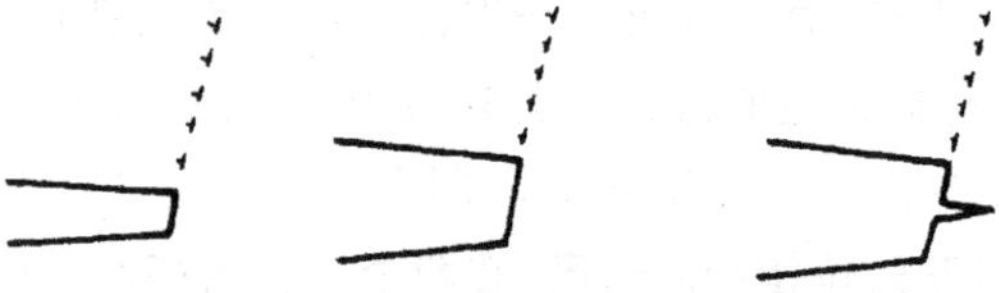

图 29.22 裂纹尖端发射位错造成裂尖钝化.

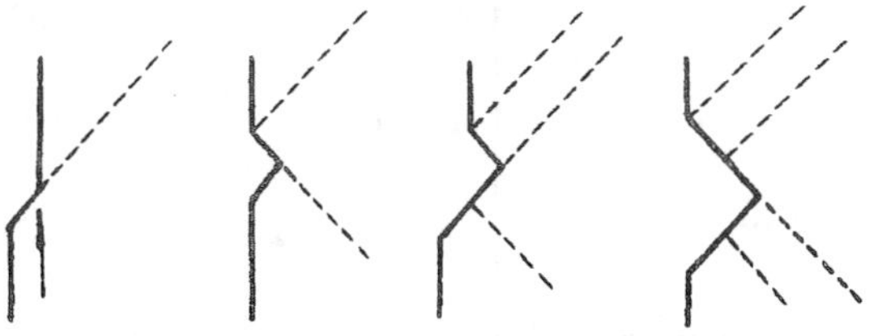

图 29.23　Ⅱ型裂纹在交滑移面上交替发生范性滑移引起的裂纹扩展.

的早期阶段，Ⅲ型裂纹最容易发生扩展. 对于层错能低的金属，Ⅲ型裂纹的范性区与裂纹平面共面，由一列螺型位错组成(图 29.21)；对于层错能高的金属，位错会滑出原来的滑移面而形成一个较宽的范性区. 实验观察表明，在三类裂纹中，Ⅲ型裂纹最容易扩展，Ⅱ型次之，Ⅰ型最不容易扩展.

(4) 当裂纹在较厚的试样中扩展时，位错除了从裂尖发射以外，还可以从裂纹外部的其他位错源(例如晶界等)发射，这些位错称为外源位错，以区别于从裂尖发射的裂纹位错. 外源位错的运动对范性形变也有贡献，但是外源位错与裂纹之间的相互作用比裂纹位错与裂纹之间的相互作用要弱. 晶界既是发射外源位错的源，又是裂纹位错运动的障碍和陷阱.

为了解释上述实验现象，必须研究位错如何由裂纹尖端发射，裂纹尖端存在位错时裂纹与位错之间的相互作用对裂尖应力场有何影响，裂尖无位错如何形成，以及裂尖无位错区的形成对断裂的影响. 下面将从理论上对上述问题进行分析.

(c) *裂纹和位错交互作用*　为了解裂纹和位错的交互作用，首先要研究裂纹尖端存在位错时对裂尖应力场的影响，以及位错从裂尖发射的条件.

首先考虑裂尖前方有一个螺位错时裂尖与位错之间的相互作用，这是裂纹和位错之间相互作用的最简单的情形. 设一个Ⅲ型半无限长裂纹尖端距离 ζ 处有一螺位错，计算不存在外加应力的条件下螺位错在 $z=x+iy$ 处的应力场(图 29.24)，这个问题的解首

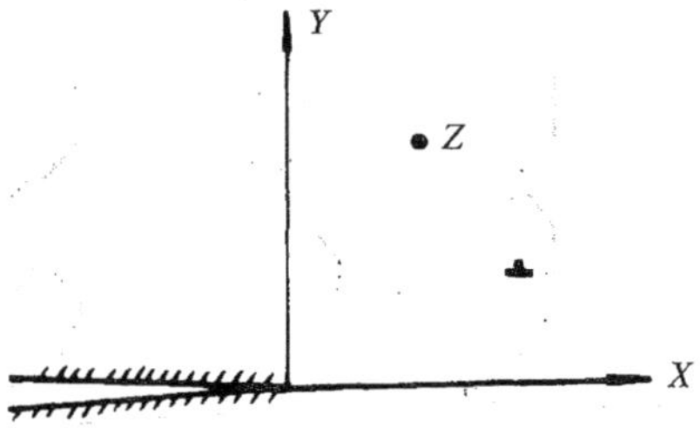

图 29.24 半无限长Ⅲ型裂纹裂尖附近一个螺型位错.

先由玛久姆达(Majumdar)和布恩斯(Burns)[51]、李振民[52]和汤姆逊(Thomson)等人[53]给出. 引入一个复变势函数 $g(z)$,则可将位移 u_z 和应力场 σ_z 表示为

$$u_z=I_m\{g(z)\}$$
$$\sigma_z=\sigma_{yz}+i\sigma_{xz}$$
$$=\mu g'(z), \tag{29.89}$$

式中

$$g(z)=\frac{b}{2\pi}\ln\left(\frac{z^{1/2}-\delta}{z^{1/2}-\bar{\delta}}\right), \tag{29.90}$$

式中 $-\bar{\delta}$ 为位于 δ 处的位错的像的位置. 由此,求得位于 ζ 处的螺位错在半无限长Ⅲ型裂纹裂尖 z 处产生的应力场为

$$\sigma_X^D=\frac{\mu b}{4\pi z^{1/2}}\left(\frac{1}{z^{1/2}-\zeta^{1/2}}-\frac{1}{z^{1/2}-\bar{\zeta}^{1/2}}\right) \tag{29.91}$$

式中 $\bar{\zeta}$ 为 ζ 的像的位置.

考虑一个螺位错位于如图 29.17 所示的半无限长Ⅲ型裂纹的与裂纹面共面的平面上,距离裂尖 x' 处,则由式(29.91)可知,在无外加应力时,这个螺位错在平面上 x 处产生的切应力场为

$$\sigma_{yz}^D=-\frac{\mu b}{2\pi}\left(\frac{x'}{x}\right)^{1/2}\frac{1}{x'-x}. \tag{29.92}$$

在裂尖附近有 $x<x'$,故

$$\sigma_{yz}^D<0, \text{ 当 } x<x'. \tag{29.93}$$

上式表明,裂尖存在位错时裂纹应力场将减小. 因此,位错由裂尖发射以后将对裂尖产生一个回复力. 因此裂尖位错将产生一个负

的应力强度因子[48]

$$k_{\mathrm{III}}^{D}=\lim_{x\to 0}\left[(2\pi x)^{1/2}\sigma_{yz}^{D}\right]$$
$$=-\frac{\mu b}{(2\pi x')^{1/2}}. \tag{29.94}$$

上式表示，$k_{\mathrm{III}}^{D}<0$，也即位错的存在使局域应力强度因子减小．如果外加应力强度因子为 K_{III}，则局域应力强度因子(local stress intensity factor)k_{III} 可写为

$$k_{\mathrm{III}}=K_{\mathrm{III}}+k_{\mathrm{III}}^{D}<K_{\mathrm{III}}, \tag{29.95}$$

亦即局域应力强度因子小于外加应力强度因子．裂尖位错引起局域应力强度因子减小的结果称为位错屏蔽．位错屏蔽的概念类似于范性形变中的加工硬化．在范性形变过程中，位错由弗兰克-里德源或由晶界产生，位错发射后对源产生回复力，位于 x' 处的位错对源的回复力为

$$\sigma^{D}=-\frac{\mu b}{2\pi x'}. \tag{29.96}$$

上式与式(29.92)非常类似，区别仅在于式(29.92)中带有因子 $(x'/x)^{1/2}$，它与无应力的裂纹表面的像力有关．由于 σ^{D} 的作用，使作用于位借源的应力减小，为了使源继续发射位错，外加应力必须增大，以使范性形变得以继续下去，这就是金属发生加工硬化的原因之一．

位错对裂尖应力强度因子的屏蔽作用不仅存在于 Ⅲ 型裂纹．赖斯和汤姆逊[6]证明，当一个位错沿着与裂纹面成角度 φ 的倾斜滑移面发射时(图 29.25)，位错引起三类裂纹裂尖应力强度因子的变化为

$$k_{\mathrm{I}D}=-\frac{3Eb_e}{4(1-\nu^2)(4\pi r)^{1/2}}\sin\varphi\cdot\cos\left(\frac{\varphi}{2}\right),$$
$$k_{\mathrm{II}D}=\frac{Eb_e}{4(1-\nu^2)(2\pi r)^{1/2}}\left\{2\cos\varphi\cdot\cos\frac{\varphi}{2}-\sin\varphi\cdot\sin\frac{\varphi}{2}\right\},$$
$$k_{\mathrm{III}D}=-\frac{Eb_s}{2(1+\nu)(2\pi r)^{1/2}}\cos\frac{\varphi}{2}, \tag{29.97}$$

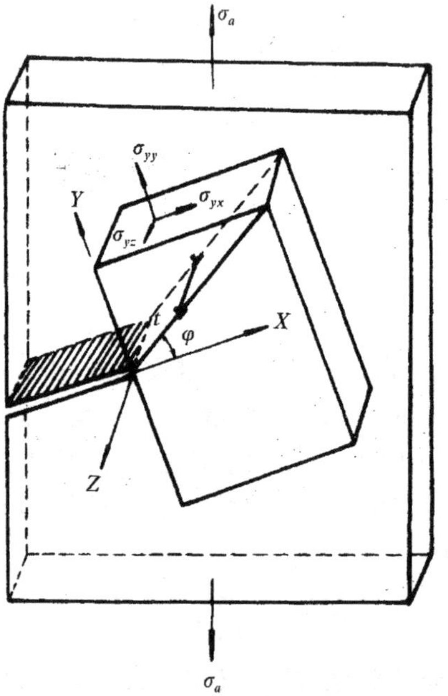

图 29.25　位错沿着与裂纹面倾斜的滑移面上发射.

式中 b_e 和 b_s 分别为位错的柏格斯矢量的刃型和螺型分量.

由式(29.97)可知，当 $0<\varphi<\pi$ 时，$k_D<0$，表明位错沿这些方向的发射对外力作用下的裂尖应力强度因子有屏蔽作用；当 $\pi<\varphi<2\pi$ 时，位错仍然屏蔽Ⅰ型裂纹，这类位错称为屏蔽位错，但是对于Ⅱ型和Ⅲ型裂纹而言，$k_D>0$，表明位错使外力作用下的裂尖应力强度因子增大，这个结果称为位错的反屏蔽(anti-shielding of dislocation)，这类位错称为反屏蔽位错.

上面讨论了一个位错对裂纹的屏蔽和反屏蔽作用，这是位错与裂纹交互作用的最简单的情形。关于裂尖存在多个位错时位错对裂尖应力强度因子的屏蔽与反屏蔽作用可参看文献[21].

(d) *裂纹尖端无位错区形成的理论*　前面讨论了裂尖附近存在的位错对裂尖应力强度因子的屏蔽和反屏蔽作用. 下面讨论位

错如何由裂尖发射进入范性区，以及无位错区如何形成.

赖斯和汤姆逊[6]分析了位错与裂纹之间的弹性相互作用，由此提出位错从裂尖发射的条件. 在此基础上，张和奥尔[8,54]提出裂尖无位错区形成的条件及存在无位错区时裂尖的位错密度的分布. 首先考虑一个螺型位错沿着一个与Ⅲ型裂纹共面的滑移面上发射的情形(图 29.17)，在滑移面上沿 x 方向的切应力为

$$\sigma_{yz}(x)=\frac{k_{\mathrm{III}}}{(2\pi x)^{1/2}}-\frac{\mu b}{4\pi x}, \tag{29.98}$$

式中第一项为局域应力强度因子所对应的弹性裂纹应力，这一项表示裂纹尖端的应力集中对位错产生一个推力将位错推向远离裂纹尖端，第二项为裂纹自由面所产生的位错像力，它的作用是吸引位错向裂尖运动. 这两个力与 x 的关系示于图 29.26. 正如 BCS 理论所指出的，要使位错沿 x 方向运动，必须克服点阵阻力 σ_f，故有

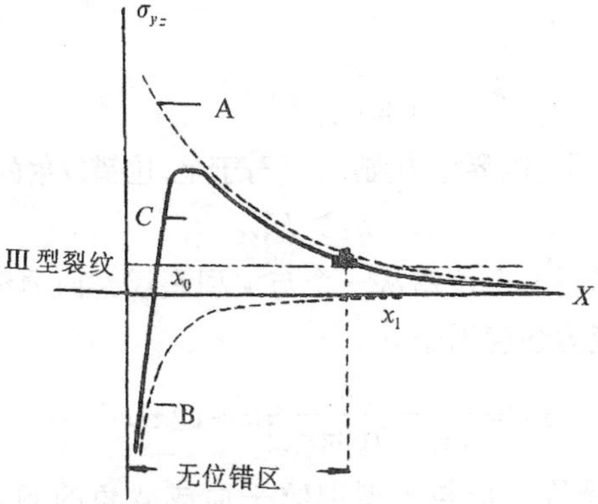

图 29.26 作用在Ⅲ型裂纹尖端附近的一个位错上的力：A 为裂纹应力(斥力)，B 为像力(吸引力)，C 为总应力，当总应力大于点阵阻力 σ_f 时，位错可动.

$$\frac{k_{\mathrm{III}}}{(2\pi r)^{1/2}}-\frac{\mu b}{4\pi r}=\sigma_f. \tag{29.99}$$

由上式求得作用在位错上的力与点阵阻力平衡的位置有两个，其位置 x_0 和 x_1 分别为

$$x_0^{1/2}=\frac{k_{\mathrm{III}}-(k_{\mathrm{III}}^2-2\mu b\sigma_f)^{1/2}}{(8\pi)^{1/2}\sigma_f},$$
$$x_1^{1/2}=\frac{k_{\mathrm{III}}+(k_{\mathrm{III}}^2-2\mu b\sigma_f)^{1/2}}{(8\pi)^{1/2}\sigma_f}. \tag{29.100}$$

当 k_{III} 增大时，x_0 减小，但 x_0 又随 σ_f 增大而增大. 由图 29.26 可见，在很靠近裂尖的区域内($x<x_0$)，位错受到吸引力，很难发射. 赖斯和汤姆逊指出，如果 k_{III} 足够高，使得 x_0 小到位错芯的距离 r_c 时作用在位错上的总应力为斥力，当斥力大于点阵阻力时，位错立即从裂尖发射. 因此位错由裂尖发射的条件为

$$x\leqslant r_c \qquad 或 \qquad \sigma_{yz}(r_c)\geqslant\sigma_f. \tag{29.101}$$

由式(29.99)和式(29.101)可将位错从裂尖发射的条件改写为

$$k_{\mathrm{III}}\geqslant\frac{\mu b}{(8\pi r_c)^{1/2}}+(2\pi r_c)^{1/2}\sigma_f. \tag{29.102}$$

由此可以定义

$$k_{\mathrm{III}e}=\frac{\mu b}{(8\pi r_c)^{1/2}}+(2\pi r_c)^{1/2}\sigma_f \tag{29.103}$$

为位错发射所需的临界应力强度因子，于是，位错发射的条件可写为

$$k_{\mathrm{III}}>k_{\mathrm{III}e}. \tag{29.104}$$

类似的可以求得一个位错从一个与 II 型裂纹共面的滑移面上发射所需的临界应力强度因子 $k_{\mathrm{II}e}$为

$$k_{\mathrm{II}e}=\frac{\mu b}{(1-\nu)(8\pi r_c)^{1/2}}+(2\pi r_c)^{1/2}\sigma_f \tag{29.105}$$

一个刃型位错从一个与 I 型裂纹平面成 ϕ 角的倾斜滑移面(图 29.25)上发射所需的临界应力强度因子为

$$k_{\mathrm{I}e}=\frac{2}{\sin\varphi\cdot\cos\frac{\varphi}{2}}\cdot\left\{\frac{\mu b}{(1-\nu)(8\pi r_c)^{1/2}}+(2\pi r_c)^{1/2}\left(\sigma_f+\frac{B\sin\varphi}{r_c^2+\beta^2}\right)\right\}, \tag{29.106}$$

式中 B 和 β 为常数. 对所有金属有

$$k_{\mathrm{I}e}>k_{\mathrm{II}e}>k_{\mathrm{III}e}, \tag{29.107}$$

这就解释了在外力作用下Ⅲ型裂纹常常优先扩展的实验结果.

由图 29.26 可见,一旦位错从裂尖发射,立即受到斥力而向着远离裂尖的方向运动,一直到 x_1 点停止,此时作用于位错的总应力与点阵阻力相平衡,因此 x_1 即为无位错区的长度.

下面求解裂尖存在无位错区时的位错分布.考虑一个长度为 $2c$ 的Ⅲ型中心切变裂纹(图 29.27).从裂尖 c 至 e 为无位错区,由 e 至 a 为范性区.当裂纹受到外加切应力 σ_a 作用而处于平衡时有

$$\frac{\mu b}{2\pi}\left(\int_{-a}^{-e}+\int_{-c}^{c}+\int_{e}^{a}\right)\frac{f(x')\mathrm{d}x'}{x-x'}+\sigma_a=0. \qquad (29.108)$$

上式与式(29.82)类似,对于 $|x|<c$ 成立.对于范性区内($e<|x|<a$),考虑点阵阻力 σ_f 后有

$$\frac{\mu b}{2\pi}\left(\int_{-a}^{-e}+\int_{-c}^{c}+\int_{e}^{a}\right)\frac{f(x')\mathrm{d}x'}{x-x'}+\sigma_a=\sigma_f. \qquad (29.109)$$

求解上述积分方程,可得如图 29.27 所示的位错分布[55].与 BCS

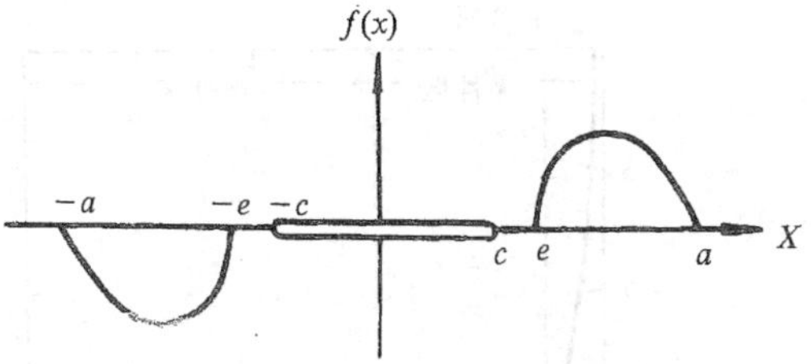

图 29.27 弹塑性裂纹尖端的位错密度分布.

模型相类似,在范性区内位错仍呈反塞积分布,靠近无位错区 e 端的位错密度高;在裂尖 c 和范性区起始端 e 之间形成无位错区.

关于裂纹尖端无位错区形成的原因,除了前面介绍的奥尔和张提出的与裂纹尖端自由面所产生的位错象力有关以外,龙期威和熊良钺[56,57]提出裂纹外部位错源发射的负位错与裂纹位错相互作用而湮灭导致无位错区形成的新观点.实际上,外部位错源在裂纹体中总是存在的,当它们足够靠近裂纹时,甚至在裂纹没有启动之前,应力集中就可使它们启动.裂纹外位错源的启动就会产生负位错(或者说柏格斯矢量异号的位错).部分负位错在裂纹应力

场的作用下不是被推向远离裂纹而是被吸向裂尖，在裂尖形成负位错区，奥尔[58]已在裂尖附近观察到负位错，支持了上述模型. 由于负位错可以与裂纹位错相互作用而湮灭，从而在裂尖形成无位错区或低位错密度区.

(e) 裂尖无位错区和弹塑性断裂　由图 29.27 所示的裂尖存在无位错区时的位错分布函数 $f(x)$，可以由下式求得裂尖应力场：

$$\sigma_{yz}(x)=\sigma_a+\frac{\mu b}{2\pi}\int_{-a}^{a}\frac{f(x')\mathrm{d}x'}{x-x'},\qquad(29.110)$$

所得结果示于图 29.28. 由图可见，沿 x 方向在裂尖附近存在应力奇点，在无位错区内的应力高于点阵阻力 σ_f(可用屈服应力代表)，随 x 增大而骤减，在无位错区的边界处降至点阵阻力；在范性区内的应力保持不变(由于未考虑加工硬化)；至弹性区内应力减小缓慢，最后等于外加应力与点阵阻力之比(σ_a/σ_f).

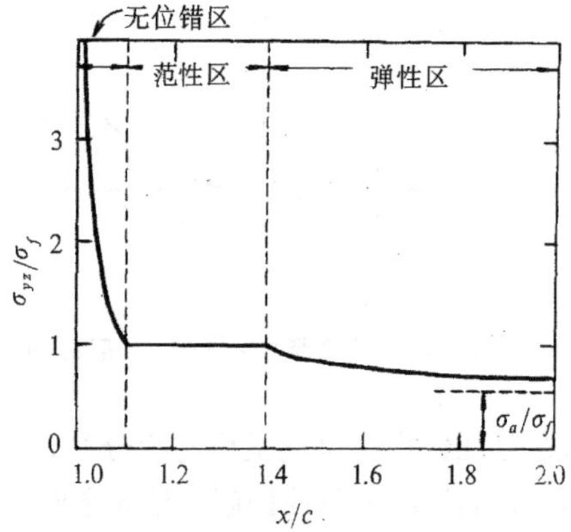

图 29.28　裂纹尖端无位错区、范性区和弹性区中的应力分布.

范性区内的位错对裂纹张开位移 COD 的贡献为

$$\delta_p=bN=\int_e^a f(x)\mathrm{d}x.\qquad(29.111)$$

当范性区中的位错数目 N 增多时，无位错区的尺寸减小而范性区的尺寸增大. 当 N 趋于某一极大值 N_{max} 时，无位错区消失. 求得

$$N_{\max}=\frac{4c\sigma_f}{\pi b\mu}\ln\left(\frac{a}{c}\right).\qquad(29.112)$$

上式与 BCS 理论求得的结果相同，因此 BCS 裂纹是这里讨论的弹塑性裂纹的极限情形，可以将 BCS 理论处理的范性区中充满位错的裂纹称为 BCS 裂纹[图 29.29(b)]. 对于完全弹性裂纹，裂尖无位错，即 $N=0$，也可以看作裂尖无位错区无限长的裂纹[图 29.29(a)]；对于 $0<N<N_{\max}$，则对应裂尖无位错区有不同长度的弹塑性裂纹.

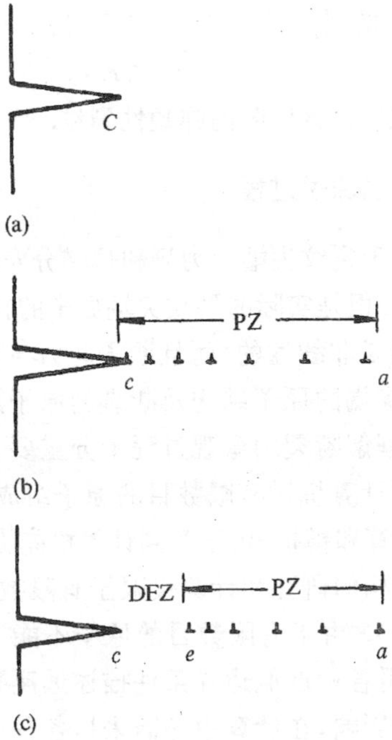

图 29.29 基于裂尖位错分布和位错屏蔽理论的裂纹分类：

(a) 弹性裂纹，$N=0$，$k=K$(无位错屏蔽)；

(b) 塑性裂纹(BCS 理论)，$N=N_{\max}$，$k=0$(完全屏蔽)；

(c) 弹塑性裂纹，$0<N_{\max}<N_{\max}$，$0<k<K$(部分屏蔽).

对应上述三种裂纹，裂尖局域应力强度因子具有不同的数值.

由裂尖位错分布函数 $f(x)$ 可求得裂尖局域应力强度因子为

$$k_{\mathrm{III}}=\frac{(2\pi)^{1/2}\mu b}{2}\lim\{(c-x)^{1/2}f(x)\}. \tag{29.113}$$

结果表明，k_{III} 也是裂尖位错数目 N 的函数. 当 $N=0$ 时，有

$$k_{\mathrm{III}}=\sigma_a\sqrt{\pi c}. \tag{29.114}$$

上式与式(29.31)相同，亦即局域应力强度因子等于外加应力的应力强度因子，$k_{\mathrm{III}}=K_{\mathrm{III}}$. 当 $N=N_{\max}$ 时，有

$$k_{\mathrm{III}}=0, \tag{29.115}$$

表明 BCS 裂纹的裂尖完全被位错屏蔽. 因此对于 $0<N<N_{\max}$ 情形

$$0<k_{\mathrm{III}}<K_{\mathrm{III}}, \tag{29.116}$$

对应于裂纹位错部分屏蔽的弹塑性裂纹.

§29.6 断裂的原子过程

前几节关于裂纹尖端应力场和位错分布的分析是基于连续体的线弹性理论，但是实际的裂纹尖端原子的排列是分离的，原子之间的相互作用是非线性的，而且原子间力与材料的种类有关. 因此，研究裂纹尖端的原子结构及断裂的原子过程是断裂研究的重要方面，对于理解断裂的微观过程十分重要. 裂纹的原子结构的研究主要运用计算机对有限数目的原子组成的一维、二维或三维裂纹体进行计算和模拟，由于受到计算机能力的限制，目前关于裂纹尖端原子结构的研究和计算仅限于有限数目的原子(10^2 至 10^4 数量级的原子). 由于有限数目的原子不能完全代表裂纹尖端的行为，必须采用各种近似边界条件描述远离裂纹的原子对裂纹尖端原子行为的影响，在计算中还需采用各种近似的原子间相互作用势. 因此，裂纹尖端的原子结构和断裂的原子过程的研究结果与原子数目，原子间势和边界条件等因素的选择有关. 近年随着计算机和固体理论的发展，裂纹原子结构及断裂的原子过程的研究取得了重要的进展. 这方面的综述专著参看文献[19～21]. 本节主要讨论两方面的问题. 第一，裂纹扩展的点阵阻力；第二，脆性和韧性断裂的原子过程、以及韧性断裂过程裂纹尖端发射位错和

裂尖钝化的原子机制．

(a)裂纹扩展的点阵阻力　在格里菲斯脆性断裂理论(§29.2)中，对应固体中一个给定长度的裂纹，存在一个唯一的临界应力可以使裂纹处于稳态平衡．当外加应力大于临界应力时，裂纹便扩展；反之，当外加应力小于临界应力时，裂纹便闭合．格里菲斯理论的基础是连续体理论，但实际的固体是由分离的点阵原子组成的．考虑了点阵原子的分离性后，裂纹在原子点阵中扩展会受到阻力，正如位错在点阵中运动受到阻力(称为派尔斯-纳巴罗力)一样，相当于在格里菲斯位垒上形成附加位垒，裂纹扩展时要求越过这些附加位垒．这个概念首先由吉尔曼(Gilman)[59]提出，后来，汤姆逊、奚(Hsieh)和拉那(Rana)[60]，提出裂纹扩展的点阵陷阱概念和理论．他们采用分子静力学方法和最简单的线性原子间力模型[见图 29.30(a)]分析了准一维裂纹扩展的点阵阻力问题．下面说明点阵陷阱的概念．

准一维裂纹的原子结构见图 29.31. 两条半无限长的原子链由弯曲的原子键联结在一起，两条原子链之间的原子由在竖直方向可以伸长的原子键联结在一起．竖直原子对在外力 F 作用下发生的位移与外力之间保持线性关系．当位移随外力的增加达到一定的临界值后，突然衰减至零[图 29.30(a)]. 裂纹由前 n 对断开的原子组成，其长度用 N 表示，在外力 F 作用下，第 0 对原子的位移 u_0 与 F 成线性关系

$$u_0 = D_0(N)F, \qquad (29.117)$$

式中 $D_0(N)$称为顺性常数，是裂纹长度的函数．对于不同的裂纹长度，方程(29.117)的解示于图 29.32. 对于裂纹长度为 N 的顺性线(图 29.32 中的实线)，当外力线性增大至某一临界值时，裂纹张开至临界点(顺性线与裂纹张开函数曲线的交点)原子键合发生断裂，外力突然变为零(图中虚线)，此时裂纹发生闭合，裂纹张开位移减小至顺性线与裂纹闭合函数曲线的交点．因此，裂纹位移存在一极大值，位移达到此极大值相当于裂纹扩展一对原子，例如裂尖由第 N 对原子扩展到第$(N+1)$对原子．相反，当外力减到

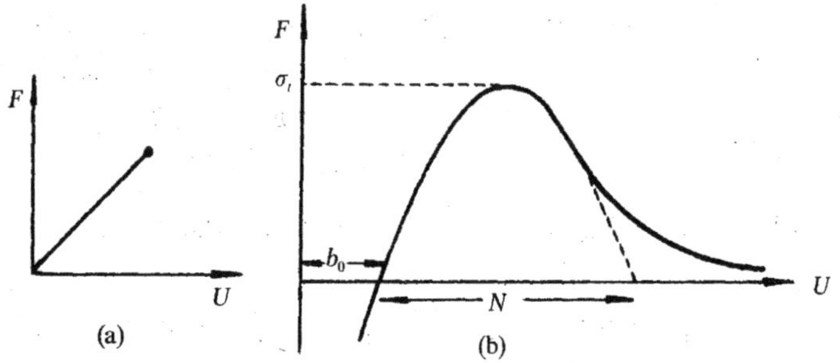

图 29.30　裂纹尖端原子之间相互作用力 F 和位移 u 之间关系的模型：(a) 线性原子间力与位移的关系：原子间力与位移成线性增大，至一定的临界值后突然衰减至零；(b) 非线性原子间力与位移的关系（b_0 为不受力时的原子间距离，虚线为近似最大位移曲线）.

小于某一极限值后，第 N 对原子的裂纹尖端便发生闭合，此时相当于裂尖移回第$(N-1)$对原子．由上述分析可知，方程(29.117)的全部解由图 29.32 中介于裂纹张开函数和裂纹闭合函数这两条极限曲线之间的代表应力和位移之间的线性关系的实线和代表应力突降裂纹闭合过程的虚线所构成．如果考虑裂纹尖端区域的原子间力和位移的关系中存在非线性的成份[图 29.30(b)]并设裂尖非线性力为 f，则方程(29.117)式应改写为

$$u_0=D_0(N)F+\eta(N)f, \tag{29.118}$$

式中 $\eta(N)$是联系 f 和 u_0 之间的顺性函数．由(29.118)式所表示的外加应力和原子位移之间的关系示于图 29.33 和图 29.34．当第 N 对原子键在外力作用下断裂后，第 $N+1$ 对原子成为新的裂尖的非线性区，这个裂纹扩展的过程反复进行即得到方程(29.118)的图解(见图 29.34)．由图可见，对应于一个给定的外力 F，裂纹在多个点阵位置上是稳定的．这个结果与裂纹的弹性连续理论的结果不同．在连续理论中，对应一个给定的外力 F 仅存在一个裂纹的平衡位置．裂纹的点阵理论得出的这个结果表明存

在“点阵陷阱”. 点阵陷阱的应力范围介于裂纹张开函数曲线和裂纹闭合函数曲线之间,因此裂纹扩展的点阵陷阱作用力大小用比值 R 表征

$$R = F_{max}/F_{min}, \tag{29.119}$$

式中 F_{max} 和 F_{min} 分别为裂尖原子对断开时的最大临界应力和裂尖原子对闭合时的最小临界应力.

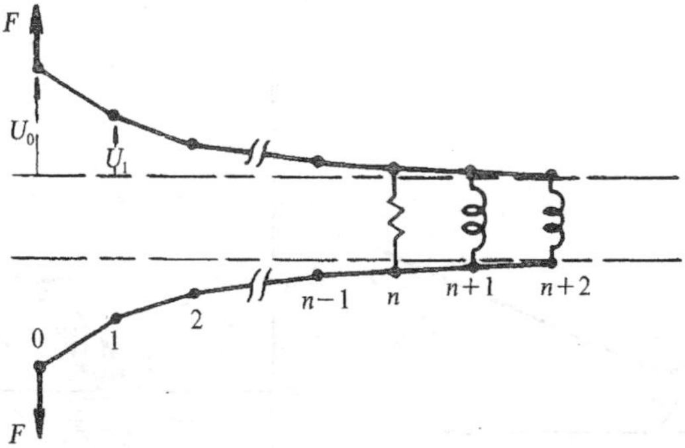

图 29.31 一维裂纹. 两条半无限长的原子链由可弯曲的键合联结在一起,前 n 个原子的键合在外力 F 作用下断开,第 n 个以后的原子由竖直的原子键联结在一起.

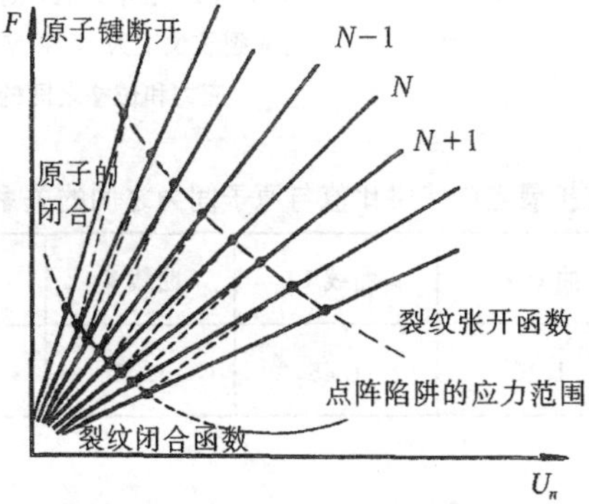

图 29.32 方程(29.117)的解. 线性原子间力作用下,不同裂纹长度的顺性曲线.

进一步的研究表明，裂纹的点阵陷阱虽然起因于点阵原子的分离性，但点阵原子对裂纹扩展的阻力大小与原子间力中的长程作用关系很大．欣克莱尔(Sinclair)[61]研究了四种不同类型的原子间力(图 29.35)对裂纹扩展的点阵陷阱作用的影响，结果表明(见表 29.3)：具有长程作用的原子间力所产生的点阵陷阱系数比较小，为 1.13 至 1.45；而具有短程作用的线性原子间力的点阵陷阱系数比较大，为 7.3. 由此说明点阵陷阱作用对原子间力的选择非常敏感．

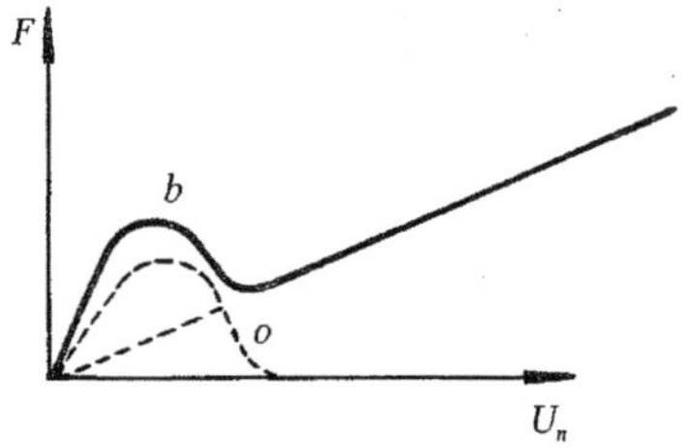

图 29.33　一个非线性力和一个线性力同时作用在裂纹尖端原子对上时的应力和位移之间的关系曲线．

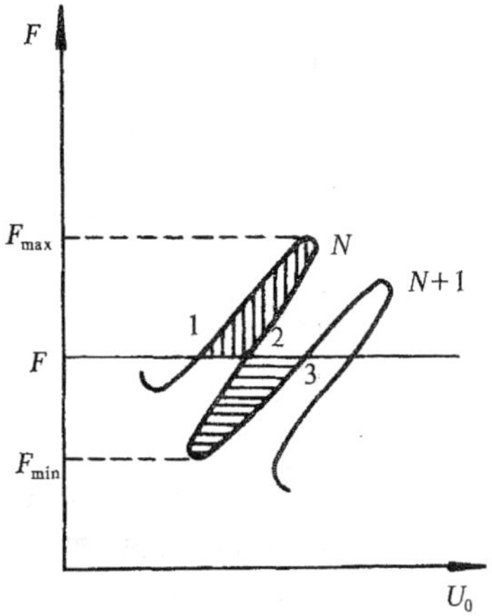

图 29.34　在非线性原子间力作用下对应裂纹长度为 N 和 $N+1$ 的裂纹的应力和位移之间的关系．

表 29.3　裂纹扩展点阵陷阱比值与原子间力之间的关系[61]

原子间力	曲线Ⅰ	曲线Ⅱ	曲线Ⅲ	曲线Ⅳ
R	1.13	1.45	1.41	7.3

(b) 裂纹扩展的原子过程　盖伦(Gehlen)和卡尼能(Kanninen)[62]首先采用简单的原子模型研究了体心立方金属 α-Fe 裂纹

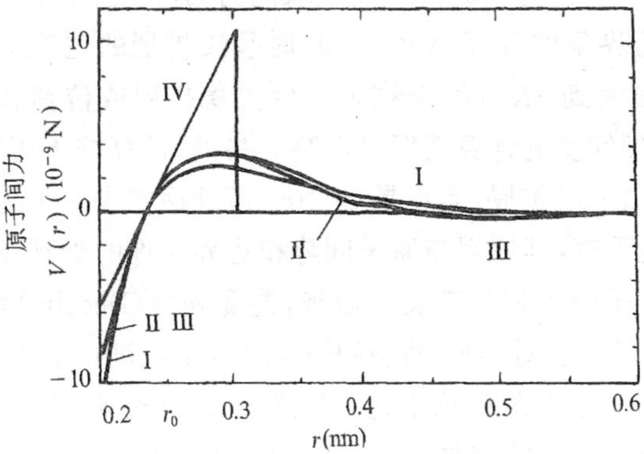

图 29.35 四种原子间力(Ⅰ至Ⅳ)与距离的关系.

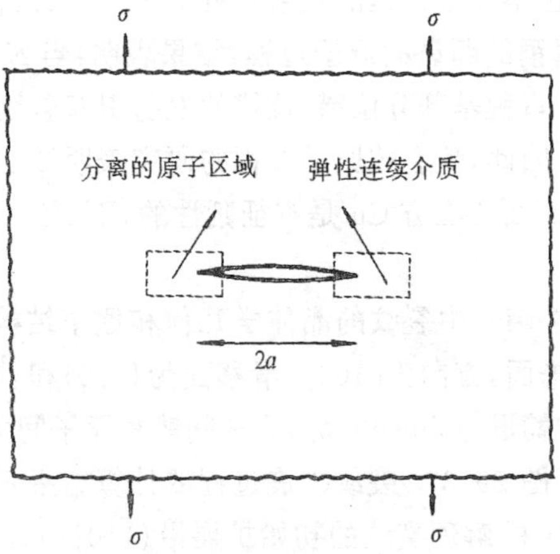

图 29.36 无限大二维弹性体中一个长度为 $2c$ 的裂纹的计算模拟(裂尖虚线所示的方框内包含 200 个原子).

扩展的原子过程.计算模型见图 29.36.在一个二维无限大的弹性体中存在一个长度为 $2c$ 的裂纹,在远处受到外加应力 σ 的作用,因此裂纹尖端的应力强度因子为 $K_1=\sigma\sqrt{\pi c}$.两个裂纹尖端区域内包含 200 个原子,这个区域内原子间力采用约翰逊势(图

29.37)，裂纹平面为(100)面，裂纹取向为[100]方向(图 29.38)．采用固定边界条件计算温度为 0K 时裂纹扩展的过程．结果表明，当 K_1 增大到 $3K_{1c}$时，裂纹未发生失稳扩展或位错在裂尖成核，表明断裂韧度的计算值明显偏高．另外，计算结果还表明：解理裂纹沿[110]面扩展，而不是沿{100}解理面扩展．上述两个结果均与实验不符，其原因与原子间势和边界条件的处理过于简单及计算的原子数目偏少有关．后来，德赛利斯(Decelis)等人[63]，用分子动力学方法对 α-Fe 断裂的原子过程重新进行了研究，改进了原子间势和边界条件，增加计算的原子数目(达到 673 个)，得到了与实验符合很好的结果．结果表明，α-Fe 沿[100]方向的断裂呈现脆性解理断裂，断裂发生在 $K_1=K_{1c}$时，断裂过程中裂纹尖端未产生位错，也不存在位错的发射过程．另一方面，他们还计算了面心立方金属铜的断裂的原子过程，结果表明：当 $K_1=0.8K_{1c}$时，裂纹尖端产生肖脱基部分位错，位错的发射引起裂纹尖端钝化，导致延性断裂．因此，断裂的原子过程的研究表明体心立方 α-Fe 是本征脆性的，而面心立方 Cu 是本征延性的，下面给出计算结果的主要内容．

体心立方 α-Fe 中裂纹的晶体学几何和原子结构见图 29.38，裂纹沿{100}平面，方向为[100]，滑移面为{110}和{$\bar{1}$10}．原子间势分别选取约翰逊(Johnson)势，原子间势和原子间力随原子间距离的变化示于图 29.37．裂纹扩展过程的计算结果示于图 29.39．由图可见，α-Fe 的解理裂纹的初始扩展沿{$\bar{1}$10}面，随后的稳定扩展沿{010}面，裂纹扩展时的断裂韧度值 $K_1 \simeq K_{1c}$，式中

$$K_{1c}=(\sigma\sqrt{\pi c})=\sqrt{2E\gamma_{(100)}}/(1-\nu^2),$$

式中 $\gamma_{(100)}$为(100)面的表面能．裂纹扩展过程裂尖无位错产生，因此断裂表现为沿(010)解理面的完全脆性断裂，与实验观察相符．表明 α-Fe 是本征脆性的金属．

面心立方铜的裂纹尖端的几何结构示于图 29.40．裂纹平行于(110)面．原子间势采用摩尔斯(Morse)势(图 29.41)．由于铜

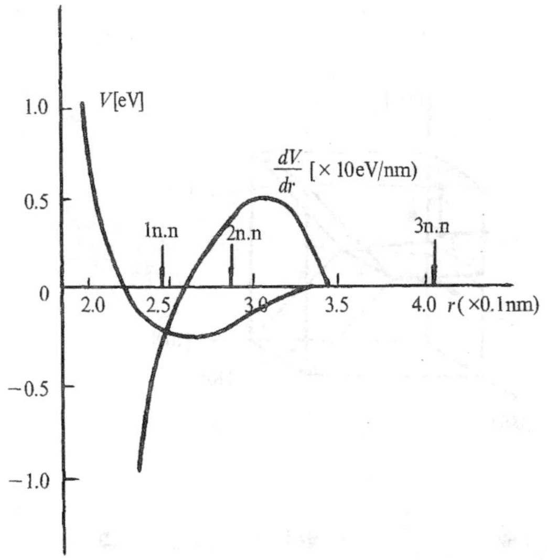

图 29.37 体心立方金属 α-Fe 的原子间相互作用势 $V(r)$ 和原子间力$\frac{dV}{dr}$与原子间距离 r 之间的关系.

的层错能低，在(111)面内的滑移位错为扩展位错，由两个肖脱基部分位错组成，布矢为$\frac{1}{2}[01\bar{1}]$的位错分解为

$$\frac{1}{2}[01\bar{1}]\rightarrow\frac{1}{6}[\bar{1}1\bar{2}]+\frac{1}{6}[12\bar{1}]. \qquad (29.120)$$

图 29.42 给出铜中柏格斯矢量为$\frac{1}{2}[01\bar{1}]$的位错(由 7→2)以及两个柏格斯矢量分别为$\frac{1}{6}[\bar{1}1\bar{2}]$和$\frac{1}{6}[12\bar{1}]$的肖脱基部分位错(由 7→0 和 0→2)的原子结构图，图中实线和虚线圆圈分别代表两个原子层上的原子. 在温度为 0K 和裂纹体受到外加应力强度因子 $K_1=0.8K_{1c}$作用时，分子动力学模拟给出肖脱基部分位错的成核和发射过程. 由于裂纹沿 X 轴存在对称性，图 29.43 仅给出裂纹体的上半部分，图 29.43(a)示出弛豫后的裂纹原子结构. 在外力作用下，第一个肖脱基部分位错在$[\bar{1}1\bar{2}]$方向上产生，并沿$[\bar{1}1\bar{2}]$方向

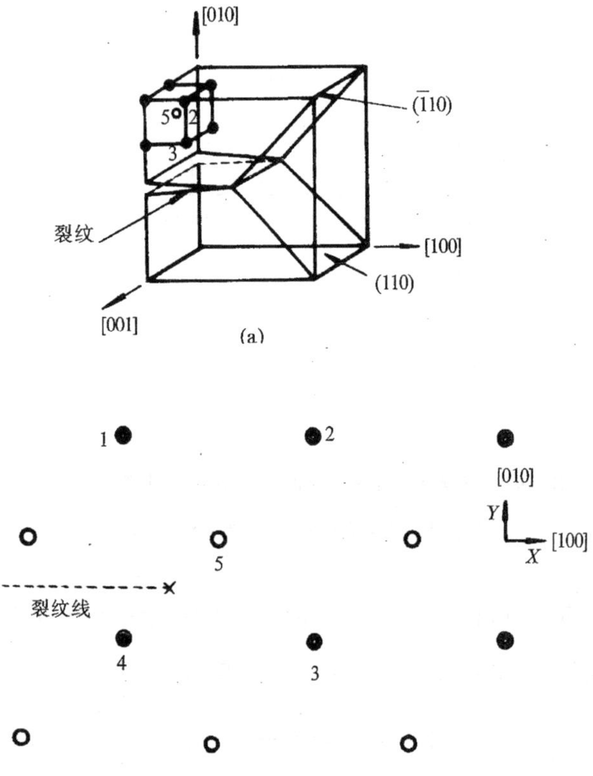

图 29.38　体心立方金属 α-Fe 裂纹尖端的(a)几何结构(裂纹面平行于{100}面)；(b)原子结构(●表示位于体心立方晶胞顶角的原子，○表示位于体心的原子)

运动(发射)，经时间 5×10^{-12}s 后运动至位置 A[图 29.43(b)]. 随后第二个肖脱基部分位错在 X-Y 平面内沿[$12\bar{1}$]方向产生，并经过时间 5.5×10^{-12}s 后扩展至与 A 点有一定距离的 B 点[见图 29.43(c)]. 这两个部分位错发射后经过 6×10^{-12}s 运动至边界，在边界上产生范性形变，其形变量为最近邻距离，见图 29.43(d)

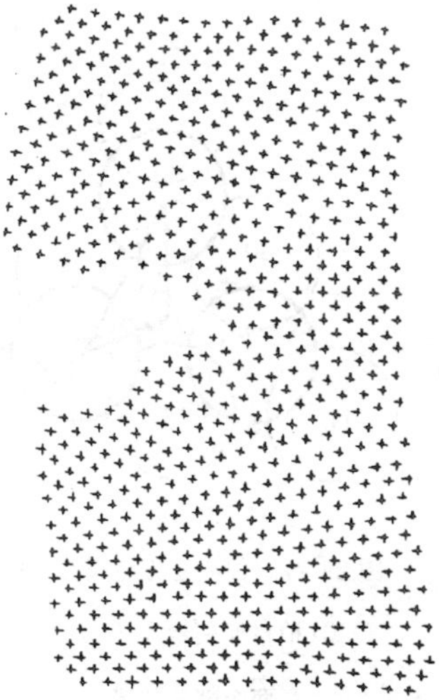

图 29.39 体心立方金属 α-Fe 在{100}面上的裂纹扩展的原子过程．裂纹先沿{$\bar{1}$10}面，然后沿{010}面扩展，呈解理脆性断裂(图中＋表示原子).

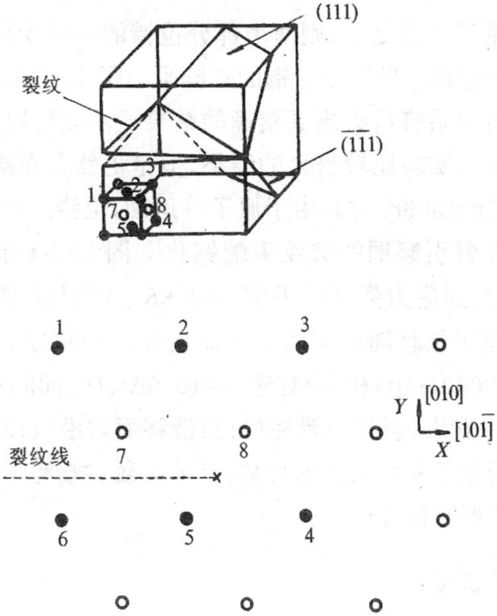

图 29.40 面心立方金属 Cu 的裂纹的晶体学结构和裂尖的原子结构(●表示位于面心立方晶胞顶角位置的原子，○为位于面心位置的原子).

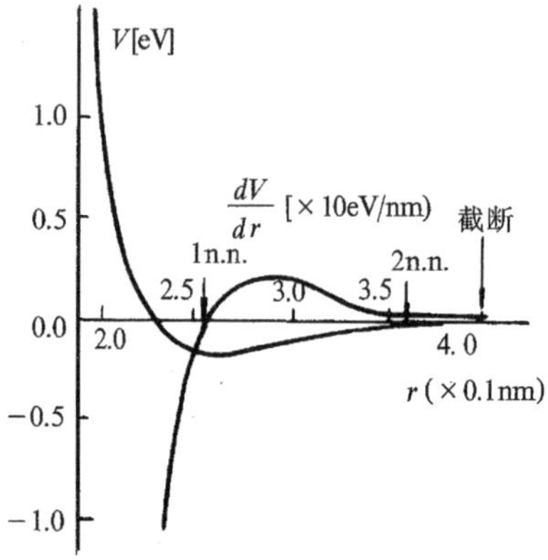

图 29.41　面心立方金属 Cu 的原子间势摩尔斯势 V 和原子间力$\frac{dV}{dr}$.

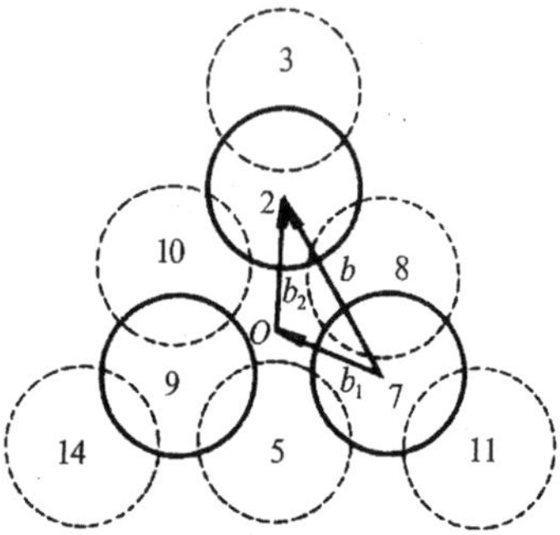

图 29.42　面心立方金属 Cu 中的位错(柏格斯矢量为$\frac{1}{2}[01\bar{1}]$)和两个部分位错.

如果计算的原子数目很多,则两个部分位错的运动受阻于一个平衡位置而不能达到边界. 由于铜的点阵阻力很小,因此,更多数目的原子组成的体系将可给出更精确的结果. 由此可以说明,上述结果虽能给出与实验比较符合的结果,但是仍然存在局限性. 当温度升高至室温(300K 时),由于原子热运动,位错发射比较容易,大量的位错发射引起铜的裂纹尖端钝化. 图 29.44 示出温度为 300K 和裂尖受到应力强度因子 $K_1=0.8K_{1c}$作用时,裂纹尖端的原子结构和原子位移随时间的变化而变化:(a)对应 $t=0$;(b)和(c)对应 $t=1000\Delta t$;(d)和(e)对应 $t=1050\Delta t$、(时间间隔 $\Delta t=1.0\times10^{14}$s). 可以看出,裂纹位错在{111}滑移面内沿[112]方向发射引起裂纹尖端原子发生很大的位移,并使裂纹尖端钝化,表现出延性断裂的范性形变特征.

§29.7　延性断裂

延性断裂有两种形式:一种是由于连续的切变或滑移引起的断裂[见图 29.2(d)和图 29.45];另一种是由于微孔洞的形成,长大和聚集引起的断裂(图 29.46). 延性断裂前通常已经发生了大

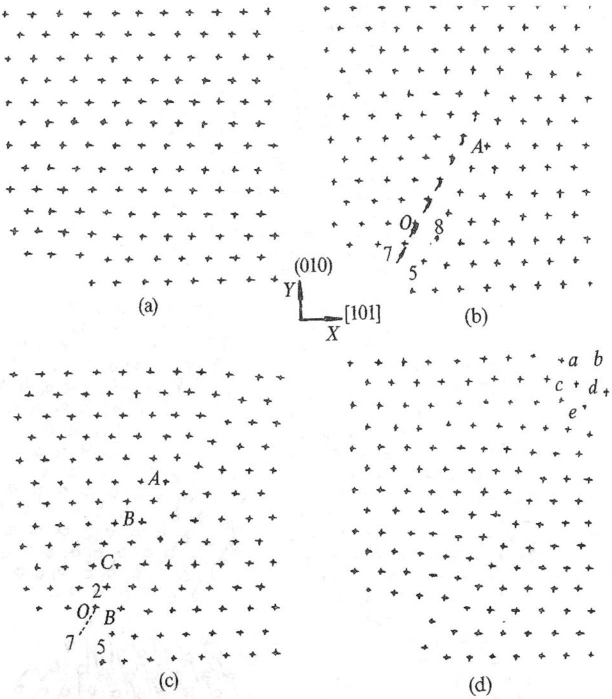

图 29.43　在温度为 0K 和裂尖受到 $K_1=0.8K_{Ic}$作用时金属铜裂纹尖端发射位错与时间的关系：(a) $t=0$，静态弛豫后的初始态；(b) $t=500\Delta t$；(c) $t=550\Delta t$；(d) $t=600\Delta t$；（其中：$\Delta t=1.0\times10^{-14}$s）（+表示原子）.

量的范性形变，断裂是一个缓慢撕裂的过程，需要消耗相当多的能量．面心立方金属，低强度合金结构钢以及高温时体心立方金属和六方密集金属，常呈延性断裂．

剪切断裂可以发生在单晶的多晶中．在单晶中，剪切沿着一定的结晶学平面扩展；在多晶中，剪切沿着最大切应力的平面扩展．不相交的剪切引起裂纹张开[图 29.45(a)]，相交的剪切可以导致平面应变拉伸形变，发生剪切断裂[图 29.45(b)]．高纯面心立方金属 Cu 单晶细丝经拉伸屈服后，要经历大量范性形变，直至细丝发生颈缩至针尖状，才由于失去强度而断裂，此时面缩率达100%，这种断裂是完全的延性断裂[图 29.2(e)]．大多数金属材

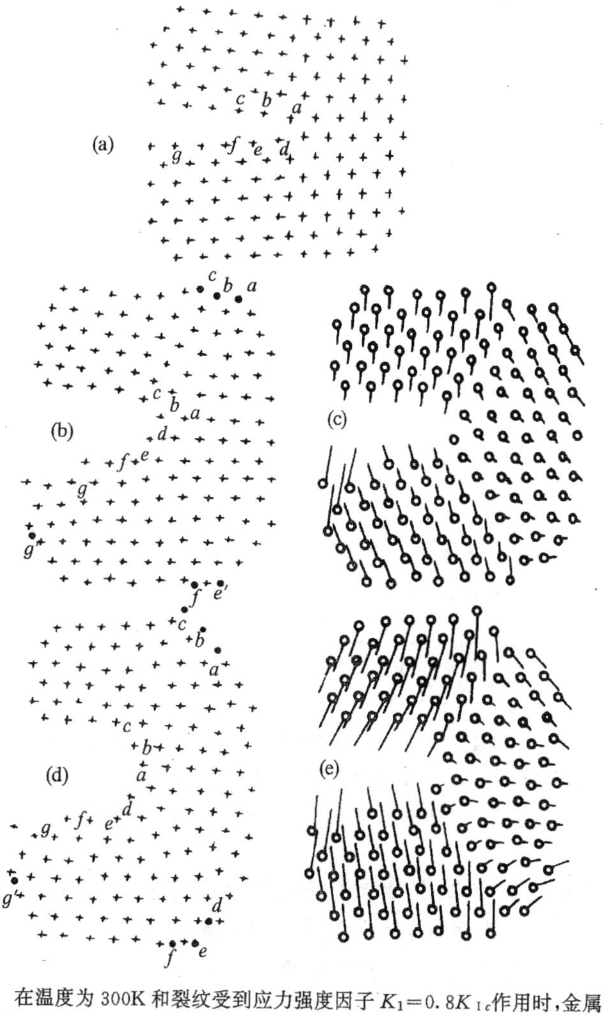

图 29.44　在温度为 300K 和裂纹受到应力强度因子 $K_1=0.8K_{Ic}$作用时，金属 Cu 的裂纹尖端原子结构和原子位移随时间的变化：(a) $t=0$；(b)和(c)对应 $t=1000\Delta t$；(d)和(e)对应 $t=1050\Delta t$(其中 $\Delta t=1.0\times10^{-14}$s)(+表示原子，ꝺ 表示原子位移).

料，包括商业用纯铜单晶，拉伸范性形变量不如高纯铜单晶那样大，面缩不能达到 100%，是不完全延性断裂．例如圆棒形拉伸试样，在发生一定程度的面缩后即发生突然断裂，形成杯锥状断口

[见图 29.2(f)],这类延性断裂是由于微孔洞聚集引起,断裂过程分为两个阶段:(1) 试样发生颈缩. 当加工硬化所引起的强度增加不足以补偿截面收缩的效应时,就产生了缩颈[图 29.46(a)],相应的材料拉伸强度达到极大值,称为极限拉伸强度,此后材料的形变变得不均匀,但是断裂尚未开始. (2) 试样中心裂纹的形成和扩展. 缩颈的形成引入三轴应力状态,由于缩颈中央流体静张力的作用,在夹杂物处形成许多小的空洞[图 29.46(b)]这些空洞逐渐汇聚成一个裂纹[图 29.46(c)],裂纹沿着垂直于拉伸方向的方向扩展[29.46(d)],最终导致断裂[图 29.46(e)].

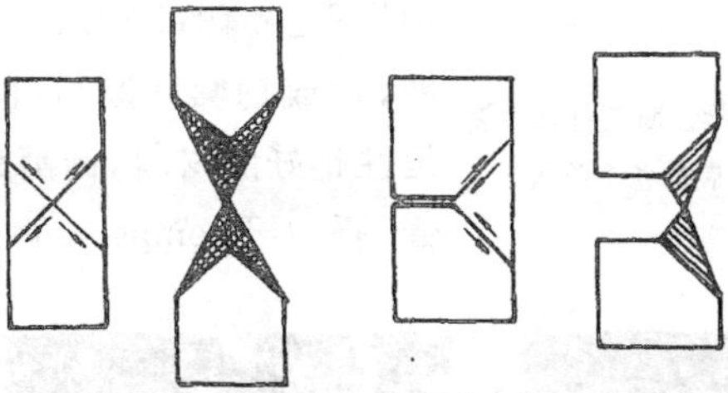

图 29.45 延性剪切断裂:(a) 剪切面不相交和(b) 剪切面相交.

延性断裂的断口形成一般具有韧窝状特征,在韧窝底部常可以观察到夹杂物或第二相粒子(图 29.47). 奥罗万[64]提出韧窝状延性断口形成的微观机制为微空洞的形成和聚集. 由于材料内部存在夹杂物和第二相粒子,一般情形下它们具有比金属基体高的硬度,因此具有与金属基体不同的弹性和范性形变性能. 在范性形变过程中,如果夹杂物(或二相粒子)和基体之间的界面的结合强度较弱,则在界面处首先发生分离而产生微空洞. 随着范性形变继续增大,各个夹杂物或第二相粒子处产生的微孔洞长大并聚集形成大的孔洞. 最后孔洞相互连接导致延性断裂. 这些孔洞就形成延性断口上的韧窝. 对于没有夹杂物和第二相粒子的高纯金属,赫斯(Hirth)和罗塞(Lothe)[65]指出微孔洞可以在位错胞墙的

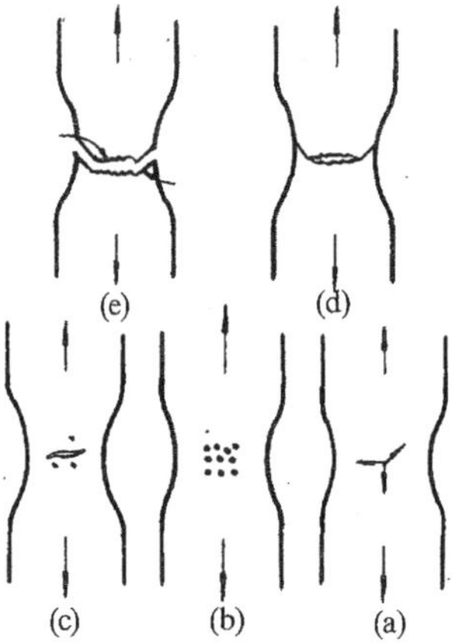

图 29.46 杯锥延性断裂过程中裂纹的形成和发展的各个阶段.

空位簇处成核．如果夹杂物或第二相粒子同金属基体之间的界面的结合很强，则范性形变可以使夹杂物和粒子发生脆断而导致裂纹扩展．

延性断裂的微孔洞形成和聚集模型的示意图见图 29.48，分为三个阶段：(1) 在外力作用下裂尖发生钝化，裂尖前方的夹杂物和第二相粒子处产生微孔洞[图 29.48(a)]．(2)裂纹扩展启动，裂尖扩展至下一个夹杂物[图 29.48(b)]；(3) 裂纹继续扩展，形成韧窝状断口[图 29.48(c)]．延性越好的材料，韧窝越深．由此汤普森（Thompson）和阿什比

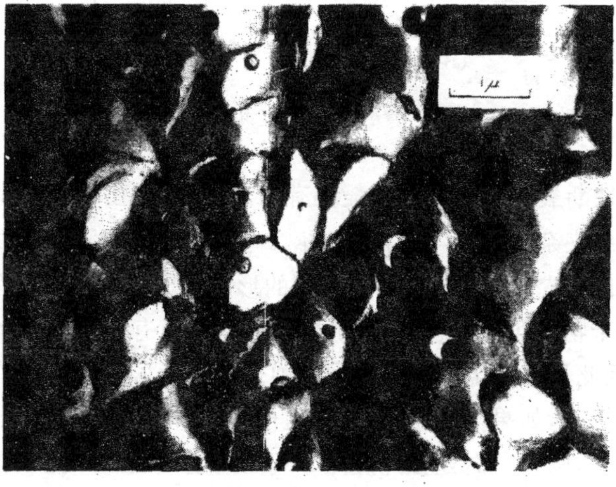

图 29.47 延性断裂的韧窝状断口(在韧窝中可以看到第二相粒子).

(Ashby)[66]提出用韧窝的深度 h 和直径 W 之比

$$M=\frac{h}{W},\tag{29.121}$$

表征材料延性的好坏，M 越大，材料的延性越好．M 称为断口表面粗糙度．

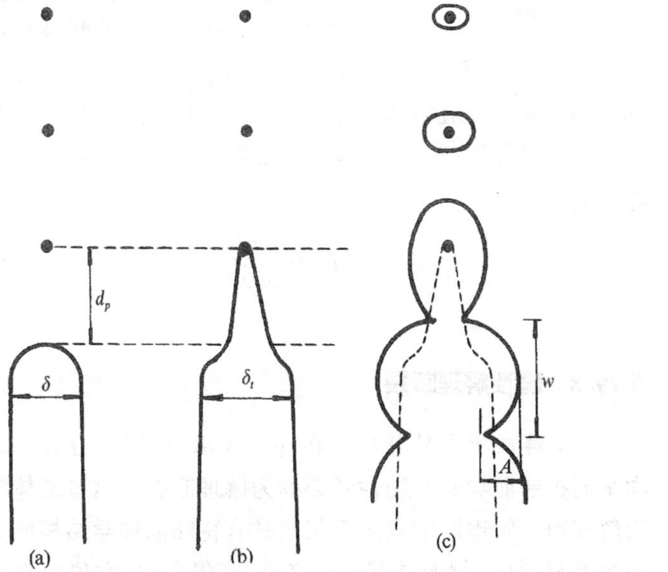

图 29.48　延性断裂的微孔洞形成和聚集模型：(a) 裂尖钝化；(b) 裂纹扩展至裂尖前方与裂尖距离为 d_p 处的第一个夹杂物(或第二相粒子处)；(c) 裂纹继续扩展，形成韧窝状断口形貌．

裂纹试样的延性断裂用非线性弹塑性断裂力学(§29.4)描述，可分为如下两个阶段：

(1) 裂纹启动阶段，即裂纹在外力作用下开始扩展，此时使裂纹启动的力等于 J_{Ic}，裂尖张开位移为 δ_c，这两个参数为裂纹启动断裂韧性(crack initiation toughness)．这些参数和弹性模量 E 及范性流变应力 σ_0 之间存在下述关系：

$$J_{Ic}=\frac{K_{Ic}^2}{E}=\frac{1}{\alpha}\sigma_0\delta_c,\tag{29.122}$$

式中 α 与屈服应变 $\varepsilon_0=\sigma_0/E$、加工硬化指数 n 及断裂呈平面应变或平面应力状态有关．

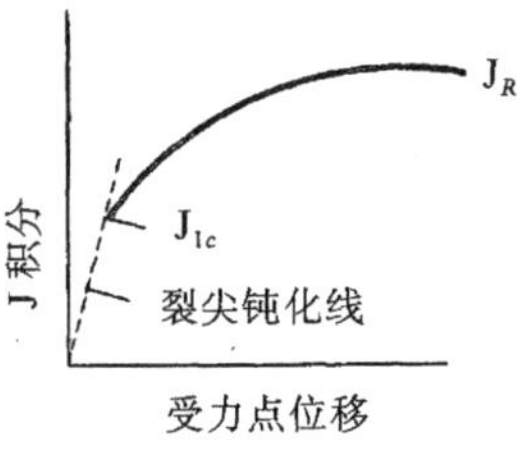

图 29.49 弹塑性延性断裂裂纹扩展的阻力曲线．

(2) 裂纹扩展阶段．裂纹试样的裂纹启动后并不会立即导致断裂，而存在一个裂纹扩展过程，称为弹塑性裂纹的亚临界扩展过程，用裂纹扩展阻力曲线(图 29.49)描述．延性断裂在这个阶段的韧性称为裂纹扩展韧性，以 J_R 表示．对于高延性材料，J_R 可以比 J_{Ic}高出许多倍．在此阶段，撕裂模量 T_R 与 J_R 间存在下列关系：

$$T_R=\frac{E}{\sigma_0}\frac{dJ_R}{da}. \tag{29.123}$$

§ 29.8 脆性解理断裂

(a) 解理断裂的特征　在外力作用下，裂纹沿着一定的晶体学平面扩展而导致的脆性断裂称为解理断裂．这些晶体学平面称为解理面．解理断裂发生于某些具有特殊晶体学结构的金属单晶和多晶材料中，例如具有体心立方、密集六角、六角和菱形体心的金属晶体中．表 29.1 给出各种金属晶体的解理面．

完全的解理断裂过程中无范性形变，其断口特征除了平坦的解理断面之外还常观察到河流状解理台阶，在有的解理断口上还存在舌状花样．在具有复杂的显微结构的金属中．解理裂纹并不总是沿着解理面扩展，在断口上除了存在平坦的解理面和解理台阶以外，还存在在二次相粒子位置形成的韧窝，以及从解理向韧窝断口形貌过渡的撕裂带．这种由脆性解理和延性韧窝两种断裂过程混合在一起的断裂称为准解理断裂．解理断裂的断口形貌见图 29.50．

河流状解理面台阶的形成原因之一是由于解理裂纹沿解理面扩展时与垂直于解理面的螺型位错相遇．弗里德尔(Friedel)[67] 提出，解理裂纹可以看作两头被塞积的两个刃型位错塞积群构成的裂纹位错，这些位错的柏格斯矢量与裂纹面垂直，位错只能沿着裂纹面作无扩散攀移运动，亦即裂纹通过位错攀移而扩展．当裂纹位错与一个垂直于解理面的螺位错相遇时，刃位错与螺位错的交截就形成割阶，亦即形成解理台阶(图 29.51)．因此，最小的解理台阶的高度应当等于与解理面交截的螺位错的柏格斯矢量．但是由于观察断口的扫描电子显微镜的分辨率只有 5nm，因此不能观察到解理台阶形成的微观细节．一群密度为 D 的混乱分布的螺位错与解理面交截所产生的河流状解理台阶的高度与 D 成正比．因此，实验上观察到的平坦的解理台阶应当包括许多微观的解理台阶．由于晶界上分布有位错，解理裂纹与晶界上位错的相互作用除了可以改变解理台阶的形状以外，还可以改变解理裂纹的扩展方向，甚至阻止解理裂纹穿过晶界．图 29.52 示出 LiF 晶体的解理面通过亚晶界的情况，亚晶界中的一系列具有螺型分量的位错造成了一系列台阶，这些台阶随后合并成为更大的河流状台阶．解理裂纹通过小角度倾侧晶界时会改变扩展方向，但其河流状花样变化不大；但是解理裂纹通过扭转晶界或大角度晶界时河流状台阶会骤增，这是由于扭转和大角晶界具有大量螺位错，有时甚至会阻止解理裂纹扩展．断口上的河流状花样也可以是两个相邻近而高度不同的解理裂纹扩展连接在一起时形成的二次解理台阶．

舌状花样也是解理断口上一种常见的形貌特征，在低碳钢的低温拉伸或冲击断口上常可以见到．舌状花样是由于解理裂纹遇到孪晶和基体的交界面时，裂纹改变扩展方向而形成的．舌头是孪晶在断口上的露头，而孪晶则是裂纹在高速扩展过程中在裂纹前沿由于高速形变诱发而产生的．舌头的形成过程可以用图 29.53 加以说明：设晶面(110)平行于纸面，当解理主裂纹在(100)面上沿[110]方向由 A 扩展至 B 时前方遇到孪晶(体心立方孪晶多发生在(112)面上，孪生方向为[111])，继续沿直线向前扩展受到很大阻碍，于是便分出一个二次裂纹沿孪晶面和(110)面的交线[111](即孪生方向)扩展．与此同时，AB 面上的主裂纹则绕过孪

图 29.50　脆性解理断裂的断口形貌.

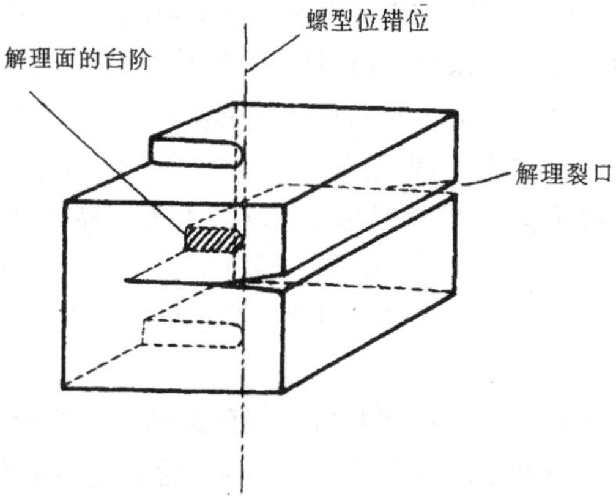

图 29.51　解理裂纹和螺型位错的交截形成解理面上的台阶.

晶(在纸面以外)扩展到 D,并继续沿 DE 方向向前扩展. 当二次裂纹沿孪晶面(112)和[111]方向由 B 扩展至 C 时,主裂纹与二次裂纹之间因形变增大而从 CD 断开,于是整个裂纹又都回到(100)面上继续扩展,形成解理舌头 BCD. 上述模型要求舌头的倾角为一特定值(此处为 35.16°),已为实验测定所证实.

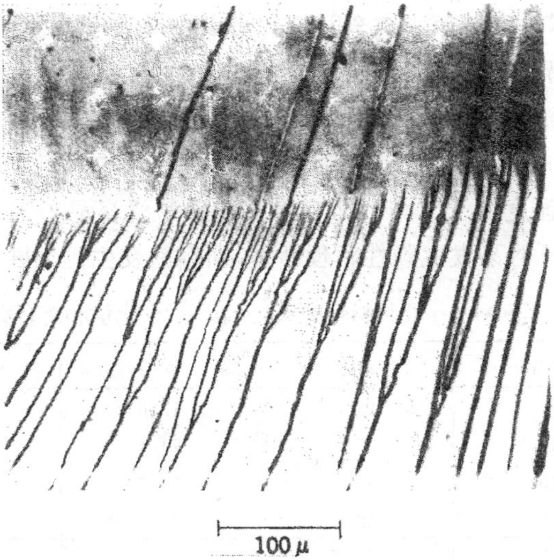

29.52 LiF 的解理台阶(×150)(解理裂纹和亚晶界交截所引起的).

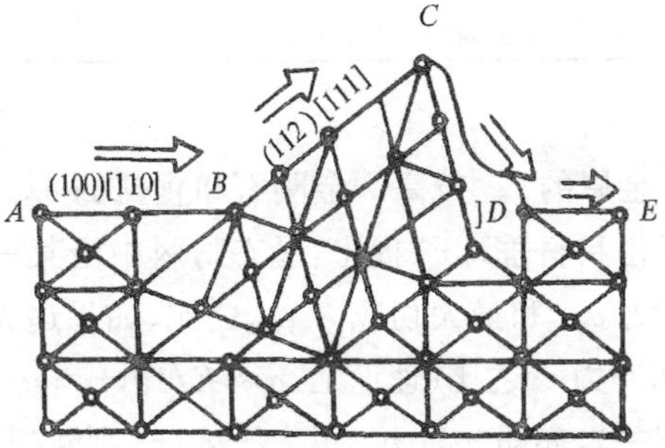

图 29.53 舌状花样形成过程示意图.

(b) 脆性解理断裂的凯利-泰松-科垂耳判据 前面介绍了解理断裂的特征,下面讨论解理断裂发生的条件.凯利(Kelly),泰松(Tyson)和科垂耳[6],以及赖斯和汤姆逊[66]先后提出两个判据.

解理断裂过程中裂尖常发生少量的范性形变,这是由于金属材料的最大切变强度 τ_{max} 比最大拉伸强度 σ_{max} 小得多．在§29.2中已计算过，使原子键合断裂的最大拉伸强度 σ_{max} 约为 $E/5$，但是使完整晶体中点阵原子发生相互滑动的最大切变强度 τ_{max} 通常比 σ_{max} 小得多，与材料有关．表 29.4 列出几种金属，金刚石和食盐的理论拉伸强度 σ_{max} 和切变强度 τ_{max} 的值．由表可见，面心立方金属的切变强度低于 $E/30$，切变比拉伸形变要容易得多，因此面心立方金属不容易发生脆性解理断裂，而容易发生延性断裂．

表 29.4　几种材料的 σ_{max}/τ_{max}，σ_t/τ_t 比值和断裂类型

材料	σ_{max}/τ_{max}	σ_t/τ_t	断裂类型
Cu	28.2	12.6	延
Ag	30.2	14.4	性
Au	33.8	24.7	断
Ni	22.1	7.9	裂
W	5.04		与强度
α-Fe	6.75	8.5	有关
金刚石	1.16	3.6	解理
NaCl	0.94		断裂

体心立方金属的 τ_{max} 较高．金刚石和食盐的 σ_{max} 与 τ_{max} 接近．据此，凯利、泰松和科垂耳[68]提出：晶态材料中沿某一可能的滑移面的最大张应力 σ_{max} 和最大切应力 τ_{max} 之比，如果远大于理想张应力 σ_t 和理想切应力 τ_t 之比（理论上，$\sigma_t \approx E/10$，$\tau_t \approx \mu/10$，但是比值 σ_t/τ_t 和材料有关），亦即 σ_{max}/τ_{max} 很大于 σ_t/τ_t，则断裂为延性类型；相反，如果 σ_{max}/τ_{max} 小于 σ_t/τ_t 则断裂为脆性，这时有效表面能 γ_{eff} 大于表面能 γ_0. 这个判据和实验相符．表 29.4 列出不同材料在 0K 时的 σ_t/τ_t 和 σ_{max}/τ_{max} 的数值以及断裂类型．面心立方金属，σ_{max}/τ_{max} 很大于 σ_t/τ_t，断裂为延性；金刚石和 NaCl、σ_{max}/τ_{max} 小于 σ_t/τ_t，断裂呈解理脆性；对于体心立方金属，σ_{max}/τ_{max} 与 σ_t/τ_t 的数值相近，因此裂断类型不确定，与温度等因素有关．在高温时体心立方金属的断裂是延性的；当温度降低时，断裂由延性转变为脆性

解理，称为延脆转变，将在§29.9中进一步讨论．

(c) *脆性断裂的赖斯-汤姆逊判据*[6] 凯利-泰松-科垂耳根据材料的本征力学性质提出了脆性或延性断裂判据，但是未涉及材料断裂的微观过程．在裂纹和位错交互作用研究的基础上(§29.5)、赖斯和汤姆逊[6]提出新的脆性或延性断裂断判据．在§29.5中曾讨论过裂纹尖端的位错既受到外加应力的作用引起的斥力，又受到裂纹自由面像力作用引起的引力，还受到点阵阻力的作用，上述三种力相互平衡时，存在一个临界平衡位置 ξ_c，如果 ξ_c 大于位错芯的半径 ξ_0，而且位错所处位置距裂尖的距离大于 ξ_0 而小于 ξ_c 时，位错仍受到引力，位错由裂尖发射需克服一个能量位垒，也即需要激活能．当 $\xi_c \leqslant \xi_0$ 时位错可以由裂尖自然发射而不需激活能．如果位错容易由裂尖发射，则断裂呈延性；反之，如果位错不易或不能由裂尖发射，则断裂呈脆性．赖斯和汤姆逊计算了若干种材料的临界平衡位置 ξ_c，位错芯半径 ξ_0，位错发射激活能 Ed，以及与有效表面能有关的参量 $\mu b/\gamma$(其中 μ 为切变模量，γ 为表面能，b 为柏格斯矢量)列于表29.5．由表可见：(1) 面心立方金属的裂尖位错平衡距离 ξ_c 较短，位错芯的平衡半径 ξ_0 较长[65]，$\xi_c < \xi_0$ 位错可以自发地由裂尖发射而不需激活能，相应的 $\mu b/\gamma$ 值小于8.5(除Ni以外)，断裂一般呈延性；(2) 体心立方金属 W，离子晶体，金刚石、半导体和六角密集金属的位错芯半径较小，裂尖位错平衡位置 ξ_c 较长，ξ_c 一般大于 ξ_0，位错发射的激活能很高，而且参数 $\mu b/\gamma$ 的值很高，因此，位错不易或不能由裂尖发射，这些材料的断裂一般呈脆性解理；(3) 体心立方金属Fe和面心立方金属Ni具有居中的 $\mu b/\gamma$ 值，激活能低，热涨落将会影响材料的断裂类型，因此材料的断裂类型和温度有关．

根据上述分析，赖斯和汤姆逊提出金属和其他材料发生延性或脆性断裂的判据：(1) 如果晶体(材料)的位错芯半径较宽，与有效表面能有关的无量纲参量 $\mu b/\gamma$ 小于7.5～10，材料呈延性断裂；(2) 如果晶体的位错芯半径较小，参量 $\mu b/\gamma$ 值很大，则晶体呈脆性断裂．

表 29.5　材料的物性和力学参数

晶体结构	元素	解理面和方向	滑移面和方向	$\mu b/\gamma$	位错芯半径 ξ_0（以 b 为单位）	位错平衡距离 ξ_c（以 b 为单位）	位借发射激活能(eV)
面心立方金属	Pb Au Cu Ag Al Ni	(001) [110]	$[\bar{1}\bar{1}1]$ $[10\bar{1}]$	5.8 4.8 6.1 6.5 8.5 10.8	2	1.1 0.85 1.00 1.09 1.4 1.7	位错发射不需激活能
体心立方金属	Na Fe W Fe*	(001) [100] $(001)/[\bar{1}\bar{1}0]$	$(0\bar{1}1)$ [111] $(110)/[\bar{1}11]$	3.75 8.7 26 8.7	2/3	1.2 1.9 4.0 2.7	0.02 2.2 329 19
离子晶体	LiF NaCl MgO Al_2O_3	(001) [100] $(\bar{1}012)/[1\bar{2}10]$	$(0\bar{1}1)$ [011] $(0001)/[\bar{1}\bar{1}20]$	26 26 29 18	0.25	3.2 3.4 3.4 2.3	58 62 205 852
金刚石结构	Si Ge C	(111) $[0\bar{1}1]$	$(\bar{1}11)$ $[\bar{1}\bar{1}0]$	19 33 24	0.25	2.2 3.7 2.4	111 260 351
六角密集	Be Zn	(0001) [0001]	$(ijko)$ [0001]	34 33	3/3	4.5 4.3	180 107

根据§29.5，材料裂尖发射位错的难易程度可以用脆性断裂的局域临界应力强度因子 k_c 和裂尖产生和发射位错的临界应力强度因子 k_e 的比值表征，对于平面应力情形，裂尖局域临界应力因子为

$$k^2_{\mathrm{I}c}=k^2_{\mathrm{II}c}=4(1+\nu)\mu\gamma,\qquad (29.124)$$
$$k_{\mathrm{III}c}=4\mu\gamma.$$

对平面应变情形

$$k^2_{\mathrm{I}c}=k^2_{\mathrm{II}c}=\frac{4\mu\gamma}{1-\nu}, \quad (29.125)$$

$$k^2_{\mathrm{III}c}=4\mu\gamma.$$

裂尖发射位错的临界应力强度因子分别见式(29.103)、式(29.105)和式(29.106)．材料的断裂判据可以进一步表述为：(1)当 $k_c<k_e$ 时，裂尖不能发射位错，材料呈脆性断裂；(2) 当 $k_c\approx k_e$ 时材料的断裂类型不确定；(3) $k_c>k_e$ 时，裂尖容易发射位错，材料呈延性断裂．

表 29.6　金属材料的 k_e/k_c 比值

金属材料	k_e/k_c				
	Ⅰ型裂纹		Ⅱ型裂纹		Ⅲ型裂纹
	平面应变	平面应力	平面应变	平面应力	
Al	0.81	0.86	0.26	0.27	0.21
Cu	0.73	0.77	0.22	0.23	0.18
Ni	0.87	0.92	0.29	0.30	0.23
Fe	1.40	1.49	0.44	0.47	0.36
Nb	1.07	1.19	0.24	0.26	0.20
Mo	1.46	1.55	0.47	0.50	0.39
W	1.48	1.57	0.48	0.51	0.40

对于几种金属材料的计算结果示于表 29.6．由表可见：对应于Ⅱ型和Ⅲ型裂纹，$k_e<k_c$ 的条件始终成立，因此断裂呈延性；对于Ⅰ型裂纹，金属表现出不同的断裂类型．面心立方金属(Al，Cu 和 Ni)的 $k_c>k_e$，断裂呈延性；而体心立方金属(Fe，Nb，Mo 和 W)，$k_c<k_e$，因此断裂呈脆性．

(d) *裂纹的成核*　不少迹象表明金属中的断裂是和范性形变密切相关的．在 100K 左右观察到解理裂纹只出现在已经发生范性屈服的区域，而尚未屈服的区域中根本找不到[69]；在一定温度范围内[69]，软钢的脆断应力和压缩加载测出的屈服应力基本相同(见图 29.54)，这些结果都支持下述看法，即在金属中要形成裂纹有赖于局部地区的范性流变．

关于裂纹成核的机制，曾经提出过多种的设想，通常都假定在应力作用下，刃型位错的合并可以构成裂纹的胚芽(见图 29.55)．下面介绍科垂耳[5]提出的范性形变促使裂纹成核的具体机制．

图 29.56(a)示出滑移带(或孪生带)被晶界(或其它障碍)阻挡，塞积的位错所引起的应力集中，促使裂纹成核．

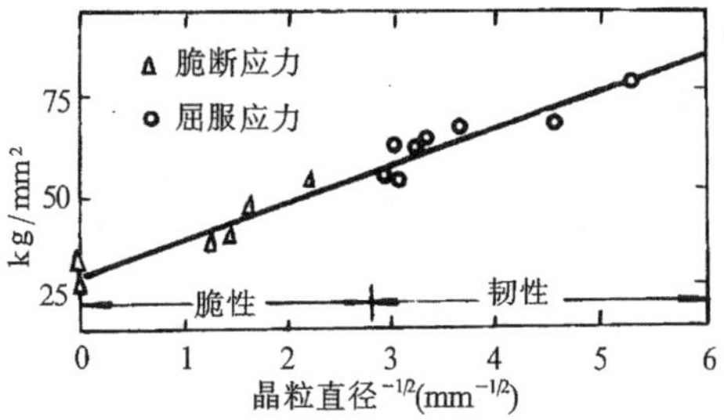

图 29.54 不同晶粒度软钢的脆断应力(拉伸)与屈服应力(压缩)．

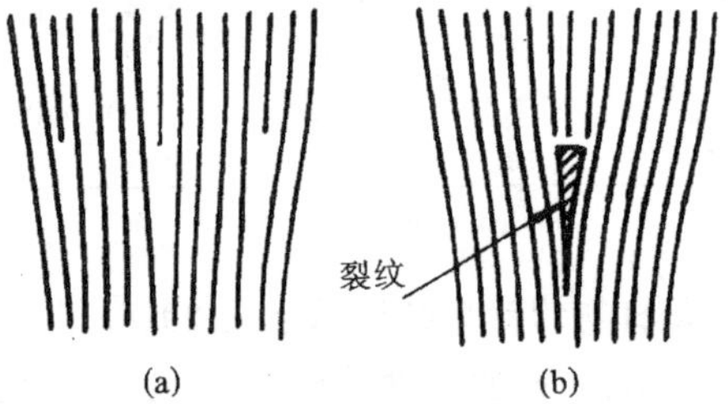

图 29.55 同号刃型位错合并成裂纹的胚芽．

图 29.56(b)示出相交的滑移带引起裂纹成核，在体心立方晶体中，位错反应

$$\frac{1}{2}[\bar{1}\bar{1}1]+\frac{1}{2}[111]\longrightarrow[001] \qquad (29.126)$$

是能量降低的，两滑移带中位错交互作用的结果可以在解理面上形成不易滑移的[001]刃型位错，这些位错的合并构成裂纹的胚芽．这个机制可以说明单晶体中裂纹的成核．

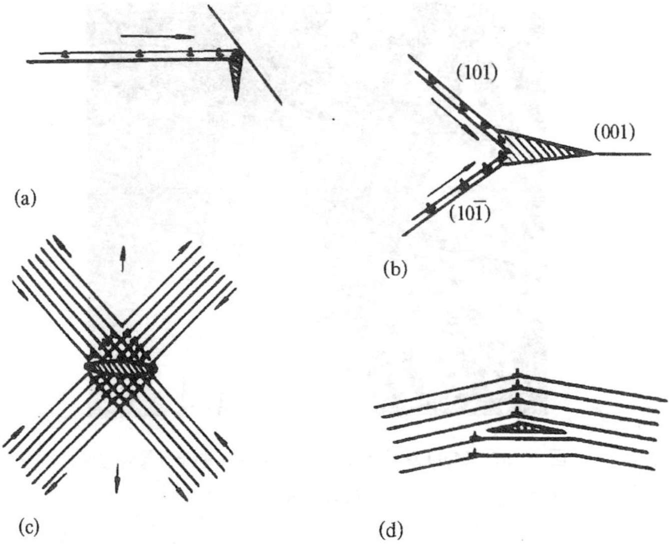

图 29.56　滑移过程形成的裂纹．

(a) 滑移带的塞积；(b) 两个滑移带中位错的汇合；

(c) 两个滑移带相交处应力集中引起裂纹成核；

(d) 位错墙的侧移引起滑移面的弯折而使裂纹成核．

图 29.56(c)示出了相交滑移带裂纹成核的另一机制，相交处形成不完整的位错墙，它的应力集中可以促使裂纹成核．这个机制也可以引伸到相交孪生带的应力集中的情况．

图 29.56(d)示出了刃型位错墙的一部分发生了侧移，也会形成裂纹，裂纹面将和滑移面相重和．这可以解释六角金属中观测到的情况．

在 MgO 晶体中的观测证实了被晶界阻挡的滑移带引起的裂纹成核(图 29.57)，也看到相交滑移带处裂纹的成核(图 29.58)[70]．但在 MgO 中并不会发生类似于式(29.126)的对能量有利的位错反应，因而裂纹的成核可能是按照图 29.56(c)所示的机制．在硅铁单晶中的一些观测表明，裂纹通常出现在孪生带的

图 29.57　MgO 双晶体受阻于晶界的滑移带引起的裂纹（×360）.

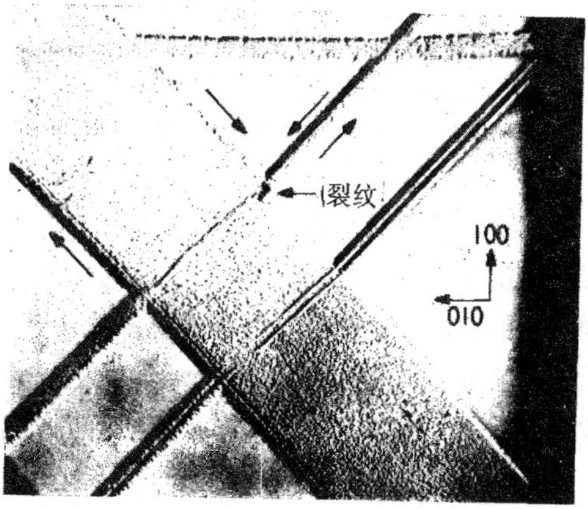

图 29.58　MgO 晶体滑移带交截处裂纹的成核（×325）.

相交处（图 29.59）[71]，也有人看到滑移带相交处形成的裂纹（图 29.60）[72]. 在 Zn 中看到了滑移面弯折所形成的裂纹[73].

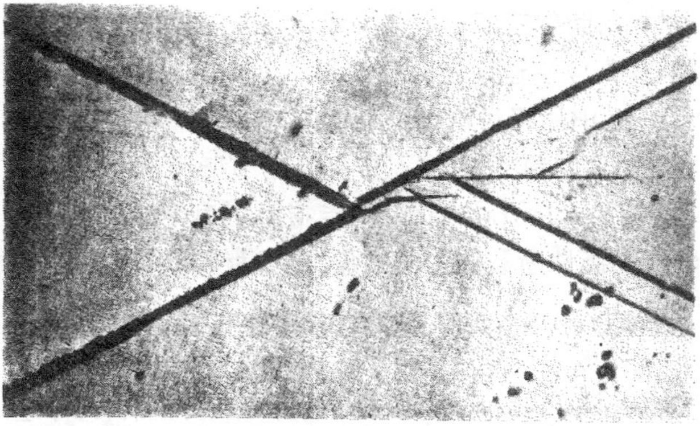

图 29.59　硅铁单晶孪生带相交处形成的裂纹(×440).

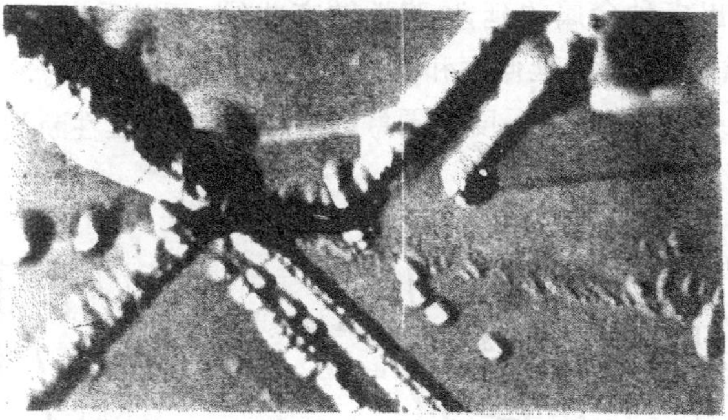

图 29.60　滑移带式胶处形成的裂纹.

§29.9　延性-脆性转变

(a) 基本规律　在§29.1中,我们已提到固体材料的断裂类型取决于多种因素,除了材料本身的内在因素(诸如材料的成分、显微结构、杂质分布和应力状态等)以外,还与材料使用时的外部因素(包括环境的温度、应变速率和环境介质等)有关.因此,在一定条件下,延性断裂的材料在另一些条件下可以转变为脆性断裂.

例如增大材料的尺寸,可以使材料的受力状态由平面应力变为平面应变,材料的断裂韧度会大大下降(§29.3);尖锐缺口常使延性材料变脆;提高应变速率和降低使用温度也可以使材料呈脆性断裂;在§29.10中还将讨论杂质在多晶金属材料的晶界偏析以及多种环境介质使材料变脆的问题.但是本节所讨论的延性-脆性转变(ductile to brittle transition)则专指由于温度降低使材料由延性断裂转变为脆性断裂的力学现象.这是材料使用中的一个十分重要的问题.

延脆转变最早在六方密集结构的金属Zn中被观察到[74],随后在金属间化合物、体心立方金属Fe、面心立方金属Cu和金刚石结构的半导体Ge和Si中相继被观察到,是固体材料的普遍的力学现象.这方面早期的文献总结见麦克林(Mclean)的著作[13].图29.61示出多种金属的延性-脆性转变曲线.可以看出,光滑圆棒试样的截面收缩率、延伸率和夏比(charpy)冲击试样的冲击吸收功随温度变化,在某一温度范围急剧下降,材料由延性断裂转变为脆性断裂.

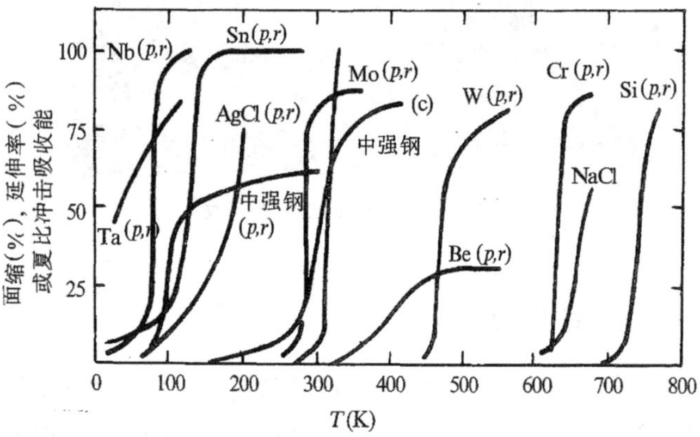

图 29.61　多种金属材料的延性-脆性转变曲线

(p 表示光滑拉伸试样,r 为面缩;e 为延伸率;

c 为夏比缺口冲击吸收能).

工程上通常采用V型缺口夏比冲击试样测定材料的延性-脆

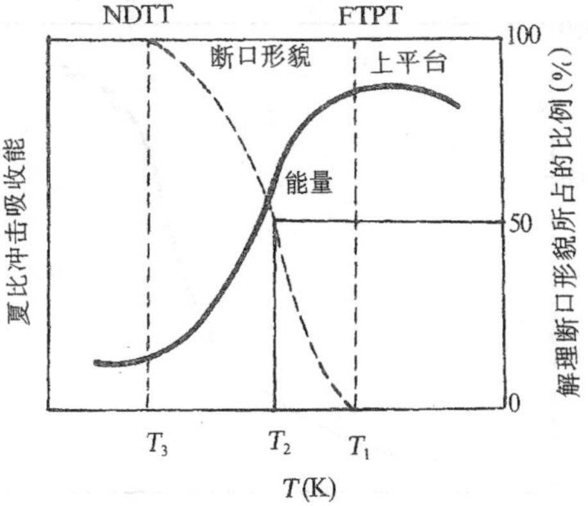

图 29.62 延性-脆性转变温度(T_1 为延脆转变起始温度或范性断裂转变温度 FTPT;T_2 为延脆转变温度 DBTT;T_3 为无延性转变温度 NDTT).

性转变温度.典型的曲线如图 29.62 所示,其中实线和虚线分别表示冲击吸收功和解理断口所占比例随温度的变化.当温度高于 T_1 时,材料的冲击吸收功基本保持恒定,即存在一个上平台区,断口为 100%延性纤维状(低倍放大)和韧窝断裂(高倍放大);当温度低于 T_1 时,断口上开始出解理断裂成分,因此,T_1 为延脆转变起始温度,亦称为塑性断裂转变温度 FTPT.图中 T_2 温度时冲击吸功随温度降低急剧减少,断口上出现 50%解理形貌,称 T_2 为断口形貌转变温度简写为 FATT(fracture appearance transition temperature),通常用 T_2 表征延脆转变温度简写为 DBTT(ductile to brittle transition temperature),以下以 T_c 表示延脆转变温度.在温度 T_3 时,断口 100%为解理形貌,表示材料已处于完全脆性断裂状态,此后断裂应力也基本上不再随温度降低而减小,存在断裂应力的下平台区,称 T_3 为无延性转变温度,简写为 NDTT(nil ductility transition temperature).

近期的研究测量材料的断裂韧度 K_{2c},J_{2c}或 δ_c 随温度的变化,发现也存在如图 29.62 所示的基本规律.图 29.63 示出 16Mn 结构钢的 J_{1c}随温度的变化,以及相应的断口形貌的变化[75].

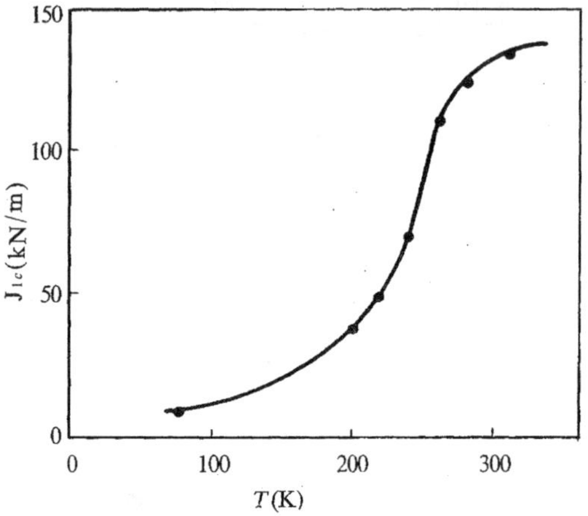

图 29.63 16Mn 结构钢的断裂韧度 J_{1c}随温度的变化，显示明显的延性-脆性转变现象[75].

实验发现，材料的延脆转变行为与晶粒度、屈服强度、形变速率，应力状态(用不同深度的缺口来影响应力状况)等因素有关. 一般说来，材料的晶粒度越大，延性-脆性转变温度 J_{1c}越高[76](图 29.64)；应变速率 $\dot{\varepsilon}$ 增大，延脆转变温度也提高(图 29.65)[77].

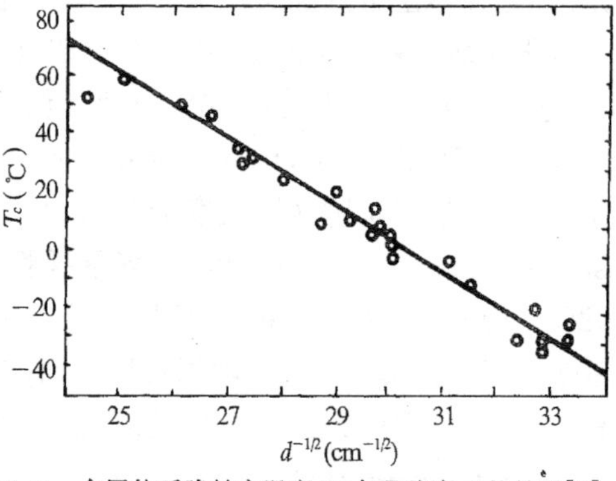

图 29.64 金属的延脆转变温度 T_c 与晶粒度 d 的关系[76].

(b) 唯象解释[78] 将图 29.61 和图 29.62 对照起来看，可以

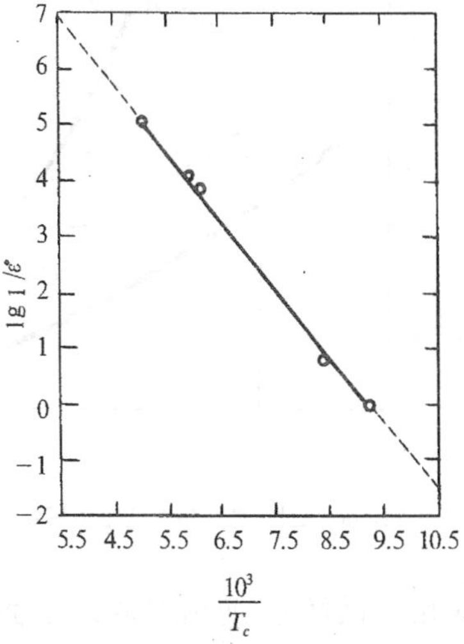

图 29.65 钢的延脆转变温度 T_c 与应变速率 $\dot{\varepsilon}$ 的关系[77].

发现一个粗略的对应关系：延性到脆性转变温度和屈服强度突然升高的温度相对应，对体心立方过渡金属，它接近 $0.1T_m$（T_m 为熔点温度），对非金属和金属化合物则约为 $0.5T_m$，根据这个事实，就引导出到对于延性-脆性转变的唯象解释.

唯象解释的基本观点是将范性形变和断裂看成相互独立的过程，各有其临界应力（分别用 σ_y 和 σ_f 表示）. 如果 σ_y 随温度的下降而升高，但 σ_f 对温度不敏感，将 σ_y 及 σ_f 对温度作图，两条曲线就要相交，交点所对应的温度就是 T_c（图 29.66）. 在 $T>T_c$ 的区域内，$\sigma_f<\sigma_y$，试样要经历一定量的范性形变才断裂，表现延性，而在 $T<T_c$ 的区域内，$\sigma_f<\sigma_y$ 在范性形变之前就断裂，表现脆性.

根据这个假定，也可以解释其它参量对于脆性转变的影响. 例如，形变速率的影响可以归结为屈服应力对于形变速率比较敏感，而断裂强度就不敏感. 又如应变状态的影响也可以用这个观点得到解释. 图 29.67 示出了相互正交的单轴拉伸所产生的切应力状态，可以看出两者的方向恰好相反. 如果同时有两组或三组相互正

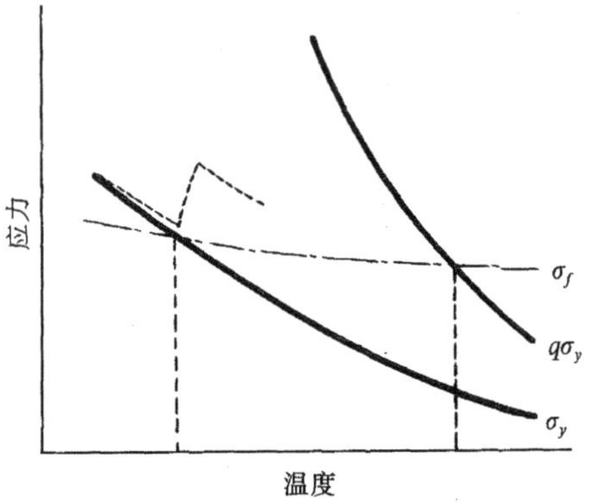

图 29.66 延性-脆性转变的唯象解释[78].

交的拉伸应力作用在试样上(所谓双轴或三轴拉伸的应力状态),由于切应力相消了,对于滑移很不利.刻有V形缺口的试样在拉伸,由于在缺口的截面上产生了三轴应力状态(见图 29.68),从而使试样整体的屈服应力提高为原来的 q 倍(q 称为范性约束因素,极大值约为 3),$q\sigma_y$ 的曲线将和 σ_f 相交在更高的温度(见图 29.66),这样就可以理解为什么对缺口试样求出的转变温度要比普通试样高得多.如果试样在流体静压力作用下进行拉伸,情况就完全不同,在这种场合,外加的拉伸应力所引起的切应力、和两个压缩应力的切应力分量具有相同的方向,因而对于滑移特别有利.这可以解释为什么许多脆性材料在高压下进行拉伸,表现出范性.

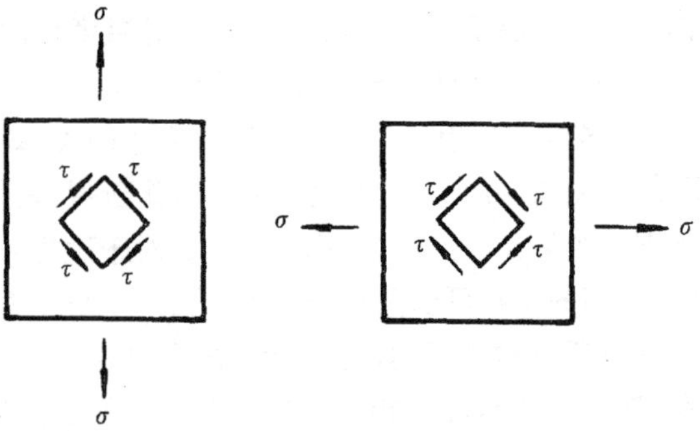

图 29.67 相互正交的张应力引起方向相反的切应力分量.

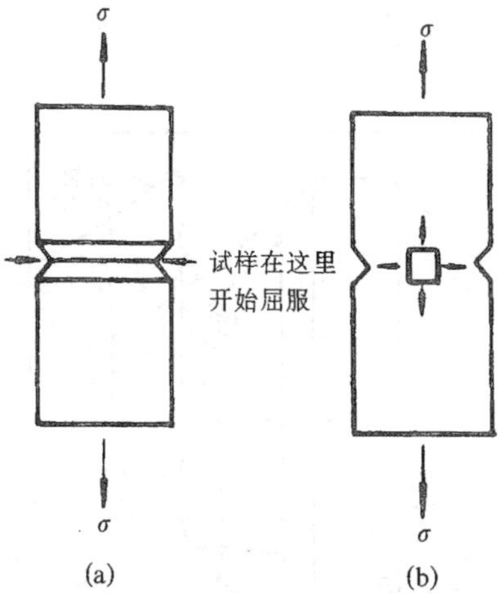

图 29.68 刻有缺口的拉伸试样引起三轴张应力状态.
(a) 三维的面貌；(b) 截面图表示应力分布.

上述的唯象解释虽然能够定性地说明一些问题，但也有它的困难. 因为它似乎和范性形变与裂纹成核和传播密切相关这一事实相矛盾；而对于断裂强度曲线的物理实质也没有给予说明，因此有必要再做深入一步的探讨.

(c) 温度和晶粒度对断裂强度的影响　在这里可以看一下有助于理解脆性转变的物理本质的一些实验结果. 图 29.69 示出软钢的断裂应力、屈服应力，截面收缩率和微裂纹的形成与温度的依赖关系[69]. 在区域 A(室温附近)，试样发生延性断裂，出现杯锥断口，截面收缩率约为 50%～60%. 在区域 B 中仍旧为韧性断裂. 但在断口的外圈出现解理亮面，T_d 相当于延性-脆性转变温度. 在此温度截面收缩率下降到接近于零，断裂应力伴随着有一显著下降. 在 T_d 以上已经发现有微裂纹，在 T_d 以下的区域 C 内，包含微裂纹的晶粒数大为增加. 在区域 D 内，断裂应力就和下屈服应力相同，试样经过不连续屈服随即断裂，表现为脆性断裂. 到区域 E 内，断裂应力和上屈服应力相同，表明个别晶粒的屈服随即导致断裂. 在区域 F 内断裂是由形变孪生所引起的.

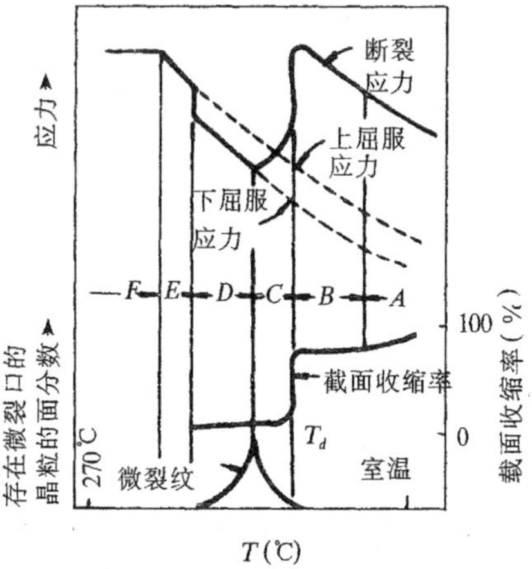

图 29.69 软钢的断裂应力、屈服应力、截面收缩率、微裂纹形成概率与温度的关系.

图 29.70 示出低碳钢中断裂强度、屈服强度、断裂前的应变与晶粒度的关系[79]. 可以看出,在延性的区域内断裂应力比屈服应力大,在脆性区域内断裂应力就处在屈服应力的外推线上.

根据图 29.69 及图 29.70 中所示出的实验结果,我们认为图 29.66 所示出的脆性转变的判据,仍然是有效的,只需对于图中的 σ_f 曲线做出新的解释[78]. 如果 σ_f 并不代表断裂应力,而是原始试样中裂纹扩展所需的临界应力,问题就迎刃而解了. 应力达到裂纹扩展的所需要的临界应力只是发生断裂的必要条件,但不是充分条件,能不能发生断裂,要看有没有合适的裂纹存在. 在 § 29.8 中我们已经讲过,金属中的裂纹依靠范性形变来成核,所以在 $\sigma_f<\sigma_y$ 的情况,应力达到 σ_f 并不发生断裂,因为此时金属中尚无裂纹. 只有当应力加到 σ_y 时,裂纹才能成核,随即迅速扩展,导致脆断. 所以断裂应力就等于裂纹成核的应力(即屈服应力). 在 $\sigma_f>\sigma_y$ 的情况下,当应力达到 σ_y 时就产生范性形变,也导致裂纹的成核,但此

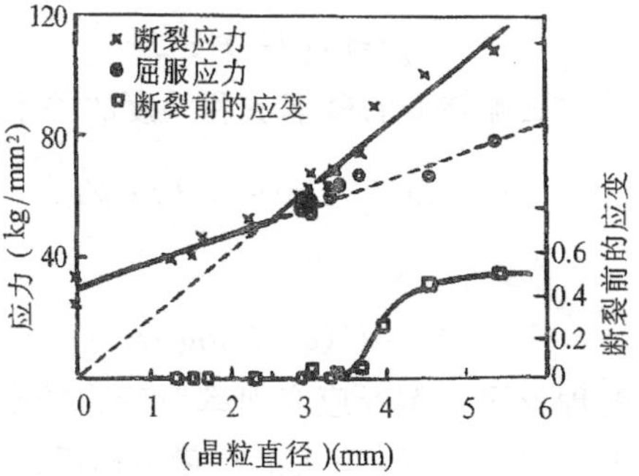

图 29.70　低碳钢的晶粒度对断裂应力和屈服应力的影响（−196℃拉伸）.

时裂纹还不能扩展. 只有当应力达到裂纹扩展的临界应力时才能造成断裂. 由于范性形变使位错密度有很大的增加，相应使有效表面能 γ_p 增加. 所以实际的断裂应力比 σ_f 还要高些，相当于图 29.66 画出的虚线.

(d) 延脆转变的斯特劳理论[4]　斯特劳(Stroh)[4]提出金属材料的延脆转变与位错热激活运动有关，并解释了延脆转变温度 T_c 与应变速率之间关系的实验结果. 斯特劳认为：当温度升高至延脆转变温度以上时，热涨落使位错塞积群中的位错脱离钉扎而变得可以自由运动，这时材料呈延性断裂. 当温度低于延脆转变温度时，热涨落的能量不足以使位错塞积群中的位错脱钉，位错塞积群将不断长大导致裂纹成核（§29.8），此时金属呈现脆性断裂，因此发生脆性断裂的概率应等于位错塞积群中的位错不能被热激活的概率. 假设为了激活位错所需的激活能为 $U(\sigma)$，其中 σ 为外加应力，则单位时间的位错激活的概率为 $\nu\exp\{-U(\sigma)/kT\}$，其中 ν 为频率参量，位错被激活的平均时间为

$$\tau=\frac{1}{\nu}\exp\{U(\sigma)/kT\}. \qquad (29.127)$$

因此在 t 时间内位错不能被激活的概率（即发生脆性断裂的概率）

为

$$p=\exp\{-t/\tau\}. \tag{29.128}$$

由上两式得发生延脆转变的概率 p 和温度的关系为

$$\log\log\frac{1}{p}=\ln\nu t-U(\sigma)/kT. \tag{29.129}$$

由此求得

$$T_c=U(\sigma)/k\log\nu t. \tag{29.130}$$

斯特劳的理论可以解释应变速率对延脆转变温度的影响. 在式(29.128)中与应变速率 $\dot{\varepsilon}$ 有关的参量是作用在位错上的外力达到 σ 的时间 t,因此

$$t\simeq\sigma/\dot{\sigma},$$

式中 $\dot{\sigma}$ 表示应力对时间的微商. 位错塞积群所产生的应力 σ 与外加应力$(\sigma_f-\sigma_0)$成比例,其中 σ_0 为位错运动所受的阻力,因此上式可以改写为

$$t\simeq(\sigma_f-\sigma_0)/\dot{\sigma}_f. \tag{29.131}$$

断裂应力 σ_f 和晶粒度之间服从霍耳-配奇关系

$$\sigma_f-\sigma_0=Kd^{-1/2}, \tag{29.132}$$

由此可得

$$t=K/d^{1/2}\dot{\sigma}_f. \tag{29.133}$$

对于脆性材料,裂尖不发生大范围屈服,因此胡克定律成立

$$\sigma_f=E\varepsilon,\dot{\sigma}_f=E\dot{\varepsilon}, \tag{29.134}$$

由此得出

$$t\equiv K/Ed^{1/2}\dot{\varepsilon}. \tag{29.135}$$

将式(29.135)代入式(29.130)得到

$$\frac{1}{T_c}=-\left(\frac{k}{U}\right)\log\dot{\varepsilon}^{-1}+c, \tag{29.136}$$

式中 c 为与 T_c 和 $\dot{\varepsilon}$ 无关的常数. 对于晶粒度为常数的材料. 上式给出的延脆转变温度 T_c 与应变速率之间的关系解释了图 29.65 的实验结果,由图 29.65 求得位错运动的热激活能为 0.24eV.

(e) 延脆转变的科垂耳-配奇理论[80,81] 斯特劳理论的基础

是位错塞积群的位错由于热涨落可以脱离塞积而变为自由，适用于位错被晶界、杂质原子或交滑移弱钉扎的情况. 对于位错钉扎与温度无关的强钉扎情形（例如在中强度钢中），该理论不适用. 根据位错运动的点阵阻力与温度有关的实验结果[82]，再考虑到解理裂纹扩展时裂尖会有位错运动，裂纹扩展的能量比裂纹成核的能量要高. 科垂耳和配奇同时提出类似的理论，解释延脆转变.

如 § 29.8 所述，位错在晶界、交滑移面上的塞积可以引起裂纹成核. 设裂纹由 n 个柏格斯矢量为 b 的位错塞积所构成，在外力 σ 作用下位错运动（相当于使裂纹长度增加）所需的功等于新产生的裂纹自由表面的有效自由表面能 2γ，由(29.13)式有

$$\sigma=2\gamma/nb, \tag{29.137}$$

式中 σ 为作用在裂纹上的法向应力. 假设裂纹是在下屈服应力 σ_y 的作用下通过不连续屈服而成核，设滑移带的长度就等于晶粒直径 d，作用于滑移带的切应力 $\sigma_y-\sigma_0$（这里 σ_0 表示位错滑移的摩擦应力）因裂纹成核而被松弛，滑移带的切位移（相当于切应变 $(\sigma_y-\sigma_0)/\mu$ 乘以滑移带的长度 d）就等于裂纹位错的总柏格斯矢量

$$nb=\left(\frac{\sigma_y-\sigma_0}{\mu}\right)d, \tag{29.138}$$

而根据霍耳-配奇关系式

$$\sigma_y=\sigma_0+k_y d^{-\frac{1}{2}}, \tag{29.139}$$

将式(29.138)中的 $\sigma_y-\sigma_0$ 消去，得

$$nb=k_y\cdot\frac{d^{\frac{1}{2}}}{\mu}, \tag{29.140}$$

再代入式(29.137)，就得出

$$\sigma=\frac{2\mu\gamma}{k_y}d^{-\frac{1}{2}}. \tag{29.141}$$

由于解理断裂发生于裂尖屈服时，式(29.141)可将解理断裂发生的条件改写为

$$\sigma=\sigma_y=\sigma_0'+k_y d^{-\frac{1}{2}}=\frac{2\mu\gamma_p}{k_y}d^{-\frac{1}{2}}. \tag{29.142}$$

海斯洛普和配奇[82]指出，在 bcc 金属中，位错运动的点阵阻力 σ_0 由一项与温度有关的应力 σ_0^* 和一项与温度无关的非热分量 σ_0^+ 组成，而且

$$\sigma_0=\sigma_0^*(T)+\sigma_0^+, \tag{29.143}$$

$$\sigma_0^+\propto\exp(-\alpha T), \tag{29.144}$$

α 为常数，T 为绝对温度. 如果 σ_0^+ 不是很大，则可认为 σ_0 也存在上述关系，引入常数 B 和 β，有

$$\sigma_0=B\exp(-\beta T), \tag{29.145}$$

$$\ln\sigma_0=\ln B-\beta T. \tag{29.146}$$

将式(29.142)代入上式得延脆转变温度 T_c 为

$$\beta T_c=\ln B-\ln\left(\frac{2\mu\gamma_p}{k_y}-k_y\right)-\ln d^{-\frac{1}{2}}. \tag{29.147}$$

由上式可得

$$\frac{dT_c}{\ln d^{-\frac{1}{2}}}=-\frac{1}{\beta}. \tag{29.148}$$

表明 T_c 与 $\ln d^{-\frac{1}{2}}$ 成线性关系，解释了延脆转变温度 T_c 与晶粒度之间的关系的实验结果(图 29.64).

由式(29.147)可见，除了晶粒度以外，有效表面能 γ_p 和常数 B 对延脆转变温度也有影响.

(f) 延脆转变的多恩-雷纳克理论[83]　前述的延脆转变理论提出延脆转变由位错的热激活过程所控制，并解释了一些实验结果. 但是对于位错热激活的类型和微观过程并未涉及. 多恩(Dorn)和雷纳克(Rajnak)[83]进一步提出：体心立方金属延脆转变由位错运动的佩尔斯机制所控制，并给出与位错热激活运动有关的参量，与实验符合很好.

佩尔斯[84]首先提出：位于与滑移面上原子密堆方向平行的位垒谷中的直线位错具有最低的能量，位错运动必须克服一个位垒(称为佩-纳势垒). 设外加应力 τ^* 沿着柏格斯矢量 b 的方向作用于滑移面的位错上，当 $\tau^*<\tau_p$(τ_p 为佩-纳应力)，且温度 T 不为零时，位于图 29.71 中佩-纳能谷的位错 $A_0B_0C_0$，运动至 ABC 位置，

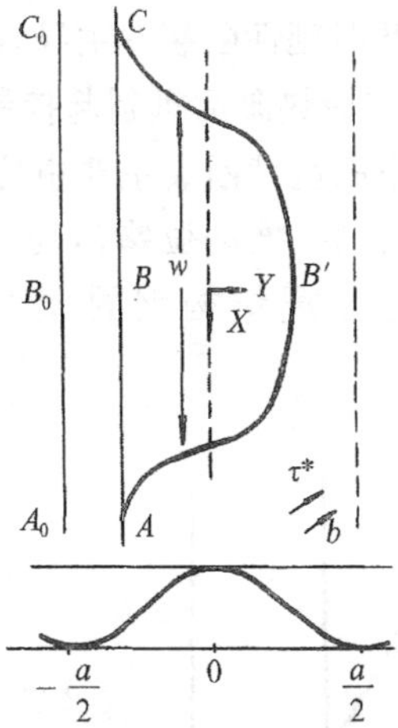

图 29.71　位错双弯结的运动.

但不能超越位垒. 由于热涨落位错形成双弯结 AB' 和 $B'C$ 及位错环,位错环长大超过一定的临界长度以后可以越过位垒而移动一个点阵距离到达新的佩-纳能谷位置[85]. 根据上述位错热激活的佩-纳机制,多恩和雷纳克给出位错运动的激活焓 ΔH^* 和激活体积 ΔV^* 与温度的关系为

$$\Delta H^* = -T\Delta V^* \frac{\partial \tau^*}{\partial T}, \tag{29.149}$$

$$\Delta V^* = m^* kT/\tau^*, \tag{29.150}$$

式中 k 为玻尔兹曼常量,τ^* 为使位错运动的有效应力,$\dot{\varepsilon}_p$ 为塑性应变速率,σ^* 为屈服应力的热分量

$$\tau^* = \sigma^*/2, \tag{29.151}$$

$$m^* = \left| \frac{\partial \ln\dot{\varepsilon}_p}{\partial \ln\tau^*} \right|_{\dot{\varepsilon}_p=} \tag{29.152}$$

位错激活体积 ΔV^* 近似等于位错的柏格斯矢量乘以位错环所扫过的面积.

根据多恩-雷纳克理论,材料的延性-脆性转变与材料在低温时的塑性形变特性有关,也即与位错运动的控制机制有关. 在延脆转变温度以上的断裂(此时延性断裂占主导)由多种位错热激活机制控制. 但是至于哪些位错热激活机制起控制作用目前尚不甚清楚. 在延脆转变温度以下的脆性断裂主要由位错热激活运动的佩-纳机制控制,其特点是:(1) 推动位错运动的佩-纳应力很高(图 29.72). 例如体心立方金属结构钢的佩-纳应力 τ_p 在 600 至

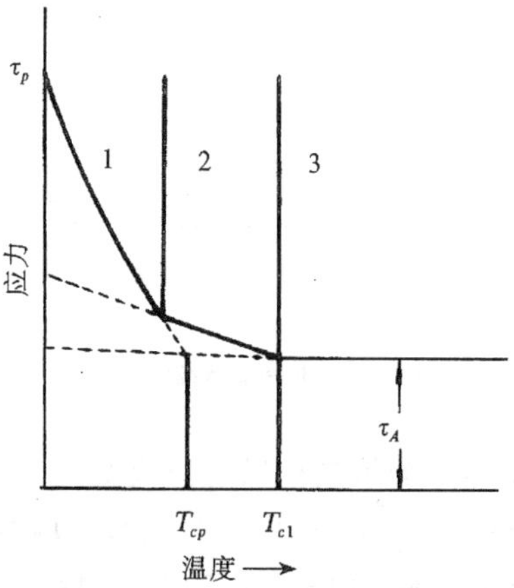

图 29.72 不同位错机制所对应的应力和温度的关系.
图中 1 为佩-纳机制,2 为多种位错机制,3 为非热激活过程.

920MPa 范围. 如果佩-纳应力很低,材料的低温范性形变就由其它位错运动机制所控制. 例如面心立方金属的低温范性形变由多种位错运动机制的相互交叉作用所控制(图 29.72 中虚线);(2) 位错热激活体积 ΔV^* 小,一般为 $5\sim50b^3$. 对于其它位错热激活机制,ΔV^* 的值要大;(3) 外加切应力 τ^* 与佩-纳应力 τ_p 之比(τ^*/τ_p)与无量纲的温度参量 T/T_c 之间的关系如图 29.73 所示.

由派尔斯机制控制的范性形变的材料的屈服应力与温度的关系具有如图 29.72 所示的特点,图中 τ_A(或 σ_A)为临界切应力(或屈服应力)的非热分量,τ^*(或 σ^*)为临界切应力(或屈服应力)的热分量,τ_p 为派尔斯应力. 图中的温度范围分为 3 个区域,在派尔斯机制控制范性形变的温区内,随温度升高,τ^*(或 σ^*)急剧降低;

在多种位错热激活交叉起作用同时控制范性形变的温区内，随着温度的升高 τ^*（或 σ^*）随温度升高降低缓慢，其延长线（图中虚线）所对应的派尔斯应力很低（对应面心立方金属的情形），温度继续升高，τ^*（或 σ^*）趋近于零；T_{cp}和 T_{cI}分别表示派尔斯机制和多种位错机制交叉开始发生作用的临界温度.

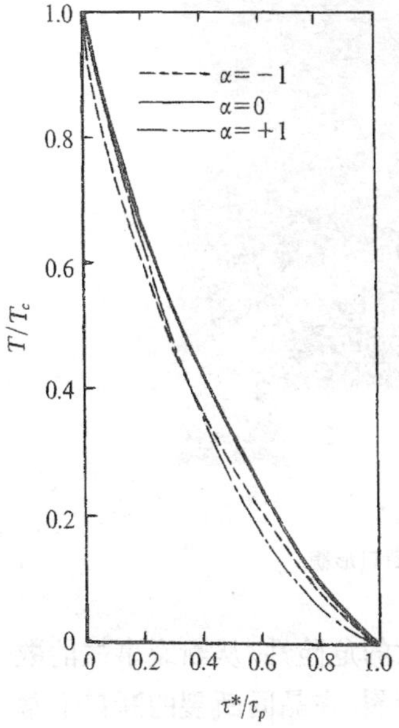

图 29.73 多恩-雷纳克机制的 T/T_c 和 τ^*/τ_p 的关系.

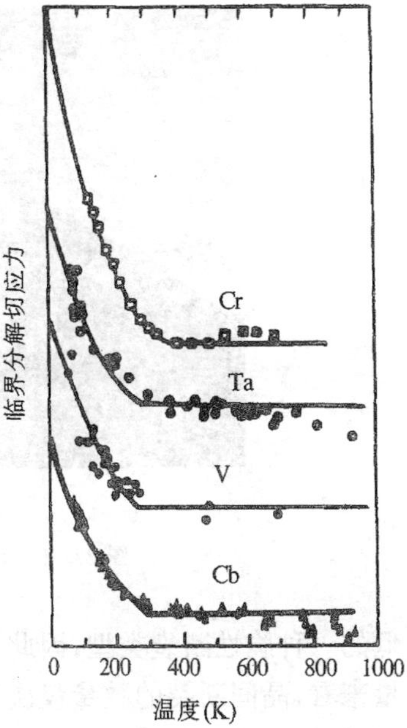

图 29.74 多种体心立方金属的临界分解切应力与温度的关系.

孔拉德(Conrad)[86]研究了多种体心立方金属单晶（包括 V，Cr，Fe，Mo，Ta 和 W）的临界分解切应力与温度的关系（图 29.74），结果与图 29.72 形状十分相似. 多种铁基合金和结构钢的屈服应力与温度的关系也符合图 29.72 的形状[87,88].

§ 29.10 晶间断裂

(a) 晶间断裂的种类和原因 大多数金属材料为多晶材料.

晶间断裂(intergranular fracture)是裂纹沿多晶材料的晶界扩展导致材料失效的一种特殊的断裂类型. 晶间断裂是断裂表面能最

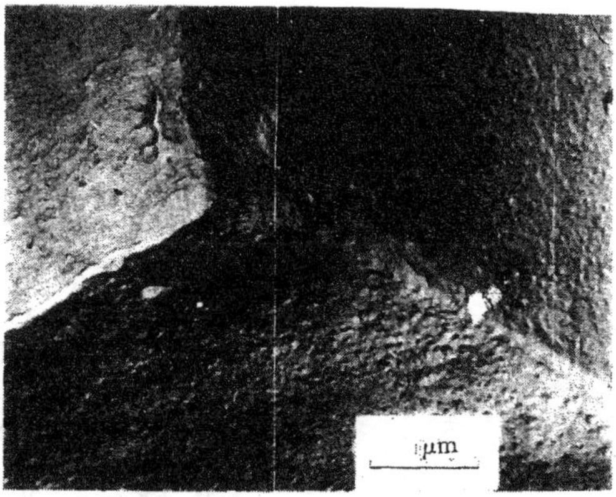

图 29.75 晶间断裂的断口形貌.

低的一种脆性断裂类型,因此具有很大的危险性. 从断裂事故的数量来看,晶间断裂的数量仅次于疲劳断裂. 在晶间断裂的断口上常可以看到光滑平坦的晶面,但是有时在断口的晶面上出现微孔洞,二次相在晶界沉淀也会改变断口的形貌,塑性较好的晶间断裂的断口上还可以看察到延性断裂的特征. 晶间断裂的断口形貌见图 29.75.

早在一百多年前,就在铁和钢的断裂事故中发现晶间断裂[89],迄今为止的大量研究工作已经证明,引起晶间断裂的原因大致有以下几种:(1) 有害杂质元素在晶界偏析. 金属材料中某些有害微量杂质在一定的温度范围内由基体向晶界扩散,并且富集于晶界,减弱晶界的结合强度,导致晶间断裂. 图 29.76 示出杂质原子在基体的原子固溶度 χ_c 与晶界偏析浓度 $\chi_b=\beta_b\chi_c$(β_b 为晶界

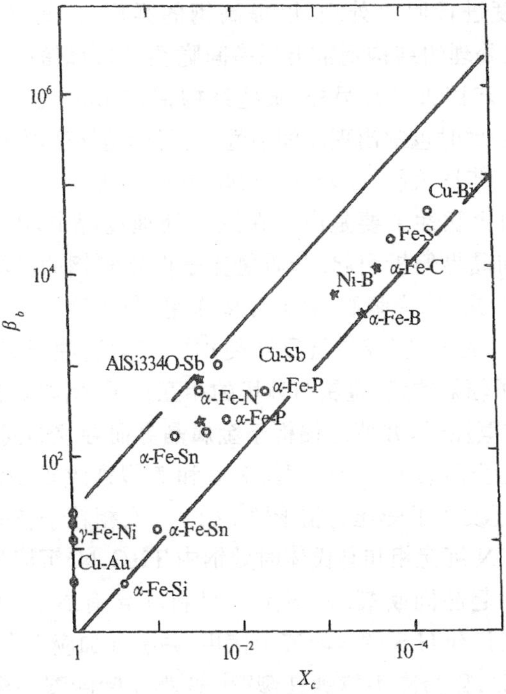

图 29.76　杂质原子在各种金属晶界处的富集比 β_b 与体浓度 X_c 的关系.

富集比). 例如,很早就知道,由于 Bi 原子在高纯铜的晶界偏析引起晶间断裂,称为铜的铋脆[90]. 类似的现象还有金属镍的硫脆等. 微量杂质元素偏析引起晶间脆断还在极高纯的铁中发现. 木村宏等人[91]指出,极高纯的铁在低温 77K 时仍具有极好的延性,断面收缩率达 100%. 在 4.2K 时仍能发生 2%～3%的滑移而呈现延性穿晶断裂. 但是当铁中氧含量超过 10 ppm 时,即表现为晶界脆性断裂. 除了氧杂质以外,其它杂质元素,例如 N,P,As 和 Sb 等杂质偏析也可以引起铁的晶间断裂. 此外,杂质 P,Sn,As 和 Sb 在结构钢的晶界偏析也是导致结构钢晶界断裂的主要原因. 例如淬火回火马氏体高强度低合金钢在经奥氏体化热处理以后常需在低于 400℃的温度进行回火处理，以提高钢的强度. 但是经 300～400℃温度退火处理的结构钢常出现晶间脆性，称为钢的 350℃回火脆性（或称一步回火脆）. 另外，某些结构钢在 450～650℃温度进行等温时效处理时也常出现晶间脆性，而且延脆转变温度升高，这个现象称为二步回火脆性. 麦克曼（McMahon）等人[92]的研究表明，结构钢的回火脆性主要是由于在退火处理过程中，P，Sb，Sn 和 As 等杂质向晶界偏析引起. 杂质氢原子向铁和钢的晶界偏析也常引起晶间断裂，称为氢脆. (2) 环境作用. 与环境因素有关的晶间断裂有金属的氢脆（或称氢致开裂）[93]，应力腐蚀开裂、液态金属脆性和中子辐射致脆. 金属与环境的相互作用（例如电解和电镀过程）常生成氢原子，并使之偏析于金属晶界而导致晶间断裂，称为氢脆[93]. 氢脆断裂发生于 I 型、II 型和 III 型裂纹扩展情形. 应力腐蚀开裂还发生于受压力情形[94]. (3) 二次相粒子在晶界析出. 例如钢中 AlN 沉淀相和马氏体时效钢中 Ti(C,N)沉淀相在晶界析出，均会引起晶间断裂. 许多金属材料在含有 NO_3^-，OH^-，CO_3^{--}，HCO_3^-，Cl^-和 H_2S 的水溶液中使用，并有外加应力作用时，常发生晶间断裂，称为应力腐蚀开裂[95]. 这类晶间断裂是由于在晶界上偏析的杂质原子或二次相沉淀物择优与溶液中的上述离子发生氧化反应而导致晶界发生阳极溶解所致. 如果外加应力为疲劳应力、则引起的晶间断裂称为腐蚀疲劳、大多数也为晶间断裂. 金属铝在液态金属 Ga 中，以及碳钢和低合金钢在液态金属 Cd，Li，Cu，Zn，Hg，Sn，Sb，Te 和 Pb 中发生晶间断裂，称为液态金属脆性[96]. 液态金属脆性也与晶界有害杂质元素偏析有关. 此外，不锈钢和铁素体核压力容器在经受中子辐射后也可以导致晶间断裂，称为中子辐照脆性[97]. (4) 在高温下由于晶界滑移可以导致晶间蠕变断裂. 这将在 § 30 中阐述. (5) 金属间化合物（例如 Fe_3Al 等）由于交滑移困难导致位错塞积产生的应力集中效应也会引起晶间断裂.

综上所述，导致晶间断裂的原因很多，但大多数与有害杂质在晶界的偏析有关. 下面将进一步讨论杂质偏析引起金属材料晶间断裂的物理过程和理论.

(b) 晶间断裂的热力学理论[98] 考虑图 29.77 中所示的一个晶界,杂质元素在晶界偏析的浓度为 Γ,此时晶界的平衡化学势为

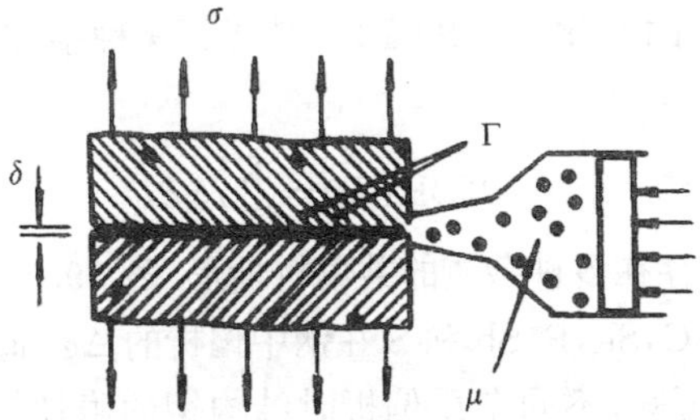

图 29.77 浓度为 Γ 的杂质原子在晶界偏析的热力学模型(σ 为外加应力,δ 为晶界两个表面的位移,μ 为杂质原子在晶界平衡偏析时的化学势).

μ,设晶界在外加应力 σ 的作用下,晶界由于结合强度减弱而发生位移 δ,应力 σ 和 δ 的关系为图 29.30 所示. 令 σ-δ 曲线下的面积为 $2\gamma_{\text{int}}$,亦即发生晶间断裂所需的功为 $2\gamma_{\text{int}}$

$$2\gamma_{\text{int}}=\int_0^{\infty}\sigma\mathrm{d}\delta. \qquad (29.153)$$

设发生晶间断裂后晶界上的杂质均匀地分布于新形成的两个表面上,每个表面上的杂质浓度为 $\Gamma/2$,赖斯和王(Wang J. S.)得出[98]

$$(2\gamma_{\text{int}})_{\Gamma=\text{常数}}=(2\gamma_{\text{int}})_{\Gamma=0}-\int_0^{\Gamma}\left\{\mu_0(\Gamma)-\mu_s\left(\frac{\Gamma}{2}\right)\right\}\mathrm{d}\Gamma, \qquad (29.154)$$

式中 $(2\gamma_{\text{int}})_{\Gamma=0}$ 为晶界无杂质偏析时发生晶间断裂所需的功,$\mu_b(\Gamma)$ 为杂质浓度为 Γ 的晶界在未受外加应力时的平衡化学势,$\mu_s\left(\frac{\Gamma}{2}\right)$ 为发生晶间断裂后新形成的两个表面的化学势,每个表面上的杂质浓度为 $\frac{\Gamma}{2}$. 进而可得

$$(2\gamma_{int})_{\Gamma=常数}=(2\gamma_{int})_0-(\Delta g_b^{\cdot}-\Delta g_s^{\cdot})_\Gamma, \qquad (29.155)$$

式中$(\Delta g_b^{\cdot}-\Delta g_s^{\cdot})$为杂质在晶界和在晶界的两个表面上偏析时自由能之差.

杂质偏析常引起延性-脆性转变温度升高,因此,赖斯和王[98]提出,用ξ表示晶间脆性敏感性(embrittlement sensitivity),则延脆转变温度的变化δ(DBTT)与晶界第i种杂质偏析量$\delta\Gamma^i$之间的关系为

$$\delta(\mathrm{DBTT})=\sum_i \xi_i \delta\Gamma^i. \qquad (29.156)$$

上式适用于存在多种杂质的共偏析情形. 表 29.7 列出室温(300K)时杂质元素 C,Sn,P,Sb 和 S 在钢中偏析的 Δg^0 值和相应的脆性敏感性,由表可知,不同杂质偏析时结构钢的脆性敏感性不同,依照 P,Sn,Sb 和 S 的顺序脆性敏感性提高. 但是 C 偏析时,钢的脆性的敏感性为负值,表示 C 偏析不仅不会导致晶间断裂,反而阻止产生晶间断裂. 原因之一是,C 偏析的$-\Delta g_b^0$ 值最大,最容易在晶界偏析而替换在晶界中已经偏析的其它有害杂质元素(例如 P,Sn,Sb 和 S 等),减低有害杂质偏析的浓度;原因之二是 C 偏析可以增强晶界结合[见 § 29.10(e)]. 上述结果也表示在图 29.78 中:

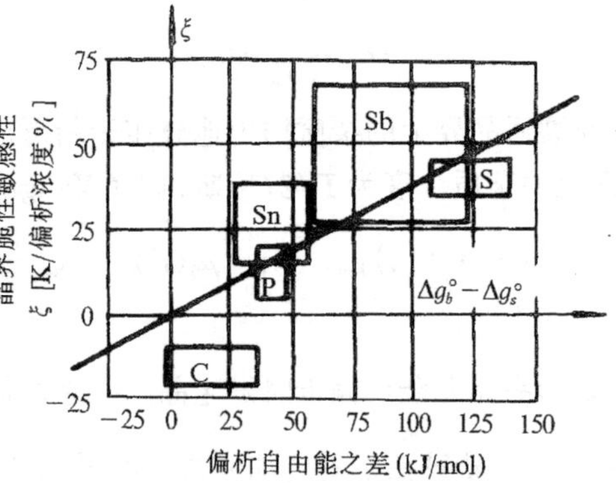

图 29.78 杂质原子在金属晶界偏析引起的晶界脆性敏感性ξ和偏析自由能之差$(\Delta g_b-\Delta g_s)$的关系.

表 29.7 杂质元素在钢中偏析时的脆性敏感性

杂质元素	$-\Delta g_b$	$-\Delta g_s$	Δg_b-Δg_s	ξ
		(kJ·mol^{-1})		(K/晶界偏析浓度%)
C	73～85	50～75	−2～35	−20～−10
Sn	61～87	30～35	26～57	15～38
P	76～80	32～41	35～48	5～20
Sb	83～130	8～25	58～122	28～67
S	165～190	50～58	107～104	35～45

(c) 晶间断裂的位错理论　实验发现[99],Cu 双晶由于杂质元素 Bi 偏析引起的晶界断裂除了与杂质 Bi 的偏析浓度有关以外,还与裂纹面与材料的滑移面的相对取向及裂纹的扩展方向有关.例如,对于以[110]为转轴的倾侧 Cu-Bi 双晶 $\Sigma9(2\bar{2}1)38.9°$(其晶界面和滑移面的晶体学取向关系见图 29.79),当裂纹沿$[1\bar{1}\bar{4}]$方

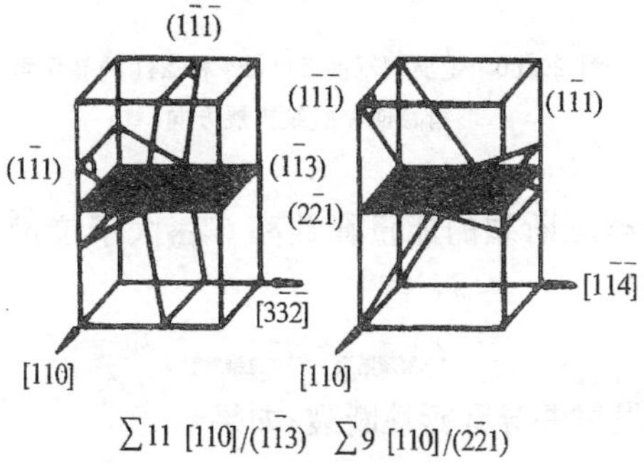

图 29.79　金属铜双晶 $\Sigma9$ $[110]/(2\bar{2}1)$ 38.9°和 $\Sigma11$ $[110]/(1\bar{1}3)$ 129.5°的晶界面和滑移面的晶体学取向关系.

向扩展时,呈晶间脆性断裂,断裂韧度较低;但是当裂纹沿相反方向(即$[\bar{1}14]$方向)扩展时,呈穿晶韧性断裂,断裂韧度升高.为解释此现象,马松(Mason)[100]将赖斯-汤姆逊[6]关于延性或脆性断裂判据(§29.8)用于存在晶界的材料.下面研究 3 个以[110]为转轴

的倾侧铜双晶，除了 Σ9 以外，还有 Σ11(1$\bar{1}$3)129.5°和 Σ41(4$\bar{4}$3) 55.9°，裂纹扩展方向与晶界面和滑移面的关系如图 29.80 所示.

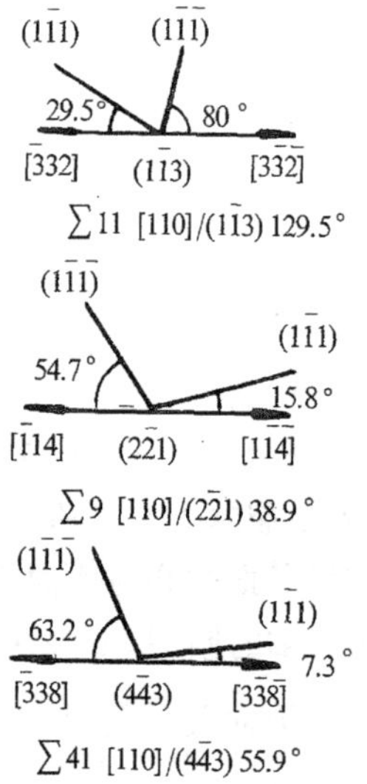

图 29.80　金属铜双晶 Σ11，Σ9 和 Σ41 的晶界面、滑移面和裂纹扩展方向.

如果对应于解理断裂的能量释放率 $G_{解理}$大于位错发射的能量释放率 $G_{位错}$，即

$$G_{解理断裂}>G_{位错发射},$$

则位错首先发射并导致延性断裂；如果

$$G_{解理断裂}<G_{位错发射},$$

则位错不能从裂尖发射并导致脆性断裂. 如前所述

$$G_{解理断裂}=2\gamma_{int}, \tag{29.157}$$

$G_{位错发射}$的计算在 § 29.8 中已做介绍. 王和安德逊[99]对上述 3 种铜双晶的计算结果示于图 29.81. 图中实线将断裂分为两种类型，实线以上的点对应 $G_d>G_c$，为晶间脆性断裂，实线以下对应 $G_d<G_c$ 对应延性断裂. 由图可见，铜双晶的断裂类型与裂纹扩展方向有

关. 例如有 Bi 偏析的 Σ9Cu 双晶的裂纹沿($\bar{n}n\bar{m}$)方向扩展与沿($\bar{n}nm$)方向扩展相比更容易呈晶间断裂.

(d) 晶间断裂的原子理论 应用定向生长的金属双晶研究杂质偏析引起的晶间脆性结果表明,杂质偏析引起的晶间脆性不仅与裂纹沿晶界的扩展方向有关,还于晶界结构有关[101]. 吴希俊等人[102]近期的研究结果进一步揭示,金属铜双晶的晶间铋脆与晶界结构的强相关性(图 29.82). 例如 Bi 杂质原子很容易在以[1$\bar{1}$0]为转轴的倾侧铜双晶 Σ33a (118) 20.05°和 Σ9 (114) 39°的晶界偏析,并引起晶间脆性断裂;而[1$\bar{1}$0]倾侧铜双晶 Σ11 (113) 50.5°和 Σ27 (115) 31.6°,则显示较轻的铋脆倾向,晶间断裂伴随着较多范性形变;但是[1$\bar{1}$0]倾侧铜双晶 Σ3 (112) 70.5°和 Σ33c (225) 59°以及具有小角晶界的双晶则对铋脆不敏感,铋杂质原子不容易在这些双晶晶界中偏析,因此不显示铋脆,断裂为延性穿晶. 为解释上述实验结果,吴希俊等人[103]用原子多体相互作用势和分子动

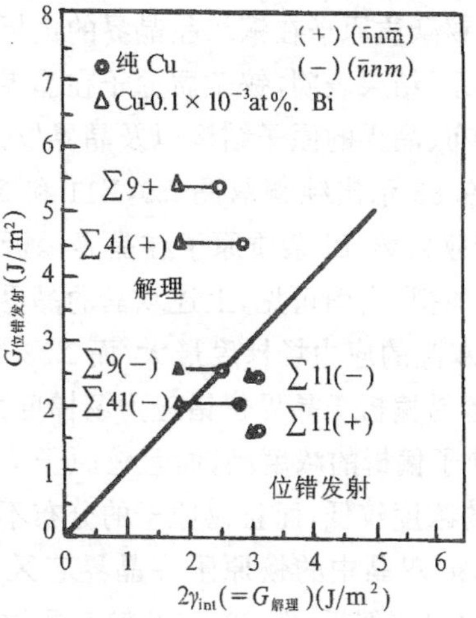

图 29.81 纯铜(o)和 Cu-6.1×10^{-3}% Bi 双晶的晶界位错发射和晶间解理断裂与裂纹扩展方向和晶界结构的关系(+代表裂纹沿[$\bar{n}n\bar{m}$]方向扩展,−代表沿[$\bar{n}nm$]方向扩展)[99].

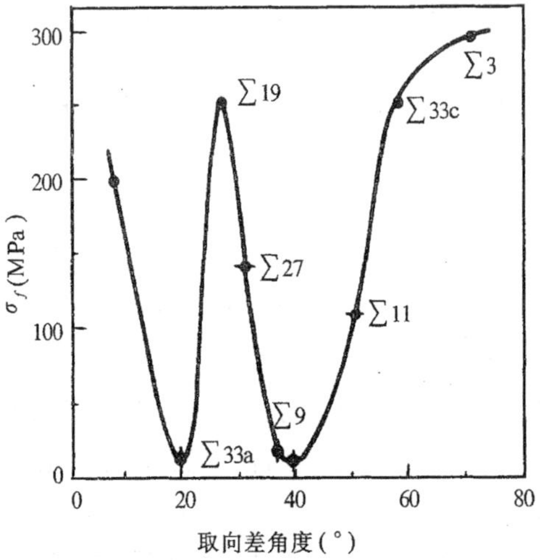

图 29.82　晶界结构(取向差角度)对[1$\bar{1}$0]倾侧铜双晶晶界铋脆断裂应力的影响[102].

力学方法研究了铋杂质原子在铜双晶晶界的偏析行为及晶间断裂与晶界结构的关系. 结果表明,铋杂质原子在晶界的偏析浓度和铋原子在晶界的分布、晶界的原子结构以及晶界位错的应力场有关. 图 29.83 至图 29.85 示出纯铜双晶 Σ9,Σ11 和 Σ33c 的晶界原子结构和晶界位错应力场,Bi 杂质原子在晶界偏析的分布及断裂过程的分子动力学模拟,由图可见,上述双晶的晶界区域的位错应力场梯度不同,Σ9 双晶的应力场梯度最大,而 Σ33c 的应力场梯度最小. 铋杂质原子容易偏析于晶界位错应力场梯度大的区域. 因而在 Σ9 双晶中的铋原子偏析的浓度高,而且铋原子集中地分布在晶界芯区域;在偏析的浓度较低,而且铋原子的分布不完全集中于晶界的芯区域;在 Σ33c 双晶中的铋原子在晶界芯区域的偏析浓度很低,而且在晶粒内部也偏析(图 29.85). 铋杂质原子在铜双晶晶界的偏析会引起晶界结合下降. 由于上述几种双晶中铋杂质原子在晶界芯区域的偏析行为不同,因此显示出不同的铋敏感性而分别呈现晶间脆性断裂,晶间范性断裂和延性穿晶断裂.

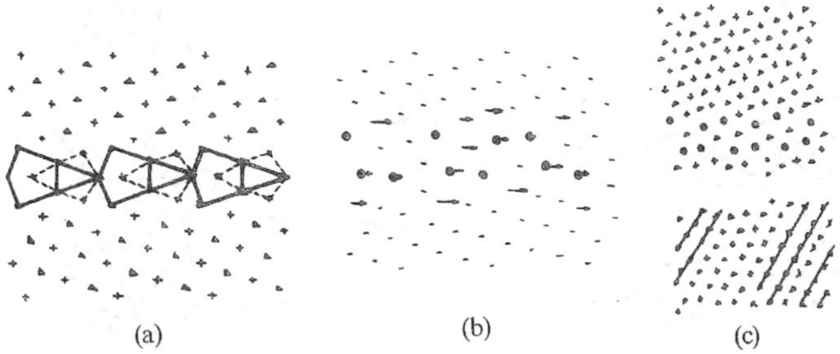

图 29.83 [1$\bar{1}$0]倾侧金属铜双晶 Σ9 (114) 39°的．
(a) 晶界原子弛豫结构(＋和▲分别代表相邻两个(202)原子面上的原子)；
(b) 晶界位错应力场和铋原子(以●表示)偏析的分布(→和→分别表示两个相邻(202)面上原子位置的应力)；(c) 晶间铋偏析引起的沿晶脆性断裂的原子图像.

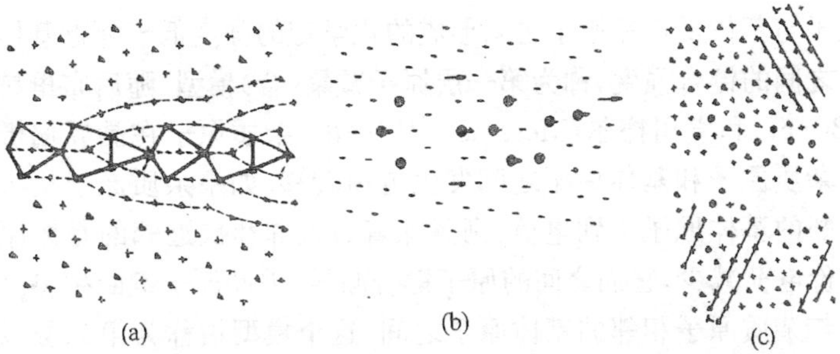

图 29.84 [1$\bar{1}$0]倾侧金属铜双晶 Σ11 (113) 50.5°的．
(a) 晶界原子弛豫结构(＋和▲分别代表相邻两个(202)原子面上的原子)；
(b) 晶界位错应力场和铋原子偏析(以●表示)的分布；
(c) 晶间铋偏析引起的沿晶范性断裂的原子图像.

(e) 晶间断裂的电子理论[104~106] 前面讨论了裂纹沿晶界面的扩展方向和晶界结构对晶间断裂的影响.但是为什么有的杂质在晶界偏析引起晶间断裂,而另一些杂质偏析不但不会引起晶间断裂,反而强化晶界结合强度.这个问题涉及晶间断裂的物理本质,迄今为止并未完全解决.本节介绍已取得的研究进展.

关于杂质偏析引起晶间脆性的电子过程,先后提出了三个模型,最早特赖恩诺(Troiano)[104]提出晶间断裂是由于偏析的杂质

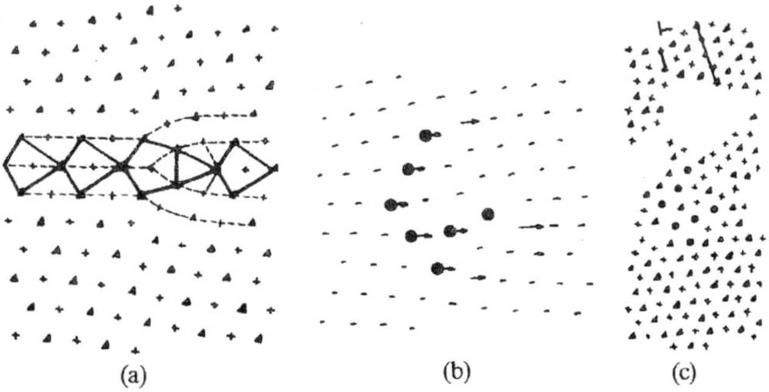

图 29.85 [1$\bar{1}$0]倾侧金属铜双晶 Σ33 c (225) 59°的
(a) 晶界原子弛豫结构；(b) 晶界位错应力场和铋杂质原子在晶界和晶内的分布；
(c) 晶界铋偏析引起的穿晶范性断裂的原子图像.

原子与基体最近邻原子之间形成的化学键的强度低于邻近基体原子之间的键合强度，称为第一层原子减聚(合)模型. 随后布里昂特(Briant)和麦司梅尔(Messmer)[105]提出，杂质原子在晶界偏析引起杂质原子和基体原子之间发生电荷转移. 如果杂质原子从与其相邻的基体原子得到电荷，则意味着最近邻和次近邻的基体原子的价电荷减少，它们之间的原子键合减弱，因此原子键断裂将发生于与杂质原子相邻的基体原子之间. 这个模型被称为第二层减聚模型. 如果杂质原子将电荷转移给相邻近的基体原子，则在杂质原子周围的基体原子之间的价电荷将增加，它们之间的原子键合增强，亦即晶界结合强化，这对应于某些有利杂质原子的偏析情形，例如 B 原子在金属 Ni 的晶界，以及 C 原子在金属 Fe 的晶界偏析的情形，因此布里昂特和麦司梅尔模型不仅解释了有害杂质偏析引起的晶间断裂现象，也解释了有利杂质偏析引起的金属晶界强化现象.

除了上述两个模型以外，海道克(Haydock)[106]提出，杂质原子与基体原子之间形成的有方向性的共价键会改变纯金属中原来均匀电荷分布状态，出现局域化的不均匀电荷分布，从而可能改变局部的原子排列状态. 这种局域化的原子键合的改变将阻碍应力弛豫，有利于诱发微裂纹，导致晶间断裂.

应当提出的是，上述 3 个模型只是定性地分析了杂质原子在晶界偏析引起的晶界键合的变化.但是上述理论的依据是基于对晶界上某些局部的原子结构单位(原子团簇)的电子结构的计算，由于计算中所取的原子团簇内的原子数目较少，尚难代表晶界的原子结构.再则尚未涉及杂质原子偏析对晶界强度影响的计算.因此，对于杂质子偏析引起的晶界脆化或强化的问题尚需进一步研究.

§29.11 疲劳断裂

循环交变负载作用下引起的断裂称为疲劳断裂.疲劳断裂所需应力比通常的延性断裂应力低得多，对于大多数工程结构材料而言，仅为断裂强度的 30%～50%.由于许多材料在实际使用条件下承受交变负载(例如机器的零件，汽车和飞机的部件、铁轨等)，因此疲劳断裂成为工程结构件发生断裂事故最多的一类断裂，是最重要的一类断裂.本节着重介绍疲劳断裂的基本规律，以及疲劳裂纹成核和扩展的微观机制，对实际材料的疲劳断裂的影响因素作简要的讨论.实际工程结构件的疲劳断裂还受到环境因素的作用，例如温度和海水等环境介质.高温条件下的疲劳断裂要考虑蠕变和疲劳的交互作用，这将在第三十章中进行讨论.在海水等环境介质中疲劳裂纹会加速扩展.这属于腐蚀疲劳的问题，本节不作讨论.

(a)疲劳断裂的基本规律和断口特征　材料的疲劳性能用应力振幅-疲劳寿命曲线(称为 S-N 曲线)和疲劳裂纹扩展速率($\mathrm{d}a/\mathrm{d}N$)-应力强度因子范围($\Delta\kappa$,ΔJ 和 ΔCOD)曲线表征.疲劳过

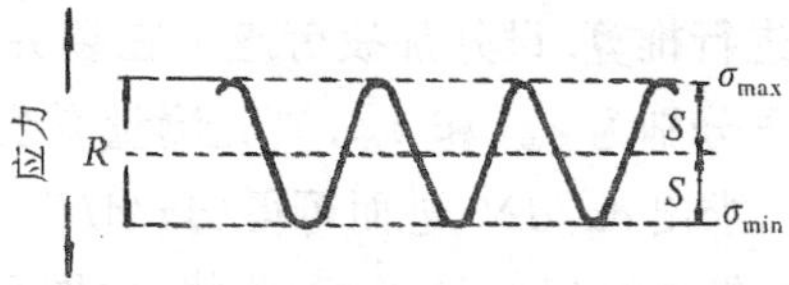

图 29.86　循环交变应力.

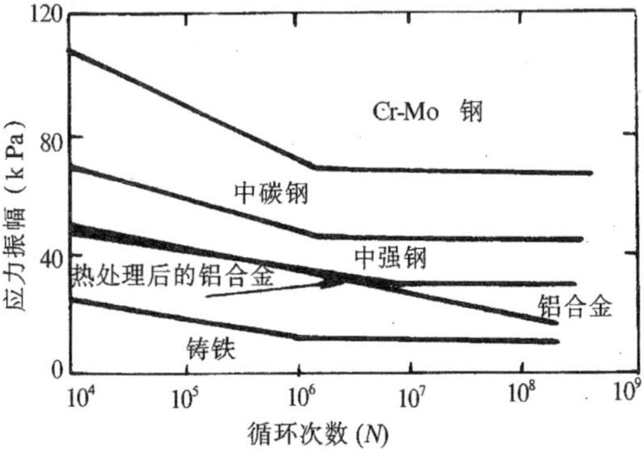

图 29.87　金属的典型疲劳曲线[108].

程中的外加应力为循环交变应力(如图 29.86 所示). 最大应力 σ_{max} 和最小应力 σ_{min} 可为正(代表拉伸),也可为负(表示压缩);平均应力为 σ_m;应力振幅为 S;应力范围为 R. 对于拉伸疲劳,$\sigma_{min}=0$,$\sigma_{max}=2\sigma_m=2S$;对于拉伸-压缩疲劳,$\sigma_m=0$,$\sigma_{max}=-\sigma_{min}=S$. 大多数疲劳断裂情形,$\sigma_m$ 比屈服应力低得多,因此重要的变量是应力振幅 S. 传统的表征材料的疲劳性能是用应力振幅 S 和疲劳寿命(疲劳断裂前所经历的循环数 N)[107]. 图 29.87 示出两种典型的 S-N 曲线[108],表示材料的两类疲劳行为:一类材料(例如铸铁、碳钢和低合金钢)有明确的疲劳极限,当应力低于此极限值时,循环次数即使无限大也不会引起断裂;另一类材料(如铝合金),并没有明确的疲劳极限,对于这一类材料,常将某一规定的循环数(例如 $N=10^8$)下断裂所需的应力作为疲劳强度.

随着断裂力学的发展,材料的疲劳寿命可以根据疲劳裂纹扩展速率(da/dN)进行推算. 设外加疲劳应力在裂尖产生的最大和最小应力强度因子分别为 κ_{max} 和 κ_{min}. 首先测量裂纹扩展长度 a 与循环数 N 的关系,求出 da/dN,进而可得(da/dN)与 $\Delta\kappa$ 的关系曲线. 图 29.88 示出典型的(da/dN)-$\Delta\kappa$ 曲线. 由图可见,疲劳断裂分为 3 个阶段:A 阶段称为第 I 裂纹扩展阶段,在此阶段存在一个

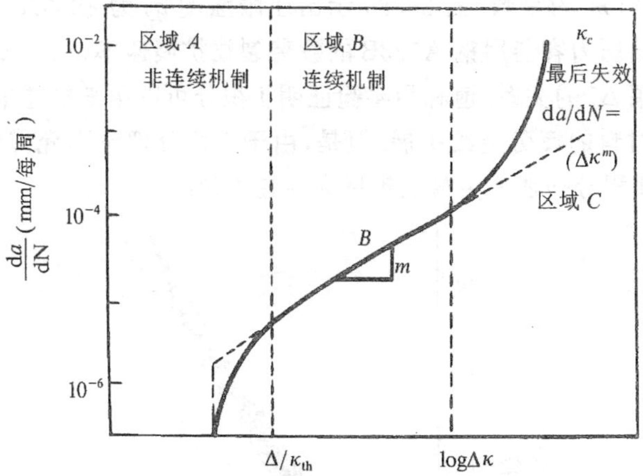

图 29.88 典型的金属疲劳裂纹扩展速率与应力强度因子范围 $\Delta\kappa$ 的关系，以及显微组织，平均应力和环境等因素对裂纹扩展的影响.

疲劳裂纹扩展门槛值 $\Delta\kappa_{th}$，当 $\Delta\kappa$ 小于 $\Delta\kappa_{th}$时，裂纹不扩展. 实验上采用 $N=10^7$ 时的(da/dN)小于$(10^{-8}$mm/周)所对应的 $\Delta\kappa$ 值为 $\Delta\kappa_{th}$，此时在每一个应力循环中裂纹扩展量小于一个晶格. 在 A 阶段裂纹扩展速度小于$(10^{-6}$mm/周). B 阶段为裂纹稳定扩展阶段，称为第 Ⅱ 裂纹扩展阶段，在此阶段中的裂纹扩展速度可由派力斯[109]关系描述

$$\frac{da}{dN}=C\Delta\kappa^m, \tag{29.158}$$

式中 C 和 m 为常数，m 一般为 2 至 5，(da/dN)一般在 10^{-6} 至 10^{-3}(mm/周)的范围内. C 阶段为裂纹失稳扩展阶段，裂纹扩展达到临界长度，应力强度因子达到临界值 κ_{1c}或 κ_c.

对于中低强度金属材料的疲劳裂纹扩展，道林(Dowling)[110]提出用 J 积分描述，类似于式(29.158)，得到裂纹扩展速率 $\frac{da}{dN}$ 与 J 积分振幅 ΔJ 之间存在下述关系

$$\frac{da}{dN}=C'\Delta J^{m'}, \tag{29.159}$$

式中 C' 和 m' 为常数. 图 29.89 示出屈服强度 σ_y 为 480MPa 的中低强度核压力容器用钢 A533B 的疲劳裂纹扩展速率(da/dN)与 J 积分振幅 ΔJ 的关系. 道林用实验证明 J 积分可以用来描述中低强度金属材料的疲劳裂纹扩展. 但是,由于 J 积分理论不允许卸载,因此用 J 积分描述疲劳裂纹扩展尚存在争议.

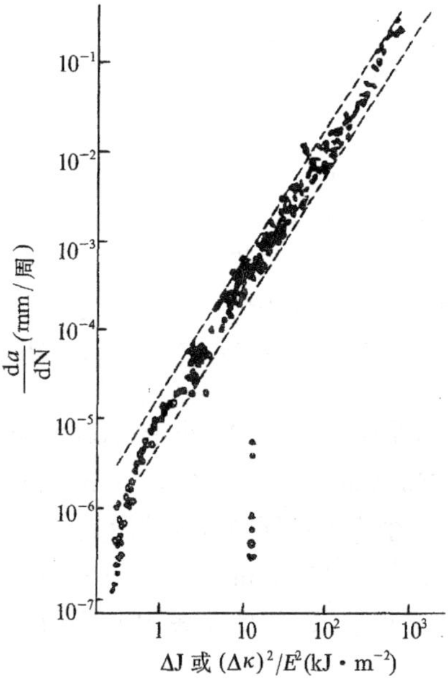

图 29.89 中低强度钢 A533B(σ_y=480MPa)的疲劳裂纹扩展速率 $\frac{da}{dN}$ 与 J 积分振幅 ΔJ 的关系.

由于疲劳断裂是在交变负载作用下引起的,因此疲劳断口的特征是存在波纹状疲劳线,也称波纹线(striation),由疲劳线的取向和线间距可以判断裂纹扩展的方向和速率. 至裂纹扩展至一定长度后,剩余截面的强度不足以再承受外加应力,或者外加应力强度因子达到材料的断裂韧性时,材料将发生如 § 29.3 和 § 29.4 所述的静载断裂. 因此在疲劳断口上可以观察到两个区域,一个是疲劳区,另一个是瞬时断裂区(呈韧窝状、或解理、或冶晶,与断裂时

图 29.90 高温合金的疲劳断口.

的状态有关).图 29.90 示出的是典型的疲劳断口,在图上可以见到清晰的疲劳条纹.

金属材料在疲劳过程中发生大量的塑性变形.在交变负载作用下的滑移系与静载作用下的滑移系相同.但是交变负载作用下滑移显示与静载下的滑移不同的特征:疲劳过程中的滑移带显示局域性,并非像静载下的滑移那样均匀地分布,而且滑移带较深.将试样进行抛光处理,可以消除试样表面大部分滑移带,但却有少量滑移带继续存在.这种滑移带被称为驻留滑移带或持续滑移带,最早由汤普森[111]在多晶铜的试验中发现.我们曾讨论过疲劳硬化现象,我们看到疲劳硬化集中在疲劳的最初阶段,过后硬化就停止了,为相反的软化效应所补偿.软化效应使

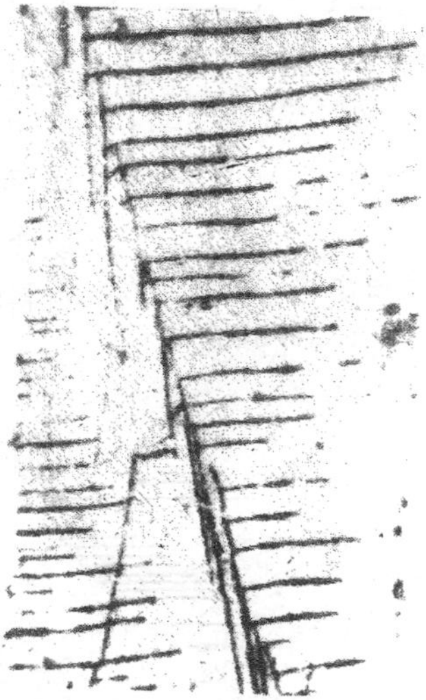

图 29.91 黄铜的持续滑移带(×175).

交变的滑移集中在少数滑移带中，形成驻留滑移带(图 29.91). 这些持续滑移带的进一步发展就成为表面上的侵入沟(intrutions)与挤出带(extrutions)(图 29.92)，这些在疲劳寿命的 5%～10% 的时期内就已经形成了. 侵入沟和挤出物的形成是交变负载下滑移带的产物(见图 29.93)[112]. 对于形成它们的位错机制有过不少的设想[113]，目前尚无定论. 一种可能的机制是莫特提出的螺型位错作环路滑移一周，就可以引起高为 b 的挤出台阶，反复绕圈子，就可以形成中央为高峰的挤出带(见图 29.94). 类似于图 29.93(c)，环路滑移的实际路线是在沿主滑移面和交滑移面交替进行滑移，当应力反向时，并不完全沿原路回来. 按照这个机制，形成挤出带或浸入沟的关键因素是螺型位错的交滑移. 交滑移困难的晶体就应该不容易发生这个现象，这已为实验所证实[114]. 这样，可以预期，添加降低层错能的合金元素或降低试验温度，将遏止交滑移，从而增加材料的疲劳寿命.

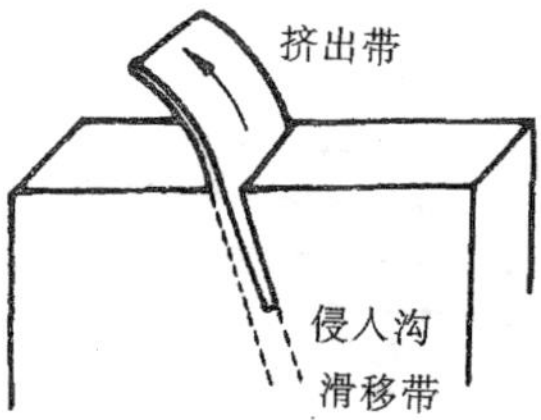

图 29.92 滑移带上的挤出物与侵入沟.

(b) 疲劳裂纹的萌生(成核)与扩展

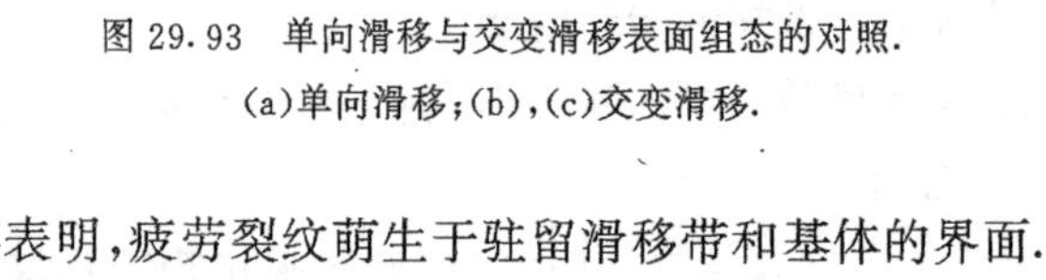

图 29.93 单向滑移与交变滑移表面组态的对照.
(a)单向滑移；(b)，(c)交变滑移.

实验观察表明，疲劳裂纹萌生于驻留滑移带和基体的界面. 关于疲劳裂纹在驻留滑移带成核的模型最早由汤普森等人[111]提出. 该模型(图 29.95)认为，裂纹成核与滑移带吸附气体分子有关. 每一个滑移带被大气中的吸附原子或分子覆盖，当反向滑移时，吸附的气体分子留在滑移带内，滑移带成为裂纹核．洪塞和诺依曼[115]研究了在真空和大气环境中的疲劳裂纹成核问题，发现在真空度为 1mPa(10^{-5}mbar)的环境中比在大气中产生疲劳裂纹所要求的范性形变大得多，证明大气中的气体分子对于疲劳裂纹成核起重要作用．

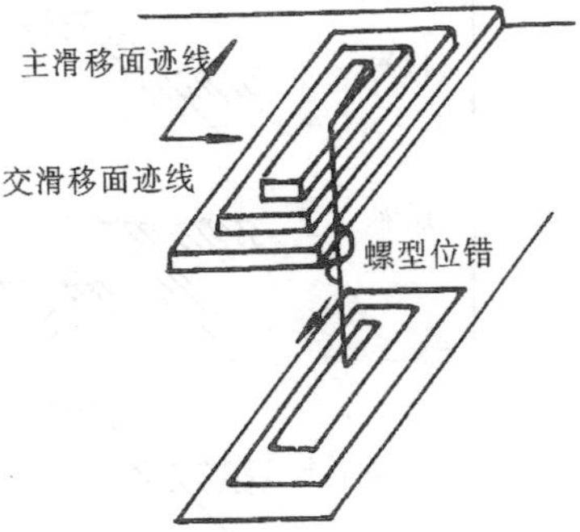

图 29.94　形成挤出物的螺型位错环路滑移机制．

洪塞和诺依曼[115]详细研究了第Ⅰ阶段裂纹如何在驻留滑移带的侵入沟成核和长大的过程．实验表明，纯铜的驻留滑移带中侵入沟的平均宽度为 2μm，而裂纹核的平均间距为 9μm，因此约 20％的侵入沟中包含疲劳裂纹核．随后，裂纹核在每个侵入沟中存在．由于驻留滑移带与基体之间界面的结合较弱，裂纹在侵入沟和界面成核．关于驻留滑移带和基体界面较弱的原因是由于界面存在一个位错层[116]．

疲劳裂纹萌生后便开始扩展，疲劳裂纹的扩展分为两个阶段[117]．第Ⅰ阶段的裂纹为驻留滑移带中形成的微裂纹沿滑移带方向扩展，由于驻留滑移带是在剪切应力最大的滑移面上形成的，在单轴加载情况下，最大切应力的面与外力方向成 45°．因此第一阶段的裂纹沿平行于初始滑移面的方向扩展(图 29.96)．大部分微裂纹很快停止扩展，仅有少部分微裂纹在驻留滑移带中扩展并相互连接在一起向深度发展．并且裂纹扩展方向也逐渐偏离滑移面方向转为与外加应力垂直的方向，这一阶段的裂纹被称为第二阶段裂纹(图 29.96)．

第Ⅰ阶段裂纹扩展很短，一般为几个晶粒的长度．断口形貌呈

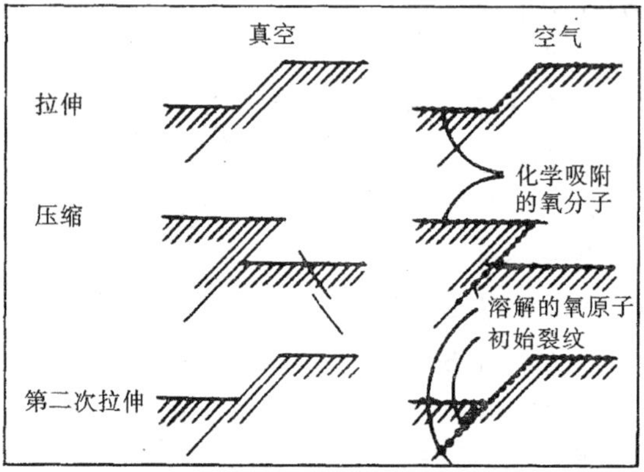

图 29.95　疲劳裂纹成核机制[111].

现周期解理特征，可观察到明显的解理面和河流花样.表明周期解理具有晶体学特征，裂纹扩展是以周期滑移导致滑移面分离(脱开)的方式进行的.

第Ⅱ阶段是疲劳裂纹扩展的主要阶段，此阶段的断口特征是疲劳条纹，它是一系列基本上相互平行而略带弯曲的条纹，呈波浪形.依据断口上条纹的凹凸程度和塑性变形量不同，分为塑性条纹和脆性条纹两种.脆性条纹仅在有腐蚀介质存在或者在缓慢的循环应力条件下才出现.关于塑性条纹的形成机制，莱尔德(Laird)[118]提出裂尖塑性钝化模型(图 29.97).此模型认为在每一个负载周期内裂纹的扩展是由于裂尖在交变负载作用下张开、前进、钝化[图 29.97 中阶段(a)至(d)，以及卸载后裂尖重新变锐(图 29.97 阶段(e)].经过这一周期，裂纹扩展了一个条纹.上述裂尖塑性钝化模型解释了多晶金属材料疲劳条纹的形成过程.诺依曼[119]观察到铜单晶中的疲劳条纹并不像前述疲劳条纹那样弯曲，而呈平行直线排列.为解释单晶中的疲劳条纹的特点，诺依曼[119]提出疲劳条纹形成的交滑移模型(图 29.98).在疲劳周期的裂纹张开过程中，与裂纹面成 45°的两个滑移面内的交滑移在裂尖相交，这些滑移是不可逆的，在疲劳周期的裂纹闭合过程中形成波浪

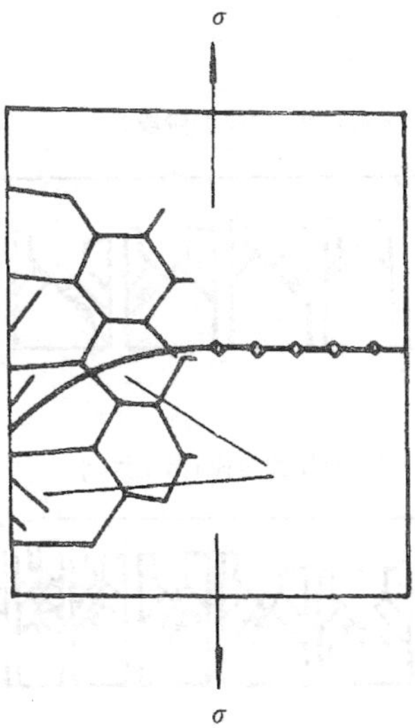

图 29.96　疲劳裂纹扩张第Ⅰ和第Ⅱ阶段示意图.

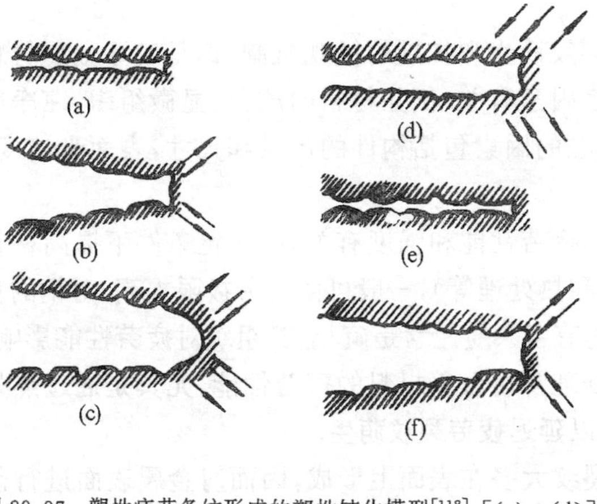

图 29.97　塑性疲劳条纹形成的塑性钝化模型[118].[(a)～(d)]疲劳裂纹张开并钝化,[(e)～(f)]疲劳裂纹闭合并重新变锐).

形的疲劳条纹.

(c)影响疲劳性能的因素　前面介绍了疲劳断裂的基本规律,

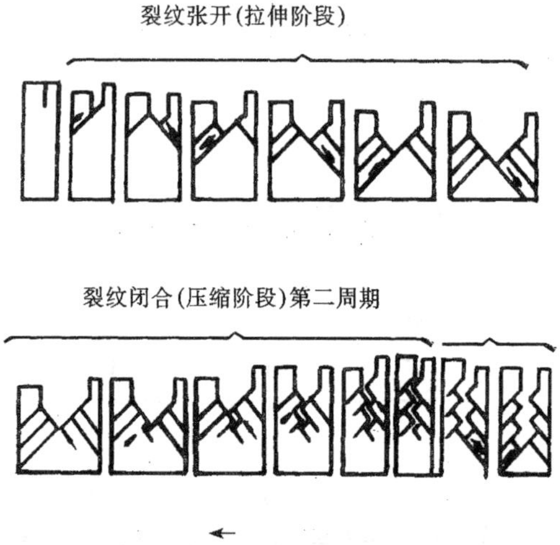

图 29.98 铜单晶疲劳条纹形成的交滑移模型[119](图中→表示滑移方向).

以及疲劳裂纹萌生和扩展的微观机制.但是实际金属材料的疲劳性能与许多因素有关.例如材料的成分、显微组织、纯净度和残余应力等,外在的因素包括构件的形状和尺寸,表面光洁度,以及受载历史等.

材料的疲劳性能和强度有关,在一定条件下提高材料的强度(如合金化和热处理等),一般可使疲劳极限提高.对钢的疲劳性能影响最大的有害杂质元素是硫.显微组织对疲劳性能影响很大.因此通过热处理常可改善材料的疲劳性能,尤其是通过热处理细化晶粒度,可以延迟疲劳裂纹萌生.

疲劳裂纹大多在表面上形成,因而对金属表面进行硬化处理可以提高其疲劳强度,例如钢的表面渗碳,渗氮和碳氮共渗等表面化学处理,以及表面喷丸等表面物理处理均可改善疲劳性能.反过来引起表面软化的处理,例如热处理钢的表面脱碳,对于疲劳强度就有不利的影响.另外,改善材料表面光洁度和改善设计减小缺口应力集中的影响均可提高材料疲劳性能.

(d)*过载效应和短裂纹* 另外，金属材料所受的加载历史对疲劳寿命也有很大影响.前述的疲劳裂纹扩展规律是针对恒定应力振幅情形而言的，但是实际结构件所受的应力振幅大多是变化的.实验发现(见图29.99)，当外加应力强度因子超过 $\kappa_{1\max}$ 时[图29.99(a)]，疲劳裂纹扩展速率由 $\left(\dfrac{\mathrm{d}a}{\mathrm{d}N}\right)_B$ 减小至 $\left(\dfrac{\mathrm{d}a}{\mathrm{d}N}\right)_R$ [图29.99(b)]，在一定的循环次数 N^* 期间内，疲劳裂纹扩展长度 a^* 变短，至一定循环次数 N^* 以后，裂纹扩展速率才恢复到原来的速率[图29.99(c)].这一现象称为过载效应[120].产生过载效应的原因是，由于在过载应力的作用下，裂纹尖端的塑性区增大，裂尖钝化，使裂纹扩展速率减慢.当裂纹的扩展超过过载塑性区以后，裂纹扩展速率才又恢复至原来的状态.

疲劳裂纹扩展中的另一个重要问题是短裂纹的扩展[121,122].图29.88的疲劳裂纹扩展规律是针对初始裂纹长度满足线弹性断裂力学的受力条件的，但是实际材料中存在许多裂纹长度不满足上述要求的短裂纹，它们的扩展速率不遵循派力斯公式(29.158)，而显示不同的特征.短裂纹是指下列两种类型的裂纹：(1)裂纹长度与材料的细观显微结构(例如晶粒)的尺度相当；(2)裂纹长度与局域化塑性区的尺寸相当，对于超高强度(σ_y 为2000MPa级)材料，裂纹长度为1μm量级；对于低强度(σ_y 为300MPa量级)材料，裂纹长度为1mm量级.短裂纹在交变应力作用下可以在临界应力强度因子门槛值 κ_{th} 以下扩展.当裂纹长度短于晶粒尺寸时裂纹扩展速率随着裂纹长度增加而减小，当裂纹长度增加至超过晶粒尺寸以后，裂纹扩展速率开始增大，随后与长裂纹的扩展速率相同.图29.100示出晶粒度分别为 d_1 和 d_2($d_2>d_1$)的两种铝合金中的短裂纹的裂纹速率的扩展规律.

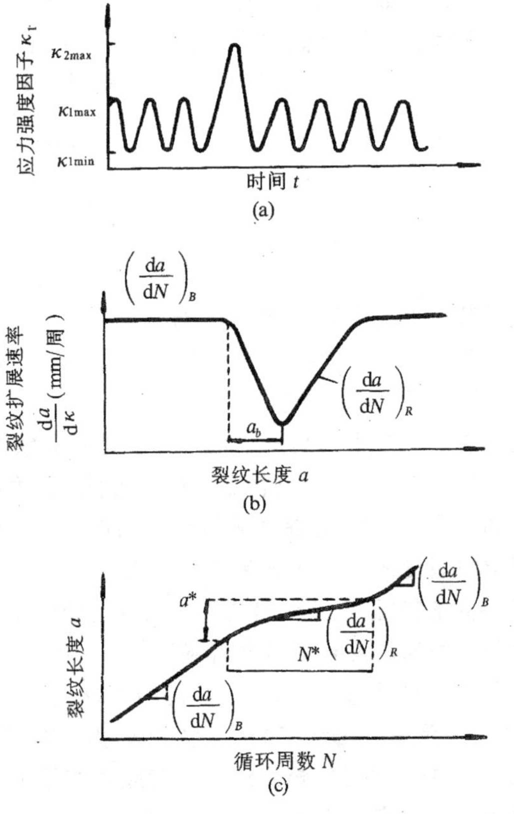

图 29.99　疲劳过载效应示意图.

(a)应力强度因子 κ_1 随时间的变化;(b)在过载期间裂纹扩展速率减慢;(c)裂纹长度随循环周数的变化.

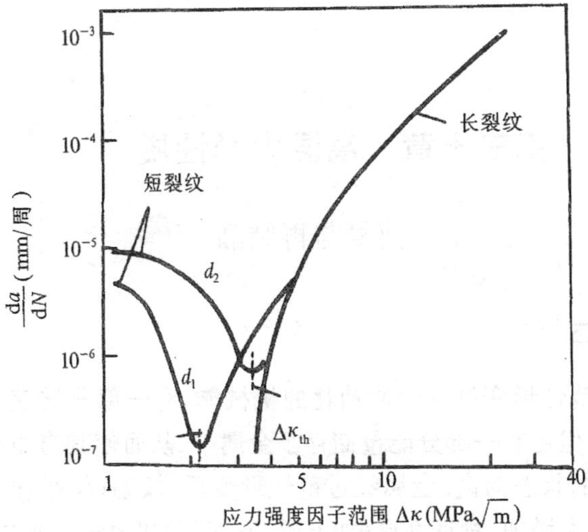

图 29.100　疲劳短裂纹的扩展

(在低于门槛值 $\Delta\kappa$ 以下短裂纹仍能扩展).

第三十章　高温力学性质

I　回复与再结晶

§30.1　概述[123,124]

金属在范性形变过程中所消耗的机械能，有一部分转变成了热而散发掉，但还有一部分能量储存于金属中，从而使其自由能较范性形变前的状态为高．金属经过范性形变后，缺陷（位错和点缺陷）的数量大大增加，物理性质（如电阻、密度等）和力学性质（如硬度、强度等）也发生了相应的变化．由于自由能增高，系统处于热力学不稳定的状态，因而冷加工状态的金属有自发地恢复到形变前状态的倾向．有的金属在室温停留一段时间（如低熔点金属）就可以实现这一恢复，但一般的金属要恢复到加工前的状态是需要加热的．加热时温度升高，使金属中的原子获得足够的动能，以克服亚稳状态与稳定状态之间的势垒，从而冷加工金属有可能通过晶体缺陷的减少和重新排列而恢复到变形前的稳定状态．

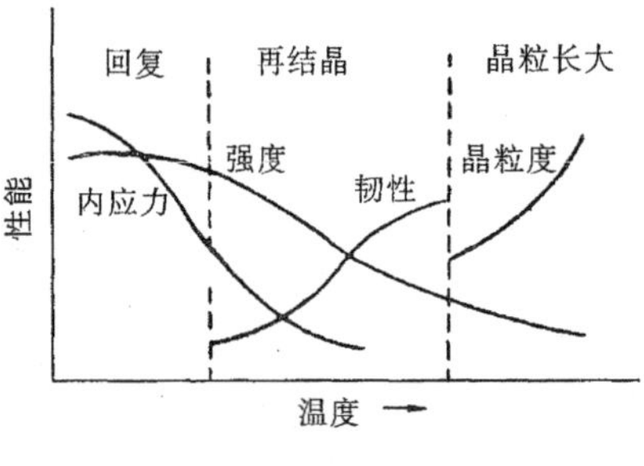

图 30.1　退火三阶段的示意图．

冷加工金属的组织和性能在加热时逐渐发生变化，这个过程统称为退火(annealing)．典型的退火过程，随着温度的升高，可以分为回复(recovery)、再结晶(recrystallization)和晶粒长大(grain growth)3 个阶段，如图 30.1 所示．实际上，不同阶段的分界，并不是很明确的某一温度，而是一个温度区间. 在此温度区间，两个相邻阶段的过程可以同时进行.

在回复阶段，晶粒取向和大角度晶界不发生明显的变化，但内应力有大幅度的下降，物理性质和力学性质发生部分的或全部的回复，亚结构发生某些变化或者形成亚结构.

在再结晶阶段，通过新晶核的形成和随后的生长，冷加工金属畸变的晶粒被新生的无畸变的晶粒所代替.

如果加热温度进一步提高，或者保温时间进一步延长，则再结晶的新晶粒将彼此吞并而进一步长大，这就是晶粒长大阶段.

冷加工金属的退火，可以采用两种不同的热处理制度来实现. 一种是在恒定温度下保温，称为等温退火. 另一种是从较低的温度连续地加热到较高温度，称为连续升温退火.

上面所述的回复和再结晶是冷加工金属在随后的退火中发生的. 但在有些情况下，回复和再结晶可以在形变的同时就发生，例如在热加工和高温形变时的情况. 这样的回复和再结晶分别称为动态回复和动态再结晶.

研究回复和再结晶过程的规律及其本质，可以帮助解决许多生产实际问题. 例如，经过深冲制成的黄铜弹壳，要进行“去应力退火”，以防止应力腐蚀开裂. 金属在冷加工过程中，有时要采用中间退火，消除硬化，才能继续加工. 一般高温材料的使用温度都在再结晶温度以下，以防止在使用过程中晶粒长大. 因而对于实际使用的高温材料，都希望有较高的再结晶温度. 为了制备单晶体或者控制晶粒的择优取向，也需要回复和再结晶的知识.

§30.2 回复

图 30.2 示出多晶纯镍(99.6%)在室温形变后在加热过程中一些性能的变化[125]. 由图可见，电阻和密度在较低温度就有变化，随着温度上升，电阻下降，密度上升. 而硬度直至较高温度才开始下降. 能量(冷加工的潜能)释放速率除在 100℃至 500℃间有一连续的背景外，在 260℃有一个小峰，在 610℃有一个大峰. 图中数据

是在 6℃/min 的加热速率下测量出的.

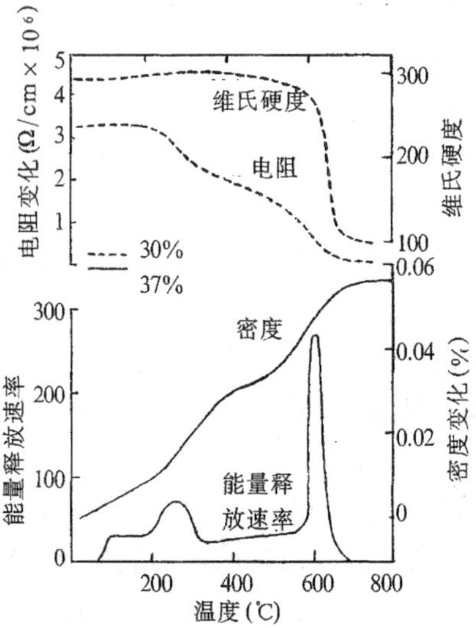

图 30.2 镍在退火过程中性质的变化和能量的释放.

金属的电阻率对点缺陷很敏感. 较低温度下电阻的下降和密度的升高与 260℃的小潜能峰相对应. 由电阻和密度两种数据估算出的空位浓度减少互相吻合. 因此,可以认为这个温度范围的回复是由于空位的消失或聚合所引起的.

空位消失有以下几种可能的机制:(1) 空位迁移到金属的自由表面或晶界而消失;(2) 空位与范性形变所产生的间隙原子结合而消失;(3) 空位与位错发生交互作用而消失;(4) 空位聚集成空位片,然后崩塌成位错环.

图 30.2 中所示在 610℃附近大的能量释放率峰与硬度的下降相对应,是由于在回复和再结晶过程中位错的消除所引起.

在较高温度的回复中,位错的运动成为可能,并且往往形成"多边化"(polygonization). 冷加工金属加热时,原来处在滑移面上的位错,通过滑移和攀移,形成了与滑移面垂直的亚晶界,这一过程称为多边化. 典型的多边化间界是由同号刃型位错组成的小角度倾侧晶界.

图 30.3 示出的是 Fe-Si 单晶体经过低温弯曲后再加热时形成多边化亚晶界的示意图. 试样弯曲时位错的滑移面为$(01\bar{1})$. 弯曲轴与试样侧面$(\bar{2}11)$垂直,且在滑移面内. 加热后形成的亚晶面

为(111),这时位错沿着与原来滑移面垂直的方向排列,形成了规则的亚晶界. 将试样化学浸蚀以显示其腐蚀坑(位错露头),就观察到了这样的多边化结构. 伴随着多边化的出现,形变晶体拉长了的劳埃星芒分裂成为间断的小斑点,这也表明连续弯曲的晶格由于退火而形成了若干亚晶粒.

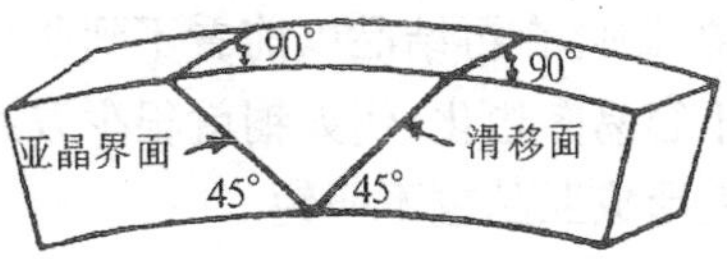

图 30.3 Fe-Si 单晶在低温弯曲后再加热时形成亚晶界的示意图.

经过多滑移变形的单晶体和多晶体,情况比上述单晶体单滑移时较为复杂. 它们在回复时一般形成三维网络的胞壁(cell walls)结构. 胞壁可以看成是广义的多边化间界,它不限于简单的倾侧晶界,其中的位错组态比较复杂.

多边化的驱动力来自应变能的降低. 当同号的正刃型位错处在同一滑移面上时,它们的应变能是相加的. 而当多边化后同号的正刃型位错沿滑移面的法线方向排列时,上下相邻的两个正刃型位错间的区域内,上面一个位错的张应变场正好与下面一个位错的压缩应变场相叠加,互相部分地抵消,从而降低了整个系统的应变能.

形成多边化的过程,需要通过位错的滑移和攀移. 而位错的攀移是通过空位扩散到位错割阶来实现的. 因此,多边化过程只有在较高温度才能实现. 退火温度愈高,多边化过程进行得愈快,多边化就愈完全. 在多边化完成后,进一步就发生亚晶粒长大的现象. 因为两个取向差小的亚晶界合并成一个取向差较大的亚晶界,也可以降低能量. 由于位错的这种排列方式使晶体内的长程应力减少,因而随着多边化的进行,金属逐步变软.

堆垛层错能不同的金属回复过程有差异. 像铁、铝等层错能高的金属,由于位错攀移比较容易,因而回复退火易于使金属软化. 在一定条件下,可以不经再结晶而只借助回复即可将加工硬化效果全部消除. 多边化过程也进行得比较明显,退火时亚晶清晰. 而层错能低的金属，由于位错攀移困难，回复过程主要局限于空位运动. 因此在再结晶以前看不到明显的位错重新排列和消除，同时也不容易多边化. 例如铜就很少看到完整的多边化过程，这类金属即使形成亚晶也不明锐.

§30.3 再结晶

(a) 再结晶规律　在再结晶过程中，新的无畸变的晶粒取代了冷加工的畸变晶粒. 再结晶新晶粒仍是原来的晶体结构，但其取向与原来晶粒的取向不同. 此时，潜能全部释放，力学性质恢复到形变前的退火状态. 影响再结晶的主要因素如下：

(1) 温度. 从动力学过程来看，回复和再结晶是不同的. 在等温退火中，回复的速率是逐渐递减的. 但再结晶的速率在开始时为零，经过一潜伏期(或称孕育期)后才逐渐上升，达到一极大值，经过一段时间后又逐渐下降，见图 30.4.

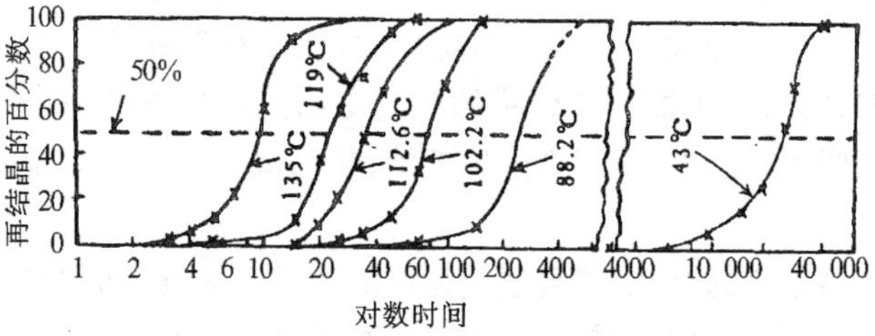

图 30.4　纯铜(经过冷轧 98%)的等温再结晶曲线.

由图 30.4 可以看出温度和时间对再结晶的影响. 令 t 代表再结晶完成了一定的百分数(例如 50%或 100%)所需要的时间，实验结果表明，它和绝对温度 T 满足下列关系式：

$$\frac{1}{t} = A \exp\left(-\frac{Q}{kT}\right), \tag{30.1}$$

A 是常数，Q 被称为再结晶激活能. 激活能 Q 的数值可由 $\log t$-$1/T$图中的斜率求出.

冷加工金属以显著的速率进行再结晶的最低温度称为再结晶温度. 在此温度以下,再结晶就几乎不能进行. 表 1 列出了一些金属的再结晶温度.

表 1　一些金属的再结晶温度

金　属	Ni	Fe	Cu	Al	Zn	Sn	Pb
再结晶温度(℃)	600	450	200	150	20	<20	<20

从表中可看出,金属的熔点愈高,再结晶温度也愈高. 二者之间有以下的经验关系:

$$\frac{T_r}{T_m} = 0.35 \sim 0.40 , \qquad (30.2)$$

T_r 为再结晶温度,T_m 为熔点温度,两者都用绝对温标表示.

在金属学中采用的再结晶温度,通常是指在规定的时间内(一般是半小时至一小时)能完成再结晶的最低退火温度.

(2) 预形变量. 金属的预形变量愈大,其储存的能量愈高,再结晶的驱动力也愈大. 因此,增加预形变量可以使再结晶激活能减小,再结晶温度下降. 当预形变量低于某一临界值时,则不能发生再结晶.

(3) 微量杂质原子. 再结晶对微量杂质原子是非常敏感的. 图 30.5 示出不同纯度的铝的再结晶温度. 当纯度从 99.97%提高到 99.995%时,再结晶温度从大约 400℃降至 100℃. 有人报道过纯度为 99.9992%的铝在 -50℃就发生再结晶. 由此可知,一般

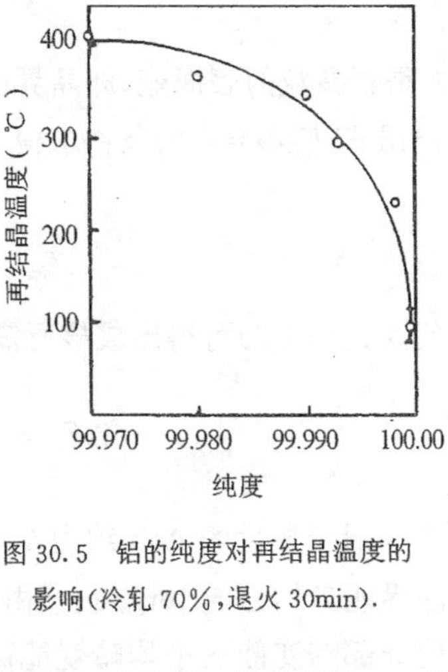

图 30.5　铝的纯度对再结晶温度的影响(冷轧 70%,退火 30min).

根据工业纯试样所求出的再结晶温度，实际上都包含了微量杂质的影响，并不能代表纯金属的真实情况. 利用添加合金元素来提高再结晶温度是改善金属的高温强度的有效方法之一.

(4) 原始晶粒尺寸. 原始晶粒尺寸愈小，则变形阻力愈大，冷变形后储存的能量愈高，因而再结晶温度较低. 此外，金属的晶粒越小，单位体积内晶界总面积越大，由于位错在晶界附近塞积导致晶格强烈扭曲的区域也越多，提供了较多的成核场所，因此再结晶时成核率较大，形成的新晶粒也越细小.

(b) **再结晶机制** 再结晶动力学的特征可以用成核和生长过程来说明. 成核阶段对应于再结晶的孕育期.

(1) 成核

(i) 经典成核模型. 经典成核理论把再结晶的成核过程看成是均匀成核过程. 假设 ΔF_v 表示形成新晶粒前后单位体积的自由能差值，它决定于基体的畸变能. 则形成半径为 r 的球形晶核的自由能等于

$$\Delta F = -\frac{4}{3}\pi r^3 \cdot \Delta F_v + 4\pi r^2 \gamma , \tag{30.3}$$

γ 是新晶粒的表面能，即晶界能. 形成稳定晶核的临界半径 r_c 可以根据 $\mathrm{d}\Delta F/\mathrm{d}r=0$ 的条件求得，即

$$r_c = \frac{2\gamma}{\Delta F_v} . \tag{30.4}$$

代入式(30.3)可得出成核所需的激活能为

$$\Delta F_c = \frac{16}{3}\pi \frac{\gamma^3}{(\Delta F_v)^2} . \tag{30.5}$$

估计铜变形后的 ΔF_v 约为 0.1cal/cm^3，即约为 4×10^6erg/cm^3，而晶界能 γ 约为 500erg/cm^2. 由式(30.5)算出的激活能为 10^8eV. 即使局部畸变能比平均畸变能高 10～100 倍，从理论计算得出的激活能，仍比实际可能值高出千倍. 这能量在再结晶温度下无法供

给.因此,经典成核理论不适用于再结晶的成核.

(ii) 多边化成核模型.为了克服经典成核模型的困难,卡恩(Cahn R. W.)[123]和科特雷耳[126]提出了一种多边化成核模型,可称之为亚晶粒长大的成核模型.它的要点是:在基体中范性弯曲最强烈的区域,通过局部的多边化形成了无畸变的亚晶粒.亚晶粒吞并相邻的形变基体而逐渐长大,直到它与基体间形成了大角度晶界,就可以做为再结晶的晶核.进一步长大可以通过大角度晶界的迁移来实现.亚晶粒长大的时期对应于再结晶的潜伏期.

胡郇[127]根据电子显微镜直接观测的结果,提出了稍微不同的多边化成核模型,可称之为亚晶粒合并的成核模型.两个亚晶粒间的亚晶界上的位错,通过沿着亚晶界面的攀移转移到两个亚晶外面的亚晶界上,而使中间的亚晶界消失,合并成一个大的亚晶粒.随着亚晶粒的长大,取向差会越来越大,最后构成了大角度晶界.这样就构成了再结晶核心.

(iii) 应变诱导的晶界迁移模型.培莱(Bailey J. E.)和赫许[128]根据电镜观察结果,提出再结晶成核以晶界弓出的方式进行,其示意图见图 30.6.这个模型可称为应变诱导的晶界迁移(strain-induced boundary migration,或简称 SIBM)[123].

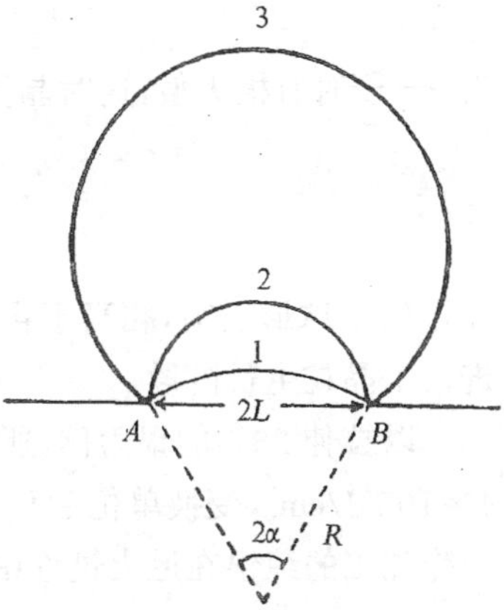

图 30.6　应变诱导的晶界迁移模型(SIBM).

图中横线上下为两个相邻晶粒,由于形变的不均匀性,晶界两侧的畸变能有差异.发生再结晶时,原来平直的晶界,会通过晶界迁移而弓出,在其前沿扫过的区域内留下无应变的晶体,形成再结晶核心.

如果以 ΔF_v 表示单位体积的相邻晶粒的畸变能量差,以 δV 表示弓出成核的晶粒所增加的体积,以 δA 表示弓出成核时所增

加的晶界面积，以 γ 表示单位面积的晶界能，则通过晶界迁移而成核的能量条件为

$$\Delta F_v \cdot \delta V \geqslant \gamma \delta A \ , \tag{30.6}$$

即

$$\Delta F_v \geqslant \gamma \cdot \frac{\delta A}{\delta V} .$$

而

$$\begin{aligned} \frac{\delta A}{\delta V} &= \frac{\mathrm{d}}{\mathrm{d}R}(4\pi R^2) \Big/ \frac{\mathrm{d}}{\mathrm{d}R}\left(\frac{4}{3}\pi R^3\right) \\ &= \frac{2}{R} = \frac{2\sin\alpha}{L} . \end{aligned} \tag{30.7}$$

故

$$L \geqslant \frac{2\gamma\sin\alpha}{\Delta F_v} . \tag{30.8}$$

当 $\alpha=\frac{\pi}{2}$ 时有极大值，这时晶界弓成半球形. 故稳定的晶核尺寸为

$$L \geqslant \frac{2\gamma}{\Delta F_v} . \tag{30.9}$$

在达到半球形以前，相当于再结晶的潜伏期. 一旦超过半球形，就进入了晶粒生长阶段.

以拉伸 26％的银为例，所测得的 ΔF_v 约为 16. 7J/mol，γ 约为 4×10^{-5}J/cm^2，变换单位后代入(30. 9)式得 $L>5\times10^{-5}$cm，这和经冷加工的纯银在退火过程中所实际观测到的弓出成核的临界尺寸($L\sim10^{-4}$cm)，符合得较好.

上述(ii)和(iii)两种成核模型都能够说明形变量对于再结晶的影响. 在亚晶粒长大的成核模型中，形变量越大，引起的点阵弯曲也愈厉害，通过亚晶粒长大来成核也就更容易些. 在应变诱导的晶界迁移模型中，则由于畸变能大，使弓出部分的尺寸变小，也使

成核容易.

(2) 生长. 再结晶核心无论以那种方式形成,都可以借其周围的大角度晶界迁移而生长. 当各个再结晶核心生长到互相接触时,就形成了完全由大角度晶界所分界的无应变的新晶粒组织.

再结晶过程中晶粒生长的驱动力仍来自基体中的畸变能,晶粒生长的速率 v 可以表示为

$$v = A \cdot \Delta F_v \cdot \exp(-U/kT) , \qquad (30.10)$$

这里 A 是一常数,U 为晶界迁移的激活能,ΔF_v 是晶界两侧单位体积的畸变能的差值,它在单位距离内的变化即晶界迁移的驱动力. 回复和再结晶的驱动力都是畸变能. 如果回复和再结晶同时进行,回复使得 ΔF_v 逐渐减小,就可以解释再结晶生长速率随时间衰减的实验结果. 在形变量不大时,回复可以在再结晶开始前就接近完成,这样就可以得到恒定的生长速率.

假定生长速率不随时间而改变,则根据相变的形式理论可以导出阿佛拉密(Avrami)方程

$$X_v = 1 - \exp(-Bt^n) , \qquad (30.11)$$

其中

$$B = B_0 \exp(-nQ/kT) , \qquad (30.12)$$

这里的 X_v 为转变的体积分数,B_0 为一常数,t 为时间,Q 为再结晶激活能,n 为一常数,在 1～4 之间. 对于一定的 X_v 值,根据式(30.11)和式(30.12),就可导出

$$\frac{1}{t} = A \exp\left(-\frac{Q}{kT}\right) , \qquad (30.13)$$

这就是再结晶动力学公式(30.1).

§30.4 晶粒长大

冷加工金属在完成再结晶后继续加热时会发生晶粒长大.

(a) **正常晶粒长大** 在晶粒长大过程中,如果许多晶粒均匀地长大,晶粒尺寸保持均匀,这种晶粒长大称为正常晶粒长大,或称普遍晶粒长大.

作为晶粒长大的驱动力的 ΔF_v,就不是畸变能的变化,而是单位体积中晶界能 γ 的变化.设再结晶完成时的晶粒都是球形的,半径为 R,则晶粒长大的驱动力近似为

$$\Delta F_v = \frac{\gamma}{R} \tag{30.14}$$

将式(30.14)代入式(30.10),用$\frac{dR}{dt}$代表 v,则

$$\frac{\mathrm{d}R}{\mathrm{d}t} = A\left[\frac{\gamma}{R}\exp\left(-\frac{U}{kT}\right)\right]. \tag{30.15}$$

积分后就得到抛物线型的晶粒长大的规律

$$R^2 = 2A\gamma(t - C)\exp(-U/kT) , \tag{30.16}$$

这里 C 是积分常数.式(30.16)与等温退火的实验结果相符合.至于很长时期的退火,当 R 趋近于试样尺寸时,长大过程就停滞了.如果基体中存在有弥散的第二相粒子,这些粒子对于晶界移动起了钉扎作用,阻碍了晶粒的长大,从而起到了细化晶粒的作用.

(b) **异常晶粒长大(二次再结晶)** 异常晶粒长大又称二次再结晶.这是指整个基体完成了初次再结晶以后,少数晶粒迅速长大,吞并了邻近的其它晶粒,直至这些迅速长大的晶粒完全互相接触时为止.

对于二次再结晶,目前还存在着不同的看法.有人认为这并不是一种再结晶的过程,而是由于晶粒的"夸张性长大".有人认为二次再结晶是一种重新成核的过程.他们认为,二次再结晶的晶核在初次再结晶后已经存在.当晶粒正常长大受到阻碍时(由于杂质、第二相微粒和织构等),少数晶粒就可依靠其取向的有利关系(晶界具有最大的迁移率)发生选择性长大.

由于驱动力较小,二次再结晶的速率比初次再结晶要慢得多.

二次再结晶也引起织构的改变.某些体心立方金属的初次再结晶织构不很明确,利用二次再结晶可以获得所希望的织构,使之具有优良的磁性.

§30.5 退火织构和退火孪生

本节叙述在退火再结晶时遇到的两个特殊现象,即退火织构和退火孪生,它们对材料的性质,特别是磁学性质和力学性质,有重要的影响.

(a) 退火织构　在大变形的多晶体中,晶粒通常出现择优取向,即众多晶粒趋近于某一种取向.在极端情况下,整个试样可以变成为伪单晶.晶粒取向的这种分布称为织构.当具有形变织构的多晶体退火时,再结晶的晶粒也出现择优取向.这种现象称为退火织构,或称再结晶织构.

织构可以用它所趋近的取向来描述.例如,对于轧制板材,织构用$\{hkl\}\langle UVW\rangle$来描述.$\{hkl\}$是趋向于轧制面的点阵平面,$\langle UVW\rangle$是趋向于轧制方向的点阵矢量.对于拔丝,只需要确定$\langle UVW\rangle$,围绕拔丝方向的晶面取向是无规的.

退火织构的取向有时与形变织构的相同,但更多情况下有很大的差别.如冷轧黄铜在退火前后的织构都接近于$\{113\}\langle 211\rangle$.但冷轧铜片退火前为$\{112\}\langle 111\rangle$织构,而退火后得到的再结晶织构为立方织构$\{100\}\langle 001\rangle$.形变织构与再结晶织构之间的位向关系,大多数可以用绕结晶轴的转动来描述.在面心立方晶格的金属中,这种转动一般是绕$\langle 111\rangle$轴转动30°～50°,也有绕$\langle 100\rangle$轴转动的.

关于再结晶织构的形成机制有两种不同的观点.一种是定向生长理论,即假设存在不同取向的晶核,但只有那些取向有利的晶核具有较高的生长速率,因而抑制了其它取向晶核的生长.另一种是定向成核理论,假定再结晶晶核本身就有择优取向的现象.赫奈康(Honeycombe, R. W. K.)[124]认为,在再结晶织构的形成中,这两种机制可能都起部分作用.

(b) 退火孪生　面心立方晶格金属,尤其是低层错能的金属

和合金，在退火后常有很多孪生带出现. 这些孪生带被称为退火孪生. 孪晶面总是{111}. 退火孪生的形成是不难理解的. 在再结晶退火时，新晶粒晶面的正常堆垛顺序为 $ABCABC\cdots\cdots$. 但如果新增加的原子面某一层出现了错排，例如 $ABCABCB$，就构成了孪生的第一层. 孪生一经形成后，就可以反着原来顺序来生长，直到堆垛顺序的另一错排出现为止，即 $ABCABC|BACBACBA|BC$（两根直线之间就标志孪生的区域）.

材料的层错能愈低，共格孪晶的界面能也愈低. 因而具有低层错能的铜合金和奥氏体钢，很容易出现退火孪生，而纯铝中的退火孪生就很少见.

Ⅱ 蠕 变

金属在恒定应力（或恒定载荷）下，除发生瞬时形变外，还要发生缓慢而持续的形变. 这种形变量随着时间的延长而逐渐增加的现象，称为蠕变（creep）. 由于温度升高，由热激活控制的形变过程如位错的交截和交滑移等，以及由扩散控制的形变过程如位错的攀移、空位的定向扩散和晶界滑移等，都能迅速进行. 故蠕变现象随着温度的升高而愈来愈显著. 与蠕变相联系的一种现象，即在保持形变量恒定的情况下，应力随着时间的延长而减小的现象，称为应力弛豫（stress relaxation）. 由于蠕变或应力弛豫的发生，应力与应变之间就不是单值的对应关系.

在蒸汽轮机、燃气轮机、航空发动机、核动力装置以及石油工业、化学工业、宇航工业等的设备中，很多部件不但处在很高的温度下，而且经常经受着很大的应力. 因而蠕变和蠕变断裂便成为材料性能的重要指标. 而提高抗蠕变和抗蠕变断裂的能力，便成为研制高温材料时必须考虑的问题. 研究蠕变和蠕变断裂的机制，对于研制各种用途的新型高温材料，以及合理地使用现有的高温材料，都有重要的意义.

本章将介绍蠕变和蠕变断裂的测试方法和实验规律，然后根据这些规律和蠕变过程中的结构变化，着重讨论蠕变和蠕变断裂的微观理论，即从原子和晶体缺陷的运动来解释蠕变和蠕变断裂的理论. 最后几节讨论影响蠕变强度的一些因素，以及与高温蠕变有类似机制的超塑性现象.

§30.6 蠕变试验及工程蠕变数据的表示

蠕变试验一般用蠕变试验机进行，即将试样保持在一个恒定温度，通过杠杆加载或者直接加载的方法，在试样上施加一恒定的载荷，然后记录试样的形变量随时间的变化. 在某些情况下，只需要蠕变断裂时间的数据，试验过程中就不必记录形变. 这种单纯的蠕变断裂试验，称为持久强度试验(也可称长期强度试验，或应力-断裂试验). 单纯作这种断裂试验的试验机，就称为持久强度试验机.

蠕变可以在一种应力(拉力、压力或扭力等)的作用下发生，也可以在复合应力的作用下发生. 虽然材料在使用条件下所受的应力往往是很复杂的，但是在很多实际情况下，引起蠕变的应力主要是拉伸应力. 因而通常的蠕变试验大多是在拉伸应力的条件下进行的. 本章中所叙述的蠕变试验，在没有特别说明时，都是指拉伸应力的情况.

在拉伸蠕变试验的过程中，由于试样伸长，截面积逐渐变小. 因此在恒定载荷下的试验中，应力实际上是逐渐增加的. 通常恒定载荷下的蠕变和蠕变断裂试验，都是用初始应力(载荷除以试样初始截面积)来表示试验应力. 为了科学研究的目的和某些特殊需要，也有人用专门设计的恒定应力的蠕变试验机进行试验.

工程上表示材料的高温强度，一般用“蠕变极限”和“持久强度”作为性能指标. 蠕变极限的定义有两种. 第一种用蠕变量来表示，即在给定温度下和规定时间内，使材料发生一定蠕变量的应力，标记为 $\sigma_{\delta/t}^{T}$，T 是温度，t 是时间，δ 是蠕变量. 第二种用蠕变速率来表示，即在给定温度下使材料发生一定的稳态蠕变速率的应力，标记为 δ_{v}^{T}，v 是稳态蠕变速率(即最小蠕变速率). 持久强度的定义是：在给定温度下和规定时间内，使材料发生断裂的应力，标

记为 σ_t^T. 例如 $\sigma_{10^4\mathrm{h}}^{700℃}$ 表示在 700℃，一万小时内引起断裂的应力. 为了确定蠕变极限或持久强度的数值，通常需要进行一组试样在不同应力下的试验，用内插或外推方法来确定. 也可以进行一系列不同温度下的试验，通过适当的"时间-温度参数"来确定.

蠕变试验的结果一般用应变(伸长率)为纵坐标，时间为横坐标的蠕变曲线来表示. 蠕变曲线的典型形状如图 30.7 所示. 曲线的斜率 $\dot{\varepsilon}$ 称为蠕变速率. 由图可见，除加载瞬间发生的瞬时应变 ε_0 以外，蠕变曲线可以分为以下 3 个阶段：

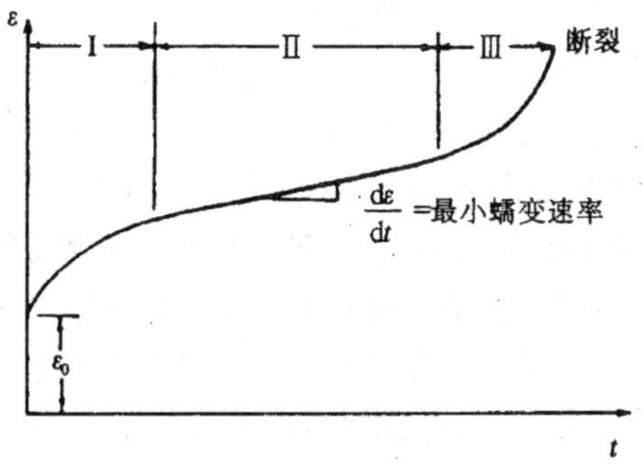

图 30.7 典型的蠕变曲线.

(1) 第 I 阶段，即蠕变的减速阶段. 它的特点是蠕变的速率随时间而减小，说明蠕变阻力由于形变而增加，通常又称为瞬态蠕变(transient creep).

(2) 第 II 阶段，即蠕变的恒速阶段. 它的特点是蠕变的速率几乎保持不变，说明蠕变阻力由于加工硬化和回复软化两种过程保持平衡而不变. 因而这一阶段通常又称为稳态蠕变(steady state creep). 这一阶段的蠕变速率最小，其平均速率即稳态蠕变速率，或称最小蠕变速率.

(3) 第 III 阶段(tertiary creep)，即蠕变的加速阶段. 它的特点是蠕变速率随时间而增加，最后发生断裂. 早先不少人认为，第三阶段蠕变的加速是由于试样发生颈缩而引起应力增加的结果. 但有人在恒定载荷下进行拉伸和压缩试验,都观察到蠕变加速阶段,这说明蠕变加速不仅是由于应力增加的原故.

当变更应力或温度时,蠕变 3 个阶段的特点仍然保持着,不过各个阶段的持续时间会有很大的改变. 当降低温度或减少应力时,蠕变曲线的第一、二阶段增长. 在回复几乎不能发生的低温下,只出现第一阶段,在一定时间后蠕变几乎停止,第二阶段不出现. 当升高温度或增加应力时,蠕变的第二阶段缩短,甚至完全不出现,即第一阶段后紧接着第三阶段. 图 30.8 表示在恒定温度下应力对蠕变曲线的影响.

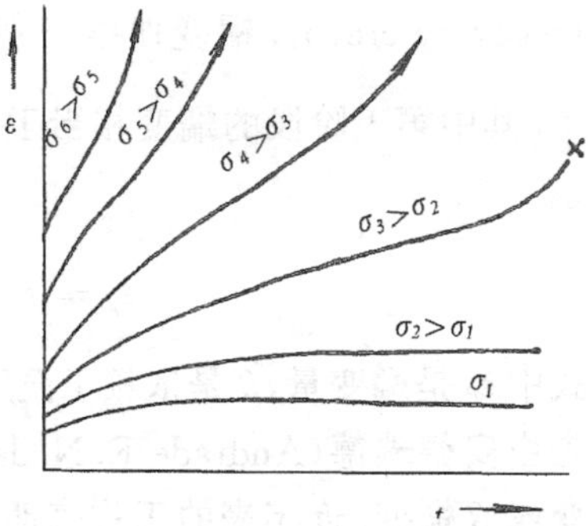

图 30.8　恒定温度下应力对蠕变曲线的影响(示意图).

§ 30.7　蠕变的实验规律

(a) 蠕变的时间律　蠕变量随时间的变化,一般可以用下式来描述:

$$\dot{\varepsilon} = \sum_i A_i t^{-n_i}, \tag{30.17}$$

式中 $\dot{\varepsilon}$ 是蠕变速率,t 是时间,A_i 和 n_i 是依赖于温度和应力的常数,并且 $0 \leqslant n_i \leqslant 1$.

在回复几乎不能发生的低温下,只有蠕变速率递减的第 Ⅰ 阶段,在一定时间后蠕变几乎停止,而不出现蠕变第 Ⅱ 阶段和第 Ⅲ 阶段,见图 30.9 曲线 Ⅰ. 这相当于(30.17)式中 $n_i = 1$ 的情况,积分得

$$\varepsilon_\alpha = \varepsilon_0 + \alpha \log(at + 1), \tag{30.18}$$

式中 ε_α 是蠕变量，ε_0 是瞬时应变量，α 和 a 是依赖于温度和应力的两个常数. 这种蠕变称为对数蠕变(logarithmic creep)，又称 α 蠕变.

在回复可以显著进行的较高温度范围内，发生回复蠕变(recovery creep). 蠕变曲线一般出现三个阶段，见图 30.9 曲线 Ⅱ. 其中第Ⅰ阶段的蠕变相当于(30.17)式中 $n_i=\frac{2}{3}$ 的情况，积分得

$$\varepsilon_\beta = \varepsilon_0 + \beta t^{1/3}, \tag{30.19}$$

式中 ε_β 是蠕变量，β 是依赖于温度和应力的常数. 这种蠕变规律首先由安德瑞德(Andrade E. N. da C.)观察到，常称为安德瑞德蠕变或 β 蠕变. 近年来的工作表明，时间指数并不总是等于 1/3，而是在 1/4 到 2/3 之间，不过多数实验结果在 1/3 附近.

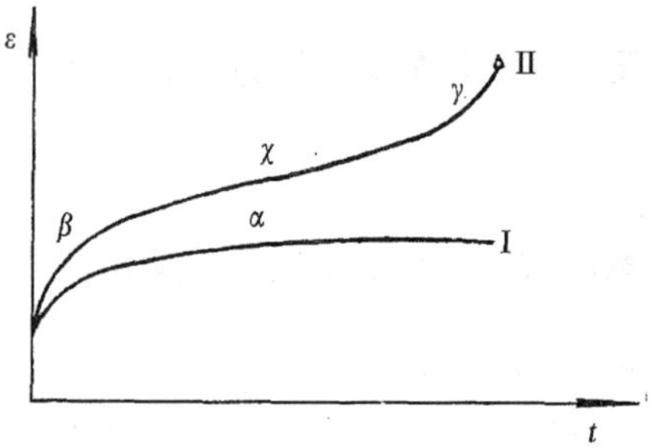

图 30.9　两种类型的蠕变曲线.
Ⅰ. 低温小应力；Ⅱ. 高温较大应力.

蠕变速率恒定的第Ⅱ阶段(稳态蠕变)，相当于(30.17)式中 $n_i=0$ 的情况，积分得

$$\varepsilon = \varepsilon_0 + \kappa t, \tag{3.20}$$

ε 是蠕变量，κ 也是依赖于温度和应力的常数. 这一阶段又称为 κ 蠕变. 以上规律在很多金属和非金属中均适用. 对于蠕变加速的第Ⅲ阶段，还没有一个共同的解析表达式，有人称为 γ 蠕变，见图 30.9 曲线 Ⅱ. β、κ 和 γ 蠕变都属于回复蠕变.

(b) 应力和温度对蠕变的影响　在回复蠕变的温度范围内，当应力不太大时，应力和温度对稳态蠕变速率的影响，可以表示为

$$\dot{\varepsilon} = A \cdot \sigma^m \cdot \exp(-U/kT), \tag{30.21}$$

式中 $\dot{\varepsilon}$ 是稳态蠕变速率，A 是常数，σ 是应力，m 是应力指数，U 是蠕变激活能，k 是玻尔兹曼常数，T 是温度. 应力指数 m 的数值，对于许多纯金属和某些合金，在 4 到 5 之间，也有一些合金 $m=3$. 在极低应力和极高温度(接近熔点)下 $m=1$. 应力指数 m 的这三种不同的数值，反映了不同的蠕变机制. 后面几节将详细说明，$m=4\sim5$ 的情况，可以用位错攀移模型来解释. $m=3$ 可以用位错的粘滞运动来解释. $m=1$ 可以用空位的定向扩散来解释.

在保持应力不变的情况下，改变实验温度就可以按下式求出蠕变激活能：

$$U = k \log (\dot{\varepsilon}_2/\dot{\varepsilon}_1) \Big/ \left(\frac{1}{T_1} - \frac{1}{T_2} \right) \tag{30.22}$$

激活能的测定对于蠕变机制的了解是很有用的. 很多纯金属的高温蠕变激活能(当 $T \geqslant 0.5T_m$ 时，T_m 是熔点绝对温度)与自扩散激活能相近，见图 30.10. 这说明高温蠕变的机制受原子扩散过程所控制. 位错的攀移、空位的定向扩散和晶界滑动等都包含着原子扩散过程.

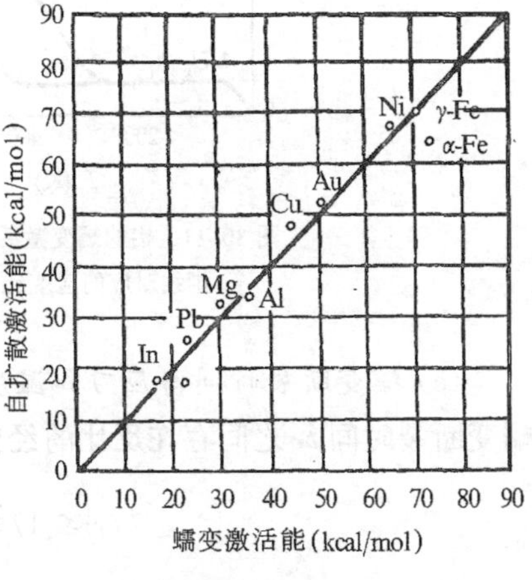

图 30.10 纯金属的自扩散激活能与高温蠕变激活能的比较[129].

在较低温度下，即回复不能进行或进行得不完全的温度下，应力的影响主要反映在激活能中，蠕变速率为

$$\dot{\varepsilon} = C \cdot \exp\left(-\frac{U - \sigma\Omega}{kT} \right) \tag{30.23}$$

C 是常数，Ω 是激活体积. 这表明较低温度下的蠕变机制是应力帮助下的热激活过程.

图 30.11 表示铝单晶在不同温度范围的蠕变激活能，低温区 OAB 的低激活能 U_1 相当于 α 蠕变. 高温回复区 $CDEF$ 相当于回复蠕变，它有明显的两部分：EF（回复完全的范围）的激活能 U_3 与自扩散激活能相同；CD 区（回复不完全）有一不同的激活能值 U_2. 有人认为 U_2 相当于位错交滑移的激活能，也有人认为相当于沿着位错管道扩散的激活能.

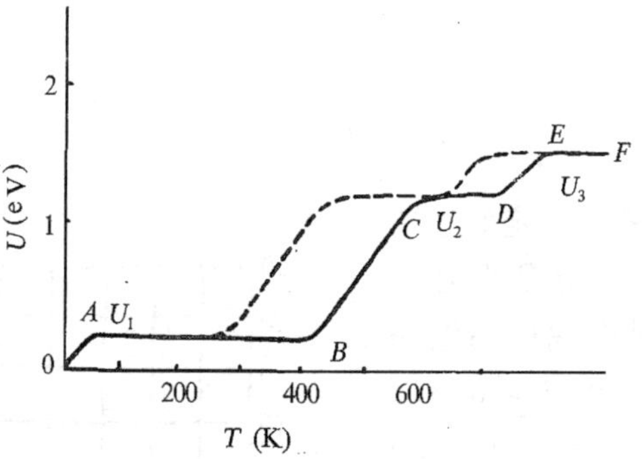

图 30.11　铝的蠕变激活能随温度的变化

（虚线对应的应变比实线的大）.

(c) 蠕变断裂时间与应力和温度的关系　稳态蠕变速率 $\dot{\varepsilon}$ 与蠕变断裂时间 t_f 之间存在反比的经验关系

$$t_f \propto 1/\dot{\varepsilon}, \tag{30.24}$$

这个关系式一般称为孟客曼-格朗特（Monkman-Grant）关系[130]. 联合式（30.24）和式（30.21）得到

$$t_f = A' \sigma^{-m} \cdot e^{U/kT}. \tag{30.25}$$

式（30.21）和式（30.25）是很有用的经验关系式，可以用来由短期的试验数据外推长期的蠕变或蠕变断裂数据.

(d) 滞弹性蠕变　以上所述的蠕变实验结果都是当应力超过弹性应力范围的情况. 滞弹性蠕变的特点是所加的外力在试验温度的弹性极限以下. 当外力撤去后，试样在一定时间内可以完全复原. 多晶纯铝[131]和多晶纯铁[132]在 0.35～0.6T_m 温度范围内的滞弹性蠕变可以表示为

$$\frac{d_t}{d_0} = Af(t\mathrm{e}^{-U/kT}), \tag{30.26}$$

d_t 和 d_0 分别为时间 t 和加力瞬间的应变，A 是常数. 根据式(30.26)求出的激活能 U 的数值分别与纯铝和纯铁的自扩散激活能相近.

滞弹性蠕变是研究晶界和位错运动的有力工具，滞弹性蠕变在交变应力下就表现为内耗.

(e) 蠕变图　在不同温度和应力范围内蠕变的特点，可以简明地用蠕变图(creep diagram)[10]表示，如图 30.12 所示. 图中横坐标是 T/T_m，T 是蠕变温度，T_m 是熔点温度. 纵坐标是 σ/μ，σ 是蠕变应力，μ 是切变模量. σ_{crss}是充分退火后的临界切应力，低于此应力发生滞弹性蠕变，超过此应力则发生范性蠕变.

由图可见，蠕变图可以分为 4 个区域：

(1) 滞弹性蠕变，在应力撤除后的一定时间内，蠕变可以恢复到零.

(2) 低温蠕变，即对数型蠕变. 在这个温区内，位错只能在它们的滑移面上滑移，即位错只有一个自由度.

(3) 高温蠕变，即回复蠕变，包括瞬态 β 型蠕变和稳态蠕变. 这时，位错的攀移得以通过原子扩散而进行. 也可以说，位错的自由度增加到 2 个.

(4) 极高温度下的蠕变，又称扩散蠕变. 这种蠕变的特点是蠕变速率与应力的一次方成正比，可以用空位的定向扩散来解释.

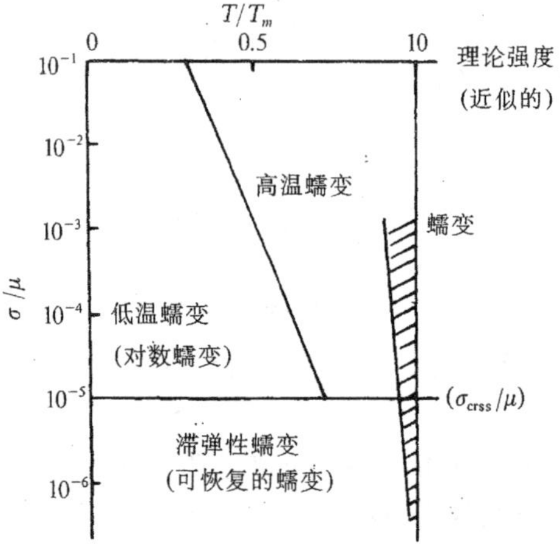

图 30.12 蠕变图[10].

§30.8 蠕变过程中的结构变化

要了解蠕变过程的形变机制，必须对蠕变过程的结构变化进行研究. 这里所说的蠕变过程中的结构变化，是指微观结构的组态变化，不涉及相变. 最近几十年来在纯金属和合金中进行了大量金相、X 射线衍射和透射电镜观察，获得了比较清楚的图象.

上节所述蠕变图的 4 个区域中，滞弹性蠕变在应力撤除后可以完全恢复，不发生永久性的结构变化. 极高温和低应力下的扩散蠕变，后面将要讲到它是由空位的定向扩散所引起，只能观察到晶粒形状伴随着试样伸长而发生的变化. 低温蠕变的机制主要是位错的滑移，在蠕变过程中或蠕变后可以观察到位错滑移的痕迹和滑移带等. 而高温蠕变过程中的结构变化，内容比较丰富，它包括位错滑移、亚结构的形成和晶界的滑动等. 下面对高温蠕变过程中的形变机制和结构变化作一简略的概述.

(a) *滑移* 金属在高温形变时有新的滑移面被激活. 例如，铝在常温下的滑移面限于{111}面，而在高温下，则除去{111}面，滑移还可以在{100}和{211}面上进行.锌和镁在高温下除去基面滑移外,还可发生非基面的滑移.

随着温度的升高或应力的降低,滑移带变粗,带间距增大.在粗滑移带之间,存在着光学显微镜观察不到的细滑移线.但用电子显微镜可以分辨出这样的细滑移线.此外,随着温度的升高,交滑移和形变带的形成倾向也增加.

(b) 亚结构的形成　亚结构的形成是高温蠕变过程中最显著的特征.它在蠕变第Ⅰ阶段末开始形成,在第Ⅱ阶段逐渐发展成为稳定的多边化结构.

多边化形成的亚晶界是二维的位错墙,亚晶粒内运动的位错圈碰到位错墙即被吸收.因此,亚晶界两侧的取向差 θ 应随着蠕变的进行而增大.实验测得[15]

$$\theta \approx \varepsilon , \qquad (30.27)$$

式中 ε 是蠕变量,这是符合上述机制的.设亚晶粒的平均尺寸为 l,每一个亚晶粒内有 n 个位错圈扫过面积 l^2(亚晶粒的二维尺寸)后并入亚晶界.而单位体积中的亚晶粒数目是 l^{-3}.因此,应变为

$$\varepsilon = (l^{-3} \cdot n) \cdot l^2 b = \frac{nb}{l} . \qquad (30.28)$$

而亚晶界两侧的取向差为

$$\theta = \frac{nb}{l} . \qquad (30.29)$$

比较(30.28)和(30.29)两式,即得出式(30.27).

实验结果表明,在蠕变第Ⅰ阶段内,亚晶粒内的位错密度不断增加,这是位错增殖的结果.在蠕变第Ⅱ阶段内,亚晶粒内的位错密度保持不变.这是由于新增殖的位错,通过滑移和攀移,并入了亚晶界,使亚晶粒内的位错密度保持不变.而组成亚晶界的二维位错网中的位错密度,则是不断增加的.

上述蠕变过程中的多边化,在高层错能金属中(如 Al,α-Fe,

Ni),由于交滑移和攀移比较容易,形成的亚晶界比较清晰和完整.而在低层错能金属中(如 Cu,Cu 合金,奥氏体不锈钢),由于交滑移和攀移比较困难,形成的亚晶界就不很明确和完整.这种情况与冷加工金属在退火时的回复很相似.实际上,高温蠕变(在回复温度下进行的蠕变)就是一种动态回复过程.

孔庆平等用透射电镜研究过一种简单镍基合金(Ni80Cr20)在高温下不同蠕变量以后的位错结构[133~135].观察到蠕变第Ⅰ阶段内的位错组态是均匀分布着的零散位错,它们一般不处在滑移面上.在蠕变第Ⅰ阶段末和第Ⅱ阶段内,这些零散位错聚合成亚晶界,形成了多边化结构.根据对这些位错组态的分析,他们指出:在高温蠕变的第Ⅰ和第Ⅱ阶段内,都有位错攀移的作用.

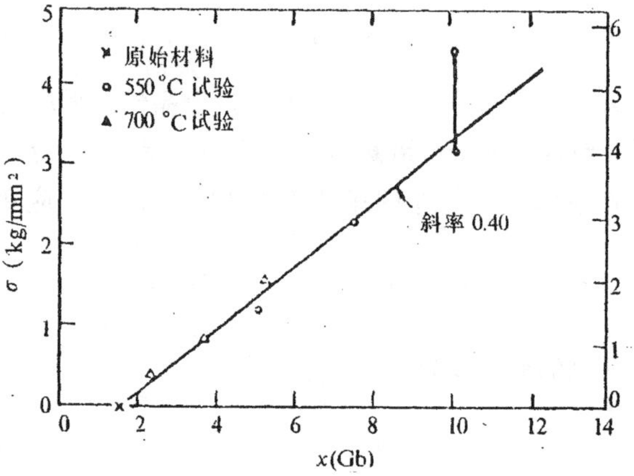

图 30.13　在 α 铁的蠕变第Ⅱ阶段中外加应力与位错间距 x 的关系[15].

图 30.13 示出在 α 铁的蠕变第Ⅱ阶段中,外加切应力 σ 与位错间距 x 成反比关系[15].由于位错密度 $\rho\propto 1/x^2$,因而这个结果说明蠕变应力 σ 与位错密度 ρ 的 1/2 次方成正比关系.这与加工硬化中流变应力和位错密度的关系相似.由这个结果也可看出,回复蠕变中的流变应力决定于亚晶粒内的位错密度,而亚晶界中的位错对流变应力影响很小.

(c) 晶界的滑动和迁移　晶界的滑动是指相邻的两个晶粒沿着晶界面的相对运动. 晶界的迁移是指晶界沿着与晶界面接近垂直方向的移动. 晶界迁移是由于蠕变过程中晶粒内积蓄了畸变能，晶界向着畸变能较高的一方移动. 显然，晶界的滑动将引起试样的形变，对蠕变的应变有贡献. 而晶界的迁移对蠕变的应变贡献很小，但是由于它消除了晶界附近的畸变，使晶内形变和晶界滑动得以进一步进行.

在较高温度的蠕变过程中，晶界的滑动变得显著. 这时，多晶材料的蠕变量 ε_t，可以看成是两部分之和

$$\varepsilon_t = \varepsilon_g + \varepsilon_b, \tag{30.30}$$

式中 ε_g 是晶粒内部引起的蠕变，ε_b 是晶界滑动引起的蠕变.

一些实验结果表明，在单次蠕变试验过程中，$\varepsilon_b/\varepsilon_t$ 的比例保持恒定. 即晶界滑动量随时间变化的曲线（ε_b-t）与整个试样的蠕变曲线（ε_t-t）形状相同. 这说明晶内的结晶学滑移与晶界滑动是相互制约的. 例如，图 30.14 示出 Cu-0.37wt% Be 合金中晶界滑动量与试样总伸长之间的线性关系[15].

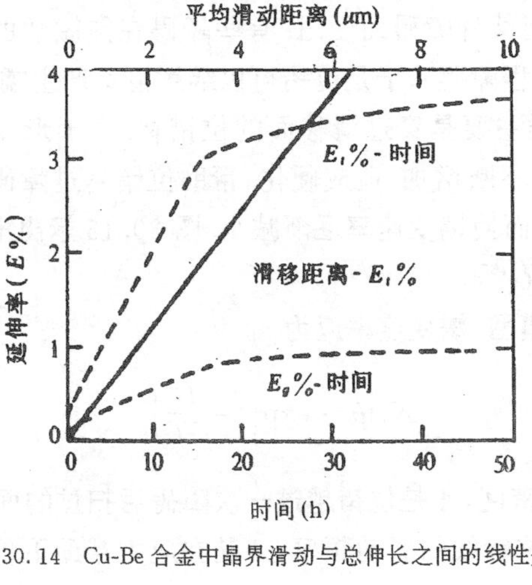

图 30.14　Cu-Be 合金中晶界滑动与总伸长之间的线性关系[15].

在不同的蠕变实验条件下，$\varepsilon_b/\varepsilon_t$ 可以有很大差别. 温度愈高，应力愈小，则 $\varepsilon_b/\varepsilon_t$ 的比值愈大. $\varepsilon_b/\varepsilon_t$ 的比值不仅与实验条件有关，而且与材料本性有关. 不同金属和合金在不同实验条件下 $\varepsilon_b/\varepsilon_t$ 的比值，可以在 2.7%～93%之间.

测量多晶试样中晶界滑动的方法有两种. 一种是在试样表面测量由于晶界滑动引起的台阶，计算出晶界滑动量. 另一种是测量试样内部晶粒形状的改变. 由晶粒形状的改变，计算出晶粒的形变. 再按式(30.30)由总蠕变量 ε_t 减去晶粒的蠕变量 ε_g，即得出晶界滑动引起的蠕变量 ε_b.

§30.9　低温对数蠕变的理论[136]

蠕变理论的任务在于通过原子尺度的微观模型推导出蠕变的实验规律. 本节和随后的几节将介绍目前比较成熟的几种蠕变理论.

在回复几乎不能进行的低温范围，蠕变服从对数时间律[见式(30.18)]，即只出现蠕变速率递减的第Ⅰ阶段，而不出现第Ⅱ、Ⅲ阶段. 在此温度下位错不能攀移，在一般应力下也不会发生交滑移. 假定在外加恒定应力作用下，位错在滑移面上运动，产生瞬时应变 ε_0 后，遇到某种障碍而受阻. 有些障碍在热激活的帮助下是可以克服的(短程障碍)，于是位错可以继续滑移产生蠕变. 在纯金属中，这种障碍主要是穿过滑移面的位错林. 由于形变的不断进行，位错密度也不断增加，造成硬化，帮助位错越过障碍的有效应力不断减小. 因而使蠕变速率逐渐减小. 图 30.15 示出滑移位错通过位错林的情况[136].

根据这一模型，蠕变速率应为

$$\dot{\varepsilon} = NAb\nu \cdot \exp\left(-\frac{U}{kT}\right), \tag{30.31}$$

式中 N 是位错密度，A 是位错越过一次障碍后扫过的面积，b 是柏格斯矢量，ν 是位错线的振动频率，U 是在应力帮助下位错越过障

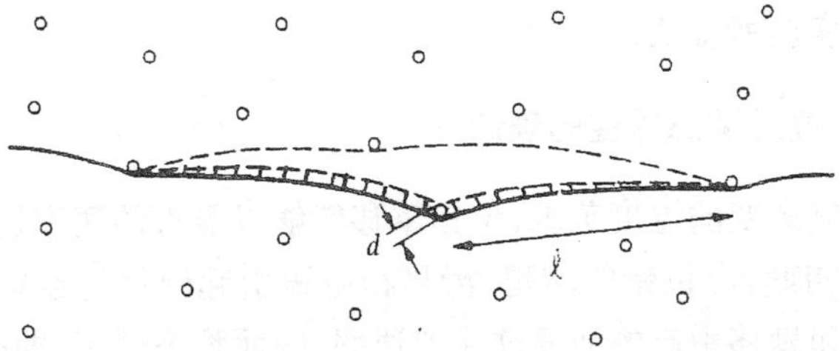

图 30.15　低温蠕变中滑移位错通过位错林的情况.

碍所需的激活能，k 是玻尔兹曼常量，T 是温度. 而

$$U = U_0 - \tau^* bdl = U_0 - \tau^* v, \tag{30.32}$$

式中 τ^* 是作用在位错上的有效应力，d 是林位错的直径，l 是林位错的间距，$v=bdl$ 是激活体积，U_0 是无应力时的激活能. 虽然外加应力 τ 是恒定的，但由于加工硬化，使有效应力随着应变 ε 的增加而减小，即

$$\tau^* = \tau - \theta\varepsilon, \tag{30.33}$$

式中 θ 是加工硬化系数.

将式(30.32)和式(30.33)代入式(30.31)，得

$$\dot{\varepsilon} = NAb\nu \cdot \exp\left(-\frac{U_0 - \tau v - \theta v\varepsilon}{kT}\right). \tag{30.34}$$

积分得

$$\varepsilon = \varepsilon_0 + \alpha\log(at + 1), \tag{30.35}$$

式中

$$\alpha = \frac{kT}{\theta v}, \tag{30.36}$$

$$a = \frac{\theta v}{kT} NAb\nu \cdot \exp\left(-\frac{U_0 - \tau v}{kT}\right). \tag{30.37}$$

式(30.35)就是前面的式(30.18). 系数 α 与温度的线性关系已为多晶铜的实验所证实.

§30.10 高温瞬态蠕变的理论[9]

在回复蠕变的温度范围,位错攀移能够以显著的速率进行. 在加载后的初期,由位错的增殖、滑移和塞积引起硬化的速率,大于由交滑移和攀移引起的回复软化的速率. 因而瞬态蠕变(即蠕变第Ⅰ阶段)的速率逐渐减小,形成了 β 蠕变.

莫特[9]用位错攀移模型解释了 β 蠕变的时间律[见式(30.19)]. 设想在施加外力 σ 后,产生瞬时应变 ε_0. 此时材料处在图 30.16 所示曲线上的 P 点. 要使材料进一步变形,必须增加应力 $\Delta\sigma=\theta\varepsilon$($\theta$ 是应力-应变曲线上 P 点附近的斜率).

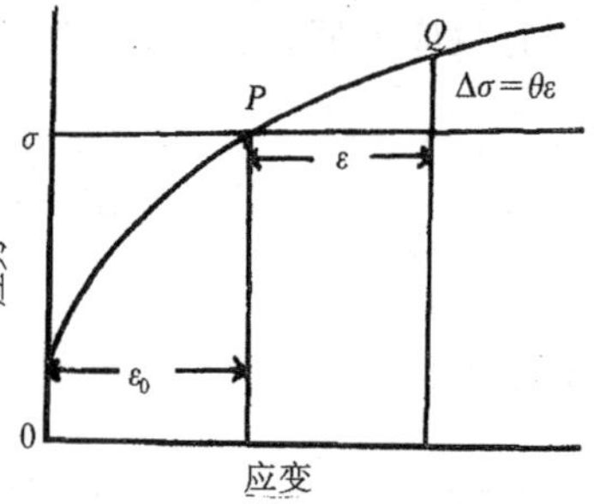

图 30.16 高温瞬态蠕变阶段中的应力-应变曲线.

如果塞积群中的位错发生了攀移,将使邻近的位错源处的应力发生变化. 设每次攀移引起的应力变化为 σ_1. 它的符号可正可负. 如与外应力 σ 同号,则可使位错源继续开动,产生形变. 根据经典概率理论,经过 n^2 次攀移后,位错源处的应力变化为 $n\sigma_1$. 当 $n\sigma_1$ 达到或超过由于硬化所需增加的应力 $\Delta\sigma$ 时(见图 30.16),形变得以继续进行,因而

$$n\sigma_1 = \Delta\sigma = \theta\varepsilon. \tag{30.38}$$

设每次攀移所需的时间为 τ,则发生 n^2 次攀移所需时间为 $n^2\tau$. 在此过程中,每个位错滑移的平均距离为 L. 因而位错运动的平均速率 $v=L/n^2\tau$. 设可动位错密度为 ρ,则蠕变速率为

$$\dot{\varepsilon} = \rho v b = \frac{\rho L b}{n^2 \tau}. \tag{30.39}$$

将式(30.38)代入式(30.39),得

$$\dot{\varepsilon} = \frac{\rho L b}{\tau}\left(\frac{\sigma_1}{\theta \varepsilon}\right)^2. \tag{30.40}$$

积分式(30.40)得

$$\varepsilon = \varepsilon_0 + \beta t^{1/3}, \tag{30.41}$$

这就是 β 蠕变经验公式(30.19).

§ 30.11　高温稳态蠕变的理论[10]

回复蠕变的第Ⅱ阶段,通常称为稳态蠕变阶段.在此阶段,形变硬化和回复软化保持动态平衡,从而使蠕变速率保持恒定.威尔特曼(Weertman,J.)用位错攀移模型推导出了稳态蠕变速率的表达式[10].其基本概念是:位错的滑移产生形变.当滑移遇到障碍时,位错的交滑移和攀移克服了滑移的障碍,使形变能够继续进行.由于攀移比交滑移慢,因此,控制形变速率的过程是攀移.

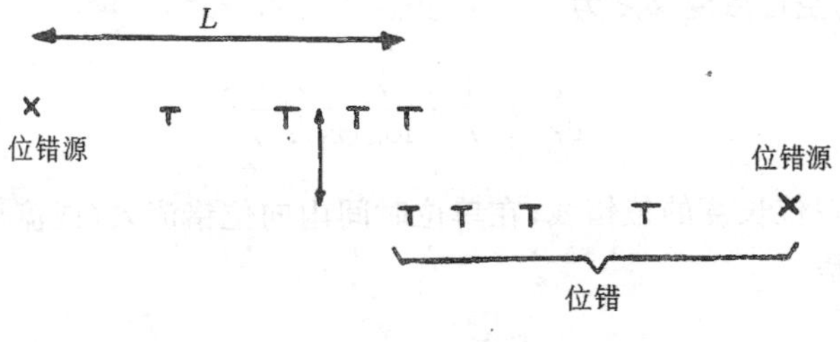

图 30.17　稳态蠕变中位错攀移的一种模型.

图 30.17 示出平行的两个滑移面上的位错源(用×表示),它们在应力的作用下发出位错并产生形变.由于位错间的相互作用,使滑移发生障碍.在高温下,异号刃型位错可以通过攀移而相消,使形变得以继续进行.位错运动的平均速率 v 受攀移速率 v_c 控

制，二者的关系为

$$v = \frac{v_c L}{h}, \tag{30.42}$$

h 是攀移高度，L 是位错滑移的平均距离. 于是，稳态蠕变速率为

$$\dot{\varepsilon} = \rho v b = \rho v_c L b / h, \tag{30.43}$$

式中 ρ 是可动位错密度.

位错攀移要通过吸收空位或放出空位来实现. 设 c_0 是没有外加应力时空位的热平衡浓度. 有外加应力时，应力在形成空位时所做的功为 σb^3. 于是，放出空位的位错和吸收空位的位错附近(在离位错中心 r_0 的范围内)的空位浓度分别为

$$c_e = c_0 \exp(\pm \sigma b^3 / kT) . \tag{30.44}$$

而在距离位错 r_1 处，空位浓度为 c_0. 在距离位错 r 处($r_0 < r < r_1$)的空位浓度可设为

$$c = c_0 + (c_e - c_0) \frac{\log(r_1/r)}{\log(r_1/r_0)} . \tag{30.45}$$

于是，空位浓度梯度为

$$\frac{\mathrm{d}c}{\mathrm{d}r} = \frac{1}{r} \cdot \frac{c_e - c_0}{\log(r_1/r_0)} . \tag{30.46}$$

对于单位长度的位错线，在单位时间内向位错流入(或流出)的空位数是

$$J = 2\pi r D_v \cdot \frac{\mathrm{d}c}{\mathrm{d}r} = 2\pi D_v \cdot \frac{c_e - c_0}{\log(r_1/r_0)} , \tag{30.47}$$

D_v 是空位扩散系数. 向长度 b 的位错段流入一个空位使这位错段攀移高度 b，故攀移速率为

$$v_c = 2\pi b^2 D_v \frac{c_e - c_0}{\log(r_1/r_0)} \approx b^2 D_v (c_e - c_0) , \tag{30.48}$$

式中 $\log(r_1/r_0)$ 大约与 2π 相当，可以相消．又

$$D_v c_0 = D, \tag{30.49}$$

D 是自扩散系数．故位错攀移速率为

$$v_c = b^2 D_v c_0 \left[\exp\left(\frac{\sigma b^3}{kT}\right) - 1\right] \approx \frac{\sigma b^5 D}{kT}. \tag{30.50}$$

将式(30.50)代入式(30.43)得

$$\dot{\varepsilon} = \frac{\sigma b^6}{kT} \cdot \frac{\rho L D}{h}. \tag{30.51}$$

在式(30.51)中，位错密度 ρ 与应力 σ 的平方成正比[$\rho = (2\pi\sigma/\mu b)^2$]．攀移高度 h 与 σ 成反比[$\sigma = \mu b/8\pi(1-\nu)h$]．关于位错滑移距离 L 与应力 σ 的关系，尚无定论．威尔特曼[137]新近在一篇文章中指出，一个位错圈的刃型位错段的滑移距离 L_e 受胞尺寸限制；而其螺型位错段由于能够交滑移，它的滑移距离 L_s 可以大于胞尺寸．他认为应力愈大，螺型位错段能够通过的晶胞愈多，从而得出 $L_s \propto \sigma$．这样，由式(30.51)便可得出

$$\dot{\varepsilon} = A \cdot \frac{\sigma^m}{kT} \cdot \exp\left(-\frac{Q}{kT}\right). \tag{30.52}$$

式中 A 是材料常数，应力指数 $m=5$，Q 是自扩散激活能．这实际上就是前面的式(30.21)．这个关系式与很多纯金属的实验结果相符，应力指数 m 的实验值在 4～5 之间．

在稳态蠕变理论中，除去上述的位错攀移模型外，还有螺型位错带割阶滑移的模型[138]．螺型位错滑移时，必须带着它的割阶作攀移运动．割阶的攀移将控制位错滑移的速率．仿上面的步骤，也可以推导出式(30.52)．

很多固溶合金的稳态蠕变也服从式(30.52)，不过实验观测到的应力指数 $m=3$．这可以用位错拖着溶质原子气团运动的模型来解释[10]．根据这个模型，位错作粘滞性运动的速率为

$$v = \sigma b / A, \tag{30.53}$$

A 是依赖于温度的常数. 稳态蠕变速率为

$$\dot{\varepsilon} = \rho v b. \tag{30.54}$$

而 $\rho = (2\pi\sigma/\mu b)^2$, μ 是切变模量. 因而

$$\dot{\varepsilon} = \frac{4\pi^2\sigma^3}{A\mu^2}. \tag{30.55}$$

§ 30.12 扩散蠕变的理论

在高温低应力下,或者在位错能动性很差的情况下,空位的定向扩散将成为蠕变的主要机制. 这一机制由纳巴罗和赫润提出[11,12]. 其基本思想是:相对于外加拉应力不同取向的晶界,其空位平衡浓度不同,因而形成了通过晶粒内部的空位流动. 物质流动的方向与空位流动方向相反,其结果就产生了沿拉应力方向的应变.

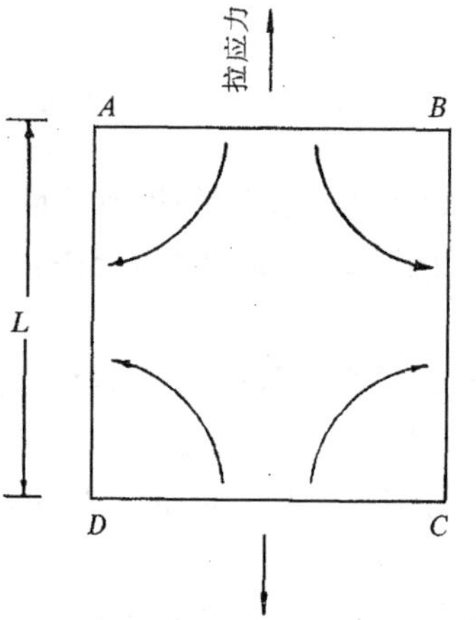

图 30.18 晶粒 $ABCD$ 内应力感生的空位定向扩散.

图 30.18 示出晶粒的一个正方形截面 $ABCD$, 边长为 L. 在垂直于拉应力的晶界 AB 和 CD 上, 每个空位的形成能由于外力做功可减少 σb^3. 因而这里的空位浓度 c 比无外力时的平衡浓度 c_0 要大. 当应力不大时,有

$$c - c_0 = c_0 \cdot \frac{\sigma b^3}{kT}. \tag{30.56}$$

而在 AD 和 BC 晶界上,因受压应力,空位的形成要增加能量. 故空位浓度比平衡浓度低相同的数值. 由此在晶内造成空位浓度梯度,导

致空位扩散.物质流动方向与图中空位流动方向相反,从而使晶粒沿拉伸方向伸长.

空位扩散的平均距离为 $L/2$,故空位浓度梯度为

$$\frac{\mathrm{d}c}{\mathrm{d}x}=\frac{2c_0\sigma b^3}{LkT}. \tag{30.57}$$

单位时间内每单位面积晶界流出(或流入)的空位流量(单位取为每秒内空位流量的体积)为

$$J=D_v\frac{\mathrm{d}c}{\mathrm{d}x}=\frac{2\sigma b^3D}{LkT}, \tag{30.58}$$

这也就是每秒内单位面积的横向晶界流出空位(即流入原子)所占的高度.因此,蠕变速率为

$$\dot{\varepsilon}=\frac{J}{L}=\frac{\alpha\sigma b^3D}{L^2kT}, \tag{30.59}$$

式中 α 是常数,数量级为 1.

式(30.59)说明,扩散蠕变的速率与应力的一次方成正比,与晶粒尺寸的平方成反比,其激活能与体扩散激活能相同.银、金、铜和铜锑合金的高温低应力蠕变,以及位错能动性很低的以氧化铝和氧化铍为基的陶瓷材料的蠕变,都曾观察到这样的规律.

式(30.59)中蠕变速率对晶粒尺寸 L 的依赖关系,是假定只有晶界放出和吸收空位时才能成立,例如,无位错的晶体,或者位错扩展得很宽的低层错能晶体的情况.而高层错能晶体中的不扩展位错可以放出和吸收空位.因此,多边化墙或孤立位错都可作为空位的源头(source)和归宿(sink).这时,式(30.59)中的 L 就代表多边化尺寸或位错间距.因此单晶中也可观察到这种蠕变.

在上述的扩散蠕变机制中,假定空位在晶粒内作定向扩散,形变速率受体扩散控制.科贝尔(Coble, R.L.)指出[139],空位沿着晶界的扩散也可以产生蠕变.他假定晶粒是球形的.在拉伸应力作用下,晶界球面的极点与赤道处的空位浓度将有差异.此浓度差导致空位由极点向赤道沿着晶界面扩散,这样便可导出

$$\dot{\varepsilon}=\frac{\alpha\sigma b^3\delta D_b}{L^3kT},\qquad(30.60)$$

这里的 D_b 是晶界扩散系数，δ 是晶界厚度，$\dot{\varepsilon}$ 与晶粒尺寸的三次方成反比.

§30.13 蠕变断裂

(a) 等强温度的概念[129] 由于蠕变而导致的断裂，称为蠕变断裂. 多晶金属材料在较低温度下一般发生穿晶断裂(transgranular fracture)，而在较高温度下一般发生晶间断裂(intergranular fracture，或称沿晶断裂). 为了解释这种现象，早在本世纪 20 年代就有人提出了“等强温度”(equicohesive temperature)的概念. 这一概念至今仍被广泛引用.

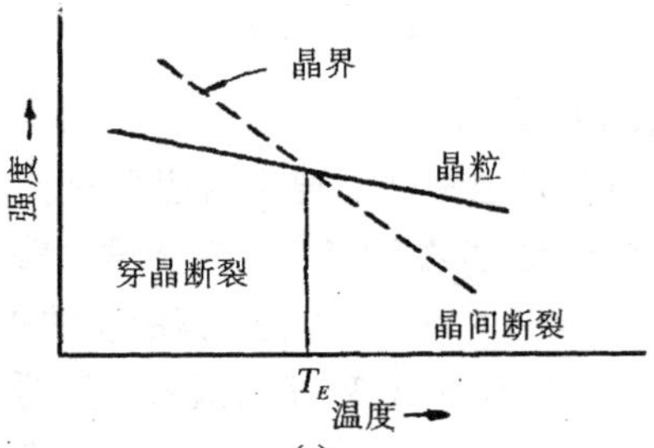

(a)

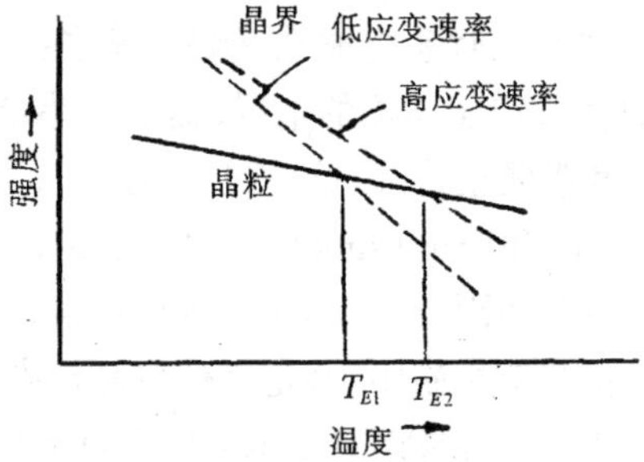

(b)

图 30.19 等强温度示意图.

图 30.19 示出的是等强温度的示意图. 图中的实线表示晶粒强度随温度的变化. 虚线表示晶界强度随温度的变化. 由于晶界的粘滞性质，晶界强度变化的斜率大于晶粒强度变化的斜率. 两线交点处的温度 T_E，称为等强温度，如图 30.19(a)所示. 这时晶界强度等于晶粒强度. 在此温度以下，晶界强度高于晶粒强度，因而发生穿晶断裂. 在此温度以上，晶界强度低于晶粒强度，因而发生晶间断裂. 等强温度并不是固定不变的，它受形变速率(或试验应力)的影响. 相对于晶粒而言，晶界强度对形变速率的敏感性要大得多. 因此，等强温度随形变速率的增加而升高，如图 30.19(b)所示由 T_{E1} 升高到 T_{E2}. 当晶粒度增大时，单位体积中的晶界总面积减小，故在 T_E 以上粗晶材料的强度比细晶的高. 而在 T_E 以下则相反，细晶材料的强度较高.

(b) 晶间断裂的机制[129]　晶间断裂是高温蠕变条件下最普遍的断裂方式，它也是高温部件中最常出现的问题. 由于试验条件的不同，晶间断裂又有两种不同的断裂形貌.

(1) 楔形裂纹(wedge-shape crack)　在较高应力和较低温度下，裂纹一般形成在三晶交界处，并且倾向于沿着垂直于外力的晶界而发展. 这种裂纹显然是由于晶界滑动在晶角造成应力集中所致. 图 30.20 示出由晶界滑动的几种方式产生的晶角裂纹. 这种由晶界滑动造成的应力集中，若能被晶内协调形变或晶界迁移使畸变回复的方式所松弛，则裂纹就不易形成. 高纯铝在高

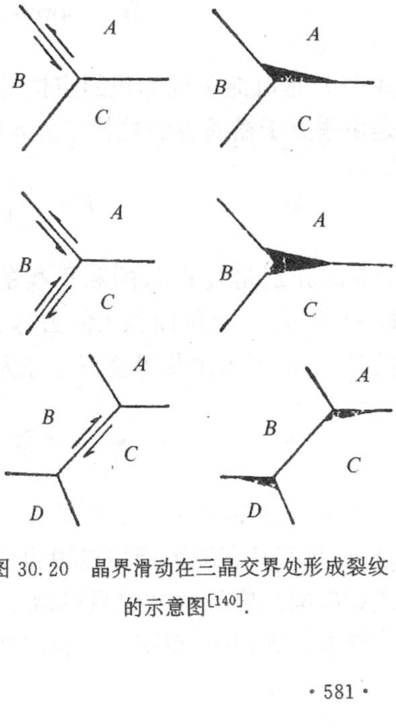

图 30.20　晶界滑动在三晶交界处形成裂纹的示意图[140].

温蠕变时不易发生晶间断裂，就是因为晶内形变协调得比较好[140].

(2) 圆形空洞(round-shape cavity) 在较低应力和较高温度下，裂纹以圆形或椭圆形的空洞出现. 它们并不择优于晶角形成，而是分散在晶界各处，一般择优于垂直拉伸轴方向的晶界上或晶界滑动较显著的晶界上. 随着蠕变的进行，这些空洞长大、合并，最后导致断裂. 空洞的成核有两种可能的机制. 一种观点认为，由于过饱和空位在晶界上的凝聚所引起. 另一种观点认为，由于晶界滑动在晶界台阶或第二相粒子处受阻，产生应力集中所引起. 这两种机制中那一种起主导作用，尚无定论，可能视材料和试验条件而定.

梅克林(Mclean D.)估算了空洞成核得以发展的临界尺寸[15]. 设球形空洞的半径为 r，表面能为 γ，则产生一空洞所需的能量为

$$W = 4\pi r^2\gamma - \frac{4}{3}\pi r^3 F, \tag{30.61}$$

式中 F 是沉淀单位体积的空位后自由能的减少. 如果过饱和空位是由垂直于横晶界的拉伸应力 σ 所造成，则按式(30.56)有

$$F = \frac{kT}{b^3}\log\frac{c}{c_0}, \tag{30.62}$$

c 和 c_0 分别是过饱和的和平衡的空位浓度. F(单位体积的自由能)与应力 σ(单位面积上的力)数值相等，量纲相同. 由 W 为极小的条件，即可求出临界空洞半径为

$$r \geqslant \frac{2\gamma}{\sigma}. \tag{30.63}$$

上式说明拉伸应力愈大，裂纹或空洞的稳定尺寸愈小，即愈容易开裂. 如果有其它原因产生过饱和空位，例如辐照，则按式(30.62)和式(30.63)，临界尺寸也可以减小. 此外，减少空洞的表面能，例如将锑加入到铜中，也减小空洞的临界尺寸，促使蠕变断裂.

(c) 对等强温度概念的进一步研究　孔庆平等[141~145]研究了纯 Al 和纯 Cu 蠕变过程中晶界内耗峰和晶界区域显微硬度的变化. 观察到在断裂类型不同时发生了不同的变化. 所研究的晶界内耗峰的弛豫参量是:(1) 内耗峰高度;(2)模量弛豫强度;(3) 内耗峰温度;(4) 激活能. 这四种弛豫参量在晶间型断裂的蠕变过程中,与蠕变前的相比,变化都不大. 而在穿晶型断裂的蠕变过程中,峰高和模量弛豫强度显著降低,峰温和激活能显著增高. 混合型断裂的情况介于二者之间. 根据晶界内耗的机制,峰高和弛豫强度的降低表示晶界滑动产生的应变减小;激活能和峰温的增高,则从原子尺度上表示晶界滑动比较困难. 因而晶间型、混合型和穿晶型断裂的蠕变过程中晶界强度的变化,可分别用图 30.21 中曲线 1,2,3 表示. 图中由滞弹性测量所推论的晶界强度变化,已由蠕变过程中晶界附近区域的显微硬度测量所证实.

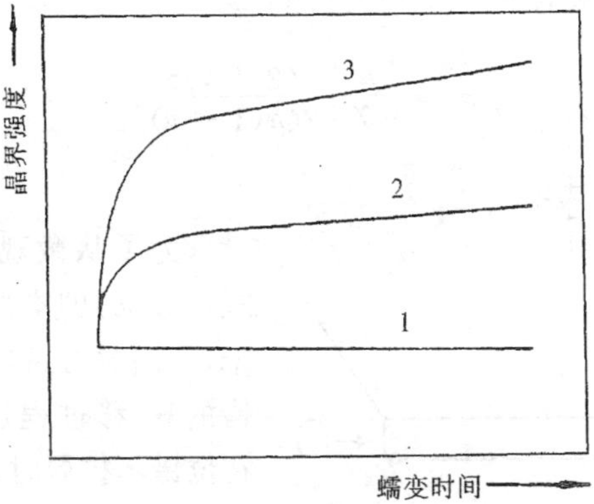

图 30.21　蠕变过程中晶界强度变化的示意图
(1:晶间断裂, 2:混合型断裂, 3:穿晶断裂).

传统的等强温度概念,只考虑了试验温度和形变速率(或试验应力)对晶界强度的影响,而没有考虑到在力学试验过程中晶界强度的可能变化,以及这种变化对断裂类型的影响. 图 30.21 表明,晶界强度在蠕变过程中是变化着的;并且在不同试验条件下发生的不同变化与最终的断裂类型有关.即晶界显著强化时发生穿晶断裂,晶界不发生强化时发生晶间断裂.这对于传统的等强温度的概念,是一个修正和补充.

§30.14 层错能与稳态蠕变速率的关系

层错能对材料的力学性质有重要的影响.对于不同层错能的材料,层错能 γ 与稳态蠕变速率 $\dot{\varepsilon}$ 之间有以下经验关系[146,147]:

$$\dot{\varepsilon} \propto \left(\frac{\gamma}{\mu b}\right)^m, \tag{30.64}$$

式中 μ 是切变模量,b 是柏格斯矢量的大小;m 是指数,实验值在2～4之间,多数情况下约等于 3.这个关系式有重要的实际意义,它指出降低材料的层错能是使蠕变速率减小的一个有效途径.

位错宽度 d 与层错能 γ 成反比,对于刃型位错,二者之间有如下关系(参见本书第一卷式(7.223)):

$$d = \left(\frac{\mu b}{\gamma}\right)\frac{(2+\nu)b}{24\pi(1-\nu)}, \tag{30.65}$$

式中 ν 是泊松比.

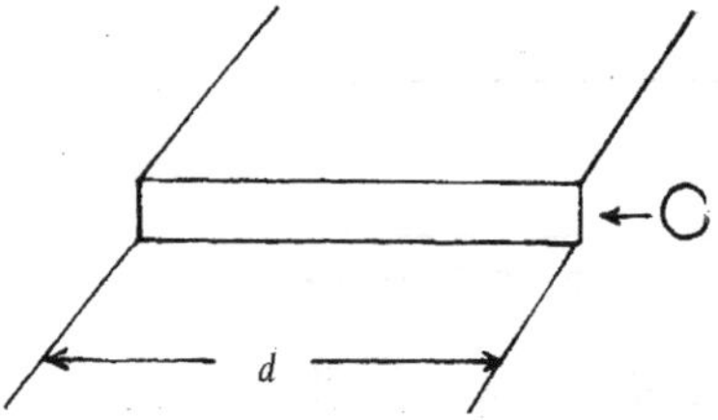

图 30.22 一个扩展位错上的扩展割阶.

为了从微观机制上阐明式(30.64)的本质,80 年代以来,人们对高温蠕变中扩展位错的攀移过程进行了分析.在位错不扩展时(即层错能很高时),割阶处吸收一个空位或原子,就使割阶沿着位错线移动一个原子间距,从而使位错逐步攀移.而在扩展位错(层错能较低)的情况下,攀移过程就不这样简单,图 30.22 表示一个扩展位错上的扩展割阶吸收一个空位或原子的情况.

阿刚(Argon A. S.)等[148~150]认为在扩展割阶的两端各存在

一个“部分空位”(partial vacancy). 这两个部分空位通过沿割阶线的随机运动聚合成一个全空位. 这个全空位通过扩散离开割阶，使得扩展割阶沿位错线移动一个原子间距. 部分空位聚合所需的时间与层错宽度有关，从而得出位错攀移速率 $\dot{\varepsilon}$ 正比于 $(\gamma/\mu b)^2$.

孔庆平及其合作者[151~156]对高温蠕变中扩展位错的攀移过程做了较仔细的分析. 他们分析了攀移过程的两种可能机制：一种是扩展割阶发生束集的情况，另一种是不发生束集的情况.

对于扩展割阶发生束集的情况，他们通过计算指出，扩展割阶的束集在外加蠕变应力下是难以实现的，而需要依靠热激活实现. 他们推导出扩展割阶的束集能 U_c 与割阶平衡宽度 d 之间的关系是

$$U_c = ab[\ln(d/b) - 1], \tag{30.66}$$

式中 a 是一个常数. 由此得出扩展割阶束集的概率 P 与层错能 γ 之间的关系

$$P = A(\gamma/\mu b)^{\beta}, \tag{30.67}$$

式中 A 是一个常数，β 是一个与材料常数和实验温度有关的一个常数. β 的数值对于大多数 fcc 金属和通常的蠕变实验温度(在 $0.5T_m$ 附近)约等于 3. 假定扩展割阶束集后沿位错线的运动导致扩展位错的逐步攀移，并且稳态蠕变速率受位错攀移速率控制，这样便可得出稳态蠕变速率 $\dot{\varepsilon}$ 与层错能 γ 之间的关系为

$$\dot{\varepsilon} \propto \left(\frac{\gamma}{\mu b}\right)^{\beta}. \tag{30.68}$$

上式与经验关系式(30.64)相符，从而解释了实验规律，并且说明了指数 β 在多数情况下约等于 3，但可在 2～4 之间变动的原因.

对于扩展割阶不束集时的攀移过程，他们认为可由以下两个连续的步骤来实现：(1) 扩展割阶端部吸收一个空位或原子；(2) 吸收的空位或原子在应力帮助下从割阶一端扩散到另一端，使割阶线上的原子列逐个改变了堆垛位置. 这样，扩展割阶就沿位错线

移动了一个原子间距. 层错能愈低(即位错愈宽),割阶沿位错线运动的速率愈小,因而位错攀移的速率也愈小. 根据这样的模型,也可以导出符合经验关系的式(30.68).

§30.15 溶质原子和弥散相对蠕变的影响

实际使用的金属高温材料,绝大多数不是纯金属,而是合金. 因为纯金属的抗蠕变性能都比较差,而加入合金元素,则可以显著提高其抗蠕变性能. 合金元素的强化方式有两种,即(a)固溶强化,和(b)弥散粒子强化.

(a) 固溶强化 大多数合金元素在固溶状态都能增强抗蠕变能力,即减小蠕变速率和延长蠕变断裂时间. 常温下固溶强化的机制,如溶质原子在位错附近形成气团,以及溶质原子对位错的钉扎,在常温蠕变中是主要的强化机制. 在高温蠕变中,溶质原子的作用主要在于对回复过程的影响. 溶质原子降低了位错攀移的速率,延缓了回复过程,从而降低了蠕变速率. 溶质原子对位错攀移的影响有以下两种可能的机制. (1) 合金原子的加入可使层错能降低,位错变宽,因而使攀移困难. 例如,镍铬合金的层错能比纯镍低,抗蠕变能力就比较高. 在镍铬合金中添加钴,使层错能又进一步降低,抗蠕变能力也进一步提高. (2) 溶质原子与溶剂原子的结合力使扩散激活能增高,因而降低了攀移速率. 溶质元素的熔点愈高,效应就愈显著. 当溶质原子含量较低时,不可能显著改变整个基体的扩散系数. 但溶质原子优先附着于位错的割阶上,因而能够显著降低攀移速率. 少量合金原子对回复的显著影响,可能就是这种机制.

(b) 弥散粒子强化 实际使用的耐热合金,大都含有高度弥散的第二相粒子. 这种强化方法比固溶强化更为有效. 试验证明这种强化作用可以维持到 $0.7T_m$,而固溶强化在 $0.6T_m$ 以上就显著减弱. 第二相粒子的弥散度愈高,而且稳定性愈高,则强化效应愈好. 高度弥散的第二相粒子,可以有效地阻碍晶内位错的滑移和攀移以及晶界的滑动,因而强化效应好. 弥散粒子的稳定性决定于弥散相与基体间的界面能，以及弥散相在基体中的溶解度. 弥散相与基体间的界面能愈低，则稳定性愈高. 因为界面能是粒子长大的推动力，界面能低，粒子就不容易长大. 弥散相在基体中的溶解度愈低，则粒子长大或再溶的过程愈慢，稳定性也愈高. 有人观察到铬钼耐热钢在蠕变后沉淀粒子周围的位错乱网. 由于乱网中位错密度很高造成强烈的应变硬化，同时粒子又阻碍这些位错的滑移与攀移，因而不易产生回复软化. 这是弥散粒子提高耐热强度的一个重要原因. 有些沉淀过程在形变过程中发生，沉淀相多在位错上成核，这样的沉淀相对位错的阻碍特别有效.

§30.16 蠕变与疲劳的交互作用[157~161]

前面所讨论的蠕变和蠕变断裂，是在恒定载荷或恒定应力下发生的. 由这样的试验提供的数据，仍然是检验材料质量和工程设计上的重要依据. 但是，很多高温部件在使用状态下往往经受着蠕变与疲劳的复合作用. 为了更好地判断高温材料的使用性能和使用寿命，近年来关于蠕变与疲劳复合作用下的性能研究日益增多.

蠕变与疲劳的复合作用，是指材料经受着恒定应力和交变应力两种应力的作用. 也有人把这样的试验称为动态蠕变试验，或循环蠕变试验，以区别于恒定载荷(或应力)下的静态蠕变试验. 一种典型的加载程序，如图 30.23 所示. 图中 t 是周期，Δt 是在幅值应力 σ 下的保持时间，σ_0 是周期性卸载后保留的应力.

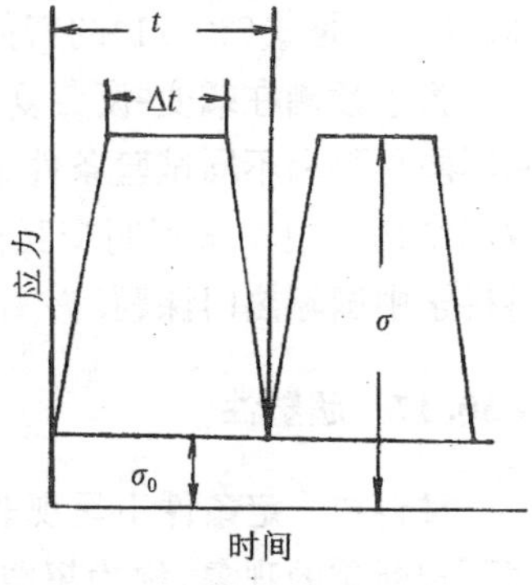

图 30.23 蠕变与疲劳复合试验的一种加载程序.

为了估算蠕变与疲劳复合作用下的性能，一般采用线性积累损伤法则. 它假定蠕变损伤 φ_c 和疲劳损伤 φ_f 可以线性相加，在发生断裂时

$$\varphi_c + \varphi_f = 1, \tag{30.69}$$

式中

$$\varphi_c = \sum \frac{\Delta t}{t_r}, \quad \varphi_f = \sum \frac{N}{N_f}, \tag{30.70}$$

t_r 是静态蠕变断裂时间，$\sum \Delta t$ 是积累的蠕变时间，N_f 是纯疲劳的断裂周期数，N 是积累的周期数. 线性积累损伤法则，表示蠕变与疲劳不发生交互作用，两种损伤相互独立.

但近年来的大量试验结果表明，线性积累损伤法则往往与实际情况不符. 为了表示蠕变与疲劳的交互作用，应在式(30.69)中加入交互作用项. 已知与试验结果符合得较好的公式有以下两种[157~161]：

$$\varphi_c + B(\varphi_c\varphi_f)^{1/2} + \varphi_f = 1, \tag{30.71}$$

$$\varphi_c + A\varphi_c^n\varphi_f^m + \varphi_f = 1 \quad , \tag{30.72}$$

式中 A、B 均称为交互作用系数；n 是蠕变损伤指数，m 是疲劳损伤指数，并且 $m+n=1$. 实际上，式(30.71)是式(30.72)的特例，式(30.69)又是式(30.71)的特例.

为了预测在蠕变-疲劳复合作用下材料的断裂寿命，有必要研究不同材料和不同试验条件下蠕变-疲劳交互作用的规律，并通过微观结构的观察来阐明交互作用的本质. 目前这方面的研究是材料科学中国际热门课题.

§30.17 超塑性

材料在一定条件下呈现非常大的延伸率(~1000%)而不发生缩颈和断裂的现象，称为超塑性(superplasticity，或称超范性). 通常碳钢和合金钢的延伸率不超过30%~40%，铝及铝合金的延伸率也不过50%~60%. 超塑性变形的延伸率比通常塑性变形的延伸率要高出10倍以上，并且基本上不发生加工硬化. 在变形过程中发生相变的超塑性称为相变超塑性. 在纯金属和单相合金的稳定结构中得到的超塑性称为结构超塑性.超塑性现象已经在很多种纯金属和合金中观察到.近年来还发现,陶瓷材料在适当条件下也可以呈现超塑性.目前,国内外都在发展超塑性变形技术,以压制形状复杂的部件,从而可以节约原材料,改善制品的精密度,并减少加工时的能源消耗.

出现超塑性的条件是:(1)超细晶粒:要求晶粒尺寸是微米的量级,并且晶粒是等轴的;(2)合适的变形条件:形变温度要求在 $0.4T_m$ 以上(T_m 是熔点绝对温度),应变速率一般小于或等于 10^{-3} S^{-1};(3)应变速率敏感系数较高.如果我们将超塑性应变速率 $\dot{\varepsilon}$ 与应力 σ 的关系写成

$$\sigma = C\dot{\varepsilon}^m, \tag{30.73}$$

式中 C 是与温度有关的常数,则应变速率敏感系数为

$$m = \frac{\partial \log\sigma}{\partial \log\dot{\varepsilon}}. \tag{30.74}$$

出现超塑性的条件是:$0.3 \leqslant m \leqslant 1$.当 $m < 0.3$ 时,就不出现超塑性.

超塑性变形时的一个明显特点是:虽然材料发生了很大的应变,但在变形前后,晶粒仍基本上保持是等轴的.在超塑性变形中,晶界滑动产生的应变 ε_g 在总应变 ε_t 中所占的比例一般在50%~70%之间.这表明晶界滑动在超塑性变形中起了主要作用,当然也需要有与之协调的晶界迁移和晶内位错运动相配合.

实验测出的超塑性变形的激活能值,大多数与晶界自扩散激活能相近[162],这说明超塑性变形可能由晶界扩散所控制.

第十二编 参 考 文 献

[1] Griffith A. A., *Phil. Trans. Roy. Soc. London*, **A 221**, 163 (1920).

[2] Irwin G. R., Fracture, Handbuch der Physik, **6**, Springer (1958).

[3] Rice J. R., *J. Appl. Mech.*, **35**, 13 (1968).

[4] Stroh A. N., *Adv. Phys.*, **6**, 418 (1957).

[5] Cottrell A. H., *Fracture*, *Proc. Roy. Soc.*, **A276**, 1 (1963).

[6] Rice J. R., Thomson R., *Phil. Mag.*, **29**, 73 (1974).

[7] Ohr S. M., Narayan J., *Phil. Mag.*, **A41**, 81 (1980).

[8] Chang S. J., Ohr S. M., *J. Appl. Phys.*, **52**, 7174 (1981).

[9] Mott N. F., *Phil. Mag.*, **44**, 72, (1953); *Proc. Roy. Soc.*, **220**, 1, (1953).

[10] Weertman J., Weertman J. R., in Physical Metallurge, 3ed (eds. Cahn R. W. and Hassen P.) Chap. 20., Elsevier Science Publishers, BV (1983).

[11] Nabarro F. R. N., Roport on a Conference on Strength of Solids, Physical Society, London, 75 (1948).

[12] Herring C., *J. Appl. Phys.*, **21**, 437, (1950).

[13] Mclean D., Grain Boundary in Metals, Cambridge University Press (1957). 杨顺华译,金属中的晶粒间界,科学出版社 (1965).

[14] Averbach B. L., Felbech D. K, Hahn G. T., Thomas D. A(eds)., Fracture, Wiley, New York (1959).

[15] Mclean D., Mechanical Properties of Metals, John Wiley Sons, Inc. (1962).

[16] Cottrell A. H., Mechanical Properties of Matter, John Wiley Sons, Inc. (1964).

[17] Leibowitz H., *Fracture*, **1～6**, Academic, New York (1968).

[18] Knott J. F., Fundamentals of Fracture Mechanics, Butterworth London (1973).

[19] Latanision R. M., Pickens J. R. (eds), Atomistics of Fracture, Plenum, New York (1982).

[20] Thomson R., Fracture, in Physical Metallurgy, eds. Cahn R. and Hassen P. Elsevier Science Publishers, **BV** (1983).

[21] Thomson, R., in Solid State Physics, Eds. H. Ehrenreich and D. Turnbull, Academic, **39**, 1 (1986).

[22] Sack R. A., *Proc. Phys. Soc.*, **58**, 729 (1946).

[23] Friedel J., Dislocations, Pergamon Press (1964).

[24] Andrade E. N. da C., Tsien L. C. (钱临照), *Proc. Roy. Soc.*, **A159**, 346 (1937).

[25] Joffe A., et al., *Z. Phys.*, **22**, 286 (1924).
[26] Pearson G. L., et al., *Acta Met.*, **5**, 181 (1957).
[27] Лихтман, В., Ребиндер, Н., Карпенко, Г., Влияние поверхности активной среды на процессы деформации металлов, АН СССР (1954).
[28] Orwan. E., *Trans. Instn. Engrs Shipb. Scot.*, **89**, 165 (1949).
[29] Irwin G. R., *J. Mech.*, **24**, 361 (1957).
[30] Westergaard H. M., *J. Appl. Mech.*, **61**, 49 (1939).
[31] Dugdale D. S., *J. Mech. Phys. Solids*, **8**, 100 (1960).
[32] Goodier J. N., Field F. A., Fracture of Solids, Interscience, New York (1963).
[33] ASTM Standard E 399-72, Annual Book of ASTM Standards (1972).
[34] Tada H. B. Paris P., Irwin G., The Stress Analysis of Crack Handbook, Del. Rsch. Coop. Hillertown, **PA**. (1973).
[35] Sih G. C. M. (薛昌明), Handbook of Stress Intensity Factors, Lehigh Univ. (1973).
[36] Eshelby J. D., Solid State Physics, **3**, eds. Seitz F. and D. Turnbull, Academic, New York, 79 (1956).
[37] Hutchinson J. W., *J. Mech. Phys. Solids*, **16**, 13 (1968).
[38] Rice J. R., Rosengren G. R., *J. Mech. Phys. Solids*, **16**, 1 (1968).
[39] Landes J. D., *ASTM. STP*. (待查定)
[40] Rice J. R., et. al., ASTM STP, **536**, 231 (1973).
[41] Landes J. D., Begley J. A., *ASTM STP*, **560**, 170 (1974).
[42] 陈篪等,科学通报,**7**, 329, (1975).
[43] 金属研究所断裂组,金属学报,**12**, 162, (1976).
[44] 吴希俊、姜健、尹花子,金属学报,**14**, 420, (1978).
[45] Srawley J. E., *Inter. J. Fracture*, **12**, 470 (1976).
[46] 蒋其巩,金属学报,**12**, 45, (1976).
[47] Bilby B. A. Cottrell A. H., Swinden K. H., *Proc. Roy. Soc.* London. **A272**, 304 (1963).
[48] Kobayashi S., Ohr S. M., *Phil. Mag.*, **A42**, 763 (1980).
[49] Ohr S. M., Kobayashi S., *J. Met.*, **32**, 35 (1980).
[50] 王瑞杰、徐永波、王中光、周敬、张静华和胡壮麒,材料科学进展,**6**, 103 (1992).
[51] Majumdar B., Burns S., *Acta. Metall*, **29**. 579 (1981).
[52] J. C. M. Li. (李振民), in Dislocation Modelling of Physical System, eds. Ashby M. F. Bullongh R., Hartley C. S., Hirth T. P., Pergamon, Press, New York, 498 (1981).

[53] Thomson R. M., Sinclair., *Acta. Metall*, **30**, 1325 (1982).
[54] Ohr S. M., Chang S. J., *J. Appl. Phys.*, **53**, 5645 (1982).
[55] Chang S. J., Ohr S. M., Inter. J. Fracture, 23, R3 (1983).
[56] Lung. C. W. (龙期威), Xong. L. Y. (熊良钺), *Phys. Stat. Sol.*, **77**(a), 81 (1983).
[57] Lung C. W. (龙期威), Deng. K. M. (邓开明), *Theor. Appl. Fracture. Mech.*, **11**, 209 (1989).
[58] Ohr. S. M., *Scripta, Metall.*, **21**, 1681 (1987).
[59] Gilman J. J., *Bull. Am. Phys. Soc.* **15**, 374 (1970).
[60] Thomson R. Hsieh C., Rana V., *J. Appl Phys.*, **42**, 3154, (1971).
[61] Sinclair J. E., *Phil. Mag.*, **31**, 647 (1975).
[62] Gehlen P. C, Kanninen M. F., Inelastic Behavior of Solids, eds. Kanninen M. F. et al., McGraw-Hill, Now York, 587 (1970).
[63] Decelis B. Argon A. S, Yip S., *J. Appl. Phys.*, **54**, 4864 (1983).
[64] Orowan., in [14].
[65] Hirth J., Lothe J., Theory of Dislocation, McGraw-Hill, Now York (1981).
[66] Thompson A. W., Ashby M. F., *Scripta Metall.*, **18**, 127, (1984).
[67] Friedel J., Propagation of Crack and Work Hardening Fracture, Swampscott Conference, 498 (1959).
[68] Kelly A. Tyson W. R, Cottrell A. H., *Phil. Mag.*, **15**, 567 (1967).
[69] Hahn G. T, et al., in [14].
[70] Low J. R., The Fracture of Metals, *Prog. Mater. Sci.*, Pergamon Press, **12**, 1 (1963).
[71] Hull D., in Fracture of Solids, eds Drucker D. C. and Gilman J. J., Interscience (1962).
[72] Honda R. J., *Phys. Soc. Japan.*, **16**, 1309 (1961).
[73] Gilman J. J., *Trans. AIME.*, **200**, 621 (1954).
[74] Graeves R. H., Jones J. A., J. *Inst. Metals*, **34**, 85 (1925).
[75] Li G H (李广海), Wu X J (吴希俊), *Intes J. Fracture*, **42**, R49 (1990).
[76] Heslop J., Petch N. J., *Phil. Mag.*, **3**, 1128 (1958).
[77] Wittman F., Stepanow W., J., *Tech. Phys. U.S.S.R.*, **9**, 1070 (1939).
[78] Orowan E., in [14].
[79] Low J. R., Relation of Properties to Micostructure, A.S.M. (1954).
[80] Cottrell A. H., *Trans. AIME*, **212**, 192 (1958).
[81] Petch N. J., *Phil. Mag.*, **3**, 1089 (1958).
[82] Heslop J., Petch N. J., *Phil. Mag.*, **1**, 886 (1956).

[83] Dorn J. E., Rajnak S., *Trans. AIME.*, **230**, 1052 (1963).
[84] Peierls R., *Proc. Phys. Soc.*, London, **25**, 34 (1940).
[85] Seeger A., *Phil. Mag.*, **1**, 651 (1956).
[86] Conrad H., The Relation between the Structure and Mechanical Properties of Metals, NPL, **2**, 475 (1963).
[87] Chen Y. T., Atteridge D G, Gerberich., *Acta. Metall.*, **29**, 1171, 1187 (1981).
[88] Sinha T. K., Chakravartty J. K., Wadekar S. L., Asundi M. K., *J. Mater. Sci.*, **19**, 1446 (1984).
[89] Steal J. E., *J. Iron Steel Inst.*, **1**, 180 (1898).
[90] Voce E., Hollow A P. C., *J. Inst. Metals.*, **73**, 323 (1974).
[91] Matsui H., Takaki S., Kimura H., *Fall Meating of JIM* (1975).
[92] Banerji S. K., Feng H. C., McMahon Jr C J., *Metall Trans.*, **9A**, 237 (1978).
[93] Johnson H. H., Morlet J. G., Troiano A. R., *Trans. AIME.*, **212**, 528, (1958).
[94] W. Y. Chu(褚武扬),Y. Yao, C. M. Hsiao (肖纪美), *Corrosion*, **40**, 302～316 (1984).
[95] Parkins R. N., *J. Iron Steel Inst.*, **172**, 149 (1952).
[96] Westwood A. R. C., Fracture in Solids, Insterscience, 553 (1963).
[97] Harries D. R., Roberts A. C., Effect of Radiation on Structural Materials, *ASTM SIP*, **426**, 21 (1967).
[98] Rice J. R., Wang J. S., *Mater. Sci. Eng.*, **A107**, 23 (1989).
[99] Wang J. S., Anderson P. H., *Acta. Metall. Mater.*, **39**, 379 (1991).
[100] Mason D. D., *Phil. Mag.*, **39**, 455 (1979).
[101] Russel J. D., Winter A. T., *Scripta Metall.* **18**, 575 (1985).
[102] Wu X. J. (吴希俊), Li G. H. (李广海), Cai M. (蔡民), Qiu Q. (邱强), Tang Q. H. (汤奇恒), Mechanical Properties and Materials Design, ed. Wu B, Elsevier Science Publishers, B. V., 723 (1991).
[103] Peng B. Y. (彭八一), Wu X. J. (吴希俊), Zhou F. X. (周富信), Tang Q. H. (汤奇恒), *J. Appl. Phys.*, **71**, 1229 (1992).
[104] Troiano A., *Trans. ASM.*, **52**, 54 (1960).
[105] Briant C. L., Messmer R. P., *Phil. Mag.*, **B42**, 569 (1980).
[106] Haydock R., *J. Phys. C*, **14**, 3807 (1981).
[107] Woehler A., *Bauwesen Z.*, **20**, 73 (1870).
[108] Amer. Soc. Metals Handbook (1948).
[109] Paris P. C., Erdogan F., *J. Basic Eng.*, **85**, 528 (1963).

[110] Dowling N. Z., *ASTM STP*, **601**, 19 (1976).
[111] Thompson N. Wadsworth J. N., Louat N., *Phil. Mag.*, **1**, 113 (1956).
[112] Wood W., in [14].
[113] Kennedy A. J., Process of Creep and Fatigue in Metals, Oliver and Boyd (1962).
[114] McEvily A. J., Machilin E. S., in [14].
[115] Hunsche A., Neumman P., *Acta. Metall.* (1983).
[116] Essmann U. Goesel U., Hughrabi H., *Phil. Mag.*, **A44**, 405 (1981).
[117] Porsyth P. J. E., *Acta. Metall*, **11**, 703 (1963).
[118] Laird C., *ASTM STP*, **415**, 131 (1967).
[119] Neumann P., *Acta. Metall*, **22**, 1155, 1167 (1974).
[120] Schijve J., Broek, *Aircraft Eng.*, **34**, 314 (1962).
[121] Pearson S., *Eng, Fract. Mech.*, **7**, 235 (1975).
[122] Miller K. J., *Fatigue Eng. Mater Struct.*, **5**, 223 (1982).
[123] Cahn R. W., Haasen P., Physical Metallurgy, 3ed., Elsevier Science Publisher, Chap. 25 (1983).
[124] Honeycombe R. W. K., The Plastic Deformation of Metals, Edward Arnold, Chap. 11 (1984).
[125] Clarebrough L. M., Hargreaves M. E., West G. W., *Phil. Mag.*, **1**, 528 (1956).
[126] Cottrell A. H., *Progress of Metal Physics*, **4** (1953).
[127] Hu H. (胡郇), Recovery and Recrystallization of Metals, Interscience, 311 (1963).
[128] Bailey J. E., Hirsch P. B., *Proc. Roy. Soc.*, **A267**, 11 (1962).
[129] Dorn J. E. (ed), Mechanical Behaviour of Materials at Elevated Temperature, McGraw-Hill (1961).
[130] Monkman F. C., Grant N. J., Deformation and Fracture at Elevated Temperatures, M. I. T. Press (1965).
[131] Kê T. S. (葛庭燧), *Phys. Rev.*, **71**, 533 (1947).
[132] 葛庭燧、孔庆平,物理学报,**10**, 367 (1954); 中国科学,**4**, 55 (1955).
[133] 孔庆平、龙起易,物理学报,**24**, 83 (1975).
[134] 孔庆平、王翔、倪群慧,物理学报,**34**, 937 (1985).
[135] Kong Q. P. (孔庆平), Wang X. (王翔), *Scripta Metall. Mater.*, **29**, 103 (1993).
[136] Schoeck G., Mechanical Behaviour of Materials at Elevated Temperatures, ed. Dorn J. E., McGraw-Hill, 79 (1961).

[137] Weertman J., Proc. 2nd Intern. Conf. Creep and Fracture of Engng. Materials and Structrues, Part I, eds. Wilshire B., Owen D. R., Pineridge Press, Swansea (1984).
[138] Barrett C. R., Nix D., *Acta Meta.*, **13**, 1247 (1965).
[139] Coble R. L., *J. Appl. Phys.*, **34**, 1679 (1963).
[140] Chang H. C. (张兴钤), Grant N. J., *Trans. AIME*, **206**, 544 (1956).
[141] 孔庆平、常春诚,物理学报,**24**, 168 (1975).
[142] 孔庆平、戴勇,物理学报,**36**, 855 (1987).
[143] Kong Q. P. (孔庆平), Dai Y. (戴勇), *Phys. Stat. Sol.* (*a*), **118**, 431 (1990).
[144] Kong Q. P. (孔庆平), Dai Y. (戴勇), Zhou H. (周浩), Liu S. M. (刘少民), Proceedings of the Chinese Materials Research Society International '90 Conference, ed. Wu B. **5**, 83 (1990).
[145] Kong Q. P. (孔庆平), Dai Y. (戴勇), Zhou H. (周浩), Proceedings of the Sixth International Conference on Mechanical Behaviour of Materials, (ed, M. Jono and T. Inoue), Pergamon Press, Oxford, **4**, 545 (1991).
[146] Barrett C. R., Sherby O. D., *Trans. AIME*, **233**, 1116 (1965).
[147] Mohamed F. A., Langdon T. G., *Acta Meta.*, **22**, 779 (1974).
[148] Argon A. S., Moffatt W. C., *Acta Meta.*, **29**, 295 (1981).
[149] Argon A. S., Takeuchi S., *Acta Meta.*, **29**, 1877 (1981).
[150] Gottstein G., Argon A. S., *Acta Meta.*, **35**, 1261 (1987).
[151] Xu W. (徐文), Kong Q. P. (孔庆平), *Philo. Mag.*, **A56**, 433 (1987).
[152] 李勇、孔庆平,物理学报,**38**, 41 (1989).
[153] Li Y. (李勇), Kong Q. P. (孔庆平), *Phys. Stat. Sol.* (*a*), **113**, 345 (1989).
[154] Li Y. (李勇), Kong Q. P. (孔庆平), *Phys. Stat. Sol.* (*a*), **122**, 511 (1990).
[155] Kong Q. P. (孔庆平), Li Y. (李勇), *Phys. Stat Sol.* (*a*), **126**, 129 (1991).
[156] Kong Q. P. (孔庆平), Li Y. (李勇), *Philo. Mag.*, **68**, 113 (1993).
[157] 孔庆平、王翔、周浩、倪群慧,物理学报, **35**, 1091 (1986).
[158] Wang X. (王翔), Zhou H. (周浩), Ni Q. H. (倪群慧), Kong Q. P. (孔庆平), Zhou N. B. (周乃标), *Mater. Sci. Eng.*, **A122**, L9 (1989).
[159] Wang X. (王翔), Ni Q. H. (倪群慧), Zhou H. (周浩), Kong Q. P. (孔庆平), *Mater. Sci. Eng.*, **A123**, 207 (1990).
[160] Wang D. N. (汪德宁), Wang X. (王翔), Kong Q. P. (孔庆平), *Mater. Sci. Eng.*, **A142**, 157 (1991).
[161] 王翔、周浩、孔庆平,金属学报,**30**, A195 (1994).
[162] Poirier J. P., Plastité à haute temperature des Solides Cristallins, Eyrolles (1976); 中译本:关德林译,大连理工大学出版社 (1989).

人　名　索　引

三　画

马卓莱(Mazzolai，F.M.)　232
小宏昌宏(Koiwa,M.)　148,232

四　画

贝尔科（Belko，N.V.）　193
贝克（Becker，R.）　267
贝格利（Begley，J.A.）　467
什瓦尔兹（Schwarz，R.B.）　168，170
什里弗（Schlipf，J.）　132
瓦加德（Woigard，J.）　185
冈迪（Gondi，P.）　185
乌特拉夫（Woodruff，T.O.）　261
比尔弼（Bilby，B.A.）　162,468
巴辛斯基（Basinski，Z.S.）　388
孔庆平　571,585

五　画

龙期威　480
汉民（Hamming，R.W.）　19
皮尔森（Pearson，S.）　184
加兰德（Garland，C.W.R.）　238
卡罗（Caro，J.A.）　173
卡恩（Cahn，R.W.）　555
艾诺（Ino，H.）　84
布赖尔斯福特（Brailsford，A.D.）　121
弗拉歇尔（Fleisher，R.L.）　407
弗里德尔（Friedel，J.）　407,499
杰克逊（Jackson，D.J.）　388
兰德斯（Landes，J.D.）　467
布恩斯（Burns，S.）　474
卡尼能（Kanninen，M.F.）　486
布里昂特（Briant，C.L.）　535
冬特(Donth，H.)　117

六　画

吉巴拉（Gibala，R.）　84
吉尔曼（Gilman，J.J.）　484
达因斯（Dynes，R.C.）　228
库尔曼-威尔斯道夫（Kuhlmann-Wilsdorf）　390
约飞（Иоффе，A. ф.）　488
多恩（Dorn，J.E.）　521
安德瑞德（Andrade，E.N. da C.）　448,565

七　画

柯克伍德（Kirkwood，J.G.）　36
克里斯庆（Christian，J.W.）　200
克拉曼斯（Kramers，H.A.）　22，118
克洛尼格（Kronig，R.）　22
坎内里（Cannelli，G.）　232
吴自良　105
肖克（Schoeck，G.）　141,132,231
肖克莱（Shockley，W.）　390
利克（Leak，G.M.）　184
汤姆森（Thompson，D.O.）　128，

131,475,503
辛普森 (Simpson, H. M.) 132
希勒 (Schiller, P.) 132
汤普森 (Thompson, N.) 541
沃雷尔 (Worrell, F.) 217
纳巴罗 (Nabarro, F. R. N.) 438, 578
李振民 474
陈 篪 466
吴希俊 466,532
杜格达尔 (Dugdale, D. S.) 458
张兴钤 596
张进修 145

八 画

阿莱费尔德 (Alefeld,G.) 120
阿勒斯 (Alers,G.) 131
阿凯瑟 (Akhieser,A.) 260
阿瑞纽斯 (Arrhenius, S.) 29,45
阿布里考索夫 (Abrikosov, A. A.)
阿刚 (Argon,A.S.) 584
罗吉尔斯 (Rogers, D.H.) 163
罗瑟汉 (Rotherhan,L.) 184
波斯特尼可夫 (Postnikov,V.S.) 193,219
凯叶斯 (Keyes, R.W.) 281
凯利 (Kelly. A.) 503
孟客曼 (Monkman, F.C.) 567
倪嘉陵 (Ngai, K.L.) 3,48,147, 235

九 画

威尔逊 (Wilson, K.G.)
威尔特曼 (Weertman, J.) 168, 132,438,575,577
威勒 (Weller, M.) 3,84
派尔 (Pare, V.K.) 119
费尔撒姆 (Feltham, P.) 172
兹科皮阿克 (Szkopiak,Z.C.) 83
柳克 (Lücke, K.) 3,124,132, 135,164,258
科特雷耳 (Cottrell, A. H.) 162, 312,386,396,398,412,437,468, 556,591,593
科斯特 (Köster, W.) 138
科贝尔 (Coble, R.L.) 579
洛默 (Lomer, W.M.) 91
胡郇 (Hu, H.) 555

十 画

莱凡尤克 (Levanyuk, A.P.)
莱克莱里 (Leclaire, A.D.) 91
特尤汤尼科 (Teutonico, L.J.) 164
桥口 (Hasiguti, R.R.) 147
索辛 (Sosin, A.) 132
诺威克 (Nowick,A.S.) 2,7,89
格伦纳托 (Granato, A.) 2,124, 135,297
格亥莫 (Gremaud, G.) 173,177, 179
泰松 (Tyson, R.W.) 503
泰勒 (Taylor, G.I.) 249,311,345
配奇 (Petch, N.J.) 396,520
格拉特 (Gleiter, H.) 400
格里菲斯 (Griffith, A.A.) 437,

444
格里维斯（Graeves，R.H.）
格朗特（Grant，N.J.） 567
特赖恩诺（Troiano，A.） 535
佩尔斯（Peierls，R.） 522
海道克（Haydock，R.） 536
诺埃曼（Neumann，P.） 68,78,544
莫尔斯（Morse，R.W.） 272,276,278,494
莫特（Mott，N.F.） 202,438,541,575
钱临照 448,591

十 一 画

梅克林（McLean，D.） 528,583
梅克曼（McMahon，Jr.C.L.） 527
梅逊（Mason，W.P.） 112,131,268,273,282
康姆斯（Combs，J.A.） 216
寇勒（Koehler，J.S.） 128
盖伦（Gehlen，P.C.） 486

十 二 画

斯瓦尔兹（Swartz，J.C.） 84,168
斯尼德（Snead，C.L.） 213
斯特格（Sturge，M.D.） 287
斯泰因伯格（Steinberg，M.S.） 277
斯诺克（Snoek，J.） 83,137
斯托克斯（Stokes，R.J.） 386
斯特劳（Stroh，A.N.） 437,518
斯劳利（Srawley，J.E.） 466
斯温顿（Swinden，K.H.） 468
博多尼（Bordoni，P.G.） 107
博曼尔（Bömmel，H.E.） 261,270,277
赖布弗里德（Leibfried，G.Z.） 130,131
舒尔茨（Schultz，H.） 122
曾纳（Zener，C.） 2,7,89,218,265
曾勒（Zeller，R.C.） 288
奥库达（Okuda，S.） 147
奥格塔尼（Ogurtani，O.） 132,157
葛庭燧 2,3,89,132,138,150,157,180,184,185,200
道林（Dowling，N.Z.） 540

十 三 画

雷瓦尔德（Rehwald，W.） 240
雷德（Read，T.A.） 122
雷纳克（Rajnak，S） 521
鲍尔（Bauer，C.L.） 132
塞格（Seeger，A.） 3,112,117,120,143,145,390
奥罗万（Orowan，E.） 420,421,422,448
奥尔（Ohr，S.M.） 470,477,480
蔡其巩 469
赖斯（Rice，J.R.） 437,461,503,528

十 四 画

福曼（Foreman，A.J.F.） 200
福斯（Fuoss，R.M.） 36
赫许（Hirsch，P.B.） 373,390,555
赫润（Herring，C.） 438,578

赫奈康 (Honeycombe, K. W. K.) 559

十 五 画

德·巴蒂斯特 (De Batist, R.) 2, 142
德杨 (Dejonghe, W.) 200
德洛梅 (Delorme, J. F.) 194,195
德·莫登 (De Morton, M. E.) 208,219

十 六 画

霍普金斯 (Hopkins, I. L.) 19

内 容 索 引

二 画

二级相变内耗 225
二能级系统的弛豫 288
几何弯结迁移模型 121

三 画

马氏体相变内耗 190

四 画

互作用参数 87
内参量 52,54
内耗 1,2
内耗的量度 13
内耗的唯象理论 7,23
化学强化 417
尺寸错配度 409
双滑移 332
双交滑移机制 323
反相畴界 415,416
不全位错 341
比例极限 315
无位错区 471,480,481
切变断裂 441

五 画

归一化应力弛豫函数 11
归一化蠕变函数 10
电子阻尼 270
切变模量 7,356,503
对数减缩量 14
弗-瑞源 376,420
加工硬化 312,372～394
加工硬化曲线 312,380,381,418
加工硬化系数 316,381～383,573
主滑移系统 332
四角畸变 406
长程的障碍 369
长程序 417
纠结 374
包辛格效应 392,393
包辛格应变 393
失效分析 442
对数蠕变 564,572

六 画

动态模量 12,181
动态响应函数 11,12,20,31,32
自由衰减法 14
压电半导体 282
多谷半导体 280
竹节晶界内耗峰 185
自诱发有序 88
共振系统法 13
弛豫 9
弛豫过程的热力学 56
弛豫型内耗 29,72
弛豫时间 24,26,29
弛豫强度 10,29,47,51,72
共格沉淀相 423
共格的脱溶区 418
共价键 359

共轭系统 332,333
纤维强化 360,433
回复 384,548,549,550
回复蠕变 564
再结晶 548,549,553～557
再结晶温度 553
扩散蠕变 578,579
扩展位错 416,584
压缩 313,314,330,392
多滑移 332
交滑移 332,352
交结硬化 376～378
动态试验 314
动态回复 384,570
有序强化 414～417
次滑移系统 382
竹节试样 344
各向异性 352
纤维断口 441
负位错 479
舌状花样 501,502
多恩-雷纳克理论 520
回火脆性 526
过载效应 548
交滑移模型 323,544
吕德带 361,395
网格长度理论 390
退火 549
退火织构 559
退火孪生 559,560

七 画

应力 7,314,440
应力集中 448
应力弛豫 9,25,26
应力弛豫函数 9,32
应力感生有序 72
应力分量 60,452
应力振幅 268,538
应力-应变曲线 315,442
应力-应变方程 53
应力强度因子 455
应变时效 109,364,365,413
应变 7,313,441
声子弛豫 131,253,260
声电效应 283
声速 16,126,239,261
阻尼共振型内耗 49,131
阻尼振弦模型 131,132
纵向热流 256,257
宏观涡流 263
沃伊格特模型 185
肖克模型 141
序参量 240,242
序参量弛豫 242
麦克斯韦模型 24
沉淀内耗峰 230
局域对称性破缺 103
连续相变 240
位错弛豫 107
位错共振 107
位错共振与振动弦模型 122,201
位错拖曳点缺陷 131
位错脱钉内耗 157
位错增强斯诺克效应 141
束集 585

位错的攀移　438,575,584
位错平均自由程　391
位错的增殖　362,390
位错发射　471,504
位错与裂纹交互作用　473
位错屏蔽　390,476
位错反屏蔽　478
位错芯　169,329,503
位错塞积　391,397,507
位错双弯结　119,521
位错热激活　367,521,572
位错热激活体积　369,522,573
位错热激活焓　521
位移分量　453
形变带　337
形变势常数　279
形变织构　347～353,559
劳厄照相　334
劳厄星芒　331
时效合金　417
均匀加载　313
扭折　335,336
扭折带　337
层错　350
层错能　350,585
抛物线型硬化　383
沉淀强化　417
近邻键　415
纳米微晶　400
极轴机制　342,343
极轴位错　343
极射投影图　328
极射投影图的指标化　328
极图　348,349
延性断裂　494～498
延性-脆性转变　510～524
杜格达尔条形范性区模型　458～460
形变功率　467

八　画

佩尔斯能谷　114,115
佩尔斯应力　114
佩-纳势垒　358
佩-纳能谷　366,522
佩-纳力　358,359,366,522
波传播法　15
组态熵　87
杨-特勒缺陷　287
非弹性应变　7,12,194
非德拜弛豫　46,235
非均匀加载　314
屈服应力　315
屈服现象　315,360～366
屈服强度　355
屈服点　360
空位盘　405
单滑移　329
范性约束因素　346,515
范性形变的几何学与晶体学　313～353
范性弯曲　335
范性功　448,449
线弹性断裂力学　450
表面倾动效应　340,341
线性硬化　381

泊松比 359,446
固溶强化 403～410,586
取向因子 328,331
择优取向 348,559
易滑移 381
织构 343～352,559
拉伸 313,350,392,440
拉伸曲线 314,440
拉伸试验 314,440
制耳 352,353
弥散强化 417,587
表面能 443
杯锥断口 441
倪嘉陵相关态模型 3,48,235

九 画

重正化群理论 248
相关态模型 235
玻尔兹曼叠加原理 7,17,18,53,181
胡克定律 7,23,355,445
相变内耗 190
顺服系数 7
弯结对理论 112
界面位错弦振动模型 201
界面位错的脱钉模型 203
界面位错的静滞后型内耗 202
类相变 192,208
点缺陷弛豫动力学 76
标准滞弹性固体 25
孪晶粗化 204
孪晶畴界的热激活弛豫峰 217
孪晶畴界的粘弹性损耗 213
复模量 11,16
孪生 339～344
孪生面 340
孪生方面 340
孪生要素 340
孪生带 340
孪生位错 341
科特雷耳-比耳弼机制 342,343
科特雷耳-比耳弼关系 162
科特雷耳气团 106,154,410～413
科特雷耳-斯托克斯定律 386,38'
390
科特雷耳-配奇理论 396,519
临界系统 332
临界切应力 326
临界切应力定律 326～329
弯结 113,114
弯结对 112,366
弯折试验 314
相吸引的交结 376
胞状结构 337,374,392
胞壁 379
点阵弯曲 334
点阵硬化 404
柏格斯矢量 321,323
蚀斑 323,324
点阵阻力 358,483
持续滑移带 540
侵入沟 540
挤出带 540
派力斯关系 537

十　画

桥口峰　147
偏心　103
振动位错弦模型　122
缺陷对称性　64
衰减系数　15,126,270
热弹性弛豫型内耗　253
高斯分布函数法　41
振幅内耗峰　150
朗道自由能　241,242
朗道-卡拉特尼可夫二级相变弛豫理论　242
高温位错内耗　180,187
能隙　227
能隙宽化　228,229
能量均分定律　367
原子偏聚　410,525
原子键合能　414
流变应力　372
弱硬化　405,406
铅笔式滑移　323
浸蚀法　323,361
铃木气团　410,411
珠光体　432,433
格里菲斯脆性断裂理论　444～448
格里菲斯裂纹　446
格里菲斯公式　446
穿晶断裂　441,580
脆性断裂　441,498
原子间键合力　483
能量释放率　448
疲劳断裂　535～546
疲劳寿命　536
疲劳极限　536
疲劳裂纹　535
疲劳裂纹扩展速率　537,538
疲劳裂纹萌生　540
疲劳裂纹扩展门槛值　537
微应变　361
微观涡流　263

十　一　画

弹性　7
弹性后效　9
弹性后效函数　9
弹性偶极子　66,67,71,85
弹性模量　7
弹性模量软化　198
粘弹性　8
粘滞系数　23,181,273
粘滞型内耗　51,213
断裂　437,438,440～547
断口学　442
断口形貌　442
断裂韧度　455
断裂应力　440
断裂强度　443
断裂力学　449
断口形貌转变温度　512
理论断裂强度　443
剪切断裂　495,496
铋脆　526
脱溶区　418
脱钉　157,168,363,398
球面对称畸变　406

理论屈服强度 355～358

十二 画

替代式溶质原子与位错相互作用效应 150
博多尼峰 107
超导载流子有关的内耗 225
曾讷弛豫 88
曾讷弛豫动力学 94
超声衰减 15,260,270,277,239
斯诺克气团 141,410,412
斯诺克弛豫 83
斯诺克-科斯特峰 49,137
滞弹性 8
滞弹性体 8
滞弹性应变 24,52,53,85,92,568
滞弹性弛豫 52,91,181
连续谱 30,33
晶粒长大 557～559
超塑性 588,589
晶间断裂 525,581
晶间断裂热力学理论 527,528
晶间断裂位错理论 528～531
晶间断裂原子理论 531
晶间断裂电子理论 534,535
晶间断裂脆性敏感性 529
晶界位错应力场 531
晶界结构 534
晶界位错发射 532,533
晶界杂质原子偏聚 525
晶界弛豫 534
晶界内耗峰 2,107,180,584
晶粒间热流 258
晶体的范性 311～433
晶体范性学 311
晶须 358
棱柱滑移 323
棱柱面 322,323
棱锥面 322
裂纹 445
裂纹扩展力 456,464
裂纹尖端范性区 455～458
裂纹张开位移 458,467
裂纹尖端应力场 449～454
裂纹尖端位错分布 468～473
裂纹位错 469
超结构 415
超越现象 232～234
强硬化 405,406
短程的障碍 369
短程序 416
割阶 377,585
畴界能 416
滑移面 321,322
滑移方向 321,322
滑移要素 321,322
滑移系统 332
滑移的晶体学特征 317～326
滑移的灵便性 347
滑移线 317,318
滑移带 317,318,319

十 三 画

塞格模型 143
错配度 409
错配度参量 409

奥罗万机制　420～422
辐照硬化　405
源强化　404
键合强度　414,415
塞积群　374,376,396

十　四　画

静态响应函数　8,19
静滞后型内耗　51,131,161,198,268
稳态相变内耗　196
模量亏损　13,16,29
模-模耦合理论　248
隧道弛豫　289
磁声几何共振　278,279
磁致伸缩　263
磁弹性内耗　263
静态试验　316,317
模量错配度　409
辗轧织构　347～352
稳态蠕变　562,575

十　五　画

横向热流　255
德拜峰　28,29,30,127,235,242
德拜环　348

十六画以上

蠕变　8,24,25,316,562
蠕变与疲劳的交互作用　587
蠕变曲线　10,316,562
蠕变图　567,568
蠕变激活能　565,567
蠕变断裂　580
蠕变函数　8,18
瞬态蠕变　562,574
瞬态响应函数　18
霍耳-配奇关系式　396,399,401,430
激活体积　367,369,565,573
激活能　109,367,369,365,566
膨胀系数的各向异性　60
瞬时范性　8
瞬态相变内耗　191

G.P. 区　418,419
J 积分　462
K-G-L 理论　124
λ 相变　240,242